“超材料前沿交叉科学丛书”编委会

国家出版基金项目
NATIONAL PUBLICATION FOUNDATION

超材料前沿交叉科学丛书

弹性超材料设计与波动控制

胡更开　刘晓宁　著

科学出版社
龍門書局
北京

内 容 简 介

超材料概念拓展了介质属性的空间，为波动、振动甚至静力学领域创新应用提供了额外的设计自由度，同时也为力学基础理论和材料设计提出了新的研究方向。经过二十余年的发展，超材料领域已形成了较为清晰的研究分支和发展趋势。本书以作者及其所在北京理工大学宇航学院波动力学实验室多年来积累的研究成果为主体，对弹性和声波超材料设计与波动控制应用领域进行了较系统全面的介绍，包括波动力学基本概念、局域共振超材料、手性超材料、模式超材料、威利斯(Willis)与主动超材料、力学拓扑超材料和变换波动控制理论等。

本书可供波动力学、固体力学、动力学与控制、复合材料等专业教师、研究生与工程设计研究人员参考。

图书在版编目（CIP）数据

弹性超材料设计与波动控制 / 胡更开，刘晓宁著. 北京 : 龙门书局，2024. 9. --（超材料前沿交叉科学丛书）. -- ISBN 978-7-5088-6448-8

Ⅰ. TB39

中国国家版本馆 CIP 数据核字第 2024GV0617 号

责任编辑：陈艳峰　田轶静 / 责任校对：王萌萌

责任印制：赵　博 / 封面设计：无极书装

科学出版社
龍門書局　出版

北京东黄城根北街 16 号

邮政编码：100717

http://www.sciencep.com

北京建宏印刷有限公司印刷

科学出版社发行　各地新华书店经销

*

2024 年 9 月第　一　版　开本：720×1000　1/16

2024 年 9 月第一次印刷　印张：21 3/4

字数：437 000

定价：188.00 元

（如有印装质量问题，我社负责调换）

丛 书 序

酝酿于世纪之交的第四次科技革命催生了一系列新思想、新概念、新理论和新技术，正在成为改变人类文明的新动能。其中一个重要的成果便是超材料。进入21世纪以来，“超材料”作为一种新的概念进入了人们的视野，引起了广泛关注，并成为跨越物理学、材料科学和信息学等学科的活跃的研究前沿，并为信息技术、高端装备技术、能源技术、空天与军事技术、生物医学工程、土建工程等诸多工程技术领域提供了颠覆性技术。

超材料(metamaterials)一词是由美国得克萨斯大学奥斯汀分校 Rodger M. Walser 教授于 1999 年提出的，最初用来描述自然界不存在的、人工制造的复合材料。其概念和内涵在此后若干年中经历了一系列演化和迭代，形成了目前被广泛接受的定义：通过设计获得的、具有自然材料不具备的超常物理性能的人工材料，其超常性质主要来源于人工结构而非构成其结构的材料组分。可以说，超材料的出现是人类从“必然王国”走向“自由王国”的一次实践。

60 多年前，美国著名物理学家费曼说过：“假如在某次大灾难里，所有的科学知识都要被毁灭，只有一句话可以留存给新世代的生物，哪句话可以用最少的字包含最多的讯息呢？**我相信那会是原子假说**。”所谓的原子假说，是来自古希腊思想家德谟克利特的一个哲学判断，认为世间万物的性质都决定于构成其结构的基本单元，这一单元就是“原子”。原子假说之所以重要，是因为它影响了整个西方的世界观、自然观和方法论，进而导致了 16—17 世纪的科学革命，从而加速了人类文明的演进。19 世纪英国科学家道尔顿借助科学革命的成果，尝试寻找德谟克利特假说中的“原子”，结果发现了我们今天大家熟知的原子。然而，站在今天人类的认知视野上，德谟克利特的“原子”并不等同于道尔顿的原子，而后者可能仅仅是前者的一个个例，因为原子既不是构成物质的最基本单元，也不一定是决定物质性质的单元。对于不同的性质，决定它的结构单元也是千差万别的，可能是比原子更大尺度的自然结构(如分子、化学键、团簇、晶粒等)，也可能是在原子内更微观层次的结构或状态(如电子、电子轨道、电子自旋、中子等)。从这样的分析中就可以引出一个问题：我们能否人工构造某种特殊“原子”，使其构成的材料具有自然物质所不具备的性质呢？答案是肯定的。用人工原子构造的物质就是超材料。

超材料的实现不再依赖于自然结构的材料功能单元，而是依赖于已有的物理学原理、通过人工结构重构材料基本功能单元，为新型功能材料的设计提供了一个广阔的空间——昭示人们可以在不违背基本的物理学规律的前提下，获得与自然材料具有迥然不同的超常物理性质的“新物质”。常规材料的性质主要决定于构成材料的基本单元及其结构——原子、分子、电子、价键、晶格等。这些单元和结构之间相互关联、相互影响。因此，在材料的设计中需要考虑多种复杂的因素，这些因素的相互影响也往往是决定材料性能极限的原因。而将“超材料”作为结构单元，则可望简化影响材料的因素，进而打破制约自然材料功能的极限，发展出自然材料所无法获得的新型功能材料，人类或因此成为“造物主”。

进一步讲，超材料的实现也标志着人类进入了重构物质的时代。材料是人类文明的基础和基石，人类文明进程中最基本、最重要的活动是人与物质的互动。我个人的观点是：这个活动可包括三个方面的内容。(1)对物质的“建构”：人类与自然互动的基本活动就是将自然物质变成有用物质，进而产生了材料技术，发展出了种类繁多、功能各异的材料和制品。这一过程可以称之为人类对物质的建构过程，迄今已经历了数十万年。(2)对物质的“解构”：对物质性质本源和规律的探索，并用来指导对物质的建构，这一过程产生了材料科学。相对于材料技术，材料科学相当年轻，还不足百年。(3)对物质的“重构”：基于已有的物理学及材料科学原理和材料加工技术，重新构造物质的功能单元，进而发展出超越自然功能的“新物质”，这一进程取得的一个重要成果是产生了为数众多的超材料。而这一进程才刚刚开始，未来可期。

20 多年来，超材料研究风起云涌、异彩纷呈。其性能从最早对电磁波的调控，到对声波、机械波的调控，再从对波的调控发展到对流(热流、物质流等)的调控，再到对场(力场、电场、磁场)的调控；其应用从完美透镜到减振降噪，从特性到暗物质探测。因此，超材料被 *Science* 评为“21 世纪前 10 年中的 10 大科学进展”之一，被 *Materials Today* 评为“材料科学 50 年中的 10 项重大突破”之一，被美国国防部列为“六大颠覆性基础研究领域”之首，也被中国工程院列为“7 项战略制高点技术”之一。

我国超材料的研究后来居上，发展非常迅速。21 世纪初，国内从事超材料研究的团队屈指可数，但研究颇具特色和开拓性，在国际学术界产生了一定的影响。从 2010 年前后开始，随着国家对这一新的研究方向的重视，研究力量逐渐集聚，形成了具有一定规模的学术共同体，其重要标志是**中国材料研究学会超材料分会**的成立。近年来，国内超材料研究迅速崛起，越来越多的优秀科技工作者从不同的学科进入了这个跨学科领域，研究队伍的规模已居国际前列，产生了很多为学术界瞩目的新成果。科学出版社组织出版的这套“超材料前沿交叉科学丛书”既是对我国科学工作者对超材料研究主要成果的总结，也为有志于从事超材料研究和应用的年轻科技工作者提供了研究指南。相信这套丛书对于推动我国超材料的发展会发挥应有的作用。

感谢丛书作者们的辛勤工作，感谢科学出版社编辑同志的无私奉献，同时感谢编委会的各位同仁！

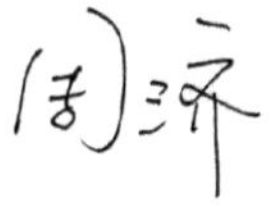

2023 年 11 月 27 日

前　言

自从 Veslago 1967 年首次系统研究一类同时具有负介电系数和负磁导率的材料，发现该类材料可以产生负折射率等一系列新奇的特性以来，超材料已经经历了半个世纪不平凡的发展历程。起初这样一类违背常规的假想材料一直无法被设计并制备出来,因此 Veslago 的工作提出后三十多年间没有引起人们的关注。这一阶段可称为超材料发展的孕育阶段。直到 1996 年，英国帝国理工学院 Pendry 教授通过电共振在共振频率附近实现了等效负介电常量材料，并随后通过磁共振实现了等效负磁导率材料。在上述工作的基础上，Veslago 预言的电磁负折射现象很快得到了实验证实，这项研究正式拉开了超材料发展的序幕。由于上述性质主要来源于材料微结构对其能带的调控，因此类似现象很快被推广到基于同样机理的声波和弹性波。波动控制功能设计的变换方法的提出又极大地推动了超材料发展，许多新奇的波动功能器件先后被提出。自 2000 年后的二十年可称为超材料的快速发展期。随着研究的深入，超材料的概念和内涵被不断拓展，涵盖了从波动载荷到静态载荷、从局域到全局、从结构到机构、从保守到主动，并被泛化为主要通过微结构而非化学组分实现对材料宏观行为的调节。目前超材料研究正经历着快速扩展期，近期更将可动性(机构)引入力学超材料系统设计中，突破了传统连续介质的描述框架，也对力学基础理论提出了新挑战。相信随着超材料研究的进一步深入，不仅会有更多研究从实验室进入工程应用甚至大众生活，更重要的是人们认识、理解和把握非均质材料的水平也将提升。

超材料(metamaterials)亦可称为超构材料，或构筑材料，泛指微观结构主导其宏观性能的一类材料，一般要具有传统材料或自然材料不具备或很难具备的属性。例如，超材料由最初针对波动载荷由局域共振产生的负等效材料参数，发展到极端材料参数(如零折射率或零能模式超材料等)，并进一步发展到基于非局部效应的拓扑材料、非保守系统的主动和时变超材料，以及引入局部机构位移模式的力学超材料。超材料设计的核心是建立材料微结构与宏观性质的关联，即均质化，这也是固体力学永恒的课题之一。传统复合材料线弹性行为主要与微结构的体积分数(微结构的一阶关联信息)相关，而超材料的宏观属性往往与微结构的形状和胞元的序构密切相关，这使得构建均匀化过程更为复杂。同时，超材料更关注逆向设计，即如何通过微结构设计实现奇特的宏观性能，这一问题涉及一系列逆问题求解。以隐身斗篷为例，实现既不产生前向反射又不形成后向阴影，既需确定斗篷非均匀材料属性空间分布，又要针对超材料宏观属性逆向设计微结构，形成两个耦合的反问题。如果控制方程具有坐标变换不变性，则变换定义的功能可以由变换后的材料参数实现，由此为实现从功能到材料逆向设计提供了一个普适的方法。但这种方法只适用于电磁和声波(包括五模材料)，不再适用于一般的弹性柯西(Cauchy)介质。根据材料与结构的宏观功能设计相应的微观结构是逆均匀化问题，无论是针对波动载荷的动态行为逆向设计，还是引入局部机构位移的形状逆向设计，目前均属于超材料研究的热点问题。

作者自 2003 年以来开始关注超材料的研究，有幸见证和参与了超材料的发展，在国家自然科学基金面上、重点和重大项目以及相关部门的支持下，针对波动载荷下的弹性超材料行为表征、设计方法和材料-结构-功能一体化设计开展了系统的研究。经过二十余年的研究、探索和积累，作者感觉有必要进行总结梳理，使相关研究工作者能有一本较集中和系统地了解弹性超材料的专著。在撰写过程中，作者尽可能给出分析过程，使读者不仅了解结果还能掌握方法。在内容取舍方面，作者主要选取所在波动力学实验室的研究工作，并介绍与此相关的他人工作进展使体系完整。这样就不可避免地舍弃或遗漏了一些弹性超材料方面的重要工作，这里表示歉意。

本书第 1 章对二十余年来声波/弹性超材料发展的脉络和现今形成的主要分支领域给出了梳理和概述，目的是使读者对这一热点研究领域的历史渊源、在力学与声学学科领域的位置与深刻影响、当前超材料设计与表征的主要方向及研究现状、工程应用前景，以及发展方向等获得宏观层面上的认识。

第 2 章简述超材料研究相关的主要波传播概念和等效方法。首先介绍声波/弹性波方程，相速与群速、特征方程、能流等基本概念，并在超材料范畴讨论了波的界面传输特性，进而介绍周期系统布洛赫(Bloch)波以及带结构分析方法。当前复杂介质的动态均匀化从不同角度有很多理论成果，本章仅针对超材料机理理解和性能表征中常用的等效方法简介其思路，在后续章节中结合具体应用给予细节介绍。

第 3 章介绍局域谐振型弹性超材料。基于局域谐振形成负值等效性质是超材料概念被广泛接受的源头。针对力学系统，本章以简单离散模型阐释了各个负值动态等效性质的形成机理，在此基础上介绍可制备应用的连续介质局域谐振型超材料，包括分层介质、薄膜负密度超材料、薄板超材料、亥姆霍兹(Helmholtz)谐振腔结构、经典三相球弹性超材料模型，最后展示其宽低频减振降噪应用。

第 4 章主要介绍手性弹性超材料。手性介质本身具有不同于一般弹性介质的波动特性，但相关性质无法基于柯西弹性理论描述。本章首先介绍在微极理论下对三维和二维手性弹性介质的严格描述，并针对具体点阵材料讨论手性介质的均匀化和波动性质。进而介绍将二维手性弹性介质与局域谐振机理结合构造单负和双负弹性超材料的设计方法以及弹性波负折射验证。

第 5 章介绍含有特定机构位移模式的零能模式超材料，该分支也是力学超材料独有的特性。与局域共振型超材料不同，零能模式超材料主要关注和利用材料的准静态性质。本章首先介绍零能模式超材料的概念以及其中的弹性波传播特性，进而针对周期杆系理想模型讨论等效方法、微观机理以及材料设计策略。最后针对五模材料水声应用和四模材料弹性波极化滤波应用介绍连续构型设计。

第 6 章介绍 Willis 介质与主动超材料。Willis 介质是表征弹性超材料的理想框架，同时也与变换理论自洽，但任意变形-动量耦合特性被广泛认为须借助主动机理。本章首先介绍弹性和声学 Willis 介质的概念和基本方程，进而以声学介质为主体介绍其波动性质、等效方法和界面波行为。主动超材料内容分为两部分：其一是以压电介质为媒介的超材料设计途径；其二是讨论材料性质的时空调制产生的独特波动行为，例如非互易和拓扑特性等。

第 7 章介绍力学拓扑超材料。首先以容易理解的离散模型介绍能带拓扑性质及相关分析方法，包括绝热演化、贝里(Berry)相位、拓扑不变量、体-边对应关系、微扰方法以及拓扑相分类。进而从谷霍尔绝缘体、陈绝缘体和自旋霍尔绝缘体三个主要的拓扑相类别系统介绍弹性系统中的设计实现与拓扑保护波传播现象。此外，弹性系统中还存在一类特殊的静态拓扑现象——等静定系统自应力与机构模式的极化——第 7 章也对此做了介绍。

第 8 章主要介绍弹性波和声波变换理论以及对波的调控。首先系统介绍坐标变换方法的理论基础，包括各向异性密度和五模材料变换声学、不同位移映射规范下的变换弹性动力学及其变形视角、变换电磁学和传热理论、基于变换的波动功能设计。进而结合超材料设计介绍五模材料声波斗篷和非对称介质弹性波斗篷的具体微结构设计、实现与验证。除波动路径调控外，还介绍了基于阻抗失配设计宽低频承压水声隔声超材料的方法。

如前所述，本书内容主要以作者所在的波动力学实验室的研究为主体，因此在此期间实验室历届学生和教师均以不同的方式对本书有所贡献，其中周萧明教授参与了书中部分章节的相关研究。特别感谢周萧明教授、易凯军特别研究员分别起草了第 6 章时变超材料和主动超材料部分初稿，国防科技大学方鑫教授提供了齿轮超材料图，李展宇博士生提供了第 6 章多重散射 Willis 均匀化部分初稿，魏宇提供了第 5 章模式材料波动性质和四模材料设计，蔡铭博士生提供了第 5 章模式材料拓扑优化的初稿。在书稿撰写过程中，周萧明教授、陈毅博士和渠鸿飞博士分别绘制了连续局域共振模型、五模超材料和 Willis 介质章节的部分图片，博士生陈聪、孙丁昕和程文分别计算和绘制了图 3.10、图 3.21 和图 8.5。这里还要特别感谢胡海岩院士阅读了本书的初稿，并提出了宝贵建议。陈毅博士、张泉博士和博士生魏宇、王坤、程文、孙丁昕等分别对有关章节进行了校对，这里一并致谢。此外，作者还要特别感谢科学出版社陈艳峰女士和各位编辑在本书出版过程中的支持和帮助。

限于作者的水平，本书在内容和结构上也难免有不足和不妥之处，恳请读者和同行专家批评指正。

作　者

2023 年 12 月

目　　录

第 1 章　声波/弹性超材料概述

1.1　超材料的起源与定义

无论在科学发展还是在技术进步方面，物质与波相互作用的研究一直处于重要地位。在科学层面，早期对光是粒子还是波的追问丰富了人们对电磁波与物质相互作用的认知。当前光学领域研究的一个活跃前沿——拓扑光子学，依然围绕新材料与光相互作用这一主题[1]。在技术层面，利用材料来调制波的传播方式已被广泛应用于信息通信、成像、机械系统减振降噪以及波隐身等诸多方面。

当波长远大于物质的微观结构时，波与材料的相互作用可通过材料的宏观等效参数进行描述，如针对电磁材料的介电常量和磁导率，声学介质的体积模量和密度以及弹性介质的弹性张量和密度等。在细观力学中上述问题可进行尺度分离[2]。形象地讲，这时波主要感受到材料微观结构的平均效应，而微结构的细节可以忽略，如图 1.1 所示。显然这样做是有条件的，即波长要远大于微观结构的特征尺度(如周期胞元的尺寸)，当该条件不成立时，需发展更精细的连续介质模型，或称为非局部模型[3]。当然也可不考虑计算成本，将微结构的细节一起考虑来进行个案的具体数值分析。本书将在第 6 章利用 Willis 时空非局部模型对上述非局部问题进行讨论，其他章节的讨论都假设波长远大于物质的微观结构特征尺度。

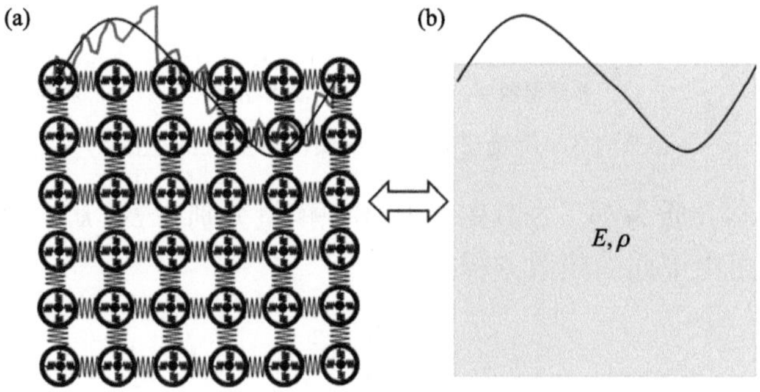

图 1.1　长波假设与尺度分离
(a)微结构；(b)等效均匀介质

传统材料或复合材料可通过改变化学的组分或含量来改变材料的宏观等效性能，例如在铜中加入锌元素形成黄铜合金可以提高其强度；再如在环氧树脂中加入碳纤维，可以大幅度提高复合材料的模量和强度等。这种通过调节化学组分或含量以对材料性能进行改进的方式取得了巨大成功，促进了现代工程与技术的发展。如图 1.2 所示，这样的改进方法局限于材料属性的增量改变，材料属性可实现的空间仍被束缚在非频散介质的热力学框架内，即图 1.3 所示的第Ⅰ象限内。材料属性空间的绝大部分，如图 1.3 的Ⅱ、Ⅲ和Ⅳ象限，被认为是禁区。

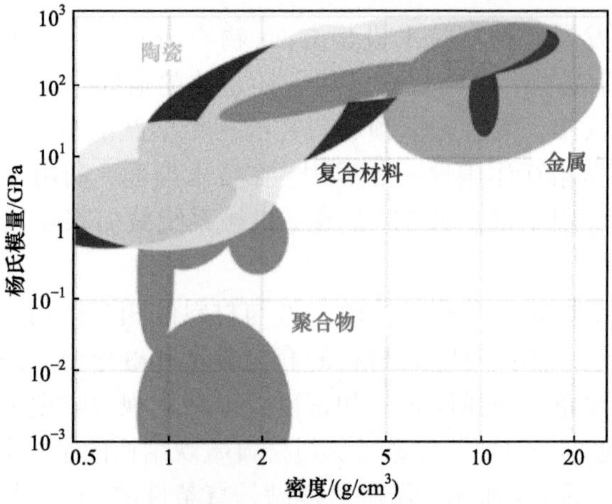

图 1.2 材料模量和密度阿什比(Ashby)图

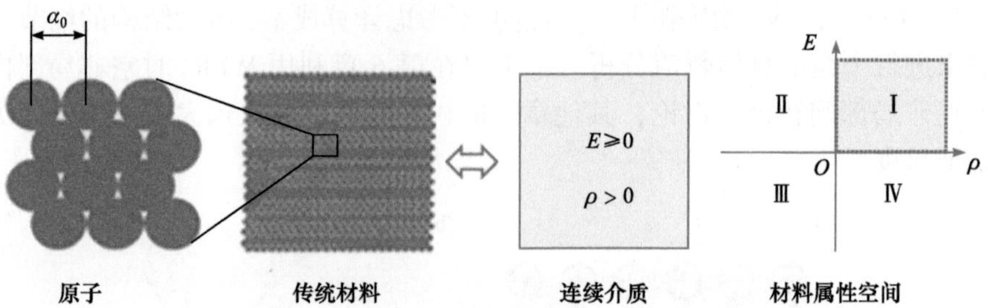

图 1.3 传统材料及材料属性可实现的空间

以传统声学介质为例，令其密度和体积模量分别为 ρ、κ，则声波在该介质中的传播规律可由下面的频散方程描述：

$$k^2 = \frac{\rho}{\kappa}\omega^2 \tag{1.1}$$

其中，k 为波数，ω 为角频率，分别描述波在空间和时间上的变化程度。对于传统声学材料，即材料参数位于图 1.3 中的第Ⅰ象限内，对式(1.1)两边开根号可得

$$k = \pm\sqrt{\rho / \kappa}\omega \tag{1.2}$$

声波在各向同性传统介质中传播时，人们理所当然地认为能量传播方向与波的传播方向一致，因此可以略去上式的负根，得到熟悉的声波频散方程

$$k = \sqrt{\rho / \kappa}\omega \tag{1.3}$$

声波传播速度为 $c = \sqrt{\kappa / \rho}$ 。当声波从一种介质射入另外一种介质时，由于沿界面波数守恒($k_{\mathrm{x}}^{\mathrm{i}} = k_{\mathrm{x}}^{\mathrm{r}}$)，折射波与入射波必然在界面法线的两侧，亦称为正折射，如图 1.4(a)所示。自然界材料及传统复合材料几乎无一例外地表现出正折射特性，以至于人们形成印象——这种正折射现象是由物理规律限制所形成的，但事实上是材料属性限制所致。

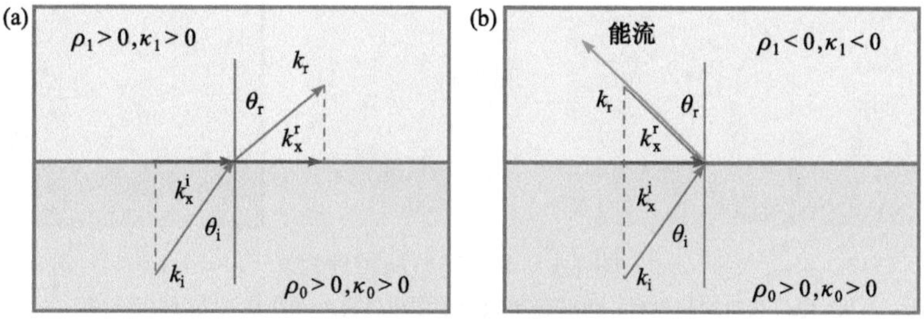

图 1.4　折射现象示意图
(a)正折射；(b)负折射

如果不考虑材料是否能够实现，假设具有这样的材料 $\rho < 0, \kappa > 0$ 或 $\rho > 0, \kappa < 0$ ，即位于材料参数空间的第Ⅱ和Ⅳ象限，显然式(1.1)无实数解，可理解为不会有行波在这样的材料中传播。当材料参数位于属性空间的第Ⅲ象限时，即 $\rho < 0, \kappa < 0$ (也称为双负介质)，则式(1.1)有实数解，波可以在这类材料中传播。为区分于第Ⅰ象限介质中波的传播，只能取式(1.2)中的负根，这意味着波传播方向和能量传播方向相反。下面考察声波从传统介质到双负介质的折射现象，沿界面波矢守恒要求折射声波要与入射声波位于界面法线同侧，如图 1.4 (b)所示，即产生了负折射现象。可以看出，如果能实现相应的双负材料，负折射现象是完全可以实现的。将材料的性质从属性空间第Ⅰ象限向其他象限拓展，将会带来许多与传统材料完全不一样的新现象。

早在 1967 年(英文翻译 1968 年出版)[4]，苏联理论物理学家 Veselago 就针对电磁材料系统研究了材料电磁性质从传统材料位于的第Ⅰ象限(由介电常量和磁导率构成的属性空间)拓展到其他象限时，电磁波在这类材料中的传播特性。他预言了许多新奇的物理现象，如平板聚焦、负折射、逆多普勒效应等。在电磁双负介质中，电场、磁场和能流矢量形成左手系，因此他也称同时具有负介电常量和

负磁导率的材料为左手材料。Veselago 的预言当时并没有引起研究者的重视，因为自然界没有介电常量和磁导率同时为负的材料。直到 20 世纪末，英国物理学家 Pendry 在研究人工电磁周期介质时发现，空气中的金属丝阵列在一定频段内可实现负等效介电常量[5]，进一步还发现相互嵌套的开口谐振环阵列可以实现负等效磁导率[6]。在此基础上，2004 年美国物理学家 Smith 课题组通过将 Pendry 提出的负介电常量和负磁导率结构进行组合，制备并实验验证了首个电磁负折射超材料[7]，如图 1.5(a)所示。这项工作正式开启了通过材料微观结构设计来获得奇异材料特性的研究，所设计的材料也称为超材料，或超构材料。超材料一般是指通过微结构而非化学组分设计，实现传统材料所无法或很难具有的属性，如图 1.5 所示的电磁、声波和弹性超材料等。

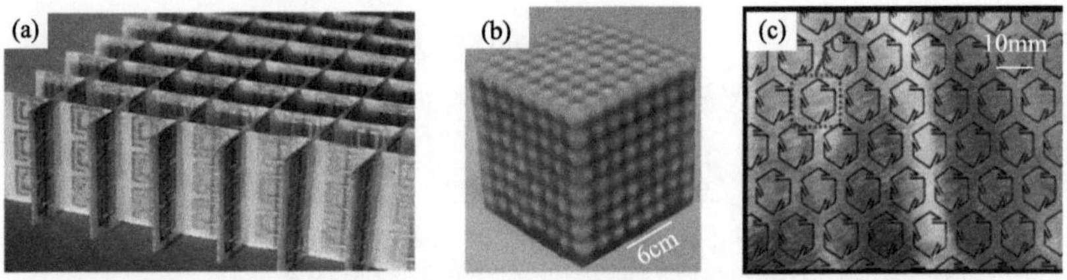

图 1.5　不同类型的超材料

(a)电磁负折射超材料；(b)声波等效负密度超材料；(c)弹性波负折射超材料

通过精心设计构成材料的微观单元(超原子)，材料属性的可达空间可以被极大地拓展(图 1.6)。由于这类材料的可设计性和所具有的奇特性质，再加上 3D 或 4D 打印技术兴起的助力，超材料很快就成为多学科交叉研究的热点。

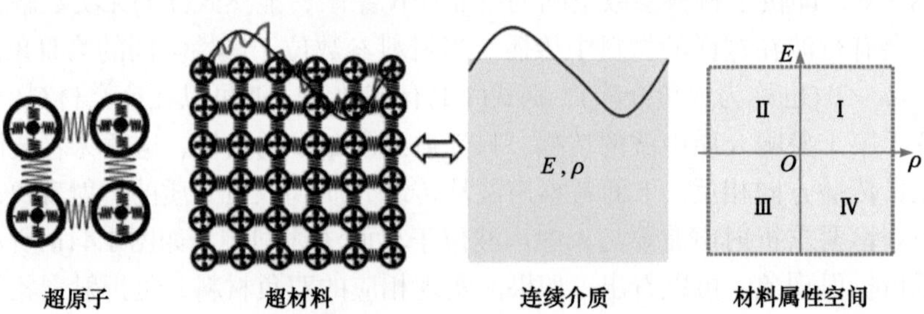

图 1.6　超材料及材料属性空间

尽管声波在介质中以纵波(粒子振动方向与波传播方向一致)的方式传播，与以横波传播的电磁波有很大的不同，但由于两者具有相同的数学结构，因此电磁波的许多结果可以直接推广到声波。2000 年，Liu 等发现将橡胶包裹的铅颗粒置于环氧树脂中形成的复合材料(图 1.5(b))可以产生波传播的低频禁带[8]，这种禁带频率比布拉格散射形成的禁带要低很多。后来他们发现这种禁带的形成是由于橡胶包裹的铅颗粒胞元局部谐振，与电磁波类似，该禁带可以通过定义负等效质量来解释[9]。2006 年，Fang 等研究表明，令腔体液体体积模量为负可以解释亥姆霍兹(Helmholtz)谐振腔谐振形成的超声波低频禁带[10]。上述两项工作开启了声波超材料的研究。

相对声波，弹性波要复杂得多，固体介质不仅支持横波，而且在界面还会发生转换，因此弹性超材料的研究进展相对缓慢但多样。按照波与材料相互作用这条主线，实现弹性超材料的关键是在固体中实现等效负剪切模量。2009 年，Zhou 等研究表明，通过四极共振(quadrupole resonance)可实现负等效剪切模量[11]。2011 年，Lai 等通过利用四相固体材料构型设计来放大四极共振，提出了一个可实现负等效剪切模量的弹性超材料模型[12]。研究表明，在材料中实现单极(monopole)、偶极(dipole)和四极(quadrupole)共振可分别实现等效负体积模量、负密度和负剪切模量，将其组合进行调制使其频率重合原则上可设计出“双负”甚至“三负”的弹性超材料。遗憾的是，在固体中实现单极和四极共振并非易事，因此需要提出新的机理。2011 年，Liu 等提出通过旋转谐振可实现负等效体积模量，旋转谐振可在固体中通过引入手性微结构实现[13]。在此基础上，Zhu 等设计并实验验证了弹性波负折射超材料[14]，如图 1.5(c)所示。

上面我们沿着电磁波、声波和弹性波三条主线分别简单介绍了超材料的部分早期工作。超材料起源于波与材料相互作用的研究，后来很快被推广到非波动载荷领域，包括热超材料[15]、力学(或机械)超材料(静态行为)[16]，以及通过有源实现的主动超材料[17,18]，对弹性矩阵缺秩设计的极端(或模式)超材料等[19]。与超材料平行发展的有关材料拓扑相研究，通过材料微结构的长程耦合作用可实现更复杂的波调控，如缺陷不敏感传播、单向传播等[20]。超材料的快速发展除了由探索新功能的好奇心驱动，以及 3D 或 4D 微结构制备技术进步的助力外，另外一个驱动力来自对波动传播控制的需求。如何通过材料属性的空间分布实现所需的波传播轨迹控制是典型的反问题。2006 年，Pendry 等[21]和 Leonhardt[22]分别独立提出了变换方法，给出了求解该反问题的一种简便直接的方法，并给出了实现电磁斗篷的材料参数分布要求。结果表明，传统材料属性很难实现复杂波传播路径的调控，需要借助超材料特别的属性才可实现。超材料由于可实现更全的属性空间，为复杂波传播控制提供了可能。

正如前文定义，超材料是通过材料微观结构(或超原子)的精心设计来实现传统材料很难具有的属性，因此建立材料微结构与宏观性能的关联是超材料设计的关键。这也是传统细观力学主要研究的内容，但这里需要考虑波动载荷环境，亦可称为动态细观力学。材料在波动载荷下的响应往往具有时空非局部的特性，即与入射波频率和波矢相关，这使得动态细观力学均匀化更为复杂，目前也是连续细观力学研究的热点问题。为了能够简化，一般情况下假设长波条件满足，则可以忽略空间非局部效应。本书将根据实验室研究成果，在长波假设的基础上重点讨论弹性超材料的机理、特性和设计方法，内容将涵盖局域谐振性超材料、模式超材料、主动超材料以及拓扑超材料等。在此基础上讨论对波传播调控的变换方法，最后将介绍弹性超材料在水声调控中的几个设计案例。下面就书中涉及内容的发展现状，进行一个简要的回顾。

1.2　声波/弹性超材料研究现状

1.2.1　声波超材料

2004 年，Li 和 Chan 通过分析软橡胶颗粒与水混合液的米氏共振(Mie resonance)，证明了可通过参数调节使单极和偶极谐振频率重合，进而构造一个声学双负介质[23]，但由于重合的频率很窄，所以实验验证存在困难。利用弹簧-质量系统(图 1.7(a))，可以通过实验清晰揭示出负等效质量的形成机理，即源于胞元的反向局域谐振，亦可进一步揭示出等效零质量系统中波无空间相位变化(即相速度无穷大)[24]。基于谐振形成的负等效参数往往局限在谐振频率附近较窄的频段内，为了克服这种窄频缺陷，Lee 等提出了利用固支的薄膜形成一维负等效质量系统的方法(图 1.7(b))[25]，当入射频率小于谐振频率时，薄膜的等效质量均为负值，因此具有宽频特性。Yao 等进一步将该机理扩展到填充的固支波导系统[26]。由于需要固支的边界条件，这样的系统与外界有着能量交换，因此本质上可以看成某种具有自调节的主动系统，如膜中的张力与入射频率相关等。利用这样的负质量系统，Lee 等再结合文献[10]提出的亥姆霍兹谐振腔负等效体积模量系统，实验上实现了声波双负超材料，并验证了声波逆多普勒效应[27,28]。2015 年，Brunet 等利用空心硅橡胶微珠颗粒与水凝胶形成的软复合材料，利用米氏共振机理在实验上也实现了声学双负介质(图 1.7(c))[29]，但该类超材料耗散比较大。

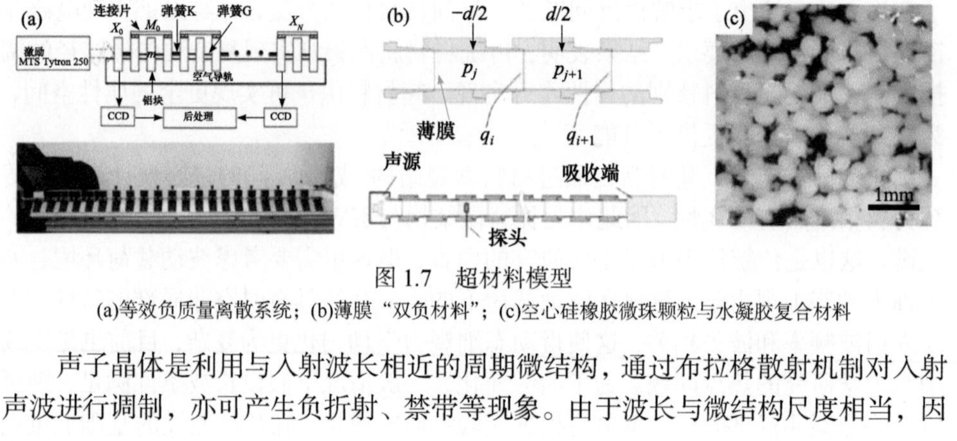

图 1.7　超材料模型

(a)等效负质量离散系统；(b)薄膜“双负材料”；(c)空心硅橡胶微珠颗粒与水凝胶复合材料

声子晶体是利用与入射波长相近的周期微结构，通过布拉格散射机制对入射声波进行调制，亦可产生负折射、禁带等现象。由于波长与微结构尺度相当，因此很难再将周期微结构等效成一个均匀的非空间频散材料，一般认为布拉格散射机制是结构效应。Liang 等提出了通过带折叠的机理来实现声波超材料的方法，他们利用迷宫结构(图 1.8(a))，通过蜷曲空间延长声波路径来对相位进行延迟，实现了低频“双负”声波超材料以及负折射[30]。这种机理的好处是不需要借助谐振机制就可以减少谐振给超材料带来的损耗。

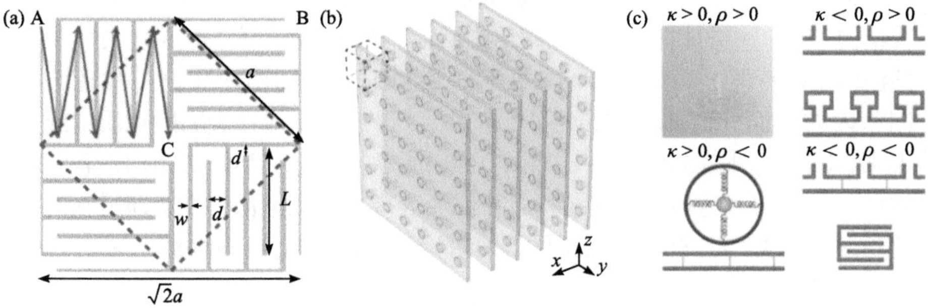

图 1.8　声波超材料模型

(a)迷宫型；(b)层状穿孔板(各向异性密度)；(c)声波超材料机理示意图

声波超材料除了前面讨论的负等效参数，如负密度、负质量或双负介质外，各向异性密度也是传统材料很难获得的一个属性，这样一类材料也可归为超材料范畴。早在 1985 年，Willis 在研究复合材料动态均匀化时，发现复合材料的动态等效质量可以由一个二阶张量的非局部算子表示[31]。这表明描述宏观动量和速度关系的动态等效质量不一定总是标量，标量质量只是描述复合材料动态性质的一个特例。Cummer 等将电磁波变换方法推广到声波时，发现实现声学斗篷需要各向异性的动态质量[32]。进一步，Torrent 等利用多重散射方法分析发现，将二维弹性圆柱阵列放置在无黏流体中，通过调节圆柱的分布，系统的等效质量可具有二阶张量性质[33]。同年，Popa 等利用数值分析的方法揭示了声学流体中夹杂的形状和含量影响了等效质量密度的各向异性程度[34]。一个简单直观的实现各向异性密度的方法是采用周期双层两相流体介质，简单的混合率可以给出垂直叠层方向和平行叠层方向的密度差别[35]。两相流体叠层实现起来较困难，可以将一层流体用穿孔板代替[36,37]，如图 1.8(b)所示。该方法可以较容易地实现空气声的各向异性密度，并且宽频有效，Popa 等利用该机理实现了二维声学地毯式斗篷实验验证。图 1.8(c)给出了关于声波超材料的不同实现机理和所对应的宏观等效材料属性[38]。

1.2.2　弹性超材料

针对机械波，Milton 等通过赋予胞元内沿相互垂直方向不同的弹簧刚度(如图 1.8(c)左下角)，给出了一个局域共振型各向异性密度的弹簧-质量模型[39]。该模型中，局域谐振机理可通过环氧树脂基体和椭圆形(二维)含铅圆柱的橡胶夹杂复合材料实现[40]，Zhu 等在板中构造上述夹杂，通过测量不同方向的波速实验验证了固体连续介质的各向异性质量模型[41]。Cheng 等利用滑动界面的机制也构建了一个宽频弱频散的各向异性质量模型[42]。在工程应用中，结构往往是由典型的梁、板和壳等基本单元构成，因此弹性超材料研究除了关注在体材料中构造微结构对波进行控制外，还重点关注梁板壳类结构。例如，Wang 等提出了可以通过双层板结构，设计一层具有局域谐振微结构层板，从而改变与之相连的另外一层板中弹性波的传播特性[43]，如图 1.9(a)所示；亦可通过在结构内雕刻出微观结构来控制面内波或面外弯曲波的传播[44]，如图 1.9(b)所示；或在表面附加质量或力的约束来影响面内外波的传播[45]，如图 1.9(c)所示。这样一类修饰结构，若将其等效成一个相同构型的均匀材料结构，往往会表现出空间频散特性，即材料的等效属性与波矢相关[46]，有关板状超材料的讨论可参见文献[47]和[48]。

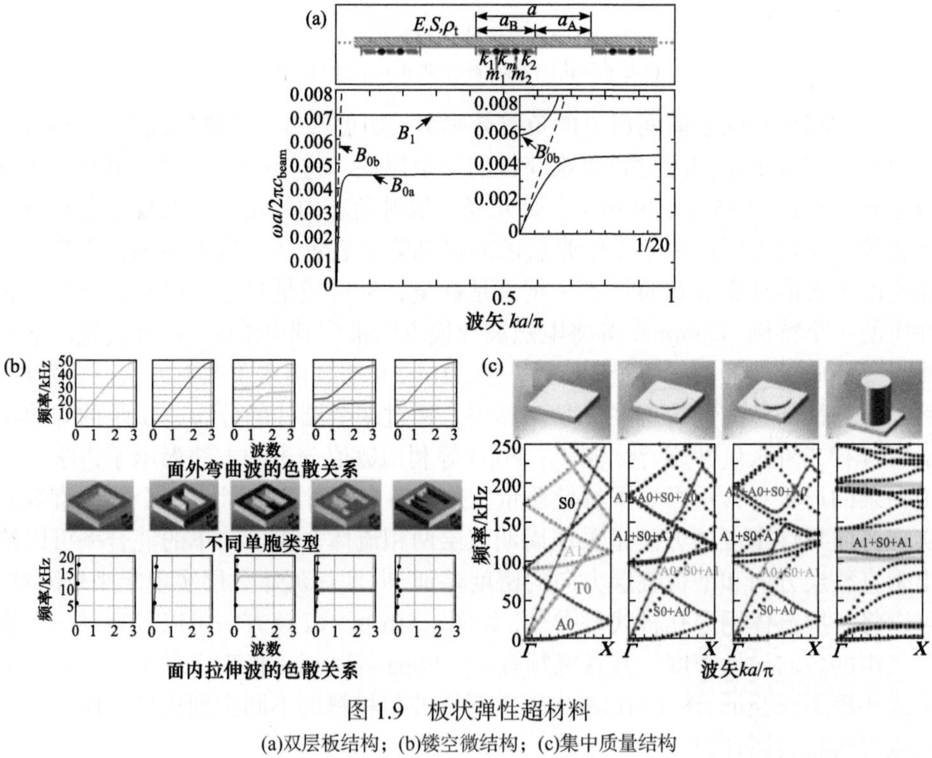

图 1.9　板状弹性超材料

(a)双层板结构；(b)镂空微结构；(c)集中质量结构

前面讨论超材料的实现机理都是通过微观结构的精心设计，使其与波相互作用来达到所预期的功能，但由于在原有结构上需要镂空或附加一些额外的质量，这将会影响结构的刚度或强度，所以很难实现所希望的宽频和低频波控制。为此发展了一种通过有源辅助的方式，结合微结构设计来实现对弹性波更为灵活的调控。将压电片与板面粘连，并通过特别设计的外部电路控制，这样可以通过施加电场来改变压电片下板的等效杨氏模量[49]。Chen 等利用该方法和负电容电流来调控梁中禁带[50]，如图 1.10(a)所示；Casadei 等利用该方法控制板波的传播并进行了实验验证[51](图 1.10(b))。

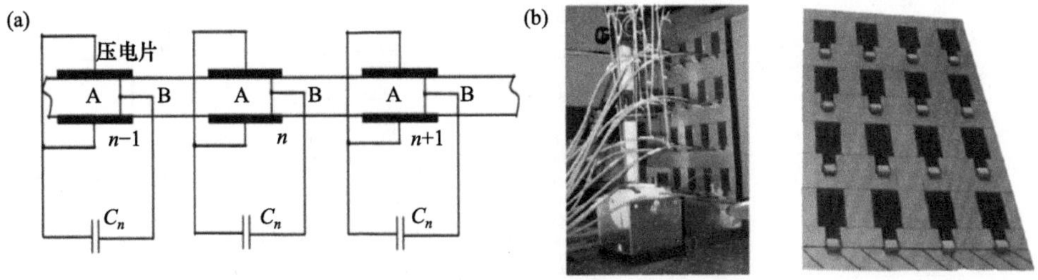

图 1.10　主动弹性超材料

(a)压电分支电路梁示意图；(b)压电分支电路板实验

除了利用电场进行有源控制外，亦可使用其他有源的方式，如磁场[52]。借助有源方法，可以大幅度提高系统对波传播的调控能力，如可实现板中弯曲波斗篷[53,54]、非互易弹性波传播等[17,18]。由于有源系统是非保守系统，如将其等效成均匀材料，则需要放弃对等效材料弹性张量大对称性的要求，即所谓的非保守系统的奇弹性理论[55]，主动超材料为研究这样一类非保守系统的弹性力学框架提供了一个很好的平台[56,57]。主动机制的使用也使可变构型或可编程弹性超材料得以发展，在板单元中嵌入两块磁铁，通过电流控制磁铁的开合形成两个状态，这样就可以控制板弯曲波的传播路径[58]，如图 1.11 所示。最近 Fang 等利用齿轮构造了一种机械超材料调控的构元，实现了超材料模量和构型的连续可调，原理如图 1.12 所示[59]。

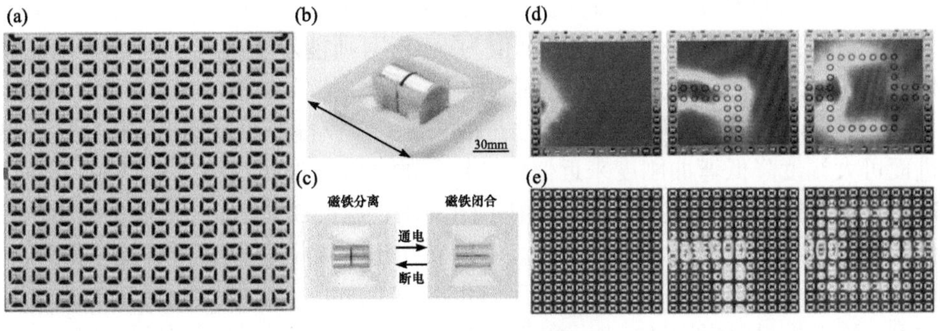

图 1.11　可编程弹性超材料

(a)12×12 个胞元构成的超材料板；(b)胞元结构；(c)胞元可实现的两个态，以及弯曲波传播；(d)实验结果；(e)数值模拟

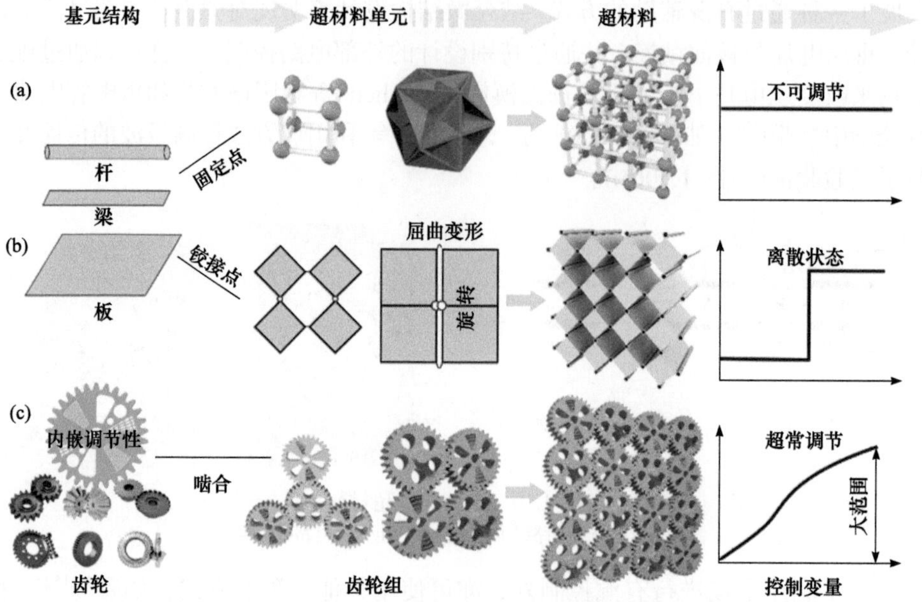

图 1.12 齿轮型模量和构型连续可调超材料

(a)传统超材料；(b)折叠可展超材料(模量和构型可实现不同状态间的可调)；(c)齿轮型连续可调超材料

1.2.3 模式超材料

1995 年，Milton 和 Cherkaev 将弹性矩阵缺秩的材料称为极端材料(extremal materials)，并根据弹性矩阵特征值为零的个数，将极端材料进行了分类，如一个特征值为零称为一模材料，两个特征值为零称为二模材料等，依此类推到五个特征值为零的五模材料[60]，以下讨论中将极端材料称为模式超材料。弹性矩阵的特征值为零意味着材料内部含有零能变形模式，也称为机构变形模式或软模式，该类材料所能承受的应力(硬模式)空间应与软模式空间相互垂直。水就是一个典型的五模材料，即弹性矩阵的五个特征值为零，并且所能承受的唯一应力模式(或硬模式)为静水压。真正的弹性矩阵特征值为零的材料需要靠理想铰来实现，但是不稳定，不过可以通过柔顺结构的方法近似实现。在铰接处通过减小梁或板的厚度进而可大幅度降低弯曲刚度来近似模拟铰接的功能。通过这种方式，2012 年，Kadic 等利用文献[60]建议的微结构(图 1.13(a))，通过 3D 打印技术制备了首个聚合物五模材料[61]，如图 1.13(b)所示。由于节点处杆非常细，所以该材料的等效剪切模量远小于其等效体积模量。随后，Hladky-Hennion 等[62]制备了一种铝基蜂窝构型二维五模材料(图 1.13(c))，实验结果表明可使其声学行为与水非常接近。基于改进的蜂窝构型，Chen 等提出了一种新的二维五模材料构型(图 1.13(d))，具有属性调节范围大、各向异性度高等优点[63]。由于五模材料可实现与水的完美匹配，还可以调节其硬模式使水声发生偏折，所以可以实现水声隐身斗篷[64]。Chen 等根据该构型设计并实验验证了水声隐身斗篷的宽频特性[65]。

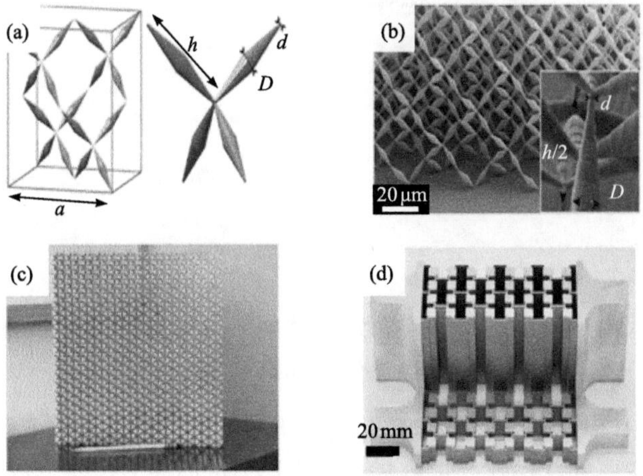

图 1.13　五模材料微结构设计

(a)三维五模材料示意图；(b)三维五模材料试样；(c)二维五模材料；(d)二维五模材料(宽频)

目前五模材料的研究相对比较成熟,但其他模式材料的研究还基本处于探索状态。拉胀材料，或泊松比为−1 的材料[66]亦可视为平面一模材料。在二维情况下，Milton 研究了一种拉胀为零的模式超材料，进一步讨论了设计二模材料的可能性[67]。材料弹性张量属性的极端特点为弹性波调控提供了更广泛的可能性。传统的固体材料由于弹性模量张量的对称性，因此有三个等频面，但模式材料由于弹性矩阵缺秩及软硬模式的丰富性，其等频面的个数和形状会与传统材料有很大的区别，甚至等频面不封闭，这些特点为弹性波的调控提供了独特的方式[68]。Wei 等利用两个硬模式相互正交的五模材料，近似构造了一种只承受相互正交的两组剪切应力的四模材料。该材料可以较为容易地形成出面剪切波，可避免流固耦合界面弹性波的模式转换[69]。模式材料的微结构设计是制约该类材料研制的瓶颈问题，设计目标涉及两个相互耦合的六维空间(一个六维软模式空间和一个六维硬模式空间)的优化问题。根据软硬模式空间的相互正交特性，Wang 等通过对桁架结构进行分析表明，材料的软模式由桁架的几何构型决定，而硬模式则由杆横截面的几何尺寸和材料决定[70]。这样将软硬模式相互耦合的问题转变为软模式和硬模式串联设计，极大地降低了优化难度。在此基础上，Cai 等发展了一套针对任意二维模式材料微结构的设计方法[71]。最近，Groß 等通过 3D 打印技术制备了只承受两组相互正交剪切应力的灯笼形状的四模材料(图 1.14(a))，并通过实验验证了该材料对弹性波极化的调控功能[72]。另外，通过模块化的折叠机制(图 1.14(b))，胡洲等构造了特殊应力状态下可重构的模式材料，并进行了制备，数值验证了其波动功能[73]。

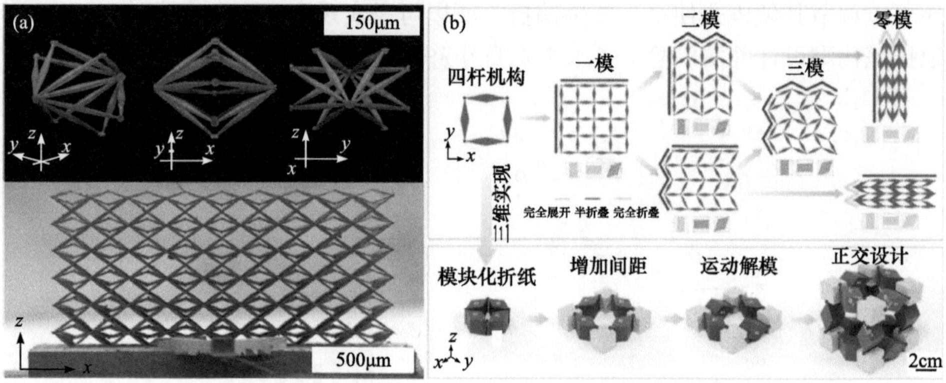

图 1.14　(a)承受两组相互正交剪切应力的四模材料；(b)利用模块化折叠机制实现模式材料的机理

模式材料由于具有机构位移模式，由其构成的结构在承载和变形方面有着独特的特点，如易变形的软模式，很容易产生变形，进而使力传递形成长程关联性[74]。由于这类材料的结构-功能-材料是融合为一体的，这为反问题的研究(如给定结构变形和承载模式，如何设计所需的模式材料属性分布和对应的微观结构)提供了很好的平台。此外，模式材料也为发展新的连续介质力学框架提供了很好的研究对象[75]。

1.2.4　弹性拓扑绝缘体

拓扑绝缘体(topological insulator)是近四十年来凝聚态物理领域备受关注的方向，其单向、无损耗传输等新奇特性具有宽阔的应用前景。这些源于量子波动系统的性质很快被推广到电磁、声波和弹性波等系统，为经典波的调控与设计提供了新的思路和手段。陈毅等对弹性波领域拓扑绝缘体的研究进行了较全面的总结[20]，这里将按照文中的思路，对弹性波拓扑绝缘体进行简要的概述与补充。以下讨论中也将拓扑绝缘体称为“拓扑材料”(topological materials)，它是一种由材料微结构整体决定的一种性质，可由数学中的拓扑不变量或拓扑数来进行刻画。

拓扑学(topology)是数学中的一个重要分支[76]，是描述几何体或抽象的数学对象在连续变化时保持不变的特性。如图 1.15(a)所示，球形橡皮泥和饼状橡皮泥均不包

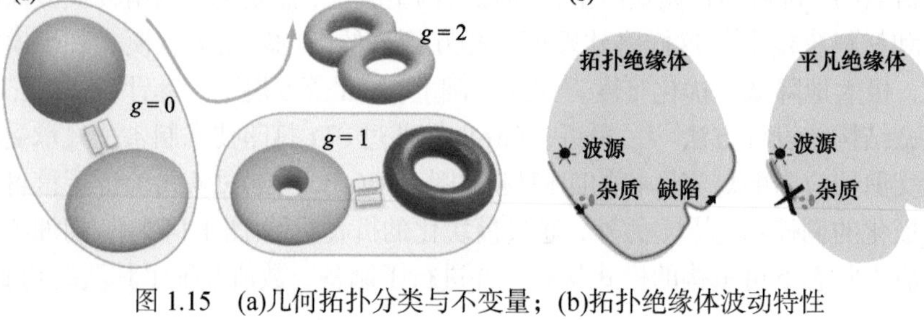

图 1.15　(a)几何拓扑分类与不变量；(b)拓扑绝缘体波动特性

含孔洞，它们在几何上是拓扑等价的，即可通过挤压橡皮泥，在不产生新孔洞的前提下使两者之间相互转换。如果在挤压过程中将橡皮泥撕裂，进而产生新的孔洞，则几何拓扑将发生改变，如产生 1 个孔洞得到的几何体将与甜甜圈拓扑等价，等等。

几何体在连续光滑变化时的拓扑不变量可根据微分几何中的高斯-伯内特定理(Gauss-Bonnet theorem)计算

$$g = \frac{1}{2\pi}\iint_{\partial\Omega} K\,\mathrm{d}s \tag{1.4}$$

其中，K 代表几何体局部的高斯曲率；$\partial\Omega$ 为其边界；g 为该几何体的拓扑数(topological number)或拓扑不变量(topological invariant)。任意光滑几何体在光滑连续变化时，g 是严格的正数，且不发生变化。只有几何体出现撕裂等不连续变化时，其拓扑数才会发生改变。拓扑绝缘体只在其边界导电，且这种导电特性是一种受拓扑保护的特性，即材料或系统参数光滑连续变化时不会受到影响(图 1.15(b))。而普通的绝缘体在内部和边界上均不能导电，且容易受到杂质、缺陷等影响。

20 世纪 80 年代，德国物理学家 von Klitzing 等测量了二维电子材料在外加横向磁场时的边界导电性，发现材料导电系数为基本量 e^2/h 的精确整数倍[77]，其中 e 是电荷，h 为普朗克(Planck)常量。导电系数随外磁场强度的增加呈台阶状突变，即表现出精确量子化现象，并且对边界缺陷等参数变化不敏感，这即为经典的“整数量子霍尔效应”(integer quantum Hall effect)[78]。von Klitzing 也因发现这一奇特的物理现象，获 1985 年诺贝尔物理学奖。

随后，许多学者从不同的视角对整数量子霍尔效应的物理机制进行了研究[79-82]。1982 年，Thouless 等给出了上述整数量子霍尔效应与拓扑学最接近的解释，他们从理论上揭示了电导与系统体态之间的关系，并给出了导电系数的计算公式[80]

$$\sigma_{\mathrm{H}} = n_{\mathrm{H}}\frac{e^2}{h} \tag{1.5}$$

$$n_{\mathrm{H}} = \frac{1}{2\pi}\sum_i \iint_{\mathrm{1BZ}} \mathrm{d}k^2 \iint i\left(\frac{\partial \overline{u}^i(\boldsymbol{k},\boldsymbol{r})}{\partial k_1}\cdot\frac{\partial u^i(\boldsymbol{k},\boldsymbol{r})}{\partial k_2} - \frac{\partial u^i(\boldsymbol{k},\boldsymbol{r})}{\partial k_1}\cdot\frac{\partial \overline{u}^i(\boldsymbol{k},\boldsymbol{r})}{\partial k_2}\right)\mathrm{d}r^2 \tag{1.6}$$

其中，i 为能带编号；$u^i(\boldsymbol{k},\boldsymbol{r})$、$\overline{u}^i(\boldsymbol{k},\boldsymbol{r})$ 分别为第 i 支能带上波矢 $\boldsymbol{k}$ 对应的布洛赫模态(Bloch mode)和其复共轭。求和符号针对费米能级以下所有能带，积分区域 1BZ 为第一布里渊区(first Brillouin zone)。他们证明 n_{H} 是一个精确的整数，是反映系统是否具有整数量子霍尔效应的拓扑数。积分公式(1.6)与拓扑学中的第一陈[省身]类(first Chern class)相关[83]，因此该拓扑数又被称为陈数(Chern number)。可以利用陈数对材料进行分类，如果陈数为零，则为普通绝缘体，否则为拓扑绝缘体，或更具体地称为陈绝缘体(Chern insulator)。拓扑数是材料的体态性质，而量子霍尔效应却是材料的边界特性。拓扑绝缘体的重要特性是，其体态性质可以决定边界的导电性质，即著名的体-边对应关系(bulk-edge correspondence)[84]：在陈数不等的两个绝缘体组成的界面上，存在与两个绝缘体拓扑数之差数量相等的拓扑界面态，电子波可不受界面上微小缺陷的干扰而单向传播。

量子霍尔效应需要外部强磁场打破系统的时间反演对称性。1988 年，美国物理学家 Haldane 提出了一个仅包含内部磁链的二维模型[81]，该系统也打破了时间反演对称性。2005 年，Kane 等又进一步发现了量子自旋霍尔效应(quantum spin Hall effect)[85]。之后，还发现了量子谷霍尔效应(quantum valley Hall effect)，能够在不需要打破时间反演对称性的条件下实现拓扑相变[86,87]。这三类拓扑波动现象在二维体系中被研究得最广泛，相应的拓扑绝缘体分别称为霍尔绝缘体(Hall insulator 或 Chern insulator)、自旋霍尔绝缘体(spin Hall insulator)和谷霍尔绝缘体(valley Hall insulator)。Thouless、Haldane 和 Kosterlitz 也因为对拓扑相变现象的深刻理解，获 2016 年诺贝尔物理学奖。

拓扑绝缘体最早在量子波系统中被发现，但其拓扑性质主要与波动行为相关，而量子特性并不是该现象的必要条件。如图 1.16(b)红色和蓝色线所示，由于倒格空间的周期性，菱形布里渊区四条边两两等价，将对应边拼接起来后，布里渊区在几何上与圆环表面拓扑等价。因此式(1.6)中的积分区域等价于封闭圆环曲面，但积分对象并不是二维圆环曲面本身，而是曲面上的 Bloch 模态场，是一个更抽象的数学对象，也被称为贝里曲率(Berry curvature)，是用来刻画曲面上 Bloch 模态内在性质的物理量。

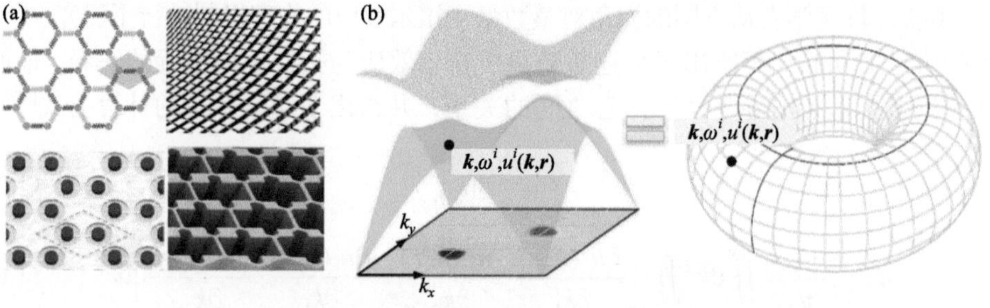

图 1.16 (a)二维周期系统；(b)布里渊区与圆环表面拓扑等价

材料的拓扑特性来源于电子 Bloch 模态的内在特性。由于经典波动领域的周期介质，如光子、声子晶体和弹性周期介质等，也有相对应的 Bloch 波模态，因此，拓扑绝缘体的概念可自然地拓展到经典波领域。近十年来，电磁波、声波拓扑绝缘体得到了快速的发展[88,89]。由于弹性波通常耦合有横波与纵波，理论描述更为复杂，因此弹性波拓扑绝缘体的相关进展较少。但是，弹性波的复杂性也同时蕴含着更多可能性，如弹性体表面的瑞利波就有类似赝自旋(pseudo spin)的效应，可用于更便捷地设计出类自旋霍尔绝缘体[90]。此外，弹性结构中常见的梁、薄板等弹性波导也提供了丰富的弹性拓扑绝缘体的研究平台[91-96]。将量子拓扑现象拓展到经典波领域，不仅可提升现有波动调控设计的能力，也为探索量子拓扑现象提供了新的可观测平台。近期研究发现，打破无带隙边缘能带的拓扑相,可在其带隙内生成体极化(bulk polarization)的高阶拓扑相(higher-order topological phase)[97]，即所谓的角态高阶拓扑绝缘体[98]。另外，从数学上，整数量子霍尔效应可扩展至任意维度，受实际空间维度限制(小于等于三维)，拓扑态至多存在于三维动量空间。可以通过在系统哈密顿量中引入与空间坐标地位等价的一些广义参数，在绝热近似(adiabatic approximation)下将其视为独立自由度，从而为拓扑超材料设计引入人工维度。可以借助于真实空间维度和人工维度组成合成空间(synthetic space)，在较低的几何维度研究更高维度的拓扑波动现象[99,100]。最后，多稳态系统中出现的孤立子、麦克斯韦桁架中的零能模式这类静态拓扑现象[101,102]，也成为近期研究的热点。

1.2.5　超材料设计的动态均匀化方法

超材料设计的关键是建立材料微观结构与宏观等效性能之间的关联，这也是细观力学研究的主要内容[2]。针对静态载荷，基于 Eshelby 夹杂理论发展起来的细观力学方法，已能较为准确地预测夹杂的形状和含量对复合材料宏观性能的影响[103]。但在波动载荷条件下，材料微结构与波长的相对关系使得复合材料均匀化理论比静态情形复杂得多。如图 1.17 所示，波动现象的研究根据波长与微结构的尺度关系可以分为三个区域。在波长远大于微结构尺寸的低频区域，波传播是非频散的，并且能够由准静态性质表征。在这一区域，经典的细观力学方法取得了长足的发展并形成了较为统一的方法体系[2,103]。在高频区域，波长与微结构尺度相当(或相比较小)时，波传播现象的主体是非均质材料界面间的散射，不再适合均匀化描述。而在中间的很大一部分区域，材料被认为可以均匀化但又必须准确考虑时间与空间频散、禁带等效应，称之为动态均匀化。长期以来，动态均匀化在等效原理、数学方法及宏观表征上并没有形成统一认识，同时弹性超材料的出现又提出了新的研究对象和问题。

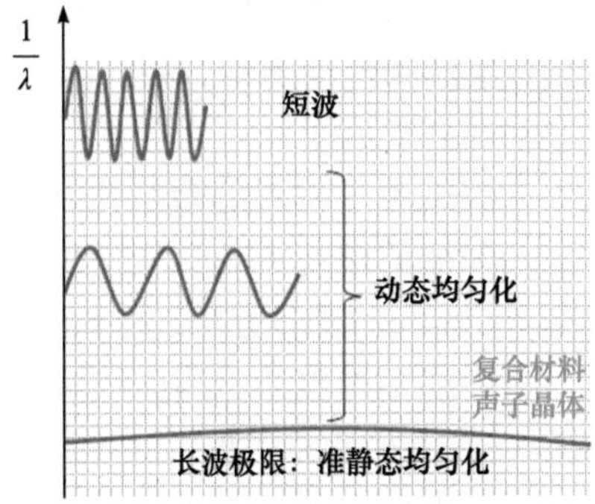

图 1.17　均质化的不同区域示意图

参数反演是确定超材料等效材料的一种常用方法，其基本思想是首先假设超材料宏观等效本构的形式，然后通过对含微结构材料和相应宏观等效均质材料的响应(透射、反射等)进行计算，使两者一致，进而反求出宏观等效本构中的参数。

为了简化分析，一般将非均质和宏观等效材料放到波导里进行计算。最早 Smith 等[104]利用该方法计算了电磁超材料的等效参数，Fokin 等[105]将其用到声波超材料等效参数的反演，最近 Cheng 等利用参数反演方法来确定非互易 Willis 介质宏观等效本构参数[106]。参数反演方法简单，便于使用，但反演的参数往往与试样的厚度有关，并存在多值问题。另外需要事先假设宏观等效本构的具体形式，因此物理机制不明确。

动态均匀化的一类标准方法是基于多尺度摄动展开，最早由 Bensoussan 等[107]和 Sanchez-Palencia[108]应用于准静态均质化的研究。该理论引入空间快-慢变量，通过求解不同阶数上的摄动展开方程，进而获得关于宏观慢变量的均匀化描述。基于摄动理论，一个自然的方法是考虑高阶展开项来扩大其频率适用范围[109-111]。Fish 等进一步引入在空间和时间上的尺度分离，针对一维层状结构导出了宏观的四阶波动方程，能够更准确地描述色散效应[112]。但上述高阶项修正方法本质上是基于长波低频极限展开，因此单纯提高阶数只能对声学支逼近，无法处理高频光学模式。为此 Craster 等[113]以及 Nolde 等[114]考虑将摄动方法在带结构上的高频驻波点附近展开，提出了高频摄动均匀化理论。Martinsson 等[115,116]提出了一种基于傅里叶(Fourier)空间的展开方法，其主要思路是将周期结构的离散动力学差分方程通过离散傅里叶变换转换为频域空间的连续方程并进行级数展开，最后通过逆变换导出物理空间中具有相应阶数的微分方程。Gonella 等[117]在此基础上研究了二维周期梁结构的均匀化模型，讨论了不同近似阶数下动态均匀化对色散规律的近似精度。此类方法缺乏明确的宏细观过渡关系和能量等效原理，难以应用于分析弹性超材料的微观机制。此外，高阶摄动方法导出的宏观方程通常形态各异，不是标准的弹性动力学方程，这给材料宏观等效性质的定义、边界条件确定以及求解都带来了不便。

色散来源于材料的微结构，另一类更好地反映材料色散特性的均质化思路是引入附加的宏观运动学变量来增强对微结构影响的描述能力。Vasiliev 等提出多胞(multi-cell)展开方法，主要思想是以包含几个基本单胞的复合胞元为研究对象，在描述结构整体响应(声学模式)的宏观变量基础上，增加描述局部变形(光学模式)的运动变量[118]。Liu 等在宏观位移之上附加一个宏观变量所决定的局部线性场来近似微观运动，并基于边界平均连续性条件和微观动量方程导出宏观均匀化运动方程来描述弹性超材料响应[40]。实际上，将非均匀介质宏观等效为有严格体系的微极、微态或应变梯度等高阶连续介质也可以归为这一类方法。例如，Suiker 等[119]通过泰勒(Taylor)展开将含旋转构元的周期弹簧-质量系统等效为微极介质，能在长波下对声学支和光学支给出较好近似。微态理论由于引入描述微结构的新自由度，可以更好地描述材料的色散特性[3]，Madeo 等[120]和 Alberdi 等[121]的研究工作表明，Neff 等[122]发展起来的松弛(relaxed)微态理论能够利用均匀介质模型描述超材料频散曲线中的禁带。上述引入额外自由度的均匀化方法本质上是非局部的，其宏观运动变量的物理意义明确，有能力对超材料的色散行为进行描述。但其宏观变量的选择随意性大，导出的宏观波动方程具有很大的随意性，因此更适合于多尺度结构计算，而不适用于材料宏观等效性质表征。

超材料的出现为动态均匀化理论提出了新的要求。当前声波/弹性超材料的表征主要是类比电磁超材料有效性质定义在柯西介质的框架下进行，有效性质的计算往往针对特定类型材料适用，并不系统。应用比较广泛的是基于低阶散射系数等价的相干势近似(CPA)和其他衍生方法[123,124]，但只能用于简单柱形和球形构型。对于复杂微结构，多采用胞元解析或数值解结合的场平均方法[125]。鉴于超材料的设计和制备技术，微结构尺度与宏观波长通常不满足长波极限假设[126, 127]，要求宏观性能等效时考虑非局部效应。此外，声波/弹性超材料的张量型密度超出了传统弹性介质的范畴，尽管可以从形式上直接将各向异性密度引入柯西弹性波方程，但仍有必要从基本理论上为之寻找一个合适的动态均匀化框架。目前 Willis 介质理论框架[128]具有明确的宏细观过渡关系，在时间和空间上具有非局部特性，原则上适用于宽频和亚波长条件。该理论框架还适用于非互易和非保守系统[129,130]，更重要的是 Willis 介质本构适用于弹性变换理论，能够实现对弹性波的完美调控[131]。然而遗憾的是，Willis 介质本构由于其时空非局部性，建立其微观结构与宏观性质的关联十分困难，目前只在一些简单的情况，如一维问题上取得了一些进展[132]。

1.3　声波/弹性超材料的应用

1.3.1　变换方法

如前所述，超材料扩展了材料属性可达的空间，这为利用该类材料对波传播进行调控提供了可能。2005 年，Alù 等通过将球形或圆柱形介电材料用电磁超材料包裹，分析发现通过调节几何和电磁超材料属性，可以大幅度降低复合体的电磁波散射截面[133]，该工作为利用超材料开展波的隐身打下了基础。随后 Zhou 等的研究工作表明，上述机理在于形成中性夹杂[134]，即对周围介质扰动的主要阶次系数为零[103]，并将该概念推广到声波和弹性波[135,136]。该方法主要适用于长波入射情况，随着入射波长减小，高阶散射的影响不能忽略。如要放弃长波假设实现波传播的完美隐身，则需要利用所谓的坐标变换方法。

介质的分布能够改变空间的度量，古老的费马原理就用到了这一性质[137]。在光学上，该原理指出最短光程取决于介质的折射率分布，非均匀媒介使光沿曲线传播。2006 年，Pendry[21]和 Leonhardt[22]同时针对电磁波和光波建立了变换电磁学理论，由此提出了电磁隐身斗篷的设计构想并借助超材料技术得以实现[138]。坐标变换方法的提出为系统地、有意识地利用非均匀材料对物理场进行控制提供了巧妙的方法。坐标变换理论的思想是将物理空间波传播路径(图 1.18(b))理解为从一个虚拟的空间(图 1.18(a))变换而来，将空间变换的作用等价地解释为材料的各向异性和空间分布，从而实现对波传播的任意操控设计(图 1.18(c))。变换方法的必要条件是波动方程满足变换形式不变性。2007 年，Cummer 等[139]与 Chen 等[140]通过与电磁波方程类比证明声波方程具有形式不变性，从而将变换方法推广到声波的调控设计，形成了变换声学理论。基于变换方法的声波控制要求材料为非均匀声学流体，且密度为各向异性张量。由于方程形式不变且具备一定的材料基础，变换声学理论从变换形式、设计优化到实验验证方面均取得较多成果。由于变换理论的普适性，除电磁和声波领域外，该方法也被拓展到热传导[141]、流体表面波[142]、物质波[143]等其他物理现象。

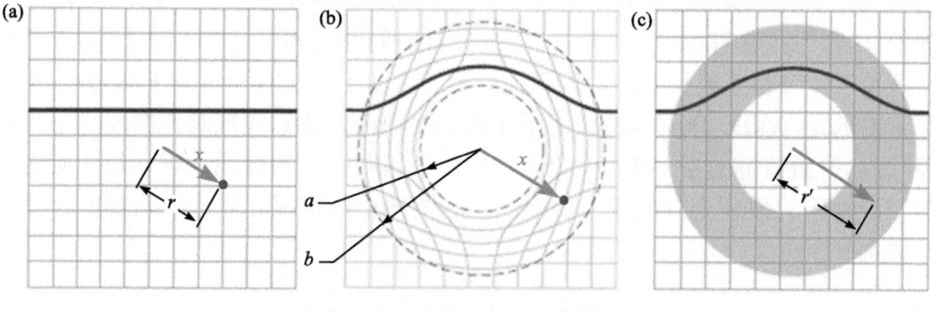

图 1.18　变换方法基本原理

(a)虚拟空间；(b)坐标变换；(c)材料实现

Hu 等[144,145]通过求解拉普拉斯(Laplace)方程来构造不规则映射，给出设计任意形状完美电磁和声学隐身斗篷及变换介质的方法。为了便于变换器件的制备，减少使波传播路径偏折所需的材料强各向异性，Li 等[146]提出可通过实现近似保角变换，设计准各向同性变换介质的思路。Chang 等[147]进一步证明通过求解拉普拉斯方程和滑动边界所构造的映射，给出了具有近似保角的特性，并给出了一般性设计准各向同性变换介质的方法。

与电磁波变换不同，声波变换可以有不同形式，这使得其调控方式更加丰富。Norris 证明声波方程在坐标变换后可与五模材料的波动方程形式一致[148]。Chen 等对圆柱形五模材料声学斗篷实现了可行的微结构设计，并进行了实验验证[63,65]。在弹性波领域，变换理论的应用尝试很早就已开始。尽管很多概念仍然可以借鉴，但由于弹性介质本身 P-S 波相互耦合和能量交换的复杂性，研究进展相对缓慢。2006 年，Milton 等[131]证明传统弹性波方程变换后在一般情况下不能维持原有的形式，即变换之后的动力学方程不与柯西介质的方程相对应，而与 Willis

介质相对应。由于这一根本障碍，在柯西介质的框架下，弹性波变换只能应用于一些特定构型或者近似波动控制。Farhat 等[149]证明了薄板的双调和形式波动方程在坐标变换下能够保持形式不变，因此坐标变换方法可用于板波的控制，进而利用夹层材料给出了板波隐身斗篷的微结构实现，并进行了实验验证[150,151]。Hu 等通过局部仿射变换发现仅保留变换后弹性波方程中与柯西介质吻合的部分而忽略多余项时，能够对高频弹性波进行较好的控制，但低频时控制效果显著降低[152]。

协变位移映射并非弹性波变换的唯一方式。若在变换中位移采用等分量映射，则方程变换后的形式与柯西介质波动方程一致[153,154]，但弹性张量将丧失小对称特性，这意味着如果弹性介质能够扩展为允许应力应变非对称，则也能够实现弹性波的完美变换。近年来，通过主动的方式施加外力矩可实现剪切不互等[155]，或通过微结构的精确设计利用内部微结构的旋转惯性也可以实现剪切非互等[156]，两种方式都通过面内弹性波斗篷进行了数值或实验验证。实现非对称超材料的另外一种思路是利用预应力机制。根据 small-on-large(大变形上的小扰动)理论[157]，超弹性材料在大变形基础上的小扰动波动方程在形式上与非对称介质一致。Norris 等[158]通过该方法给出了非对称介质圆柱形隐身斗篷的设想，指出预应力方法实现弹性波完美调控需要特殊的半线性(semi-linear)超弹性本构。Guo 等[159]通过对二维含扭簧的弹簧-质量阵列分析表明，在适当的参数下材料宏观上可以表现出半线性超弹性本构行为，并通过设计面内弹性波斗篷进行了数值验证。

1.3.2 其他应用

1.3.1 节介绍的变换方法给出了声波和弹性波传播路径控制的设计方法，利用该方法原则上可以设计出不同功能的变换器件，器件最终能否实现取决于所需的极端材料属性能否实现和是否便于制备。利用变换方法设计的波隐身斗篷，可诱导波绕过被隐身物体，进而消除前向和后向散射[65]，在降低目标散射特性和波隐身方面具有一定的应用前景。除隐身外，控制波的任意绕射对地震波预防也有潜在应用。通过在地表层构造一些微结构，可以诱导地震波远离建筑物，起到防震减灾的作用[160]，如图 1.19(a)所示。亦可通过地表的植树(如森林)，对地震表面波形成带隙，起到阻隔的作用[161,162]。另外，还可以在建筑周围或地基上构造一些局域共振结构，利用谐振产生的带隙阻隔地震波[163,164]，如图 1.19(b)所示。

在工程结构如梁、板中布置一些局域谐振单元，通过局域单元的反向谐振可达到抑制振动的效果，并且抑制的频率可通过改变谐振单元谐振频率进行调节[165]。但由于谐振单元只在谐振频率附近起作用，因此往往是窄频的。可以选择不同谐振胞元进行组合来扩宽工作频率，但这会以增加重量为代价。从结构失稳发展起来的准零刚度概念[166]，进一步集成到准零刚度超材料胞元的设计，可实现

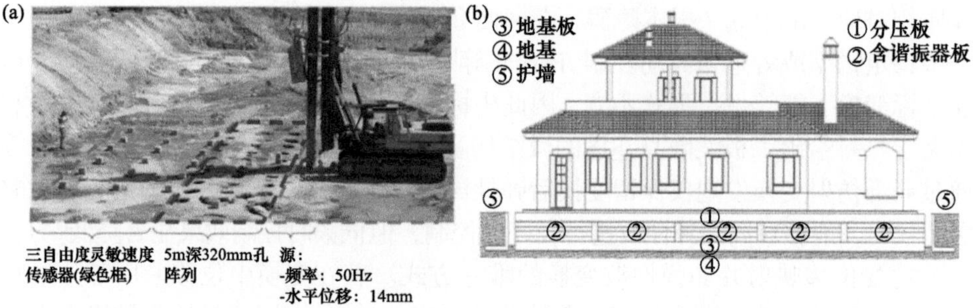

图 1.19　(a)在地表打入一些圆柱形桩体，可形成带隙，阻隔地震表面波传播；(b)建筑地基减振设计

极低频率和宽频的隔振效果[167]。准零刚度胞元往往只适用某一设定的静态载荷，如果隔振结构所使用的环境静载不确定或有较大的变化，则需要将适用不同静载荷的准零刚度胞元进行组合。Zhang 等[168]利用上述方法，提出了可编程准零刚度超材料的概念，并被进一步拓展为水下承压隔声材料设计[169]。水下隔声技术也是催生新材料的领域，由于水的阻抗与固体金属材料大约在一个量级，因此阻隔低频水声需要厚重的材料和结构。例如阻隔 20dB 的 100Hz 声波，在空气中只需 2mm 钢板，而在水中则需要 6m 厚的钢板。低阻抗材料具有很好的水下隔声性能(如空气)，但承压性能差，这是因为阻抗和模量具有正相关性。通过引入各向异性，可打破这种正相关性，实现低阻抗和耐压优化的水下隔声材料[170,171]。

传统空气吸声材料一般采用多孔介质，声波引起的振动与多孔介质孔壁摩擦，将动能转化成热进而达到吸声的效果[172]。将多孔介质的孔隙率、孔的形状和排布进行设计，可以达到最优的吸声效果。例如，Cai 等[173]的研究表明，孔径为两倍边界层厚度的微点阵材料具有最优的吸声系数。此外，Cai 等[174]将法布里-珀罗(Fabry-Perot，F-P)吸声管路卷曲在平面空间内，可针对一个频率实现完美的低频吸声。系统地研究不同 F-P 谐振吸声管路组合的最优吸声效果，由 Yang 等[175]根据因果律给出。谐振吸声管路也可以由薄膜和背腔结构代替，但背腔是必需的，因为薄膜结构(包括加一些修饰质量)的吸声系数不能超过 50%[176]。

超材料可以实现零折射率或负折射率，凋落波在该类材料中会被无损或放大传播，参与远处成像，因此可以实现超分辨成像[177]。该机理首先在光学成像中得到了实验验证[178]，并很快被推广到声波[179]。此外，将弹性超材料用于结构的健康检测，也是弹性超材料一个有趣的应用方向[180,181]。

参考文献

[1] Segev M, Bandres M. Topological photonics: where do we go from here[J]. Nanophotonics, 2021,

10(1): 425-434.
[2] 胡更开, 郑泉水, 黄筑平. 复合材料有效弹性性质分析方法[J]. 力学进展, 2001, 31(3): 361-393.
[3] Eringen A. Microcontinuum Field Theories. I. Foundations and Solids [M]. New York: Springer, 1999.
[4] Veselago V. The electrodynamics of substances with simultaneously negative values of ε and μ[J]. Soviet Physics Uspekhi, 1968, 10(4): 509-514.
[5] Pendry J, Holden A, Stewart W, et al. Extremely low frequency plasmons in metallic mesostructures[J]. Physical Review Letters, 1996, 76(25): 4773-4776.
[6] Pendry J, Holden A, Robbins D, et al. Magnetism from conductors and enhanced nonlinear phenomena[J]. IEEE Transactions on Microwave Theory and Techniques, 1999, 47(11): 2075-2084.
[7] Smith D, Pendry J, Wiltshire M. Metamaterials and negative refractive index[J]. Science, 2004, 305(5685): 788-792.
[8] Liu X, Zhang X, Mao Y, et al. Locally resonant sonic materials[J]. Science, 2000, 289(5485): 1734-1736.
[9] Liu Z, Chan C, Sheng P. Analytic model of phononic crystals with local resonances[J]. Physical Review B, 2005, 71(1): 014103.
[10] Fang N, Xi D, Xu J, et al. Ultrasonic metamaterials with negative modulus[J]. Nature Materials, 2006, 5(6): 452-456.
[11] Zhou X, Hu G. Analytic model of elastic metamaterials with local resonances[J]. Physical Review B, 2009, 79(19): 195109.
[12] Lai Y, Wu Y, Sheng P, et al. Hybrid elastic solids[J]. Nature Materials, 2011, 10(8): 620-624.
[13] Liu X, Hu G, Huang G, et al. An elastic metamaterial with simultaneously negative mass density and bulk modulus[J]. Applied Physics Letters, 2011, 98(25): 251907.
[14] Zhu R, Liu X, Hu G, et al. Negative refraction of elastic waves at the deep-subwavelength scale in a single-phase metamaterial[J]. Nature Communications, 2014, 5(1): 1-8.
[15] Li Y, Li W, Han T, et al. Transforming heat transfer with thermal metamaterials and devices[J]. Nature Reviews Materials, 2021, 6(6): 488-507.
[16] 尹剑飞, 蔡力, 方鑫, 等. 力学超材料研究进展与减振降噪应用[J]. 力学进展, 2022, 52(3): 1-78.
[17] Wang Y, Wang Y, Wu B, et al. Tunable and active phononic crystals and metamaterials[J]. Applied Mechanics Reviews, 2020, 72(4): 040801.
[18] Nassar H, Yousefzadeh B, Fleury R, et al. Nonreciprocity in acoustic and elastic materials[J]. Nature Reviews Materials, 2020, 5(9): 667-685.
[19] 陈毅, 刘晓宁, 向平, 等. 五模材料及其水声调控研究[J]. 力学进展, 2016, 46(1): 382-434.
[20] 陈毅, 张泉, 张亚飞, 等. 弹性拓扑材料研究进展[J]. 力学进展, 2021, 51(2): 189-256.
[21] Pendry J, Schurig D, Smith D. Controlling electromagnetic fields[J]. Science, 2006, 312(5781): 1780-1782.
[22] Leonhardt U. Optical conformal mapping[J]. Science, 2006, 312(5781): 1777-1780.

[23] Li J, Chan C. Double-negative acoustic metamaterial[J]. Physical Review E, 2004, 70(5): 055602.
[24] Yao S, Zhou X, Hu G. Experimental study on negative effective mass in a 1D mass-spring system[J]. New Journal of Physics, 2008, 10(4): 043020.
[25] Lee S, Park C, Seo Y, et al. Acoustic metamaterial with negative density[J]. Physics Letters A, 2009, 373(48): 4464-4469.
[26] Yao S, Zhou X, Hu G. Investigation of the negative-mass behaviors occurring below a cut-off frequency[J]. New Journal of Physics, 2010, 12(10): 103025.
[27] Lee S, Park C, Seo Y, et al. Composite acoustic medium with simultaneously negative density and modulus[J]. Physical Review Letters, 2010, 104(5): 054301.
[28] Lee S, Park C, Seo Y, et al. Reversed Doppler effect in double negative metamaterials[J]. Physical Review B, 2010, 81(24): 241102.
[29] Brunet T, Merlin A, Mascaro B, et al. Soft 3D acoustic metamaterial with negative index[J]. Nature Materials, 2015, 14(4): 384-388.
[30] Liang Z, Li J. Extreme Acoustic metamaterial by coiling up space[J]. Physical Review Letters, 2012, 108(11): 114301.
[31] Willis J. The non-local influence of density variations in a composite[J]. International Journal of Solids and Structures, 1985, 21: 805-817.
[32] Cummer S, Schurig D. One path to acoustic cloaking[J]. New Journal of Physics, 2007, 9: 45.
[33] Torrent D, Sánchez-Dehesa J. Anisotropic mass density by two-dimensional acoustic metamaterials[J]. New Journal of Physics, 2009, 10(2): 023004.
[34] Popa B, Cummer B. Design and characterization of broadband acoustic composite metamaterials[J]. Physical Review B, 2009, 80(17): 174303.
[35] Torrent D, Sánchez-Dehesa D. Acoustic cloaking in two dimensions: a feasible approach[J]. New Journal of Physics, 2008, 10(6): 063015.
[36] Popa B, Zigoneanu L, Cummer A. Experimental acoustic ground cloak in air[J]. Physical Review Letters, 2011, 106(25): 253901.
[37] Popa B, Wang W, Konneker A, et al. Anisotropic acoustic metafluid for underwater operation[J]. The Journal of the Acoustical Society of America, 2016, 139(6): 3325-3331.
[38] Cummer S, Christensen J, Alù A. Controlling sound with acoustic metamaterials[J]. Nature Reviews Materials, 2016, 1(3): 1-13.
[39] Milton G, Willis J. On modifications of Newton's second law and linear continuum elastodynamics[J]. Proceedings of the Royal Society A, 2007, 463(2079): 855-880.
[40] Liu A, Zhu R, Liu X, et al. Multi-displacement microstructure continuum modeling of anisotropic elastic metamaterials[J]. Wave Motion, 2012, 49(3): 411-426.
[41] Zhu R, Liu X, Huang G, et al. Microstructural design and experimental validation of elastic metamaterial plates with anisotropic mass density[J]. Physical Review B, 2012, 86(14): 144307.
[42] Cheng Y, Zhou X, Hu G. Broadband dual-anisotropic solid metamaterials[J]. Scientific Reports, 2017, 7(1): 1-7.
[43] Wang G, Wen X, Wen J, et al. Two dimensional locally resonant phononic crystals with binary structures[J]. Physical Review Letters, 2004, 93(15): 154302.

[44] Zhu R, Huang G, Huang G, et al. Experimental and numerical study of guided wave propagation in a thin metamaterial plate[J]. Physics Letters A, 2011, 375(30-31): 2863-2867.

[45] Wu T, Huang Z, Tsai T, et al. Evidence of complete band gap and resonances in a plate with periodic stubbed surface[J]. Applied Physics Letters, 2008, 93(11): 111902.

[46] Li P, Yao S, Zhou X, et al. Effective medium theory of thin-plate acoustic metamaterials[J]. The Journal of the Acoustical Society of America, 2014, 135(4): 1844-1852.

[47] Zhu R, Liu X, Hu G, et al. Microstructural designs of plate-type elastic metamaterial and their potential applications: a review[J]. International Journal of Smart and Nano Materials, 2015, 6(1): 14-40.

[48] Hussein M, Leamy M, Ruzzene M. Dynamics of phononic materials and structures: historical origins, recent progress, and future outlook[J]. Applied Mechanics Reviews, 2014, 66(4): 040802.

[49] Hagood N, Flotow A. Damping of structural vibrations with piezoelectric materials and passive electrical networks[J]. Journal of Sound and Vibration, 1991, 146(2):243-268.

[50] Chen S, Wen J, Yu D, et al. Band gap control of phononic beam with negative capacitance piezoelectric shunt[J]. Chinese Physics B, 2011, 20(1): 014301.

[51] Casadei F, Ruzzene M, Dozio L, et al. Broadband vibration control through periodic arrays of resonant shunts: experimental investigation on plates[J]. Smart Materials and Structures, 2010, 19(1): 015002.

[52] Chen X, Xu X, Ai S, et al. Active acoustic metamaterials with tunable effective mass density by gradient magnetic fields[J]. Applied Physics Letters, 2014, 105(7): 071913.

[53] Ning L, Wang Y Z, Wang Y S. Active control cloak of the elastic wave metamaterial[J]. International Journal of Solids and Structures, 2020, 202: 126-135.

[54] Li X, Chen Y, Zhu R, et al. An active meta-layer for optimal flexural wave absorption and cloaking[J]. Mechanical Systems and Signal Processing, 2021, 149: 107324.

[55] Scheibner C, Souslov A, Banerjee D, et al. Odd elasticity[J]. Nature Physics, 2020, 16: 475-480.

[56] Cheng W, Hu G. Odd elasticity realized by piezoelectric material with linear feedback[J]. Science China Physics, Mechanics & Astronomy, 2021, 64(11): 1-10.

[57] Chen Y, Li X, Scheibner C, et al. Realization of active metamaterials with odd micropolar elasticity[J]. Nature Communications, 2021, 12(1): 1-12.

[58] Wang Z, Zhang Q, Zhang K, et al. Tunable digital metamaterial for broadband vibration isolation at low frequency[J]. Advanced Materials, 2016, 28(44): 9857-9861.

[59] Fang X, Wen J, Cheng L, et al. Programmable gear-based mechanical metamaterials[J]. Nature Materials, 2022, 21: 869-876.

[60] Milton G, Cherkaev A. Which elasticity tensors are realizable[J]. Journal of Engineering Materials and Technology, 1995, 117(4): 483-493.

[61] Kadic M, Bückmann T, Stenger N, et al. On the practicability of pentamode mechanical metamaterials[J]. Applied Physics Letters, 2012, 100(19): 191901.

[62] Hladky-Hennion A, Vasseur J, Haw G, et al. Negative refraction of acoustic waves using a foam-like metallic structure[J]. Applied Physics Letters, 2013, 102: 144103.

[63] Chen Y, Liu X, Hu G. Latticed pentamode acoustic cloak[J]. Scientific Reports, 2015, 5: 15745.

[64] Norris A. Acoustic cloaking theory[J]. Proceedings of the Royal Society A: Mathematical, Physical and Engineering Sciences, 2008, 464(2097): 2411-2434.
[65] Chen Y, Zheng M, Liu X, et al. Broadband solid cloak for underwater acoustics[J]. Physical Review B, 2017, 95(18): 180104.
[66] Grima J, Evans K. Auxetic behavior from rotating squares[J]. Journal of Materials Science Letters, 2000, 19(17): 1563-1565.
[67] Milton G. Adaptable nonlinear bimode metamaterials using rigid bars, pivots, and actuators[J]. Journal of the Mechanics and Physics of Solids, 2013, 61(7): 1561-1568.
[68] Wei Y, Hu G. Wave characteristics of extremal elastic materials[J]. Extreme Mechanics Letters, 2022, 55: 101789.
[69] Wei Y, Liu X, Hu G. Quadramode materials: their design method and wave property[J]. Materials & Design, 2021, 210: 110031.
[70] Wang K, Lv H, Liu X, et al. Design of two-dimensional unimode material based on truss lattices[J]. Acta Mechanica Sinica, 2023, 39(7): 723044.
[71] Cai M, Liu X, Hu G, et al. Customization of two-dimensional extremal materials[J]. Materials & Design, 2022, 218: 110657.
[72] Groß M, Schneider J, Wei Y, et al. Tetramode metamaterials as phonon polarizers[J]. Advanced Materials, 2023, 35(18): 2211801.
[73] Hu Z, Wei Z, Wang K, et al. Engineering zero modes in transformable mechanical metamaterials: from solid to near-gaseous states[J]. Nature Communications, 2023, 14(1): 1266.
[74] Czajkowski M, Coulais C, van Hecke M, et al. Conformal elasticity of mechanism-based metamaterials[J]. Nature Communications, 2022, 13(1): 1-9.
[75] Zheng Y, Niloy I, Celli P, et al. Continuum field theory for the deformations of planar kirigami[J]. Physical Review Letters, 2022, 128(20): 208003.
[76] Willard S. General Topology[M]. New York: Courier Corporation, 2012.
[77] von Klitzing K, Dorda G, Pepper M. New method for high-accuracy determination of the fine-structure constant based on quantized Hall resistance[J]. Physical Review Letters, 1980, 45(6): 494-497.
[78] Cage M, von Klitzing K, Chang A, et al. The Quantum Hall Effect[M]. New York: Springer, 2012.
[79] Laughlin R. Quantized Hall conductivity in two dimensions[J]. Physical Review B, 1981, 23(10): 5632-5633.
[80] Thouless D, Kohmoto M, Nightingale M, et al. Quantized Hall conductance in a two-dimensional periodic potential[J]. Physical Review Letters, 1982, 49 (6): 405-408.
[81] Haldane F. Model for a quantum Hall effect without Landau levels: Condensed-matter realization of the "parity anomaly"[J]. Physical Review Letters, 1988, 61(18): 2015-2018.
[82] Hatsugai Y. Chern number and edge states in the integer quantum Hall effect[J]. Physical Review Letters, 1993, 71(22): 3697-3700.
[83] Qi X, Zhang S. Topological insulators and superconductors[J]. Reviews of Modern Physics, 2011, 83(4): 1057-1110.
[84] Hasan M, Kane C. Colloquium: Topological insulators[J]. Reviews of Modern Physics, 2010,

82(4): 3045-3067.
[85] Kane C, Mele E. Quantum spin Hall effect in graphene[J]. Physical Review Letters, 2005, 95(22): 226801.
[86] Tworzyd O, Rycerz A, Beenakker C. Valley filter and valley valve in graphene[J]. Nature, 2007, 3(3): 172-175.
[87] Xiao C, Yao W, Niu Q. Valley-contrasting physics in graphene: magnetic moment and topological transport[J]. Physical Review Letters, 2007, 99(23): 236809.
[88] Lu L, Joannopoulos J, Soljačić M. Topological photonics[J]. Nature Photonic, 2014, 8(11): 821-829.
[89] Liu Y, Chen X, Xu Y. Topological phononics: from fundamental models to real materials[J]. Advanced Functional Materials, 2020, 30(8): 1904784.
[90] Long Y, Ren J, Chen H. Intrinsic spin of elastic waves[J]. Proceedings of the National Academy of Sciences of the United States of America, 2018, 115(40): 9951-9955.
[91] Wang P, Lu L, Bertoldi K. Topological phononic crystals with one-way elastic edge waves[J]. Physical Review Letters, 2015, 115(10): 104302.
[92] Yan M, Lu J, Li F, et al. On-chip valley topological materials for elastic wave manipulation[J]. Nature Materials, 2018, 17(11): 993-998.
[93] Miniaci M, Pal R, Morvan B, et al. Experimental observation of topologically protected helical edge modes in patterned elastic plates[J]. Physical Review X, 2018, 8(3): 031074.
[94] Zhang Q, Chen Y, Zhang K, et al. Programmable elastic valley Hall insulator with tunable interface propagation routes[J]. Extreme Mechanics Letters, 2019, 28: 76-80.
[95] Zhang Q, Chen Y, Zhang K, et al. Dirac degeneracy and elastic topological valley modes induced by local resonant states[J]. Physical Review B, 2020, 101(1): 014101.
[96] Gao N, Qu S, Si L, et al. Broadband topological valley transport of elastic wave in reconfigurable phononic crystal plate[J]. Applied Physics Letters, 2021, 118(6): 63502.
[97] Benalcazar W, Bernevig B, Hughes T. Quantized electric multipole insulators[J]. Science, 2017, 357(6346): 61-66.
[98] Fan H, Xia B, Tong L, et al. Elastic higher-order topological insulator with topologically protected corner states[J]. Physical Review Letters, 2019, 122(20): 204301.
[99] Zilberberg O, Huang S, Guglielmon J, et al. Photonic topological boundary pumping as a probe of 4D quantum Hall physics[J]. Nature, 2018, 553(7686): 59-62.
[100] Chen H, Zhang H, Wu Q, et al. Creating synthetic spaces for higher-order topological sound transport[J]. Nature Communications, 2021, 12(1): 1-10.
[101] Zhang Y, Li B, Zheng Q, et al. Programmable and robust static topological solitons in mechanical metamaterials[J]. Nature Communications, 2019, 10: 5605.
[102] Kane C, Lubensky T. Topological boundary modes in isostatic lattices[J]. Nature Physics, 2014, 10(1): 39-45.
[103] Milton G. Theory of Composite[M]. Cambridge: Cambridge University Press, 2002.
[104] Smith D, Vier D, Koschny T, et al. Electromagnetic parameter retrieval from inhomogeneous metamaterials[J]. Physical Review E, 2005, 71(3): 036617.

[105] Fokin V, Ambati M, Sun C, et al. Method for retrieving effective properties of locally resonant acoustic metamaterials[J]. Physical Review B, 2007, 76(14): 144302.

[106] Cheng W, Hu G. Acoustic skin effect with non-reciprocal Willis materials[J]. Applied Physics Letters, 2022, 121(4): 041701.

[107] Bensoussan A, Lions J, Papanicolaou G. Asymptotic Analysis for Periodic Structures[M]. Amsterdam: North-Holland Publishing Company, 1978.

[108] Sanchez-Palencia E. Non-homogeneous Media and Vibration Theory[M]. Berlin: Springer-Verlag, 1980.

[109] Boutin C. Microstructural effects in elastic composites[J]. International Journal of Solids and Structures, 1996, 33(7): 1023-1051.

[110] Andrianov I, Bolshakov V, Danishevsâ V, et al. Higher order asymptotic homogenization and wave propagation in periodic composite materials[J]. Proceedings of the Royal Society A, 2008, 464(2093): 1181-1201.

[111] Kalamkarov A, Andrianov I, Danishevsâ V. Asymptotic homogenization of composite materials and structures[J]. Applied Mechanics Reviews, 2009, 62(3): 1-20.

[112] Fish J, Chen W, Nagai G. Non-local dispersive model for wave propagation in heterogeneous media: one-dimensional case[J]. International Journal for Numerical Methods in Engineering, 2002, 54(3): 331-346.

[113] Craster R, Kaplunov J, Pichugin A. High frequency homogenization for periodic media[J]. Proceedings of the Royal Society A, 2010, 466(2120): 2341-2362.

[114] Nolde E, Craster R, Kaplunov J. High frequency homogenization for structural mechanics[J]. Journal of the Mechanics and Physics of Solids, 2011, 59(3): 651-671.

[115] Martinsson P, Movchan A. Vibrations of lattice structures and phononic band gaps[J]. Quarterly Journal of Mechanics and Applied Mathematics, 2003, 56(1): 45-64.

[116] Martinsson P. Fast Multiscale Methods for Lattice Equations[D]. Austin: University of Texas at Austin, 2002.

[117] Gonella S, Ruzzene M. Homogenization of vibrating periodic lattice structures[J]. Applied Mathematical Modeling, 2008, 32(4): 459-482.

[118] Vasiliev A, Dmitriev S, Miroshnichenko S. Multi-field continuum theory for medium with microscopic rotations[J]. International Journal of Solids and Structures, 2005, 42(24/25): 6245-6260.

[119] Suiker A, Metrikine A, de Borst R. Comparison of wave propagation characteristics of the Cosserat continuum model and corresponding discrete lattice models[J]. International Journal of Solids and Structures, 2001, 38(9): 1563-1583.

[120] Madeo A, Neff P, Ghiba I, et al. Wave propagation in relaxed micromorphic continua: modeling metamaterials with frequency band-gaps[J]. Continuum Mechanics and Thermodynamics, 2015, 27(4): 551-570.

[121] Alberdi R, Robbins J, Walsh T, et al. Exploring wave propagation in heterogeneous metastructures using the relaxed micromorphic model[J]. Journal of the Mechanics and Physics of Solids, 2021, 155: 104540.

[122] Neff P, Ghiba I, Madeo A, et al. A unifying perspective: the linear relaxed micromorphic continuum[J]. Continuum Mechanics and Thermodynamics, 2014, 26(5): 639-681.
[123] Li J, Chan C. Double-negative acoustic metamaterial[J]. Physical Review E, 2004, 70(5): 055602.
[124] Wu Y, Lai Y, Zhang Z. Effective medium theory for elastic metamaterials in two dimensions[J]. Physical Review B, 2007, 76(20): 205313.
[125] Liu X, Hu G, Huang G, et al. An elastic metamaterial with simultaneously negative mass density and bulk modulus[J]. Applied Physics Letters, 2011, 98(25): 251907.
[126] Li J, Pendry J. Non-local effective medium of metamaterial[J]. ArXiv:cond-mat/0701332, 2007.
[127] Liu R, Cui T, Huang D, et al. Description and explanation of electromagnetic behaviors in artificial metamaterials based on effective medium theory[J]. Physical Review E, 2007, 76(2): 026606.
[128] Willis J. Dynamics of composites, Continuum Micromechanics[M]. Suquet P. Wien: Springer-Verlag, 1997, 377: 265-290.
[129] Muhlestein M, Sieck C, Alù A, et al. Reciprocity, passivity and causality in Willis materials[J]. Proceedings of the Royal Society A, 2016, 472(2194): 27843410.
[130] Chen Y, Li X, Hu G, et al. An active mechanical Willis meta-layer with asymmetric polarizabilities[J]. Nature Communications, 2020, 11(1): 1-8.
[131] Milton G, Briane M, Willis J. On cloaking for elasticity and physical equations with a transformation invariant form[J]. New Journal of Physics, 2006, 8(10): 248.
[132] Muhlestein M, Sieck C, Wilson P, et al. Experimental evidence of Willis coupling in a one-dimensional effective material element[J]. Nature Communications, 2017, 8(1): 1-9.
[133] Alù A, Engheta N. Achieving transparency with plasmonic and metamaterial coatings[J]. Physical Review E, 2005, 72(1): 016623.
[134] Zhou X, Hu G. Design for electromagnetic wave transparency with metamaterials[J]. Physical Review E, 2006, 74(2): 026607.
[135] Zhou X, Hu G. Acoustic wave transparency for a multilayered sphere with acoustic metamaterials[J]. Physical Review E, 2007, 75(4): 046606.
[136] Zhou X, Hu G, Lu T. Elastic wave transparency of a solid sphere coated with metamaterials[J]. Physical Review E, 2008, 77(2): 024101.
[137] Dugas R. A History of Mechanics[M]. Courier Corporation, 2012.
[138] Schurig D, Mock J, Justice B, et al. Metamaterial electromagnetic cloak at microwave frequencies[J]. Science, 2006, 314(5801): 977-980.
[139] Cummer S, Schurig D. One path to acoustic cloaking[J]. New Journal of Physics, 2007, 9: 45.
[140] Chen H, Chan C. Acoustic cloaking in three dimensions using acoustic metamaterials[J]. Applied Physics Letters, 2007, 91(18): 183518.
[141] Chen T, Weng C, Chen J. Cloak for curvilinear anisotropic media in conduction[J]. Applied Physics Letters, 2008, 93(11): 114103.
[142] Farhat M, Enoch S, Guenneau S, et al. Broadband cylindrical acoustic cloak for linear surface waves in a fluid[J]. Physical Review Letters, 2008, 101(13): 134501.
[143] Zhang S, Genov D, Sun C, et al. Cloaking of matter waves[J]. Physical Review Letters, 2008,

100(12): 123002.
[144] Hu J, Zhou X, Hu G. Design method for electromagnetic cloak with arbitrary shapes based on Laplace's equation[J]. Optics Express, 2009, 17(3): 1308-1320.
[145] Hu J, Zhou X, Hu G. A numerical method for designing acoustic cloak with arbitrary shapes[J]. Computational Materials Science, 2009, 46(3): 708-712.
[146] Li J, Pendry J. Hiding under the carpet: a new strategy for cloaking[J]. Physical Review Letters, 2008, 101(20): 203901.
[147] Chang Z, Zhou X, Hu J, et al. Design method for quasi-isotropic transformation materials based on inverse Laplace's equation with sliding boundaries[J]. Optics Express, 2010, 18(6): 6089-6096.
[148] Norris A. Acoustic cloaking theory[J]. Proceedings of the Royal Society A, 2008, 464(2097): 2411-2434.
[149] Farhat M, Guenneau S, Enoch S. Ultra-broadband elastic cloaking in thin plates[J]. Physical Review Letters, 2009, 103(2): 024301.
[150] Farhat M, Guenneau S, Enoch S, et al. Cloaking bending waves propagating in thin elastic plates[J]. Physical Review B, 2009, 79(3): 033102.
[151] Stenger N, Wilhelm M, Wegener M. Experiments on elastic cloaking in thin plates[J]. Physical Review Letters, 2012, 108(1): 14301.
[152] Hu J, Chang Z, Hu G. Approximate method for controlling solid elastic waves by transformation media[J]. Physical Review B, 2011, 84(20): 201101.
[153] Brun M, Guenneau S, Movchan A. Achieving control of in-plane elastic waves[J]. Applied Physics Letters, 2009, 94(6): 061903.
[154] Norris A, Shuvalov A. Elastic cloaking theory[J]. Wave Motion, 2011, 48(6): 525-538.
[155] Nassar H, Chen Y, Huang G. Isotropic polar solids for conformal transformation elasticity and cloaking[J]. Journal of the Mechanics and Physics of Solids, 2019, 129: 229-243.
[156] Zhang H, Chen Y, Liu X, et al. An asymmetric elastic metamaterial model for elastic wave cloaking[J]. Journal of the Mechanics and Physics of Solids, 2020, 135: 103796.
[157] Ogden R. Non-linear Elastic Deformations[M]. New York: Dover Publications, 1984.
[158] Norris A, Parnell W. Hyperplastic cloaking theory: transformation elasticity with pre-stressed solids[J]. Proceedings of the Royal Society A, 2012, 468: 2881-2903.
[159] Guo D, Zhang Q, Hu G. Rational design of hyperelastic semi-linear material and its application to elastic wave control[J]. Mechanics of Materials, 2022, 166: 104237.
[160] Brûlé S, Javelaud E, Enoch S, et al. Experiments on seismic metamaterials: molding surface waves[J]. Physical Review Letters, 2014, 112(13): 133901.
[161] Colombi A, Roux P, Guenneau S, et al. Forests as a natural seismic metamaterial: Rayleigh wave bandgaps induced by local resonances[J]. Scientific Reports, 2016, 6(1): 1-7.
[162] Roux P, Bindi D, Boxberger T, et al. Toward seismic metamaterials: the METAFORET project[J]. Seismological Research Letters, 2018, 89(2A): 582-593.
[163] Krödel S, Thomé N, Daraio C. Wide band-gap seismic metastructures[J]. Extreme Mechanics Letters, 2015, 4: 111-117.

[164] Casablanca O, Ventura G, Garescì F, et al. Seismic isolation of buildings using composite foundations based on metamaterials[J]. Journal of Applied Physics, 2018, 123(17): 174903.

[165] Zhu R, Liu X, Hu G, et al. A chiral elastic metamaterial beam for broadband vibration suppression[J]. Journal of Sound and Vibration, 2014, 333(10): 2759-2773.

[166] Alabuzhev P, Gritchin A, Kim L, et al. Vibration Protecting and Measuring Systems with Quasi-Zero Stiffness[M]. New York: Hemisphere Publishing Corporation, 1989.

[167] Cai C, Zhou J, Wu L, et al. Design and numerical validation of quasi-zero-stiffness metamaterials for very low-frequency band gaps[J]. Composite Structures, 2020, 236: 111862.

[168] Zhang Q, Guo D, Hu G. Tailored mechanical metamaterials with programmable quasi-zero-stiffness features for full-band vibration isolation[J]. Advanced Functional Materials, 2021, 31(33): 2101428.

[169] Wang D, Zhang Q, Hu G. Low frequency waterborne sound insulation based on sandwich panels with quasi-zero-stiffness truss core[J]. Journal of Applied Mechanics, 2023, 90(3): 031006.

[170] Chen Y, Zhao B, Liu X, et al. Highly anisotropic hexagonal lattice material for low frequency water sound insulation[J]. Extreme Mechanics Letters, 2020, 40: 100916.

[171] Zhao B, Wang D, Zhou P, et al. Design of load-bearing materials for isolation of low-frequency waterborne sound[J]. Physical Review Applied, 2022, 17(3): 034065.

[172] Allard J, Atalla N. Propagation of Sound in Porous Media: Modelling Sound Absorbing Materials[M]. Chichester: John Wiley & Sons, Inc., 2009.

[173] Cai X, Yang J, Hu G, et al. Sound absorption by acoustic microlattice with optimized pore configuration[J]. The Journal of the Acoustical Society of America, 2018, 144(2): EL138-EL143.

[174] Cai X, Guo Q, Hu G, et al. Ultrathin low-frequency sound absorbing panels based on coplanar spiral tubes or coplanar Helmholtz resonators[J]. Applied Physics Letters, 2014, 105(12): 121901.

[175] Yang M, Chen S, Fu C, et al. Optimal sound-absorbing structures[J]. Materials Horizons, 2017, 4(4): 673-680.

[176] Chen Y, Huang G, Zhou X, et al. Analytical coupled vibroacoustic modeling of membrane-type acoustic metamaterials: membrane model[J]. The Journal of the Acoustical Society of America, 2014, 136(3): 969-979.

[177] Pendry J. Negative refraction makes a perfect lens[J]. Physical Review Letters, 2000, 85(18): 3966-3969.

[178] Fang N, Lee H, Sun C, et al. Sub-diffraction-limited optical imaging with a silver superlens[J]. Science, 2005, 308(5721): 534-537.

[179] Li J, Fok L, Yin X, et al. Experimental demonstration of an acoustic magnifying hyperlens[J]. Nature Materials, 2009, 8(12): 931-934.

[180] Yan X, Zhu R, Huang G, et al. Focusing guided waves using surface bonded elastic metamaterials[J]. Applied Physics Letters, 2013, 103(12): 121901.

[181] Tian Y, Shen Y. Selective guided wave mode transmission enabled by elastic metamaterials[J]. Journal of Sound and Vibration, 2020, 485: 115566.

第 2 章 波动力学概念与动态等效

超材料的概念起源于电磁波领域，材料性质的特异性多数体现在动态加载和波传播背景下。当相关概念延伸至力学领域，其控制方程、运动/波动规律和本构行为相对更加复杂和多样化，使力学超材料的内涵进一步丰富。当前力学超材料研究总体上仍以声波和弹性波为主，但许多有相当长研究历史的准静态超常性质材料(如拉胀材料、零能模式超材料等)也自然归为超材料范畴。就学科本身而言，尽管波动力学——介质中的声波和弹性波传播——的研究范围相当广泛，但超材料研究通常更加关注介质与波的相互作用，即复杂介质对波传播性质的影响，如色散规律、禁带与通带、特性阻抗、波动模态、传播方向性乃至材料逆向设计等。由于是人工精心设计的复合材料，超材料通常是周期点阵介质。尽管具体应用中的梯度结构可能使材料在结构尺度丧失周期性，例如变换介质，但仍可将材料视为从原始空间的周期晶格变形而来。因此与声子晶体一样，周期介质的布洛赫(Bloch)波与带结构分析是相关研究的基本技术。另一方面，有别于传统声子晶体，超材料对波传播的调控是基于动态有效性质而非散射机制，因此在波传播背景下的动态等效和均匀化方法也是其表征和设计的基础。本章对超材料研究涉及的声波和弹性波传播的主要基本概念作简单概述，包括基本方程、色散与极化、周期介质中的波、反射与折射及动态有效性质等。

2.1 无限大体内的平面波

2.1.1 弹性介质中的波

弹性体的变形可以用位移矢量 $\boldsymbol{u}$ 的梯度来表示，对于小变形，应变张量定义为

$$\boldsymbol{\varepsilon}=\frac{1}{2}(\nabla\boldsymbol{u}+\boldsymbol{u}\nabla) \tag{2.1}$$

均质线弹性体的柯西应力张量 $\boldsymbol{\sigma}$ 与应变张量的关系可以表示为

$$\boldsymbol{\sigma}=\boldsymbol{C}:\boldsymbol{\varepsilon} \tag{2.2}$$

其中，$\boldsymbol{C}$ 是四阶弹性张量。对于各向同性材料可以表示为

$$\boldsymbol{\sigma}=\lambda\operatorname{tr}(\boldsymbol{\varepsilon})\boldsymbol{I}+2\mu\boldsymbol{\varepsilon} \tag{2.3}$$

其中，λ 和 μ 是拉梅(Lamé)常量；$\boldsymbol{I}$ 为四阶等同张量。以 ρ 表示质量密度，不考虑体积力，由线动量平衡可得如下动力学方程

$$\nabla \cdot \boldsymbol{\sigma} + \boldsymbol{f} = \rho \ddot{\boldsymbol{u}} \tag{2.4}$$

这里位移上方的两点表示对时间的二阶导数。将式(2.1)和式(2.2)代入式(2.4)中可得到用位移矢量表示的波动方程

$$\nabla \cdot \left(\boldsymbol{C} : \nabla \boldsymbol{u} \right) + \boldsymbol{f} = \rho \ddot{\boldsymbol{u}} \tag{2.5}$$

对于式(2.3)的各向同性材料，还可以写为(忽略体力)

$$\mu \nabla^2 \boldsymbol{u} + \left(\lambda + \mu \right) \nabla \nabla \cdot \boldsymbol{u} = \rho \ddot{\boldsymbol{u}} \tag{2.6}$$

为更清晰地解析波动成分，引入标量势 φ 与矢量势 $\boldsymbol{\psi}$，其中矢量势满足 $\nabla \cdot \boldsymbol{\psi} = 0$，将位移场分解为

$$\boldsymbol{u} = \nabla \varphi + \nabla \times \boldsymbol{\psi} \tag{2.7}$$

将式(2.7)代入式(2.6)得到

$$\nabla \left[\left(\lambda + 2\mu \right) \nabla^2 \varphi - \rho \ddot{\varphi} \right] + \nabla \times \left[\mu \nabla^2 \boldsymbol{\psi} - \rho \ddot{\boldsymbol{\psi}} \right] = 0 \tag{2.8}$$

很明显，式(2.8)中每一个方括号中的方程均为零的势函数导出的位移场，即为各向同性弹性介质波动方程(2.6)的解。由此导出标量势函数 φ 与矢量势函数 $\boldsymbol{\psi}$ 满足的波动方程

$$\nabla^2 \varphi = \frac{1}{c_{\mathrm{L}}^2} \ddot{\varphi}, \quad c_{\mathrm{L}} = \sqrt{\left(\lambda + 2\mu \right) / \rho} \tag{2.9}$$

$$\nabla^2 \boldsymbol{\psi} = \frac{1}{c_{\mathrm{T}}^2} \ddot{\boldsymbol{\psi}}, \quad c_{\mathrm{T}} = \sqrt{\mu / \rho} \tag{2.10}$$

事实上，对式(2.6)取散度可得

$$\nabla^2 \Delta = \frac{1}{c_{\mathrm{L}}^2} \ddot{\Delta} \tag{2.11}$$

方程中 Δ 表示膨胀，即 $\Delta = \varphi = \nabla \cdot \boldsymbol{u}$。满足式(2.9)和式(2.11)的波动模式称为膨胀波(亦称 primary (P)波)，以速度 c_{L} 传播。对式(2.6)进行旋度运算，有

$$\nabla^2 \boldsymbol{\omega} = \frac{1}{c_{\mathrm{T}}^2} \ddot{\boldsymbol{\omega}} \tag{2.12}$$

式中，$\boldsymbol{\omega} = \boldsymbol{\psi} = -\nabla \times \boldsymbol{u}$ 满足 $\nabla \cdot \boldsymbol{\omega} = 0$，意味着满足式(2.10)或式(2.12)的波动模式为等容波(亦称 secondary (S)波)，以速度 c_{T} 传播。式(2.7)称为位移场的亥姆霍兹分解。

设场量随时间简谐变化，即 $\exp\left(-\mathrm{i}\omega t\right)$，其中 $\mathrm{i} = \sqrt{-1}$，ω 为圆频率。由式(2.7)、

式(2.9)和式(2.10)给出的平面波位移场具有如下形式

$$\boldsymbol{u} = A\boldsymbol{d}\exp\left[\mathrm{i}k\left(\boldsymbol{x}\cdot\boldsymbol{n} - ct\right)\right] \tag{2.13}$$

其中，A 代表位移幅值；k 为波数；$\boldsymbol{d}$ 和 $\boldsymbol{n}$ 是均为单位向量，分别表示质点振动的方向(极化方向)和波传播的方向。将式(2.13)代入波动方程(2.6)得到

$$\left(\mu - \rho c^2\right)\boldsymbol{d} + \left(\lambda + \mu\right)\left(\boldsymbol{n}\cdot\boldsymbol{d}\right)\boldsymbol{n} = 0 \tag{2.14}$$

上式表明，当质点极化方向与波传播方向平行($\boldsymbol{d} = \pm\boldsymbol{n}$)时，该波动模式以波速 c_{L} 传播，因此 P 波也被称为纵波；当质点极化方向与波传播方向正交($\boldsymbol{n}\cdot\boldsymbol{d} = 0$)时，该波动模式以波速 c_{T} 传播，因此 S 波也被称为横波。现在考虑沿 x_1(相应基矢量为 $\boldsymbol{e}_1$)轴传播的纵波

$$\boldsymbol{u} = A\exp\left[\mathrm{i}k\left(x_1 - ct\right)\right]\boldsymbol{e}_1 \tag{2.15}$$

其中，$k\left(x_1 - ct\right)$ 是波的相位；而 c 是等相位点移动的速度，称为相速度。在任意时刻 t,位移场都是关于 x_1 的空间周期函数, $L = 2\pi / k$ 称为波长。而波数 $k = 2\pi / L$ 的含义是在长度为 2π 的空间范围内波的周期数。在任意的空间位置 x_1，位移场也是关于时间 t 的周期函数，圆频率与相速度和波数的关系为 $\omega = kc$ ，$T = 2\pi / \omega$ 称为时间周期。

2.1.2 能量与群速度

考虑一般各向异性材料中沿 $\boldsymbol{n} = n_i\boldsymbol{e}_i$ 方向传播的平面波，其波速为 c，位移场为如下形式

$$\boldsymbol{u} = \hat{u}_i F\left(n_k x_k / c - t\right)\boldsymbol{e}_i \tag{2.16}$$

其中，$\hat{u}_i$ 为波的振幅(极化)分量。重复指标为哑标，遵循爱因斯坦求和约定。将式(2.16)代入式(2.5)得到如下特征方程

$$C_{ijkl} n_j n_k \hat{u}_l = \rho c^2 \hat{u}_i \tag{2.17}$$

上式通常被称为克里斯托费尔(Christoffel)方程。求解该特征方程将给出 $\boldsymbol{n}$ 方向传播的平面波的波速 c 和极化模式 $\hat{u}_i\boldsymbol{e}_i$ 。与各向同性情况不同，对于一般各向异性介质，介质的三个正交极化方向一般并不与 $\boldsymbol{n}$ 呈平行或正交关系。

介质中波动场所导致的动能和弹性势能密度可分别表示为

$$w_{\mathrm{k}} = \frac{1}{2}\rho\left|\dot{\boldsymbol{u}}\right|^2 = \frac{1}{2}\rho\hat{u}_i\hat{u}_i F_{,t}^2 \tag{2.18}$$

$$w_{\mathrm{p}} = \frac{1}{2}\boldsymbol{\sigma}:\boldsymbol{\varepsilon} = \frac{1}{2}C_{ijkl} n_j n_k \hat{u}_i \hat{u}_l F_{,t}^2 / c^2 \tag{2.19}$$

将 Christoffel 方程(2.17)两端同乘以 $\hat{u}_i$ 得到

$$C_{ijkl}n_jn_k\hat{u}_i\hat{u}_l = \rho c^2\hat{u}_i\hat{u}_i \tag{2.20}$$

对比式(2.18)～式(2.20)可知平面波中的动能和势能密度相等，即 $w_{\mathrm{k}} = w_{\mathrm{p}}$，因而波动的总能量密度可以表示为

$$w = w_{\mathrm{k}} + w_{\mathrm{p}} = \rho\hat{u}_i\hat{u}_iF_{,t}^2 \tag{2.21}$$

波动域中一点处的功率流以坡印亭(Poynting)矢量定义为 $\boldsymbol{P} = \boldsymbol{\sigma}\cdot\dot{\boldsymbol{u}}$，由式(2.2)和式(2.16)得到其指标形式

$$P_i = C_{ijkl}n_k\hat{u}_j\hat{u}_lF_{,t}^2 / c \tag{2.22}$$

波传播的能量速度 v_i^{e} 定义为功率流 P_i 与能量密度 w 的比值

$$v_i^{\mathrm{e}} = \frac{C_{ijkl}n_k\hat{u}_j\hat{u}_l}{\rho c\hat{u}_m\hat{u}_m} \tag{2.23}$$

将上式点乘 $\boldsymbol{n}$，并利用式(2.20)可以得到

$$v_i^{\mathrm{e}}n_i = c \tag{2.24}$$

因此对于平面波，能量速度在传播方向上的投影即为相速度。另一方面，两个邻近频率的简谐波形成的波包的传播速度定义为群速度

$$v_i^{\mathrm{g}} = \frac{\partial\omega}{\partial k_i},\quad k_i = kn_i \tag{2.25}$$

式(2.20)给出 c 与 n_i 之间关系的特征方程：

$$\det\left[C_{ijkl}n_jn_k - \rho c^2\delta_{il}\right] = 0 \tag{2.26}$$

对该行列式左右同时乘以 k^6 变换为

$$\det\left[C_{ijkl}k_jk_k - \rho\omega^2\delta_{il}\right] = 0 \tag{2.27}$$

通过对比式(2.27)和式(2.26)可知，ω 和 k_i 之间满足的函数关系和 c 与 n_i 之间满足的函数关系相同。因此，群速度还可以表示为

$$v_i^{\mathrm{g}} = \frac{\partial c}{\partial n_i} \tag{2.28}$$

将式(2.20)两边同时对 n_i 求偏导数，得

$$2c\frac{\partial c}{\partial n_i} = 2\frac{C_{ijkl}n_k\hat{u}_j\hat{u}_l}{\rho\hat{u}_m\hat{u}_m} \tag{2.29}$$

由式(2.28)和式(2.29)容易证明，群速度与式(2.23)定义的能量速度完全等价。

当由平面波特征方程(2.26)给出不同传播方向的波速 $c(\boldsymbol{n})$ 或色散关系 $\omega(\boldsymbol{k})$ 后，经常以慢度曲面(slowness surface)直观显示不同波矢方向的相速差异。定义矢量

$$\boldsymbol{m}=\frac{\boldsymbol{n}}{c}=\frac{\boldsymbol{k}}{\omega} \tag{2.30}$$

由于矢量 $\boldsymbol{m}$ 与传播方向 $\boldsymbol{n}$ 一致，且其大小与波速成反比，因此矢量长度代表波传播的“慢度”。对于色散介质或周期介质，波速与频率相关，通常以某一特定频率 ω_0 对应的波矢端点的集合所构成的曲线(面)

$$\omega(\boldsymbol{k})=\omega_0 \tag{2.31}$$

描述波传播的方向性，称为等频线(面)(iso-frequency line(surface))，如图 2.1(a)所示。对式(2.31)取微分

$$\mathrm{d}\omega=\left(\nabla_{\boldsymbol{k}}\omega\right)\cdot\mathrm{d}\boldsymbol{k}=\boldsymbol{v}^{\mathrm{g}}\cdot\mathrm{d}\boldsymbol{k}=0 \tag{2.32}$$

因此等频面的法向即为群速度，$\mathrm{d}\boldsymbol{k}$ 为等频线切向。对于色散方程的每个特征解，均存在各自的等频面，与慢度曲面一致，$|\boldsymbol{k}|$ 值较小的点对应波速较快的波。除直观反映波速外，等频曲面在界面的折反射问题分析中还具有重要作用。

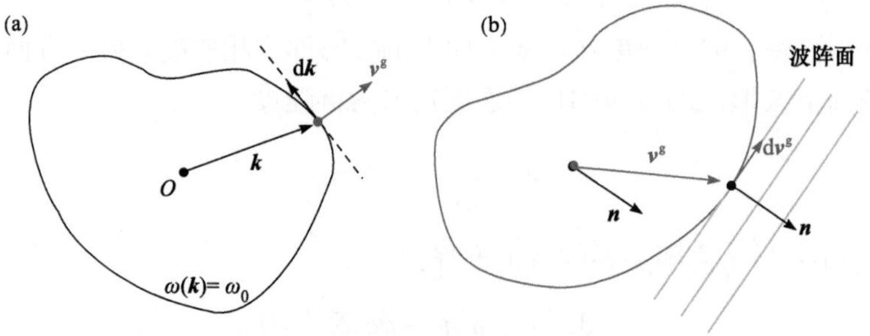

图 2.1　平面波特征曲面示意图
(a)等频面；(b)波动面

与等频面呈互补关系的另一波动特征面则是波动面(wave surface)，由不同传播方向上群速度矢量端点的集合构成，如图 2.1(b)所示。设沿 $\boldsymbol{n}$ 方向传播的平面波具有群速度 $\boldsymbol{v}^{\mathrm{g}}$，对式(2.24)取微分并利用式(2.32)可知 $\mathrm{d}\boldsymbol{v}^{\mathrm{g}}\cdot\boldsymbol{n}=0$，因此波动面的法向即为波矢方向，与切向 $\mathrm{d}\boldsymbol{v}^{\mathrm{g}}$ 正交。由此可以看出等频面和波动面的互补关系，实际上，给定一个特征面，则可以用上述正交关系构造另一个曲面。

2.1.3　声学介质中的波

在流体中，材料元只需要承受静水压。于是应力张量 $\boldsymbol{\sigma}$ 退化为 $\boldsymbol{\sigma}=-p\boldsymbol{I}$，这里 p 表示声压，$\boldsymbol{I}$ 是二阶单位张量。进而式(2.2)和式(2.4)简化为

$$p = -\kappa \nabla \cdot \boldsymbol{u}, \quad \nabla p = -\boldsymbol{\rho} \ddot{\boldsymbol{u}} \tag{2.33}$$

其中，κ 是体积模量。在式(2.33)中，用张量密度 $\boldsymbol{\rho}$ (超材料等效密度常见的形式)替换了通常声波方程的标量密度 ρ 。假设场量随时间简谐变化，式(2.33)中给出声压波动方程

$$\kappa \nabla \cdot \left(\boldsymbol{\rho}^{-1} \nabla p \right) + \omega^2 p = 0 \tag{2.34}$$

对于超材料而言，κ 和张量 $\boldsymbol{\rho}$ 的每一个分量都允许取正值或负值。以二维情况为例说明这类广义声学介质的波传播特性，这里假设密度张量对称且取适当的坐标系使其对角化，即 $\boldsymbol{\rho}=\mathrm{diag}[\rho_x, \rho_y]$ 。

假设平面波形式的压力场具有如下的形式

$$p(\boldsymbol{x}, t) = \hat{p} \exp\left[\mathrm{i}\left(k_x x + k_y y - \omega t \right) \right] \tag{2.35}$$

其中，k_x 与 k_y 分别代表波矢沿 x 和 y 方向的分量。将式(2.35)代入声波方程(2.34)中得到色散关系

$$k_x^2 + \frac{\rho_x}{\rho_y} k_y^2 = \frac{\rho_x}{\kappa} \omega^2 \tag{2.36}$$

在不考虑损耗的情况下，式(2.36)解中 k_x^2 的正负号可以用来区分波的传播特性。$k_x^2 > 0$ 表示行波(可传播)解，而 $k_x^2 < 0$ 表示凋落波(衰减，不可传播)解。在以 ρ_y 和 κ 为坐标系的二维材料平面上，$k_x^2 > 0$ 的部分用带颜色的区域展示了出来，如图 2.2 所示。空区域表示波不可传播的区域。对于所有材料参数都为正的情况，存在一个截止波数 $k_c = \omega(\rho_y/k)^{1/2}$，它是 $k_x(k_y=k_c) = 0$ 情况的解，并且将传播波和凋落波的波谱分离开。为了展示材料空间中的这种截止效应(图 2.2(a))，以图中径向表示 k_y 的大小；于是截止效应表现为只让内部区域($k_y < k_c$)传播波(灰色区

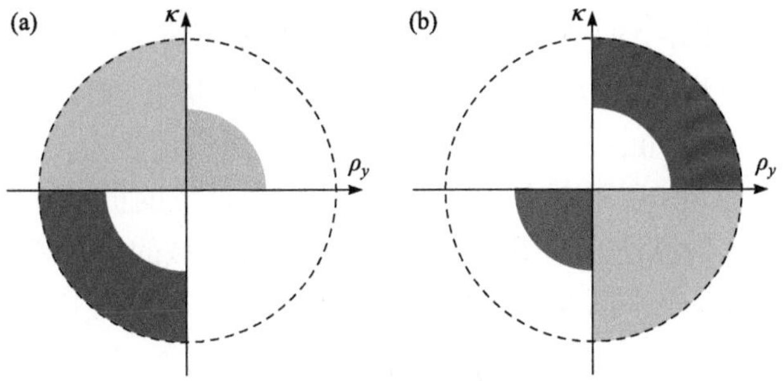

图 2.2　广义声学介质内的传播波(带颜色区域)或非传播波(无颜色区域)在以质量密度 ρ_y 和体积模量 κ 为坐标系的二维材料空间中的分布情况

(a) $\rho_x > 0$；(b) $\rho_x < 0$

域)。同样的截止效应也发生在材料参数全负的情况(红色区域)，此时 $\rho_x, \rho_y, \kappa < 0$。在 $\rho_x > 0, \rho_y < 0, \kappa < 0$ 或者 $\rho_x < 0, \rho_y > 0, \kappa > 0$ 的象限中(紫罗兰色)，截止效应是相反的，因此这种反截止效应将使得外部区域($k_y > k_c$)表现为可传播的特性。在另一种情况下，$\kappa\rho_y > 0$ 且 $\rho_x\rho_y < 0$ (绿色)，对于任意的波矢分量 k_y，波总是可以传播的；而在 $\kappa\rho_y < 0$ 且 $\rho_x\rho_y > 0$ 的情况下，对于任意的波矢分量 k_y，波总是被禁止传播的。

2.1.4　平面波界面传输

1. 弹性介质

平面波传播在具有不同材料性质区域的界面处将发生反射与透射。如图 2.3(a)所示，考虑波矢位于 x-y 平面内的情况，上下两部分半无限各向同性弹性材料在界面 $y = 0$ 处完好连接，其性质分别由 $(\lambda_2, \mu_2, \rho_2)$ 和 $(\lambda_1, \mu_1, \rho_1)$ 描述。考虑式(2.13)形式的平面波定义纵波模量 $D_i = \lambda_i + 2\mu_i$，介质的 P 波和 S 波传播分别由色散关系

$$\text{P波：}\ \boldsymbol{k}_{i\text{P}} \cdot \boldsymbol{k}_{i\text{P}} = \frac{\omega^2 \rho_i}{D_i},\quad \text{S波：}\ \boldsymbol{k}_{i\text{S}} \cdot \boldsymbol{k}_{i\text{S}} = \frac{\omega^2 \rho_i}{\mu_i} \tag{2.37}$$

决定，其中 $\boldsymbol{k}_{i\text{P}}$ 和 $\boldsymbol{k}_{i\text{S}}$ 分别为 i 区介质的 P 波与 S 波波矢。与 2.1.3 节声学介质讨论类似，这里将各向同性介质扩展到超材料范畴，允许模量和惯性密度取负值。如果模量和密度符号异号，则对应波动模式的波数为虚数，波远离界面时必然衰减而不能传播。如果模量和密度同时取负值，以 P 波为例，则式(2.37)表明相应波数仍为实数，介质仍然支持行波以波速 $c = (D_i/\rho_i)^{1/2}$ 传播。但值得注意的是，对于双负介质，由式(2.23)和式(2.20)将给出与式(2.24)不同的结论

$$\boldsymbol{v}^{\text{e}} \cdot \boldsymbol{n} = -c \tag{2.38}$$

上式表明，对于各向同性双负介质中的行波，其能量传播速度(群速度)与波矢方向(相速度)相反。将波矢表示为实部和虚部 $\boldsymbol{k} = \boldsymbol{k}' + \text{i}\boldsymbol{k}''$，则 $\boldsymbol{k} \cdot \boldsymbol{k} = (\boldsymbol{k}')^2 - (\boldsymbol{k}'')^2 + 2\text{i}\boldsymbol{k}' \cdot \boldsymbol{k}''$，因而 $\boldsymbol{k}' \cdot \boldsymbol{k}'' = 0$，说明复波矢的实部和虚部矢量必为正交。

现在研究图 2.3(a)所示下半区有一纵波入射条件下的折反射现象，这里假设 $D_1/\rho_1 > 0$ 以支持入射纵波。如图所示，考虑在两个区域的反射和折射 P/S 波，以 5 个单位矢量表示各个平面波成分的能量传播方向

$$y < 0:\ \begin{cases} \boldsymbol{n}_{\text{Pi}} = \sin\alpha \boldsymbol{e}_x + \cos\alpha \boldsymbol{e}_y \\ \boldsymbol{n}_{\text{Pr}} = \sin\alpha_1 \boldsymbol{e}_x - \cos\alpha_1 \boldsymbol{e}_y \\ \boldsymbol{n}_{\text{Sr}} = \sin\beta_1 \boldsymbol{e}_x - \cos\beta_1 \boldsymbol{e}_y \end{cases} \tag{2.39}$$

$$y>0:\quad \begin{cases} \boldsymbol{n}_{\mathrm{Pt}}=\sin\alpha_2\boldsymbol{e}_x+\cos\alpha_2\boldsymbol{e}_y \\ \boldsymbol{n}_{\mathrm{St}}=\sin\beta_2\boldsymbol{e}_x+\cos\beta_2\boldsymbol{e}_y \end{cases} \tag{2.40}$$

其中，α、α_1、β_1、α_2、β_2分别为 P 波入射角、P 波反射角、S 波反射角、P 波折射角和 S 波折射角。角度范围为(−π/2, π/2)，例如，若$\beta_2<0$，则 S 波发生负折射。

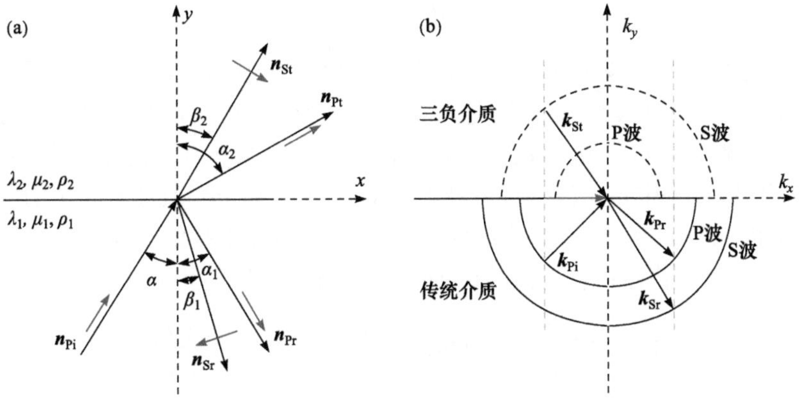

图 2.3　各向同性介质弹性波的折反射

(a)介质定义、平面波成分、传播角度及能量传播方向；(b)由介质的等频线根据波矢守恒确定其传播角度参数

由于因果关系约束，上述能量传播方向是确定的，因入射波由下向上，反射波和折射波的能量必须分别向下和向上。相反，实际波矢方向可因介质是否为双负而与能流方向相异。对于各向同性介质，P 波和 S 波的波速分别为$c_{\mathrm{P}}=\sqrt{D/\rho}$和$c_{\mathrm{S}}=\sqrt{\mu/\rho}$。若介质的密度为正，则纵波模量和剪切模量的符号决定了相应的波为行波还是凋落波。若介质的密度为负，则只有负值模量才能使介质支持行波传播，且其波矢方向与 $\boldsymbol{n}$ 矢量相反。综上，可以将不同成分的波矢表示为

$$y<0:\quad \begin{cases} \boldsymbol{k}_{\mathrm{Pi}}=\dfrac{\omega}{c_{\mathrm{P1}}}\mathrm{sign}(\rho_1)\,\boldsymbol{n}_{\mathrm{Pi}} \\ \boldsymbol{k}_{\mathrm{Pr}}=\dfrac{\omega}{c_{\mathrm{P1}}}\mathrm{sign}(\rho_1)\boldsymbol{n}_{\mathrm{Pr}} \\ \boldsymbol{k}_{\mathrm{Sr}}=\dfrac{\omega}{c_{\mathrm{S1}}}\mathrm{sign}(\rho_1)\,\boldsymbol{n}_{\mathrm{Sr}} \end{cases},\quad y>0:\quad \begin{cases} \boldsymbol{k}_{\mathrm{Pt}}=\dfrac{\omega}{c_{\mathrm{P2}}}\mathrm{sign}(\rho_2)\,\boldsymbol{n}_{\mathrm{Pt}} \\ \boldsymbol{k}_{\mathrm{St}}=\dfrac{\omega}{c_{\mathrm{S2}}}\mathrm{sign}(\rho_2)\boldsymbol{n}_{\mathrm{St}} \end{cases} \tag{2.41}$$

对于行波，上式清晰地给出了波矢的具体方向。上、下半空间的波动位移场可以分别表示为图 2.3(b)所示各个成分波的叠加

$$y<0:\quad \begin{cases} \boldsymbol{u}_{\text{Pi}} = A_{\text{i}}\,\boldsymbol{n}_{\text{Pi}} \exp\left[\mathrm{i}\boldsymbol{k}_{\text{Pi}} \cdot \boldsymbol{x} \right] \\ \boldsymbol{u}_{\text{Pr}} = A_{\text{r}}\,\boldsymbol{n}_{\text{Pr}} \exp\left[\mathrm{i}\boldsymbol{k}_{\text{Pr}} \cdot \boldsymbol{x} \right] \\ \boldsymbol{u}_{\text{Sr}} = B_{\text{r}}(\boldsymbol{n}_{\text{Sr}} \times \boldsymbol{e}_z) \exp\left[\mathrm{i}\boldsymbol{k}_{\text{Sr}} \cdot \boldsymbol{x} \right] \end{cases} \tag{2.42}$$

$$y>0:\quad \begin{cases} \boldsymbol{u}_{\text{Pt}} = A_{\text{t}}\,\boldsymbol{n}_{\text{Pt}} \exp\left[\mathrm{i}\boldsymbol{k}_{\text{Pt}} \cdot \boldsymbol{x} \right] \\ \boldsymbol{u}_{\text{St}} = B_{\text{t}}(\boldsymbol{n}_{\text{St}} \times \boldsymbol{e}_z) \exp\left[\mathrm{i}\boldsymbol{k}_{\text{St}} \cdot \boldsymbol{x} \right] \end{cases} \tag{2.43}$$

其中，A_{i} 为给定入射波振幅；A_{r} 和 B_{r} 分别为反射 P 波和 S 波振幅；A_{t} 和 B_{t} 分别为透射 P 波和 S 波振幅，可以通过界面连续性条件求得它们与入射振幅的关系。首先，位移场 $\boldsymbol{u}_1 = \boldsymbol{u}_{\text{Pi}} + \boldsymbol{u}_{\text{Pr}} + \boldsymbol{u}_{\text{Sr}}$ 和 $\boldsymbol{u}_2 = \boldsymbol{u}_{\text{Pt}} + \boldsymbol{u}_{\text{St}}$ 在界面 $y=0$ 处连续，该条件要求式(2.42)和式(2.43)中各个波动成分波矢在沿界面方向的分量(这里为 x 分量 k_x)必须与入射波保持一致，即波矢沿界面守恒。该条件可导出我们熟知的斯涅尔(Snell)定律，各个行波(若存在)的反射与透射角度由各区介质的相应波速决定。

$$\begin{aligned} \operatorname{sign}(\rho_1)\frac{\sin\alpha}{c_{\text{P1}}} &= \operatorname{sign}(\rho_1)\frac{\sin\alpha_1}{c_{\text{P1}}} = \operatorname{sign}(\rho_1)\frac{\sin\beta_1}{c_{\text{S1}}} \\ &= \operatorname{sign}(\rho_2)\frac{\sin\alpha_2}{c_{\text{P2}}} = \operatorname{sign}(\rho_2)\frac{\sin\beta_2}{c_{\text{S2}}} \end{aligned} \tag{2.44}$$

上式考虑了双负介质的负折射现象。通常画出两侧介质各个波动成分的等频线(2.1.2 节)，则可由图示直观判别界面折反射中各个行波成分及其传播方向。图 2.3(b)显示了两侧介质的等频曲线，这里假设 $y<0$ 区域介质为传统介质，而 $y>0$ 区域为三负介质，即 P 波和 S 波的相速与群速均是反向的。对于波矢为实的行波，其端点必须位于等频线上，由式(2.41)判定波矢的半区指向，进而由波矢沿界面守恒给出各个行波的传播方向。对于双负介质中折射 S 波 $\boldsymbol{k}_{\text{St}}$，因其能流向上，因而波矢向下，导致了负折射角。此外，由于 $y>0$ 区域 P 波波速 c_{P2} 过快，式(2.44)给出 $\sin\alpha_2 = (c_{\text{P2}}/c_{\text{P1}})\sin\alpha > 1$，意味着无法取实波矢 $\boldsymbol{k}_{\text{Pt}}$ 使波矢守恒，因而 P 波发生全反射。入射角度 $\alpha_{\text{c}} = \arcsin(c_{\text{P1}}/c_{\text{P2}})$ 即 P 波临界入射角。除全反射情况外，对于超材料，单负介质通常也自然地产生凋落波。凋落波虽然无法透射能量，但是与行波一起在界面连续性条件中将发挥作用。综合临界角和单负介质两种全反射机制，当通过斯涅尔定律确定了传播方向的 x 分量 $\sin\alpha_i$ 和 $\sin\beta_i$ 后(有可能 >1)，可根据

$$(\cos\beta_1)^2 + (\sin\beta_1)^2 = \operatorname{sign}\left(\frac{\mu_1}{\rho_1}\right)$$

$$(\cos\alpha_2)^2 + (\sin\alpha_2)^2 = \operatorname{sign}\left(\frac{L_2}{\rho_2}\right)$$

$$(\cos\beta_2)^2+(\sin\beta_2)^2=\operatorname{sign}\left(\frac{\mu_2}{\rho_2}\right) \tag{2.45}$$

确定 y 分量 $\cos\alpha_i$ 和 $\cos\beta_i$，如果为虚数，其符号选择应保证场量远离界面时衰减。综合 $y=0$ 处的位移和应力连续条件，最终给出界面传输的特征方程

$$\begin{bmatrix} -\sin\alpha & \cos\beta_1 & \operatorname{sign}\left(\dfrac{\rho_2}{\rho_1}\right)\sin\alpha_2 & \operatorname{sign}\left(\dfrac{\rho_2}{\rho_1}\right)\cos\beta_2 \\ \cos\alpha & \sin\beta_1 & \operatorname{sign}\left(\dfrac{\rho_2}{\rho_1}\right)\cos\alpha_2 & -\operatorname{sign}\left(\dfrac{\rho_2}{\rho_1}\right)\sin\beta_2 \\ -(\kappa_1+\mu_1\cos2\alpha) & -\mu_1\dfrac{c_{\mathrm{P1}}}{c_{\mathrm{S1}}}\sin2\beta_1 & \dfrac{c_{\mathrm{P1}}}{c_{\mathrm{P2}}}(\kappa_2+\mu_2\cos2\alpha_2) & -\mu_2\dfrac{c_{\mathrm{P1}}}{c_{\mathrm{S2}}}\sin2\beta_2 \\ \mu_1\sin2\alpha & -\mu_1\dfrac{c_{\mathrm{P1}}}{c_{\mathrm{S1}}}\cos2\beta_1 & \dfrac{c_{\mathrm{P1}}}{c_{\mathrm{P2}}}\mu_2\sin2\alpha_2 & \mu_2\dfrac{c_{\mathrm{P1}}}{c_{\mathrm{S2}}}\cos2\beta_2 \end{bmatrix}\begin{pmatrix} \mathit{\Gamma}_{\mathrm{P}} \\ \mathit{\Gamma}_{\mathrm{S}} \\ \mathit{\Gamma}'_{\mathrm{P}} \\ \mathit{\Gamma}'_{\mathrm{S}} \end{pmatrix}$$

$$=\begin{pmatrix} \sin\alpha \\ \cos\alpha \\ \kappa_1+\mu_1\cos2\alpha \\ \mu_1\sin2\alpha \end{pmatrix} \tag{2.46}$$

其中，定义 $\mathit{\Gamma}_{\mathrm{P}}=A_{\mathrm{r}}/A_{\mathrm{i}}$、$\mathit{\Gamma}_{\mathrm{S}}=A_{\mathrm{r}}/A_{\mathrm{i}}$ 和 $\mathit{\Gamma}'_{\mathrm{P}}=A_{\mathrm{t}}/A_{\mathrm{i}}$、$\mathit{\Gamma}'_{\mathrm{S}}=B_{\mathrm{t}}/A_{\mathrm{i}}$ 分别为 P、S 波的反射系数和透射系数。

下面以具体示例说明不同正负材料性质组合的透反射情况。在计算中上下区域的材料性质绝对值均以铝合金为参照，假设 $y<0$ 入射区域为材料性质均为正值的传统材料，$\rho_1=2700\text{kg/m}^3$, $D_1=111\text{GPa}$, $\mu_1=26\text{GPa}$，透射区材料取 $\rho_2=\pm2700\text{kg/m}^3$, $D_2=\pm111\text{GPa}$, $\mu_2=\pm26\text{GPa}$，具体分为全正、单负、双负和三负四类组合，见表 2.1。取 P 波入射方向为 $\alpha=45°$，表 2.1 给出了不同透射介质正负性质组合时的折射角与透射系数，分别由式(2.44)和式(2.46)计算得到。值得注意的是，对于双负弹性材料，透射区域的不同组合可以抑制或允许相应的波动模式。此外，对于本例中的三负材料，负折射 P 波透射系数相比传统情况要小很多[1]。

表 2.1　P 波以 45°角从传统材料入射时，透射区材料取不同正负性质组合时的透射情况

透射介质类型	性质组合			折射角		透射系数	
	ρ_2	D_2	μ_2	α_2	β_2	$\mathit{\Gamma}'_{\mathrm{P}}$	$\mathit{\Gamma}'_{\mathrm{S}}$
普通介质	+	+	+	42.2°	31.0°	0.89	0.34

续表

透射介质类型	性质组合			折射角		透射系数	
	ρ_2	D_2	μ_2	α_2	β_2	Γ'_{P}	Γ'_{S}
单负介质	−	+	+	NA	NA	NA	NA
	+	−	+	NA	31.0°	NA	0.80
	+	+	−	42.2°	NA	0.75	NA
双负介质	−	−	+	−42.2°	NA	0.66	NA
	−	+	−	NA	−31.0°	NA	0.92
	+	−	−	NA	NA	NA	NA
三负介质	−	−	−	−42.2°	−31.0°	0.23	1.04

注：NA 表示不适用。

图 2.4 显示了三负材料情况下 P 波入射角在 0°～90°范围变化时的透反射系数和相应的透射波相角变化。对于三负情况，透射波 P 波和 S 波均为负折射，可以看到在入射角 $\alpha = 24°$时，P 波与 S 波振幅相等，而当超过这个角度后，P 波振幅将小于 S 波振幅。相比之下，传统介质在 P 波入射下，透射波对于任何入射角 α 均为 P 波占优势。另一个有趣的现象是，在 α= 53.8°时，反射 P 波、反射 S 波和折射 P 波均被抑制，而折射 S 波振幅将与入射 P 波振幅相等，换言之，入射 P 波完全被转换为透射介质中的 S 波。

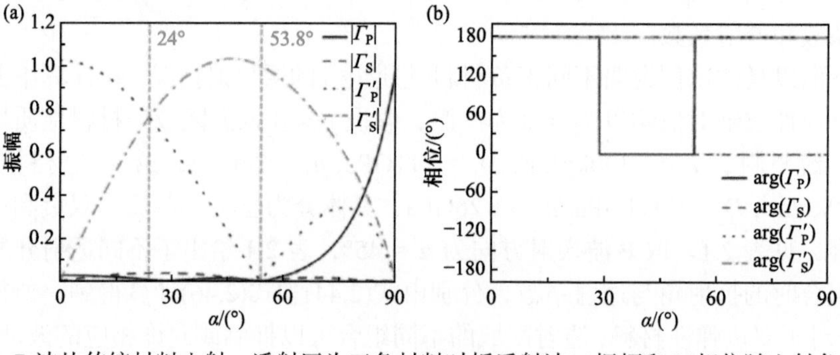

图 2.4 P 波从传统材料入射，透射区为三负材料时折反射波(a)振幅和(b)相位随入射角的变化

图 2.5 显示了双负材料情况($\rho_2 < 0, D_2 > 0, \mu_2 < 0$)下 P 波入射角在 0°～90°范围变化时的透反射系数和相应的透射波相角变化。由于 $D_2/\rho_2 < 0$，透射 P 波被抑制，因此与三负情形类似，在 α= 53.8°时也发生了入射 P 波被完全转换为 S 波的现象。与图 2.4 三负情形不同的是，反射 P 波和 S 波在多数其他入射角度时均具有较大的振幅。图 2.5(b)显示了波在穿过界面时相位角的变化，可见折射和反射

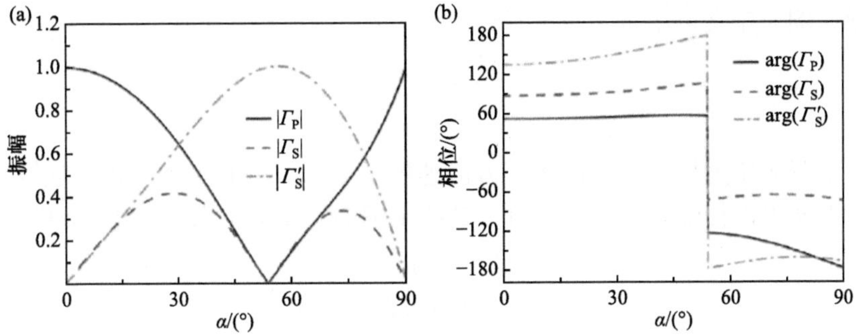

图 2.5　P 波从传统材料入射，透射区为双负材料时折反射波(a)振幅和(b)相位随入射角变化

波的相角在 α= 53.8°时发生由正到负的跳变，相比之下，图 2.4(b)对于三负材料则没有负值相角跳变产生。

这里给出的算例中着重强调弹性材料各性质的正负值组合对折反射的影响，因此入射区与透射区的波速相同而只有正负号的差别。当两个半区的材料波速不同且存在负折射现象时，其透反射系数和相角的变化规律更复杂。

2. 声学介质

声学介质中只存在单一模式的标量波，若考虑类似图 2.3 的界面透反射问题，这里假设密度为各向同性 $\rho_x=\rho_y=\rho$ ，设上下半区的密度、体积模量和声速分别为 (ρ_1, κ_1, c_1)和(ρ_2, κ_2, c_2)，则各区声压场分别为

$$y>0: \quad p_{\mathrm{t}}=C\exp\left[\mathrm{i}\left(k_{\mathrm{t}x}x+k_{\mathrm{t}y}y\right)\right] \tag{2.47}$$

$$y<0: \quad \begin{cases} p_{\mathrm{i}}=A\exp\left[\mathrm{i}\left(k_{\mathrm{i}x}x+k_{\mathrm{i}y}y\right)\right] \\ p_{\mathrm{r}}=B\exp\left[\mathrm{i}\left(k_{\mathrm{t}x}x-k_{\mathrm{i}y}y\right)\right] \end{cases} \tag{2.48}$$

其中，A、B、C 分别为入射波、反射波、透射波的声压复振幅。速度场由式(2.33)给出

$$\boldsymbol{v}=\frac{\nabla p}{\mathrm{i}\omega\rho} \tag{2.49}$$

由声压在界面 $y=0$ 的连续条件得到

$$A\exp\left[\mathrm{i}k_{\mathrm{i}x}x\right]+B\exp\left[\mathrm{i}k_{\mathrm{r}x}x\right]=C\exp\left[\mathrm{i}k_{\mathrm{t}x}x\right] \tag{2.50}$$

进而由沿界面波矢守恒 $k_{\mathrm{i}x}=k_{\mathrm{r}x}=k_{\mathrm{t}x}\equiv k$ 和斯涅尔定律，得到 $A+B=C$。定义 $R=B/A$ 和 $T=C/A$ 为反射系数与透射系数，因此恒有

$$1+R=T \tag{2.51}$$

按声学惯例，定义声阻抗为

$$Z = \frac{p}{v_y} \tag{2.52}$$

因为声学流体压力场 p 和界面正交方向速度 v_y 连续，因此阻抗 Z 也是连续的，由此给出声波界面传输的第二个条件。式(2.49)和式(2.47)给出，对于 $y>0$

$$Z_2 = \frac{\rho_2 c_2}{\cos\theta_2} \tag{2.53}$$

其中，$\cos\theta_2 = k_{ty}/k_t$，$\theta_2$ 为折射角。对于 $y<0$ 区域，式(2.48)给出

$$Z = \frac{\rho_1 c_1}{\cos\theta} \frac{\exp[-iky\cos\theta] + R\exp[iky\cos\theta]}{\exp[-iky\cos\theta] - R\exp[iky\cos\theta]} \tag{2.54}$$

其中，θ 为入射角。由界面处阻抗连续条件解出

$$R = \frac{Z_2\cos\theta - \rho_1 c_1}{Z_2\cos\theta + \rho_1 c_1} \tag{2.55}$$

定义入射区阻抗为

$$Z_1 = \frac{\rho_1 c_1}{\cos\theta} \tag{2.56}$$

可以将透射系数与反射系数表达为

$$T = \frac{2Z_2}{Z_2 + Z_1}, \quad R = \frac{Z_2 - Z_1}{Z_2 + Z_1} \tag{2.57}$$

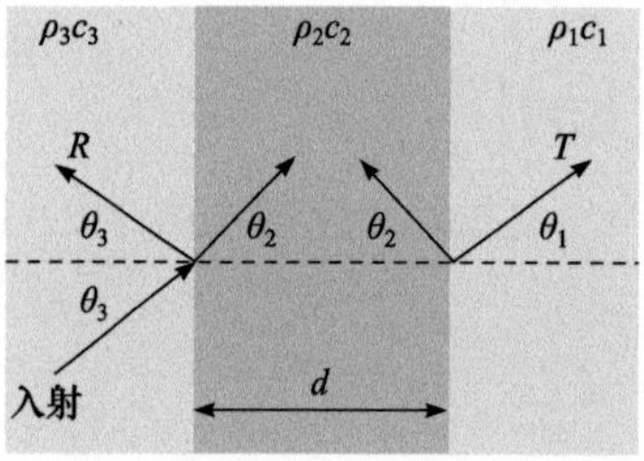

图 2.6　声波穿过一层状介质的透射与反射

考虑材料性质分别为 (ρ_1, κ_1, c_1)和(ρ_3, κ_3, c_3)的两个半无限区域中间有一性质为(ρ_2, κ_2, c_2)且厚度为 d 的层状区域的声波传输，如图 2.6 所示，也可以用类似的方法得到其传输系数。这里直接给出结果[2]

$$R = \frac{(Z_1+Z_2)(Z_2-Z_3)e^{-2i\phi} + (Z_1-Z_2)(Z_2+Z_3)}{(Z_1+Z_2)(Z_2+Z_3)e^{-2i\phi} + (Z_1-Z_2)(Z_2-Z_3)} \tag{2.58}$$

$$T = \frac{4Z_1 Z_2}{(Z_1-Z_2)(Z_2-Z_3)e^{i\phi} + (Z_1+Z_2)(Z_2+Z_3)e^{-i\phi}} \tag{2.59}$$

其中，$Z_i = \rho_i c_i/\cos\theta_i$ 为各层介质声阻抗；

$$\phi = k_2 d \cos\theta_2 = \frac{\omega d}{c_2}\cos\theta_2 \tag{2.60}$$

为跨越中间层所产生的相差。对于正入射的特殊情况，透射系数与反射系数简化为

$$T = \frac{1+R}{\cos\phi - \mathrm{i}(Z_2/Z_1)\sin\phi} \tag{2.61}$$

$$R = \frac{Z_2^2 - Z_1^2}{Z_2^2 + Z_1^2 + 2\mathrm{i}Z_1Z_2\cot\phi} \tag{2.62}$$

式(2.61)和式(2.62)经常被用于反演声波超材料的动态有效性质。

2.2 周期介质中的波

当弹性波方程(2.5)或声学方程(2.34)的材料性质 $\boldsymbol{C}(\boldsymbol{x})$、$\rho(\boldsymbol{x})$、$\kappa(\boldsymbol{x})$随位置变化且其规律呈现空间的周期性时，称该介质为周期介质，或声子晶体。与均匀介质类似，对于无限大周期介质中的自由波，也存在一种特殊的平面波形式，即满足 $\boldsymbol{k}\cdot\boldsymbol{x}$ 的平面上各点运动等相位，称为 Bloch 波。但不同的是周期介质通常导致色散，即 $\omega(\boldsymbol{k})$ 不再为线性关系。另一个不同之处在于能谱 $\omega(\boldsymbol{k})$ 不再连续，对于某些频率区间，无法支持行波传播的频率区间称为禁带；反之，能够支持行波传播的频率区间称为通带。对于声子晶体，经常通过调整禁带与通带和构造缺陷态等实现特定频率段的隔波与波导功能。因此，Bloch 波和带结构(band structure)分析是周期介质波传播的主要手段，也是超材料有效性质和能带拓扑性质的基础。对于超材料，尽管其低频次长波条件下的禁带被更合理地阐释为特异动态等效性质，但超材料作为周期介质，其 Bloch 波本质并无区别。

2.2.1 周期介质与倒格空间

材料的空间周期性可以表达为材料性质，例如 $\boldsymbol{C}(\boldsymbol{x})$，针对矢量

$$\boldsymbol{R} = \sum_i n_i \boldsymbol{a}_i, \quad i = 1 \sim d \tag{2.63}$$

平移保持不变，即

$$\boldsymbol{C}(\boldsymbol{x}+\boldsymbol{R}) = \boldsymbol{C}(\boldsymbol{x}) \tag{2.64}$$

其中，d 为空间维度；n_i 为整数；$\boldsymbol{a}_i$ 称为布拉维(Bravais)格矢量或晶格矢量，全部格点 $\boldsymbol{R}$ 的集合称为 Bravais 格。以图 2.7(a)所示的正三角排列基体-圆形夹杂系统为例，设夹杂与基体性质不同，且全部夹杂具有相同的性质。设相邻夹杂中心距离为 a，则晶格矢量 $\boldsymbol{a}_1 = (a, 0)^{\mathrm{T}}$, $\boldsymbol{a}_2 = (a/2, \sqrt{3}a/2)^{\mathrm{T}}$。

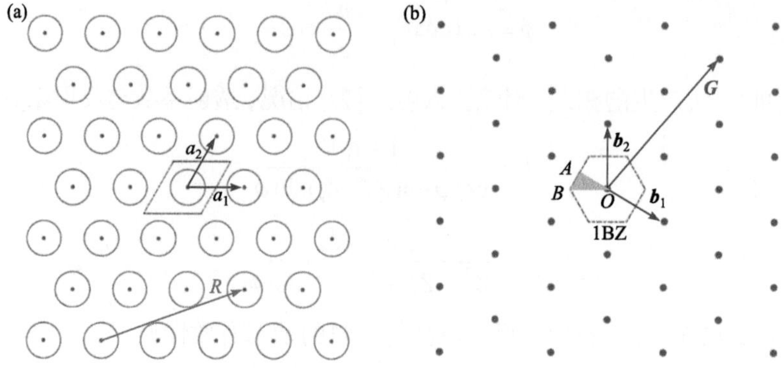

图 2.7　(a)正格与(b)倒格空间

由于周期性，显然对于材料分布的具体描述只需针对一个最小胞元进行，例如图 2.7(a)中的虚线平行四边形所示。胞元的选取形式并不唯一，但共同要求是将胞元平移至全部 Bravais 格点将铺满整个空间且无重叠。

现在考虑以波矢 $\boldsymbol{G}$ 决定的简谐平面波形式的场量 $\exp(\mathrm{i}\boldsymbol{G}\cdot\boldsymbol{x})$，显然只有当 $\boldsymbol{G}$ 取满足特定条件的离散点的时候，场 $\exp(\mathrm{i}\boldsymbol{G}\cdot\boldsymbol{x})$与材料性质本身才具有相同的空间周期性，即

$$\exp\left[\mathrm{i}\boldsymbol{G}\cdot(\boldsymbol{x}+\boldsymbol{R})\right]=\exp\left[\mathrm{i}\boldsymbol{G}\cdot\boldsymbol{x}\right] \tag{2.65}$$

这些特定的波矢必须满足

$$\boldsymbol{G}=\sum_i m_i\boldsymbol{b}_i,\quad i=1\sim d \tag{2.66}$$

其中，$\boldsymbol{b}_i$ 由下式定义

$$\boldsymbol{b}_i\cdot\boldsymbol{a}_j=2\pi\delta_{ij} \tag{2.67}$$

称为倒格矢量。以图 2.7(a)为例，与其对应的倒格点由全部 $\boldsymbol{G}$ 的点阵构成，显示于图 2.7(b)。若不考虑系数 2π，式(2.67)正格与倒格矢量的关系和非正交坐标系中协变基矢量与逆变基矢量的关系一致。以图 2.7(b)为例，倒格矢量为

$$[\boldsymbol{b}_1\quad \boldsymbol{b}_2]=2\pi[\boldsymbol{a}_1\quad \boldsymbol{a}_2]^{-\mathrm{T}}=\frac{2\pi}{a}\begin{bmatrix}1 & 0\\ -1/\sqrt{3} & 2/\sqrt{3}\end{bmatrix} \tag{2.68}$$

对于其他二维和三维 Bravais 格也按相同规则确定。

定义倒格空间的目的是产生所有具有正格空间周期性的场量函数。具体地，设任意周期函数 f 满足 $f(\boldsymbol{x}+\boldsymbol{R})=f(\boldsymbol{x})$，则其可以展开为空间傅里叶级数的形式

$$f(\boldsymbol{x})=\sum_{\boldsymbol{G}}\hat{f}_{\boldsymbol{G}}\mathrm{e}^{\mathrm{i}\boldsymbol{G}\cdot\boldsymbol{x}} \tag{2.69}$$

其中，$\boldsymbol{G}$ 遍历全部倒格点。而 $\hat{f}_{\boldsymbol{G}}$ 为相应倒格矢对应的函数基的傅里叶系数

$$\hat{f}_{\boldsymbol{G}} = \frac{1}{|T|}\int_T f(\boldsymbol{x})\mathrm{e}^{-\mathrm{i}\boldsymbol{G}\cdot\boldsymbol{x}}\mathrm{d}\boldsymbol{x} \tag{2.70}$$

其中，T 为 Bravais 格单胞，而$|T|$为单胞面积。实际上，分析周期介质行为的平面波展开法(PWE)即应用相应场量和周期材料性质的傅里叶级数展开。

定义第一布里渊区(1BZ)为倒格空间内距离 $\boldsymbol{G}=\boldsymbol{0}$ 格点比距离所有其他格点更近的点的集合。第一布里渊区可以通过 $\boldsymbol{G}=\boldsymbol{0}$ 格点与邻近格点连线的垂直平分线所包络的最小区域构成，如图 2.7(b)中虚线正六边形所示。位于第一布里渊区内的波矢 $\boldsymbol{k}$ 所代表的波动场是相对“慢变”的，设 $\boldsymbol{k}$ 位于 1BZ，则$|\boldsymbol{k}+\boldsymbol{G}|>|\boldsymbol{k}|$代表的“快变”波必然不在 1BZ。1BZ 也可以视为倒格空间的单胞，针对所有倒格点 $\boldsymbol{G}$ 平移将遍历整个波矢空间。

2.2.2 弗洛凯-布洛赫变换与布洛赫波

假设 $\boldsymbol{C}(\boldsymbol{x})$、$\boldsymbol{\rho}(\boldsymbol{x})$相对 Bravais 格具有周期性，利用式(2.69)做傅里叶级数展开，进而对弹性波方程(2.5)进行傅里叶变换，根据卷积定理得到

$$\mathrm{i}\boldsymbol{k}\cdot\sum_{\boldsymbol{G}}\boldsymbol{C}_{\boldsymbol{G}}:\left[\mathrm{i}(\boldsymbol{k}-\boldsymbol{G})\otimes\hat{\boldsymbol{u}}_{\boldsymbol{k}-\boldsymbol{G}}\right]+\hat{\boldsymbol{f}}_{\boldsymbol{k}} = -\omega^2\sum_{\boldsymbol{G}}\rho_{\boldsymbol{G}}\hat{\boldsymbol{u}}_{\boldsymbol{k}-\boldsymbol{G}} \tag{2.71}$$

其中，波矢 $\boldsymbol{k}$ 可取任何矢量；而 $\boldsymbol{G}$ 为离散倒格点；$\hat{\boldsymbol{u}}_{\boldsymbol{k}-\boldsymbol{G}}$、$\hat{\boldsymbol{f}}_{\boldsymbol{k}}$ 分别为位移和体力的谱分量。可以看到，对于特定波矢 $\boldsymbol{k}$，式(2.71)构成一组特定无限维代数方程以求解位移场对于 $\boldsymbol{k}+\boldsymbol{G}$ ($\boldsymbol{G}$ 遍历倒格点)的谱分量。对于波矢 $\boldsymbol{k}$ 和 $\boldsymbol{k}'$，只要 $\boldsymbol{k}-\boldsymbol{k}'\neq\boldsymbol{G}$, 则式(2.71)构成的方程系统是完全独立的。之前已指出 1BZ 针对所有倒格点 $\boldsymbol{G}$ 平移将遍历整个波矢空间，因此对于任意 $\boldsymbol{k}$ 可利用一倒格矢 $\boldsymbol{\zeta}$ 做变换 $\boldsymbol{k}\to\boldsymbol{k}+\boldsymbol{\zeta}$，从而令 $\boldsymbol{k}$ 遍历 1BZ 即可求出全部谱分量

$$\mathrm{i}(\boldsymbol{k}+\boldsymbol{\zeta})\cdot\sum_{\boldsymbol{G}}\boldsymbol{C}_{\boldsymbol{G}}:\left[\mathrm{i}(\boldsymbol{k}+\boldsymbol{\zeta}-\boldsymbol{G})\otimes\hat{\boldsymbol{u}}_{\boldsymbol{k}+\boldsymbol{\zeta}-\boldsymbol{G}}\right]+\hat{\boldsymbol{f}}_{\boldsymbol{k}+\boldsymbol{\zeta}} = -\omega^2\sum_{\boldsymbol{G}}\rho_{\boldsymbol{G}}\hat{\boldsymbol{u}}_{\boldsymbol{k}+\boldsymbol{\zeta}-\boldsymbol{G}},\quad \forall\boldsymbol{k}\in 1\mathrm{BZ} \tag{2.72}$$

上述针对波动方程的处理实际上并不改变傅里叶变换的本质，只是按照材料性质的周期性将谱分量按照 1BZ 和倒格点重新排序组合并索引。实际上对任意位移场 $\boldsymbol{u}(\boldsymbol{x})$ 的傅里叶谱分量做相似整理即可给出所谓的弗洛凯-布洛赫(Floquet-Bloch)变换

$$\begin{aligned}\boldsymbol{u}(\boldsymbol{x}) &= \int_{\infty}\hat{\boldsymbol{u}}_{\boldsymbol{k}}\mathrm{e}^{\mathrm{i}\boldsymbol{k}\cdot\boldsymbol{x}}\mathrm{d}\boldsymbol{k} = \int_{1\mathrm{BZ}\oplus\boldsymbol{G}}\hat{\boldsymbol{u}}_{\boldsymbol{k}}\mathrm{e}^{\mathrm{i}\boldsymbol{k}\cdot\boldsymbol{x}}\mathrm{d}\boldsymbol{k}\\ &= \int_{1\mathrm{BZ}}\sum_{\boldsymbol{G}}\hat{\boldsymbol{u}}_{\boldsymbol{k}+\boldsymbol{G}}\mathrm{e}^{\mathrm{i}\boldsymbol{G}\cdot\boldsymbol{x}}\mathrm{e}^{\mathrm{i}\boldsymbol{k}\cdot\boldsymbol{x}}\mathrm{d}\boldsymbol{k}\\ &= \int_{1\mathrm{BZ}}\hat{\boldsymbol{u}}_{\boldsymbol{k}}(\boldsymbol{x})\mathrm{e}^{\mathrm{i}\boldsymbol{k}\cdot\boldsymbol{x}}\mathrm{d}\boldsymbol{k}\end{aligned} \tag{2.73}$$

其中，Floquet-Bloch 谱分量为

$$\hat{\boldsymbol{u}}_{\boldsymbol{k}}(\boldsymbol{x})=\sum_{\boldsymbol{G}}\hat{\boldsymbol{u}}_{\boldsymbol{k}+\boldsymbol{G}}\mathrm{e}^{\mathrm{i}\boldsymbol{G}\cdot\boldsymbol{x}},\quad \forall \boldsymbol{k}\in 1\mathrm{BZ} \tag{2.74}$$

由式(2.65)，$\hat{\boldsymbol{u}}_{\boldsymbol{k}}(\boldsymbol{x})$ 显然具有和对应 Bravais 格一致的空间周期性，称其为 Bloch 波振幅。需要指出的是，Floquet-Bloch 变换本质上仍是傅里叶变换，只是按照 1BZ 和倒格对波矢空间重新做了分割与索引，将波矢 $\boldsymbol{k}$ 限制于 1BZ，而谱分量 $\hat{\boldsymbol{u}}_{\boldsymbol{k}}(\boldsymbol{x})$ 为关于正格点的周期函数。因此对任意函数均可做此变换。注意当单独使用 $\hat{\boldsymbol{u}}_{\boldsymbol{k}}$ 而不显式指明其为 $\boldsymbol{x}$ 的函数时，是指常数的傅里叶谱分量。显然变换(2.73)也可以写作

$$\boldsymbol{u}(\boldsymbol{x})=\int_{1\mathrm{BZ}}\left[\hat{\boldsymbol{u}}_{\boldsymbol{k}}(\boldsymbol{x})\mathrm{e}^{-\mathrm{i}\boldsymbol{G}'\cdot\boldsymbol{x}}\right]\mathrm{e}^{\mathrm{i}(\boldsymbol{k}+\boldsymbol{G}')\cdot\boldsymbol{x}}\mathrm{d}\boldsymbol{k}=\int_{1\mathrm{BZ}+\boldsymbol{G}'}\hat{\boldsymbol{u}}_{\boldsymbol{k}'}(\boldsymbol{x})\mathrm{e}^{\mathrm{i}\boldsymbol{k}'\cdot\boldsymbol{x}}\mathrm{d}\boldsymbol{k}' \tag{2.75}$$

其中，$\boldsymbol{G}'$ 为任意倒格矢，上式含义是将波矢取在其他倒格单胞(1BZ 偏移 $\boldsymbol{G}'$)，相应的 Bloch 波振幅做如下变换：

$$\hat{\boldsymbol{u}}_{\boldsymbol{k}'}(\boldsymbol{x})=\hat{\boldsymbol{u}}_{\boldsymbol{k}+\boldsymbol{G}'}(\boldsymbol{x})=\hat{\boldsymbol{u}}_{\boldsymbol{k}}(\boldsymbol{x})\mathrm{e}^{-\mathrm{i}\boldsymbol{G}'\cdot\boldsymbol{x}} \tag{2.76}$$

对于给定波矢 $\boldsymbol{k}$，Bloch 波函数 $\boldsymbol{u}_{\boldsymbol{k}}(\boldsymbol{x})=\hat{\boldsymbol{u}}_{\boldsymbol{k}}(\boldsymbol{x})\mathrm{e}^{\mathrm{i}\boldsymbol{k}\cdot\boldsymbol{x}}$ 的梯度为

$$\nabla\boldsymbol{u}_{\boldsymbol{k}}(\boldsymbol{x})=\left[(\mathrm{i}\boldsymbol{k}+\nabla)\hat{\boldsymbol{u}}_{\boldsymbol{k}}(\boldsymbol{x})\right]\mathrm{e}^{\mathrm{i}\boldsymbol{k}\cdot\boldsymbol{x}} \tag{2.77}$$

因此在 Floquet-Bloch 变换下，周期介质波动方程(2.5)变换为

$$(\nabla+\mathrm{i}\boldsymbol{k})\cdot\left[\boldsymbol{C}(\boldsymbol{x}):\left((\nabla+\mathrm{i}\boldsymbol{k})\otimes\hat{\boldsymbol{u}}_{\boldsymbol{k}}(\boldsymbol{x})\right)\right]+\hat{\boldsymbol{f}}_{\boldsymbol{k}}(\boldsymbol{x})=-\omega^2\rho(\boldsymbol{x})\hat{\boldsymbol{u}}_{\boldsymbol{k}}(\boldsymbol{x}) \tag{2.78}$$

上式称为周期介质的中心方程，其本质上与式(2.72)的傅里叶变换等价，但由于载荷、场量和材料性质在空间上是关于 Bravais 格的周期函数，因此对于任一波矢 $\boldsymbol{k}\in 1\mathrm{BZ}$ 可以通过在一个单胞上施加周期边界条件求解上述微分方程得到相应的 Floquet-Bloch 谱分量。

对于无限大周期介质的自由波，不考虑体力，则式(2.78)构成了特征方程

$$(\nabla+\mathrm{i}\boldsymbol{k})\cdot\left[\boldsymbol{C}(\boldsymbol{x}):\left((\nabla+\mathrm{i}\boldsymbol{k})\otimes\hat{\boldsymbol{u}}_{\boldsymbol{k}}(\boldsymbol{x})\right)\right]=-\omega^2\rho(\boldsymbol{x})\hat{\boldsymbol{u}}_{\boldsymbol{k}}(\boldsymbol{x}) \tag{2.79}$$

给定 $\boldsymbol{k}$ 求解特征频率 ω 将给出色散关系 $\omega(\boldsymbol{k})$。针对每一$(\omega, \boldsymbol{k})$组合的特征函数 $\hat{\boldsymbol{u}}_{\boldsymbol{k}}(\boldsymbol{x})$ 为 Bloch 波模态。值得指出，Bravais 格点给出材料性质和 Bloch 振幅 $\hat{\boldsymbol{u}}(\boldsymbol{x})$ 在实空间中的周期性，而倒格则反映了色散关系 $\omega(\boldsymbol{k})$在波矢空间中的周期性。事实上，由式(2.76)和式(2.79)可以看出，如果 ω 和 $\hat{\boldsymbol{u}}_{\boldsymbol{k}}(\boldsymbol{x})$ 是一组特征解，令 $\boldsymbol{k}\to\boldsymbol{k}+\boldsymbol{G}$，则 ω 和 $\hat{\boldsymbol{u}}_{\boldsymbol{k}+\boldsymbol{G}}(\boldsymbol{x})$ 也同样满足特征方程，因此 $\omega(\boldsymbol{k}+\boldsymbol{G})=\omega(\boldsymbol{k})$，考察周期介质的色散关系，只需在波矢空间考虑一个单胞即可，通常为 1BZ。

在带结构计算中也可以直接求解 Bloch 波函数 $\boldsymbol{u}_{\boldsymbol{k}}(\boldsymbol{x})$ 的弹性波方程，

$$\nabla \cdot \left[\boldsymbol{C}(\boldsymbol{x}) : \left(\nabla \otimes \boldsymbol{u}_{\boldsymbol{k}}(\boldsymbol{x}) \right) \right] = -\omega^2 \rho(\boldsymbol{x}) \boldsymbol{u}_{\boldsymbol{k}}(\boldsymbol{x}) \tag{2.80}$$

求解仍然针对一个单胞进行。由于单胞边界对应点的位置均相差一 Bravais 格矢 $\boldsymbol{R}$，由于 $\hat{\boldsymbol{u}}_{\boldsymbol{k}}(\boldsymbol{x})$ 的周期性，其 Bloch 波位移满足

$$\boldsymbol{u}_{\boldsymbol{k}}(\boldsymbol{x}+\boldsymbol{R}) = \hat{\boldsymbol{u}}_{\boldsymbol{k}}(\boldsymbol{x}+\boldsymbol{R}) \mathrm{e}^{\mathrm{i}\boldsymbol{k}\cdot(\boldsymbol{x}+\boldsymbol{R})} = \hat{\boldsymbol{u}}_{\boldsymbol{k}}(\boldsymbol{x}) \mathrm{e}^{\mathrm{i}\boldsymbol{k}\cdot\boldsymbol{x}} \mathrm{e}^{\mathrm{i}\boldsymbol{k}\cdot\boldsymbol{R}} = \boldsymbol{u}_{\boldsymbol{k}}(\boldsymbol{x}) \mathrm{e}^{\mathrm{i}\boldsymbol{k}\cdot\boldsymbol{R}} \tag{2.81}$$

相隔一个 Bravais 格矢的两点位移只差一个相位因子 $\mathrm{e}^{\mathrm{i}\boldsymbol{k}\cdot\boldsymbol{R}}$，因此只需知道单胞的波动场就能构造整个空间的 Bloch 波场。式(2.81)通常称为 Bloch 波周期条件。由 Bloch 波周期条件也能看出色散关系在倒格空间的周期性，因为对于 $\boldsymbol{k}+\boldsymbol{G}$，

$$\mathrm{e}^{\mathrm{i}(\boldsymbol{k}+\boldsymbol{G})\cdot\boldsymbol{R}} = \mathrm{e}^{\mathrm{i}\boldsymbol{k}\cdot\boldsymbol{R}} \mathrm{e}^{\mathrm{i}(2n\pi)} = \mathrm{e}^{\mathrm{i}\boldsymbol{k}\cdot\boldsymbol{R}} \tag{2.82}$$

不改变 Bloch 波周期条件和特征方程求解。

2.2.3　带结构计算方法

借鉴固体物理、光子晶体关于周期介质带隙分析方法的先导研究，针对弹性和声学介质的带结构分析也发展了很多不同的方法。各类方法均是考虑将波动场在不同的函数空间中分解(如多项式空间、平面波空间、柱谐函数或球谐函数空间等)并由 Bloch 波周期条件考虑不同分量的相互作用。

传递矩阵法主要应用于一维系统，例如层状介质的带结构计算。该方法根据不同区域波场的连续性条件导出各层状态量(应力、速度、声压等)之间的传递矩阵，进而结合 Bloch 周期条件得到整个系统的特征方程。正入射条件下传递矩阵方法经常能够得到解析结果，在分层周期介质的传输特性和带结构分析中得到广泛应用。

平面波展开法可以应用于二维和三维系统的带结构计算。该方法直接应用式(2.71)，根据材料性质的周期性将其展开为倒格空间中的傅里叶级数，因此对于每个特定波矢均能展开为平面波叠加的无穷级数形式，通过适当的级数截断将波动方程转换为线性特征方程组。该方法的实现非常简单，因此在早期能带计算中应用较多，缺点是收敛较慢，尤其是对于几何构型复杂的情形，此外对流固耦合的周期系统效果不理想。

多重散射方法主要利用单个散射体(柱或球)的解析散射场结合米氏散射理论获得能带结构。该方法精度较高，收敛较快，并且可以方便地处理流固耦合周期系统。由于依赖于单散射体的解析解，因此主要适用于少数规则构型。此外，除获得带结构和散射场外，多重散射方法的结果具有高度的结构性，能够给出不同阶次的散射系数，因此对于定义和计算动态等效性质也有重要意义。

作为偏微分方程的主要数值求解方法，有限元方法目前越来越多地被用来求

解弹性波和声波的带结构。该方法具有较强的适应性，对单胞的几何复杂性不敏感，因此尤其适合周期超材料的带隙结构分析。有限元方法直接求解式(2.79)或式(2.80)，通过将单胞区域离散为有限个单元和节点，并将 Bloch 波位移场在单元内以节点位移分片插值，最终通过周期边界或 Bloch 周期边界条件形成特征方程。有限元方法的另一个优势是可以直接利用发展成熟的商业软件，但该方法在处理流固耦合周期系统时也欠缺稳定性。

本节主要对有限元方法和多重散射方法做概括介绍。

1. 有限元方法

针对一个周期单胞，将波动方程(2.80)进行标准有限元离散，得到有限元方程

$$\left(\boldsymbol{K}-\omega^2\boldsymbol{M}\right)\boldsymbol{u}=\boldsymbol{0} \tag{2.83}$$

其中，$\boldsymbol{K}$ 为刚度矩阵；$\boldsymbol{M}$ 为质量矩阵；$\boldsymbol{u}$ 为节点自由度向量。为精确施加 Bloch 波边界条件，在有限元网格划分时，可使单胞左右和上下边界的节点完全对应，例如对于左侧边界(l)的某一节点，将其坐标偏移晶格矢量 $\boldsymbol{a}_1$，则能找到右侧边界(r)的对应节点，如图 2.8(a)所示。将所有节点自由度分组为内部节点 $\boldsymbol{u}_\mathrm{i}$，左侧边界节点 $\boldsymbol{u}_\mathrm{l}$，右侧边界节点 $\boldsymbol{u}_\mathrm{r}$，下侧边界节点 $\boldsymbol{u}_\mathrm{d}$ 和上侧边界节点 $\boldsymbol{u}_\mathrm{u}$。根据 Bloch 波周期条件(2.81)对边界节点建立如下关系

$$\boldsymbol{u}_\mathrm{r}=\boldsymbol{u}_\mathrm{l}\mathrm{e}^{\mathrm{i}\boldsymbol{k}\cdot\boldsymbol{a}_1},\quad \boldsymbol{u}_\mathrm{u}=\boldsymbol{u}_\mathrm{d}\mathrm{e}^{\mathrm{i}\boldsymbol{k}\cdot\boldsymbol{a}_2} \tag{2.84}$$

则上式构成了节点自由度约束方程。以 $\tilde{\boldsymbol{u}}^\mathrm{T}=\left[\boldsymbol{u}_\mathrm{i}^\mathrm{T},\boldsymbol{u}_\mathrm{l}^\mathrm{T},\boldsymbol{u}_\mathrm{d}^\mathrm{T}\right]$ 为独立自由度向量得到如下关系

$$\boldsymbol{u}=\boldsymbol{Q}\left(\boldsymbol{k}\right)\tilde{\boldsymbol{u}} \tag{2.85}$$

以独立自由度表示的特征方程为

$$\boldsymbol{Q}\left(\boldsymbol{k}\right)^\mathrm{H}\left(\boldsymbol{K}-\omega^2\boldsymbol{M}\right)\boldsymbol{Q}\left(\boldsymbol{k}\right)\tilde{\boldsymbol{u}}=\boldsymbol{D}\left(\boldsymbol{k},\omega\right)\tilde{\boldsymbol{u}}=\boldsymbol{0} \tag{2.86}$$

其中，上标 H 表示共轭转置。求解上述特征值问题可方便地给出色散关系 $\omega(\boldsymbol{k})$。一般商业工程有限元软件，例如 ANSYS，强于高效处理梁壳等结构单元与连续实体单元的建模，但通常并不直接处理复值变量。此时可分别取耦合关系(2.84)的实部与虚部，从而在实数域建立 Bloch 关系并计算，例如对于左右边界节点有

$$\begin{aligned}\boldsymbol{u}_\mathrm{r}^\mathrm{Re}&=\boldsymbol{u}_\mathrm{l}^\mathrm{Re}\cos\left(\boldsymbol{k}\cdot\boldsymbol{a}_1\right)-\boldsymbol{u}_\mathrm{l}^\mathrm{Im}\sin\left(\boldsymbol{k}\cdot\boldsymbol{a}_1\right)\\ \boldsymbol{u}_\mathrm{r}^\mathrm{Im}&=\boldsymbol{u}_\mathrm{l}^\mathrm{Re}\sin\left(\boldsymbol{k}\cdot\boldsymbol{a}_1\right)+\boldsymbol{u}_\mathrm{l}^\mathrm{Im}\cos\left(\boldsymbol{k}\cdot\boldsymbol{a}_1\right)\end{aligned} \tag{2.87}$$

此时需要针对胞元建立两份同样的有限元网格，分别负责自由度的实部 $\boldsymbol{u}^\mathrm{Re}$ 和

虚部 $\boldsymbol{u}^{\mathrm{Im}}$, 式(2.87)通过软件的约束方程实现了两部分的交叉耦合, 如图 2.8(b)所示。对于主要作为偏微分方程求解器的有限元软件，例如 COMSOL，针对连续体周期结构的分析则更加方便，甚至已有专门用于带结构分析的组件。因为其对于分析域和边界是透明的，不需直接面对网格，Bloch 边界的施加更为便利。数值求解方程(2.86)将给出色散关系 $\omega_1(\boldsymbol{k}), \omega_2(\boldsymbol{k}), \cdots$，其序号称为带隙索引(band index)或分支数(branch number)，分支总数与系统自由度相当。波矢 $\boldsymbol{k}$ 在 1BZ 内连续变化时各分支 $\omega(\boldsymbol{k})$ 给出的曲面称为带结构，针对一组$(\omega, \boldsymbol{k})$的特征向量 $\tilde{\boldsymbol{u}}$ 则给出波动模态。

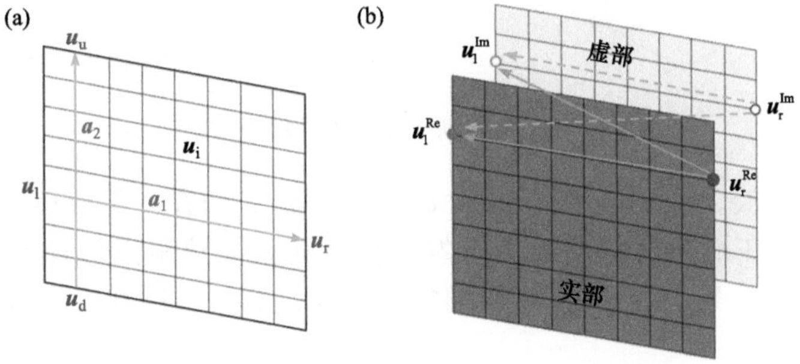

图 2.8 单胞有限元网格的 Bloch 周期边界

通常单胞具有点群对称性时，其 1BZ 也具有相应的对称性，因此 $\boldsymbol{k}$ 只需遍历 1BZ 内具有最低对称性的部分即可，称为不可约布里渊区(irreducible Brillouin zone, IBZ)，如图 2.7(b) 1BZ 中的阴影三角形 OAB 所示。通常令 $\boldsymbol{k}$ 沿不可约布里渊区的边界连续变化(连接 1BZ 的高对称点 O-A-B-O)得到的 $\omega(\boldsymbol{k})$ 曲线展示带结构。虽然没有严格的证明，但一般认为连接布里渊区高对称点的曲线足够反映整个色散曲面的带隙特征。图 2.9 显示了三角阵列手性点阵材料的带结构，通过 ANSYS 软件计算得到。点阵结构、晶格矢量和六角形单胞如图 2.9(a)所示[3]。有限元模型采用梁单元,因此单胞模型只有六个边界节点。倒格矢和 1BZ 如图 2.9(b)所示。图 2.9(c)显示了计算得到的带结构曲线，横轴为波矢沿 1BZ 高对称点的路径，而纵轴频率相对于点阵材料中直梁部分简支的第一阶固有频率无量纲化。图中的阴影区域指明了禁带范围。需要指出的是，因为该结构是手性的，因此只具有 C_6 旋转对称而没有镜像对称,因此其 IBZ 应为三角形 OBB' 而非 OAB,图 2.9(c)只显示了常规的 OAB 路径。

2. 多重散射方法

由式(2.9)和式(2.10)，均匀介质中的弹性波包含由标量势 φ 、矢量势 ψ 表

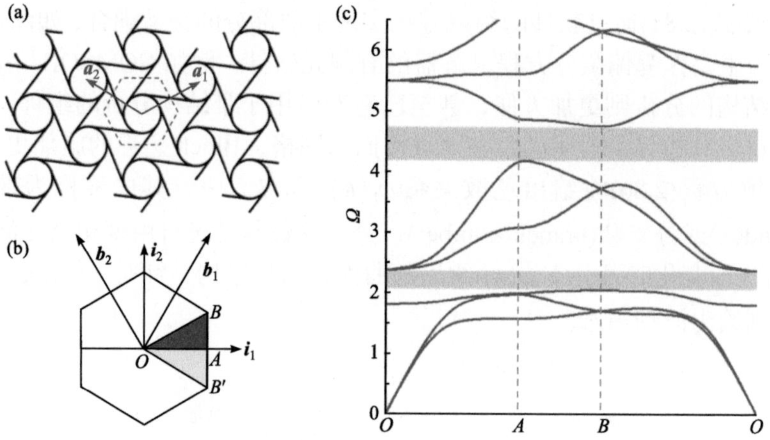

图 2.9　三角阵列手性点阵材料的带结构

示的 P 波和 S 波，分别以波速 c_L 和 c_T 独立传播，而在声学流体介质中只有 P 波。P/S 波只在不同材料的界面上发生模式转换。这里以流体基体中含有呈 Bravais 格周期排列的圆形弹性散射体(半径为 a)的二维周期系统为例介绍多重散射理论[4]。

首先考虑中心位于坐标原点的单个散射体在频率 ω 时的散射谱。在极坐标 $\boldsymbol{r}=(r,\theta)$下，其入射波表示为

$$\boldsymbol{u}^{\text{in}}(\boldsymbol{r})=\sum_n a_n \boldsymbol{J}_n(\boldsymbol{r}) \tag{2.88}$$

散射波表示为

$$\boldsymbol{u}^{\text{sc}}(\boldsymbol{r})=\sum_n b_n \boldsymbol{H}_n(\boldsymbol{r}) \tag{2.89}$$

其中，a_n、b_n 分别为各阶入射系数及散射系数。向量函数 $\boldsymbol{J}_n(\boldsymbol{r})$和 $\boldsymbol{H}_n(\boldsymbol{r})$定义为

$$\boldsymbol{J}_n(\boldsymbol{r})=\nabla\left[\mathrm{J}_n(\alpha_1 r)\mathrm{e}^{\mathrm{i}n\theta}\right],\quad \boldsymbol{H}_n(\boldsymbol{r})=\nabla\left[\mathrm{H}_n(\alpha_1 r)\mathrm{e}^{\mathrm{i}n\theta}\right] \tag{2.90}$$

其中，$\alpha_1=\omega(\rho_1/\kappa_1)^{1/2}$ 为基体声波波数；J_n 和 H_n 分别为 n 阶的贝塞尔(Bessel)函数和第一类汉克尔(Hankel)函数。给定入射波情形下，散射系数可由散射体与基体界面间的边界条件求得。固体散射体中的波表示为

$$\boldsymbol{u}_2(\boldsymbol{r})=\sum_n\left[c_{n\text{L}}\boldsymbol{J}_{n\text{L}}(\boldsymbol{r})+c_{n\text{S}}\boldsymbol{J}_{n\text{S}}(\boldsymbol{r})\right] \tag{2.91}$$

向量函数 $\boldsymbol{J}_{n\text{L}}(\boldsymbol{r})$和 $\boldsymbol{J}_{n\text{S}}(\boldsymbol{r})$分别定义为

$$\boldsymbol{J}_{n\text{L}}(\boldsymbol{r})=\nabla\left[\mathrm{J}_n(\alpha_2 r)\mathrm{e}^{\mathrm{i}n\theta}\right],\quad \boldsymbol{J}_{n\text{S}}(\boldsymbol{r})=\nabla\times\left[\boldsymbol{e}_3\mathrm{J}_n(\beta_2 r)\mathrm{e}^{\mathrm{i}n\theta}\right] \tag{2.92}$$

其中，$\alpha_2=\omega(\rho_2/(\lambda_2+2\mu_2))^{1/2}$ 和 $\beta_2=\omega(\rho_2/\mu_2)^{1/2}$ 分别为夹杂的 P 波和 S 波波数；$\boldsymbol{e}_3$ 为出面基矢量。在基体与夹杂界面 $r=a$ 处，要求位移场 $\boldsymbol{u}_1=\boldsymbol{u}^{\text{in}}+\boldsymbol{u}^{\text{sc}}$ 与 $\boldsymbol{u}_2$ 在夹杂界面满足法向连续以及相应的应力连续条件

$$\begin{aligned}u_{2r}(a,\theta)&=u_{1r}(a,\theta)\\ \sigma_{2rr}(a,\theta)&=\sigma_{1rr}(a,\theta)\\ \sigma_{2r\theta}(a,\theta)&=0\end{aligned}\tag{2.93}$$

借由式(2.1)～式(2.3)，界面连续给出如下条件：

$$\begin{aligned}C_{11}c_{n\text{L}}+C_{12}c_{n\text{S}}&=A_1a_n+B_1b_n\\ C_{21}c_{n\text{L}}+C_{22}c_{n\text{S}}&=A_2a_n+B_2b_n\\ C_{31}c_{n\text{L}}+C_{32}c_{n\text{S}}&=0\end{aligned}\tag{2.94}$$

其中 A、B、C 系数与两相材料的弹性常数、密度、波数以及夹杂半径相关，具体为

$$\begin{aligned}aA_1&=n\text{J}_n(\alpha_1a)-\alpha_1a\text{J}_{n+1}(\alpha_1a),\quad aB_1=n\text{H}_n(\alpha_1a)-\alpha_1a\text{H}_{n+1}(\alpha_1a)\\ aC_{11}&=n\text{J}_n(\alpha_2a)-\alpha_2a\text{J}_{n+1}(\alpha_2a),\quad aC_{12}=\text{i}n\text{J}_n(\beta_2a)\\ aA_2&=-\kappa_1(2n+2)\alpha_1a\text{J}_{n+1}(\alpha_1a)+\kappa_1\alpha_1^2a^2\text{J}_{n+2}(\alpha_1a)\\ aB_2&=-\kappa_1(2n+2)\alpha_1a\text{H}_{n+1}(\alpha_1a)+\kappa_1\alpha_1^2a^2\text{H}_{n+2}(\alpha_1a)\\ aC_{21}&=2\mu_2(n^2-n)\text{J}_n(\alpha_2a)-\left[\lambda_2(2n+2)+2\mu_2(2n+1)\right]\alpha_2a\text{J}_{n+1}(\alpha_2a)\\ &\quad+(\lambda_2+2\mu_2)\alpha_2^2a^2\text{J}_{n+2}(\alpha_2a)\\ aC_{22}&=2\text{i}n\mu_2\left[(n-1)\text{J}_n(\beta_2a)-\beta_2a\text{J}_{n+1}(\beta_2a)\right]\\ aC_{31}&=2\text{i}n\mu_2\left[(n-1)\text{J}_n(\alpha_2a)-\alpha_2a\text{J}_{n+1}(\alpha_2a)\right]\\ aC_{32}&=\mu_2\left[2(n^2-n)\text{J}_n(\beta_2a)+2n\beta_2a\text{J}_{n+1}(\beta_2a)-\beta_2^2a^2\text{J}_{n+2}(\beta_2a)\right]\end{aligned}\tag{2.95}$$

针对每一阶(n)系数，给定基体入射场 a_n，则式(2.94)决定了基体散射场 b_n 及散射体内场 $c_{n\text{L}}$ 和 $c_{n\text{S}}$。对于多重散射理论(MST)，尤其关注基体中入射与散射的关系

$$b_n=\sum_{n'}T_{nn'}a_{n'}\tag{2.96}$$

其中，$T_{nn'}$ 称为米氏散射矩阵。对于固体基体-流体夹杂、固体基体-固体夹杂等其他介质组合，也可以类似方式导出相应散射规律。

对于多个散射体情况，多重散射理论主要基于以下事实：对于每个散射体，其入射波可分为两部分，其一是系统外部入射波，其二是来自其他散射体的散射波。对于带结构计算，没有外部激励，特定散射体 i 的入射即来自其他散射体的散射

$$\boldsymbol{u}_i^{\text{in}}\left(\boldsymbol{r}_i\right)=\sum_{j\neq i}\sum_m b_m^j \boldsymbol{H}_m^j\left(\boldsymbol{r}_j\right) \tag{2.97}$$

注意之前单夹杂讨论均假设其位于原点，此时则需要考虑不同夹杂的位置区别，$\boldsymbol{r}_i$ 和 $\boldsymbol{r}_j$ 分别表示同一位置与夹杂 i 和 j 的相对矢量。以 $\boldsymbol{R}_i$ 表示夹杂 i 的位置，$\boldsymbol{R}_{ij}=\boldsymbol{R}_j-\boldsymbol{R}_i$ 表示夹杂 i、j 的相对矢量，$R_{ij}=|\boldsymbol{R}_{ij}|$ 和 $\theta_{ij}=\arg(\boldsymbol{R}_{ij})$ 分别为其长度和幅角，可以证明

$$\boldsymbol{H}_m^j\left(\boldsymbol{r}_j\right)=\boldsymbol{H}_m^j\left[\boldsymbol{r}_i-\boldsymbol{R}_{ij}\right]=\sum_n G_{mn}^{ij}\boldsymbol{J}_n^i\left(\boldsymbol{r}_i\right) \tag{2.98}$$

其中，

$$G_{mn}^{ij}=G_{mn}\left(\boldsymbol{R}_{ij}\right)=\boldsymbol{H}_{n-m}\left(\alpha_1 R_{ij}\right)\mathrm{e}^{-\mathrm{i}(n-m)\theta_{ij}} \tag{2.99}$$

称为平移系数。由式(2.88)、式(2.96)～式(2.98)可以给出关于每个夹杂各阶入射系数的自洽方程

$$\sum_{jn'}\left(\delta_{ij}\delta_{nn'}-\sum_m G_{nm}^{ij}T_{mn'}^j\right)a_{n'}^j=0 \tag{2.100}$$

对于周期散射阵列，不同夹杂 i 和 j 所属各量之间的关系由于 Bloch 条件仅有与波矢 $\boldsymbol{k}$ 相关的相位差，对式(2.100)进行傅里叶变换有

$$\sum_{n'}\left(\delta_{nn'}-\sum_m G_{nm}\left(\boldsymbol{k}\right)T_{mn'}\right)a_{n'}=0 \tag{2.101}$$

其中

$$G_{nm}\left(\boldsymbol{k}\right)=\sum_{\boldsymbol{R}\neq 0}G_{nm}\left(-\boldsymbol{R}\right)\mathrm{e}^{\mathrm{i}\boldsymbol{k}\cdot\boldsymbol{R}} \tag{2.102}$$

式中针对 Bravais 格点 $\boldsymbol{R}$ 的无限和可根据文献[5]的方法来处理。多重散射理论的带结构特征方程最终为

$$\det\left|T_{nn'}^{-1}-G_{nn'}\left(\boldsymbol{k}\right)\right|=0 \tag{2.103}$$

图 2.10 给出一个多重散射法计算带结构的例子。考虑空气中正三角形阵列圆形刚性散射体。圆柱的半径为 $a=16\text{mm}$，最近邻散射体中心间距 45mm，其中刚性圆柱的米氏散射矩阵为

$$T_{mm'}=-\delta_{mm'}\frac{\mathrm{J}_{n+1}\left(k_0 a\right)-\mathrm{J}_{n-1}\left(k_0 a\right)}{\mathrm{H}_{n+1}^{(1)}\left(k_0 a\right)-\mathrm{H}_{n-1}^{(1)}\left(k_0 a\right)} \tag{2.104}$$

取 Bessel 和 Hankel 函数的展开阶数为 6，图 2.10 显示了有限元方法与多重散射方法沿布里渊区 $\boldsymbol{\Gamma}$ 点到 $\boldsymbol{K}$ 点的色散曲线。

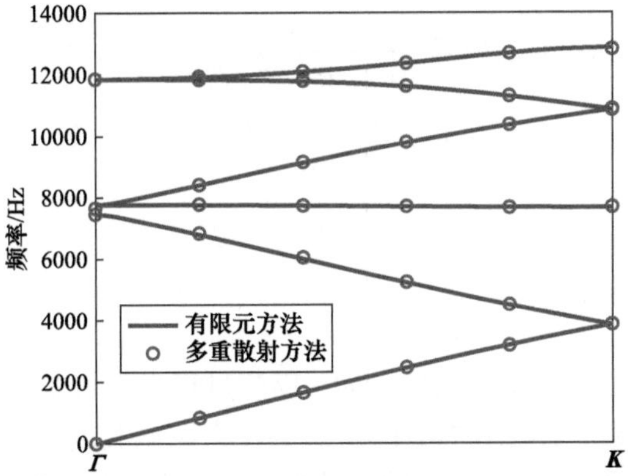

图 2.10　空气介质含有正三角排列圆形刚性散射体的色散曲线

2.3　介质的动态等效

如 1.2.5 节所述，非均匀介质的动态等效目前并没有成熟统一的理论。一类理论侧重于大尺度结构高效计算，以更大频段和波数范围逼近材料色散规律为主，并不侧重等效逻辑和有效性质。另一类方法侧重于完备的等效框架，例如非局部的 Willis 理论，则过于复杂而不适于一般超材料的等效与设计，Willis 理论将在第 6 章专门论述。本节针对超材料研究中等效性质预测的一些常用且较为成熟的动态等效方法做概要介绍。

2.3.1　传输反演方法

传输反演方法在电磁和声波超材料中应用较多。将具有一个或几个单胞厚度的超材料层放置于背景介质中，如果层状材料在某一背景介质中的透射系数 T 和反射系数 R 与一假想的、同厚度的均匀声学介质层在同一背景介质中的透/反射系数一致，可以认为超材料和假想的均匀材料等效，从而由透/反射系数反解等效材料的有效性质。背景介质通常选取为点阵材料的基体介质。由于声学和电磁介质的透/反射系数非常容易从标准实验获得，因此该方法在实验测量和验证中广泛应用，但透/反射系数也可以基于数值计算得到。

对于密度 ρ_1、声速 c_1 的无限大背景声学介质中有一密度 ρ_2、声速 c_2、厚度为 d 的层状材料平板的情况，平面波正入射下透/反射系数 T/R 表达式由式(2.61)/式(2.62)给出。定义折射率 $n = c_1/c_2$ 和阻抗比 $\xi = \rho_2 c_2/\rho_1 c_1$，其可由透/反射系数公式反解得到[10]

$$\xi = \frac{r}{1-2R+R^2-T^2}$$
$$n = \frac{-\mathrm{i}\ln x + 2\pi m}{kd} \tag{2.105}$$

其中，

$$r = \mp\sqrt{\left(R^2-T^2-1\right)^2-4T^2},\quad x=\frac{1-R^2+T^2+r}{2T} \tag{2.106}$$

$k=\omega c_1$ 为背景波数。由于是复数域求逆，反演过程中不可避免地会遇到正负号选择和函数分支的问题，式(2.105)中整数 m 为反余弦函数的分支数。从公式本身来看，任何正负取舍和整数 m 给出的等效阻抗比和等效折射率均导致相同的透/反射系数。对于实际超材料，多值问题可基于如下原则予以消除。对于被动介质超材料，因果律首先要求 $\mathrm{Re}(\xi)>0$，据此可以首先判定式(2.106)中 r 的符号。关于分支数 m，可以首先在某非共振频率点以最小厚度(一个单胞，m 为 0)的超材料层获得等效性质；以该频点有效性质为基准，逐渐扩展频率范围，反演公式中的符号和复函数分指数可通过折射率 n 在频谱上的连续性原则确定。

当背景介质为声波超材料基体的延伸时，由于没有明显的边界，应用公式(2.105)的另一个问题是如何界定超材料层的厚度 d。Fokin 等[10]提出了一种界定边界的原则，即针对两种不同厚度的超材料透射层，其边界由散射体范围向外修正的具体值应使两者得到的有效性质在整个关心频段的相对差异最小。研究结果表明，边界层的位置一般与单胞的范围大致相当。

2.3.2　等效介质理论

等效介质理论(effective medium theory，EMT)或者相干势近似方法(coherent potential approach，CPA)被广泛应用于获得电磁和声波超材料的动态有效性质，针对(多层)球/柱散射体系统是一种应用较广的理论方法。与准静态有效性质通常采用的宏微观应变能等效不同，该方法的等效原则是在等效介质中使原有复合材料系统的低阶散射截面消除，具体途径则是利用单夹杂的散射理论。即使在长波零频率极限下，EMT 也能够给出传统方法无法预测的结果。例如，基于该方法，Berryman 发现对于基体是流体的复合介质，其等效密度在散射意义上并非直觉上的体积平均[6]。EMT 本身的应用场景是在长波低频极限假设下，但近年来随着局域共振超材料的提出，该理论也被拓展至有限频率解释超材料的动态有效性质[4,7,8]。在共振频段，尽管夹杂内场波动尺度可能违反长波假设，但基体中背景波长仍远大于夹杂尺寸，因此可将超材料夹杂视作“黑盒”散射体，其散射截面仍然可以精确表达从而适用等效介质理论处理。

与 2.2.3 节多重散射理论一致，这里仍然以流体基体-固体圆形夹杂系统为例。以 ρ_{eff}、κ_{eff} 和 α_{eff} 表示等效声学流体的等效密度、等效体积模量和等效波数。等效介质理论的思路如图 2.11 所示。图 2.11(a)为原有复合介质，由于 EMT 主要基于单夹杂散射，因此散射体是否周期排列并不重要。考虑一个夹杂(位于坐标原点，半径为 a)的散射场景，以图 2.11(b)代替图(a)的系统，此时远离夹杂区域可以认为是等效的声学介质，散射体及其附近的基体流体包覆层构成一个散射结构，其半径 b 以夹杂的体积含量 f 确定，$f=a^2/b^2$。

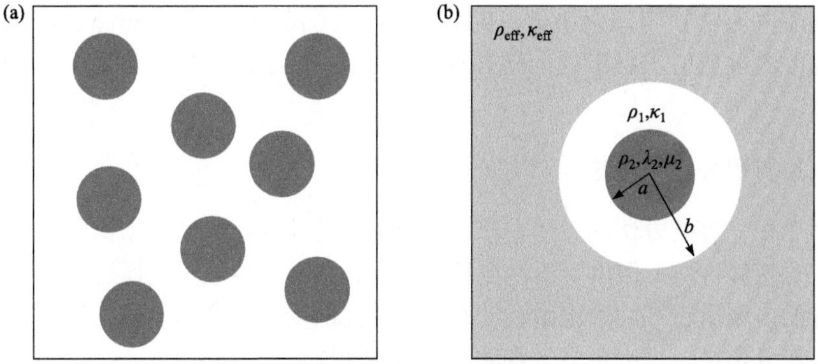

图 2.11　EMT 等效思路

(a)流体基体与圆形夹杂；(b)夹杂与流体包覆层在等效介质中的散射

流体包覆层位移场具有式(2.88)和式(2.89)的形式，

$$\boldsymbol{u}_1=\sum_n a_n(1)\boldsymbol{J}_n(\boldsymbol{r})+\sum_n b_n(1)\boldsymbol{H}_n(\boldsymbol{r}) \tag{2.107}$$

其入射系数与散射系数由米氏散射矩阵关联

$$b_n(1)=S_n(1)a_n(1) \tag{2.108}$$

这里令 $S_n(1)=T_{nn}$，如表达式(2.94)和式(2.95)，散射系数与基体和夹杂的性质、波数相关。EMT 假设在 $r=b$ 界面，对于背景等效介质，夹杂和基体包覆层的整体散射为零，因此等效介质中的波可以只由 Bessel 函数表示成

$$\boldsymbol{u}_{\mathrm{eff}}=\sum_n a_n(\mathrm{eff})\boldsymbol{J}_n(\boldsymbol{r}) \tag{2.109}$$

在 $r=b$ 流体-流体界面，由基体($\boldsymbol{u}_1$)和等效介质($\boldsymbol{u}_{\mathrm{eff}}$)的法向速度以及压力场连续条件可以给出两个连续性方程，从而导出形如式(2.108)的散射关系

$$b_n(1)=S_n(\mathrm{eff})a_n(1) \tag{2.110}$$

其中，$S_n(\mathrm{eff})$与等效介质和基体的性质、波数相关。显然 EMT 的最终等效结果为

$$S_n(\mathrm{eff})=S_n(1) \tag{2.111}$$

长波低频条件下 EMT 要求式(2.111)在最低若干阶上成立。借助 Bessel 函数和 Hankel 函数的级数展开并取主项，给出该材料的动态等效密度和体积模量为

$$\frac{\kappa_1}{\kappa_{\text{eff}}}=1+\frac{4f}{\mathrm{i}\pi(\alpha_1 a)^2}S_0(1),\quad \frac{\rho_{\text{eff}}-\rho_1}{\rho_{\text{eff}}+\rho_1}=\frac{4f}{\mathrm{i}\pi(\alpha_1 a)^2}S_1(1) \tag{2.112}$$

对于均质夹杂的低频极限的简单情况，由式(2.112)能够得到解析结果。对于超材料微结构，例如通过不同介质的多层圆形夹杂以强化单极或多极谐振，可通过传递矩阵方法获得散射系数。实际上 EMT 代表了一种等效思路，对于任意夹杂，也可通过数值求解散射问题并在各阶柱/球谐函数基上投影以获得相应的散射系数。

2.3.3 边界积分等效方法

边界积分等效方法的思想在于，尽管精心设计的超材料微结构整体在波动载荷下产生特异性质，但由于不存在长程作用，其等效性质只能通过胞元边界与其他部分的表观量感知。给定微观动态场，胞元的受力、变形、速度等宏观量可通过边界积分定义，进而定义宏观动态等效性质[9]。

借鉴静态细观力学理论，胞元的宏观等效应力和等效应变定义如下

$$\Sigma_{ij}=\frac{1}{V}\int_{\partial V}\sigma_{in}x_j\mathrm{d}A_n,\quad E_{ij}=\frac{1}{2V}\int_{\partial V}\left(u_i\mathrm{d}A_j+u_j\mathrm{d}A_i\right) \tag{2.113}$$

其中，V 为胞元体积；σ_{in} 和 u_i 分别为微观应力和位移场；x_j 为边界点坐标；$\mathrm{d}A_i=\mathrm{d}An_i$，这里 n_i 为边界法矢量。胞元合力和表观加速度为

$$F_i=\frac{1}{V}\int_{\partial V}\sigma_{ij}\mathrm{d}A_j,\quad \ddot{U}_i=\frac{1}{S}\int_{V_0}\ddot{u}_i\mathrm{d}V \tag{2.114}$$

其中，表观加速度定义为基体加速度的平均。长波(基体)假设下，表观加速度也可由胞元边界加速度平均代替

$$\ddot{U}_i\approx\frac{1}{S}\int_{\partial V}\ddot{u}_i\mathrm{d}A \tag{2.115}$$

由下式定义等效模量和密度

$$\Sigma_{ij}=C_{ijkl}^{\text{eff}}E_{kl},\quad F_i=\rho_{ij}^{\text{eff}}\ddot{U}_j \tag{2.116}$$

关于动态微观场，可通过不同的方法获得。

1) 简谐线性边界

假设边界位移载荷振幅与宏观均匀应变对应为如下形式：

$$u_i(\boldsymbol{x}) = \left(u_i^0 + E_{ij}x_j\right)\mathrm{e}^{\mathrm{i}\omega t} \tag{2.117}$$

单胞局部场通过有限元分析方法得到，通过扫频给出动态等效参数 $C_{ijkl}^{\mathrm{eff}}(\omega)$ 和 $\rho_{ij}^{\mathrm{eff}}(\omega)$。该方法较为简单高效，但由于采用硬性仿射边界且没有考虑波经过胞元产生的相差，因此更适于基体局部场较为平缓且长波极限情况。

2) 简谐周期边界

在高体积含量夹杂情形，胞元局部场具有高度的不均匀性，在胞元边界施加均匀应变对应的仿射位移将导致较大的误差。合理的宏观应变的加载方式是采用 Cauchy-Born 型的周期边界条件

$$u_i(\boldsymbol{x}) = u_i^{\mathrm{p}}(\boldsymbol{x}) + \left(u_i^0 + E_{ij}x_j\right)\mathrm{e}^{\mathrm{i}\omega t} \tag{2.118}$$

其中，$u_i^{\mathrm{p}}(\boldsymbol{x})$ 为一与 Bravais 格具有相同周期性的未知位移场。上式的意义实际上等同于先让单胞产生均匀的宏观应变场 E_{ij}，进而在一周期变形场的松弛下，使单胞应变能最小，因而实际上在 $\omega\to 0$ 时等同于静态细观力学的周期边界均匀化方法。在简谐加载下，周期边界条件(2.118)将更有效地允许单胞的真实动态变形，同时相比于仿射边界，Cauchy-Born 边界通常与单胞的选取方式无关。在有限元计算中该边界条件可以借助自由度约束方程实现。

3) Bloch 波模态场

直接将带结构分析中求解方程(2.80)得到的本征波动模态场 $\boldsymbol{u}_{\boldsymbol{k},\omega}(\boldsymbol{x})$ 作为微观场量获得等效性质。由于微观场量直接取自与色散规律对应的波动模态，该方法得到的等效性质在各频段均能准确地逼近色散曲线。但该方法实现起来较为复杂，且在禁带内的等效特性无法得到。此外，由于无法独立地给定宏观应力或应变，等效性质的定义有时会出现困难。

2.3.4　准静态性质

对于五模材料等不基于谐振机理的超材料，对波动的调控主要基于准静态等效性质。准静态等效性质传统细观力学已经有较成熟的理论可以应用。对于复杂微结构，基于仿射边界或周期边界的数值均匀化方法均能够给出等效性质。但对于特定构型，例如高度各向异性且胞元具有细微连接的模式材料，传统细观力学方法在胞元选取、数值模型上均存在复杂性。因此也可直接由 Bloch 波分析得到的频散关系给出材料声速，直接反演等效性质[10]。该方法应用于固体材料，因此单胞等效密度由质量平均得到，$\rho^{\mathrm{eff}} = \rho_{\mathrm{s}}V_{\mathrm{s}}/V_{\mathrm{cell}}$。以二维正交各向异性材料为例，在与结构对称轴重合的主轴坐标下，设等效弹性矩阵为

$$
\boldsymbol{C} = \begin{pmatrix} C_{11}^{\text{eff}} & C_{12}^{\text{eff}} & 0 \\ C_{12}^{\text{eff}} & C_{22}^{\text{eff}} & 0 \\ 0 & 0 & C_{33}^{\text{eff}} \end{pmatrix} \tag{2.119}
$$

由 Christoffel 方程(2.17)得到材料在 x_1 和 x_2 方向的 P/S 波速为

$$
c_{\text{L1}}^2 = C_{11}^{\text{eff}} / \rho^{\text{eff}}, \quad c_{\text{T1}}^2 = C_{33}^{\text{eff}} / \rho^{\text{eff}}, \quad c_{\text{L2}}^2 = C_{22}^{\text{eff}} / \rho^{\text{eff}} \tag{2.120}
$$

45°方向的准 P 和准 S 波速为

$$
c_{q\text{L(T)}}^2 = \frac{1}{4\rho^{\text{eff}}} \sqrt{C_{11}^{\text{eff}} + C_{22}^{\text{eff}} + 2C_{33}^{\text{eff}} \pm \sqrt{(C_{11}^{\text{eff}} - C_{22}^{\text{eff}})^2 + 4(C_{12}^{\text{eff}} + C_{33}^{\text{eff}})^2}} \tag{2.121}
$$

各方向上的波速通过带结构声学支频散曲线在原点的斜率得到。通过相速匹配，求解表达式(2.120)和式(2.121)即可得到材料等效刚度

$$
\begin{aligned}
&C_{11}^{\text{eff}} = \rho^{\text{eff}} c_{\text{L1}}^2, \quad C_{22}^{\text{eff}} = \rho^{\text{eff}} c_{\text{L2}}^2, \quad C_{33}^{\text{eff}} = \rho^{\text{eff}} c_{\text{T1}}^2 \\
&C_{12}^{\text{eff}} = \rho^{\text{eff}} \left(\sqrt{(c_{q\text{L}}^2 - c_{q\text{T}}^2)^2 - (c_{\text{L1}}^2 - c_{\text{L2}}^2)^2 / 4} - c_{\text{T1}}^2\right)
\end{aligned} \tag{2.122}
$$

参 考 文 献

[1] Zhu R, Liu X, Huang G. Study of anomalous wave propagation and reflection in semi-infinite elastic metamaterials[J]. Wave Motion, 2015, 55: 73-83.

[2] Brekhovskikh L, Beyer R. Waves in Layered Media[M]. 2nd ed. New York: Academic Press, 1980.

[3] Liu X, Hu G, Sun C, et al. Wave propagation characterization and design of two-dimensional elastic chiral metacomposite[J]. Journal of Sound and Vibration, 2011, 330(11): 2536-2553.

[4] Mei J, Liu X, Wen W, et al. Effective dynamic mass density of composites[J]. Physical Review B, 2007, 76(13): 134205.

[5] Chin S, Nicorovici N, McPhedran R. Green's function and lattice sums for electromagnetic scattering by a square array of cylinders[J]. Physical Review E, 1994, 49(5): 4950-4602.

[6] Berryman J. Long-wavelength propagation in composite elastic media. I. Spherical inclusions[J]. The Journal of the Acoustical Society of America, 1980, 68(6): 1809-1819.

[7] Sheng P. Introduction to Wave Scattering, Localization and Mesoscopic Phenomena[M]. 2nd ed. Berlin: Springer Science & Business Media, 2006.

[8] Wu Y, Lai Y, Zhang Z. Effective medium theory for elastic metamaterials in two dimensions[J]. Physical Review E, 2007, 76(20): 205313.

[9] Liu X, Hu G, Huang G, et al. An elastic metamaterial with simultaneously negative mass density and bulk modulus[J]. Applied Physics Letters, 2011, 98(25): 251907.

[10] Fokin V, Ambati M, Sun C, et al. Method for retrieving effective properties of locally resonant acoustic metamaterials[J]. Physical Review B, 2007, 76(14): 144302.

第 3 章　局域谐振型弹性超材料

非均匀介质在动态载荷作用下，介质相互作用会导致介质间的响应存在时间延迟，或相位差。这种不同相之间的响应延迟反映在材料宏观等效或表观参数上，往往会表现出虚部成分，但与材料耗散有本质区别。当谐振出现时，材料内某相材料的响应相位与外载荷反向，并起到主导作用。这样就会导致宏观定义的等效材料参数出现负值，如负等效质量或负等效模量。显然，这种负等效参数是表观意义上的，这是因为要用一个均匀的材料去描述或等效一个非均匀材料宏观响应。但这并不意味着所定义的负等效参数没有意义，正如复合材料正等效材料参数一样，它们可以用来快速分析波在具有谐振微结构中的传播特性，而不必去分析材料所有微结构的细节。这一章将讨论微结构谐振所形成的具有负等效参数的弹性超材料，包括负等效密度、负等效模量和双负介质等。本章将首先从简单的弹簧-质量模型分析入手，揭示形成负等效材料参数的机理，然后讨论连续体模型及弹性超材料的应用。

3.1　离散弹簧-质量模型

3.1.1　等效质量

1. 等效负质量

考察一个具有两自由度的嵌套质量胞元及由该胞元构成的无限长一维弹簧-质量系统，如图 3.1 所示。胞元隐含质量 m_1 由刚度系数为 k_1 的无质量弹簧连接到外部(表观)质量 m_0 上，胞元间由刚度系数为 K 的无质量弹簧相连接。假设一简谐载荷 $\hat{F}e^{i\omega t}$ 作用于表观质量，将内、外质量位移的复振幅分别记为 $\hat{u}_1$ 和 $\hat{u}_0$。在频率空间，外部表观质量的运动方程为

$$\hat{F} + 2k_1\left(\hat{u}_1 - \hat{u}_0\right) = -m_0\omega^2\hat{u}_0 \tag{3.1}$$

内部隐含质量的运动方程为

$$2k_1\left(\hat{u}_0 - \hat{u}_1\right) = -m_1\omega^2\hat{u}_1 \tag{3.2}$$

由于内部质量隐藏在胞元中，其自由度 u_1 无法被外界观测。内部质量的影响可以通过定义胞元的等效质量参数 m_{eff}，使其满足牛顿第二定律来考虑，

$$\hat{F} = -m_{\text{eff}}\omega^2\hat{u}_0 \tag{3.3}$$

从式(3.1)和式(3.2)消去 $\hat{u}_1$，得到胞元等效质量表达式为

$$m_{\text{eff}} = m_0 + \frac{\omega_1^2}{\omega_1^2 - \omega^2}m_1 = \left[1 + \frac{1}{1-(\omega/\omega_1)^2}\frac{m_1}{m_0}\right]m_0 \tag{3.4}$$

其中，$\omega_1 = \sqrt{2k_1/m_1}$。观察式(3.4)可以发现，当频率在 ω_1 至 $\omega_1\sqrt{1+m_1/m_0}$ 范围内时，m_{eff} 为负值，如图 3.1(b)阴影标出的频率范围所示。m_{eff} 出现负值的原因是，在谐振频率附近隐含质量的运动与表观质量的运动反相，并具有很大的振幅，使隐含质量的负向动量大于外部表观质量的正向动量。从图 3.1(b)还可以看出，存在特定频率胞元的等效质量为零，波在等效质量为零的介质中传播时，相速度趋于无限大[1]。

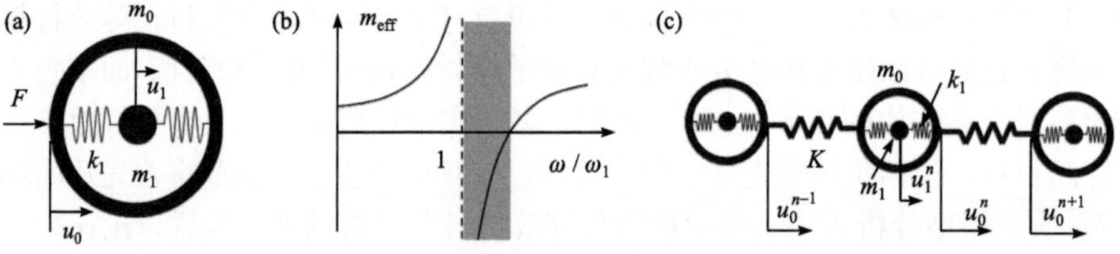

图 3.1 弹簧-质量系统

(a)嵌套质量胞元；(b)胞元等效质量与频率的关系；(c)由胞元构成的一维弹簧-质量系统

将嵌套质量胞元的响应用等效质点描述并替代，在分析由嵌套胞元构成的复杂系统响应时就不用再去关注具体嵌套胞元的细节。这样处理可大幅度提高计算效率，这种等效的方法也正是连续介质力学的精髓。为了进一步说明上述简化的合理性，下面来分析由图 3.1(c)构成的一维弹簧-质量系统的响应。对于简谐载荷，频域空间第 n 个胞元的运动方程(包括宏观质量和隐藏质量)可以写为

$$\begin{cases} -m_0\omega^2\hat{u}_0^n = K\left(\hat{u}_0^{n+1} + \hat{u}_0^{n-1} - 2\hat{u}_0^n\right) + 2k_1\left(\hat{u}_1^n - \hat{u}_0^n\right) \\ -m_1\omega^2\hat{u}_1^n = 2k_1\left(\hat{u}_0^n - \hat{u}_1^n\right) \end{cases} \tag{3.5}$$

利用式(3.5)的第二式消去 $\hat{u}_1^n$，可得表观自由度控制方程

$$-\left(m_0 + \frac{\omega_1^2}{\omega_1^2 - \omega^2}m_1\right)\omega^2\hat{u}_0^n = K\left(\hat{u}_0^{n+1} + \hat{u}_0^{n-1} - 2\hat{u}_0^n\right) \tag{3.6}$$

上述方程在时域空间为正弦波，令其为

$$u_0^n = \hat{u}_0^q e^{i(qna-\omega t)} \tag{3.7}$$

其中，q 是 Bloch 波的波数；$\hat{u}_0^q$ 是宏观位移的复幅值；a 是晶格常数。由于具有

周期性，将 Bloch 条件 $\hat{u}_0^{n+1}=\hat{u}_0^n\mathrm{e}^{\mathrm{i}qa}$ ($\hat{u}_0^{n-1}=\hat{u}_0^n\mathrm{e}^{-\mathrm{i}qa}$)代入式(3.6)，得一维弹簧-质量系统的色散方程为

$$\left(m_0+\frac{\omega_1^2}{\omega_1^2-\omega^2}m_1\right)\omega^2=2K(1-\cos qa)=4K\sin^2\left(qa/2\right) \tag{3.8}$$

由上式可知，波数 q 处于区间$(-\pi/a,\pi/a]$内，该区间即为一维情况下的第一布里渊区。

利用等效质量式(3.4)，上述色散方程可进一步表示为

$$m_{\mathrm{eff}}\omega^2=4K\sin^2\left(qa/2\right) \tag{3.9}$$

式(3.9)即为具有质量 m_{eff} 的一维均质胞元弹簧-质量系统的色散方程。一般在波动载荷下，质量为“动态等效质量”，也简称为“等效质量”，是表征结构惯性效应的动态参数，与静态下的引力质量完全不同。当嵌套质量模型中的隐含质量趋于无限大时，式(3.4)可以写成如下形式[2]

$$m_{\mathrm{eff}}=m_0\left(1-\frac{\omega_0^2}{\omega^2}\right) \tag{3.10}$$

其中，$\omega_0=\sqrt{2k_1/m_0}$ 为截止频率。当激励频率低于该截止频率时，等效质量 m_{eff} 都为负值。类比电磁介质，动态等效性质具备式(3.4)特征的超材料称为 Lorentz(洛伦兹)模型介质，而式(3.10)为德鲁德(Drude)模型介质。德鲁德模型介质为低频隔声提供了新的手段，例如张紧的薄膜具有很好的低频隔声性能。

2. 负质量系统对波的衰减作用

从一维弹簧-质量系统的频散方程式(3.9)可以看出，其波数 q 在 $m_{\mathrm{eff}}<0$ 时为虚部，这意味着波在等效质量为负的频率范围内不能在系统中传播。为了实验验证这一效应，考虑由嵌套胞元构成的有限弹簧-质量系统(含 N 个胞元)，如图 3.2(a)所示。下面计算左端扰动在此系统中的透射率，来验证负质量介质对波传播的衰减效应。定义该系统的透射率为 $T=\hat{u}_N/\hat{u}_0$ ，可以写为如下形式

$$T=\left|\prod_{n=1}^{N}T_n\right| \tag{3.11}$$

其中

$$T_n=\hat{u}_n/\hat{u}_{n-1}=\frac{K}{K\left(2-T_{n+1}\right)-m_{\mathrm{eff}}\omega^2},\quad n=1,2,\cdots,N \tag{3.12}$$

及 $T_{N+1}=1$。

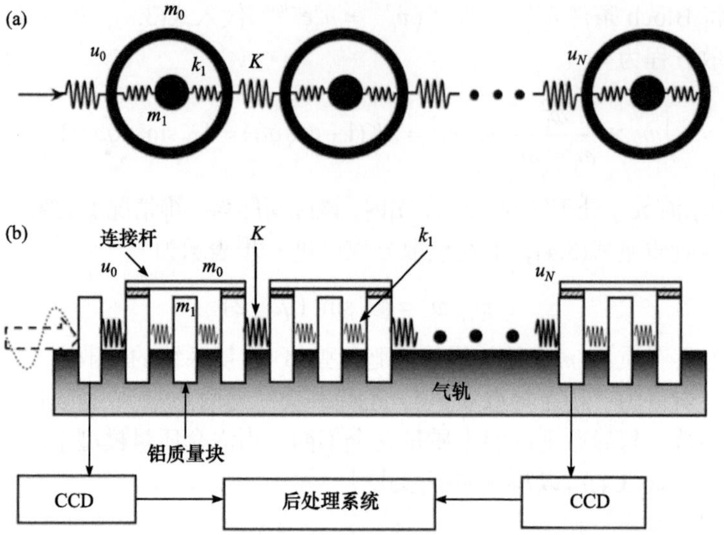

图 3.2 (a) 有限周期弹簧-质量系统；(b) 实验设置的示意图

Yao 等构建了一种测量由嵌套质量胞元构成的一维有限链系统中波透射率的实验测试设置，如图 3.2(b)所示[1]。一维有限链系统由七个胞元构成，每个胞元由三个宽度为 30mm 的质量块组成，其中外层两块被连接在一起运动，中间块能独立运动。三个质量块之间通过相同的软弹簧连接，其刚度系数为 37N/m，隐含和表观质量块的质量分别是 46.47g 和 101.10g，胞元间的弹簧刚度系数为 117N/m。图 3.3(a)和(b)分别给出了由嵌套质量胞元构成的一维无限系统的等效质量和色散曲线随频率的变化关系。结果表明，在负质量频率范围内出现了波传播禁带，即波沿传播方向按指数规律衰减。这里还需要注意的是，负质量的频率范围与频散曲线的禁带频率并不完全重合。这主要是因为胞元共振不仅会导致表观负质量，还会在共振频率附近造成特别大的等效质量区域。由这样大的虚拟等效质量构成的周期结构可以产生低频布拉格(Bragg)散射禁带，形成如图 3.3(b)所示的低频布拉格禁带。图 3.3(c)给出了含 7 个胞元的一维有限链系统测量的透射率 T(实心圆)，并与式(3.11)预测的透射率(实线)进行对比，理论和实验结果均表明透射率在负等效质量和布拉格禁带对应的频段内大幅衰减。进一步，将实验系统胞元的隐含质量固定在导轨上来模拟隐含质量趋于无限大的情况，可验证德鲁德质量模型。图 3.4 给出了实验结果和理论预测的对比，可以看出，在截止频率 4.3Hz 以下，色散曲线出现了从零到截止频率的宽频禁带，对应着负等效质量产生的频段，系统的透射率大幅度减小，这也验证了德鲁德质量模型。

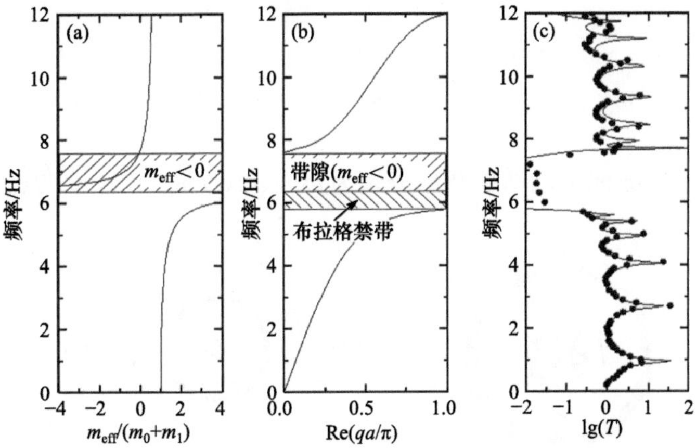

图 3.3　(a) 等效质量，(b) 色散曲线，以及(c) 透射率的理论(实线)和实验(点)结果

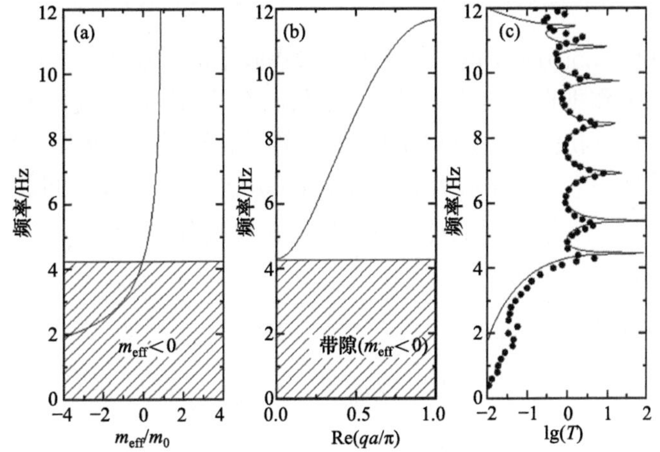

图 3.4　内部质量固定情况下，(a) 等效质量、(b) 色散曲线、(c) 透射率的理论(实线)和实验(点)结果

3. 各向异性等效质量模型

各向异性质量也是传统材料很难具有的一种性质，其实现可以通过在 3.1.1 节的一维嵌套质量胞元基础上，再沿垂直方向加一个与水平方向不同刚度系数的弹簧，将内部质量与宏观质量相连，如图 3.5(a)所示。这时胞元的运动方程可以写为矩阵形式 $\boldsymbol{F}=\boldsymbol{m}_{\text{eff}}\ddot{\boldsymbol{u}}$。由于力和位移均为矢量，满足坐标变换关系，故惯性质量为二阶张量。根据力-位移关系，二阶张量形式的等效质量可以写为

$$\boldsymbol{m}_{\text{eff}}=\begin{pmatrix} m_{\text{eff},1} & 0 \\ 0 & m_{\text{eff},2} \end{pmatrix} \tag{3.13}$$

其中，

$$m_{\mathrm{eff},1}=m_0+\frac{\omega_1^2}{\omega_1^2-\omega^2}m_1,\quad m_{\mathrm{eff},2}=m_0+\frac{\omega_2^2}{\omega_2^2-\omega^2}m_1 \tag{3.14}$$

式中，两个正交方向上的谐振频率分别为 $\omega_1=\sqrt{2k_1/m_1}$ ，$\omega_2=\sqrt{2k_2/m_1}$ 。

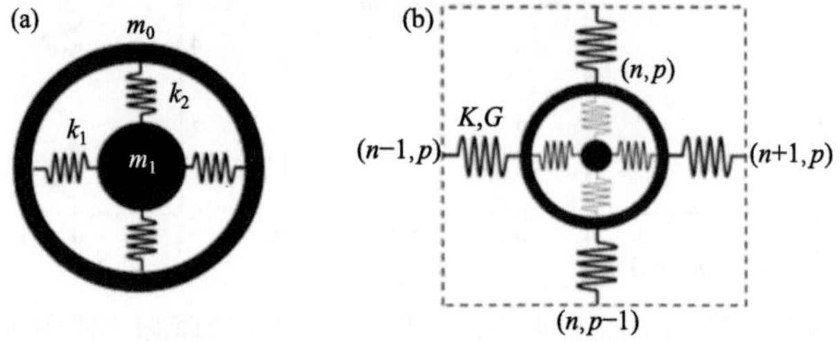

图 3.5 (a) 二维嵌套质量胞元模型；(b) 二维各向异性质量胞元构成的正方点阵模型

考察波在图 3.5(b)所示的二维无限方形点阵中的传播特性，点阵由各向异性质量胞元沿水平和垂直方向按相同晶格常数周期排列构成。胞元间通过拉伸刚度系数为 K 和剪切刚度系数为 G 的弹簧相互连接，这样可以更好地模拟固体夹杂与基体的相互作用。在坐标系 $\boldsymbol{e}_1$ 和 $\boldsymbol{e}_2$ 中，格点(n,p)的表观质量和隐含质量位移复振幅分别记为$(\hat{u}_0^{(n,p)},\hat{v}_0^{(n,p)})$和$(\hat{u}_1^{(n,p)},\hat{v}_1^{(n,p)})$。在频域内，胞元$(n,p)$在简谐激励下沿 $\boldsymbol{e}_1$ 和 $\boldsymbol{e}_2$ 方向的运动方程分别为

$$\begin{cases}-m_0\omega^2\hat{u}_0^{(n,p)}=K\left(\hat{u}_0^{(n+1,p)}+\hat{u}_0^{(n-1,p)}-2\hat{u}_0^{(n,p)}\right)\\ \qquad\qquad+G\left(\hat{u}_0^{(n,p+1)}+\hat{u}_0^{(n,p-1)}-2\hat{u}_0^{(n,p)}\right)+2k_1\left(\hat{u}_1^{(n,p)}-\hat{u}_0^{(n,p)}\right)\\ -m_1\omega^2\hat{u}_1^{(n,p)}=2k_1\left(\hat{u}_0^{(n,p)}-\hat{u}_1^{(n,p)}\right)\end{cases} \tag{3.15}$$

$$\begin{cases}-m_0\omega^2\hat{v}_0^{(n,p)}=K\left(\hat{v}_0^{(n,p+1)}+\hat{v}_0^{(n,p-1)}-2\hat{v}_0^{(n,p)}\right)\\ \qquad\qquad+G\left(\hat{v}_0^{(n+1,p)}+\hat{v}_0^{(n-1,p)}-2\hat{v}_0^{(n,p)}\right)+2k_2\left(\hat{v}_1^{(n,p)}-\hat{v}_0^{(n,p)}\right)\\ -m_1\omega^2\hat{v}_1^{(n,p)}=2k_2\left(\hat{v}_0^{(n,p)}-\hat{v}_1^{(n,p)}\right)\end{cases} \tag{3.16}$$

利用式(3.15)和式(3.16)的第二个方程消去隐含质量的自由度，上述两组方程改写为

$$\begin{cases}-m_{\mathrm{eff},1}\omega^2\hat{u}_0^{(n,p)}=K\left(\hat{u}_0^{(n+1,p)}+\hat{u}_0^{(n-1,p)}-2\hat{u}_0^{(n,p)}\right)+G\left(\hat{u}_0^{(n,p+1)}+\hat{u}_0^{(n,p-1)}-2\hat{u}_0^{(n,p)}\right)\\ -m_{\mathrm{eff},2}\omega^2\hat{v}_0^{(n,p)}=K\left(\hat{v}_0^{(n,p+1)}+\hat{v}_0^{(n,p-1)}-2\hat{v}_0^{(n,p)}\right)+G\left(\hat{v}_0^{(n+1,p)}+\hat{v}_0^{(n-1,p)}-2\hat{v}_0^{(n,p)}\right)\end{cases} \tag{3.17}$$

无限大二维点阵系统的谐波解可以写成如下形式

$$(u_0^{(n,p)}, v_0^{(n,p)}) = (\hat{u}_0^{q_1}, \hat{v}_0^{q_2}) \exp\left[\mathrm{i}\left(nq_1x_1 + pq_2x_2 - \omega t\right)\right] \tag{3.18}$$

利用周期条件即 Bloch 定理 $\hat{u}_0^{(n+1,p)} = \hat{u}_0^{(n,p)}\mathrm{e}^{\mathrm{i}q_1a}, \hat{v}_0^{(n,p+1)} = \hat{v}_0^{(n,p)}\mathrm{e}^{\mathrm{i}q_2a}$，将上式代入式(3.17)，并令系数矩阵的行列式为 0，得到二维点阵系统的色散方程

$$\begin{aligned}&\left[m_{\mathrm{eff},1}\omega^2 - 2K\left(1-\cos q_1a\right) - 2G\left(1-\cos q_2a\right)\right]\\&\times\left[m_{\mathrm{eff},2}\omega^2 - 2G\left(1-\cos q_1a\right) - 2K\left(1-\cos q_2a\right)\right] = 0\end{aligned} \tag{3.19}$$

式(3.19)表明，具有嵌套质量的二维点阵系统，可以将嵌套质量胞元的整体响应用一个均匀等效的质量来代替，并对该系统的波动性质进行分析。在长波极限下，有近似关系$1-\cos qa = 2\sin^2\left(qa/2\right) \approx \left(qa\right)^2/2$，式(3.19)可被简化为

$$\begin{cases}q_1^2K + q_2^2G = \dfrac{m_{\mathrm{eff},1}}{a^2}\omega^2\\[2ex] q_1^2G + q_2^2K = \dfrac{m_{\mathrm{eff},2}}{a^2}\omega^2\end{cases} \tag{3.20}$$

系统的各向异性主要取决于系统的弹性，各向异性的强度可由比值 K/G 来进行衡量。

3.1.2　等效刚度或模量

在 3.1.1 节我们通过离散的弹簧质量模型揭示了实现等效负质量(包括各向异性质量)的机理，这里将关注声波和弹性超材料的弹性属性，即等效负模量。刚度(或模量)是刻画一个线性系统在力载荷作用下与变形响应关系的量，对于传统弹性材料，激励和响应是瞬时发生的，不存在较大的相位差。但如果系统中含有谐振型构元，在谐振频率附近该构元可产生与激励反向的较大运动(或变形)，导致系统表观上出现激励与响应反相的效应，可通过负等效模量来刻画[3]。与讨论等效负质量一样，将首先利用弹簧-质量系统来揭示负等效模量的机理，随后将介绍相应的连续模型。

1. 负模量等效弹簧-质量模型

考察图 3.6(a)所示的一维等效负刚度胞元，胞元含有一个隐藏谐振单元，由弹簧和两个刚性杆连接的质量构成，水平方向连接弹簧的节点受约束只能沿水平方向移动。连接胞元间的弹簧刚度系数为 k，谐振单元内的弹簧刚度系数为 K，刚性杆与水平方向的夹角为 α，质量用 m 表示。弹簧和刚性杆都假设无质量，系统受简谐载荷作用 $F(t) = \hat{F}\mathrm{e}^{\mathrm{i}\omega t}$。该胞元外部和隐含节点的水平位移复幅值分别用 $\hat{u}_0, \hat{u}_1$ 表示，质量为 m 的质点的垂直位移幅值为 $\hat{v}_1$。在频域空间，小扰动情况下集中质量

的运动方程可以表示为

$$2\left(\hat{F}-2K\hat{u}_1\right)\tan\alpha=-m\omega^2\hat{v}_1 \tag{3.21}$$

其中，$\hat{F}=k(\hat{u}_0-\hat{u}_1)$，$\hat{u}_1=\hat{v}_1\tan\alpha$ (可通过变形前后杆长不变并忽略二阶小量得到)。

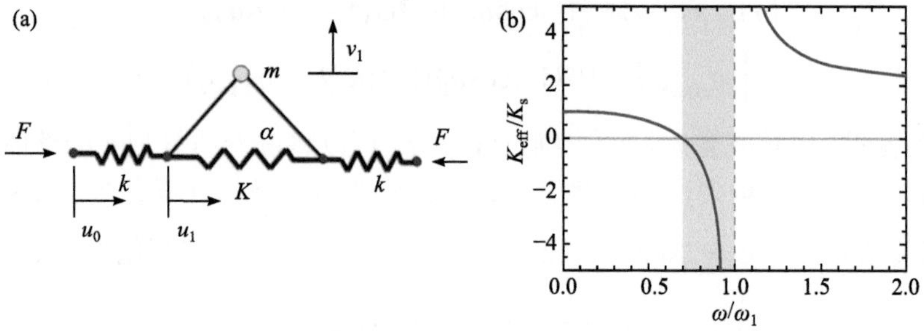

图 3.6 (a) 谐振型等效负刚度弹簧-质量系统；(b) 等效刚度系数随频率的变化($\omega_0=0.7$)

该周期胞元等效刚度定义为

$$K_{\rm eff}=\frac{F}{2u_0}=\frac{k}{2}\left[\frac{m\omega^2-4K\tan^2\alpha}{m\omega^2-(4K+2k)\tan^2\alpha}\right]=\frac{k}{2}\cdot\frac{1-(\omega_0/\omega)^2}{1-(\omega_1/\omega)^2} \tag{3.22}$$

其中，$\omega_0=\tan\alpha\sqrt{4K/m}$，$\omega_1=\tan\alpha\sqrt{(4K+2k)/m}$。从上式可以看出，当激励频率满足$\omega_0<\omega<\omega_1$时，胞元动态等效刚度将出现负值。等效负刚度的机理可以理解为简谐载荷作用下，垂直运动的质量 m 通过刚性杆在水平方向产生的惯性力所致。当谐振发生时惯性力的相位与外载荷相反，并具有较大的幅值。当激励频率趋于零时，动态等效刚度退化为静态值：$K_{\rm eff}=K_{\rm s}=Kk/(2K+k)$，动态等效刚度随频率的变化关系如图 3.6(b)所示。

为了进一步阐明上述等效的含义，考察图 3.7(a)所示的一维周期弹簧-质量等效负刚度系统，弹簧由前面所分析的具有负等效刚度的结构弹簧构成。这时宏观表观质量为 m_0，系统的可观测自由度为 u_0^n。下面分析这样一个周期弹簧-质量系统的频散特性。第 n 个胞元可观质量 m_0 的动力学方程为

$$-m_0\omega^2\hat{u}_0^n=\hat{F}_n-\hat{F}_{n-1} \tag{3.23}$$

其中，$\hat{F}_n$、$\hat{F}_{n-1}$ 分别是第 n 和 $n-1$ 个胞元对质量 m_0 的作用力幅值。利用前面同样的方法，或直接利用等效刚度的结果有

$$\hat{F}_n=K_{\rm eff}(\hat{u}_0^{n+1}-\hat{u}_0^n) \tag{3.24}$$

将式(3.24)代入运动方程，再利用 $\hat{u}_0^n$ Bloch 边界条件，可得图 3.7(a)所示的一维弹簧-质量系统的频散方程

$$m_0\omega^2 = 4K_{\mathrm{eff}}\sin^2(qa/2) \tag{3.25}$$

其中，K_{eff} 为等效刚度，表达式由式(3.22)给出。该频散关系与图 3.7(b)所示的一维弹簧-质量系统完全一致，这意味着在分析图 3.7(a)所示系统的宏观波现象时，可将内部子系统的响应用一个等效的参数来描述(这里需要长波假设)。在分析图 3.7(a)的波现象时可在其等效的系统进行。当然这时等效刚度 K_{eff} 是刻画子系统的响应参数，与传统意义上均匀材料的刚度不同，具有更宽的取值范围，为研究新的波动现象提供了更丰富的平台。

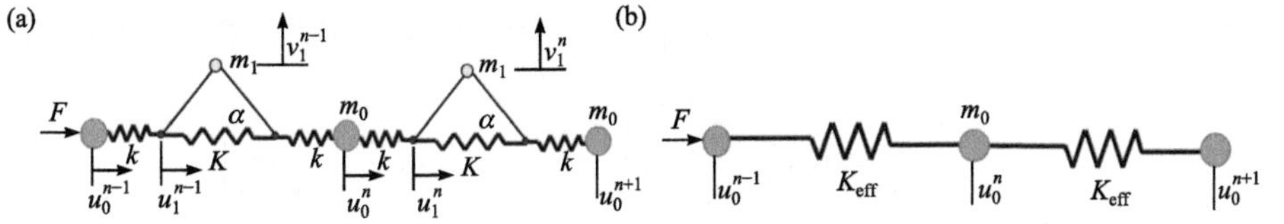

图 3.7　(a)具有负刚度弹簧的弹簧-质量系统；(b)其等效弹簧-质量系统

上述等效负刚度弹簧-质量系统的谐振对应单极模式，相对而言这种谐振模式在流体介质中更容易激发，比如隔声常用的抗性亥姆霍兹谐振腔。但在固体材料中这种单极谐振实现起来相对比较困难，因此研究固体弹性超材料需要探讨新的谐振机理。

2. 等效负刚度的旋转谐振模型

考察图 3.8 所示的胞元，该胞元具有可观测节点 A 和 C。胞元内含有半径为 R 可旋转的圆盘(转动惯性矩为 I)，圆盘铰接在 B 点(与 A 和 C 位于同样水平线上)，并由两个刚度系数为 k_2 的斜弹簧(与水平成夹角α)与节点 A、C 相连。节点 A、B、C 分别由刚度系数为 k_1 的弹簧相连，节点 A 和 B 只能沿水平方向运动。胞元施加简谐载荷 $F(t)=\hat{F}\mathrm{e}^{\mathrm{i}\omega t}$，圆盘从初始状态旋转的角度复振幅用 $\hat{\theta}$ 表示，节点 A 的水平位移复振幅用 $\hat{u}_0$ 表示。在频域空间，斜弹簧中的力可以表示为

$$\hat{f}_2 = k_2(R\hat{\theta} - \hat{u}_0\cos\alpha) \tag{3.26}$$

圆盘的运动方程可以写为

$$2\hat{f}_2 R = \omega^2 I\hat{\theta} \tag{3.27}$$

由上述两个方程得

$$\hat{\theta} = \frac{2Rk_2\cos\alpha}{2R^2k_2 - \omega^2 I}\hat{u}_0 \tag{3.28}$$

再利用节点 A 水平方向力的平衡条件 $\hat{F} = k_1\hat{u}_0 - \hat{f}_2\cos\alpha$ 得到其等效刚度

$$K_{\text{eff}} \doteq \frac{\hat{F}}{2\hat{u}_0} = \frac{k_1}{2} + \frac{k_2}{2}\cos^2\alpha\left(1 - \frac{\omega_0^2}{\omega_0^2 - \omega^2}\right) \tag{3.29}$$

其中 $\omega_0 = R\sqrt{2k_2 / I}$ ，为圆盘的转动谐振频率。当外载荷频率满足如下关系 $\sqrt{k_1/(k_1 + k_2\cos^2\alpha)} < \omega/\omega_0 < 1$，系统的等效刚度为负值，即外载荷为压缩(拉伸)状态时，单元在膨胀(收缩)。这种现象的物理原因是，在圆盘转动共振频率附近，圆盘旋转相位发生翻转，不再与外载荷相位一致。另外，当去掉节点间的弹簧 k_1 时，在频率范围 $0 < \omega/\omega_0 < 1$ 内等效刚度均为负值，这样可以实现等效刚度的德鲁德模型[4]。在固体介质中可以通过引入手性微结构实现旋转谐振(见第 4 章)。

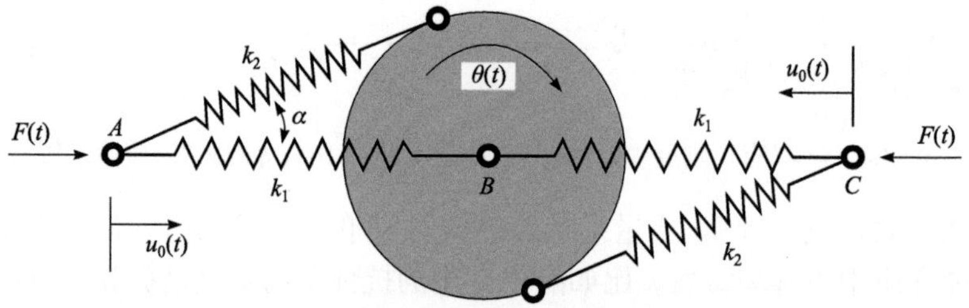

图 3.8　基于旋转谐振的负等效刚度模型

3.1.3　双负介质

第 1 章简介中介绍了当介质的质量和模量均为负值时，波数为实数，意味着介质这时能支持行波的传播。下面将利用前面介绍的一维等效负质量和负模量的弹簧-质量模型来具体分析双负介质中波传播的特点。考察图 3.9 所示的一维弹簧-质量系统，分别由前面讨论过的等效负质量和等效负刚度的弹簧-质量系统串联构成。设想当参数选取适当时，可使等效负质量与等效负刚度的频率重合，这样即可形成双负介质。根据式(3.5)，在频域内第 n 个胞元左端嵌套复合单元(宏观和隐含质量)的运动方程分别写为

$$-m_0\omega^2\hat{u}_0^n = \hat{F}_n - \hat{F}_{n-1} + 2k_1(\hat{u}_1^n - \hat{u}_0^n) \tag{3.30}$$

$$-m_0\omega^2\hat{u}_1^n = 2k_1(\hat{u}_0^n - \hat{u}_1^n) \tag{3.31}$$

再利用式(3.24)可得

$$-m_{\text{eff}}\omega^2\hat{u}_0^n = K_{\text{eff}}\left(\hat{u}_0^{n+1} + \hat{u}_0^{n-1} - 2\hat{u}_0^n\right) \tag{3.32}$$

其中，m_{eff} 是嵌套质量胞元的等效密度；K_{eff} 是复合胞元的等效刚度。它们的表达式已经由前面给出。

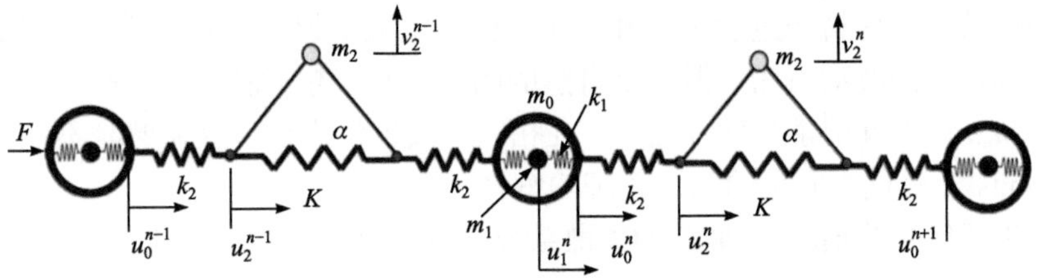

图 3.9　双负系统的一维弹簧-质量系统

利用 Bloch 周期条件，由式(3.32)可得上述一维弹簧-质量系统的频散方程

$$m_{\mathrm{eff}}\omega^2 = 4K_{\mathrm{eff}}\sin^2 qa/2 \tag{3.33}$$

从上式可以看出，当 m_{eff} 和 K_{eff} 符号相反时，上述频散方程无实数解，意味着波无法传播。而当两者符号相同，尤其都为负数时，方程有实数解，即意味着波能够传播。下面通过具体算例给出单负系统(负质量或负刚度)和双负系统的带结构图，令参数为 $m_2=1$，$m_1=m_0=10$，$k_2=2K=800$，$k_1=250$，$\alpha=10^\circ$。图 3.10 给出了系统的等效质量、刚度和带结构，在频率段 $1<\omega/\omega_1<\sqrt{2}$，系统等效质量为负值；在频率段 $0.998<\omega/\omega_1<1.411$，系统刚度为负值。相应的带结构上，在 $0.998<\omega/\omega_1<\sqrt{2}$ 频率范围内形成宽频传播禁带。而在 $1.181<\omega/\omega_1<1.411$ 频率范围内，等效质量和刚度同时为负时，形成双负系统，则在这个频率范围内出现一条通带，并具有负的斜率(意味着群速度和相速度反向)。这条通带并没有覆盖双负系统的全面频率范围，原因与前面负质量系统一样，由谐振频率附近的虚拟质量形成的低频布拉格散射禁带造成。

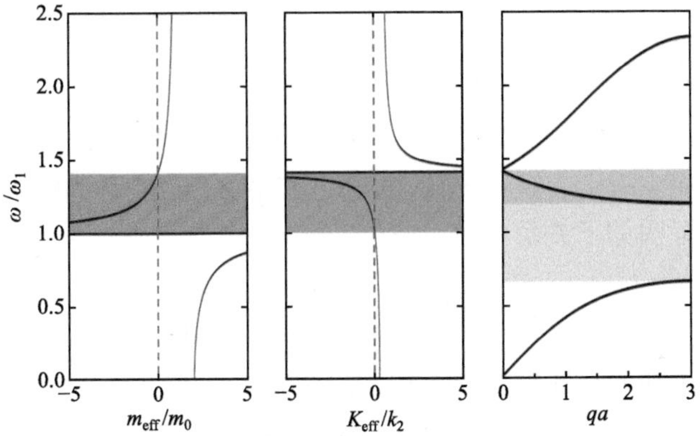

图 3.10　双负弹簧-质量系统的等效质量、刚度和带结构

3.1.4　能量分析

本节分析负值等效性质与能量正定性要求的问题。通过离散模型分析，可以

看到局域谐振超材料通过表观量和隐藏自由度定义了超常等效性质，能够很好地描述该类系统的波动行为。但一个自然的问题是对于超材料构元，通常定义的动能 $T = m_{\text{eff}} v^2/2$ 和势能 $U = K_{\text{eff}} u^2/2$ 在相应频段也将为负，这显然是不允许的。Bobrovnitskii 对这个问题给出了合理的解释[5]。

对于任何受简谐($e^{-i\omega t}$)加载的离散系统，设其自由度为 N，动力响应方程为

$$\mathrm{i}\left(\frac{1}{\omega}\boldsymbol{K}-\omega\boldsymbol{M}\right)\boldsymbol{v}=\boldsymbol{Z}\boldsymbol{v}=\boldsymbol{f} \tag{3.34}$$

其中，$\boldsymbol{v}$ 和 $\boldsymbol{f}$ 分别为 N 维速度和外力向量；$\boldsymbol{K}$ 和 $\boldsymbol{M}$ 分别为系统刚度和质量矩阵，也是正定对称实矩阵；$\boldsymbol{Z}$ 定义为系统的全阻抗矩阵，对于非耗散系统，$\boldsymbol{Z}$ 为纯虚数，为便于表达，定义 $\boldsymbol{Z}=\mathrm{i}\boldsymbol{X}$，其中实矩阵

$$\boldsymbol{X}=\frac{1}{\omega}\boldsymbol{K}-\omega\boldsymbol{M} \tag{3.35}$$

称为容抗矩阵。以全部自由度表示的系统平均动能和势能显然为

$$\begin{aligned} T&=-\frac{1}{8}\boldsymbol{v}^*\left(\frac{\mathrm{d}\boldsymbol{X}}{\mathrm{d}\omega}+\frac{\boldsymbol{X}}{\omega}\right)\boldsymbol{v}\\ U&=-\frac{1}{8}\boldsymbol{v}^*\left(\frac{\mathrm{d}\boldsymbol{X}}{\mathrm{d}\omega}-\frac{\boldsymbol{X}}{\omega}\right)\boldsymbol{v}\end{aligned} \tag{3.36}$$

其中，上标*表示共轭转置。对于超材料模型，需要把节点力和自由度组织为表观部分($\boldsymbol{f}_\mathrm{o}, \boldsymbol{u}_\mathrm{o}$)和内部隐含部分($\boldsymbol{f}_\mathrm{i}, \boldsymbol{u}_\mathrm{i}$)，因此式(3.34)以分块形式重新表达为

$$\begin{pmatrix}\boldsymbol{f}_\mathrm{o}\\ \boldsymbol{f}_\mathrm{i}\end{pmatrix}=\mathrm{i}\begin{pmatrix}\boldsymbol{X}_\mathrm{oo} & \boldsymbol{X}_\mathrm{oi}\\ \boldsymbol{X}_\mathrm{io} & \boldsymbol{X}_\mathrm{ii}\end{pmatrix}\begin{pmatrix}\boldsymbol{v}_\mathrm{o}\\ \boldsymbol{v}_\mathrm{i}\end{pmatrix} \tag{3.37}$$

显然隐含部分 $\boldsymbol{f}_\mathrm{i}=\boldsymbol{0}$，因而可消去 $\boldsymbol{u}_\mathrm{i}$ 得到

$$\boldsymbol{f}_\mathrm{o}=\boldsymbol{Z}_\mathrm{o}\boldsymbol{v}_\mathrm{o}=\mathrm{i}\boldsymbol{X}_\mathrm{o}\boldsymbol{v}_\mathrm{o},\quad \boldsymbol{X}_\mathrm{o}=\boldsymbol{X}_\mathrm{oo}-\boldsymbol{X}_\mathrm{oi}\boldsymbol{X}_\mathrm{ii}^{-1}\boldsymbol{X}_\mathrm{io} \tag{3.38}$$

系统的动力响应完全由表观量($\boldsymbol{f}_\mathrm{o}, \boldsymbol{u}_\mathrm{o}$)描述，其中 $\boldsymbol{Z}_\mathrm{o}=\mathrm{i}\boldsymbol{X}_\mathrm{o}$ 称为输入阻抗。对于非耗散系统可以证明如下关系

$$\boldsymbol{v}^*\boldsymbol{X}\boldsymbol{v}=\boldsymbol{v}_\mathrm{o}^*\boldsymbol{X}_\mathrm{o}\boldsymbol{v}_\mathrm{o},\quad \boldsymbol{v}^*\frac{\mathrm{d}\boldsymbol{X}}{\mathrm{d}\omega}\boldsymbol{v}=\boldsymbol{v}_\mathrm{o}^*\frac{\mathrm{d}\boldsymbol{X}_\mathrm{o}}{\mathrm{d}\omega}\boldsymbol{v}_\mathrm{o} \tag{3.39}$$

因此基于表观量和表观性质的系统能量表达式为

$$\begin{aligned} T&=-\frac{1}{8}\boldsymbol{v}_\mathrm{o}^*\left(\frac{\mathrm{d}\boldsymbol{X}_\mathrm{o}}{\mathrm{d}\omega}+\frac{\boldsymbol{X}_\mathrm{o}}{\omega}\right)\boldsymbol{v}_\mathrm{o}\\ U&=-\frac{1}{8}\boldsymbol{v}_\mathrm{o}^*\left(\frac{\mathrm{d}\boldsymbol{X}_\mathrm{o}}{\mathrm{d}\omega}-\frac{\boldsymbol{X}_\mathrm{o}}{\omega}\right)\boldsymbol{v}_\mathrm{o}\end{aligned} \tag{3.40}$$

对于图 3.1(a)所示的等效负质量单元，边界为外部质量 m_1，边界受力和速度分别为 F 和$(-\mathrm{i}\omega u_0)$，其输入阻抗关系已由式(3.3)给出，因此有

$$X_{\mathrm{o}} = -\omega m_{\mathrm{eff}} = -\omega\left(m_0 + \frac{\omega_1^2}{\omega_1^2 - \omega^2} m_1\right) \tag{3.41}$$

将上式代入式(3.40)得到由等效质量 $m_{\mathrm{eff}}(\omega)$表达的动能和势能

$$\begin{aligned} T &= \frac{1}{8}\left|v_0\right|^2\left(2m_{\mathrm{eff}} + \omega\frac{\mathrm{d}m_{\mathrm{eff}}}{\mathrm{d}\omega}\right) = \frac{1}{4}\left|v_0\right|^2\left(m_0 + \frac{\omega_1^4 m_1}{\left(\omega_1^2 - \omega^2\right)^2}\right) \\ U &= \frac{1}{8}\left|v_0\right|^2\left(\omega\frac{\mathrm{d}m_{\mathrm{eff}}}{\mathrm{d}\omega}\right) = \frac{1}{4}\left|v_0\right|^2 \frac{\omega^2\omega_1^2 m_1}{\left(\omega_1^2 - \omega^2\right)^2} \end{aligned} \tag{3.42}$$

其中，$\omega_1^2 = 2k_1 / m_1$。

对于图 3.6(a)所示的等效负刚度单元，边界为外部弹簧 k，边界受力和速度分别为 F 和$-\mathrm{i}\omega u_0$，其输入阻抗关系由式(3.22)给出，因此有

$$X_{\mathrm{o}} = \frac{2K_{\mathrm{eff}}}{\omega} = \frac{k}{\omega}\left(\frac{1-\left(\omega_0 / \omega\right)^2}{1-\left(\omega_1 / \omega\right)^2}\right) \tag{3.43}$$

将上式代入式(3.40)得到由动态等效刚度 $K_{\mathrm{eff}}(\omega)$表达的动能和势能

$$\begin{aligned} T &= -\frac{1}{4}\left|v_0\right|^2\left(\frac{1}{\omega}\frac{\mathrm{d}K_{\mathrm{eff}}}{\mathrm{d}\omega}\right) = \frac{k}{4}\left|v_0\right|^2 \frac{\omega_1^2 - \omega_0^2}{\left(\omega_1^2 - \omega^2\right)^2} \\ U &= -\frac{1}{4}\left|v_0\right|^2\left(\frac{1}{\omega}\frac{\mathrm{d}K_{\mathrm{eff}}}{\mathrm{d}\omega} - \frac{2K_{\mathrm{eff}}}{\omega^2}\right) = \frac{k}{4}\left|v_0\right|^2 \frac{\left(\omega_0^2 - \omega^2\right)^2 + \omega_0^2\left(\omega_1^2 - \omega_0^2\right)}{\left(\omega_1^2 - \omega^2\right)^2\omega^2} \end{aligned} \tag{3.44}$$

其中 $\omega_1^2 - \omega_0^2 = \left(\tan\alpha\right)^2 2k / m \geqslant 0$。从能量表达式(3.42)和式(3.44)可见，尽管在某些频段动态有效性质为负值，但单元的动能和势能恒为正值。材料的负等效参数不会造成能量为负。

若考虑超材料周期链中的 Bloch 波的能量，以图 3.1(c)所示负质量和正弹簧系统为例，则其输入阻抗关系为

$$\boldsymbol{f}_{\mathrm{o}} = \begin{pmatrix} f \\ -f\mathrm{e}^{\mathrm{i}qa} \end{pmatrix} = \mathrm{i}\boldsymbol{X}_{\mathrm{o}}\boldsymbol{v}_{\mathrm{o}} = \mathrm{i}\begin{pmatrix} -\omega m_{\mathrm{eff}} + K/\omega & -K/\omega \\ -K/\omega & K/\omega \end{pmatrix}\begin{pmatrix} v_0 \\ v_0\mathrm{e}^{\mathrm{i}qa} \end{pmatrix} \tag{3.45}$$

将上式代入式(3.40)，并注意到由于色散关系(3.8)有 $\boldsymbol{v}_0^*\boldsymbol{X}_{\mathrm{o}}\boldsymbol{v}_0 = 0$，给出波传播能量

$$T = U = \frac{1}{8}\left|v_0\right|^2 \left(\frac{\mathrm{d}}{\mathrm{d}\omega}(\omega m_{\text{eff}}) - \frac{\mathrm{d}}{\mathrm{d}\omega}\left(\frac{K}{\omega}\right) 2(1-\cos qa) \right) \tag{3.46}$$

再次利用色散关系(3.8)得到

$$T = U = \frac{1}{8}\left|v_0\right|^2 \left(2m_{\text{eff}} + \omega \frac{\mathrm{d}m_{\text{eff}}}{\mathrm{d}\omega} \right) \tag{3.47}$$

可以看出动能 T 与式(3.42)结果一致，因为该周期链的弹簧 K 无质量，动能仅由嵌套质量构元反映。相比之下波动的势能同时存在于 K 与隐藏弹簧 k_1 中，与单独负质量构元不同。稳态波传播过程中 $T = U$，这也与传统介质一致。

3.2　连续介质模型

3.2.1　等效负质量

1. 声学层状介质模型

在 3.1 节中通过离散模型简单直观地揭示了介质产生反常表观行为的机理，要真正实现超材料的反常行为，尤其是探索其在工程上的应用则需要建立相应的连续介质模型。将各向异性质量的离散模型推广到连续介质，最简单的方式是采用声学层状介质。如图 3.11(a)所示，两个半无限大介质中有两个层状声学介质 A 和 B，入射波从介质 1 入射到层状声学介质 A 和 B。由于构型的不对称性，流体沿 x 方向运动与沿 y 方向运动遇到的阻力将不同。这种由构型造成的效应可以通过定义一个相同厚度的均匀介质层，赋予该等效介质层材料各向异性密度来描述，如图 3.11(b)所示。这里等效的含义在 2.3.1 节传输反演方法中进行过介绍，即使两问题的透射系数和反射系数相同。

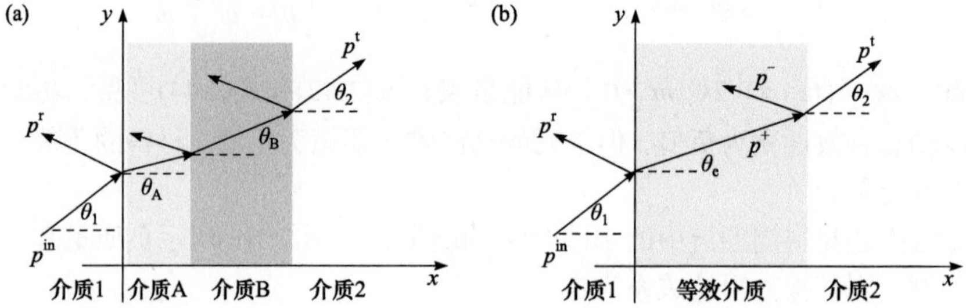

图 3.11　(a)层状声学介质 A 和 B 在两个半无限大声学介质的传播示意图；(b)等效声学介质

假设图 3.11(a)所示的声学介质都为传统各向同性声学介质，其密度和体积模量分别为 ρ_l、κ_l (l=1,2,A,B)。介质 A 和 B 的厚度分别为 h_{A}、h_{B}，令 $\phi_{\text{A}} = h_{\text{A}} / (h_{\text{A}} + h_{\text{B}})$，

$\phi_B = h_B / (h_A + h_B)$。等效介质的密度和体积模量分别用 $\boldsymbol{\rho}_{\text{eff}} = \text{diag}[\rho_{\text{eff}}^x, \rho_{\text{eff}}^y]$ 和 κ_{eff} 表示，厚度为 $h_{\text{eff}} = h_A + h_B$。

在一阶近似的条件下(即长波假设)，有如下关系：$\sin\beta_l \approx \beta_l, \cos\beta_l = 1$，其中 $\beta_l = \kappa_l h_l \cos\theta_l$ (这里下标 l=A,B,e)，等效介质的材料参数最终可表示为

$$\rho_{\text{eff}}^x = \phi_A \rho_A + \phi_B \rho_B \tag{3.48}$$

$$\rho_{\text{eff}}^y = \frac{\phi_A}{\rho_A} + \frac{\phi_B}{\rho_B} \tag{3.49}$$

$$\kappa_{\text{eff}} = \frac{\phi_A}{\kappa_A} + \frac{\phi_B}{\kappa_B} \tag{3.50}$$

式(3.48)和式(3.49)表明在长波假设下，等效层介质沿 x 和 y 方向具有不同的密度。上述等效参数推导的核心是，令图 3.11(a)、(b)中两个问题的透/反射系数在任意入射角的情况下都相同。这只有在一阶近似的情况下才能实现。下面将按照 Cai 等的思路[6]，展示上述等效参数的求解过程。对于二维密度具有各向异性的介质，选其主轴建立坐标系 $\boldsymbol{\rho} = \text{diag}[\rho_x, \rho_y]$，在频域内，其动力学控制方程可以表示为(这里在频域内，以下略去表示某量振幅的符号)

$$\frac{\partial p}{\partial x} = -\mathrm{i}\omega\rho_x v_x \tag{3.51}$$

$$\frac{\partial p}{\partial y} = -\mathrm{i}\omega\rho_y v_y \tag{3.52}$$

结合声学介质的本构关系 $p = -\kappa\nabla\cdot\boldsymbol{u}$，得二维各向异性密度材料用声压表示的控制方程

$$\frac{1}{\rho_x}\frac{\partial^2 p}{\partial x^2} + \frac{1}{\rho_y}\frac{\partial^2 p}{\partial y^2} + \frac{\omega^2}{\kappa}p = 0 \tag{3.53}$$

假设一平面简谐波与坐标 x 轴成夹角 θ 传播，该方向的波速由以下方程确定

$$\frac{\cos^2\theta}{\rho_x} + \frac{\sin^2\theta}{\rho_y} = \frac{c^2}{\kappa} \tag{3.54}$$

考察图 3.11(b)所示的情况，一平面波 p^{in} 以与 x 轴夹角为 θ_1 从左向右入射，将在介质 1 内产生反射波 p^{r}，通过界面折射在各向异性层形成与法线成夹角 θ_e 的右行波 p^+，并在右界面产生反向的左行波 p^-，最后以与法线夹角为 θ_2 透射到介质 2 中的 p^{t}。下面将计算反射波 p^{r} 和透射波 p^{t}，并计算出反射系数 R 和透射系数 T。假设入射波为单位幅值，则有

$$
\begin{aligned}
p^{\mathrm{in}} &= \mathrm{e}^{\mathrm{i}[k_1(x\cos\theta_1 + y\sin\theta_1) - \omega t]} \\
p^{\mathrm{r}} &= R\mathrm{e}^{\mathrm{i}[k_1(-x\cos\theta_1 + y\sin\theta_1) - \omega t]} \\
p^{+} &= A^{+}\mathrm{e}^{\mathrm{i}[k_\mathrm{e}(x\cos\theta_\mathrm{e} + y\sin\theta_\mathrm{e}) - \omega t]} \\
p^{-} &= A^{-}\mathrm{e}^{\mathrm{i}[k_\mathrm{e}(-x\cos\theta_\mathrm{e} + y\sin\theta_\mathrm{e}) - \omega t]} \\
p^{\mathrm{t}} &= T\mathrm{e}^{\mathrm{i}[k_2(x\cos\theta_2 + y\sin\theta_2) - \omega t]}
\end{aligned} \tag{3.55}
$$

根据斯涅尔定律，入射角和折射角满足如下关系

$$
\frac{\sin\theta_1}{c_1} = \frac{\sin\theta_2}{c_2} = \frac{\sin\theta_\mathrm{e}}{c_\mathrm{e}} \tag{3.56}
$$

其中 k_l、$c_l(l=1,2,\mathrm{e})$ 分别为介质 l 的波数和波速，满足 $c_l = \omega / k_l$。式(3.55)中的四个待定系数可分别由 $x=0, h_\mathrm{e}$ 界面上声压和法线速度连续性条件确定。利用连续性条件可得以下四个方程：

$$
\begin{aligned}
&1 + R = A^{+} + A^{-} \\
&\zeta_1(1-R) = A^{+} - A^{-} \\
&T\mathrm{e}^{\mathrm{i}\beta_2} = A^{+}\mathrm{e}^{\mathrm{i}\beta_\mathrm{e}} + A^{-}\mathrm{e}^{-\mathrm{i}\beta_\mathrm{e}} \\
&\zeta_2 T\mathrm{e}^{\mathrm{i}\beta_2} = A^{+}\mathrm{e}^{\mathrm{i}\beta_\mathrm{e}} - A^{-}\mathrm{e}^{-\mathrm{i}\beta_\mathrm{e}}
\end{aligned} \tag{3.57}
$$

其中，$\beta_l = k_l\cos\theta_l h_\mathrm{e}$，$\zeta_l = \rho_x c_\mathrm{e}\cos\theta_l / \rho_l c_l \cos\theta_\mathrm{e}$。由此可以解得反射系数和透射系数分别为

$$
R = \frac{(\zeta_1 - \zeta_2)\cos\beta_\mathrm{e} + \mathrm{i}(1 - \zeta_1\zeta_2)\sin\beta_\mathrm{e}}{(\zeta_1 + \zeta_2)\cos\beta_\mathrm{e} - \mathrm{i}(1 + \zeta_1\zeta_2)\sin\beta_\mathrm{e}} \tag{3.58}
$$

$$
T = \frac{2\zeta_1\mathrm{e}^{-\mathrm{i}\beta_2}}{(\zeta_1 + \zeta_2)\cos\beta_\mathrm{e} - \mathrm{i}(1 + \zeta_1\zeta_2)\sin\beta_\mathrm{e}} \tag{3.59}
$$

下面考察由图 3.11(a)所示的两相各向同性材料层，左右两侧介质与各向异性层情况相同，分别为介质 1 和介质 2，分析以角度 θ_1 入射一平面谐波的反射和透射情况。分析方法和前面一样，区别在于多了两个待定系数和一个界面，利用相同的方法得到各向同性双层介质的反射系数与透射系数分别为

$$
R = \frac{\Delta_\mathrm{R}}{\Delta}, \quad T = \frac{\Delta_\mathrm{T}}{\Delta} \tag{3.60}
$$

其中，

$$
\begin{aligned}
\Delta = 2\mathrm{e}^{\mathrm{i}\beta_2}\{&\cos\beta_\mathrm{A}\left[(\xi_3 + \xi_1\xi_2)\cos\beta_\mathrm{B} - \mathrm{i}(1 + \xi_1\xi_2\xi_3)\sin\beta_\mathrm{B}\right] \\
&+ \mathrm{i}\sin\beta_\mathrm{A}\left[-(\xi_2 + \xi_1\xi_3)\cos\beta_\mathrm{B} + \mathrm{i}(\xi_1 + \xi_2\xi_3)\sin\beta_\mathrm{B}\right]\}
\end{aligned}
$$

$$\Delta_{\mathrm{R}} = 2\mathrm{e}^{\mathrm{i}\beta_2}\{\cos\beta_{\mathrm{A}}[(-\xi_3+\xi_1\xi_2)\cos\beta_{\mathrm{B}}+\mathrm{i}(1-\xi_1\xi_2\xi_3)\sin\beta_{\mathrm{B}}] +\mathrm{i}\sin\beta_{\mathrm{A}}[(\xi_2-\xi_1\xi_3)\cos\beta_{\mathrm{B}}+\mathrm{i}(\xi_1-\xi_2\xi_3)\sin\beta_{\mathrm{B}}]\}$$

$$\Delta_{\mathrm{T}} = 4\xi_1\xi_2$$

式中涉及的系数表达式为

$$\beta_l = k_l\cos\theta_l h_l\,,\quad \xi_1 = \rho_{\mathrm{A}}c_{\mathrm{A}}\cos\theta_1/\rho_1c_1\cos\theta_{\mathrm{A}}$$

$$\xi_2 = \rho_{\mathrm{B}}c_{\mathrm{B}}\cos\theta_{\mathrm{A}}/\rho_{\mathrm{A}}c_{\mathrm{A}}\cos\theta_{\mathrm{B}}\,,\qquad \xi_3 = \rho_{\mathrm{B}}c_{\mathrm{B}}\cos\theta_2/\rho_2c_2\cos\theta_{\mathrm{B}}\,,\qquad l=\mathrm{A,B}$$

如果要将两层各向同性声学介质等效成一层密度各向异性的声学介质，则需要两者对于任意入射角度的反射系数和透射系数都一样。从两种情况得到的反射系数和透射系数表达式看，两者并不等价，也就是说在一般情况下，不能将两层各向同性声学介质用一个密度各向异性的声学介质来等效。在长波零阶近似的情况下，$\sin\beta_l\approx 0,\cos\beta_l=1$，两种情况的反射系数与透射系数相同，只取决于周围环境介质(介质 1 和 2)，与层状介质无关。即在非常长的波长情况下，波感觉不到材料内的细节。在一阶近似的情况下，可以将两层各向同性介质按照式(3.58)～式(3.60)定义的等效材料参数来进行等效。

在实际中，层状流体很难实现，可以选择一相为非连通的片状固体材料，或穿孔板代替；亦可通过固体夹杂在流体介质中，通过调节不同方向的分布来实现等效密度的各向异性。对于弹性超材料，可将包裹颗粒型复合材料中的包裹层从球形改变成椭球形，这样可以改变作用在颗粒上不同方向的弹簧刚度，也可实现等效密度的各向异性[7,8]。

2. 薄膜型超材料

薄膜由于具有丰富的易实现变形模式，对声波具有特殊的调控功能，在声学器件方面有着广泛的应用。近期又由于其在吸隔声方面的优异性质，特别是为超材料设计提供了一种新的实现方式而受到关注。下面分析如图 3.12 所示的直径为 R 的圆柱形无限长一维刚性波导管，管内部沿 z 方向周期分布着边界与管壁固连的薄膜阵列的声透射问题[9]。薄膜分布的周期为 d，膜内张力为 T。

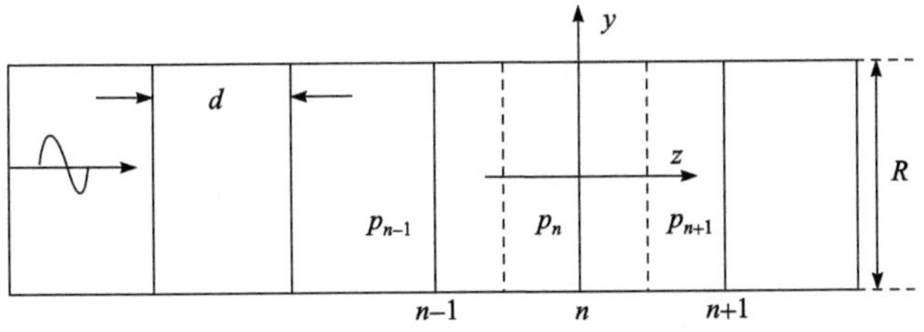

图 3.12　一维薄膜超材料模型

从波导管左侧入射声压为 p 的平面声波，在第 n 个薄膜上作用的平均声压记为 p_n，沿 z 方向的平均位移记为 u_n。取由图 3.12 中虚线所示的胞元进行分析 ($-d/2 \leqslant z \leqslant d/2$)，在长波条件下，胞元的变形可以近似为均匀的，即胞元内位移沿 z 轴方向为线性，这样可以用第 n 个薄膜上的位移 u_n 来表示胞元流体的平均位移。下面来建立胞元沿 z 方向的运动方程，胞元的总质量包括空气质量和薄膜质量，可以写成 $\rho_{\text{air}}\pi dR^2+M$，其中 M 是薄膜质量。作用在胞元上的外力包括来自薄膜的恢复力 $-8\pi Tu_n$ 与胞元间的压力差 $\pi R^2(p_n-p_{n+1})$，这样胞元的牛顿运动方程可以写为

$$\left(\rho_{\text{air}}\pi dR^2+M\right)\frac{\mathrm{d}^2u_n}{\mathrm{d}t^2}=-8\pi Tu_n+\pi R^2\left(p_n-p_{n+1}\right) \tag{3.61}$$

在长波极限下，将上述离散方程连续化，则有

$$\rho_{\text{air}}\left(1+\frac{M}{\rho_{\text{air}}\pi dR^2}\right)\frac{\mathrm{d}^2u}{\mathrm{d}t^2}=-\frac{8\pi T}{\pi dR^2}u-\frac{\partial p(z,t)}{\partial z} \tag{3.62}$$

在简谐载荷情况下，位移与加速度有如下关系：$u=\left(-1/\omega^2\right)\partial^2u/\partial t^2$，式(3.62)可进一步整理为牛顿运动方程的形式

$$\left[\rho_{\text{air}}\left(1+\frac{M}{\rho_{\text{air}}\pi dR^2}\right)-\frac{8T}{dR^2\omega^2}\right]\frac{\mathrm{d}^2u}{\mathrm{d}t^2}=\rho_{\text{eff}}\frac{\mathrm{d}^2u}{\mathrm{d}t^2}=-\frac{\partial p}{\partial z} \tag{3.63}$$

可以看出含周期分布的张紧薄膜和空气可以等效为具有等效密度为 ρ_{eff} 的普通均匀流体，根据式(3.63)，等效质量密度(这里特指沿 z 方向)为

$$\rho_{\text{eff}}=\rho_{\text{air}}\left(1+\frac{M}{\rho_{\text{air}}\pi dR^2}\right)-\frac{8T}{dR^2\omega^2} \tag{3.64}$$

上式表明当薄膜内存在张紧力时，存在一个截止频率 $\omega_{\text{c}}=\sqrt{(\rho_{\text{air}}\pi dR^2+M)/8\pi T}$，当入射波频率低于该截止频率时，等效的均匀声学介质均具有负等效质量。该薄膜型超材料等效质量与频率的关系符合式(3.10)，即德鲁德模型，这主要是由薄膜固支边界造成的。

薄膜型超材料的等效负密度具有宽低频的特点，因此在低频隔声方面有着广泛的应用。另外，还可以在薄膜上修饰一些质量，激发出薄膜不同的变形模态，从而对传输的声波进行更灵活的控制。最后，薄膜与背腔结合还可以具有很好的低频吸声性质。

3. 薄板型超材料

与薄膜的恢复力来源于膜内的张紧力不同，薄板结构在弯曲变形中，其弯曲刚度提供板弯曲变形的恢复力。在薄板结构上布置一些谐振单元，可以调节板的振动模态，进而对辐射的声场进行调控。这种效果在长波条件下，可以用一个均质等效材料来进行模拟[10]。

下面分析如图 3.13 所示的单层 Kirchhoff 薄板，板沿 z 方向(垂直纸面)无线延伸。薄板结构的谐振单元用周期性分布的弹簧-质量振子来模拟，沿 y 方向分布周期常数为 L，谐振子的弹簧刚度系数为 k_1，振子质量为 m_1，d 是水平方向的厚度(多指薄板水平方向的周期)。设想一平面声波从左侧以 θ 角度入射。背景介质设为空气，其密度和声速分别表示为 ρ_0 和 c_0。

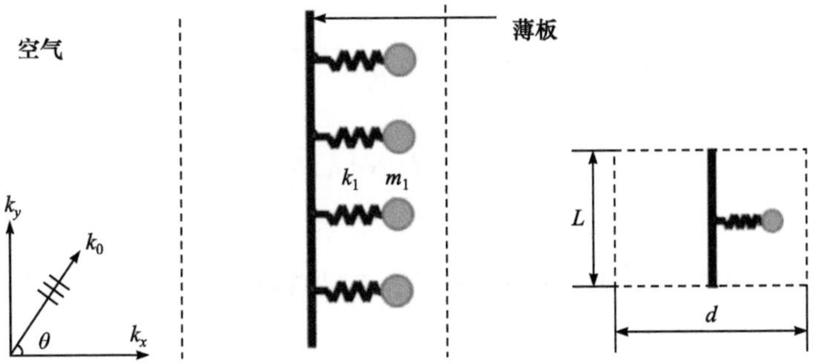

图 3.13　单层薄板超材料理论模型

因为研究的对象是薄板，因此可忽略其面内的运动，则问题只有出面位移 u 一个自由度。根据薄板理论，其运动方程为

$$D\frac{\partial^4 u}{\partial y^4}+\rho h\frac{\partial^2 u}{\partial t^2}-\sum_{n=-\infty}^{+\infty}F\delta(y-nL)-\rho_0\left(\frac{\partial \Phi_1}{\partial t}-\frac{\partial \Phi_2}{\partial t}\right)=0 \tag{3.65}$$

其中，$D=Eh^3/12(1-\nu^2)$ 为薄板的弯曲刚度；E、ν、ρ 和 h 分别表示薄板材料的杨氏模量、泊松比、密度和薄板厚度。式(3.65)的第三项是周期分布的振子对薄板作用力之和，δ 为 Delta 函数。每个谐振子作用力为

$$F=k_1(u_{\text{mass}}-u) \tag{3.66}$$

其中，u_{mass} 是振子的位移。式(3.65)第四项是声场作用在薄板上的声载荷，其中 Φ_1 和 Φ_2 分别表示薄板左右两侧附近声场速度 v 的势函数($v=-\nabla\Phi$)，代表着由声扰动而使单位流体介质具有的动量，其与声压的关系为 $p=\rho_0\partial\Phi/\partial t$。为了求解上述方程，考察谐波载荷及谐振子周期排布，则 $u(y,t)$ 可以表示为一系列空间谐波的叠加

$$u(y,t)=\sum_{n=-\infty}^{+\infty}A_n\mathrm{e}^{-\mathrm{i}\left(k_y+\frac{2n\pi}{L}\right)y}\mathrm{e}^{\mathrm{i}\omega t} \tag{3.67}$$

其中，A_n 是薄板中第 n 阶弯曲振动模态的幅值。由于弹簧振子也做简谐运动，其运动方程略去 $\mathrm{e}^{\mathrm{i}\omega t}$ 后可以表示为 $-m_1\omega^2u_{\mathrm{mass}}=k_1(u-u_{\mathrm{mass}})$。由此解出 u_{mass} 后，再代入式(3.66)中可得

$$F=\frac{k_1\omega^2}{\omega_1^2-\omega^2}u(nL,t)$$

其中，$\omega_1=\sqrt{k_1/m_1}$ 是弹簧-质量振子的共振频率。

同理，薄板附近区域的声场也表现出空间的周期性，假定入射声场幅值为 1，则薄板左右两侧空气的速度势函数为

$$\Phi_1=\mathrm{e}^{-\mathrm{i}(k_xx+k_yy)}\mathrm{e}^{\mathrm{i}\omega t}+\sum_{n=-\infty}^{+\infty}B_n^-\mathrm{e}^{-\mathrm{i}\left[-k_{xn}x+\left(k_y+\frac{2n\pi}{L}\right)y\right]}\mathrm{e}^{\mathrm{i}\omega t} \tag{3.68}$$

$$\Phi_2=\sum_{n=-\infty}^{+\infty}B_n^+\mathrm{e}^{-\mathrm{i}\left[k_{xn}x+\left(k_y+\frac{2n\pi}{L}\right)y\right]}\mathrm{e}^{\mathrm{i}\omega t} \tag{3.69}$$

其中，B_n^- 为左侧空气场中反射波的幅值；B_n^+ 是右侧空气场中声波的幅值；k_{xn} 是声波在 z 方向谐波分量的波数，定义为

$$k_{xn}=\begin{cases}\sqrt{k_0^2-\left(k_y+2n\pi/L\right)^2}, & k_0\geqslant k_y+2n\pi/L\\ -\mathrm{i}\sqrt{\left(k_y+2n\pi/L\right)^2-k_0^2}, & k_0<k_y+2n\pi/L\end{cases} \tag{3.70}$$

其中，$k_0=\omega/c_0$ 是空气中的波数。

利用薄板和空气法向(z 方向)振速的连续条件可得

$$-\frac{\partial\Phi_1}{\partial x}=\frac{\partial u}{\partial t} \tag{3.71}$$

$$-\frac{\partial\Phi_2}{\partial x}=\frac{\partial u}{\partial t} \tag{3.72}$$

将前面相应的表达式代入连续性条件，可将未知系数 B_n^- 和 B_n^+ 用薄板振动位移系数 A_n 关联起来

$$B_n^-=\begin{cases}1-\dfrac{\omega A_n}{k_{xn}} & (n=0)\\ -\dfrac{\omega A_n}{k_{xn}} & (n\neq 0)\end{cases} \tag{3.73}$$

$$B_n^+ = \frac{\omega A_n}{k_{xn}} \tag{3.74}$$

再对薄板利用虚功原理，可得一组只包含 A_n 的代数方程，进而来解出 A_n。薄板的虚位移可以表示为

$$\delta u = \delta A_n \mathrm{e}^{-\mathrm{i}\left(k_y + \frac{2n\pi}{L}\right)y} \mathrm{e}^{\mathrm{i}\omega t} \tag{3.75}$$

如图 3.13 所示，胞元内总的虚功可表示为

$$\delta \varPi = \delta \varPi_\mathrm{P} + \delta \varPi_\mathrm{F} + \delta \varPi_\mathrm{R} \tag{3.76}$$

其中，$\delta \varPi_\mathrm{P}$、$\delta \varPi_\mathrm{F}$ 和 $\delta \varPi_\mathrm{R}$ 分别为薄板单元上的弹性力和惯性力、声载荷、谐振子在薄板单元上所做的虚功，分别为

$$\delta \varPi_\mathrm{P} = \int_{-L/2}^{L/2} \left(D \frac{\partial^4 u}{\partial y^4} + \rho h \frac{\partial^2 u}{\partial t^2} \right) \delta \tilde{u} \tag{3.77}$$

$$\delta \varPi_\mathrm{F} = \int_{-L/2}^{L/2} \left[-\mathrm{i}\omega \rho_0 (\varPhi_1 - \varPhi_2) \right] \delta \tilde{u} \tag{3.78}$$

$$\delta \varPi_\mathrm{R} = -F \delta \tilde{u} \tag{3.79}$$

式中，$\delta \tilde{u}$ 是式(3.75)中虚位移 δu 的复共轭。根据虚功原理 $\delta \varPi = 0$，得到求解薄板各阶振动模态幅值 A_n 的方程：

$$\left(D\left(k_y + \frac{2n\pi}{L} \right)^4 - \rho h \omega^2 + \frac{2\mathrm{i}\omega^2 \rho_0}{k_{xn}} \right) A_n - \frac{1}{L} \frac{k_1 \omega^2}{\omega_1^2 - \omega^2} \sum_{q=-\infty}^{+\infty} A_q = \begin{cases} 2\mathrm{i}\omega\rho_0, & n = 0 \\ 0, & n \neq 0 \end{cases} \tag{3.80}$$

求解得到复系数 A_n 后，即可得到薄板附近的声场，声波透射系数和反射系数可通过下式计算

$$T = \sum_{n=-\infty}^{+\infty} \left| B_n^+ \right|^2 \mathrm{Re}(k_{xn}) / k_{x0} \tag{3.81}$$

$$R = \sum_{n=-\infty}^{+\infty} \left| B_n^- \right|^2 \mathrm{Re}(k_{xn}) / k_{x0} \tag{3.82}$$

上面给出了空气中周期分布有谐振子薄板的透射系数和反射系数解析求解方法，为了方便今后的分析与设计，可用一个相同厚度的各向异性密度的均匀声学介质来进行等效计算，使两者具有相同的反射系数和透射系数(一般需要对任意入射角度)，利用该条件可以反演得到等效均匀声学介质的密度张量和体积模量。下面只考虑正入射和前两阶振动模态的情况(n=0, ±1)，利用平均场的方

法将空气中含周期分布谐振子的薄板进行等效。由于只考虑前两阶振动模态，方程(3.80)可以写为

$$\left(-\rho h\omega^2+\frac{2\mathrm{i}\omega^2\rho_0}{k_{x0}}\right)A_0-\frac{1}{L}\frac{k_1\omega^2}{\omega_1^2-\omega^2}(A_0+A_1+A_{-1})=2\mathrm{i}\omega\rho_0 \tag{3.83}$$

$$\left(D\left(\frac{2\pi}{L}\right)^4-\rho h\omega^2+\frac{2\mathrm{i}\omega^2\rho_0}{k_{x1}}\right)A_1-\frac{1}{L}\frac{k_1\omega^2}{\omega_1^2-\omega^2}(A_0+A_1+A_{-1})=0 \tag{3.84}$$

$$\left(D\left(\frac{2\pi}{L}\right)^4-\rho h\omega^2+\frac{2\mathrm{i}\omega^2\rho_0}{k_{x(-1)}}\right)A_{-1}-\frac{1}{L}\frac{k_1\omega^2}{\omega_1^2-\omega^2}(A_0+A_1+A_{-1})=0 \tag{3.85}$$

由此可以求解出系数 A_0、A_1 和 A_{-1}。

针对图 3.13 右边所示的胞元，该胞元水平等效密度可根据牛顿第二定律定义为

$$\rho_{\mathrm{eff}}^x=\frac{F_x}{a_{\mathrm{p}}^x+a_{\mathrm{air}}^x} \tag{3.86}$$

其中，F_x、a_{p}^x 和 a_{air}^x 分别为胞元在 x 方向的合外力、薄板单元的加速度和单元空气的加速度。根据前面给出的解析模型，它们分别可按照以下公式进行计算

$$F_x=\mathrm{i}\rho_0\omega\left(\int_{-\frac{L}{2}}^{\frac{L}{2}}(\Phi_1-\Phi_2)\mathrm{d}y\right) \tag{3.87}$$

$$a_{\mathrm{p}}^x=h\int_{-\frac{L}{2}}^{\frac{L}{2}}\sum_{n=-1}^{n=1}A_n\mathrm{e}^{-\mathrm{i}\left(k_y+\frac{2n\pi}{L}\right)y}\mathrm{d}y=-A_0hL\omega^2 \tag{3.88}$$

$$a_{\mathrm{air}}^x=\int_{-\frac{L}{2}}^{\frac{L}{2}}\int_{-\frac{d}{2}}^{0}(-\mathrm{i}\omega\nabla_x\Phi_1)\mathrm{d}x\mathrm{d}y+\int_{-\frac{L}{2}}^{\frac{L}{2}}\int_{0}^{\frac{d}{2}}(-\mathrm{i}\omega\nabla_x\Phi_2)\mathrm{d}x\mathrm{d}y \tag{3.89}$$

在长波条件下($\lambda\gg L,d,h$)，有如下近似关系：$\mathrm{e}^{\mathrm{i}k_{x0}d/2}\approx 1$，$k_{x(\pm1)}\approx -2\mathrm{i}\pi/L$。根据式(3.86)的 x 方向等效密度的定义，可得

$$\rho_{\mathrm{eff}}^x=\frac{2\mathrm{i}\rho_0(1-A_0c_0)}{-A_0h\omega(1+d/h)} \tag{3.90}$$

再利用求解出来的系数 A_0，上式可以进一步化简为

$$\rho_{\mathrm{e}}^{x}=\frac{h}{d+h}\left(\rho+\frac{1}{hL}\frac{m_1\omega_1^2}{\omega_1^2-\omega^2\left(1+\dfrac{2k_1L^3}{16D\pi^4-L^4\rho h\omega^2}\right)}\right) \tag{3.91}$$

当 L 较小时，可以进一步化简为

$$\rho_{\mathrm{eff}}^{x}=\frac{h}{d+h}\left(\rho+\frac{1}{hL}\frac{m_1\omega_1^2}{\omega_1^2-\omega^2}\right) \tag{3.92}$$

平行薄板方向的密度可由混合率计算，即

$$\frac{1}{\rho_{\mathrm{eff}}^{y}}=\frac{1}{d+h}\left(\frac{d}{\rho_0}+\frac{h}{\rho}\right) \tag{3.93}$$

等效声学介质的体积模量可以通过计算胞元的静水压力和体积变形得到，即

$$\kappa_{\mathrm{eff}}=\frac{\langle\sigma_{\mathrm{b}}\rangle}{\langle\varepsilon_{\mathrm{b}}\rangle} \tag{3.94}$$

其中，

$$\begin{aligned}\langle\sigma_{\mathrm{b}}\rangle&=\int_{-\frac{L}{2}}^{\frac{L}{2}}\int_{-\frac{d}{2}}^{\frac{d}{2}}\frac{\sigma_{ii}}{3}\mathrm{d}x\mathrm{d}y=\int_{-\frac{L}{2}}^{\frac{L}{2}}\int_{-\frac{d}{2}}^{\frac{d}{2}}-p\mathrm{d}x\mathrm{d}y\\&=-\mathrm{i}\omega\rho_0\left(\int_{-\frac{L}{2}}^{\frac{L}{2}}\int_{-\frac{d}{2}}^{0}\varPhi_1\mathrm{d}x\mathrm{d}y+\int_{-\frac{L}{2}}^{\frac{L}{2}}\int_{0}^{\frac{d}{2}}\varPhi_2\mathrm{d}x\mathrm{d}y\right)\\&\approx-2\mathrm{i}c_0L\rho_0\sin(k_0d/2)\end{aligned}$$

$$\langle\varepsilon_{\mathrm{b}}\rangle\approx-\frac{2\mathrm{i}L\sin(k_0d/2)}{c_0}$$

最终得到的等效声学介质的体积模量近似为空气的体积模量，即为

$$\kappa_{\mathrm{eff}}=\rho_0c_0^2 \tag{3.95}$$

至此，我们将含谐振子的薄板和空气构成的系统，在长波正入射且只考虑薄板前两阶模态的情况下，等效成为密度为各向异性、体积模量近似为空气的声学介质。对斜入射或更高阶模态的情况，则需要利用传递矩阵方法求解等效系数，这里不再展开论述。

下面通过一个例子对上述理论结果进行进一步讨论，薄板材料为环氧树脂，厚度为 $h=0.4\mathrm{mm}$，杨氏模量、泊松比和密度分别为 $E=3.9\mathrm{GPa}$、$\nu=0.4$ 和 $\rho=1400\mathrm{kg/m^3}$。空气的密度和声速分别为 $\rho_0=1.25\mathrm{kg/m^3}$ 和 $c_0=343\mathrm{m/s}$，胞元的厚度 $d=4\mathrm{mm}$。声波正入射时，利用公式(3.92)(空心圆)和传递矩阵方法(实线)分

别计算了两种工况下的动态等效密度与频率的变化规律：①谐振子的间距、弹簧刚度和谐振子质量分别为 $L=4\text{mm}$ ，$k_1=10^4\,\text{N/m}$ 和 $m_1=0.432\text{g}$ ；②保持谐振子间距 $L=40\text{mm}$ ，薄板为周期简支情况，即 $k_1,m_1\to\infty$ ，结果如图 3.14 所示。结果表明，近似解析方法与精确的传递矩阵方法对等效密度的预测吻合得很好。对于第二种情况，式(3.92)退化为

$$\rho_{\text{eff}}^x=\frac{h}{d+h}\left(\frac{3}{2}\rho-\frac{8D\pi^4}{hL^4\omega^2}\right) \tag{3.96}$$

即等效密度符合德鲁德模型，这一点也由图 3.14 中的两种工况得以验证。当斜入射时得到的等效密度与入射角度有关时，即表现出空间频散特性，相关的讨论可参考文献[10]。

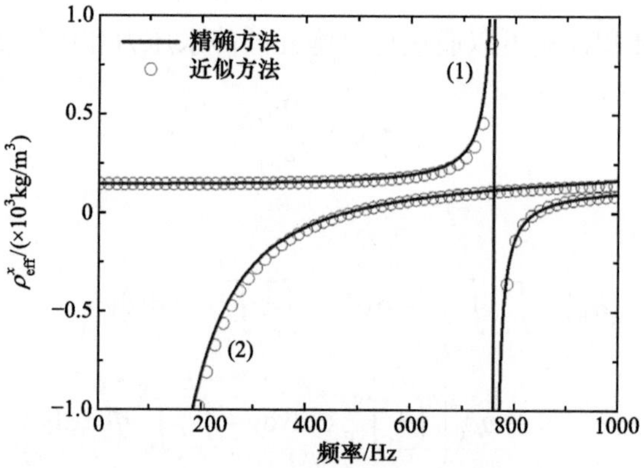

图 3.14　正入射时，传递矩阵方法和简化解析解得到的两种工况下的动态等效密度与频率的关系

3.2.2　等效负刚度或模量

1. 亥姆霍兹谐振器

亥姆霍兹谐振器的原理如图 3.15 所示，是实现流体等效负模量最简单和直接的方式。第一个动态等效负模量的实验就是利用充满水的亥姆霍兹谐振腔通过测量声波的传输禁带来实现的[3,11]。下面来分析一个充满水(或液体)的亥姆霍兹谐振腔胞元，由主管和背腔构成，声波从左端入射。入射声波的扰动诱发背腔的液体沿垂直方向运动，并对主腔的液体承载的声波产生影响。起初这种影响与入射声波相位大体一致，但当背腔发生谐振时这种影响会与入射声波相位相反，进而可阻止声波的传输形成禁带。这种机理与图 3.6 所示的弹簧-质量系统完全一致。

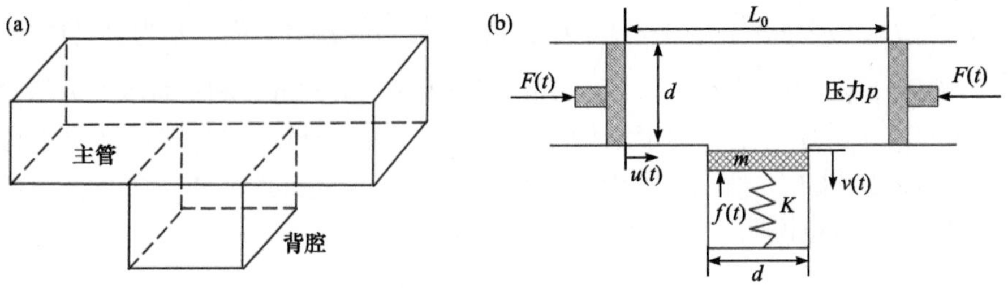

图 3.15　基于亥姆霍兹谐振器的负体积模量模型

(a) 亥姆霍兹谐振腔示意图；(b) 简化分析模型

下面将通过一个简化的模型给出等效体积模量的表达式，揭示负等效体积模量形成机理，并与有限元数值算例进行比较。为了便于分析，假设主管道和背腔截面均为边长为 d 的正方形，取胞元长度为 L_0，两端受简谐外载荷作用。下面将背腔中的液体简化成质量为 m、刚度系数为 K 的活塞系统，在外载荷作用下，胞元左端的位移设为 $u(t)$，背腔液体质量 m 向下位移为 $v(t)$，主管道内液体压力为 p。在频域空间，质量 m 的运动方程为

$$-m\omega^2 v = F - f \tag{3.97}$$

其中，f 是背腔中弹簧作用在质量 m 上的力，$f = Kv$；F 与液体压力的关系为 $F = pd^2$。

利用液体的本构关系，有

$$p = -\kappa \frac{\Delta V}{V_0} = -\kappa \frac{d^2(v-2u)}{V_0} \tag{3.98}$$

其中，V_0 为主管道胞元的初始体积 $V_0 = d^2 L_0$，κ 为液体的体积模量。利用上面关系可得胞元左端力与位移的关系

$$F = d^2 p = \frac{2\kappa d^4}{V_0}\left[1 + \frac{\kappa d^4}{V_0(K - m\omega^2)}\right]^{-1} u \tag{3.99}$$

将含有背腔的液体等效成不含背腔的等效流体，等效的杨氏模量记为 E_{eff}，利用关系 $F = d^2 E_{\text{eff}} 2u / L_0$，得等效流体的杨氏模量为

$$\left(\frac{\kappa}{E_{\text{eff}}}\right)^{-1} = 1 + \frac{Y}{1 - \omega^2/\omega_0^2} \tag{3.100}$$

其中 $Y = \kappa d^2 / KL_0$，$\omega_0 = \sqrt{K/m}$。由上式可以看出，当加载频率从小于 ω_0 一侧趋向该共振频率时，等效的杨氏模量将出现负值，这时波将无法传播。以上述分析的亥姆霍兹谐振腔胞元为例，假设背腔长度为 L_1，液体的密度为 ρ。这时

$K=\kappa d^2/L_1$，$m=\rho d^2 L_1$，$Y=L_1/L_0$，$\omega_0=\sqrt{\kappa/\rho}/L_1$。下面以水为例具体分析，$\kappa=2.1\text{GPa}$，$\rho=1000\text{kg}/\text{m}^3$，$L_1=1\text{m}$，$Y=0.5$，$d=1\text{m}$，利用有限元方法对周期分布的亥姆霍兹谐振腔的带结构和等效模量进行分析，并与解析结果进行了比较。结果如图 3.16 所示，解析结果预测的负等效模量的频段与有限元计算的带结构相吻合，这也说明了解析模型的正确性。

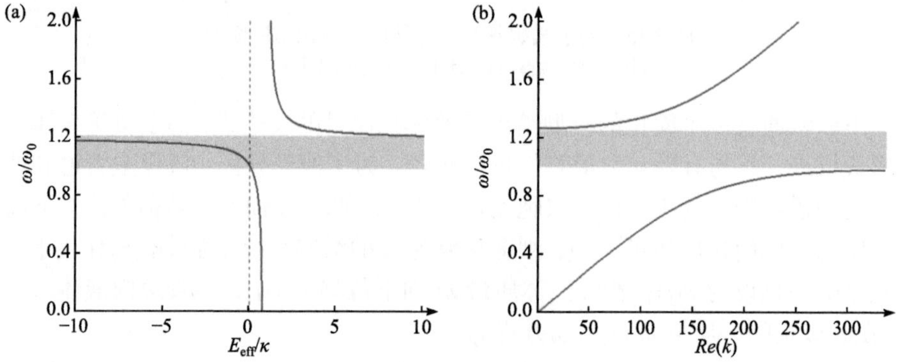

图 3.16　周期分布亥姆霍兹谐振腔的模量与频率的变化关系

(a) 解析模型；(b) 带结构

2. 经典三相球连续构型

在 3.1.1 节中利用一个简单的弹簧-质量模型来揭示负质量产生的原理，这里将从连续模型入手，讨论微结构材料具有等效负参数的机理。下面将以基体材料嵌入球形复合夹杂形成的颗粒复合材料为研究对象，来分析这类连续介质构成的超材料产生负等效参数的机理[12]。首先需要给出在波动载荷下复合材料的内应力和应变场，在此基础上建立等效参数与其微观结构间的关系，进而分析实现特殊(如负数)等效参数的微观条件。这也是连续动态细观力学的主要研究内容。在长波条件下其分析的思路可仿照静态细观力学的方法，即考虑复合材料代表单元在谐波载荷下(频域空间)，利用粒子散射理论来计算代表单元内各相的体积平均应力和应变与外载荷的关系，也称为局部化关系；然后定义复合材料的宏观应力和应变为代表单元的体积平均，这样可以给出复合材料的宏观等效弹性参数，这个过程称为均质化。不同于静态细观力学，动态细观力学还需要建立宏观动量和速度间的关系，以便定义宏观等效质量。值得注意的是，这里宏观速度即为可观速度，不同于代表单元的平均速度，例如，在嵌套质量胞元中宏观速度取为可观质量的速度，而不是胞元各质量速度的平均。

研究图 3.17 所示的复合材料胞元，由颗粒、涂层和基体层构成，整个胞元放置在无限大基体材料中。为了简化分析，我们仅考虑在无限大基体中有一简谐 P

波从左(沿 z 轴的正方向)入射到胞元上。

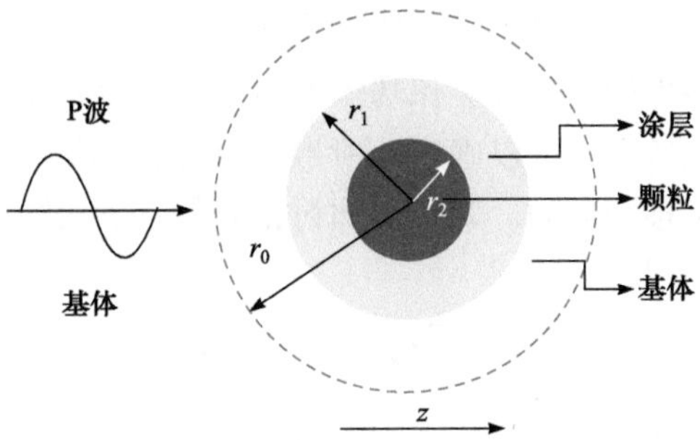

图 3.17　无限大基体嵌入包覆球形颗粒组成的复合材料胞元

假设胞元各相材料都为各向同性线弹性材料，令第 l 相材料密度为 ρ_l、拉梅常数为 λ_l、剪切模量为 μ_l、体积模量为 $\kappa_l=(\lambda_l+2\mu_l/3)$、体积分数为 ϕ_l (l=0,1,2 分别代表基体、涂层和颗粒)。入射平面波为纵波(P 波)，颗粒半径为 r_2，包覆层半径为 r_1，基体壳层的外半径为 $r_0=r_1\sqrt[3]{1-\phi_0}$，其中 $\phi_0+\phi_1+\phi_2=1$。根据各向同性材料位移的亥姆霍兹分解有

$$\boldsymbol{u}=\nabla\boldsymbol{\varPhi}+\nabla\times\boldsymbol{\varPsi} \tag{3.101}$$

$\boldsymbol{\varPhi}$、$\boldsymbol{\varPsi}$ 分别为位移的标量和矢量势函数，分别对应着纵波 P 和剪切波 S，满足以下控制方程

$$\nabla^2\varPhi=\frac{1}{c_{\mathrm{L}}^2}\frac{\mathrm{d}^2\varPhi}{\mathrm{d}t^2} \tag{3.102}$$

$$\nabla^2\boldsymbol{\varPsi}=\frac{1}{c_{\mathrm{T}}^2}\frac{\mathrm{d}^2\boldsymbol{\varPsi}}{\mathrm{d}t^2} \tag{3.103}$$

其中，$c_{\mathrm{L}}=\sqrt{(\lambda+2\mu)/\rho}$，$c_{\mathrm{T}}=\sqrt{\mu/\rho}$ 分别是介质的纵波波速和横波波速。

在平面时谐($\mathrm{e}^{\mathrm{i}\omega t}$)P 波作用下，多层球形夹杂第 l(l=0,1,2)相材料的移势函数在球坐标系(r,θ,φ)下表示为

$$\varPhi^l=\sum_{n=0}^{\infty}\left[c_n^l\mathrm{j}_n(\alpha_l r)-a_n^l\mathrm{h}_n(\alpha_l r)\right]\mathrm{P}_n(\cos\theta) \tag{3.104}$$

$$\varPsi^l=\sum_{n=0}^{\infty}\left[d_n^l\mathrm{j}_n(\beta_l r)-b_n^l\mathrm{h}_n(\beta_l r)\right]\mathrm{P}_n(\cos\theta) \tag{3.105}$$

其中，$\mathrm{j}_n(z)$ 是第一类球形贝塞尔函数；$\mathrm{h}_n(z)$ 为第一类球形 Hankel 函数；$\mathrm{P}_n(z)$ 是勒让德多项式；a_n^l、b_n^l 分别为第 l 相材料的纵波和横波第 n 阶待定系数；$\alpha_l=\omega/c_{\mathrm{L}}^l$，$\beta_l=\omega/c_{\mathrm{T}}^l$ 为 l 相材料的纵波和横波传播常数。

各相材料中的应力可通过弹性本构关系给出

$$\boldsymbol{\sigma} = \lambda \nabla \cdot \boldsymbol{u} \boldsymbol{I} + \mu \left(\nabla \boldsymbol{u} + \boldsymbol{u} \nabla \right) \tag{3.106}$$

再利用颗粒与包覆层界面，包覆层和基体界面以及胞元基体与周围无限大基体界面位移和应力连续性条件，可以确定 n 阶散射对应各相材料的待定系数，进而也确定了各相材料的位移和应力。为了后面讨论方便，下面给出各相非零位移和应力分量的形式(这里略去上标 l)

$$u_r = \sum_n \tilde{u}_{r,n}(r) \mathrm{P}_n(\cos\theta) \tag{3.107}$$

$$u_\theta = \sum_n \tilde{u}_{\theta,n}(r) \frac{\mathrm{dP}_n(\cos\theta)}{\mathrm{d}\theta} \tag{3.108}$$

$$\sigma_{rr} = \frac{2}{r^2} \sum_n \tilde{\sigma}_{rr,n}(r) \mathrm{P}_n(\cos\theta) \tag{3.109}$$

$$\sigma_{r\theta} = \frac{2}{r^2} \sum_n \tilde{\sigma}_{r\theta,n}(r) \frac{\mathrm{dP}_n(\cos\theta)}{\mathrm{d}\theta} \tag{3.110}$$

其中，$\tilde{u}_{r,n}(r)$、$\tilde{u}_{\theta,n}(r)$、$\tilde{\sigma}_{rr,n}(r)$和$\tilde{\sigma}_{r\theta,n}(r)$是仅与变量 r 有关的已知函数。

(1) 等效质量：计算复合材料胞元的等效质量，需要利用上述解来建立胞元的平均动量和表观速度的关系。为此，考虑如下频域空间弹性介质的平衡方程

$$\nabla \cdot \boldsymbol{\sigma} = -\mathrm{i}\omega \boldsymbol{p} \tag{3.111}$$

其中，动量为 $\boldsymbol{p} = \rho \boldsymbol{v}$。设有一个半径为 r 的球域 V，其表面积为 S，球体上的合力可以写成

$$\bar{\boldsymbol{F}} = \int_V \nabla \cdot \boldsymbol{\sigma} \mathrm{d}V = \int_S \mathrm{d}s \cdot \boldsymbol{\sigma} \tag{3.112}$$

根据前面得到的多层包覆球体的弹性散射理论解，合力仅在波入射 $\boldsymbol{n}^0$ 方向不为零，且可以由下式给出

$$\bar{F}(r) = \bar{\boldsymbol{F}} \cdot \boldsymbol{n}^0 = 4\pi \sum_n \left[\tilde{\sigma}_{rr,n}(r) l_{r,n} + \tilde{\sigma}_{r\theta,n}(r) l_{\theta,n} \right] \tag{3.113}$$

其中，

$$l_{r,n} = \int_{-1}^{1} \mathrm{P}_n(z) \mathrm{P}_1(z) \mathrm{d}z, \quad l_{\theta,n} = \int_{-1}^{1} \mathrm{P}_n^1(z) \mathrm{P}_1^1(z) \mathrm{d}z \tag{3.114}$$

根据勒让德多项式 $\mathrm{P}_n^m(z)$ 的正交性，式(3.114)仅当 n=1 时才有非零值。这时式(3.113)仅含 n=1 一项，并且 $l_{r,1}$=2/3 且 $l_{\theta,1}$=4/3。另外可以证明合力矩始终为零，即 $\boldsymbol{M} = \int_S \mathrm{d}\boldsymbol{s} \times \boldsymbol{\sigma} = 0$。这些性质意味着，当球形颗粒在波动场中时，它的一阶(n=1，

偶极子)散射模式决定了球体的整体惯性运动。定义物理量 $\boldsymbol{p}$ 在第 l 相材料(体积为 Ω_l)和整体代表单元上(体积为 V)的体积平均为

$$\langle \boldsymbol{p} \rangle_l = \frac{1}{\Omega_l}\int_{\Omega_l} \boldsymbol{p}\mathrm{d}v, \quad \langle \boldsymbol{p} \rangle = \frac{1}{V}\int_V \boldsymbol{p}\mathrm{d}v \tag{3.115}$$

根据式(3.111)，第 l 相材料的平均动量与平均力可以表示为 $\langle \boldsymbol{F} \rangle_l = -\mathrm{i}\omega\Omega_l \langle \boldsymbol{p} \rangle_l$，平均动量与速度的关系为 $\langle \boldsymbol{p} \rangle_l = \rho_l \langle \boldsymbol{v} \rangle_l$。这样复合材料胞元的整体平均动量可以表示为

$$\langle \boldsymbol{p} \rangle = \sum_l \phi_l \langle \boldsymbol{p} \rangle_l = \sum_l \phi_l \rho_l \langle \boldsymbol{v} \rangle_l \tag{3.116}$$

整个胞元的表观速度为基体平均速度，即 $\boldsymbol{v} = \langle \boldsymbol{v} \rangle_0$，利用各相材料平均力和平均动量的关系有

$$\bar{\boldsymbol{F}}(r_0) - \bar{\boldsymbol{F}}(r_1) = -\mathrm{i}\omega\Omega_0 \langle \boldsymbol{p} \rangle_0 = -\mathrm{i}\omega\Omega_0\rho_0 \langle \boldsymbol{v} \rangle_0 \tag{3.117}$$

$$\bar{\boldsymbol{F}}(r_1) - \bar{\boldsymbol{F}}(r_2) = -\mathrm{i}\omega\Omega_1\rho_1 \langle \boldsymbol{v} \rangle_1 \tag{3.118}$$

$$\bar{\boldsymbol{F}}(r_2) = -\mathrm{i}\omega\Omega_2\rho_2 \langle \boldsymbol{v} \rangle_2 \tag{3.119}$$

利用上式，颗粒和包覆层的平均速度可以由基体的平均速度表示为

$$\langle \boldsymbol{v} \rangle_1 = \frac{\phi_0\rho_0}{\phi_1\rho_1}\frac{\bar{\boldsymbol{F}}(r_1) - \bar{\boldsymbol{F}}(r_2)}{\bar{\boldsymbol{F}}(r_0) - \bar{\boldsymbol{F}}(r_1)}\langle \boldsymbol{v} \rangle_0 = \boldsymbol{T}_1^{\rho} \langle \boldsymbol{v} \rangle_0 \tag{3.120}$$

$$\langle \boldsymbol{v} \rangle_2 = \frac{\phi_0\rho_0}{\phi_2\rho_2}\frac{\bar{\boldsymbol{F}}(r_2)}{\bar{\boldsymbol{F}}(r_0) - \bar{\boldsymbol{F}}(r_1)}\langle \boldsymbol{v} \rangle_0 = \boldsymbol{T}_2^{\rho} \langle \boldsymbol{v} \rangle_0 \tag{3.121}$$

将式(3.120)、式(3.121)代入式(3.116)，得到复合材料胞元的整体动量与宏观(表观)速度的关系，由此宏观复合材料等效密度 $\boldsymbol{\rho}_{\mathrm{eff}}$ 可由下式定义：

$$\langle \boldsymbol{p} \rangle = \sum_l \phi_l \rho_l \langle \boldsymbol{v} \rangle_l = \left[\phi_0\rho_0\boldsymbol{I} + \phi_1\boldsymbol{T}_1^{\rho} + \phi_2\boldsymbol{T}_2^{\rho}\right]\langle \boldsymbol{v} \rangle_0 = \boldsymbol{\rho}_{\mathrm{eff}}\boldsymbol{v} \tag{3.122}$$

式(3.122)表明，一般情况下复合材料动态等效质量具有二阶张量形式。对于上面所研究的包覆球形颗粒复合材料，由于微结构的对称性，其等效质量为各向同性，可用一个标量表示。在长波长极限下，式(3.122)中的 $\boldsymbol{\rho}_{\mathrm{eff}}$ 退化为静态的平均密度 $\rho_{\mathrm{eff}}^{\mathrm{s}} = \sum_l \phi_l \rho_l$。

为了揭示颗粒和包裹层谐振产生负等效质量的机理，下面以嵌入环氧树脂基体中的橡胶包覆铅球颗粒构成的复合材料为例来进行具体分析。算例中材料的参数如下所示。铅：ρ=11600kg/m^3，λ=4.23×10^{10}N/m^2，μ=1.49×10^{10}N/m^2；橡胶：ρ=1300kg/m^3，λ=6×10^{5}N/m^2，μ=4×10^{4}N/m^2；环氧树脂：ρ=1180kg/m^3，λ=4.43×10^{9}N/m^2，μ=1.59×10^{9}N/m^2。包覆球体的体积分数为 47%，球体半径为

5.0mm，包覆层厚度为 2.5mm。计算结果由图 3.18 给出，图 3.18(a)给出了复合材料归一化动态等效质量(与静态质量之比)与频率的变化关系。可以看出在所关注的频率范围，出现了两个谐振频率，在每个谐振峰值附近会出现负质量区域。为了进一步揭示产生等效负质量的原因，图 3.18(b)给出了各相材料平均动量的比值 $\langle p\rangle_2/\langle p\rangle_0$ 和 $\langle p\rangle_1/\langle p\rangle_0$ 与频率的关系。将基体动量方向设为正方向，可以看出第一个和第二个等效负质量区域主要来自共振引起的球颗粒和涂层的负动量。由于铅颗粒质量大，在共振时，不仅具有大振幅并且动量方向也与基体相反(图 3.18(c))，复合球胞元的总动量由铅颗粒主导，因此产生第一个等效负质量区域。第二个等效负质量区域源自共振时橡胶包裹层相对于复合球体的反方向运动(图 3.18(d))。

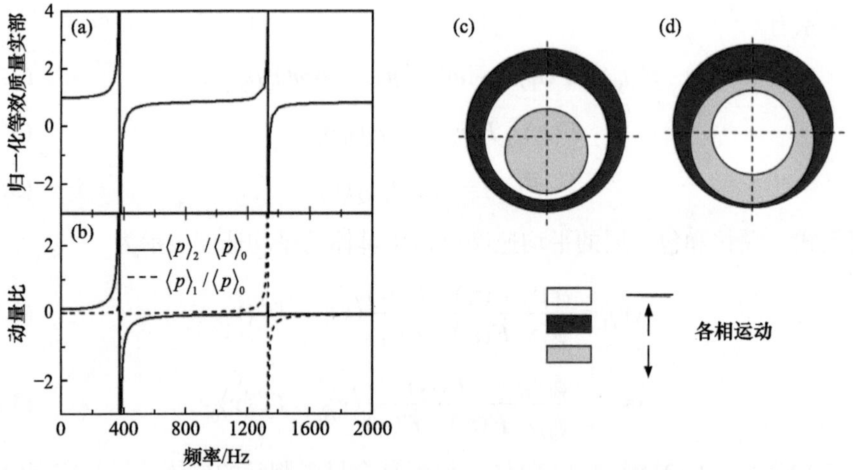

图 3.18　橡胶包覆铅颗粒和环氧树脂复合材料等效负质量

(a) 归一化动态等效质量实部随频率的变化；(b) 各相材料平均动量比值与频率的关系；(c) 第一个等效负质量区域源自铅颗粒相对胞元的反向运动；(d) 第二个等效负质量区域源自橡胶包裹层相对于复合球的反方向运动

(2) 等效负体积模量：计算复合材料的等效弹性常数，则需要针对复合材料胞元，利用前面给出的位移和应力场(式(3.107)～式(3.110))来计算胞元的体积平均应力和平均应变之间的关系。由于所分析的复合材料微观和宏观都具有各向同性的特点，因此本构关系写为

$$\boldsymbol{\sigma} = 3\lambda\varepsilon_{\mathrm{b}}\boldsymbol{I} + 2\mu\boldsymbol{\varepsilon} \tag{3.123}$$

其中，体积应变为 $\varepsilon_{\mathrm{b}} = \mathrm{tr}\boldsymbol{\varepsilon}/3 = \nabla\cdot\boldsymbol{u}/3$。

仿照计算复合材料等效密度的方法，考虑一个半径为 r 的球域 V，利用位移场表达式，求得该球域的平均体应变为

$$\langle \varepsilon_{\mathrm{b}} \rangle(r) \doteq \bar{\varepsilon}_{\mathrm{b}}(r) = \frac{1}{V}\int_V \nabla \cdot \boldsymbol{u} / 3\mathrm{d}v = \frac{2\pi}{3V}\sum_n r^2 \tilde{u}_{r,n}(r) s_n \tag{3.124}$$

其中，

$$s_n = \int_{-1}^{1} \mathrm{P}_n(z)\mathrm{P}_0(z)\mathrm{d}z \tag{3.125}$$

利用勒让德函数的正交性，式(3.125)只有当 n=0 时，才具有非零值 s_0=2。这意味着在波动场中，球体的体积变形以零阶(n=0，单极)散射模式为主导。

对于包裹颗粒复合材料，根据式(3.124)，第 l 相材料的平均体积应变分别写为

$$\langle \varepsilon_{\mathrm{b}} \rangle_2 = \bar{\varepsilon}_{\mathrm{b}}(r_2) = \frac{1}{r_2}\tilde{u}_{r,0}(r_2) \tag{3.126}$$

$$\langle \varepsilon_{\mathrm{b}} \rangle_1 = \bar{\varepsilon}_{\mathrm{b}}(r_1) = \frac{1}{r_1^3 - r_2^3}\left[r_1^2 \tilde{u}_{r,0}(r_1) - r_2^2 \tilde{u}_{r,0}(r_2) \right] \tag{3.127}$$

$$\langle \varepsilon_{\mathrm{b}} \rangle_0 = \bar{\varepsilon}_{\mathrm{b}}(r_0) = \frac{1}{r_0^3 - r_1^3}\left[r_0^2 \tilde{u}_{r,0}(r_0) - r_1^2 \tilde{u}_{r,0}(r_1) \right] \tag{3.128}$$

利用式(3.126)～式(3.128)，将颗粒和包覆层的平均体积应变用基体的相应量进行表示，有

$$\langle \varepsilon_{\mathrm{b}} \rangle_1 = \frac{\phi_0}{\phi_1}\frac{r_1^2 \tilde{u}_{r,0}(r_1) - r_2^2 \tilde{u}_{r,0}(r_2)}{r_0^2 \tilde{u}_{r,0}(r_0) - r_1^2 \tilde{u}_{r,0}(r_1)}\langle \varepsilon_{\mathrm{b}} \rangle_0 = T_1^{\kappa} \langle \varepsilon_{\mathrm{b}} \rangle_0 \tag{3.129}$$

$$\langle \varepsilon_{\mathrm{b}} \rangle_2 = \frac{\phi_0}{\phi_2}\frac{\tilde{u}_{r,0}(r_2)}{r_0^2 \tilde{u}_{r,0}(r_0) - r_1^2 \tilde{u}_{r,0}(r_1)}\langle \varepsilon_{\mathrm{b}} \rangle_0 = T_2^{\kappa} \langle \varepsilon_{\mathrm{b}} \rangle_0 \tag{3.130}$$

与速度情况不同，复合材料胞元的宏观体积应变等于各相的体积平均，即

$$\langle \varepsilon_{\mathrm{b}} \rangle = \sum_l \phi_l \langle \varepsilon_{\mathrm{b}} \rangle_l \tag{3.131}$$

利用式(3.129)～式(3.131)，可将各相材料的平均体积应变用复合材料宏观体积应变 $\langle \varepsilon_{\mathrm{b}} \rangle$ 表示出来，这也称为局部化关系。再利用各相材料的弹性本构关系 $\langle \sigma_{\mathrm{b}} \rangle_l = 3\kappa_l \langle \varepsilon_{\mathrm{b}} \rangle_l$，复合材料平均应力可以写为

$$\langle \sigma_{\mathrm{b}} \rangle = \sum_l \phi_l \langle \sigma_{\mathrm{b}} \rangle_l = \left\{ \kappa_0 + \sum_{l=1}^{2} \phi_l (\kappa_l - \kappa_0) T_l^{\kappa} \left[\phi_0 + \sum_{l=1}^{2} \phi_l T_l^{\kappa} \right]^{-1} \right\} \langle \varepsilon_{\mathrm{b}} \rangle \tag{3.132}$$

由此得复合材料的等效体积模量为

$$\kappa_{\mathrm{eff}} = \kappa_0 + \sum_{l=1}^{2} \phi_l (\kappa_l - \kappa_0) T_l^{\kappa} \left[\phi_0 + \sum_{l=1}^{2} \phi_l T_l^{\kappa} \right]^{-1} \tag{3.133}$$

复合材料的宏观体积模量取决于包裹颗粒的单极散射(n=0)。在长波长极限

下，式(3.133)将退化为包裹颗粒复合材料的静态体积模量。下面以含有气泡的水球嵌入环氧树脂基体构成的复合材料为例，材料参数如下。空气：ρ=1.23kg/m^3，λ=1.42×10^{5}N/m^2；水：ρ=1000kg/m^3，λ=2.22×10^{9}N/m；环氧树脂：λ=4.43×10^{9}N/m^2，μ=1.59×10^{9}N/m^2；包覆层球体的体积分数为 20.4%，球体半径为 7.0mm，包覆层厚度为 73.0mm。图 3.19(a)给出了上述复合材料等效宏观体积模量与入射波频率的变化关系，在 1386Hz 谐振频率附近，复合材料等效体积模量出现负值。为进一步探究形成负等效模量的原因，绘制第 l 相材料的平均体积应变与胞元总应变之比$\langle\varepsilon_{\mathrm{b}}\rangle_l/\langle\varepsilon_{\mathrm{b}}\rangle$，如图 3.19(b)所示。为了便于分析，考察$\langle\varepsilon_{\mathrm{b}}\rangle_0/\langle\varepsilon_{\mathrm{b}}\rangle=0,\langle\varepsilon_{\mathrm{b}}\rangle_2/\langle\varepsilon_{\mathrm{b}}\rangle>0,\langle\varepsilon_{\mathrm{b}}\rangle_1/\langle\varepsilon_{\mathrm{b}}\rangle<0$ 各相材料的变形状态，如图 3.19(c)所示。在整体胞元处于膨胀变形状态下，由于谐振效应，球心的膨胀幅度更大。进而包覆层材料(水)被极大压缩，产生压应力。由于水的可压缩性远低于空气，复合球体整体也受到压应力的作用，最终造成复合材料胞元在外部压应力作用下发生膨胀变形，这种效果可以用负等效体积模量来描述。然而在纯固体材料中激发单极辐射相对流体要困难得多，为此可通过旋转共振机制来实现固体中负等效体积模量，这将在 4.4.2 节中进行讨论。

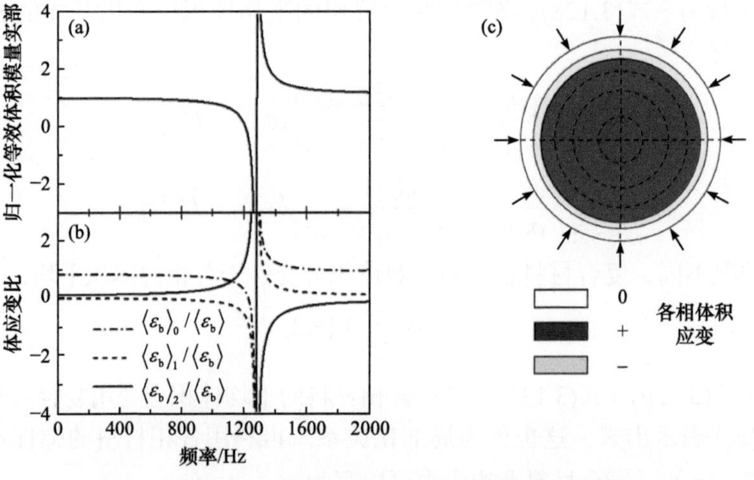

图 3.19　含气泡的水球和环氧树脂基体的负等效体积模量机理

(a)归一化动态等效体积模量实部随频率的变化；(b)各相材料平均体积应变与总应变比值和频率的关系；(c)等效负体积模量源自气泡大的膨胀变形与水包裹层的高压缩应力

(3) 等效剪切模量：计算复合材料等效剪切模量需要计算胞元的平均偏应力与偏应变的关系，或平均剪应力和剪应变的关系，偏应变定义为$\boldsymbol{\varepsilon}'=\boldsymbol{\varepsilon}-\varepsilon_{\mathrm{b}}\boldsymbol{I}$。利用前面给出的位移场一般表达式，在波场中半径为 r 的球域 V 的平均偏应变可表示为

$$\langle \boldsymbol{\varepsilon}' \rangle = \frac{2}{3}\frac{\overline{e}(r)}{V}\operatorname{diag}[-1,-1,2] \tag{3.134}$$

其中，最大平均剪切应变 $\overline{e}$ 可表示为

$$\overline{e}(r) = \frac{\pi}{3}\sum_{n} r^2 \left[2\tilde{u}_{r,n}(r) q_{r,n} + \tilde{u}_{\theta,n}(r) q_{\theta,n} \right] \tag{3.135}$$

以及

$$q_{r,n} = \int_{-1}^{1} \mathrm{P}_n(z)\mathrm{P}_2(z)\mathrm{d}z \tag{3.136}$$

$$q_{\theta,n} = \int_{-1}^{1} \mathrm{P}_n^1(z)\mathrm{P}_2^1(z)\mathrm{d}z \tag{3.137}$$

同样根据勒让德函数的正交性，在式(3.136)和式(3.137)中，只有 n=2 时才有非零值，且 $q_{r,2}$=2/5 和 $q_{\theta,2}$=12/5。这意味着剪切变形对应二阶(n=2，四极)散射模式。相应的平均偏应力 $\langle \boldsymbol{\sigma}' \rangle$ 通过剪切模量 μ 与平均偏应变关联

$$\langle \boldsymbol{\sigma}' \rangle = 2\mu \langle \boldsymbol{\varepsilon}' \rangle \tag{3.138}$$

针对所讨论的包裹颗粒复合材料模型，利用式(3.134)给出的一般性结果，颗粒和包覆层的平均偏应变可以表示成基体平均偏应变的关系

$$\langle \boldsymbol{\varepsilon}' \rangle_l = T_l^{\mu} \langle \boldsymbol{\varepsilon}' \rangle_0, \quad T_1^{\mu} = \frac{\phi_0}{\phi_1}\frac{\overline{e}(r_1)-\overline{e}(r_2)}{\overline{e}(r_0)-\overline{e}(r_1)}, \quad T_2^{\mu} = \frac{\phi_0}{\phi_2}\frac{\overline{e}(r_2)}{\overline{e}(r_0)-\overline{e}(r_1)} \tag{3.139}$$

与计算复合材料等效体积模量类似，复合材料的等效剪切模量可表示为

$$\mu_{\text{eff}} = \mu_0 + \sum_{l=1}^{2} \phi_l (\mu_l - \mu_0) T_l^{\mu} \left[\phi_0 + \sum_{l=1}^{2} \phi_l T_l^{\mu} \right]^{-1} \tag{3.140}$$

在长波极限下，式(3.140)退化成包裹颗粒复合材料的静态等效剪切模量。下面以橡胶包覆环氧球颗粒嵌入酚醛泡沫基体构成的复合材料为例，材料参数如下。酚醛泡沫：ρ=150kg/m^3；λ=1.0×10^{8}N/m^2，μ=3.0×10^{7}N/m^2；橡胶：ρ=1300kg/m^3，λ= 6×10^{5}N/m^2，μ=4×10^{4}N/m^2；环氧树脂：ρ=1180kg/m^3，λ=4.43×10^{9}N/m^2，μ= 1.59×10^{9}N/m^2。包覆层球体的体积分数为 40%，球体半径为 4.2 mm，包覆层厚度为 5.4 mm。图 3.20(a)给出了复合材料的等效剪切模量 μ_{eff} 的实部与静态剪切模量 μ_{stc} 的归一化比值和入射频率的关系，在频率约为 1140Hz 和 1486Hz 时，等效剪切模量在两个窄的频率范围内出现负值。

图 3.20(b)给出了每个组分材料的平均剪切应变 e_i(i=0,1,2)与总剪切应变的归一化比值随频率的变化。结果表明，基体的平均剪应变为负值，与负等效剪切模量的频率一致。图 3.20(c)绘出了包覆层颗粒和基体整体胞元的变形示意图，当复合球体(最外表面)在垂直方向上被拉长时，包覆层材料以类似的方式变形，但具有

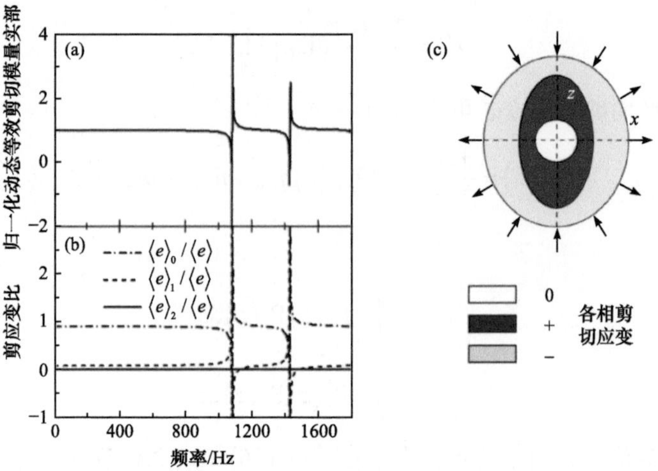

图 3.20 橡胶包覆环氧球颗粒嵌入酚醛泡沫基体的负等效剪切模量机理

(a) 归一化动态等效剪切模量实部随频率的变化；(b) 各相材料平均剪切应变与总剪切应变比值与频率的关系；(c) 等效负剪切模量源自基体的变形与外载荷反向

更大的纵横比。球心在任何频率下都没有剪切变形，因此基体最终被压缩，宏观上与复合球体受到的外力方向相反。由于酚醛泡沫比软橡胶硬得多，复合材料球体将承受与酚醛泡沫的应力状态相同的压缩应力。

该三相球模型揭示出，复合材料的负等效密度、体积模量和剪切模量分别来源于包裹颗粒、基体和复合胞元的一阶、零阶和二阶散射。在谐振频率附近，胞元的平均变形和应力相位相反。将三相球模型推广到三相椭球形模型，可以实现各向异性等效质量的连续模型[7,8]。

3.2.3 双负弹性超材料

3.2.2 节给出了连续介质中实现等效负体积模量和剪切模量的机理，即需要通过微结构实现单极和四极谐振。一般设计实现四极谐振，需要复杂的微结构性质，文献[13]中利用二维混杂型胞元来产生上述谐振，可同时实现负等效密度和负等效剪切模量。胞元如图 3.21(a)所示，由四相材料构成，中间夹杂为硬硅橡胶圆柱，被一软硅橡胶圆柱包裹，在软硅橡胶圆柱中放置四个相互垂直的长方形钢棱柱，整个胞元周期放置在泡沫基体中。实现复合材料负等效参数的机理是：四个钢块的整体运动与泡沫基体形成偶极谐振可实现等效负质量，通过软硅橡胶调节四个钢块间的相对运动来实现单极和四极谐振，可分别实现等效负体积模量和剪切模量。利用 2.3 节介绍的计算复合材料等效参数的方法，分别计算了该材料的等效密度、等效体积模量和剪切模量，以及相应的带结构，结果如图 3.21(b)所示。这里由于胞元构型的特点，复合材料宏观上为正交各向异性。为此定义 $\mu_{\text{eff}}=(C_{11}-C_{12})/2$、$K_{\text{eff}}=(C_{11}+C_{12})/2$ 和 $G_{\text{eff}}=C_{66}$。算例所采用的材料参数为：六角胞

元的晶格常数 a=10cm，硬和软硅橡胶的半径分别为 4cm 和 1cm，钢夹杂的截面为 1.6cm×2.4cm，与中心的距离为 2.4cm。材料参数分别如下。钢：ρ=7900kg/m^3，λ=1.11×10^{11}N/m^2，μ=8.28×10^{10}N/m^2；硬硅橡胶：ρ=1415kg/m^3，λ=1.27×10^{9}N/m^2，μ=1.78×10^{6}N/m^2；软硅橡胶：ρ=1300kg/m^3，λ=6×10^{5}N/m^2，μ=4×10^{4}N/m^2；泡沫基体：ρ=115kg/m^3，λ=6×10^{6}N/m^2，μ=3×10^{6}N/m^2。

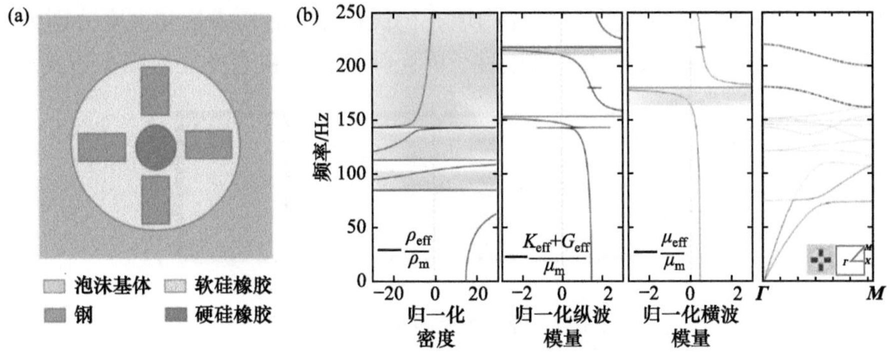

图 3.21　二维四相混杂复合材料

(a) 混合型胞元模型；(b) 负等效参数与带结构

从图 3.21(b)可以看出，该模型能够在较大的频率范围实现负等效质量，在等效纵波模量与等效密度同时为负的频段，带结构中出现斜率为负的一条通带(蓝色)。同样在等效横波模量和等效密度同时为负的频段，也出现了一条斜率为负的通带(红色)。图 3.21(a)所示的胞元，由于在固体介质中实现单极谐振相对困难，需要多相材料和复杂的微结构设计。该困难可以通过第 4 章借用二维手性材料引入旋转共振机制克服[14]。

3.3　超材料在低频减振降噪中的应用

声波/弹性超材料通过微观结构的设计极大地拓展了材料宏观属性的可达空间，为工程中波与振动的调控提供了更多的可能性，例如双负材料可以实现负折射，零质量材料可以实现波形转换，以及超材料耦合和放大凋落波可实现近场超分辨成像等。低频波与振动进行控制一直是工程中亟须解决的难题，由于低频长波长的特点，很难通过轻薄的材料与低频波进行耦合。超材料通过微结构谐振可以耦合长波长，进而实现对低频波的调控[5,15]。这一节将通过两个例子来展示弹性超材料在低频减振降噪方面的应用机理。

3.3.1 德鲁德模型隔声材料

在前面的讨论中，分别利用弹簧-质量模型和固支薄膜连续模型，展示了无限大隐含质量或薄膜固支边界可实现宽低频范围的等效负质量，即满足德鲁德模型。该机制可用于实现宽低频隔声。下面将介绍另外一种实现德鲁德负等效质量的机制，即固支弹性波导模型。分析如图 3.22 所示的二维弹性填充矩形波导，截面为 $a\times b$，沿 z 方向无限延伸。波导内填充杨氏模量、剪切模量和密度分别为 E_0、μ_0 和 ρ_0 的弹性介质，波导边界为刚性，填充弹性材料在边界上为固支边界条件。

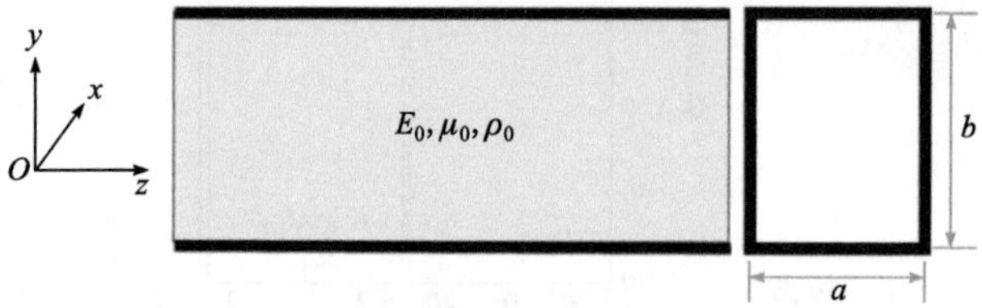

图 3.22　弹性填充固支波导示意图

根据波导理论，固定边界条件下导波的色散关系有如下关系，对于 P 波模式

$$\frac{\omega^2}{c_{\mathrm{P}}^2}=q^2+\left(\frac{m\pi}{a}\right)^2+\left(\frac{n\pi}{b}\right)^2,\quad m=1,2,\cdots,\quad n=1,2,\cdots \tag{3.141}$$

对于 SV 横波模式

$$\frac{\omega^2}{c_{\mathrm{S}}^2}=q^2+\left(\frac{m\pi}{a}\right)^2+\left(\frac{n\pi}{b}\right)^2,\quad m=1,2,\cdots,\quad n=1,2,\cdots \tag{3.142}$$

其中 c_{P}、c_{S} 分别是填充弹性材料的 P 波和 S 波波速；q 表示沿 z 方向的传播常数。对于一般弹性材料，剪切波波速 c_{S} 通常小于纵波波速 c_{P}。因此，由上述色散关系可得最低截止频率 $\omega_{\mathrm{c}}=c_{\mathrm{S}}\sqrt{(\pi/a)^2+(\pi/a)^2}$，对于低于该截止频率的 P 波和 S 波，由于传播常数 q 将变为纯虚数，所以都无法传播。将这样一个固支弹性填充波导等效成为具有密度 ρ_{eff}、杨氏模量 E_0 和剪切模量 μ_0 的均匀弹性超材料，有如下频散关系

$$\left(\frac{q}{\omega}\right)^2=\frac{\rho_{\mathrm{eff}}}{\mu_0} \tag{3.143}$$

再利用面内剪切波的频散关系，令 $m=1$，$n=1$，可得等效密度的表达式

$$\rho_{\mathrm{eff}}=\rho_0\left(1-\frac{\omega_{\mathrm{c}}^2}{\omega^2}\right) \tag{3.144}$$

可以看出弹性超材料的等效密度在截止频率以下均为负值，符合德鲁德模型。为了进一步验证上述等效关系的正确性，建立图 3.23(a)所示的有限元模型进

行数值分析。模型中弹性填充材料为有限厚度 d，截面为方形，其与四周边界固支，两侧是半无限大空气。空气的侧面是刚性壁条件。利用 COMSOL Multiphysics 建模，平面简谐波从左边界入射，在弹性板与流体之间的界面设置流固耦合边界条件，在波导的入口和出口表面应用辐射边界条件。计算中参数取为：板的密度 ρ_0=950kg/m^3，杨氏模量 E_0=8.88MPa，泊松比 ν_0=0.48，空气密度 ρ_1=1.23kg/m^3，波速 c_1=343m/s，模拟中用到的几何参数为 d=100mm,w=400mm,a=50mm。通过有限元计算出板左右两侧的总压力 p_1 和 p_2 以及法线加速度在板内的积分 a_n，则可数值计算等效密度$(p_1-p_2)/a_n$，计算结果及其与式(3.144)的预测比较由图 3.23(b)给出。

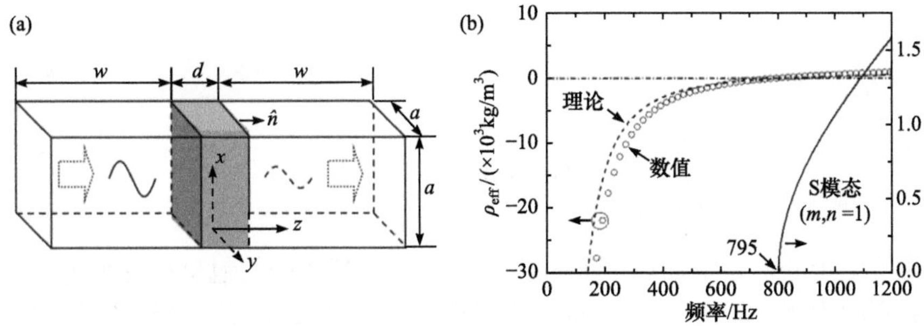

图 3.23　(a)边界固定板声透射计算有限元模型；(b)橡胶填充固支波导的频散曲线计算与解析解比较

由式(3.144)计算知，在 1200Hz 以下可以观察到最低阶的 S 模态(m,n=1)，在 795Hz 以下存在一个宽频禁带。图 3.23(b)中虚线给出了式(3.144)预测的等效质量，空心圆为数值预测结果，两者吻合很好，并且禁带与负质量的频段相对应。根据式(3.144)，截止频率 $\omega_c=\left(\sqrt{2}\pi/a\right)\sqrt{\mu_0/\rho_0}$ 对应着正负等效质量的分界点，与填充弹性材料的剪切模量有关。当剪切模量 $\mu_0\to 0$ 时，填充材料退化为流体介质，在这种情况下带隙消失，即液体波导不存在禁带效应。

上述原理可以通过选择刚度大的钢板，在其中刻成若干井字形通透的孔腔，再填充橡胶材料实现宽低频隔声。刚度大的钢板可近似实现波导的固支边界条件，这样就构成了许多小的填充固支波导。实验测试结果表明，如此设计的弹性超材料板具有很好的低频隔声性能[2]。

3.3.2　长波条件下的波隐身设计

波隐身是指物体对波的散射很小，以至于无法被探测器探测到。具体来讲，一个均匀无限大背景介质中(κ_0, μ_0, ρ_0)(这里以弹性介质为例)，有一个均匀材料构成的物体(κ_{eff}, μ_{eff}, ρ_{eff})，一束探测波入射到该物体上，由于物体与背景介质阻抗不同，将产生反射，反射波被探测器捕捉而感知该物体的存在，如图 3.24 所示。显然当构成物体的介质与背景介质一致时，将不产生反射，这个“物体”，更确切地说是这个区域将不会被探测到。设想物体由复合材料构成(这种设想具有一般性，因为任何材料都是非均匀的)，可以推断在长波条件下，当复合材料的宏观等效参数与背景介质接近时，反射波强度将会大幅减弱，增加了物体被探测到的难度，即称为长波条件下(或准静态)隐身[16]。这里将探究这一问题，给出相应的隐身条件。由于上述思想没有涉及波的类型，因此适用于长波条件下任意波的隐身设计。

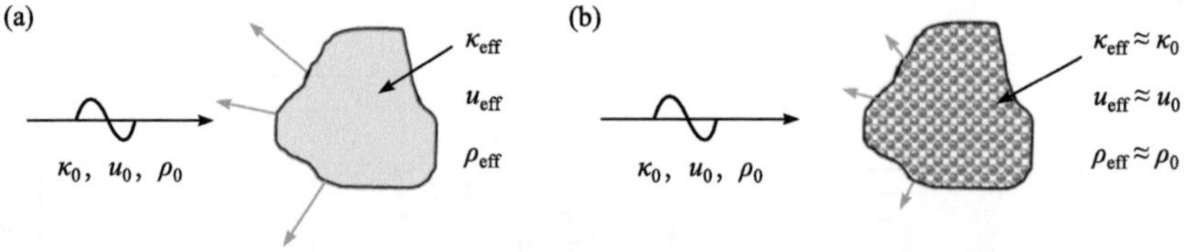

图 3.24　长波条件下波隐身

(a) 波的散射；(b) 长波条件下散射强度大幅度减少的情况

为了便于分析，下面以前面分析过的无限大基体中的包裹层球形夹杂的长波隐身问题为例，如图 3.17 所示。该问题在简谐 P 波作用下的解已在 3.2.2 节给出，利用得到的散射场的解，可以计算刻画包裹层颗粒散射强度的量[16]，即总散射截面 σ_{Tsca}

$$\sigma_{\mathrm{Tsca}}=\lambda_0^2\sum_{n=0}^{\infty}\frac{1}{(2n+1)\pi}\left[|a_n|^2+n(n+1)\frac{\alpha_0}{\beta_0}|b_n|^2\right] \tag{3.145}$$

其中，α_0 和 β_0 分别是基体纵波和横波传播常数；$\lambda_0=2\pi/\alpha_0$ 为基体中纵波波长；a_n 和 b_n 是散射系数，在 3.2.2 节给出了相应的求解方法。当包裹颗粒尺寸远小于散射波长时(即满足 Rayleigh 近似)，式(3.145)中的前三阶散射系数根据不同的材料体系，可分别表示如下。

情形Ⅰ：三相均为固体

$$a_0=\mathrm{i}\frac{\kappa_{\mathrm{eff}}-\kappa_0}{3\kappa_{\mathrm{eff}}+4\mu_0}(\alpha_0 r_1)^3,\quad a_1=\frac{\rho_{\mathrm{eff}}-\rho_0}{3\rho_0}(\alpha_0 r_1)^3 \tag{3.146}$$

$$a_2=-\frac{20\mathrm{i}\mu_0(\mu_{\mathrm{eff}}-\mu_0)/3}{6\mu_{\mathrm{eff}}(\kappa_0+2\mu_0)+\mu_0(9\kappa_0+8\mu_0)}(\alpha_0 r_1)^3 \tag{3.147}$$

$$b_1=-\frac{\rho_{\mathrm{eff}}-\rho_0}{3\rho_0}\alpha_0\beta_0^2 r_1^3,\quad b_2=\frac{10\mathrm{i}\mu_0(\mu_{\mathrm{eff}}-\mu_0)/3}{6\mu_{\mathrm{eff}}(\kappa_0+2\mu_0)+\mu_0(9\kappa_0+8\mu_0)}(\beta_0 r_1)^3 \tag{3.148}$$

情形Ⅱ：固体涂层/颗粒及流体基体

$$a_0 = \mathrm{i}\frac{\kappa_{\text{eff}} - \kappa_0}{3\kappa_{\text{eff}}}(\alpha_0 r_1)^3, \quad a_1 = \frac{\rho_{\text{eff}} - \rho_0}{2\rho_{\text{eff}} + \rho_0}(\alpha_0 r_1)^3 \tag{3.149}$$

其中,系数 b_0 不重要,没有列出。κ_{eff} 和 μ_{eff} 为利用哈辛-史崔克曼(Hashin-Shtrikman)界限方法,对体积含量为 ϕ_2 的球形夹杂(κ_2, μ_2, ρ_2)和基体(κ_1, μ_1, ρ_1)构成的复合材料等效体积和剪切模量的估计

$$\kappa_{\text{eff}} / \kappa_1 = 1 + \frac{\phi_2(\kappa_2 - \kappa_1)}{\kappa_1 + (1-\phi_2)\overline{p}(\kappa_2 - \kappa_1)}, \quad \mu_{\text{eff}} / \mu_1 = 1 + \frac{\phi_2(\mu_2 - \mu_1)}{\mu_1 + (1-\phi_2)\overline{q}(\mu_2 - \mu_1)} \tag{3.150}$$

其中,$\overline{p} = \kappa_1 / (\kappa_1 + 4\mu_1 / 3)$,$\overline{q} = 6(\kappa_1 + 2\mu_1) / 5(3\kappa_1 + 4\mu_1)$。$\rho_{\text{eff}}$ 为相应复合材料的密度,对由固体(夹杂和包裹层)构成的复合材料,即为混合率

$$\rho_{\text{eff}} / \rho_1 = 1 + \phi_2 \frac{\rho_2 - \rho_1}{\rho_1} \tag{3.151}$$

自此我们给出了长波条件下隐身设计的方法:在无限大背景介质(κ_0, μ_0, ρ_0)中,通过设计包裹层($\kappa_1, \mu_1, \rho_1, 1-\phi_2$),使球形颗粒($\kappa_2, \mu_2, \rho_2, \phi_2$)具有很小的散射强度而不被探测到。为此只需按照式(3.150)和式(3.151)计算由包裹层和球形颗粒胞元构成的复合材料的等效体积、剪切模量和密度,再令其与背景介质一致,即

$$\kappa_{\text{eff}} = \kappa_0, \quad \mu_{\text{eff}} = \mu_0, \quad \rho_{\text{eff}} = \rho_0 \tag{3.152}$$

由此可以求得包裹层材料所需要的性质。从散射系数表达式(3.146)~式 (3.148)可以看出,上述条件实际上使具有包裹层颗粒的前三阶散射系数为零,因此可大幅度降低散射强度,实现隐身。长波隐身设计式(3.152)可用于更一般形状区域隐身的设计,如图 3.24(b)所示的任意形状区域,并且适用于任意的波隐身。

参考文献

[1] Yao S, Zhou X, Hu G. Experimental study on negative effective mass in a 1D mass-spring system[J]. New Journal of Physics, 2008, 10(4): 043020.

[2] Yao S, Zhou X, Hu G. Investigation of the negative-mass behaviors occurring below a cut-off frequency[J]. New Journal of Physics, 2010, 12(10): 103025.

[3] Fang N, Xi D, Xu J, et al.Ultrasonic metamaterials with negative modulus[J]. Nature Materials, 2006, 5(6): 452-456.

[4] 王倚天, 赵建雷, 张铭凯, 等. 含机构位移模式的超材料低频宽带波动控制[J]. 科学通报, 2022, 67(12): 1326-1336.

[5] Bobrovnitskii Y. Effective parameters and energy of acoustic metamaterials and media[J]. Acoustical Physics, 2014, 60(2): 134-141.

[6] Cai L, Sanchez-Dehesa J. Analysis of equivalent anisotropy arising from dual isotropic layers of acoustic media[J]. The Journal of the Acoustical Society of America, 2012, 132(4): 2915-2922.

[7] Liu A, Zhu R, Liu X, et al. Multi-displacement microstructure continuum modeling of anisotropic elastic metamaterials[J]. Wave Motion, 2012, 49(3): 411-426.

[8] Zhu R, Liu X, Huang G, et al. Microstructural design and experimental validation of elastic metamaterial plates with anisotropic mass density[J]. Physical Review B, 2012, 86(14): 144307.

[9] Lee S, Park C, Yong M, et al. Acoustic metamaterial with negative density[J]. Physics Letters A, 2009, 373(48): 4464-4469.

[10] Li P, Yao S, Zhou X, et al. Effective medium theory of thin-plate acoustic metamaterials[J]. The Journal of the Acoustical Society of America, 2014, 135(4): 1844-1852.

[11] Banerjee B. An Introduction to Metamaterials and Waves in Composites[M]. Taylor & Francis, 2011.

[12] Zhou X, Hu G. Analytic model of elastic metamaterials with local resonances[J]. Physical Review B, 2009, 79 (19): 195109.

[13] Lai Y, Wu Y, Sheng P, et al. Hybrid elastic solids[J]. Nature Materials, 2011, 10(8): 620-624.

[14] Liu X, Hu G, Huang G, et al. An elastic metamaterial with simultaneously negative mass density and bulk modulus[J]. Applied Physics Letters, 2011, 98(25): 251907.

[15] Zhu R, Liu X, Hu G, et al. A chiral elastic metamaterial beam for broadband vibration suppression[J]. Journal of Sound and Vibration, 2014, 333(10): 2759-2773.

[16] Zhou X, Hu G, Lu T. Elastic wave transparency of a solid sphere coated with metamaterials[J]. Physical Review B, 2008, 77: 024101.

第 4 章　手性弹性超材料

在稳态振动或波动作用下，通过超材料胞元局域共振模式的有效激发，材料在宏观上体现出奇异的动态有效性质。因此，如第 3 章所述，在传统柯西弹性介质以及其中的弹性波行为背景下，弹性超材料的设计主要依靠单极、偶极和四极共振的单个或混合激发来分别使体积模量、质量密度和剪切模量获得负值动态有效性质[1,2]。沿着这一思路，要实现具有“双负”或者“三负”的声波超材料，就需要在同一频段内激发出多种类型的共振，这通常需要固相和液相成分同时存在或相当复杂的微结构来实现。Ding 等[3]通过将内含气泡的水珠和橡胶包覆的金球交替排列的阵列嵌入环氧树脂基体中得到了一种双负声波超材料。每种组分的球体都经过巧妙设计，使得液相部分单极共振频段和固相偶极共振频段重合。类似的其他设计方案可参见文献[4]～[6]。Lai 等[7]设计了一种由四相材料构成的固体复合材料，可以通过不同的入射波方向选择性地激发前述不同共振类型。由于固液组合以及复杂构型，这些理论可行的超材料设计方案通常适用频带过窄且难以制备。多数双负弹性超材料设计通常用到流体相，其原因是单极和偶极共振模式分别对于流体和固体材料更易激发。如果将弹性波行为扩展至广义弹性介质中考虑，则有可能借助传统柯西介质不具有的新谐振模式的激发而发展新的设计思路。

手性(chirality)是指不满足镜像对称性的性质，最早由 Kelvin 爵士引入，一般用于描述一种不能与自身镜像重合的几何特征[8]。因此，可将手性(chiral)结构分别定义为左手性结构和右手性结构。手性结构在化学、材料、生物界等领域普遍存在(图 4.1(a)～(c))，而生物的 DNA 螺旋均呈现右手性。不仅物质材料(结构)存在手性，物理场也可存在手性，如左、右圆偏振光。力学手性材料通常能够引发材料的局部旋转与应变的耦合，如图 4.1(d)所示的三角点阵手性材料发生体积变

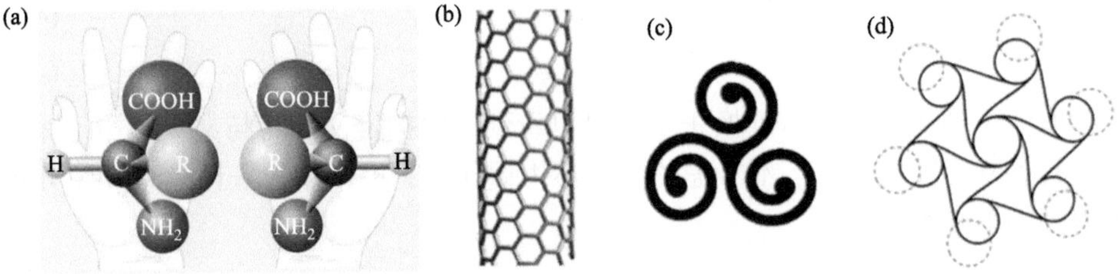

图 4.1　不具有镜面对称性的一些手性结构

形时，明显能够引发局部旋转。实际上，即使不引入局域谐振机制，手性弹性材料本身也具有不寻常的力学性质，在静态或波动情形均有应用。图 4.1(d)所示点阵材料是一种典型的各向同性负泊松比材料，在此基础上的六角、四方手性点阵等各类拉胀(auxetic)超材料已获得广泛研究[9]。三维手性材料由于剪切波退简并而形成两支不同波速的圆极化波，可在弹性介质中实现类似电磁波的偏振调节[10]。实际上，手性介质中的圆极化偏振也被用来实现电磁波和弹性波的负折射[11,12]。

完整描述手性性质的弹性理论要求本构关系中包含相应的手性材料参数，因而手性弹性张量需包含奇数阶张量或偶数阶伪张量(pseudo tensor)，使得手性参数在空间反演变换时改变正负，分别对应于左、右手性情形。经典柯西弹性理论只包含四阶弹性张量，在空间反演变换下保持不变，因此不能区分左、右手性材料的差异。高阶弹性理论，例如应变梯度理论和微极理论，可分别引入 5 阶张量和与微转动轴矢量(axial vector)相关的伪张量，因此能够表征手性的差别[13]。而微极理论由于天然的旋转自由度成为描述手性弹性材料的更优选择。

本章首先介绍三维和二维手性材料的微极连续理论，并讨论在该描述框架下所预示的静态性质和弹性波传播行为，进而针对二维手性点阵材料给出微极均匀化理论。进一步利用二维手性弹性材料体积应变与局部旋转耦合的特征，通过同时激发夹杂的偶极(平移)和旋转谐振而形成同时具有动态等效负密度和负体积模量的弹性超材料。最后，给出一种基于单相材料切割的双负手性弹性超材料，便于制备和实验验证。

4.1 三维手性弹性介质

4.1.1 手性微极理论

手性介质必须由高阶弹性理论描述，通过提高弹性张量的阶数或者引入伪张量来描述附加的对称破缺。与经典柯西弹性力学理论相比，微极弹性理论不仅赋予物质点位移自由度 u_i，同时也赋予其微转角自由度 ϕ_i[14]。在小变形和转角假设下，微极弹性介质变形度量由应变 ε_{kl} 和转角梯度(曲率和扭率)κ_{kl} 描述，分别定义如下

$$\varepsilon_{kl} = u_{l,k} + \epsilon_{lkm}\phi_m \tag{4.1}$$

$$\kappa_{kl} = \phi_{k,l} \tag{4.2}$$

指标取值 1 到 3，ϵ_{ijk} 表示置换张量。可以看到，根据定义，ε_{ij} 与 κ_{ij} 均不再对称，分别具有 9 个独立分量。不考虑体力和体力偶作用，根据动量守恒及角动量守恒可得到如下平衡方程

$$\sigma_{ji,j} = \rho\frac{\partial^2 u_i}{\partial t^2} \tag{4.3}$$

$$m_{ji} + e_{ikl}\sigma_{kl} = J\frac{\partial^2 \phi_i}{\partial t^2} \tag{4.4}$$

其中，ρ 为介质的密度；J 为微转动惯量；σ_{ij} 为应力张量；m_{ij} 为偶应力张量，即单位表面积上的力矩。与非对称应变和转角梯度对应，由于材料微元体同时受面力和力偶作用，一般情况下微极弹性应力也不再对称，非对称部分必须通过偶应力和微转动惯性平衡，即式(4.4)。

微极弹性介质的本构关系可从应变能密度函数导出。在线性小变形假设下，弹性应变能可表示为微极应变、微极曲率的二次型

$$w = \frac{1}{2}\varepsilon_{ij}C_{ijkl}\varepsilon_{kl} + \varepsilon_{ij}B_{ijkl}\kappa_{kl} + \frac{1}{2}\kappa_{ij}D_{ijkl}\kappa_{kl} \tag{4.5}$$

将应变能对应变和转角梯度求导数，得到应力和偶应力

$$\sigma_{ij} = \frac{\partial w}{\partial \varepsilon_{ij}} = C_{ijkl}\varepsilon_{kl} + B_{ijkl}\kappa_{kl} \tag{4.6}$$

$$m_{ij} = \frac{\partial w}{\partial \kappa_{ij}} = B_{klij}\varepsilon_{kl} + D_{ijkl}\kappa_{kl} \tag{4.7}$$

根据应变能表达式(4.5)，弹性张量参数 C_{ijkl} 和 D_{ijkl} 满足如下大对称性条件

$$C_{ijkl} = C_{klij},\quad D_{ijkl} = D_{klij} \tag{4.8}$$

其中，D_{ijkl} 称为高阶弹性张量；而耦合弹性张量 B_{ijkl} 一般情况下并不满足大对称，只有在材料微结构具有特定对称性时才有 $B_{ijkl} = B_{klij}$。注意到微转角矢量 ϕ_i 是轴矢量，当空间反演变换时，应变能式(4.5)中与 κ_{ij} 线性相关的量将改变符号，因此若耦合张量 $B_{ijkl} \neq 0$，则称材料不具有空间反演不变性，即材料具有手性。在微极理论中，通常也称材料不具有中心对称性(non-centrosymmetry)[15]。

为保证热力学稳定性条件，即弹性变形能在任意变形状态下均为正，微极弹性参数不能任意取值，尤其是手性参数 B_{ijkl} 必须满足一定界限。根据 Voigt 规范，将微极弹性本构关系表示为如下矩阵形式

$$\begin{aligned}\boldsymbol{\sigma} &= \boldsymbol{C}\boldsymbol{\varepsilon} + \boldsymbol{B}\boldsymbol{\kappa}\\ \boldsymbol{m} &= \boldsymbol{B}^{\mathrm{T}}\boldsymbol{\varepsilon} + \boldsymbol{D}\boldsymbol{\kappa}\end{aligned} \tag{4.9}$$

其中，应变向量

$$\boldsymbol{\varepsilon} = \begin{pmatrix}\varepsilon_{11} & \varepsilon_{22} & \varepsilon_{33} & \varepsilon_{23} & \varepsilon_{13} & \varepsilon_{12} & \varepsilon_{32} & \varepsilon_{31} & \varepsilon_{21}\end{pmatrix}^{\mathrm{T}} \tag{4.10}$$

而转角梯度向量 $\boldsymbol{\kappa}$、应力向量 $\boldsymbol{\sigma}$ 和偶应力向量 $\boldsymbol{m}$ 中各分量编号排序均与式(4.10)一致。应变能表达式可以表示为

$$w = \frac{1}{2}\begin{pmatrix}\boldsymbol{\varepsilon}^{\mathrm{T}} & l\boldsymbol{\kappa}^{\mathrm{T}}\end{pmatrix}\begin{pmatrix}\boldsymbol{C} & l^{-1}\boldsymbol{B}\\ l^{-1}\boldsymbol{B}^{\mathrm{T}} & l^{-2}\boldsymbol{D}\end{pmatrix}\begin{pmatrix}\boldsymbol{\varepsilon}\\ l\boldsymbol{\kappa}\end{pmatrix} \tag{4.11}$$

其中，参数 l 具有长度量纲，使得弹性矩阵中各元素有相同的量纲。为保证应变能始终为正，则该矩阵必须正定，即其全部特征值为正。这首先要求对角矩阵，即弹性矩阵 $\boldsymbol{C}$ 和高阶弹性矩阵 $\boldsymbol{D}$ 的全部特征值为正。此外，正定性还要求建立手性参数 $\boldsymbol{B}$ 与其他弹性常数之间的不等式关系。考虑到微极弹性张量没有小对称性，最一般情形下，$\boldsymbol{C}$ 和 $\boldsymbol{D}$ 分别具有 51 个独立材料参数，而耦合张量 $\boldsymbol{B}$ 则有 81 个独立常数。我们在后续章节针对特殊情形(例如各向同性手性微极材料)，讨论弹性常数的热力学约束。

4.1.2 各向同性手性材料

若材料性质对任何空间旋转变换保持不变，但对于空间翻转却不具有对称性，则称该材料为各向同性手性材料，也称为半各向同性(hemitropic)。在微极理论本构关系式(4.6)和式(4.7)中，以 B_{ijkl} 为例，最一般的四阶各向同性张量可以表示为

$$B_{ijkl} = B_1\delta_{ij}\delta_{kl} + B_2\delta_{ik}\delta_{jl} + B_3\delta_{il}\delta_{jk} \tag{4.12}$$

其中，B_1～B_3 为手性材料参数。各向同性四阶张量 C_{ijkl}、D_{ijkl} 也取类似形式。因此各向同性手性微极弹性材料共有 9 个独立的材料常数。保留柯西弹性的拉梅常数 λ 和 μ，其本构方程可以表示为

$$\sigma_{ij} = \lambda\varepsilon_{kk}\delta_{ij} + (\mu+\kappa)\varepsilon_{ij} + \mu\varepsilon_{ji} + B_1\phi_{k,k}\delta_{ij} + B_2\phi_{i,j} + B_3\phi_{j,i} \tag{4.13}$$

$$m_{ij} = \alpha\phi_{k,k}\delta_{ij} + \beta\phi_{i,j} + \gamma\phi_{j,i} + B_1\varepsilon_{kk}\delta_{ij} + B_2\varepsilon_{ji} + B_3\varepsilon_{ij} \tag{4.14}$$

上式中 κ 称为非对称剪切模量，α、β 和 γ 为高阶弹性参数。若 B_1～B_3 为零，材料退化为熟知的各向同性微极弹性，具有 6 个独立常数。采用如上本构关系，应变能式(4.5)正定性对模量和高阶模量参数给出如下要求

$$3\lambda + 2\mu + \kappa \geqslant 0,\quad 2\mu + \kappa \geqslant 0 \tag{4.15}$$

$$\kappa \geqslant 0,\quad 3\alpha + \beta + \gamma \geqslant 0,\quad -\gamma \leqslant \beta \leqslant \gamma \tag{4.16}$$

这与各向同性非手性微极理论一致。此外，手性材料参数还必须满足如下约束条件

$$(B_2 + B_3)^2 \leqslant 4(2\mu+\kappa)(\beta+\gamma) \tag{4.17}$$

$$(B_2 - B_3)^2 \leqslant 4(2\mu+\kappa)(\gamma-\beta) \tag{4.18}$$

$$(3B_2 + B_2 + B_3)^2 \leqslant 4(3\lambda+2\mu+\kappa)(3\alpha+\gamma+\beta) \tag{4.19}$$

下面考虑各向同性手性弹性材料中的平面波传播。为使问题得到适当简化，仅保留一个手性参数 B_3，令 $B_1 = B_2 = 0$，同时令非对称剪切模量 $\kappa = 0$。将式(4.13)和式(4.14)代入式(4.3)和式(4.4)可得到以位移和微转角表示的动力学方程

$$(\lambda+\mu)u_{k,ki} + \mu u_{i,kk} + B_3\phi_{i,kk} = \rho\frac{\partial^2 u_i}{\partial t^2} \tag{4.20}$$

$$\left(\alpha+\beta\right)\phi_{k,ki}+\gamma\phi_{i,kk}+B_3\left(2e_{ijk}\phi_{k,j}+u_{i,kk}\right)=J\frac{\partial^2\phi_i}{\partial t^2} \tag{4.21}$$

可以看到，若非对称剪切模量 $\kappa=0$，手性参数 B_3 仍然使位移和旋转模式发生耦合。考虑沿 x_3 方向传播的平面波，取位移和微转角场为如下形式

$$u_i\left(\boldsymbol{x},t\right)=\hat{u}_i\exp\left(\mathrm{i}k_3x_3-\mathrm{i}\omega t\right),\quad \phi_i\left(\boldsymbol{x},t\right)=\hat{\phi}_i\exp\left(\mathrm{i}k_3x_3-\mathrm{i}\omega t\right) \tag{4.22}$$

其中，$\hat{u}_i$ 和 $\hat{\phi}_i$ 分别为振幅。将式(4.22)代入式(4.20)和式(4.21)可以得到如下两组互相解耦的特征方程

$$\begin{pmatrix} k^2\left(\lambda+2\mu\right)-\rho\omega^2 & k^2B_3 \\ k^2B_3 & k^2\left(\alpha+\beta+\gamma\right)-J\omega^2 \end{pmatrix}\begin{pmatrix}\hat{u}_3\\ \hat{\phi}_3\end{pmatrix}=0 \tag{4.23}$$

$$\begin{pmatrix} \mu k^2-\rho\omega^2 & 0 & k^2B_3 & 0 \\ 0 & \mu k^2-\rho\omega^2 & 0 & k^2B_3 \\ k^2B_3 & 0 & \gamma k^2-J\omega^2 & 2\mathrm{i}kB_3 \\ 0 & k^2B_3 & 2\mathrm{i}kB_3 & \gamma k^2-J\omega^2 \end{pmatrix}\begin{pmatrix}\hat{u}_1\\ \hat{u}_2\\ \hat{\phi}_1\\ \hat{\phi}_2\end{pmatrix}=0 \tag{4.24}$$

将式(4.22)代入式(4.20)和式(4.21)可以得到

$$\begin{aligned}&\left[\left(\lambda+2\mu\right)\left(\alpha+\beta+\gamma\right)-B_3^2\right]k^4-\rho\omega^2\left[J\left(\lambda+2\mu\right)+\left(\alpha+\beta+\gamma\right)\right]^2k^2\\&+J\rho^2\omega^2=0\end{aligned} \tag{4.25}$$

$$\left[\left(J\omega^2-\gamma k^2\right)\left(\rho\omega^2-\mu k^2\right)-B_3^2k^4\right]^2-\left[2B_3k\left(\mu k^2-\rho\omega^2\right)\right]^2=0 \tag{4.26}$$

色散方程(4.25)是关于 k^2 的二次方程，可以看出存在两支相速度与频率无关的体波，进一步特征模态分析表明其为非色散的纵波模式。对于式(4.25)的每一支，波矢方向的位移与转角分量有如下关系

$$\frac{\hat{u}_3}{\hat{\phi}_3}=\frac{\rho\omega^2-k^2\left(\lambda+2\mu\right)}{k^2B_3} \tag{4.27}$$

色散方程(4.26)则更为复杂，是关于 k^2 的四次方程，因而预示着位移和转角方向与波矢垂直的横波波动模式横向波场，并且这些波是色散的。进一步进行特征模态分析给出其波动模态

$$\frac{\hat{u}_1}{\hat{u}_2}=\frac{\hat{\phi}_1}{\hat{\phi}_2}=\mathrm{i}\frac{2kB_3\left(\mu k^2-\rho\omega^2\right)}{\left(J\omega^2-\gamma k^2\right)\left(\rho\omega^2-\mu k^2\right)-B_3^2k^4} \tag{4.28}$$

由式(4.26)可知，式(4.28)的比率只能是 $\pm\mathrm{i}$，因此这四个体波是圆极化的，分别为两支左圆极化(left circularly polarized，LCP)波和两支右圆极化(right circularly polarized，RCP)波。圆极化模式是三维手性弹性材料的特殊现象，这与各向同性

非手性微极介质的情形不同。对于非手性微极介质，由于 B=0，位移与转角波动方程只能通过非对称剪切模量 $\kappa \neq 0$ 耦合，并且是线性极化的。在无限大介质的自由平面波分析的基础上，一些学者针对各向同性手性微极介质的界面折反射和分层结构传输特性做了更细致研究，感兴趣的读者可进一步参考文献[16]～[18]。

4.1.3 立方对称手性点阵材料

三维各向同性手性材料在本构形式上显然是最简单的情形，但是在实际的材料设计上却难以实现，现今仍然缺乏实际的周期点阵材料微结构构型与之对应。三维手性结构最熟知的特性是拉压与扭转的耦合，如图 4.1(b)中的手性碳纳米管，但实际上属于一维结构属性，而非材料属性。随着高精度增材制造技术的进展，近期 Frenzel 等[19]利用 3D 激光微打印技术设计制备了一种立方晶格排列的三维手性点阵材料，其胞元结构和微结构参数如图 4.2 所示。材料的基材为高分子材料，每个立方体胞元由三个面内四方手性构元呈立方对称拼接而成。胞元在三个主轴方向满足四重旋转对称，而在四个体对角线方向满足三重旋转对称。立方晶格常数为 a，角度 δ 对手性有着重要影响，拓扑角度 δ = 0°对应于传统非手性情况。

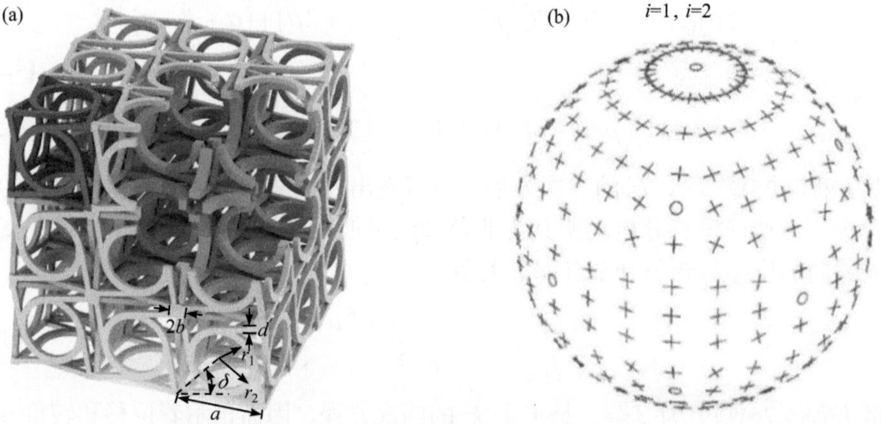

图 4.2 (a)立方对称三维手性材料，基材杨氏模量 E_s = 4.18GPa，泊松比 ν_s = 0.4 和密度 ρ_s = 1150kg/m^3，几何参数 a = 250μm、b/a =0.09、d/a = 0.06、r_1/a = 0.32、r_2/a = 0.40 和 δ = 34.87°；(b)第 1、2 阶剪切模式在不同传播方向的极化情况，仅在主轴和三对角方向呈现 LCP/RCP 模式[20]

这种立方点阵手性材料尽管对称性相对较高，但显然宏观等效上并不是各向同性的，因此若以微极理论描述，除在有限个高对称方向外，4.1.2 节的各向同性理论并不适用。事实上，单胞的 Bloch 波分析表明，该材料仅在立方单胞主方向与体对角线方向存在严格左/右圆极化剪切波模态，而其他方向的剪切波模态则为椭圆极化或线极化。由于材料沿三个相互正交的主轴方向具有 C_{4v} 旋转对称性，对一般微极弹性矩阵应用上述性质可以导出微极本构方程(4.9)中弹性矩阵 **C**、**B** 和 **D** 各包含 4 个独立的弹性参数，因此共计 12 个微极弹性材料常数。在与材料主轴方向一致的坐标系中，其弹性矩阵均为如下形式[14,20]

$$\boldsymbol{C}=\begin{pmatrix} C_{11} & C_{12} & C_{12} & 0 & 0 & 0 & 0 & 0 & 0 \\ & C_{11} & C_{12} & 0 & 0 & 0 & 0 & 0 & 0 \\ & & C_{11} & 0 & 0 & 0 & 0 & 0 & 0 \\ & & & C_{44} & 0 & 0 & C_{47} & 0 & 0 \\ & & & & C_{44} & 0 & 0 & C_{47} & 0 \\ & & & & & C_{44} & 0 & 0 & C_{47} \\ & & \text{对称} & & & & C_{44} & 0 & 0 \\ & & & & & & & C_{44} & 0 \\ & & & & & & & & C_{44} \end{pmatrix} \tag{4.29}$$

文献[20]导出了立方对称微极手性弹性常数的热力学约束关系

$$C_{11}>0,\quad C_{11}>C_{12}>-C_{11}/2,\quad C_{44}>0,\quad |C_{47}|<C_{44} \tag{4.30}$$

$$D_{11}>0,\quad D_{11}>D_{12}>-D_{11}/2,\quad D_{44}>0,\quad |D_{47}|<D_{44} \tag{4.31}$$

$$\begin{cases} |B_{11}-B_{12}|^2<(D_{11}-D_{12})(C_{11}-C_{12}) \\ |B_{11}+2B_{12}|^2<(D_{11}+2D_{12})(C_{11}+2C_{12}) \\ |B_{44}-B_{47}|^2<(D_{44}-D_{47})(C_{44}-C_{47}) \\ |B_{44}+B_{47}|^2<(D_{44}+D_{47})(C_{44}+C_{47}) \end{cases} \tag{4.32}$$

并且基于不同方向波速匹配的方法给出了对应图 4.2 材料的立方手性微极材料常数。由式(4.30)～式(4.32)可见，手性参数始终受柯西弹性参数 **C** 和高阶弹性参数 **D** 的约束，不可能为无限大。例如，当高阶弹性参数为零时，手性参数必须退化为零。

基于不同方向波速匹配的方法，此处主要通过优化给出其余等效微极弹性参数。具体地，材料等效密度 ρ、微转动惯性 j 通过在单胞内取质量、转动惯量体积平均，可根据主方向$|\boldsymbol{k}|\to 0$ 的相速求解 C_{11}、C_{12} 和 $C_{44}+C_{47}$。其余弹性常数则通过数值拟合主方向和体对角线方向色散关系给出，拟合中保持 C_{11}、C_{12} 和 $C_{44}+C_{47}$ 取值固定。最终给出一组优化的微极弹性参数，可以良好地刻画该立方对称手性材料的静力学与传波规律：$\rho=1.126\times10^2\text{kg/m}^3$、$I=1.661\times10^{-8}\text{m}^2$、$C_{11}=6.408\times10^7\text{Pa}$、$C_{12}=1.782\times10^7\text{Pa}$、$C_{44}=9.814\times10^6\text{Pa}$、$C_{47}=-5.322\times10^4\text{Pa}$、$B_{11}=-4.506\times10^3\text{N/m}$、$B_{12}=-3.697\times10^3\text{N/m}$、$B_{44}=1.080\times10^2\text{N/m}$、$B_{47}=-1.355\times10^2\text{N/m}$、$D_{11}=5.028\times10^{-1}\text{N}$、$D_{12}=4.739\times10^{-1}\text{N}$、$D_{44}=1.888\times10^{-2}\text{N}$ 和 $D_{47}=1.211\times10^{-2}\text{N}$。

4.2 二维手性弹性材料

4.2.1 微极本构方程及均匀化

近年来，二维手性材料也越来越多地被研究者关注，特别是用于构造负泊松比(拉胀)材料。例如图 4.3 中的三角晶格周期手性点阵材料，首先由 Prall 和 Lakes 提出[21]。在描述该类手性点阵材料的拉胀性质时，通常采用经典的柯西弹性理论是足够的。但若要完整描述该类材料，特别是考虑其波动行为，则需要高阶弹性理论来涵盖手性性质。为定性说明二维手性介质的特殊波动性质，以图示三角手性点阵材料为例，在柯西弹性理论下其长波准静态有效性质必然是各向同性的，因此其所能承载的波动模式只能是横波和纵波。

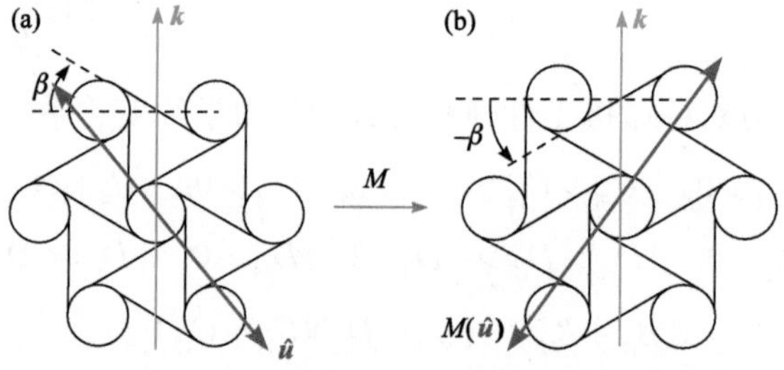

图 4.3 (a)左手性($\beta > 0$)和(b)右手性($\beta < 0$)材料及其中的极化方向示意

设两侧半无限大各向同性弹性材料中间有一各向同性手性介质层，考虑左侧 P 波正入射。在柯西理论描述下，右侧只能有 P 波被激发。但实际数值计算表明，右侧同时含有 P 波和 S 波成分。这说明中间层的手性介质尽管是各向同性的，但其位移极化并不是纯 P 波模式，这是传统弹性理论无法反映的。后续分析将表明，与三维情况不同，二维各向同性手性材料中的平面波不是圆极化波，而是混合线极化模式，但随材料的手性翻转，如图 4.3 所示。假设相对竖直轴线的镜像翻转操作 M，使材料发生翻转。注意对于该手性点阵材料，如果以图示单胞中圆环和线段相对角度的几何参数 β 来参数化材料的微结构，那么 β 的正负号即反映了材料的左/右手性，而 $\beta = 0$ 时，圆环退化为点而材料退化为通常的三角形点阵材料。假设左手性材料(以 $\boldsymbol{C}$ 表达其性质)中存在波矢 $\boldsymbol{k}$ 竖直向上的线极化平面波 $\hat{\boldsymbol{u}}$，满足如下特征方程

$$\boldsymbol{H}(\boldsymbol{C},\boldsymbol{k})\hat{\boldsymbol{u}}=\lambda\hat{\boldsymbol{u}} \tag{4.33}$$

其中，$\boldsymbol{H}(\boldsymbol{C},\boldsymbol{k})$为简谐哈密顿操作符。在镜像操作 M 作用下，特征方程变换如下

$$M\boldsymbol{H}(\boldsymbol{C},\boldsymbol{k})\hat{\boldsymbol{u}}=\boldsymbol{H}(\boldsymbol{C}',\boldsymbol{k})(M\hat{\boldsymbol{u}})=\lambda(M\hat{\boldsymbol{u}}) \tag{4.34}$$

其中，波矢 $\boldsymbol{k}$ 不变，而手性材料性质由于翻转操作变为 $\boldsymbol{C}'$，则极化也必须翻转以对应新的 $\boldsymbol{H}(\boldsymbol{C}',\boldsymbol{k})$，这正是图 4.3 所预示的。对于柯西理论，由于在 M 作用下材料性质 $\boldsymbol{C}$ 不变，因而 $(M\hat{\boldsymbol{u}})=\hat{\boldsymbol{u}}$，所以传统各向同性柯西介质中的平面波必为横波或纵波。下面考虑三维各向同性手性介质直接退化为二维的情况。

对于定义在 x_1-x_2 上的二维问题有 $u_3=\phi_1=\phi_2=\partial/\partial x_3=0$，其他相关的非零场量为 u_α，$\phi_3\equiv\phi$，$\phi_{,\alpha}$，$\varepsilon_{\alpha\beta}$，$\sigma_{\alpha\beta}$ 和 $m_{\alpha 3}\equiv m_\alpha$，这里希腊字母下标的取值范围为 1～2。在以上退化规则下，容易验证三维各向同性手性微极本构关系式(4.13)和式 (4.14)中与 B_i 相关的手性部分自然消失，因此在二维状态下不起作用。对于类似图 4.3 中的材料，其手性性质无法用微极理论中耦合高阶和低阶应力/应变的 $\boldsymbol{B}$ 张量描述，因此必须发展与三维完全不同的本构描述[23]。

在平面问题下，微极理论的几何和平衡方程分别为

$$\varepsilon_{\alpha\beta}=u_{\beta,\alpha}+e_{\beta\alpha}\phi,\quad k_\alpha=\phi_{,\alpha} \tag{4.35}$$

$$\sigma_{\beta\alpha,\beta}=\rho\partial^2u_\alpha/\partial t^2,\quad m_{\alpha,\alpha}+e_{\alpha\beta}\sigma_{\alpha\beta}=J\partial^2\phi/\partial t^2 \tag{4.36}$$

$$\sigma_{\alpha\beta}=C_{\alpha\beta\gamma\rho}\varepsilon_{\gamma\rho},\quad m_\alpha=D_{\alpha\beta}\phi_{,\beta} \tag{4.37}$$

其中，$e_{\alpha\beta}\equiv e_{3\alpha\beta}$ 为二维的 Levi-Civita 张量。事实上，二维各向同性手性微极材料的弹性张量为

$$\begin{aligned}&C_{\alpha\beta\gamma\rho}=\lambda\delta_{\alpha\beta}\delta_{\gamma\rho}+(\mu+\kappa)\delta_{\alpha\gamma}\delta_{\beta\rho}+(\mu-\kappa)\delta_{\alpha\rho}\delta_{\beta\gamma}+A(\delta_{\alpha\beta}e_{\gamma\rho}+\delta_{\gamma\rho}e_{\alpha\beta})\\&D_{\alpha\beta}=\gamma\delta_{\alpha\beta}\end{aligned} \tag{4.38}$$

本构方程为

$$\begin{aligned}&\sigma_{\alpha\beta}=\lambda\delta_{\alpha\beta}\varepsilon_{\rho\rho}+(\mu+\kappa)\varepsilon_{\alpha\beta}+(\mu-\kappa)\varepsilon_{\beta\alpha}+A\delta_{\alpha\beta}e_{\gamma\rho}\varepsilon_{\gamma\rho}+Ae_{\alpha\beta}\varepsilon_{\rho\rho}\\&m_\alpha=\gamma\phi_{,\alpha}\end{aligned} \tag{4.39}$$

其中，包含四个经典微极弹性常数和一个手性常数 A。由式(4.39)，二维各向同性手性微极介质的应变能密度 w 可以表达为如下形式

$$2w=K\bar{\varepsilon}^2+2\mu\varepsilon^d_{(\alpha\beta)}\varepsilon^d_{(\alpha\beta)}+\kappa(\phi-\psi)^2+2A\bar{\varepsilon}(\phi-\psi)+\gamma\phi_{,\alpha}\phi_{,\alpha} \tag{4.40}$$

其中，$\bar{\varepsilon}=\varepsilon_{\alpha\alpha}/2$ 为静水(面积)应变；$\varepsilon^d_{(\alpha\beta)}=(\varepsilon_{\alpha\beta}+\varepsilon_{\beta\alpha})/2-\delta_{\alpha\beta}\bar{\varepsilon}$ 为偏应变对称部分；$(\phi-\psi)$ 为应变的反对称部分，且三者正交。注意因为 $\psi=(u_{2,1}-u_{1,2})/2$ 为位移场的刚体旋转，所以应变的反对称部分的物理含义是材料点的净旋转角。$K=\lambda+\mu$ 为二维体积(面积)模量。

由于式(4.40)的正定性及各个应变部分的正交性，能够得出满足材料热力学稳定性的各材料参数取值范围，其中，

$$K=\lambda+\mu>0,\quad \mu>0,\quad \kappa>0,\quad \gamma>0 \tag{4.41}$$

与传统微极理论一致。对于手性常数 A，由式(4.40)可见，其与体积应变和材料点净旋转的耦合所产生的能量相关，当材料的手性反转时，由于旋转作为轴矢量改变符号，则只有手性常数必须相应地改变符号才能保持应变能的正定。事实上热力学稳定性要求

$$A^2 < (\lambda + \mu)\kappa \tag{4.42}$$

这意味着手性参数可正可负，但其绝对值受到其他材料常数限制。将本构方程写为矩阵形式可以更清晰地观察二维各向同性微极本构关系(特别是手性参数 A)的作用

$$\begin{pmatrix} \sigma_{11} \\ \sigma_{22} \\ \sigma_{12} \\ \sigma_{21} \\ m_1 \\ m_2 \end{pmatrix} = \begin{pmatrix} 2\mu+\lambda & \lambda & -A & A & 0 & 0 \\ \lambda & 2\mu+\lambda & -A & A & 0 & 0 \\ -A & -A & \mu+\kappa & \mu-\kappa & 0 & 0 \\ A & A & \mu-\kappa & \mu+\kappa & 0 & 0 \\ 0 & 0 & 0 & 0 & \gamma & 0 \\ 0 & 0 & 0 & 0 & 0 & \gamma \end{pmatrix} \begin{pmatrix} u_{1,1} \\ u_{2,2} \\ u_{2,1}-\phi \\ u_{1,2}+\phi \\ \phi_{,1} \\ \phi_{,2} \end{pmatrix} \tag{4.43}$$

式(4.43)的形式看起来与一般各向异性介质的本构矩阵非常类似，但它却是各向同性的，即由于手性参数 A 的特殊排列，本构矩阵对于任意坐标旋转保持不变。但在坐标翻转时参数 A 变号而其他参数保持不变，由此反映材料手性的变化。

根据式(4.35)、式(4.36)和式(4.39)，以位移和微旋转表示的动力学方程可以写为

$$\rho\frac{\partial^2 u}{\partial t^2} = (\lambda+2\mu)u_{,xx} + (\mu+\kappa)u_{,yy} + (\lambda+\mu-\kappa)v_{,xy} + 2\kappa\phi_{,y} - A(v_{,xx} - v_{,yy} - 2u_{,xy} - 2\phi_{,x}) \tag{4.44}$$

$$\rho\frac{\partial^2 v}{\partial t^2} = (\lambda+2\mu)u_{,xx} + (\mu+\kappa)u_{,yy} + (\lambda+\mu-\kappa)v_{,xy} + 2\kappa\phi_{,y} - A(v_{,xx} - v_{,yy} - 2u_{,xy} - 2\phi_{,x}) \tag{4.45}$$

$$J\frac{\partial^2 \phi}{\partial t^2} = \gamma(\phi_{,xx} + \phi_{,yy}) - 4\kappa\phi + 2\kappa(v_{,x} - u_{,y}) - 2A(u_{,x} + v_{,y}) \tag{4.46}$$

二维手性微极理论本构方程(4.43)为表征图 4.3 中的三角排列手性点阵材料提供了一个更合适的框架。为解析得到手性点阵材料的等效微极弹性常数，假设材料中的圆环为刚性，而连接圆环的线段为弹性并且采用欧拉梁假设，其弹性模量为 E_s，梁宽度为 t，材料的晶格常数(圆环中心间距)为 a。以圆环的位移和转角作为微极理论的位移 u_α 和微转角 ϕ，在长波假设下基于泰勒(Taylor)展开方法能

够得到该点阵材料的全部等效微极弹性常数。对于连续介质复合材料系统，其微极理论下的均匀化至今仍存在理论上的困难，其原因在于，与位移自由度不同，微极理论的微转角自由度本身即进入应变表达式，而非其梯度。因此材料代表单元转角量的宏细观过渡关系存在争议。然而对于手性点阵材料，在刚性圆环假设下，其位移和转角天然与微极理论的自由度契合，因此仅通过位移和转角场的级数展开和参数比较即能够形式上得出全部等效微极弹性常数。基于该方法，Spadoni 等在非手性微极框架下(式(4.43)中 $A=0$)针对三角手性点阵材料给出了等效弹性常数[22]。均匀化模型如图 4.4(a)所示，取虚线所示的平行四边形单胞，则单胞应变能由三个可变形梁单元产生(标为红色)。令 u_i 、 v_i 和 ϕ_i 表示单胞刚性圆环的平移和转角

$$\boldsymbol{u}_i=\begin{pmatrix}u_i & v_i & \phi_i\end{pmatrix}^{\mathrm{T}} \tag{4.47}$$

则单胞内所有梁单元的变形状态由圆环边缘自由度 $\tilde{\boldsymbol{u}}_i$ 决定，与圆环整体自由度的关系为

$$\tilde{\boldsymbol{u}}_i=\boldsymbol{T}(\Theta_i)\boldsymbol{u}_i,\quad \boldsymbol{T}(\Theta_i)=\begin{pmatrix}1 & 0 & -r\sin\Theta_i\\ 0 & 1 & \cos\Theta_i\\ 0 & 0 & 1\end{pmatrix} \tag{4.48}$$

其中，Θ_i 为梁端点在圆环上的方位角。如图 4.4(b)所示，给定角度 β 以及两个圆环(i，j)中心连线的角度 θ，则圆环所对应的梁端点方位角分别为 $\Theta_i=\pi/2+\theta-\beta$ 和 $\Theta_i=3\pi/2+\theta-\beta$。梁端点在局部坐标中的自由度(图 4.4(b)中 $\boldsymbol{e}_s$-$\boldsymbol{e}_n$)与刚性圆环自由度 $\boldsymbol{u}=\begin{pmatrix}\boldsymbol{u}_i & \boldsymbol{u}_j\end{pmatrix}^{\mathrm{T}}$ 有如下关系：

$$\tilde{\boldsymbol{u}}'=\boldsymbol{R}(\theta)\boldsymbol{T}(\Theta_1,\Theta_2)\boldsymbol{u} \tag{4.49}$$

其中，

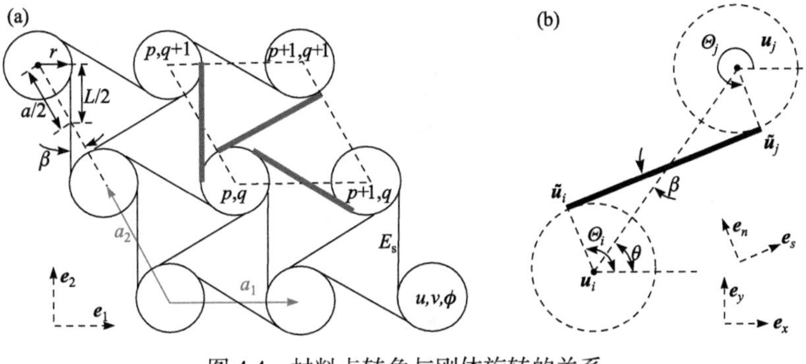

图 4.4　材料点转角与刚体旋转的关系

$$\boldsymbol{T}(\Theta_1,\Theta_2)=\begin{pmatrix}\boldsymbol{T}(\Theta_1) & 0\\ 0 & \boldsymbol{T}(\Theta_2)\end{pmatrix},\quad \boldsymbol{R}(\theta)=\begin{pmatrix}\boldsymbol{R}_{3\times3}(\theta) & 0\\ 0 & \boldsymbol{R}_{3\times3}(\theta)\end{pmatrix}$$
$$\boldsymbol{R}_{3\times3}(\theta)=\begin{pmatrix}\cos(\theta-\beta) & \sin(\theta-\beta) & 0\\ -\sin(\theta-\beta) & \cos(\theta-\beta) & 0\\ 0 & 0 & 1\end{pmatrix} \tag{4.50}$$

局部坐标系中的欧拉梁的刚度为

$$\boldsymbol{K}'=\frac{E_{\mathrm{s}}t}{6L}\begin{pmatrix}1 & 0 & 0 & -1 & 0 & 0\\ & 6t^2/L^2 & 3t^2/L^2 & 0 & -6t^2/L^2 & 3t^2/L^2\\ & & 2t^2 & 0 & -3t^2/L^2 & t^2\\ & & & 1 & 0 & 0\\ & \text{对称} & & & 6t^2/L^2 & -3t^2/L^2\\ & & & & & 2t^2\end{pmatrix} \tag{4.51}$$

其中，E_{s} 为点阵材料基材的杨氏模量。在全局坐标系 $\boldsymbol{e}_x$-$\boldsymbol{e}_y$ 下，以梁单元所连接的两个圆环平移和转动为自由度的刚度矩阵可以表达为

$$\boldsymbol{K}=\boldsymbol{T}^{\mathrm{T}}(\Theta_i,\Theta_j)\boldsymbol{R}^{\mathrm{T}}(\theta)\boldsymbol{K}'\boldsymbol{R}(\theta)\boldsymbol{T}(\Theta_i,\Theta_j) \tag{4.52}$$

参考图 4.4(a)的标号规则和图形，单胞(p, q)的三根梁的应变能分别为

$$w_1=\frac{1}{2}\begin{pmatrix}\boldsymbol{u}_{p,q} & \boldsymbol{u}_{p+1,q}\end{pmatrix}^{\mathrm{T}}\boldsymbol{K}\big|_{\theta=0}\begin{pmatrix}\boldsymbol{u}_{p,q} & \boldsymbol{u}_{p+1,q}\end{pmatrix} \tag{4.53}$$

$$w_2=\frac{1}{2}\begin{pmatrix}\boldsymbol{u}_{p,q} & \boldsymbol{u}_{p+1,q+1}\end{pmatrix}^{\mathrm{T}}\boldsymbol{K}\big|_{\theta=\pi/3}\begin{pmatrix}\boldsymbol{u}_{p,q} & \boldsymbol{u}_{p+1,q+1}\end{pmatrix} \tag{4.54}$$

$$w_3=\frac{1}{2}\begin{pmatrix}\boldsymbol{u}_{p,q} & \boldsymbol{u}_{p,q+1}\end{pmatrix}^{\mathrm{T}}\boldsymbol{K}\big|_{\theta=2\pi/3}\begin{pmatrix}\boldsymbol{u}_{p,q} & \boldsymbol{u}_{p,q+1}\end{pmatrix} \tag{4.55}$$

单胞总应变能为 $w_{p,q}=w_1+w_2+w_3$，而点阵系统的哈密顿量为

$$H=\sum_{p,q}\left(w_{p,q}^{\text{cell}}+\frac{1}{2}m\dot{u}_{p,q}^2+\frac{1}{2}m\dot{v}_{p,q}^2+\frac{1}{2}J\dot{\phi}_{p,q}^2\right) \tag{4.56}$$

这里假设梁单元无质量，而点阵的惯性集中于圆环，质量为 m，转动惯量为 J。应用哈密顿原理导出针对每一圆环(p, q)的自由度的动力学方程

$$\begin{aligned}\rho A_{\text{cell}}\frac{\partial^2 u_{p,q}}{\partial t^2}&=-\frac{\partial H}{\partial u_{p,q}}\\ \rho A_{\text{cell}}\frac{\partial^2 v_{p,q}}{\partial t^2}&=-\frac{\partial H}{\partial v_{p,q}}\\ jA_{\text{cell}}\frac{\partial^2 \phi_{p,q}}{\partial t^2}&=-\frac{\partial H}{\partial \phi_{p,q}}\end{aligned} \tag{4.57}$$

其中，已定义等效密度和微转动惯量为体积平均，$\rho = m / A_{\text{cell}}$，$j = J / A_{\text{cell}}$，$A_{\text{cell}} = \sqrt{3}a^2 / 2$ 为单胞面积。式(4.57)右侧实际上是(p, q)单胞自由度 $\boldsymbol{u}_{p,q}$ 与邻近单胞自由度 $\boldsymbol{u}_{p\pm1,q\pm1}$ 的组合。在长波均匀化假设下，可以将 $\boldsymbol{u}_{p\pm1,q\pm1}$ 的组合表示成在 $\boldsymbol{u}_{p,q}$ 展开的泰勒级数

$$u_{p\pm1,q\pm1} = u + \boldsymbol{u}'^{\text{T}} \text{d}\boldsymbol{x}_{p\pm1,q\pm1} + \frac{1}{2} \text{d}\boldsymbol{x}^{\text{T}}_{p\pm1,q\pm1} \boldsymbol{u}'' \text{d}\boldsymbol{x}_{p\pm1,q\pm1} + O(|\text{d}\boldsymbol{x}_{p\pm1,q\pm1}|^2) \tag{4.58}$$

其中，

$$\begin{aligned}
&\boldsymbol{u}' = \left(\partial u / \partial x \quad \partial u / \partial y\right)^{\text{T}}, \quad \boldsymbol{u}'' = \begin{pmatrix} \partial^2 u / \partial x^2 & \partial^2 u / \partial x \partial y \\ \partial^2 u / \partial x \partial y & \partial^2 u / \partial y^2 \end{pmatrix} \\
&\text{d}\boldsymbol{x}_{p\pm1,q} = \left(\pm a \quad 0\right)^{\text{T}}, \quad \text{d}\boldsymbol{x}_{p,q\pm1} = \left(\mp a / 2 \quad \pm\sqrt{3}a / 2\right)^{\text{T}} \\
&\text{d}\boldsymbol{x}_{\pm(p+1,q+1)} = \left(\pm a / 2 \quad \pm\sqrt{3}a / 2\right)^{\text{T}}
\end{aligned} \tag{4.59}$$

将式(4.58)和式(4.59)以及位移分量 v 和转角 ϕ 的类似展开式代入式(4.57)，保留低阶主项，将给出与手性微极介质动力学方程式(4.44)～式(4.46)完全一致的形式。由于两者的出发点完全不同，当前是通过具体的三角点阵材料连续化描述，式 (4.44)～式(4.46)是完全基于微极连续介质和张量表示得到的，两者的一致性已在一定程度上充分说明微极手性理论的合理性。通过比较方程系数，能够得到三角手性点阵材料的全部等效微极弹性常数，分别为

$$\lambda = \frac{\sqrt{3}E_{\text{s}}}{4} \eta \left(\cos^2 \beta - \eta^2\right) \sec^3 \beta \cos 2\beta \tag{4.60}$$

$$\mu = \frac{\sqrt{3}E_{\text{s}}}{4} \eta \left(\cos^2 \beta + \eta^2\right) \sec^3 \beta \tag{4.61}$$

$$\kappa = \frac{\sqrt{3}E_{\text{s}}}{2} \eta (\sin^2 \beta + \eta^2) \sec \beta \tag{4.62}$$

$$\gamma = -\frac{E_{\text{s}} L^2}{4\sqrt{3}} \eta \left(3 \sin^2 \beta + 2\eta^2\right) \sec \beta \tag{4.63}$$

$$A = \frac{\sqrt{3}E_{\text{s}}}{2} \eta \left(\eta^2 - \cos^2 \beta\right) \sec \beta \tan \beta \tag{4.64}$$

其中，$\eta = t / a$ 为弹性梁的长细比。可以看出等效材料常数表达式中只有 A 为微结构参数 β 的奇函数，因此 β 变号而材料手性翻转时手性常数 A 随之变号，特别是 $\beta = 0$ 而结构退化为三角点阵材料时，常数 A 消失，而其他材料常数退化为传统非手性微极参数结果。值得指出的是，通过展开方法给出的高阶模量 γ 是负值，违反了式(4.41)对材料常数的约束。高阶模量 γ 的正负与展开过程中是否保留微

转角ϕ的二阶梯度相关，这种差异的根源则是将连续场量在离散点阵上展开时对于材料点的局部性的违背。若只保留ϕ的一阶梯度，则给出正值

$$\gamma = \frac{E_s a^2}{4\sqrt{3}} \eta \left(3\sin^2\beta + 4\eta^2\right)\sec\beta \tag{4.65}$$

Kumar 等对此有详细的讨论[24]。此外有趣的是，可以验证等效手性参数材料常数能够满足式(4.42)的约束，即

$$(\lambda + \mu)\kappa - A^2 = \frac{3}{4}\left(\eta\sec\beta\right)^4 \geqslant 0 \tag{4.66}$$

与柯西弹性理论一样，微极理论弹性张量也是四阶，因此对于三角和六方点阵，长波宏观等效时均为各向同性。但对于其他类型的点阵，旋转对称性的破缺将引入各向异性。材料的各向异性和手性同时存在，使得弹性张量的结构更为复杂，包含的材料常数更多。以图 4.5 所示四方形排列的手性点阵材料为例，其旋转对称性涵盖四重(4-fold)和二重(2-fold)旋转对称，因此材料宏观上表现为正交各向异性。这里仅介绍其微极弹性张量的构成及所涉及的材料常数[25,26]。

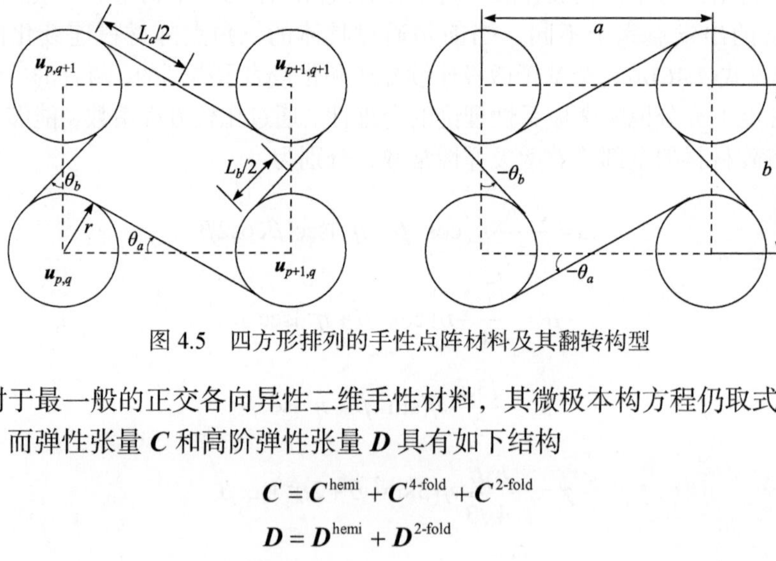

图 4.5　四方形排列的手性点阵材料及其翻转构型

对于最一般的正交各向异性二维手性材料，其微极本构方程仍取式(4.37)的形式，而弹性张量 $\boldsymbol{C}$ 和高阶弹性张量 $\boldsymbol{D}$ 具有如下结构

$$\begin{aligned} \boldsymbol{C} &= \boldsymbol{C}^{\text{hemi}} + \boldsymbol{C}^{\text{4-fold}} + \boldsymbol{C}^{\text{2-fold}} \\ \boldsymbol{D} &= \boldsymbol{D}^{\text{hemi}} + \boldsymbol{D}^{\text{2-fold}} \end{aligned} \tag{4.67}$$

其中，$\boldsymbol{C}^{\text{hemi}}$ 和 $\boldsymbol{D}^{\text{hemi}}$ 为各向同性手性部分(4.38)

$$\boldsymbol{C}^{\text{hemi}} = \begin{pmatrix} \lambda+2\mu & \lambda & A & -A \\ \lambda & \lambda+2\mu & A & -A \\ A & A & \mu+\kappa & \mu-\kappa \\ -A & -A & \mu-\kappa & \mu+\kappa \end{pmatrix}, \quad \boldsymbol{D}^{\text{hemi}} = \begin{pmatrix} \gamma & 0 \\ 0 & \gamma \end{pmatrix} \tag{4.68}$$

若材料具有四重旋转对称性(即对于 90° 旋转不变，图 4.5 中 $a = b$)，则弹性张量 $\boldsymbol{C}$

需叠加如下 $\boldsymbol{C}^{\text{4-fold}}$ 部分

$$\boldsymbol{C}^{\text{4-fold}}=\begin{pmatrix}\alpha & -\alpha & B & B\\ -\alpha & \alpha & -B & -B\\ B & -B & -\alpha & -\alpha\\ B & -B & -\alpha & -\alpha\end{pmatrix} \tag{4.69}$$

其中，增加两个材料常数 α 和 B，B 为手性参数，随坐标翻转而改变符号。由于 $\boldsymbol{D}$ 张量实质上为 2 阶，破除任意旋转对称为四重对称，对其没有影响。若材料只具有二重旋转对称性(即对于180° 旋转不变，图 4.5 中 $a\neq b$)，则弹性张量还需分别叠加如下 $\boldsymbol{C}^{\text{2-fold}}$ 和 $\boldsymbol{D}^{\text{2-fold}}$ 部分

$$\boldsymbol{C}^{\text{2-fold}}=\begin{pmatrix}\beta_1+\beta_2 & 0 & C_1 & C_2\\ 0 & -(\beta_1+\beta_2) & C_2 & C_1\\ C_1 & C_2 & \beta_1-\beta_2 & 0\\ C_2 & C_1 & 0 & -(\beta_1-\beta_2)\end{pmatrix} \tag{4.70}$$

$$\boldsymbol{D}^{\text{2-fold}}=\begin{pmatrix}\gamma_1 & \gamma_2\\ \gamma_2 & -\gamma_1\end{pmatrix} \tag{4.71}$$

其中，增加六个材料常数 C_1，C_2，β_1，β_2，γ_1，γ_2，而 C_1，C_2 和γ_2 为手性参数，随坐标翻转而改变符号。同样沿用各向同性介质均匀化思路，也能够给出相应的等效材料常数。

Hemitropic 部分：

$$\begin{aligned}
\lambda&=\frac{E_{\mathrm{s}}\eta}{8}\left[2\left(\cot 2\theta_b+\cot 2\theta_a\right)-\frac{\eta^2}{\sin^2\theta_a}\left(\tan\theta_a+\tan\theta_b-\tan^3\theta_a-\tan^3\theta_b\right)\right]\sin\theta_b\\
\mu&=\frac{E_{\mathrm{s}}\eta}{4}\left[\left(1+\frac{\sin 2\theta_a}{\sin 2\theta_b}\right)+\eta^2\frac{1}{\cos^2\theta_a}\left(1+\frac{\sin\theta_b\cos^3\theta_a}{\sin\theta_a\cos^3\theta_b}\right)\right]\frac{\sin\theta_b}{\sin 2\theta_a}\\
\kappa&=\frac{E_{\mathrm{s}}\eta}{2}\frac{\tan\theta_b\sin(\theta_b+\theta_a)(\sin^2\theta_a+\eta^2)}{\sin 2\theta_a\sin\theta_a}\\
A&=\frac{E_{\mathrm{s}}\eta}{4}\left[\eta^2\left(\tan^2\theta_b+\tan^2\theta_a\right)-2\sin^2\theta_a\right]\frac{\sin\theta_b}{\sin^2\theta_a}\\
\gamma&=\frac{E_{\mathrm{s}}\eta a^2}{24}\frac{\left(\sin 2\theta_b+\sin 2\theta_a\right)\left(4\eta^2-3\sin^2\theta_a\right)}{\cos\theta_b\sin 2\theta_a}
\end{aligned} \tag{4.72}$$

4-fold 对称部分：

$$\alpha=\lambda,\quad B=A \tag{4.73}$$

2-fold 对称部分：

$$\beta_1 = \frac{E_s\eta}{4}\left[\eta^2\left(\frac{\tan\theta_a}{\cos^2\theta_a} - \frac{\tan\theta_b}{\cos^2\theta_b}\right) + 2\sin^2\theta_a\left(\frac{1}{\sin 2\theta_a} - \frac{1}{\sin 2\theta_b}\right)\right]\frac{\sin\theta_b}{\sin^2\theta_a}$$

$$\beta_2 = \frac{E_s\eta}{2}\left[\frac{\eta^2\left(\tan^2\theta_b\cot 2\theta_b - \tan^2\theta_a\cot 2\theta_a\right)}{\sin^2\theta_a} + \left(\cot 2\theta_a - \cot 2\theta_b\right)\right]\sin\theta_b$$

$$C_1 = E_s\eta^3\frac{\tan\theta_b\left(\cos 2\theta_b - \cos 2\theta_a\right)}{\cos\theta_b\sin^2 2\theta_a} \tag{4.74}$$

$$C_2 = \gamma_2 = 0$$

$$\gamma_1 = \frac{E_s\eta a^2}{24}\frac{\left(\sin 2\theta_b - \sin 2\theta_a\right)\left(4\eta^2 - 3\sin^2\theta_a\right)}{\sin 2\theta_a\cos\theta_b}$$

4.2.2 二维手性材料波动性质

本节考虑二维各向同性手性材料中的平面波性质。考虑一无限大介质中有一沿 x 正方向传播的平面波，位移和微转角场为如下形式

$$(u,v,\phi) = (\hat{u},\hat{v},\hat{\phi})\exp(\mathrm{i}kx - \mathrm{i}\omega t) \tag{4.75}$$

其中，$(\hat{u},\hat{v},\hat{\phi})$ 为各分量的复振幅。将式(4.75)代入式(4.44)～式(4.46)，得到下述特征方程

$$\begin{pmatrix} q^2(\lambda+2\mu)-\omega^2\rho & -Aq^2 & -2\mathrm{i}qA \\ -Aq^2 & q^2(\kappa+\mu)-\omega^2\rho & 2\mathrm{i}q\kappa \\ 2\mathrm{i}qA & -2\mathrm{i}q\kappa & (q^2\gamma+4\kappa)-\omega^2 J \end{pmatrix}\begin{pmatrix} \hat{u} \\ \hat{v} \\ \hat{\phi} \end{pmatrix} = 0 \tag{4.76}$$

令 $A=0$，则得到各向同性非手性微极介质的特征方程

$$\begin{pmatrix} k^2(\lambda+2\mu)-\omega^2\rho & 0 & 0 \\ 0 & k^2(\kappa+\mu)-\omega^2\rho & 2\mathrm{i}\kappa k \\ 0 & -2\mathrm{i}k\kappa & (k^2\gamma+4\kappa)-\omega^2 j \end{pmatrix}\begin{pmatrix} \hat{u} \\ \hat{v} \\ \hat{\phi} \end{pmatrix} = 0 \tag{4.77}$$

可以看出，手性和非手性微极介质的最大不同在于，后者总是存在一个与其他两个剪切-旋转模式解耦的纯纵波模式，其波速为 $c_{\mathrm{P}} = \sqrt{(\lambda+2\mu)/\rho}$，并且不存在色散。这正是非手性微极介质的特质，即微旋转自由度仅与剪切变形耦合而不与纵波相关的体积变形耦合。对于手性介质，如式(4.40)所指出，非零的手性参数 A 使材料增加了局部旋转和体积变形的耦合，导致材料中不存在纯 P 波或纯 S 波。三种模式的波均为混合模态且是色散的，我们分别称其为准 P 波、准 S 波及准 R 波(旋转自由度主导)。

由式(4.76)可以得到不同模态分支中两个位移分量满足

$$\frac{\hat{u}}{\hat{v}}=\frac{q^2[A^2-\kappa(\lambda+2\mu)]+\kappa\omega^2\rho}{A(q^2\mu-\omega^2\rho)} \tag{4.78}$$

由于上式比值为实数，因此对于二维各向同性微极介质，材料点位移总是线极化的，这与式(4.28)中三维各向同性手性微极介质的圆极化完全不同。对于二维情形，手性和镜面对称的破缺通过其他形式反映。图 4.6(a)给出了准 P 波在某一频率下的慢度曲线以及在不同传播方向上的极化情况。慢度曲线(虚线)为圆形，表明介质在各个方向上的波速相同，这正是各向同性材料所要求的。另外，位移极化与波矢方向始终保持相同的夹角，且由于各向同性而满足任意角度的旋转不变性，因此位移极化形成了具有旋转对称性而不具有镜面对称性的图案。当材料的手性翻转时，极化方向与波矢的夹角也将翻转，这与 4.2.1 节的定性讨论吻合。P-S 混合极化模式通常出现在传统的各向异性介质中，但同时慢度曲线也体现出方向性。而在二维手性微极介质中能够存在混合极化且色散关系是各向同性的波，这是柯西弹性介质无法描述的。

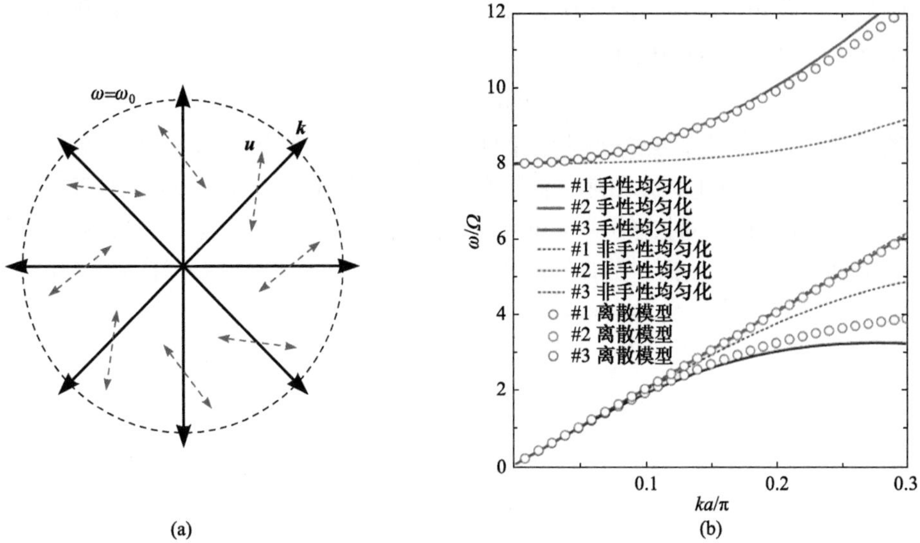

图 4.6　(a)二维手性介质的极化与波传播方向的示意图；(b)手性和非手性均匀化模型与离散模型的色散曲线的对比

图 4.6(b)给出了针对图 4.3 所示三角手性点阵材料的色散规律。其中由下至上三组曲线分别对应准 S、准 P 和准 R 模式，实线为手性微极理论的预测结果，虚线为非手性微极理论的结果[22]，圆点为精确的离散结构的 Bloch 波分析结果。手性微极连续理论的预测是首先通过式(4.60)～式(4.64)计算点阵材料的有效性质，进而由特征方程(4.76)分析。这里假设点阵材料中弹性直梁段是无质量的，

单胞质量都集中在刚性圆环上，其质量和转动惯量取 $m=\bar{J}=1$，其他几何参数为 $\beta=0.9$，长细比 $\eta=1/20$。因此等效均匀化介质的密度和微转动惯量定义为 $\rho=m/A_{\text{cell}}$ 和 $J=\bar{J}/A_{\text{cell}}$，其中 $A_{\text{cell}}=\sqrt{3}a^2/2$ 为单胞面积。取特征频率 $\Omega=\sqrt{4E_s\eta^3/m}$ 对圆频率无量纲化，Ω 的物理意义是中点处有一集中质量的简支梁的固有频率。在图 4.6(b)中可以看到，由于均匀化理论结果是长波假设，与离散结构精确解对比，色散曲线的三个分支均在波数较大时有所偏离，但当理论包含了手性从而对材料有完整的描述时，对色散曲线的预测要远好于非手性理论，特别是对于准 S 和准 R 模式。图中也可以观察到，第二支准 P 波的色散程度很低。对于非手性理论，这一支对应非色散的纯 P 波，而手性理论和离散模型的结果都有轻微的色散。另一个值得注意的现象是前两支(准 P 和准 S)波的色散曲线在长波极限下几乎重合，表明两者在长波极限下具有几乎相同的相速度。这正是泊松比接近−1 的各向同性材料的特征，其剪切模量远大于体积模量[27]。

色散关系无法反映波动模态，因此图 4.7 给出了准 P 和准 S 两支位移极化主导的波的极化角度随波数的变化关系。由于位移总是线极化的，定义极化方向相对于波矢 (即 x 方向)的极化角

$$\tan\Lambda=\left|\hat{v}/\hat{u}\right| \tag{4.79}$$

仍然以实线、虚线和散点分别表示手性、非手性微极理论和离散结构精确解。非手性理论总是得到纯 P 波和纯 S 波极化，因此极化角恒为 0°和 90°。对于手性微极理论，当波数较小时，第一支和第二支模式分别表现为 S 波主导(准 S)和 P 波主导(准 P)的模式。然而，当波数逐渐增大时，两者的极化角将不能清晰地归于 P

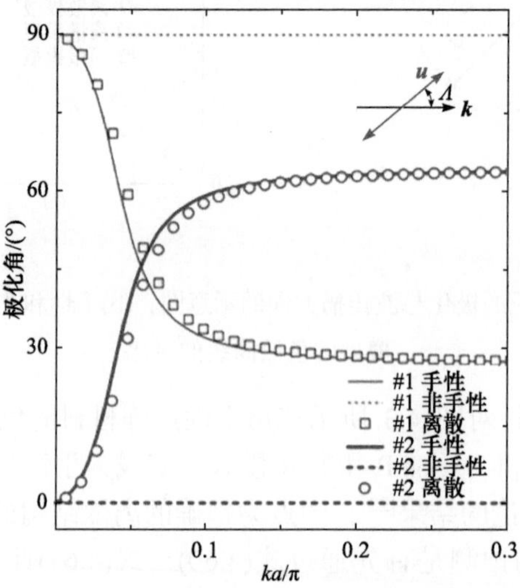

图 4.7　手性、非手性均匀化模型与离散模型的极化角

波主导和 S 波主导，甚至发生转换，即第一支变为 P 波主导而第二支变为 S 波主导。手性微极理论与实际离散结构的解吻合良好，而若本构方程不包含手性性质，则完全不能反映这种极化行为。

为进一步展示二维微极手性介质的波动模态，图 4.8 展示了在波数 $q = 0.03\pi / R$ 时，由式(4.76)所得到的特征向量解对应的三阶波动模态。在空间上一个周期的波形以 10 个圆形表示物质点，粒子上的短线显示其旋转，虚线反映了粒子中心的轨迹，即极化方向。图 4.8(a)为第一阶模态，手性和非手性的模型中都存在粒子平动和旋转的耦合。然而对于非手性微极理论，其位移极化与波矢垂直，因而是纯横波形式。手性微极理论则给出横波主导的模式。图 4.8(b)显示了第二阶，与前述相符，非手性理论给出了与其他两阶完全解耦且没有伴随粒子旋转的纯纵波模式，而手性模型预测的则是附带粒子旋转的纵波主导模式。对于图 4.8(c)展示的第三阶，两种模型给出的粒子平移都很小，只能观测到粒子的旋转。

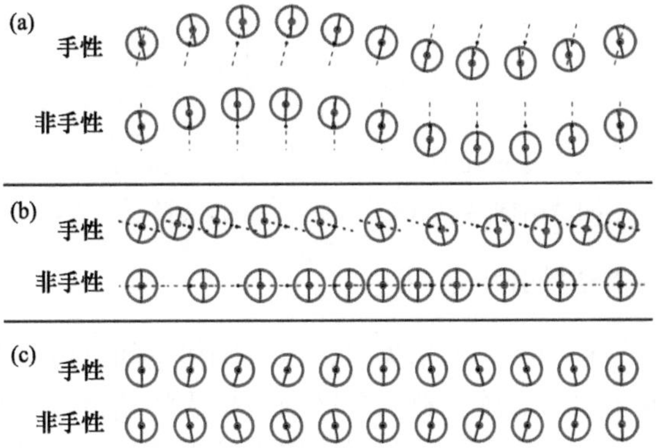

图 4.8　手性和非手性微极理论给出的波动模态

(a) S 波主导；(b) P 波主导；(c)旋转主导

4.3　局域共振手性超材料

类似图 4.3 和图 4.5 所示的轻质手性点阵材料具有负泊松比性质，同时带结构分析也显示其作为声子晶体也有独特的色散规律[27]。另一个显著的特点是，通过改变其拓扑参数 $\cos\beta = L/R$，其几何构型能产生从通常三角点阵结构到密排圆环极大范围的连续变化，如图 4.9 所示，这为调节其禁带结构并构造功能梯度结构带来了极大方便[28]。从这个意义上说，手性点阵材料自身也能归于超材料概念。

点阵材料作为一种轻质高强度结构材料在工程中具有广泛应用，然而通常轻质结构难以与低频波动和振动发生耦合，因此无法兼顾低频减/隔振功能。局域共振型超材料已在第 3 章做过介绍，通过将高密度夹杂结合低模量包覆层嵌入基体中，可以在低频强化其偶极谐振从而因等效负质量密度产生低频隔振效果。由图 4.9 可见，手性点阵超材料的特殊构型能够方便地与负密度夹杂结合并调整构型，从而有可能构造兼顾强度与低频隔振的功能材料。本节将沿这一思路讨论局域共振手性超材料的色散规律、有限尺寸梁结构的分析与实验验证。此外，除显见的低频禁带外，手性材料引入谐振还将揭示波传播特性和局域旋转共振之间的关系，并为设计双负声波超材料提供启发。

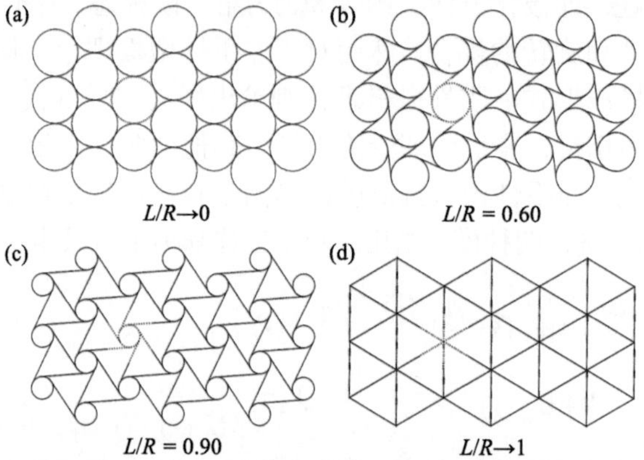

图 4.9　不同微结构参数 cosβ 所对应的手性点阵材料及其相应单胞

4.3.1　材料设计与带结构分析

三角手性点阵材料构型、晶格矢量，以及倒格空间已由第 2 章图 2.9 给出，将局域共振夹杂嵌入手性点阵材料圆环区域，构成的超材料如图 4.10(a)所示[29]。这里对其构型做进一步描述，点阵材料由等大的半径为 r 的圆环和连接长度为 L 的直线梁构成。线段与圆环相切，邻近的两个线段之间的夹角为 60°。圆心之间的距离记为 R，圆心连线和线段之间的夹角记为 β，直梁和圆环梁的厚度分别为 t_b 和 t_c。有如下关系

$$\sin\beta = \frac{2r}{R}, \quad \cos\beta = \frac{L}{R} \tag{4.80}$$

完整的周期点阵手性复合材料可以通过将单胞按照晶格矢量 $\boldsymbol{a}_i$ (i =1, 2) 的线性组合向量 $\boldsymbol{R} = n_1\boldsymbol{a}_1 + n_2\boldsymbol{a}_2$ 平移得到，其中 n_i 为整数。晶格矢量在笛卡儿坐标系($\boldsymbol{e}_1, \boldsymbol{e}_2$)下表示为

$$\boldsymbol{a}_1 = \left(\sqrt{3}\boldsymbol{e}_1 + \boldsymbol{e}_2\right)R/2, \quad \boldsymbol{a}_2 = \left(-\sqrt{3}\boldsymbol{e}_1 + \boldsymbol{e}_2\right)R/2 \tag{4.81}$$

从静力结构行为上，微结构参数 β 由大到小实际上引发结构由弯曲变形主导向轴向变形主导的过渡，因此其不仅决定结构的几何形状，对格栅的整体动力学行为也有很大影响。局域共振夹杂和包覆层材料分别为铅和硅橡胶，以 r_c 表示铅圆盘

的半径。在波矢空间倒格矢为

$$\boldsymbol{b}_1 = \frac{2\pi}{R}\left(\frac{\boldsymbol{e}_1}{\sqrt{3}} + \boldsymbol{e}_1\right), \quad \boldsymbol{b}_2 = \frac{2\pi}{R}\left(-\frac{\boldsymbol{e}_1}{\sqrt{3}} + \boldsymbol{e}_2\right) \tag{4.82}$$

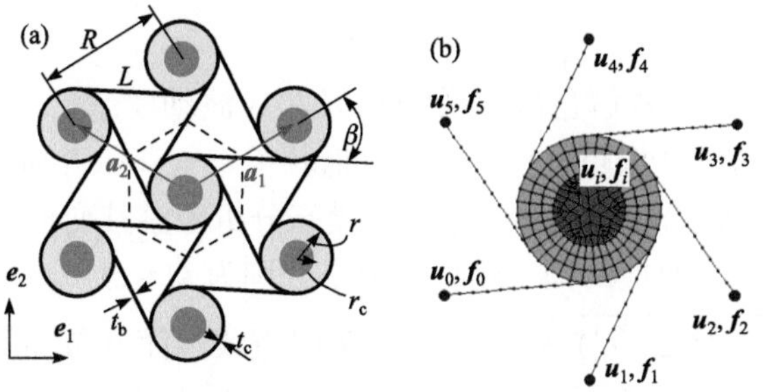

图 4.10　(a)含局域共振单元的三角手性点阵材料及其构型参数；(b)单胞 Bloch 波分析有限元模型

具体设计的超材料几何和材料数据列于表 4.1，为简便，取圆环和直梁具有相同的厚度 t_b。具体分析中以 $\cos\beta = L/R$=0.9 为基准构型(图 4.10)，后续在此基础上考虑此参数带来的构型变化对带结构的影响。由于结构的复杂性，采用 2.2.3 节介绍的有限元方法分析单胞的 Bloch 波和带结构特性。图 4.10(b)展示了其单胞有限元模型，其中圆环和线段采用铁摩辛柯梁单元模拟，夹杂和包覆层采用四节点平面应变实体单元进行模拟。

表 4.1　三角手性局域共振超材料的微结构参数

晶格		共振子	
参数名称	参数值	参数名称	参数值
拓扑参数	$L/R = 0.9$	夹杂与圆环半径比	$r_c/r = 0.5$
线段长度	$L = 26.4\text{mm}$	圆盘杨氏模量	$E_c = 17\text{GPa}$
节点半径	$r = 6.4\text{mm}$	圆盘泊松比	$\nu_c = 0.33$
线段厚度	$t_b = 0.5\text{mm}$	圆盘密度	$\rho_c = 13\text{g/cm}^3$
杨氏模量	$E_l = 71\text{GPa}$	包覆层杨氏模量	$E_s = 5\text{MPa}$
泊松比	$\nu_l = 0.33$	包覆层泊松比	$\nu_s = 0.33$
密度	$\rho_l = 2.7\text{g/cm}^3$	包覆层密度	$\rho_s = 0.5\text{g/cm}^3$

如图 4.10(b)所示，单胞有限元模型只有六个边界节点，其自由度为 $\boldsymbol{u}_i = \{u_x, u_y, \theta_z\}$, $i = 0\sim5$。将节点位移向量按如下顺序排列

$$\boldsymbol{u} = \begin{pmatrix}\boldsymbol{u}_0^{\mathrm{T}} & \boldsymbol{u}_1^{\mathrm{T}} & \boldsymbol{u}_2^{\mathrm{T}} & \boldsymbol{u}_3^{\mathrm{T}} & \boldsymbol{u}_4^{\mathrm{T}} & \boldsymbol{u}_5^{\mathrm{T}} & \boldsymbol{u}_{\mathrm{in}}^{\mathrm{T}}\end{pmatrix}^{\mathrm{T}} \tag{4.83}$$

其中，$\boldsymbol{u}_{\mathrm{in}}$ 为内部独立节点自由度。根据 Bloch 周期条件，边界节点自由度有如下

关系

$$\begin{aligned} \boldsymbol{u}_3 &= \boldsymbol{u}_0 \exp\left[\ \mathrm{i}\boldsymbol{k}\cdot\boldsymbol{a}_1\ \right] \\ \boldsymbol{u}_4 &= \boldsymbol{u}_1 \exp\left[\mathrm{i}\boldsymbol{k}\cdot\left(\boldsymbol{a}_1+\boldsymbol{a}_2\right)\right] \\ \boldsymbol{u}_5 &= \boldsymbol{u}_2 \exp\left[\ \mathrm{i}\boldsymbol{k}\cdot\boldsymbol{a}_2\ \right] \end{aligned} \tag{4.84}$$

通过式(2.85)～式(2.87)求解色散关系 $\omega(\boldsymbol{k})$ 及相应波动模态。

波动载荷下局域共振超材料主要通过低频模态与背景介质相互作用。在带结构分析之前，首先对局域共振夹杂单独做模态分析考察其变形模式。图 4.11 展示了其前三阶特征模态对应的归一化特征频率分别为 $\Omega=\omega/\omega_0$= 0.83、1.15 和 6.04，其中 $\omega_0=\pi^2\sqrt{(E_1t_b^2)/(12\rho_1L^4)}$ 为 $\cos\beta$ = 0.9 时直梁段简支条件下的第一阶固有频率。可以看到，前两阶模态是铅圆盘在软包覆层中的刚性平移和旋转，而第三阶模式则是由软包覆层中的局部变形引起的，中心铅圆盘保持不变。

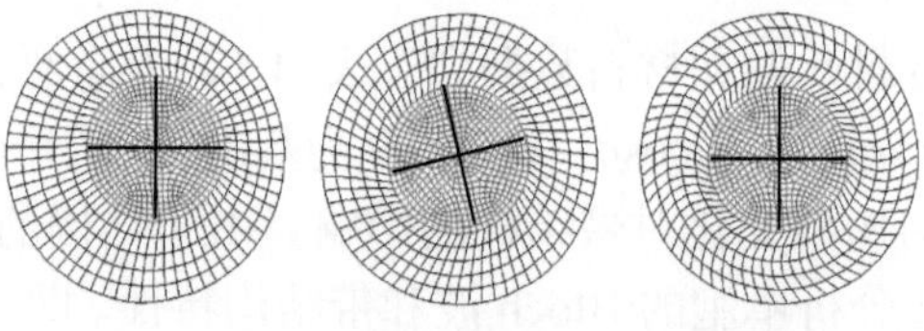

图 4.11 局域共振夹杂的前三阶特征模态

图 4.12(a)给出了含有局域共振夹杂的手性点阵超材料带结构曲线，作为对比，图 4.12(b)展示了没有局域共振夹杂的纯手性点阵材料带结构。可以看到，在展示的频率区间内，局域共振夹杂的存在与否对高频范围 $\Omega\in[2, 6]$内的带结构没有太大影响。但在图 4.11 前两阶模态的频率附近，局域共振夹杂对低频段的色散

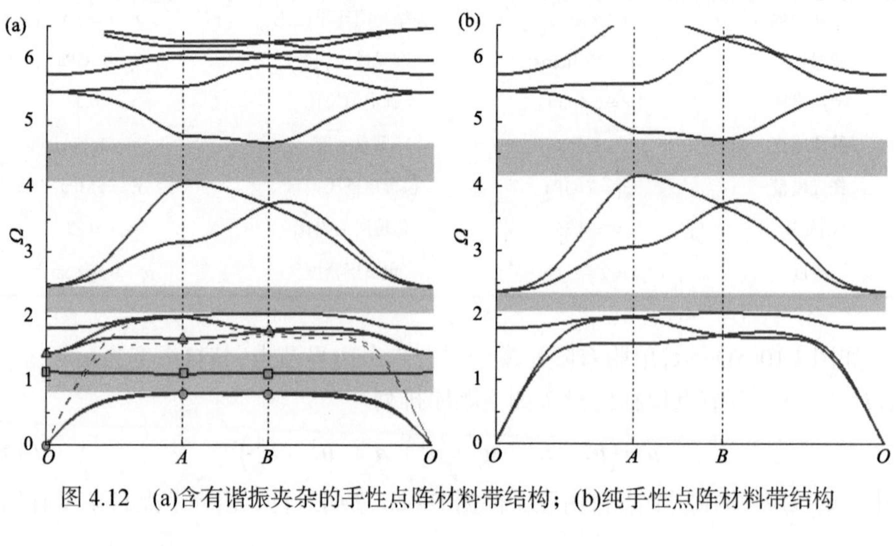

图 4.12 (a)含有谐振夹杂的手性点阵材料带结构；(b)纯手性点阵材料带结构

规律影响很大，具体在频率范围 $\Omega \in [0.81, 1.43]$出现一条禁带，其下边界与谐振夹杂的第一阶固有频率高度接近。此外也可以看到，在第一条禁带中间出现了一条较窄的通带，其频率位于谐振夹杂第二阶固有频率附近，若放大显示，该通带在 OA 路径上呈现负的斜率。这个特性表明，对于该频带的 Bloch 波，其群速度 $\mathrm{d}\omega/\mathrm{d}k < 0$ 与相速度 ω/k 异号，如第 2 章所述，这是等效双负材料性质的典型特征。为了便于比较，图 4.12(a)中用红色虚线给出了无谐振子点阵的前两支色散曲线，分别对应原有点阵材料的声学支 P 和 S 模式。此外也可以看到第一条禁带。

为进一步探讨这些能带的形成原因，考察位于第 1、3 和 4 支色散曲线上对应 1BZ 高对称点(O, A, B)的变形模态(图 4.12(a)中用绿色圆圈标出)，结果如图 4.13 所示。为便于比较，图中未变形状态由红色细线显示。第一个禁带的边界由第一支和第 4 支频散曲线确定，其中第一支频散曲线上的 A、B 点处于禁带的下边缘上，第 4 支频散曲线上的 O 点位于禁带的上边缘上。从相应的变形模态可以看出，变形主要是由中心圆柱与包裹层的相对运动引起的平移共振(偶极谐振)引起的，点阵材料的变形相对较小。当激励频率位于该禁带内时，波动的能量都局域在谐振子内部，使波无法传播。对于远离禁带边界的点，如第 1 支频带点 O，它对应的模态是单胞整体的刚性运动；而对于布里渊区边界点，例如第 4 支频带的 A、B 点的变形模态展示了波传播主要是通过背景点阵材料的弯曲变形。对于禁带中的第三支窄频通带，Bloch 波模态表明其与夹杂旋转谐振相关。

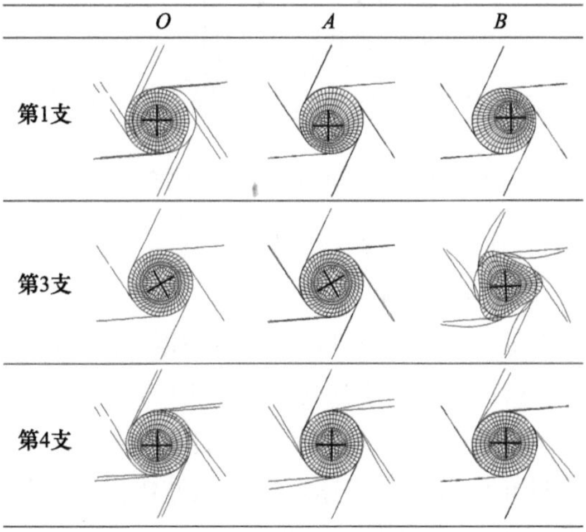

图 4.13　布里渊区高对称点上三支色散曲线对应的 Bloch 波模态

引入谐振夹杂后的各低频禁带和其中的第 3 支负群速度通带可以通过等效动态质量密度和等效模量合理解释。可用 2.3.3 节的边界积分方法，通过对单胞有限元模型采用与宏观应变相应的仿射位移边界简谐加载获得。对于这里的离散结构宏观等效应力可利用$\boldsymbol{\Sigma}=V_{\text{cell}}^{-1}\sum_i \boldsymbol{f}_i\otimes\boldsymbol{x}_i$获得，其中 V_{cell} 为单胞面积，$\boldsymbol{f}_i$和 $\boldsymbol{x}_i$分别为单胞边界节点的反力和位置矢量。此外，考虑 3.1.1 节的等效负质量 Lorentz 模型，若将基体点阵材料、铅圆盘和包覆层分别视作嵌套质量模型的内、外质量和软弹簧，则模型的等效质量也可以由下式近似

$$m_{\text{eff}}=\rho_{\text{eff}}V_{\text{cell}}=m_{\text{lattice}}+\frac{m_{\text{core}}\Omega_{\text{trans}}^2}{\Omega_{\text{trans}}^2-\Omega^2} \tag{4.85}$$

其中，m_{lattice}和 m_{core} 分别为基体材料和铅圆盘的静态质量；而 Ω_{trans} 显然应为谐振夹杂的第一阶平移模式固有频率 0.83。采用表 4.1 中的数据，计算得到材料的无量纲等效密度，绘制于图 4.14(a)，其中等效密度相对于纯手性点阵材料静态密度无量纲化。首先可以看到等效密度的数值均匀化结果和式(4.85)十分接近。此外等效密度 $\rho_{\text{eff}}^*<0$ 的频率范围与第一条禁带范围高度吻合，充分验证了低频禁带的等效负密度机制。

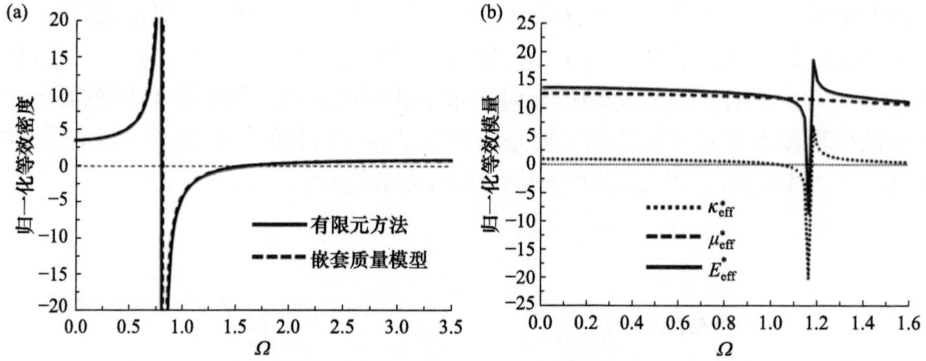

图 4.14　手性局域共振超材料的(a)等效密度和(b)等效模量

数值动态均匀化得到的无量纲化等效体积模量κ_{eff}^*、等效剪切模量 μ_{eff}^* 和等效纵波模量 $E_{\text{eff}}^*=\kappa_{\text{eff}}^*+\kappa_{\text{eff}}^*$ 绘制于图 4.14 (b)。其均以 $\omega=0$ 时静态等效体积模量做无量纲化。可以看到在图示频率范围，等效体积模量在 $\Omega\in[1.05, 1.17]$为负值，而等效剪切模量始终为正且随频率变化较小，但两者叠加使得等效纵波模量在 $\Omega\in[1.16,\ 1.17]$的较窄频率范围呈现负值。结合以上结果，在该频率区间 ρ_{eff}^* 和 E_{eff}^* 同时为负，因此只允许群速和相速反向的纵波传播，这与图 4.12(a)观察到的第三支色散曲线在机理和频率范围内高度吻合。

这里需要指出的是，由于是二维手性介质，由 4.2 节的讨论，实际上第三支通带也并非严格的 P 波，而应是接近于纵波极化的准 P 波，手性材料本质上应该用更严格的微极理论描述。但作为禁带应用和后续的负折射分析，由于手性主要提供旋转和体积变形的耦合机制，而在等效连续介质层面的波动极化偏差在相关

现象理解中并不占主导地位，因此在传统柯西理论框架下描述材料等效性质也能够满足要求。

前面提到，以手性点阵材料为平台构建局域共振超材料可以方便地通过几何参数 $\cos\beta$ 连续改变材料的构型乃至影响其力学性质，因此这里讨论相关参数对禁带宽度和位置的影响规律。图 4.15(a)和(b)分别给出了 $\cos\beta = 0.75$ 和 0.6，同时保持 L 和材料参数不变情形下的带结构。可以看到相比之下材料的圆环区域显著增大，在共振夹杂体积比不变的条件下，其第一禁带的频率降低而相对带宽增加。对于 $\cos\beta = 0.6$，整体带结构的形貌都发生了较大改变，带结构更加复杂密集，可以归因于当圆环增大时整个结构柔度降低与力学特性的改变。

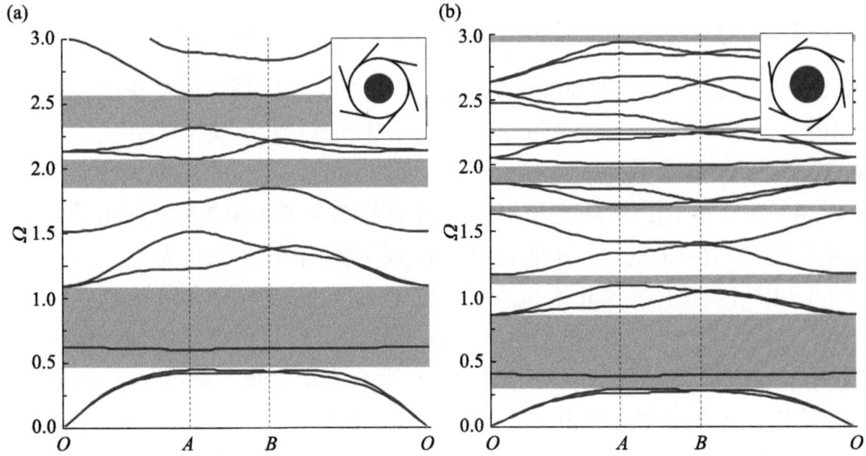

图 4.15　几何参数(a) $\cos\beta = 0.75$ 和(b) $\cos\beta = 0.6$ 时手性局域共振超材料带结构

因为低频第一禁带是局域共振产生的，另一个可以调节低频禁带的参数是调节谐振夹杂的属性。图 4.16(a)给出了以表 4.1 中的材料数据作为基准改变重圆盘的密度时第一禁带宽度的变化规律，图中对应每一横轴密度取值，色块在纵坐标范围表达了禁带宽度，色块中的白色条带则显示了负群速度通带的变化情况。很显然增加中心圆盘的密度将一致降低禁带频率并增加带宽。有趣的是负群速度通带只在相对密度为 0.5 左右时才开始出现，并且其带宽随密度的增加而减小。图 4.16(b)显示了中心圆盘半径相对于点阵材料圆环所占比例的大小对禁带的影响。可以看到禁带宽度随中心圆盘尺度的增加而加大，负群速度通带直至 $r_c/r = 0.4$ 时才开始出现，且其宽度随参数增大。禁带中心频率随该参数的变化并不呈现单调递增或递减规律。

为了进一步分析超材料在低频隔振中的性能，下面考察由有/无谐振单元的两种点阵构成的有限尺寸的梁模型，如图 4.17(a)所示。梁由四周框架和与之固接的点阵材料构成，框架材料与点阵材料一致，厚度为 1mm。梁的长度为 W=810mm，

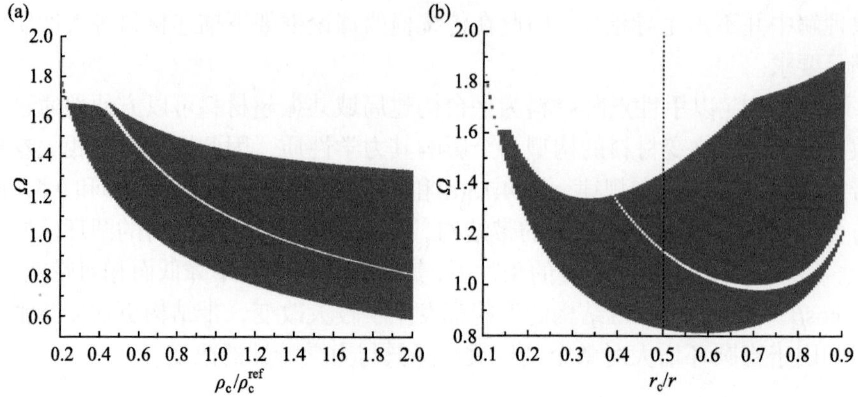

图 4.16　谐振夹杂的材料性质和几何尺寸对手性局域共振超材料带结构的影响

包含 32 个单元；高度为 H=88mm，包含 3 个单元。计算中谐振子硅橡胶参数为 E_s=3MPa，ν_s=0.48，ρ_s=1.1g/cm^3；铅柱的材料参数为 E_c=17GPa，ν_c=0.42，ρ_c=11.3g/cm^3，其他参数与表 4.1 一致。梁在左端受一个垂直的简谐位移激励，频率在 0～4000Hz 变化，对应无量纲参数取值范围为 $\Omega\in[0,2.5]$。利用梁右端上下表面两点(图 4.17(a)中的 A、B)的频响(FRF)来刻画梁的振动行为。

图 4.17(b)给出了包含和不包含谐振子点阵梁的频响及含谐振子点阵材料的带结构。与无谐振子工况相比，引入谐振子后在点阵材料低频区域形成了一个宽低频禁带，当激励频率位于该禁带时，点阵梁的振动将被大幅度抑制(图 4.17(b))。引入谐振子显然会增加梁的重量，进一步研究表明：加入少量的谐振子或不同谐振频率的谐振子，可以实现明显减振的效果并具有组合禁带形成宽频的特点。

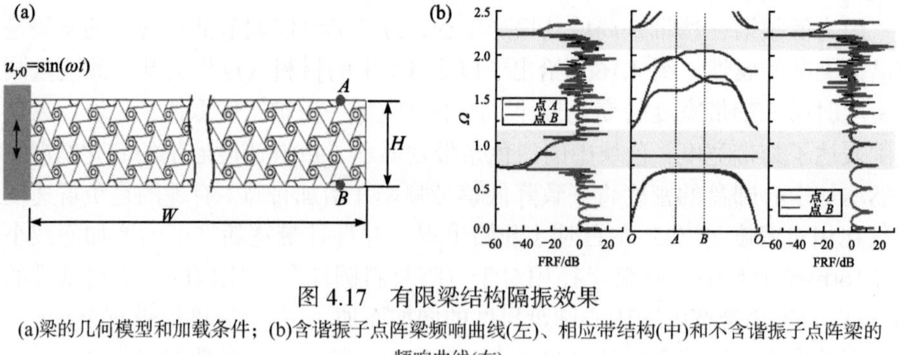

图 4.17　有限梁结构隔振效果

(a)梁的几何模型和加载条件；(b)含谐振子点阵梁频响曲线(左)、相应带结构(中)和不含谐振子点阵梁的频响曲线(右)

4.3.2　实验结果

基于前述手性点阵局域共振超材料的理论探讨，Zhu 等针对含谐振单元的手性点阵材料梁结构建立了等效梁理论模型，以进一步分析波在有限超结构中的传播规律，例如谐振参数影响、衰减规律以及带隙优化等，进而研究了实验制备与验证[30]。

实际设计制备的超材料梁结构对表 4.1 参数略有调整，如表 4.2 所示，其中手性点阵材料基材仍为铝合金。为构造两种不同的谐振频率，谐振夹杂重圆柱分别采用(A)钨和(B)不锈钢。为便于制备包覆层材料，采用液态橡胶凝固方法，凝固后为几乎不可压材料，实测杨氏模量为 583MPa，实际橡胶材料具有阻尼效应，其损耗角<0.1。超材料梁结构由周期点阵局域谐振超材料截断并嵌入矩形框架中构成。矩形框架的尺寸长 470mm，高 91mm，厚度方向 10mm，其中框架薄板的厚度为 0.5mm，如图 4.18(a)所示。框架和点阵材料芯材由整块铝板通过水切割方法加工。梁结构长度方向包含 16 个单胞，高度方向包含 3 个单胞。手性晶格的圆环内部填充了有橡胶包覆的金属圆柱。图 4.18(a)中制备的结构左右两端各包含 7 排含 A、B 两种金属圆柱的谐振夹杂。

表 4.2　实验测试中手性超材料微结构参数

点阵		谐振夹杂	
参数名称	参数值	参数名称	参数值
几何参数	$L/R = 0.82$	金属圆柱的直径	6.35mm
线段长度	$L = 24.6$mm	金属圆柱的高度	25.4mm
圆环半径	$r = 8.6$mm	不锈钢的密度	7.85g/cm^3
线段厚度	$t_b = 0.5$mm	钨的密度	15.630g/m^3
杨氏模量	$E_1 = 71$GPa	橡胶的杨氏模量	586MPa
泊松比	$\nu_1 = 0.33$	橡胶的损耗角	<0.1
密度	$\rho_1 = 2.7$g/cm^3		

实测中，梁左侧固定，另有一个激振器在接近固定端一侧施加激励。激振器产生带宽为 0～1000Hz 的白噪声作为激励信号，在梁的另一端安装加速度计以接收梁的响应信号。图 4.18(b)展示了结构频响曲线的实验结果和有限元模拟结果。梁的右段含有 7 排 B 型谐振单元 (橡胶包覆钢柱)。图中阴影区域表示由无限大手性超材料分析得到的低频禁带。从实验结果来看，在低频范围内能够观察到明显的振动衰减，且衰减频段对应于有限元模拟的结果以及禁带范围。如图所示，当频率接近共振频率(317Hz)时，有限元仿真的频响函数的幅值明显下降，此频率也是所预测的禁带的下边界。然而，实测得到的频响函数曲线中的下降比较微弱，原因是有限元模拟中没有考虑橡胶包覆层的阻尼作用。当采用图 4.18(a)的混合谐振夹杂时，实测频响曲线由图 4.18(c)给出，分别显示了 A、B 两种夹杂单独存在和共同存在时的频响曲线，其中不同颜色的阴影色块给出了两种夹杂对应的

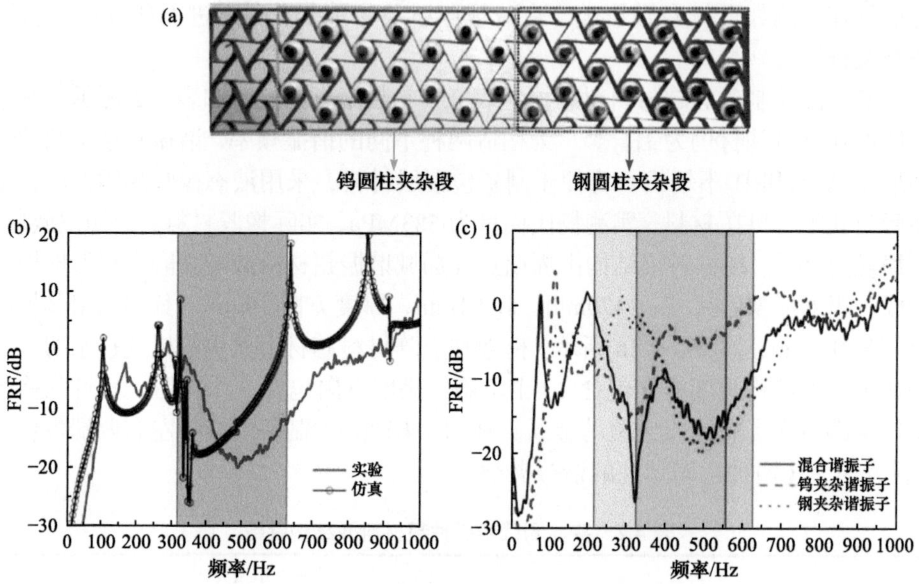

图 4.18　手性点阵超材料梁结构实测隔振效果

(a)超材料梁的制备样件；(b)仅含有谐振夹杂 B 情况下频响曲线仿真和实测结果；(c)含 A、B 两种谐振夹杂的实测结果

Bloch 波分析带结构，二者的频率具有一定重叠。容易观察到组合结构的频响曲线的低响应频率区间(210～700Hz)几乎等同于两者禁带结构的合并。

4.4　手性双负弹性超材料

4.4.1　一维离散模型

3.1.2 节第 1.部分中已对一维旋转圆盘结构造成的等效负拉伸刚度做了介绍，实际上图 3.8 所示的结构显然不具有镜像对称性，因此是手性结构。图中斜弹簧 k_2 使得圆盘的旋转谐振与拉压变形耦合造成了旋转谐振频率附近的等效负拉伸刚度。之前考虑的等效负刚度单元是简谐加载的独立构元，本节将单个负刚度构元作为一列等效弹簧，以串联质点构成一维链系统，研究其波动行为。我们将看到在串联模型的波动环境中，圆盘的旋转和与背景质点的相对平移将独立发挥作用，能够在特定频段同时产生动态等效负质量和负刚度。

一维系统模型如图 4.19 所示，背景介质是由质量 m_1 和弹簧 k_1 构成的单原子链，在每两个质点之间连接由圆盘(质量 m_2，转动惯量 I)和两个斜弹簧 k_2 构成的手性谐振“夹杂”。在运动过程中，要求质量和圆盘的中心都保持在水平轴上，因此其表观自由度均为水平方向，构成一个一维系统。图中的虚线框表示系统中

的第 n 个单胞。不同于单个负刚度单元，波动载荷下，圆盘不仅旋转还会平移运动。为消除该模型的非对称效应，Wang 考察了一个类似的一维离散模型，其中两个具有不同手性的共振子在一个单胞内重叠放置，对模型的动力学特性做了详细讨论[31]。Li 等将此类离散模型进一步推广到二维情况[32]。

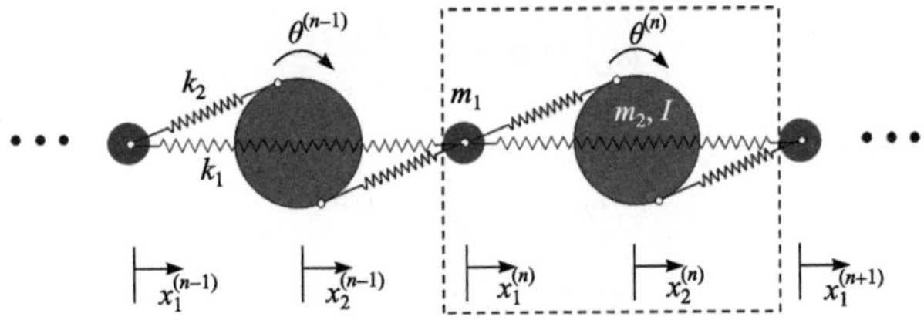

图 4.19　同时具有负等效质量和刚度的一维离散模型

假设各量简谐变化，根据图 4.19 所示自由度及编号，系统的动力学方程为

$$
\begin{aligned}
-\omega^2 m_1 x_1^{(n)} &= k_1\left(x_1^{(n+1)} + x_1^{(n-1)} - 2x_1^{(n)}\right) + k_2 R\cos\alpha\left(\theta^{(n)} - \theta^{(n-1)}\right) \\
&\quad + k_2\cos^2\alpha\left(x_2^{(n)} + x_2^{(n-1)} - 2x_1^{(n)}\right) \\
-\omega^2 m_2 x_2^{(n)} &= k_2\cos^2\alpha\left(x_1^{(n+1)} + x_1^{(n)} - 2x_2^{(n)}\right) \\
-\omega^2 I\theta^{(n)} &= -Rk_2\cos\alpha\left(x_1^{(n+1)} - x_1^{(n)}\right) - 2R^2 k_2\theta^{(n)}
\end{aligned}
\tag{4.86}
$$

根据上述方程，圆盘的平移和旋转可以由背景质量 m_1 的位移表示为

$$
\begin{aligned}
x_2^{(n)} &= \frac{1}{1-\omega^2/\omega_1^2}\frac{x_1^{(n+1)} + x_1^{(n)}}{2} \\
\theta^{(n)} &= \frac{1}{1-\omega^2/\omega_0^2}\frac{x_1^{(n)} - x_1^{(n+1)}}{2R}\cos\alpha
\end{aligned}
\tag{4.87}
$$

其中，ω_0 和 ω_1 是刚性圆盘的自然频率

$$
\omega_0^2 = \frac{2k_2R^2}{I}, \quad \omega_1^2 = \frac{2k_2\cos^2\alpha}{m_2}
\tag{4.88}
$$

对胞元 n，其两端受到的外力记为 $F^{(n)}$ 和 $F^{(n+1)}$。利用式(4.86)～式(4.88)可得到如下关系

$$
\begin{aligned}
\frac{1}{2}\left(F^{(n+1)} + F^{(n)}\right) &= \left(k_1 - \frac{m_1}{4}\omega^2 + \frac{k_2\cos^2\alpha}{2}\frac{1}{1-\omega_0^2/\omega^2}\right)\left(x_1^{(n+1)} - x_1^{(n)}\right) \\
F^{(n+1)} - F^{(n)} &= -\omega^2\left(m_1 + \frac{m_2}{1-\omega^2/\omega_1^2}\right)\frac{x_1^{(n+1)} + x_1^{(n)}}{2}
\end{aligned}
\tag{4.89}
$$

根据长波极限假设，将 $\left(F^{(n+1)} + F^{(n)}\right)/2$ 和 $x_1^{(n+1)} - x_1^{(n)}$ 分别记为单胞的平均拉力和

伸长量；并将 $F^{(n+1)}-F^{(n)}$ 和 $-\omega^2\left(x_1^{(n+1)}+x_1^{(n)}\right)/2$ 分别视作合外力和可观测的平均加速度，可以定义单胞的等效刚度和等效质量

$$k_{\text{eff}}=k_1-\frac{m_1}{4}\omega^2+\frac{k_2\cos^2\alpha}{2}\frac{1}{1-\omega_0^2/\omega^2} \tag{4.90}$$

$$m_{\text{eff}}=m_1+\frac{m_2}{1-\omega^2/\omega_1^2} \tag{4.91}$$

各自由度满足 Bloch 波形式

$$\begin{aligned}x_1^{(n+j)}&=\hat{x}_1\mathrm{e}^{\mathrm{i}(qx+jqL-\omega t)}\\x_2^{(n+j)}&=\hat{x}_2\mathrm{e}^{\mathrm{i}(qx+jqL-\omega t)}\\\theta^{(n+j)}&=\hat{\theta}\mathrm{e}^{\mathrm{i}(qx+jqL-\omega t)}\end{aligned} \tag{4.92}$$

其中，q 为 Bloch 波数；L 为单胞的长度；$\hat{x}_1$、$\hat{x}_2$ 和 $\hat{\theta}$ 为各自由度的复振幅。将式 (4.92)代入式(4.86)，得到该一维系统色散关系的特征方程

$$\omega^2\left(m_1+\frac{m_2}{1-\omega^2/\omega_1^2}\right)=\left[k_1+\frac{k_2\cos^2\alpha}{2}\left(\frac{\omega_1^2}{\omega_1^2-\omega^2}-\frac{\omega_0^2}{\omega_0^2-\omega^2}\right)\right]\sin^2\frac{qL}{2} \tag{4.93}$$

对应于三个自由度，图 4.20(c)给出了根据式(4.34)得到的三支色散曲线，其中频率以圆盘平移谐振频率 ω_0 无量纲化。计算中用到的参数为 L=0.1, R=0.08, α =π/6, m_1=0.2, m_2=0.3, I=0.0015, k_1=0.2, k_2=0.1。从图 4.20(c)可以看到，在频率范围 0.88～1.00 内，一条具有负斜率的通带(红色实线)出现在禁带内，并将禁带区域分隔成 0.75～0.88 和 1.00～1.18 两部分。图 4.20(a)展示了式(4.91)描述的随频率变化的归一化的等效质量 m_{eff}/m_1。负等效质量发生的频段为 0.85～1.18，在图中标记为灰色背景。图 4.20(b)展示了由式(4.90)计算得到的归一化的等效刚度，负

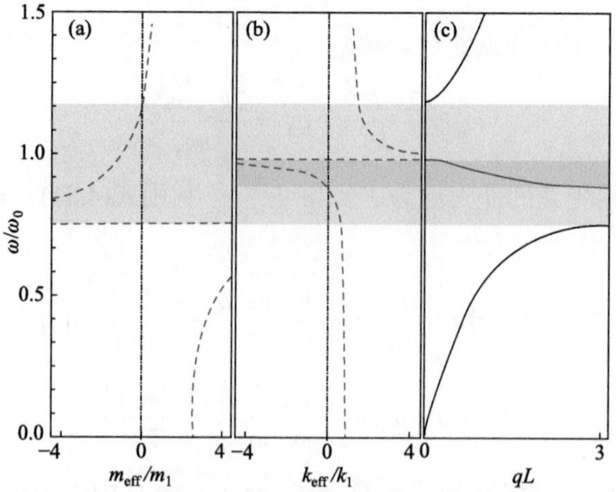

图 4.20　双负一维手性离散模型的(a)等效质量、(b)等效刚度以及(c)色散曲线

刚度出现的频率范围为 0.90～1.00。通过对比容易观察到，负等效质量和负等效刚度同时发生的频段(蓝色区域)与负斜率段的通带重叠。另外，图 4.20(a)中被分隔的两个禁带对应系统只具有负等效质量的频段。这个简单的模型清晰地解释了由手性格栅和嵌套质量构成的声波超材料为什么能够支持后向波传播。

4.4.2　二维连续模型

图 4.19 中离散模型很容易被拓展构造为具有双负材料性质的二维连续构型[33]，如图 4.21 所示，其中图 4.21(a)说明了一维弹簧-质量模型和二维手性连续介质模型的类比关系。弹簧-质量模型中的背景一维链被具有空腔的连续材料构成的基体所替代，空腔中嵌入具有手性包覆层的夹杂来模拟离散模型中两个手性的斜弹簧和质量构成的振子。为了使得手性超材料具有宏观各向同性的性质，上述共振单元按照周期三角形晶格排列，晶格常数为 a。图 4.21(b)展示了所设计的超材料的单胞。二维版本的超材料单胞实际上和熟知的三相球等效负密度局域谐振超材料非常相似，其主体都是将具有软包覆层的重圆柱夹杂核嵌入基体当中。但是为了构造手性性质，有效激发内部重圆柱的旋转谐振，包覆材料被切出 n_s 个宽度为 t_s 的缺口。缺口在环向等间隔排列，每个缺口与径向的夹角为 θ_s。前述几何参数需要精心优化设计来确保夹杂核的平移和旋转共振具有重合的频率范围，且此范围要尽可能大。开槽导致单胞结构相当复杂，在优化设计中，仍然采用 2.3.3 节基于有限元分析的边界积分数值均匀化方法。由于材料宏观上为各向同性，材料的体积和纯剪变形互相解耦，在具体的等效弹性模型分析中，施加宏观球量和偏量应变

$$\boldsymbol{E}=\bar{E}\begin{bmatrix}1 & 0\\ 0 & 1\end{bmatrix},\quad \boldsymbol{E}'=E'\begin{bmatrix}1 & 0\\ 0 & -1\end{bmatrix} \tag{4.94}$$

通过胞元边界的反力积分获得宏观应力的相应球量 $\bar{\Sigma}$ 和偏量 Σ' 部分后，即可由 $K_{\text{eff}}=\dfrac{1}{2}\bar{\Sigma}/\bar{E}$ 和 $\mu_{\text{eff}}=\dfrac{1}{2}\Sigma'/E'$ 获得等效体积(面积)模量和剪切模量。

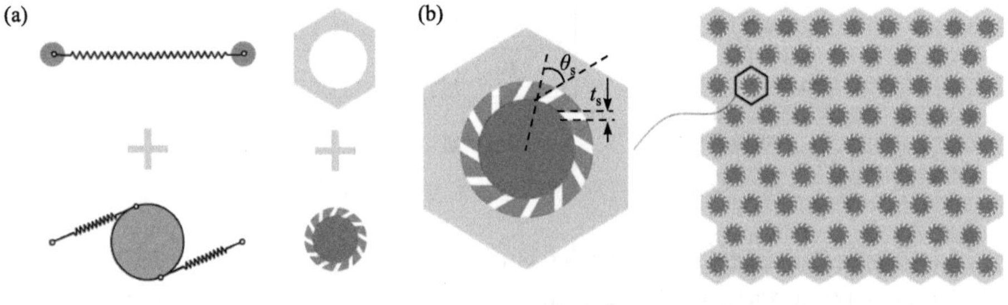

图 4.21　(a)一维弹簧-质量模型和二维手性连续介质模型的类比；(b)连续手性超材料阵列及单胞构型

采用前述方法建立了微结构参数和等效材料参数之间的关系，并且针对图 4.21(b)构型优化了微结构参数。二维手性超材料的最终设计，选择未填充的环氧树脂(密度 ρ_{m}=1110kg/m^3，体积模量 K_{m}=3.14GPa，剪切模量 μ_{m}=0.89GPa)、低密度聚乙烯塑料(ρ_{c}=920kg/m^3，K_{c}=0.57GPa，μ_{c}=0.13GPa)和铅(ρ_{I}=11600kg/m^3，K_{I}=52.6GPa，μ_{I}=14.9GPa)作为基体、包覆层和重圆柱的材料。重圆柱直径为 5.6mm，包覆层的厚度为 0.7mm，三角晶格常数为 a = 10.75mm。缺口相关的参数为 n_{s}=12，t_{s}=0.4mm 和 $\theta_{\mathrm{s}} = 56°$ 。

图 4.22(a)给出了以基体密度归一化的等效密度 $\rho_{\mathrm{eff}} / \rho_{\mathrm{m}}$ 随频率的变化。可以看到，负密度在频率范围 9.51～21.54kHz 出现。图 4.22(b)给出了以基体剪切模量归一化的体积模量 $K_{\mathrm{eff}} / \mu_{\mathrm{m}}$ 和剪切模量 $\mu_{\mathrm{eff}} / \mu_{\mathrm{m}}$ 随频率的变化。需要指出的是，在频率范围 14.08～14.72kHz 内，K_{eff} 取负值，而 μ_{eff} 始终为正。在频段 14.30～14.72kHz，等效纵波模量 $E_{\mathrm{eff}} = K_{\mathrm{eff}} + \mu_{\mathrm{eff}}$ 和等效密度同时为负。因此，此频段内将会出现一支群速度和相速度反向的纵波通带。为了证明此推论，图 4.22(c)给出了 $\boldsymbol{\Gamma K}$ 方向的色散曲线，其中内图展示了晶格阵列和不可约布里渊区。带结构曲线显示，频段 9.44～21.58kHz 同时为纵波和横波的禁带范围，且与负等效密度的频率范围相符合。在频段 14.05～14.73kHz 内有一支负斜率的色散曲线，这也与等效密度和纵向杨氏模量同时为负的频段符合。通带和双负频段宽度上的差别可能是因为前述提到的均匀化方法更适用于长波极限区域。

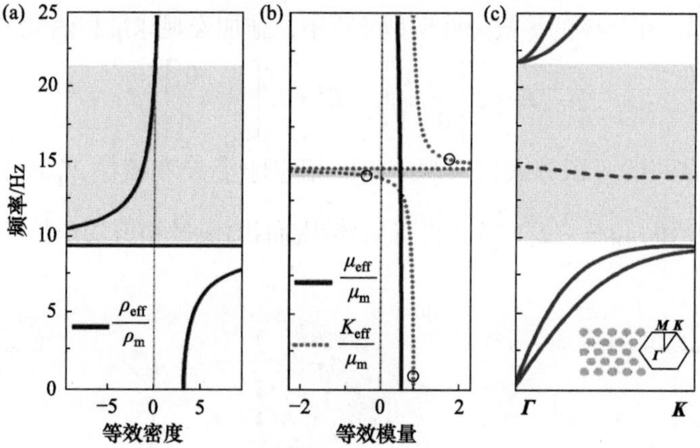

图 4.22　三相手性弹性超材料的(a)等效密度、(b)等效模量以及(c)带结构

为了更清楚地说明连续介质手性超材料负值动态等效体积模量的成因，图 4.23 展示了对应于图 4.22(b)中圆圈标示的 K_{eff} 的三个典型取值的特征模态。图 4.23 中虚线表示未变形状态，因此图中所示的单胞变形均为体积膨胀，胞元边界的箭头展示边界处来自其他单胞施加的外力。图 4.23(a)对应准静态(0kHz)情况下的

K_{eff}，因为当前频率远低于谐振夹杂的旋转共振频率，因此相应于胞元膨胀，内部谐振单元也相应地顺时针旋转，但旋转与体积膨胀相互协调，材料在边界体现常规压力水平，K_{eff} 为常规准静态体积模量。图 4.23(b)显示了频率(14.5kHz)从下方接近旋转共振频率时的边界外力状态，此时谐振夹杂的旋转与整体变形也保持同相，但由于接近谐振频率，其旋转幅度远大于胞元体积膨胀对应的幅度，导致了基体材料中受压状态，对比体积膨胀变形，导致了该频率下的动态等效负体积模量。图 4.23(c)显示的情况则相反，当频率(15.2kHz)从上方接近共振频率时，夹杂核的逆时针旋转增强了基体内的体积拉力状态，导致了等效体积模量的正峰值。

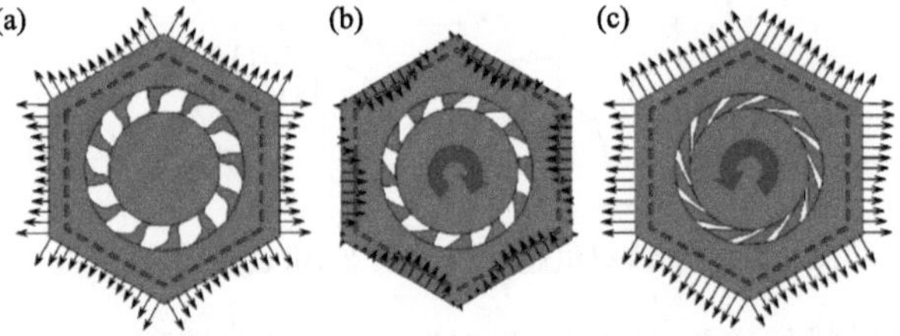

图 4.23　三种典型动态等效体积模量的胞元变形和受力状态
(a)准静态值；(b)负值；(c)正峰值

实际上由于球形谐振子具有有限尺寸和转动惯量，在经典三相球超材料构型的带结构曲线中也会具有一支与旋转谐振相关的波动模态。但是由于材料不具有手性，在低频状态该模态不会被能带的声学支所激发，因此无法与背景低频波动模式耦合，这一旋转模态为严格水平线而没有波传播意义。正是二维手性介质体积变形与局部旋转的耦合效应使旋转共振得以在低频被利用和激发，而在动态等效性质上体现为负体积模量。

双负超材料的最典型的波动现象为负折射，考虑到二维手性超材料能够产生(准)P 波负斜率频带，我们来研究该介质在与声学介质构成的界面上可能发生的负折射。首先考察该介质的等频线形貌。图 4.24 显示了等效密度和纵波模量同时为负的第三支 Bloch 波的等频线及其对应的频率。可以看到与手性对应，等频线形貌也具有非对称的手性特征。但在靠近布里渊区中心的长波情况下，等频线接近正圆，预示了各向同性的波动行为，与三角点阵等效为各向同性介质对应。而对频率较低且波数较大的情形，点阵材料的方向性逐渐显现。例如当频率为 14.20kHz 时，尽管波矢与群速度 $\boldsymbol{v}_{\text{g}}$ 仍然互为对向，但已经不再平行；当频率为 14.55kHz 时，可视为标准的各向同性双负介质。

最后对手性双负超材料与声学介质界面间的负折射进行了数值仿真验证。如图 4.25 所示，构造了由 546 个单胞构成的超材料棱镜，尖劈角度为 30°。超材料棱镜浸入流体(水，密度 1000kg/m^3，声速 1500m/s)中，界面采用压力连续和法相速度连续的声固耦合界面。在棱镜下方正入射一频率为 14.53kHz 的高斯波束。

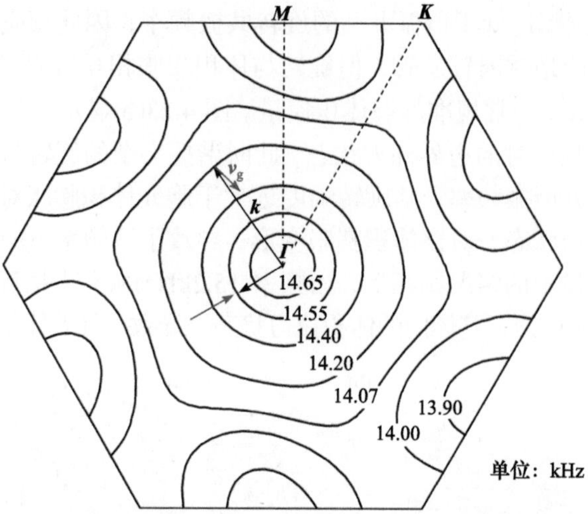

图 4.24　手性双负超材料第三支 Bloch 波的等频线

在该频率下，超材料的等效密度为−1481kg/m^3，等效体积模量为−1.58GPa，等效剪切模量为 0.42GPa。正如所期望的，体中的声波在出射界面发生了负折射。图 4.25 虽然显示了相同的棱镜设置和折射现象，但小图中的胞元显示两个棱镜分别由不同手性的单胞构成，左/右手性对折射现象并无影响。小图也同时显示了仿真中超材料棱镜的有限元网格。

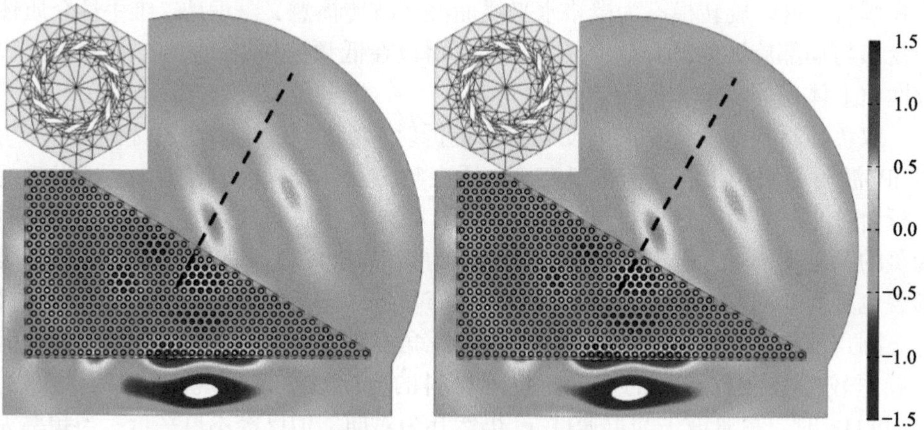

图 4.25　手性双负超材料对声波的负折射现象，两图分别验证了左/右手性均能产生相同的现象
图为声压云图，在固体超材料区域为静水压力。数值仅代表相对大小

4.4.3　基于单相材料的设计与验证

前述讨论已经证明，通过恰当的微结构设计能够利用二维结构的手性同时激

发夹杂的平移和旋转谐振，从而分别负责形成材料等效负密度和等效负体积模量。有别于其他方案，手性超材料的组分构成相对简单，而且并不需要流固耦合机制，因此极大地简化了双负弹性超材料的设计。然而 4.4.2 节提出的设计方案仍然需要三种组分材料，在实际制备与实验验证上，材料之间的连接很难实现。下面介绍仅由单相材料构成的手性双负超材料设计方案，使得超材料阵列可以通过均质材料切割而成，使其实验验证成为可能[34]。

图 4.26(a)给出了设计的单相手性超材料单胞微结构图案，超材料为三角点阵阵列，在每个正六边形胞元内仅含有三条曲折切槽。单胞来自于六边形区域内合理安排的缺口图案。通过切口条带，单胞区域被分为三个部分：①周围的框架基体部分，相当于传统正六边形蜂窝点阵材料；②中间的大质量块体，用来代表谐振夹杂的内部质量；③三条斜向手性排列的细长杆，具有较高柔性，用以代替柔性基体。材料的几何参数主要包括晶格常数 a、切口宽度 s、条带宽度 r 和侧框架宽度 t_{f}。在此设计中，三个条带的加工精度非常重要，因为它们充当软手性包覆层，并靠它们激发中心区域的平移和旋转共振，其刚度直接影响双负材料性质发挥作用的频率区间。图 4.26(b)和(c)分别展示了由平移共振和旋转共振引起的典型的模态。通过精心设计手性分布的条带的几何参数，平移和旋转共振能够同时被激发，进而在需要的频率范围实现双负的等效材料参数。最终优化设计得到的微结构参数如表 4.3 所示，超材料基材选用不锈钢。

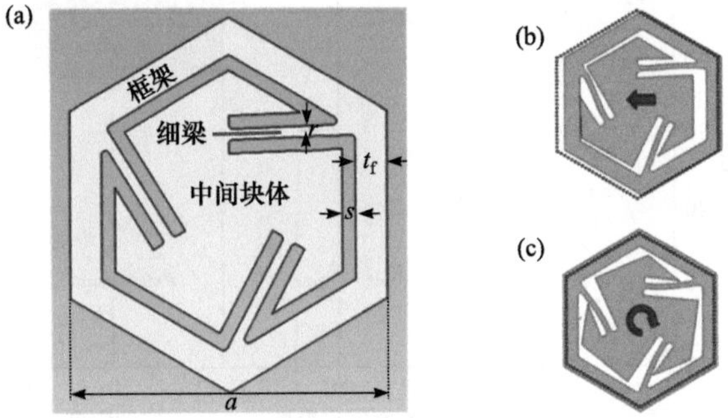

图 4.26　(a)单相手性超材料单胞；(b)中心块的平移共振；(c)中心块的旋转共振

表 4.3　弹性波负折射实验中手性超材料微结构参数

几何		材料(不锈钢)	
变量	参数值/mm	变量	参数值
r	0.4	密度	7850kg/m^3
s	0.5	杨氏模量	200GPa
r_{f}	0.15	泊松比	0.3

续表

几何		材料(不锈钢)	
变量	参数值/mm	变量	参数值
t_f	1.2		
a	12		

图 4.27(b)和(c)分别展示了手性超材料单胞的等效体积模量和等效密度与频率的变化关系。分别用基体材料的杨氏模量和密度(此处为不锈钢的密度)对等效体积模量 K_{eff} 和等效密度 ρ_{eff} 做了归一化处理。图 4.27(a)给出了超材料沿第一布里渊区中方向 $\boldsymbol{\Gamma M}$ 的色散曲线，其中的插图显示了超材料晶格阵列和 1BZ。如图 4.27(a)所示，由色散关系预测得到的禁带频率范围(37.2～53.6kHz，灰色区域)与图 4.27(a)中的负等效密度 ρ_{eff} 的频率范围(37.4～54.1kHz，粉色区域)基本吻合。图 4.27(b)中展示了 K_{eff} 取值为负的频率范围 42.9～45.2kHz，以蓝色标注。最终，等效纵波模量 $E_{\text{eff}} = K_{\text{eff}} + \mu_{\text{eff}}$ 和密度 ρ_{eff} 在频率范围 43.6～45.2kHz 内同时为负，可以据此推断此频段内有一条具有负斜率的纵波的通带。因此该频段内纵波的波长为 112～121mm，远大于单胞的尺寸 12mm，动态等效满足长波极限的假设。

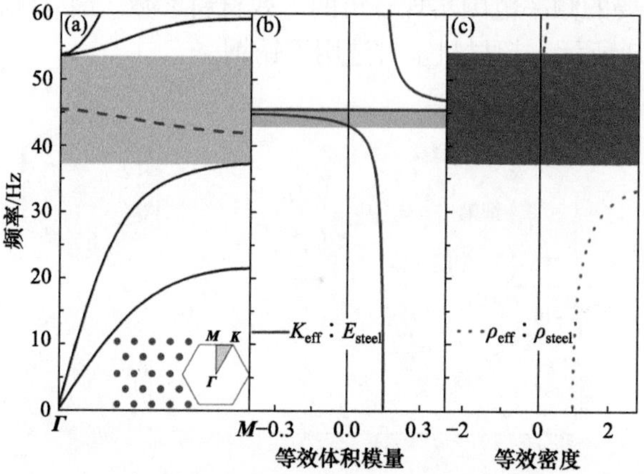

图 4.27　单相手性弹性超材料的(a)带结构、(b)等效体积模量以及(c)等效密度

针对上述超材料设计，这里将考虑它对弹性波产生的负折射规律，相比于前节声学介质的负折射，界面的弹性波负折射更为复杂和丰富。由于弹性波的矢量特性，界面处会同时产生纵波和横波的模式转换。数值计算设定以及结果展示在图 4.28 和图 4.29 中。一尖角为 30°的超材料棱镜由手性超材料单胞构成，微结构的参数与表 4.3 相同。稳态波传播过程有限元计算通过 COMSOL 软件进行，在图示超材料棱镜左侧边界一定区域施加简谐位移激励激发一纵波高斯波束正入射至棱镜左侧，纵波首先在超材料区域内部传播，最后在斜界面处折射。在计算

区域四周施加吸收边界以消除波的反射。

为解析折射波的模式以及相应的折反射角度，图 4.28(a)绘制了超材料在频率 39～44.6kHz 内第一布里渊区中的等频线。等频线的中心位于 $\boldsymbol{\Gamma}$ 点。等频线随频率增大而收缩，表明群速度和相速度反向。首先在频率 f_c = 43.8kHz 测试了波的折射。红色实线标识超材料在此频率的等频线，绿色虚线和蓝色点线分别标识了不锈钢材料在此频率下横波和纵波模式的等频线。图中 $\boldsymbol{V}_g$ 和 $\boldsymbol{k}$ 分别是超材料中入射波的群速度和波矢。等频线中的黑色虚线标识了折射界面的法线方向，用以标定波矢守恒，从而决定折射波的成分的角度。折射波的模式可以利用斯涅尔定律通过等频线图确定。因为波的能量是从左往右传播的，$\boldsymbol{V}_g$ 应取相同的指向。在所考虑的频率下，超材料的群速度和相速度是反向的，因此波矢方向应指向左，如图 4.28(a)所示。需要指出，在此频率下红色等频线并不严格是圆形，因此群速度和相速度并不是平行的。根据第 2 章的讨论，斯涅尔定律要求平行于折射界面方向的波矢分量守恒。折射的纵波和横波的波矢可以由虚线和相应介质的相应模式的等频线的交点来确定。可以看到，黑色虚线仅与绿色虚线圆有交点，表明从超材料棱镜折射出来的只有横波模式。由于界面处的切向波矢守恒，容易得出背景介质中的负折射现象，并确定折射横波的折射角为 $\varphi = -37°$。因此超材料和背景介质之间的界面处发生了由纵波到横波的完全的模式转换，这给出了 2.1.4 节双负弹性介质弹性波折射的实例验证。为了进一步分离折射波的纵波和横波模式，在 COMSOL 中计算了背景介质的速度场的散度和旋度，分别在图 4.28(b)和(c)中显示。从图 4.28 中可以看到非常弱的折射纵波(散度场)和非常强的折射横波(旋度场)，与预期结果一致。图 4.28(c)中全波数值模拟所测算的折射角与通过等频线分析的预测完全吻合。

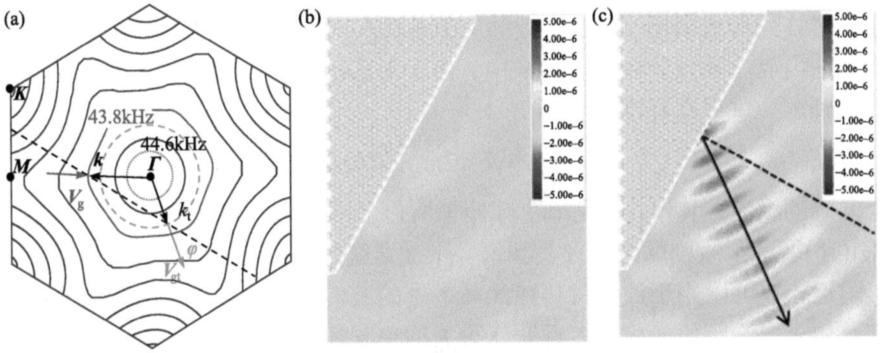

图 4.28　频率 43.8kHz 下，(a)超材料/不锈钢基体的横/纵波等频线；折射区域速度场的(b)散度及(c)旋度

图 4.29 给出了另一频率 f_c = 44.6kHz 下的超材料棱镜折射计算结果。图中红

色实线为超材料在该频率处的等频线，绿色虚线圆和蓝色点线圆分别是不锈钢基体在此频率下横波模式和纵波模式的等频线。在该频率下，手性超材料几乎圆形的等频线表明超材料在更高频率(波场更长)下更接近各向同性。由于该频率下超材料波速更高，标示波矢守恒的黑色虚线与不锈钢介质的横、纵波等频线均相交，由此测算得到横、纵波折射角度分别为 $\varphi = 23°$和 $\psi = 50°$。为了确定折射波的能量在纵波和横波的分配比例，折射波场的散度和旋度场经计算后绘制在图 4.29(b)和(c)中。可以看到，在这种情况下，图 4.29(b)的纵波场与(c)的横波场强度相当，这表明当入射波频率大于44.25kHz时，折射波的模式转换并不显著。频率44.6kHz下的折射纵波和横波也与基于等频线的预测结果相符。

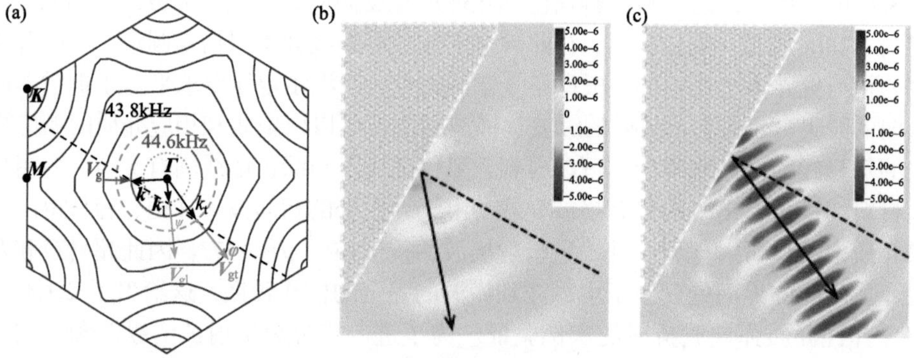

图 4.29　频率 44.6kHz 下，(a)超材料/不锈钢基体的横/纵波等频线；折射区速度场(b)散度及(c)旋度

本节设计的单相双负手性超材料的尺度和基材均在常规范畴，因此使制备和实验验证成为可能。制备和实验在一块大的不锈钢板上进行，其中一部分区域切割超材料阵列形成棱镜。通过在板的上下表面同时对称粘贴压电片并施加电激励来实现面内纵波激发。在实验验证中，由于无法消除板波的反射，因此无法使用稳态激励源。这里选择窄频脉冲信号

$$\overline{u}_x(t) = A_0[1-\cos(2\pi f_c t / n_c)]\sin(2\pi f_c t) \tag{4.95}$$

作为激励的纵波，其中，n_c是单个脉冲中所包含的周期数；f_c是信号的中心频率。图 4.30(b)展示了激励的波形及其频谱。注意到这是一个窄带信号，能量集中在频率f_c附近，故可以用于评估材料在此频率处的波传播特性。一个脉冲中所包含的周期数越多，激励信号就越接近频率为f_c的单频信号，然而，折射过程也就更可能被边界处的反射波所干扰。另外，如果周期数太少，在样品还未从初始状态达到要求的共振状态之前，激励信号就停止了。因此，考虑到瞬态分析的效率，数值验证在 LS-DYNA 显式动力学有限元分析软件中完成。瞬态仿真和后续实验的设置如图 4.30(a)所示，板材中尖角为 30°的尖劈区域包含了 256 个手性双负超材

料阵列。一面内的纵波波束从超材料区域的左侧边界处发出，选择两个中心频率 $f_c = 43.8\text{kHz}$ 和 $f_c = 30\text{kHz}$，根据带结构和有效性质分析，预期这两个频率下将分别产生负折射和正折射现象。选择 $n_c = 50$ 的窄频信号激发高斯波束。图 4.30(c) 展示了频率 $f_c = 43.8\text{kHz}$ 以及时间 $t = 1.7\text{ms}$ 下的面内速度场幅值快照。可以计算此频率下等效纵波模量 E_{eff} 和等效密度 ρ_{eff} 分别为−3.6GPa 和−5891kg/m^3。通过计算折射波场的二维空间傅里叶变换[35]，可以得到折射角为 −37.5°。图 4.30(d) 展示了频率 $f_c = 30\text{kHz}$ 及时间 $t = 1.0\text{ms}$ 下的面内速度场幅值快照。等效纵波模量和等效密度在此频率下分别为 30.8GPa 和 12400kg/m^3。最终结果与预期相同，产生了正折射。

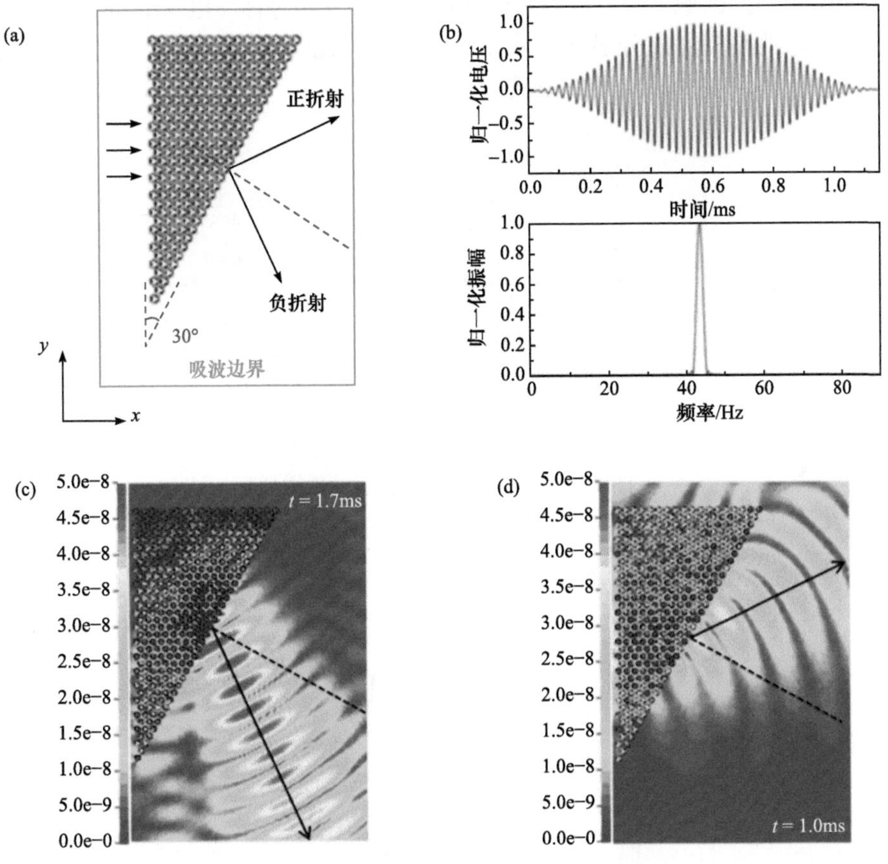

图 4.30　(a)弹性波负折射瞬态波传播及测试方案；(b)窄频脉冲信号的波形与频谱；频率 (c) $f_c = 43.8\text{kHz}$ 和(d) $f_c = 30\text{kHz}$ 时的面内速度场绝对值

最终实验制备的测试样品如图 4.31 所示。手性超材料棱镜阵列尺寸约为 326mm×192mm×1.5mm，采用激光切割的工艺加工在一块 304 不锈钢薄板

(3048mm×1829mm×1.5mm)上。图中还展示了超材料阵列不同倍数的放大显示。实验中，选择了尽量大尺寸的不锈钢板来消除边界处反射波的干扰。在此实验中，是以三维薄板构型验证前述的二维现象，因为感兴趣的频率范围很低 (<50kHz)，因此板中最低阶的对称 Lamb 波(S0)模式可以作为二维面内纵波的很好近似。面内纵波由压电驱动器产生。使用脉冲 Doppler 三维激光测振仪(Polytec PSV-400-3D)测量板的表面速度场来重构面内的折射波。图 4.32 展示了波束产生和测量区域的示意图。六个矩形的压电片(33.00mm × 4.00mm × 0.76mm)被对称粘贴在板上下表面(上侧三个，下侧三个)以产生面内纵波(S0)并入射至超材料棱镜左侧边界。为了测量面内折射波，在预计折射区域规定一个矩形(156mm × 123mm)范围作为激光扫描区域。由于板内弯曲波占主导，因此对称压电片的微弱偏差将会导致板内弯曲波模态成分显著，从而干扰测量。此时可以采用频率-波数滤波技术[35]来去除不需要的独立面外模式。

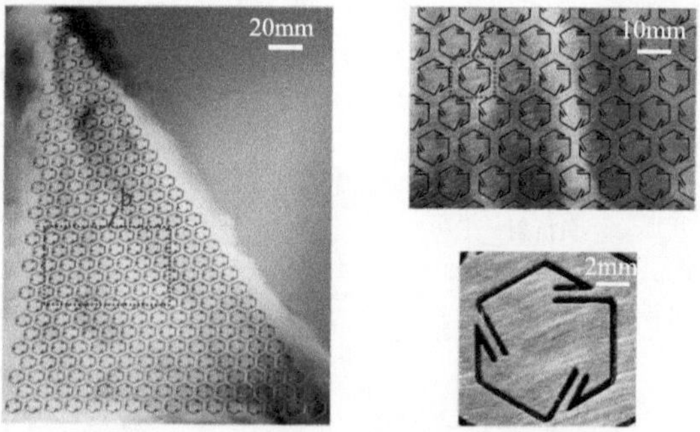

图 4.31　手性超材料负折射试件样品

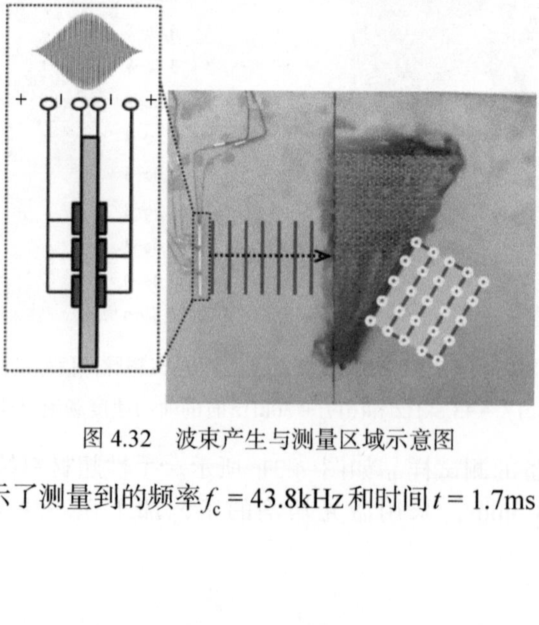

图 4.32　波束产生与测量区域示意图

图 4.33(a)展示了测量到的频率 $f_c = 43.8$kHz 和时间 $t = 1.7$ms 下的面内速度场。

图中定义了一个局部坐标系 x'-y'，其中 x'平行于折射界面。可以清晰地观察到，测量得到的折射波向界面法线的负折射方向一侧向下传播。将测得的波场图转换到波矢域，可以得到折射角为–38°，与图 4.30(c)中瞬态数值模拟的预测结果非常接近。图 4.33(b)展示了沿 y'方向等间隔(33mm)分布的三条直线上记录到的波的包络随时间的变化。从不同波包的时序差可以计算折射波群速度沿 y'方向的分量，进而计算折射波的群速度与折射角的关系，由此得到折射波脉冲传播的群速度为 3320m/s，这与不锈钢中横波的传播速度相同。图 4.33(c)展示了频率 f_c =30kHz 和时刻 t =1.0ms 下，界面法向正折射区域的面内速度场幅值快照。在此中心频率下观察到了正折射现象，也与图 4.30(d)的预测结果相符。

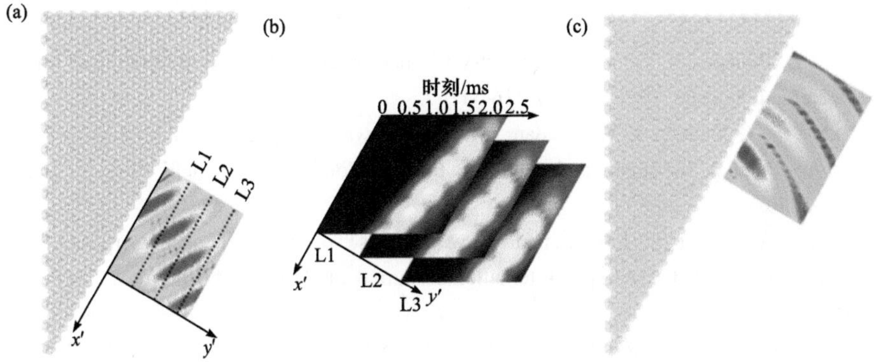

图 4.33　(a)频率 f_c = 43.8kHz 以及时刻 t = 1.7ms 下测量的速度场；(b)所选的三条线上扫描点时域信号的包络；(c)频率 f_c = 30kHz 与时刻 t = 1.0ms 下测量的速度场

参 考 文 献

[1] Zhou X, Hu G. Analytic model of elastic metamaterials with local resonances[J]. Physical Review B, 2009, 79: 195109.

[2] Wu Y, Lai Y, Zhang Z. Effective medium theory for elastic metamaterials in two dimensions[J]. Physical Review B, 2007, 76: 205313.

[3] Ding Y, Liu Z, Qiu C, et al. Metamaterial with simultaneously negative bulk modulus and mass density[J]. Physical Review Letters, 2007, 99: 093904.

[4] Wu Y, Lai Y, Zhang Z. Elastic metamaterials with simultaneously negative effective shear modulus and mass density[J]. Physical Review Letters, 2011, 107: 105506.

[5] Li J, Chan C. Double-negative acoustic metamaterial[J]. Physical Review E, 2004, 70: 055602.

[6] Deng K, Ding Y, He Z, et al. Theoretical study of subwavelength imaging by acoustic metamaterial slabs[J]. Journal of Applied Physics, 2009, 105: 124909.

[7] Lai Y, Wu Y, Sheng P, et al. Hybrid elastic solids[J]. Nature Materials, 2011, 10: 620-624.

[8] Kelvin L. The Molecular Tactics of a Crystal[M]. Clarendon Press, 1894.

[9] Alderson A, Alderson K, Attard D, et al. Elastic constants of 3-, 4- and 6-connected chiral and

anti-chiral honeycombs subject to uniaxial in-plane loading[J]. Composites Science and Technology, 2010, 70 (7): 1042-1048.
[10] Frenzel T, Köpfler J, Jung E, et al. Ultrasound experiments on acoustical activity in chiral mechanical metamaterials[J]. Nature Communications, 2019, 10: 3384.
[11] Pendry J. A chiral route to negative refraction[J]. Science, 2004, 306 (5700): 1353-1355.
[12] Chen H, Fung K, Ma H, et al. Polarization gaps and negative group velocity in chiral phononic crystals: layer multiple scattering method[J]. Physics Review E, 2008, 77: 224304.
[13] Auffray N, Bouchet R, Brechet Y. Derivation of anisotropic matrix for bi-dimensional strain-gradient elasticity behavior[J]. International Journal of Solids and Structures, 2009, 46 (2): 440-454.
[14] Eringen A. Microcontinuum Field Theories I: Foundations and Solids[M]. New York: Springer, 1999.
[15] Lakes R, Benedict R. Noncentrosymmetry in micropolar elasticity[J]. International Journal of Engineering Science, 1982, 20 (10): 1161-1167.
[16] Lakhtakia A, Varadan V V, Varadan V K. Elastic wave propagation in noncentrosymmetric, isotropic media: dispersion and field equations[J]. Journal of Appliefd Physics, 1988, 63: 5246-5250.
[17] Khurana A, Tomar S. Longitudinal wave response of a chiral slab interposed between micropolar solid half-spaces[J]. International Journal of Solids and Structures, 2009, 46 (1): 135-150.
[18] Ro R. Elastic activity of the chiral medium[J]. Journal of Applied Physics, 1999, 85: 2508-2513.
[19] Frenzel T, Kadic M, Wegener M. Three-dimensional mechanical metamaterials with a twist[J]. Science, 2017, 358 (6366): 1072.
[20] Chen Y, Frenzel T, Guenneau S, et al. Mapping acoustical activity in 3D chiral mechanical metamaterials onto micropolar continuum elasticity[J]. Journal of the Mechanics and Physics of Solids, 2020, 137: 103877.
[21] Prall D, Lakes R. Properties of a chiral honeycomb with a Poisson's ratio approximates −1[J]. International Journal of Mechanical Sciences, 1997, 39 (3): 305-314.
[22] Spadoni A, Ruzzene M. Elasto-static micropolar behavior of a chiral auxetic lattice[J]. Journal of the Mechanics and Physics of Solids, 2012, 60: 156-171.
[23] Liu X, Huang G, Hu G. Chiral effect in plane isotropic micropolar elasticity and its application to chiral lattices[J]. Journal of the Mechanics and Physics of Solids, 2012, 60 (11): 1907-1921.
[24] Kumar R, McDowell D. Generalized continuum modeling of 2-D periodic cellular solids[J]. International Journal of Solids and Structures, 2004, 41 (26): 7399-7422.
[25] Chen Y, Liu X, Hu G, et al. Micropolar continuum modelling of bi-dimensional tetrachiral lattices[J]. Proceedings of the Royal Society A, 2014, 470: 20130734.
[26] Chen Y, Liu X, Hu G. Micropolar modeling of planar orthotropic rectangular chiral lattices[J]. Comptes Rendus Mécanique, 2014, 342 (5): 273-283.
[27] Spadoni A, Ruzzene M, Gonella S, et al. Phononic properties of hexagonal chiral lattices[J]. Wave Motion, 2009, 46 (7): 435-450.

[28] Spadoni A, Ruzzene M, Scarpa F. Dynamic response of chiral truss-core assemblies[J]. Journal of Intelligent Material Systems and Structures, 2006, 17 (11): 941-952.

[29] Liu X, Hu G, Sun C, et al. Wave propagation characterization and design of two-dimensional elastic chiral metacomposite[J]. Journal of Sound and Vibration, 2011, 330 (11): 2536-2553.

[30] Zhu R, Liu X, Huang G, et al. Microstructural design and experimental validation of elastic metamaterial plates with anisotropic mass density[J]. Physical Review B, 2012, 86: 144307.

[31] Wang X. Dynamic behavior of a metamaterial system with negative mass and modulus[J]. International Journal of Solids and Structures, 2014, 51 (7-8): 1534-1541.

[32] Li X, Wang X. On the dynamic behavior of a two-dimensional elastic metamaterial system[J]. International Journal of Solids and Structures, 2016, 78-79: 174-181.

[33] Liu X, Hu G, Huang G, et al. An elastic metamaterial with simultaneously negative mass density and bulk modulus[J]. Applied Physics Letters, 2011, 98: 251907.

[34] Zhu R, Liu X, Hu G, et al. Negative refraction of elastic waves at the deep subwavelength scale in a single-phase metamaterial[J]. Nature Communications, 2014, 5: 5510.

[35] Ruzzene M. Frequency-wavenumber domain filtering for improved damage visualization[J]. Smart Materials and Structures, 2007, 16: 2116-2129.

第 5 章　零能模式超材料

静力稳定性要求传统材料的弹性张量(或 Voigt 形式弹性矩阵)通常为对称正定，对于三维柯西材料，弹性矩阵的六个特征值均大于零。同时多数材料特征值一般不会有量级上的差别，但是也存在特例。例如，对于橡胶高分子材料，体积模量要远高于剪切模量；对于泊松比约等于−1 的材料，情况刚好相反。实际上这两种材料可归入零能模式超材料的特例。零能模式材料使这个概念得以拓展，随着材料设计与制备技术的发展，人们开始寻求材料对特定应力状态体现出极硬或极软的特性，并利用这些特点探索承载、可控变形或波动控制等应用。将弹性张量各特征值具有极大量级上差别的材料称为极端材料(extremal material)。对于理想材料模型，材料的某些特征值为零，对应于应力空间中的特征向量将不会使该材料产生应变能，因此也称其为零能模式超材料，有时也简称模式材料。

5.1　零能模式超材料与特性

5.1.1　零能模式超材料概念

零能模式超材料由 Milton 等于 1995 年提出，本意是讨论任意正定对称弹性张量是否均能通过微结构实现[1]。Milton 的结论是肯定的，理论上证明通过组合软、硬两种介质即可以实现给定弹性张量。尽管通常很少对弹性张量做特征值分析，但实际上一个四阶弹性张量 $\boldsymbol{C}$ 可以表示成谱分解的形式。令

$$\boldsymbol{C}:\boldsymbol{S}=\lambda\boldsymbol{S} \tag{5.1}$$

构成特征值问题，其中 $\boldsymbol{S}$ 为二阶对称张量。由于 $\boldsymbol{C}$ 指标的大、小对称，可以得到六个特征值 λ_i $(i=1\sim6)$及相应的特征向量 $\boldsymbol{S}_i$，且有 $\boldsymbol{S}_i:\boldsymbol{S}_j=\delta_{ij}$。Milton 将弹性张量具有 N 个零特征值的材料称为 N 模材料。在三维情形下，具体可有一模(uni-mode)材料、二模(bi-mode)材料、三模(tri-mode)材料、四模(quadra-mode)材料及五模(penta-mode)材料。在二维情形下，由于弹性矩阵满秩为 3，因此零能模式材料只有一模和二模材料。但由于二维二模材料只有一个非零特征值，与三维五模材料情况对应，因此通常也称其为五模材料(二维)。以 $\boldsymbol{S}_i$ 为基，令 $K_i\equiv\lambda_i$，弹性张量可以表示为

$$\boldsymbol{C}=\sum_{i=1}^{6-N}K_i\boldsymbol{S}_i\otimes\boldsymbol{S}_i \tag{5.2}$$

称为 Kelvin 分解，其中，$\boldsymbol{S}_i$ 为相应模式的特征应力。有时也令 $\boldsymbol{S}_i\to(K_i)^{1/2}\boldsymbol{S}_i$，从而表示成如下形式

$$\boldsymbol{C}=\sum_{i=1}^{6-N}\boldsymbol{S}_i\otimes\boldsymbol{S}_i \tag{5.3}$$

若 $\boldsymbol{S}_m$ 对应的特征值为零，则与其成比例的任何应变 $a\boldsymbol{S}_m$ 均不会产生应力，称其为材料的软模式。材料能够承受的应力状态为所有非零特征值 $\boldsymbol{S}_i$ 的线性组合，称其为材料的硬模式。

仅有一个非零特征值(设硬模式为 $\boldsymbol{S}$)的五模材料是零能模式材料的最简单形式，当前研究最为充分，其弹性张量可表示为

$$\boldsymbol{C}=K\boldsymbol{S}\otimes\boldsymbol{S} \tag{5.4}$$

因为只有一个特征应力，可以在其主轴下表示弹性性质。以二维情况为例，$\boldsymbol{S}$ 取对角形式

$$\boldsymbol{S}=\begin{pmatrix}\sqrt{K_x} & 0\\ 0 & \gamma\sqrt{K_y}\end{pmatrix},\quad \gamma=\pm1 \tag{5.5}$$

采用 Voigt 向量形式 $\boldsymbol{\sigma}=\begin{pmatrix}\sigma_{11} & \sigma_{22} & \sigma_{12}\end{pmatrix}^{\mathrm{T}}$，$\boldsymbol{\varepsilon}=\begin{pmatrix}\varepsilon_{11} & \varepsilon_{22} & 2\varepsilon_{12}\end{pmatrix}^{\mathrm{T}}$，则弹性矩阵可以表示为[2]

$$\boldsymbol{C}=\begin{pmatrix}K_x & \gamma\sqrt{K_xK_y} & 0\\ \gamma\sqrt{K_xK_y} & K_y & 0\\ 0 & 0 & 0\end{pmatrix} \tag{5.6}$$

可以看出在主轴坐标系下，五模材料剪切模量严格为零，不能承受剪应力。由于特殊的弹性矩阵形式，五模材料的应力主方向始终与材料主方向一致，而在一般弹性介质中，应力主方向与材料主轴无关。二维五模材料仅有两个独立的弹性常数 K_x 和 K_y，由于主方向声速 $c_x=(K_x/\rho)^{1/2}$、$c_y=(K_y/\rho)^{1/2}$ 与流体声速表达式相近，可以将 K_x 和 K_y 称为五模材料 x、y 方向的“体积模量”。五模材料仅能承载与 $\boldsymbol{S}$ 成比例的外载，在其他应力下将发生有限变形而不稳定。传统流体的特征应力为单位张量，即 $\boldsymbol{S}=\boldsymbol{I}$。

根据参数 γ 正负取值不同，五模材料可分为“正型五模材料”($\gamma=+1$)或“负型五模材料”($\gamma=-1$)。理想周期蜂窝桁架可以对五模材料进行很好的模拟，如图 5.1 所示。事实上，当前几乎所有应用的五模材料均是蜂窝桁架构型的衍生。正型五模材料在两个主轴方向上，只能承载同为拉或同为压的应力状态，产生正泊松比，而负型五模材料只能承载相反应力状态，产生拉胀效应。

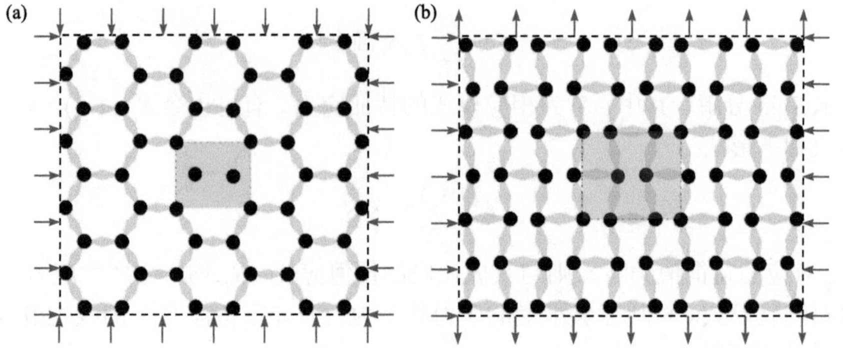

图 5.1　(a)正型五模材料；(b)负型五模材料

很明显通过调整正/反蜂窝桁架各杆的相对角度，即可以改变特征应力(5.5)，从而得到能够支持任意一个应力状态的五模材料。从这个意义上说，五模材料可称为形成材料弹性刚度的“原子”。原则上叠加具有相互正交特征应力 $\boldsymbol{S}$ 的五模材料即可形成任意弹性性质的材料。但这只是理论上的“叠加”，实际上很难叠加多个二维桁架而不引起杆件交叉。

5.1.2　五模材料波动特性与界面传输

五模材料波动特性可在弹性理论框架下描述，其能承受的应力与特征应力成比例 $\boldsymbol{\sigma}=-p\boldsymbol{S}$。因此，五模材料仅有一个“伪声压”自由度 p，后文也将“伪声压”不加区分地简称为“声压”，则由式(5.4)以声压表示的五模材料波动控制方程为

$$\dot{p}=-K\boldsymbol{S}:\nabla\boldsymbol{v},\quad \dot{\boldsymbol{v}}=-\rho^{-1}\nabla\cdot(p\boldsymbol{S}) \tag{5.7}$$

式中，ρ 为介质密度；$\boldsymbol{v}$ 为介质速度。考虑角频率为 ω 和波矢为 $\boldsymbol{k}$ 的平面波在五模材料内传播，假定声压和速度分别为 $p=p_0\exp[\mathrm{i}(\omega t-\boldsymbol{k}\cdot\boldsymbol{r})]$，$\boldsymbol{v}=\boldsymbol{v}_0\exp[\mathrm{i}(\omega t-\boldsymbol{k}\cdot\boldsymbol{r})]$，将其代入控制方程(5.7)，得到以 $\boldsymbol{v}_0$、p_0 为未知量的线性方程，进而得到频散关系

$$\rho\omega^2=\boldsymbol{k}\cdot\boldsymbol{S}^2\cdot\boldsymbol{k}\quad 或\quad \omega^2=c_x^2k_x^2+c_y^2k_y^2 \tag{5.8}$$

其中，$c_x=(K_x/\rho)^{1/2}$、$c_y=(K_y/\rho)^{1/2}$ 分别为两个主方向 x、y 的波速。该特征值问题仅有唯一解，说明五模材料只允许一种体波模式，与声学流体一致。不同的是，五模材料可以具有各向异性，因而可以更灵活地控制声波传播，可以认为是一种广义声学流体。表征能量传播快慢的群速度，可由等频率曲线在波矢空间中的梯度给出

$$\boldsymbol{v}_{\mathrm{g}}=\omega\nabla_{\boldsymbol{k}}=\frac{1}{\rho\omega}\boldsymbol{S}^2\cdot\boldsymbol{k},\quad \tan\theta_{\mathrm{g}}=(K_y/K_x)\tan\theta_{\boldsymbol{k}} \tag{5.9}$$

其中，$\theta_{\boldsymbol{k}}$、θ_{g} 分别代表波矢量和群速度的方位角。可以看出，在各向异性五模材料($K_x\neq K_y$)中，能量流动方向不再与波矢量方向相同。各向异性弹性介质中关于群速

度与相速度的关系 $\boldsymbol{k}\cdot\boldsymbol{v}_{\mathrm{g}}=\omega$ 在五模材料中仍然适用。粒子振动速度和方向分别为

$$\boldsymbol{v}_0=\frac{p_0}{\rho\omega}\boldsymbol{S}\cdot\boldsymbol{k},\quad \tan\theta_v=\gamma\sqrt{K_y/K_x}\tan\theta_{\boldsymbol{k}} \tag{5.10}$$

值得指出的是，在负型五模材料中，沿特定方向 $\theta_{\boldsymbol{k}}=\arctan(K_x/K_y)^{1/4}$ 的波动模式为纯横波 $\tan\theta_v\times\tan\theta_{\boldsymbol{k}}=-1$，如同各向同性介质中的剪切波。

图 5.2 给出了正($\gamma=+1$)、负($\gamma=-1$)型五模材料的等频曲线，材料参数均为 $K_y=4K_x$。如式(5.8)，五模材料等频曲线为与材料主轴重合的椭圆。在正型五模材料中，材料主方向上存在纯纵波传播，其余方向均传播极化方向与波矢接近的纵波；负型五模材料波速与等频线和正型五模材料无区别，然而在一个特定的方向，质点振动方向与波矢垂直，表明其横波极化特征。由于五模材料中仅支持一种波动模态，波在介质中传播和在界面处转换的情况要比弹性介质大为简化，负型五模材料独特的极化特征可为弹性波极化转换和调控提供新的机制[3,4]。

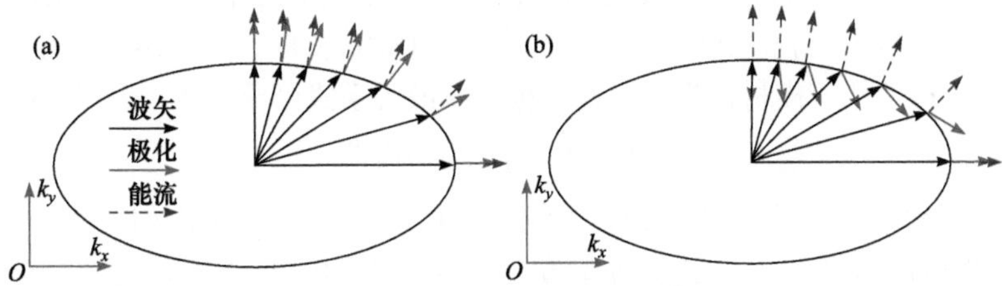

图 5.2　(a)正型和 (b)负型五模材料等频曲线、质点振动及群速度方向

接下来讨论五模材料中平面波在界面处的折反射问题。考虑上、下两个半无限大五模材料构成的水平界面(图 5.3)，在界面处建立全局笛卡儿坐标系 xOy，五模材料主轴与全局坐标一致，五模材料弹性张量为 $C^{\alpha}=\boldsymbol{S}^{\alpha}\otimes\boldsymbol{S}^{\alpha}$，应力张量为 $\boldsymbol{S}^{\alpha}=s_x^{\alpha}\boldsymbol{e}_x\boldsymbol{e}_x+s_y^{\alpha}\boldsymbol{e}_y\boldsymbol{e}_y$，密度为 ρ^{α}，材料主方向声速为 c_x^{α}、c_y^{α}，$\alpha=$ Ⅰ、Ⅱ分别代表材料Ⅰ、Ⅱ。

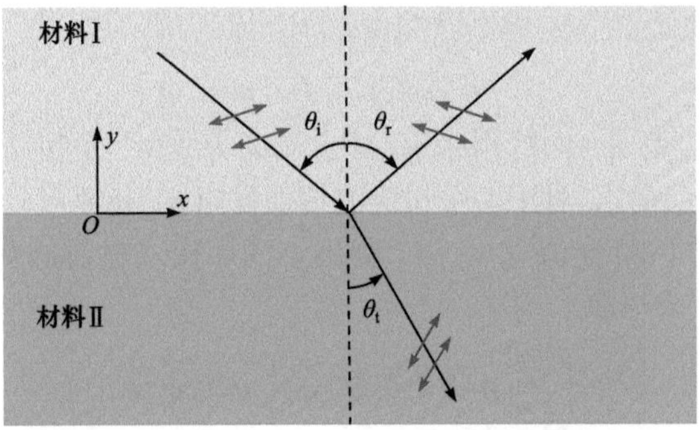

图 5.3　五模材料界面处波反射、折射现象，五模材料主轴方向与界面重合

将入射角、反射角和折射角分别记作 θ_i、θ_r 和 θ_t，假定入射声压、反射声压和折射声压分别为 $p_\text{i}\exp(-\text{i}\boldsymbol{k}_\text{i}\cdot\boldsymbol{r})$、$p_\text{r}\exp(-\text{i}\boldsymbol{k}_\text{r}\cdot\boldsymbol{r})$ 和 $p_\text{t}\exp(-\text{i}\boldsymbol{k}_\text{t}\cdot\boldsymbol{r})$。波矢可以用分量表示为 $\boldsymbol{k}_\text{i}=k_{\text{i}x}\boldsymbol{e}_x-k_{\text{i}y}\boldsymbol{e}_y$、$\boldsymbol{k}_\text{r}=k_{\text{r}x}\boldsymbol{e}_x-k_{\text{r}y}\boldsymbol{e}_y$ 和 $\boldsymbol{k}_\text{t}=k_{\text{t}x}\boldsymbol{e}_x-k_{\text{t}y}\boldsymbol{e}_y$。上下半区五模材料中应力和速度分别为 $\boldsymbol{\sigma}^\text{I}=-(p_\text{i}+p_\text{r})\boldsymbol{S}^\text{I}$、$\boldsymbol{\sigma}^\text{II}=-p_\text{t}\boldsymbol{S}^\text{II}$，$\boldsymbol{v}^\text{I}=(p_\text{i}\boldsymbol{S}^\text{I}\cdot\boldsymbol{k}_\text{i}+p_\text{r}\boldsymbol{S}^\text{I}\cdot\boldsymbol{k}_\text{r})/(\rho^\text{I}\omega)$、$\boldsymbol{v}^\text{II}=p_\text{t}\boldsymbol{S}^\text{II}\cdot\boldsymbol{k}_\text{t}/(\rho^\text{II}\omega)$。考虑 $y=0$ 界面法向速度和应力连续条件 $\boldsymbol{e}_y\cdot\boldsymbol{v}^\text{I}=\boldsymbol{e}_y\cdot\boldsymbol{v}^\text{II}$，$\boldsymbol{e}_y\cdot\boldsymbol{\sigma}^\text{I}=\boldsymbol{e}_y\cdot\boldsymbol{\sigma}^\text{II}$，可导出界面平行方向波数守恒结论：$k_{\text{r}x}=k_{\text{t}x}=k_{\text{i}x}$，显然有 $\theta_\text{i}=\theta_\text{r}$。同时反射声压、折射声压和折射角度分别为

$$p_\text{r}=\frac{1-\xi}{1+\xi}p_\text{i},\quad p_\text{t}=\frac{s_y^\text{I}}{s_y^\text{II}}\frac{2}{1+\xi}p_\text{i},\quad \xi=\frac{\rho^\text{I}k_{\text{t}y}}{\rho^\text{II}k_{\text{i}y}} \tag{5.11}$$

$$\theta_\text{t}=\arctan\left(\frac{c_y^\text{II}}{\pm\sqrt{(c_x^\text{I})^2+(c_y^\text{I})^2\cot^2\theta_i-(c_x^\text{II})^2}}\right) \tag{5.12}$$

折射角中正负号±的选取，应使得折射波数在 y 方向的分量 $k_{\text{t}y}$ 具有负虚部，以符合物理实际。从声压表达式(5.11)可知，当 $\xi=1$ 恒成立时，反射声压对任意入射角度均为零，即两侧五模材料阻抗匹配。根据频散关系式可导出 $\xi=1$ 恒成立的条件为

$$c_x^\text{I}=c_x^\text{II},\quad \rho^\text{I}c_y^\text{I}=\rho^\text{II}c_y^\text{II} \tag{5.13}$$

即五模材料界面阻抗匹配条件为：两侧介质切向波速、法向阻抗匹配。根据速度关系(5.10)可以得到，当全透射现象发生时，界面两侧粒子振动速度完全连续，而不仅是法向连续。相比之下，根据阻抗匹配关系还可以看出，对于传统各向同性声学介质，仅当两侧介质为同一种声学介质时才满足任意角度全透射条件。虽然只允许一种波动模式存在，但各向异性五模材料的两个材料常数 K_x 和 K_y 允许不同方向的波速独立调节，因而为其阻抗匹配提供了更多自由度，这也是五模材料能在声波传播路径调控中发挥作用的本质原因。

5.1.3 一般零能模式超材料等频面形貌

根据第 2 章的讨论，弹性平面波由 Christoffel 方程描述

$$\boldsymbol{\Gamma}\cdot\boldsymbol{u}=\rho V^2\boldsymbol{u},\quad \boldsymbol{\Gamma}=\boldsymbol{n}\cdot\boldsymbol{C}\cdot\boldsymbol{n} \tag{5.14}$$

其中，$\boldsymbol{\Gamma}$ 为沿 $\boldsymbol{n}=\boldsymbol{k}/|\boldsymbol{k}|$ 方向的声张量；$V=\omega/|\boldsymbol{k}|$ 为波速；$\boldsymbol{u}$ 和 ρ 分别为介质位移和弹性材料的质量密度。对于一个特定波传播方向 $\boldsymbol{n}$，相速可以通过求解式(5.14)中声张量矩阵 $\boldsymbol{\Gamma}$ 的特征值 $\lambda=\rho V^2$ 得到。利用模式材料的弹性张量式(5.3)，Christoffel 方程可改写成

$$\left(\sum_{i=1}^{6-N}(\boldsymbol{n}\cdot\boldsymbol{S}_i)\otimes(\boldsymbol{S}_i\cdot\boldsymbol{n})\right)\cdot\boldsymbol{u}=\rho V^2\boldsymbol{u} \tag{5.15}$$

定义波前的特征力矢

$$t_i = S_i \cdot n \tag{5.16}$$

表示特征应力张量在波前平面上的特征力矢，如图 5.4 所示。声张量可以进一步简写为

$$\boldsymbol{\Gamma} = \sum_{i=1}^{6-N} \boldsymbol{t}_i \otimes \boldsymbol{t}_i \tag{5.17}$$

由于在任意传播方向 $\boldsymbol{n}$ 下 $\boldsymbol{\Gamma}$ 的非零特征值数量总是与 $\boldsymbol{\Gamma}$ 的秩相等，因此对于弹性矩阵正定的 d 维材料总是存在 d 个闭合的等频面。若沿某一特定方向 $\boldsymbol{n}^*$，式(5.15)特征值为 0，即针对任意波数 k，其相速均为零，则等频面将在该方向无穷远延伸，即等频面沿该方向打开[5]。显然，如果在 $\boldsymbol{n}^*$方向等频面打开，那么在$-\boldsymbol{n}^*$方向也会打开。

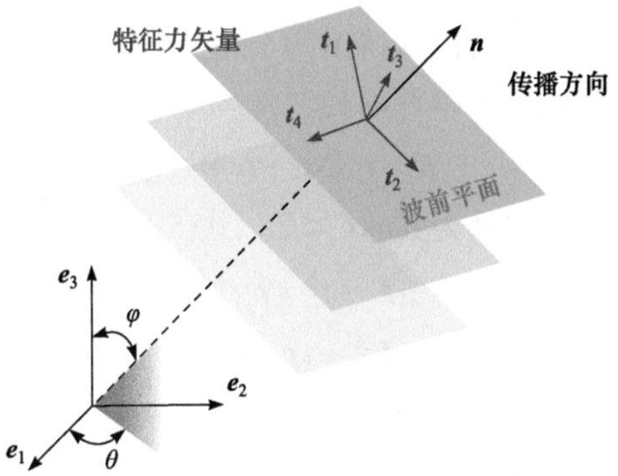

图 5.4　以二模材料为例的特征力矢

对于一般三维情况，式(5.14)的特征多项式可以表示为

$$\lambda^3 - \lambda^2 \mathrm{tr}\boldsymbol{\Gamma} + \lambda \mathrm{tr}\boldsymbol{\Gamma}^{\mathrm{A}} - \det \boldsymbol{\Gamma} = 0 \tag{5.18}$$

上标 A 表示伴随矩阵。

传统满秩(0 模)材料有 6 个相互正交的特征应力张量，因此在波前平面上最多可同时存在 6 个特征力矢量。欧几里得空间中这 6 个特征力矢量最多有三个是线性独立的，用 $\boldsymbol{t}_i (i = 1, 2, 3)$表示。式(5.18)中的系数可以概括为

$$\begin{aligned} \mathrm{tr}\boldsymbol{\Gamma} &= f_1\left(\boldsymbol{t}_i \cdot \boldsymbol{t}_j\right) \\ \mathrm{tr}\boldsymbol{\Gamma}^{\mathrm{A}} &= f_2\left(\{(\boldsymbol{t}_i \times \boldsymbol{t}_j)^2\}\right) \\ \det \boldsymbol{\Gamma} &= f_3\left(\left[(\boldsymbol{t}_1 \times \boldsymbol{t}_2)\cdot \boldsymbol{t}_3\right]^2\right) \end{aligned} \tag{5.19}$$

其中，f_1、f_2 和 f_3 是它们自变量所有组合的适当线性函数，可见系数 $\mathrm{tr}\boldsymbol{\Gamma}$ 、$\mathrm{tr}\boldsymbol{\Gamma}^{\mathrm{A}}$ 和 $\det\boldsymbol{\Gamma}$ 分别与独立特征力矢量间的标量积、向量积和混合积相关。从几何角度看，这三个系数分别与独立特征力矢量的模长、所围成的平行四边形的面积以及所构

成的平行六面体的体积有关。特征多项式的系数和独立特征力矢量间的几何关系密切相关。模式材料由于弹性矩阵缺秩而提供了更少数量的特征应力，直接影响波前平面上独立特征力矢的数量和几何关系，使模式材料等频面数量和形状展现丰富变化。下面对各模式材料的等频面情况进行详细分析。

对于最简单的五模材料，任意方向波前平面上最多只有一个特征力矢，声张量可表示为

$$\boldsymbol{\Gamma} = \boldsymbol{t}_1 \otimes \boldsymbol{t}_1 \tag{5.20}$$

其秩小于或等于 1。对于任意给定的方向 $\boldsymbol{n}$，有 $\mathrm{tr}\boldsymbol{\Gamma}^{\mathrm{A}} = \det\boldsymbol{\Gamma} = 0$，且 $\mathrm{tr}\boldsymbol{\Gamma} = \boldsymbol{t}_1^2$，因此总存在方向 $\boldsymbol{n}$ 使得特征力矢量 $\boldsymbol{t}_1$ 不为 0。因此与 5.1.2 节讨论相符，五模材料有且只有一个等频面。若五模材料特征应力取特殊形式满足 $\boldsymbol{t}_1 = \boldsymbol{S}_1 \cdot \boldsymbol{n}^* = 0$，可使等频面沿 $\boldsymbol{n}^*$方向开口。

进一步考虑四模材料，可以支持由两个正交特征应力张量 $\boldsymbol{S}_1$ 和 $\boldsymbol{S}_2$ 所张成空间中的任何应力。其声张量可以表示为

$$\boldsymbol{\Gamma} = \boldsymbol{t}_1 \otimes \boldsymbol{t}_1 + \boldsymbol{t}_2 \otimes \boldsymbol{t}_2 \tag{5.21}$$

这时四模材料声张量矩阵的秩为 $\mathrm{rank}\boldsymbol{\Gamma} \leqslant 2$ 。式(5.18)中的系数可以概括为

$$\begin{aligned} &\mathrm{tr}\boldsymbol{\Gamma} = \boldsymbol{t}_1^2 + \boldsymbol{t}_2^2 \\ &\mathrm{tr}\boldsymbol{\Gamma}^{\mathrm{A}} = (\boldsymbol{t}_1 \times \boldsymbol{t}_2)^2 \\ &\det\boldsymbol{\Gamma} = 0 \end{aligned} \tag{5.22}$$

由于四模材料的两个特征应力 $\boldsymbol{S}_1$ 和 $\boldsymbol{S}_2$ 是正交的，因此对于任意给定的方向 $\boldsymbol{n}$，特征力矢量 $\boldsymbol{t}_1$ 和 $\boldsymbol{t}_2$ 不可能总平行，因此四模材料总有两个等频面。其外侧等频面当且仅当沿 $\boldsymbol{n}$ 方向使得 $\boldsymbol{t}_1$ 平行于 $\boldsymbol{t}_2$ 的时候打开；外侧与内侧等频面当且仅当沿 $\boldsymbol{n}^*$方向使得 $\boldsymbol{t}_1$ 与 $\boldsymbol{t}_2$ 等于 0 的时候打开。然而，不同于三维情况，具有两个非零特征值的二维一模材料，其最内侧等频线始终不会打开。

接下来，考虑弹性矩阵具有三个零特征值的三模材料，它们可以支持由三个相互正交特征应力张量 $\boldsymbol{S}_1$、$\boldsymbol{S}_2$ 和 $\boldsymbol{S}_3$ 所张成空间中的任何应力。

当三模材料的三个特征力矢量相互独立时，其声张量可以表示为

$$\boldsymbol{\Gamma} = \boldsymbol{t}_1 \otimes \boldsymbol{t}_1 + \boldsymbol{t}_2 \otimes \boldsymbol{t}_2 + \boldsymbol{t}_3 \otimes \boldsymbol{t}_3 \tag{5.23}$$

对应于式(5.18)中的系数为

$$\begin{aligned} &\mathrm{tr}\boldsymbol{\Gamma} = \boldsymbol{t}_1^2 + \boldsymbol{t}_2^2 + \boldsymbol{t}_3^2 \\ &\mathrm{tr}\boldsymbol{\Gamma}^{\mathrm{A}} = (\boldsymbol{t}_1 \times \boldsymbol{t}_2)^2 + (\boldsymbol{t}_2 \times \boldsymbol{t}_3)^2 + (\boldsymbol{t}_3 \times \boldsymbol{t}_1)^2 \\ &\det\boldsymbol{\Gamma} = \left[(\boldsymbol{t}_1 \times \boldsymbol{t}_2) \cdot \boldsymbol{t}_3\right]^2 \end{aligned} \tag{5.24}$$

因此，该情况下的三模材料有三个等频面。等频面的打开情况取决于三个特征力矢量之间的几何位置关系，即沿 $\boldsymbol{n}^*$方向，最外侧等频面当且仅当 $\boldsymbol{t}_1$、$\boldsymbol{t}_2$ 和 $\boldsymbol{t}_3$ 共面

时打开；中间和最外侧等频面当且仅当 $\boldsymbol{t}_1$、$\boldsymbol{t}_2$ 和 $\boldsymbol{t}_3$ 互相平行时打开。在该情况下，最内侧的等频面是无法打开的。有趣的是，存在一种情况，即三模材料的三个特征应力同时落在某个平面内时，将退化为与四模材料类似的情况。此时的三模材料有且仅有两个等频面，即 $\boldsymbol{t}_1$、$\boldsymbol{t}_2$ 和 $\boldsymbol{t}_3$ 对任意方向 $\boldsymbol{n}$ 都共面。

现在，考虑具有两个易变形模式的二模材料，其声张量可以写为

$$\boldsymbol{\Gamma} = \boldsymbol{t}_1 \otimes \boldsymbol{t}_1 + \boldsymbol{t}_2 \otimes \boldsymbol{t}_2 + \boldsymbol{t}_3 \otimes \boldsymbol{t}_3 + \boldsymbol{t}_4 \otimes \boldsymbol{t}_4 \tag{5.25}$$

假定三个独立特征力矢量为 $\boldsymbol{t}_1$、$\boldsymbol{t}_2$ 和 $\boldsymbol{t}_3$，于是式(5.18)中的系数可写为

$$\begin{aligned}
&\mathrm{tr}\boldsymbol{\Gamma} = \boldsymbol{t}_1^2 + \boldsymbol{t}_2^2 + \boldsymbol{t}_3^2 + \left(\sum_{i=1}^{3} \alpha_i \boldsymbol{t}_i\right)^2 \\
&\mathrm{tr}\boldsymbol{\Gamma}^{\mathrm{A}} = \frac{1}{2}\sum_{\substack{i,j,k=1 \\ i\neq j\neq k}}^{3} (\boldsymbol{t}_i \times \boldsymbol{t}_j)^2 + [\alpha_i(\boldsymbol{t}_i \times \boldsymbol{t}_k) + \alpha_j(\boldsymbol{t}_j \times \boldsymbol{t}_k)]^2 \\
&\det \boldsymbol{\Gamma} = \left(1 + \sum_{i=1}^{3} \alpha_i^2\right)[(\boldsymbol{t}_1 \times \boldsymbol{t}_2)\cdot \boldsymbol{t}_3]^2 \\
&\boldsymbol{t}_4 = \alpha_1 \boldsymbol{t}_1 + \alpha_2 \boldsymbol{t}_2 + \alpha_3 \boldsymbol{t}_3 \Leftrightarrow \begin{pmatrix} \alpha_1 \\ \alpha_2 \\ \alpha_3 \end{pmatrix} = \begin{pmatrix} \boldsymbol{t}_1 & \boldsymbol{t}_2 & \boldsymbol{t}_3 \end{pmatrix}^{-1} \boldsymbol{t}_4
\end{aligned} \tag{5.26}$$

由于特征力矢量 $\boldsymbol{t}_1$、$\boldsymbol{t}_2$、$\boldsymbol{t}_3$ 和 $\boldsymbol{t}_4$ 之间不能对任意方向 $\boldsymbol{n}$ 总共面，因此，二模材料总有三个等频面。进一步，由于 $\boldsymbol{t}_1$、$\boldsymbol{t}_2$、$\boldsymbol{t}_3$ 和 $\boldsymbol{t}_4$ 不可能在给定方向 $\boldsymbol{n}$ 下同时为 0，二模材料的最内侧等频面始终是封闭的。于是，当且仅当在给定方向 $\boldsymbol{n}^*$ 下 $\det\boldsymbol{\Gamma}$ 为 0 时，二模材料最外侧等频面才会打开；当且仅当 $\mathrm{tr}\boldsymbol{\Gamma}^{\mathrm{A}}$ 为 0 时，其中间的和最外侧的等频面才会同时打开。

最后，考虑只含有一个易变形模式的一模材料，其声张量可以写为

$$\boldsymbol{\Gamma} = \boldsymbol{t}_1 \otimes \boldsymbol{t}_1 + \boldsymbol{t}_2 \otimes \boldsymbol{t}_2 + \boldsymbol{t}_3 \otimes \boldsymbol{t}_3 + \boldsymbol{t}_4 \otimes \boldsymbol{t}_4 + \boldsymbol{t}_5 \otimes \boldsymbol{t}_5 \tag{5.27}$$

通过对二模材料同样的分析可知，一模材料在任意方向下都有三个独立的特征力矢量，因此总是存在三个等频面。对于一模材料而言，最外侧的等频面当且仅当沿给定方向 $\boldsymbol{n}$ 下 $\det\boldsymbol{\Gamma}=0$ 时打开。

下面给出从五模到一模材料的一些例子，展示相应零能模式材料的等频面特征。为了方便展示，我们细心挑选模式材料的弹性张量，以满足在以下四个传播方向表现出更多的等频面打开和关闭的可能性：$\boldsymbol{n}_1 = (1\ 0\ 0)^{\mathrm{T}}$, $\boldsymbol{n}_2 = (0\ 1\ 0)^{\mathrm{T}}$, $\boldsymbol{n}_3 = (0\ 0\ 1)^{\mathrm{T}}$ 和 $\boldsymbol{n}_4 = \dfrac{\sqrt{2}}{2}(1\ 1\ 0)^{\mathrm{T}}$。图 5.5 给出了不同模式材料的等频面情况。这里以三模材料为例，不失一般性，特征应力按图 5.5(c)所示选取。根据理论分析可知，这种三模材料具有三个等频面。由于三个特征力矢量在波前平面 $\boldsymbol{n}_1$ 上共面，该三

模材料最外侧等频面打开；在波前平面 $\boldsymbol{n}_3$ 上，由于此时三个特征力矢量互相平行，因此中间和最外侧的等频面同时打开；由于三个特征力矢量在波前平面 $\boldsymbol{n}_4$ 上相互独立，因此沿该方向等频面封闭。图 5.5 为不同模式材料的特征应力和等频面特征，均可同理验证，此处不再赘述。

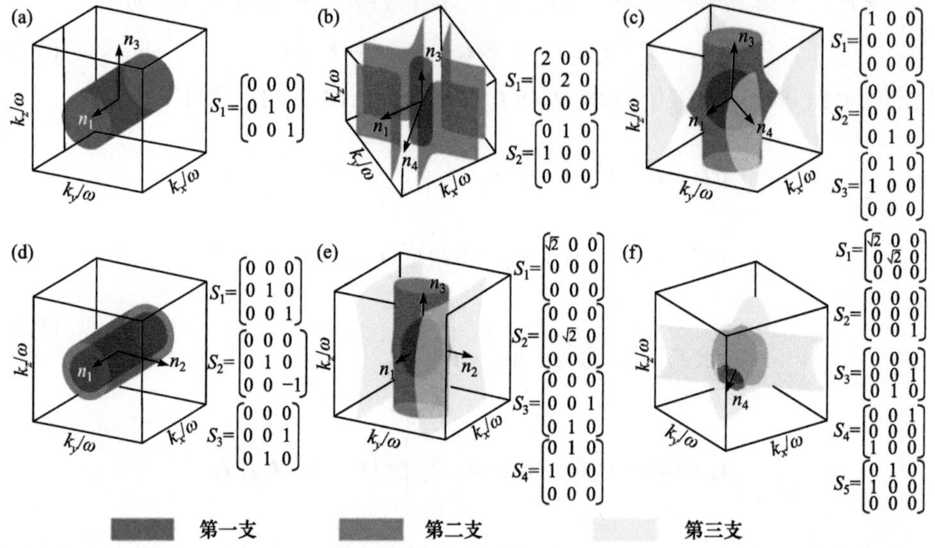

图 5.5　不同模式材料的特征应力和等频面特征

零能模式材料的特殊等频线形貌，可以为宽频波动调控提供新的机制。作为一个应用示例，这里展示将三模材料与各向同性材料形成界面时，实现对任意入射角度任意入射类型的弹性波零折射现象。选取的材料参数如图 5.6(a) 所示，构建的有限元分析模型如图 5.6(b) 所示。使用商业有限元软件 COMSOL Multiphysics 的固体力学模块对数值结果进行计算。将完美匹配层(PML)施加于模型四周以消除回波。模型的整体尺寸为 300mm × 600mm × 15mm。模型的上下表面施加有周期边界条件。

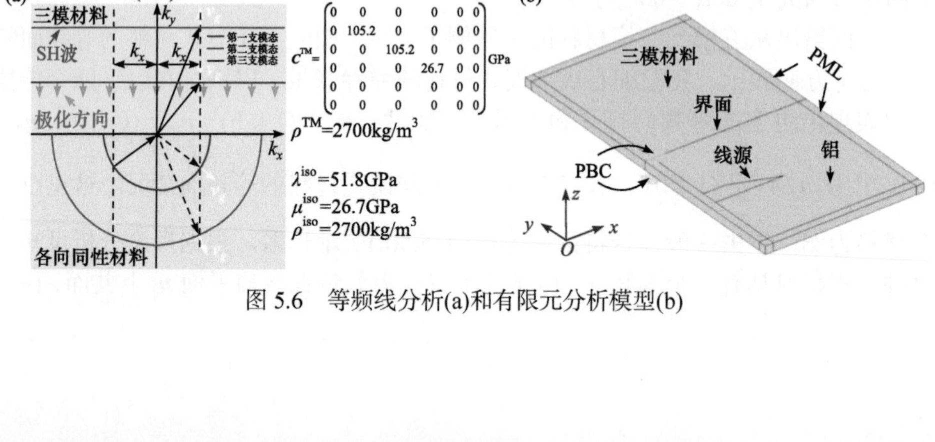

图 5.6　等频线分析(a)和有限元分析模型(b)

为了说明该三模材料的零折射功能，以 20°、40°和 60°分别入射了 P 波、SV 波和 SH 波的高斯波束。P 波和 SV/SH 波的频率分别为 300kHz 和 200kHz。图 5.7 展示了从各向同性材料斜入射到三模材料的波传播计算结果的位移幅值云图，其中白色、黑色和紫色箭头分别代表能流、波矢和极化方向。由图中结果可以清楚地看到，透射部分的能流方向始终平行于界面法向，即实现了对任意入射波型任意入射角度的零折射，这种对能量传输方向的锁定现象有望用于结构的能量收集。该功能的实现只使用到了模式材料的准静态特性而非共振特性，因此类似机制适用于宽频。

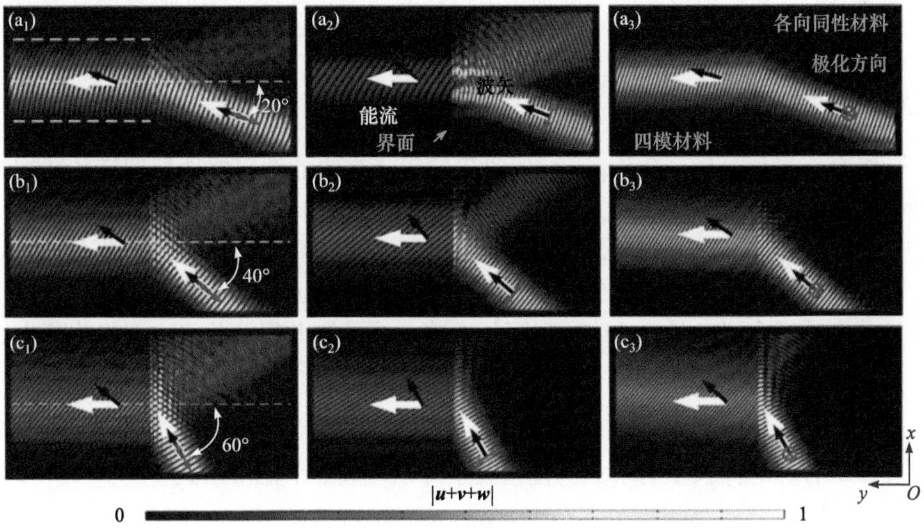

图 5.7　从各向同性材料斜入射到三模材料的波传播特性

5.2　理想杆系零能模式超材料

由于便于解析处理和反映机理，周期铰接杆系点阵系统是构造零能模式材料的理想研究模型[6-9]。在实际应用上，也能通过将理想杆系模型的铰接以薄弱连接近似，从而衍生至连续介质模型进行设计。总地来说，材料宏观上具有软模式，则在微观层次必然是欠约束的，即存在微机构模式，但二者并非直观上一一对应。如前所述，这里我们明确宏观上不产生应力和应变能的应变模式为材料的软模式或软应变模式，而在杆系层级上，将不产生杆件伸长的节点位移称为微观机构模式。本节采用周期材料平衡与变形的矩阵表示方法，介绍周期杆系零能模式材料的等效性质预测，同时也能对杆系材料特征应力 $\boldsymbol{S}_i$ 和软模式的构成及其与微观自应力和微机构模式的关系做出解释。

Guest 等研究了标准和旋转笼目(kagome)点阵材料的静不定和动不定行为，杆系点阵材料的宏观软模式有时也称 Guest 模式[8]。对于一个含有 n_a 个节点和 n_b 根杆件的 d 维有限桁架结构，其稳定的必要条件为 $n_b \geqslant dn_a - d(d+1)/2$。对于无限周期桁架系统情形则稍有不同，通常用每个节点的平均杆数 $Z = 2n_b/n_a$ 体现系统的约束程度，则前述 Maxwell 准则等价于 $Z \geqslant 2d$。一般情况下，二维和三维等静定桁架($Z = 4, 6$)宏观有效性质分别对应于一模和三模材料[10]。对于等效弹性张量为满秩的周期桁架已经有较为深入的研究，发展了多种均匀化理论[11-13]。然而对于欠约束系统，在宏观载荷下，微机构模式导致的局部松弛过程使系统进入更低的能量状态，在代表单元边界施加仿射位移的均匀化理论无法正确预测其等效弹性张量和软模式。

5.2.1 等效弹性张量

结合奇异值分解，Pellegrino 等给出的矩阵方法能够较好地处理杆系结构的微机构模式、自应力模式与力学响应[14]。考虑一个 $d(d=2,3)$维桁架结构，它由 n_a 个节点(位置为 $\boldsymbol{x}_a$，$a \in [1,\cdots,n_a]$)和 $n_b(b \in [1,\cdots,n_b])$个没有外部约束的杆件组成。$n_b$ 个杆件的拉力和伸长量被组合成向量 $\boldsymbol{t}$ 和 $\boldsymbol{e}$，n_a 个节点的 dn_a 个位移分量和外力分量分别被组合成向量 $\boldsymbol{u}$ 和 $\boldsymbol{f}$。列写每个节点的平衡方程，并将方程组改写为如下矩阵形式

$$\boldsymbol{At} = \boldsymbol{f} \tag{5.28}$$

另外，所有杆的伸长量与节点的位移关系可以写成如下矩阵形式

$$\boldsymbol{Bu} = \boldsymbol{e} \tag{5.29}$$

其中，矩阵 $\boldsymbol{A}$、$\boldsymbol{B}$ 分别称为平衡矩阵和变形(或运动)矩阵。

由虚功原理 $\boldsymbol{f}^{\mathrm{T}}\delta\boldsymbol{u} = \boldsymbol{t}^{\mathrm{T}}\boldsymbol{A}^{\mathrm{T}}\delta\boldsymbol{u} = \boldsymbol{t}^{\mathrm{T}}\delta\boldsymbol{e} = \boldsymbol{t}^{\mathrm{T}}\boldsymbol{B}\delta\boldsymbol{u}$，可以得到 $\boldsymbol{B} = \boldsymbol{A}^{\mathrm{T}}$，即两矩阵互为转置关系，故在实际计算中，仅列写其中一个即可。这里简单介绍运动矩阵 $\boldsymbol{B}$ 的列写步骤。例如某杆 b 连接两个节点 a_1 和 a_2，它们的位置分别为 $\boldsymbol{x}_{a1}$ 和 $\boldsymbol{x}_{a2}$。杆的单位向量为 $\hat{\boldsymbol{r}}_b = (\boldsymbol{x}_{a2} - \boldsymbol{x}_{a1})/l_b$，其中 $l_b = |\boldsymbol{x}_{a2} - \boldsymbol{x}_{a1}|$为杆的长度。在小变形情况下，杆的伸长量为 $e_b = (\boldsymbol{u}_{a2} - \boldsymbol{u}_{a1}) \cdot \hat{\boldsymbol{r}}_b$。类似地，列出所有杆的伸长关系，并注意节点位移分量和杆在向量 $\boldsymbol{u}$ 和 $\boldsymbol{e}$ 中的索引，就可以直接构建 $n_b \times dn_a$ 维的矩阵 $\boldsymbol{B}$。定义 $\boldsymbol{h} = \mathrm{diag}[h_1,\cdots,h_{n_b}]$，其中 h_b 是杆 b 的刚度，故有 $\boldsymbol{t} = \boldsymbol{he}$。可以通过解下面的方程来求解节点加载下桁架的位移响应

$$(\boldsymbol{AhA}^{\mathrm{T}})\boldsymbol{u} = \boldsymbol{Ku} = \boldsymbol{f} \tag{5.30}$$

其中，$\boldsymbol{K}$ 是 dn_{a} 阶的对称刚度矩阵。

接下来考虑周期点阵桁架在给定宏观应变 $\boldsymbol{E}$ 加载下产生的真实应变能，并根

据应变能密度等效原则推导等效弹性张量 $\boldsymbol{C}$。考虑一个受宏观应变 $\boldsymbol{E}$ 加载的无限周期晶格，根据 Cauchy-Born 假设(式(2.115))，晶格的节点位移可以分解为：与宏观应变张量 $\boldsymbol{E}$ 一致的仿射变形部分 $\boldsymbol{u}^{\text{aff}}$ 和周期性部分 $\boldsymbol{u}^{\text{p}}$，即 $\boldsymbol{u}=\boldsymbol{u}^{\text{aff}}+\boldsymbol{u}^{\text{p}}$，其中 $\boldsymbol{u}_a^{\text{aff}}=\boldsymbol{E}\cdot\boldsymbol{x}_a$ 为节点 $a\in(1,\cdots,n_a)$在仿射变形下的位移。因此，杆的伸长向量可表示为

$$\boldsymbol{e}=\boldsymbol{e}^{\text{aff}}+\boldsymbol{B}\boldsymbol{u}^{\text{p}} \tag{5.31}$$

其中，

$$\boldsymbol{e}^{\text{aff}}=\left(e_1^{\text{aff}},\cdots,e_{n_b}^{\text{aff}}\right)^{\text{T}} \tag{5.32}$$

为所有杆在仿射变形下的伸长量，对于杆 b，其伸长量表示为

$$e_b^{\text{aff}}=l_b\hat{\boldsymbol{r}}_b\cdot\boldsymbol{E}\cdot\hat{\boldsymbol{r}}_b \tag{5.33}$$

由 Bloch 定理，$\boldsymbol{u}^{\text{p}}$ 具有与晶格相同的周期性，即对于任意一对节点，若其位置相差一 Bravais 格矢，则它们在向量 $\boldsymbol{u}^{\text{p}}$ 中的节点位移分量只差一个相位因子 $\exp(\mathrm{i}\boldsymbol{k}\cdot\boldsymbol{R})$。可以将 $\boldsymbol{u}^{\text{p}}$ 缩减为一个仅包含独立节点位移分量的向量 $\tilde{\boldsymbol{u}}^{\text{p}}$，它们之间的关系为

$$\boldsymbol{u}^{\text{p}}=\boldsymbol{Q}(\boldsymbol{k})\tilde{\boldsymbol{u}}^{\text{p}} \tag{5.34}$$

点阵材料的 Bloch 波和带结构可通过式(5.28)～式(5.34)得到。对于长波极限下的准静态有效性质，只需要 $\boldsymbol{Q}=\boldsymbol{Q}(\boldsymbol{k}=0)$，此时 $\boldsymbol{Q}$ 是一个仅包含 0 和 1 的矩阵。由此矩阵 $\boldsymbol{A}$ 和 $\boldsymbol{B}$ 应改写为

$$\tilde{\boldsymbol{B}}=\tilde{\boldsymbol{A}}^{\text{T}}=\boldsymbol{B}\boldsymbol{Q} \tag{5.35}$$

同时式(5.31)为

$$\boldsymbol{e}=\boldsymbol{e}^{\text{aff}}+\tilde{\boldsymbol{B}}\tilde{\boldsymbol{u}}^{\text{p}} \tag{5.36}$$

由于材料和节点位移场的周期性，应变能仅考虑一个胞元即可。以扭曲 kagome 点阵桁架产生宏观体积应变 $\boldsymbol{E}$ 为例，其仿射伸长和松弛后的最终伸长状态如图 5.8 所示，松弛后各杆不产生弹性伸长，因此体积变形为其软模式。

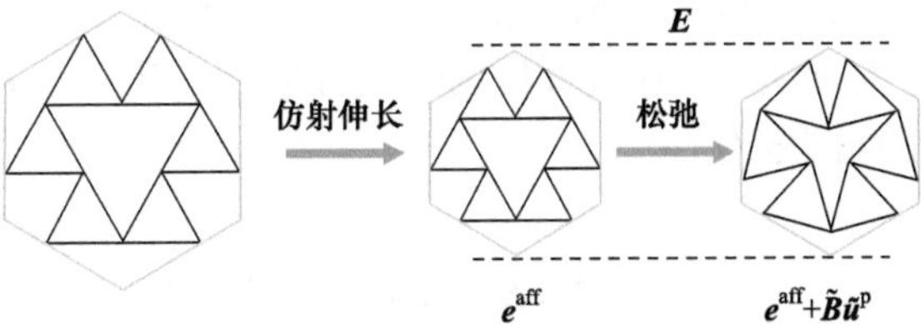

图 5.8　扭曲 kagome 点阵桁架胞元在体积变形下的仿射变形与松弛

在不引入过多符号且不引起歧义的情况下，我们仍采用式(5.31)的形式来进行后续的推导过程，即后续的 $\boldsymbol{A}$、$\boldsymbol{B}$ 和 $\boldsymbol{u}^{\mathrm{p}}$ 均指代 $\tilde{\boldsymbol{A}}$ 、$\tilde{\boldsymbol{B}}$ 和 $\tilde{\boldsymbol{u}}^{\mathrm{p}}$ 。周期点阵桁架材料的应变能密度为

$$w = \frac{1}{2V_{\mathrm{cell}}}(\boldsymbol{e}^{\mathrm{aff}} + \boldsymbol{B}\boldsymbol{u}^{\mathrm{p}})^{\mathrm{T}}\boldsymbol{h}(\boldsymbol{e}^{\mathrm{aff}} + \boldsymbol{B}\boldsymbol{u}^{\mathrm{p}}) \tag{5.37}$$

其中，V_{cell} 为单胞体积。对于任何宏观变形 $\boldsymbol{E}$，都可以由式(5.33)直接计算 $\boldsymbol{e}^{\mathrm{aff}}$，此时未知的周期位移部分 $\boldsymbol{u}^{\mathrm{p}}$ 则需要根据应变能密度 w 最小求出。考虑到点阵桁架可能为欠约束的零能模式材料，采用奇异值分解理论(SVD)可以更明晰地反映桁架的机构模式(mechanism mode)以及与其正交互补的自应力状态(self-stress state)空间。假设 $\mathrm{rank}\boldsymbol{B} = n_{\mathrm{r}}$，根据 SVD，$\boldsymbol{B}$ 矩阵可以分解为

$$\boldsymbol{B} = \boldsymbol{V}\boldsymbol{W}\boldsymbol{U}^{\mathrm{T}} \tag{5.38}$$

其中，$\boldsymbol{V}=[\boldsymbol{V}_{\mathrm{r}}, \boldsymbol{V}_{\mathrm{s}}]$和 $\boldsymbol{U}=[\boldsymbol{U}_{\mathrm{r}}, \boldsymbol{U}_0]$分别是 n_b 和 $d{\cdot}n_a$ 阶的正交方阵；$\boldsymbol{W}$ 是一个 $n_b \times dn_a$ 矩阵，其主对角线上有 n_{r} 个非零元素 $w_{\gamma\gamma}\,(\gamma \in [1,\cdots,n_{\mathrm{r}}])$，其他元素均为零。

方阵 $\boldsymbol{V}$(维度 $n_b{\times}n_b$)列向量实际上构成了 n_b 根杆的全部受力状态空间的基，其中子矩阵

$$\boldsymbol{V}_{\mathrm{s}} = [\boldsymbol{s}_1, \cdots, \boldsymbol{s}_{n_{\mathrm{s}}}] \tag{5.39}$$

的 $n_{\mathrm{s}} = n_b - n_{\mathrm{r}}$ 个列向量 $\boldsymbol{s}_{\alpha}\,(\alpha \in [1,\cdots,n_{\mathrm{s}}])$满足 $\boldsymbol{A}\boldsymbol{s} = \boldsymbol{0}$，即不需要任何节点力(即能平衡的杆件内力桩体)，称为自应力状态，它们构成了矩阵 $\boldsymbol{A}$ 的零空间 null($\boldsymbol{A}$)。与其对应子矩阵 $\boldsymbol{V}_{\mathrm{r}}$ 中的列向量与 null($\boldsymbol{A}$)正交，为 null($\boldsymbol{A}$)互补空间，也称为 $\boldsymbol{B}$ 的列空间 col($\boldsymbol{B}$)。另外，方阵 $\boldsymbol{U}$(维度 $dn_a{\times}dn_a$)列向量实际上构成了全部 dn_a 个节点自由度空间的基，其中子矩阵

$$\boldsymbol{U}_0 = [\boldsymbol{m}_1, \cdots, \boldsymbol{m}_{n_0}] \tag{5.40}$$

的 $n_0 = dn_a - n_{\mathrm{r}}$ 个列向量 $\boldsymbol{m}_{\xi}\,(\xi \in [1,\cdots,n_0])$满足 $\boldsymbol{B}\boldsymbol{m} = \boldsymbol{0}$，表示不引起任何杆伸长的节点位移，即杆系的机构模式，它们构成了矩阵 $\boldsymbol{B}$ 的零空间 null$\boldsymbol{B}$，或者称为矩阵 $\boldsymbol{A}$ 的左零空间。与其对应子矩阵 $\boldsymbol{U}_{\mathrm{r}}$ 中的列向量与 null$\boldsymbol{B}$ 正交，为 null$\boldsymbol{B}$ 互补空间，也称为 $\boldsymbol{B}$ 的行空间 row$\boldsymbol{B}$。实际上自应力空间 $\boldsymbol{V}_{\mathrm{s}}$ 同时也等同于全部无法通过杆系节点位移产生的杆件伸长状态(即非协调变形状态)；而机构位移模式空间 $\boldsymbol{U}_0$ 也等同于无法与任何杆件内力状态平衡的节点力。实际上，不仅桁架系统的代数矩阵方程满足上述对偶关系，连续介质力学微分形式的几何与平衡方程也有类似性质，例如对于平面问题有

$$\boldsymbol{\varepsilon} = \begin{pmatrix} \varepsilon_{11} \\ \varepsilon_{22} \\ 2\varepsilon_{12} \end{pmatrix} = \boldsymbol{B}\boldsymbol{u} = \begin{pmatrix} \partial_1 & 0 \\ 0 & \partial_2 \\ \partial_2 & \partial_1 \end{pmatrix}\begin{pmatrix} u_1 \\ u_2 \end{pmatrix} \tag{5.41}$$

$$-\boldsymbol{f}=\nabla\cdot\boldsymbol{\sigma}=\boldsymbol{A\sigma}=\begin{pmatrix}\partial_1 & 0 & \partial_2\\ 0 & \partial_2 & \partial_1\end{pmatrix}\begin{pmatrix}\sigma_{11}\\ \sigma_{22}\\ \sigma_{12}\end{pmatrix}=\boldsymbol{B}^{\mathrm{T}}\boldsymbol{\sigma} \tag{5.42}$$

从中可明显看到微分操作符矩阵 $\boldsymbol{B}$ 与 $\boldsymbol{A}$ 互为转置。

将式(5.38)代入式(5.37)，并注意到零空间与其互补空间的正交性，应变能密度可以表示为

$$w=\frac{1}{2V_{\mathrm{cell}}}\begin{pmatrix}\boldsymbol{e}_{\mathrm{r}}^{\mathrm{aff}}+\boldsymbol{W}_{\mathrm{rr}}\boldsymbol{u}_{\mathrm{r}}^{\mathrm{p}}\\ \boldsymbol{e}_{\mathrm{s}}^{\mathrm{aff}}\end{pmatrix}^{\mathrm{T}}\begin{pmatrix}\boldsymbol{h}_{\mathrm{rr}} & \boldsymbol{h}_{\mathrm{rs}}\\ \boldsymbol{h}_{\mathrm{sr}} & \boldsymbol{h}_{\mathrm{ss}}\end{pmatrix}\begin{pmatrix}\boldsymbol{e}_{\mathrm{r}}^{\mathrm{aff}}+\boldsymbol{W}_{\mathrm{rr}}\boldsymbol{u}_{\mathrm{r}}^{\mathrm{p}}\\ \boldsymbol{e}_{\mathrm{s}}^{\mathrm{aff}}\end{pmatrix} \tag{5.43}$$

其中，带有下标 s 和 r 的分块向量和矩阵表示它们在零空间或其正交补空间上的投影，即 $\boldsymbol{e}_{\mathrm{r}}^{\mathrm{aff}}=\boldsymbol{V}_{\mathrm{r}}^{\mathrm{T}}\boldsymbol{e}^{\mathrm{aff}}$, $\boldsymbol{e}_{\mathrm{s}}^{\mathrm{aff}}=\boldsymbol{V}_{\mathrm{s}}^{\mathrm{T}}\boldsymbol{e}^{\mathrm{aff}}$, $\boldsymbol{h}_{\mathrm{rs}}=\boldsymbol{V}_{\mathrm{r}}^{\mathrm{T}}\boldsymbol{h}\boldsymbol{V}_{\mathrm{s}}$ 和 $\boldsymbol{u}_{\mathrm{r}}^{\mathrm{p}}=\boldsymbol{U}_{\mathrm{r}}^{\mathrm{T}}\boldsymbol{u}^{\mathrm{p}}$ 等，以及 $\boldsymbol{W}_{\mathrm{rr}}=\mathrm{diag}[w_{11},\cdots,w_{n_{\mathrm{r}}n_{\mathrm{r}}}]$。上式表明 $\boldsymbol{u}^{\mathrm{p}}$ 投影到零空间上 $\boldsymbol{U}_0$ 的分量 $\boldsymbol{u}_0^{\mathrm{p}}$ 不会贡献应变能，只有 $\boldsymbol{u}_{\mathrm{r}}^{\mathrm{p}}$ 才会进入能量计算的表达式。为了确定未知向量 $\boldsymbol{u}_{\mathrm{r}}^{\mathrm{p}}$，我们让应变能密度最小化

$$\frac{\partial w}{\partial \boldsymbol{u}_{\mathrm{r}}^{\mathrm{p}}}=\frac{1}{V_{\mathrm{cell}}}\boldsymbol{W}_{\mathrm{rr}}^{\mathrm{T}}\begin{pmatrix}\boldsymbol{h}_{\mathrm{rr}} & \boldsymbol{h}_{\mathrm{rs}}\end{pmatrix}\begin{pmatrix}\boldsymbol{e}_{\mathrm{r}}^{\mathrm{aff}}+\boldsymbol{W}_{\mathrm{rr}}\boldsymbol{u}_{\mathrm{r}}^{\mathrm{p}}\\ \boldsymbol{e}_{\mathrm{s}}^{\mathrm{aff}}\end{pmatrix}=0 \tag{5.44}$$

从中可以解出

$$\boldsymbol{e}_{\mathrm{r}}^{\mathrm{aff}}+\boldsymbol{W}_{\mathrm{rr}}\boldsymbol{u}_{\mathrm{r}}^{\mathrm{p}}=-\boldsymbol{h}_{\mathrm{rr}}^{-1}\boldsymbol{h}_{\mathrm{rs}}\boldsymbol{e}_{\mathrm{s}}^{\mathrm{aff}} \tag{5.45}$$

将式(5.45)代入式(5.37)，应变能密度可以表示为宏观变形 $\boldsymbol{E}$ 的函数

$$w=\frac{1}{2V_{\mathrm{cell}}}\left(\boldsymbol{e}_{\mathrm{s}}^{\mathrm{aff}}\right)^{\mathrm{T}}\boldsymbol{h}_{\mathrm{ss}}'\boldsymbol{e}_{\mathrm{s}}^{\mathrm{aff}}=\frac{1}{2V_{\mathrm{cell}}}\sum_{\alpha=1}^{n_{\mathrm{s}}}\sum_{\beta=1}^{n_{\mathrm{s}}}\left(h_{\mathrm{ss}}'\right)_{\alpha\beta}\left(e_{\mathrm{s}}^{\mathrm{aff}}\right)_{\alpha}\left(e_{\mathrm{s}}^{\mathrm{aff}}\right)_{\beta} \tag{5.46}$$

其中，

$$\begin{aligned}&\boldsymbol{h}_{\mathrm{ss}}'=\left(\boldsymbol{h}_{\mathrm{ss}}-\boldsymbol{h}_{\mathrm{sr}}\boldsymbol{h}_{\mathrm{rr}}^{-1}\boldsymbol{h}_{\mathrm{rs}}\right)=\left[\left(\boldsymbol{h}^{-1}\right)_{\mathrm{ss}}\right]^{-1}\\&\left(\boldsymbol{h}^{-1}\right)_{\mathrm{ss}}=\boldsymbol{V}_{\mathrm{s}}^{\mathrm{T}}\left(\boldsymbol{h}^{-1}\right)\boldsymbol{V}_{\mathrm{s}}\end{aligned} \tag{5.47}$$

仿射变形对应的杆伸长量在每个自应力状态向量 $\boldsymbol{s}_{\alpha}$ 上的投影可以通过式(5.33)来计算

$$\left(e_{\mathrm{s}}^{\mathrm{aff}}\right)_{\alpha}=\sum_{b=1}^{n_b}e_b^{\mathrm{aff}}s_{\alpha b}=\sum_{b=1}^{n_b}\left(l_b\hat{\boldsymbol{r}}_b\cdot\boldsymbol{E}\cdot\hat{\boldsymbol{r}}_b\right)s_{\alpha b}=\boldsymbol{E}:\bar{\boldsymbol{S}}_{\alpha} \tag{5.48}$$

其中，$s_{\alpha b}$ 是自应力状态 $\boldsymbol{s}_{\alpha}$ 的第 b 个元素。对于每个自应力模式，可以定义二阶对称张量

$$\bar{\boldsymbol{S}}_{\alpha}=\sum_{b=1}^{n_b}\left(\hat{\boldsymbol{r}}_b\otimes\hat{\boldsymbol{r}}_b\right)s_{\alpha b}l_b \tag{5.49}$$

最终，根据方程(5.46)，一个受宏观应变 $\boldsymbol{E}$ 加载的周期性桁架晶格的应变能密度可以简洁地表示为

$$w=\frac{1}{2}\boldsymbol{E}:\boldsymbol{C}:\boldsymbol{E} \tag{5.50}$$

显然其中，

$$\boldsymbol{C}=\frac{1}{V_{\text{cell}}}\sum_{\alpha=1}^{n_s}\sum_{\beta=1}^{n_s}\left[\left(h'_{\text{ss}}\right)_{\alpha\beta}\bar{\boldsymbol{S}}_{\alpha}\otimes\bar{\boldsymbol{S}}_{\beta}\right] \tag{5.51}$$

可以视为均质化的等效弹性张量。如果杆具有统一的刚度系数 h，即 $\left(h'_{\text{ss}}\right)_{\alpha\beta}=h\delta_{\alpha\beta}$，则有效弹性张量可以简化为

$$\boldsymbol{C}=\frac{h}{V_{\text{cell}}}\sum_{\alpha=1}^{n_s}\bar{\boldsymbol{S}}_{\alpha}\otimes\bar{\boldsymbol{S}}_{\alpha} \tag{5.52}$$

不管是否含有零能模式，上述均匀化方法对于周期点阵桁架都是有效的。

杆系点阵材料等效性质表达式(5.51)和式(5.52)与零能模式材料定义式(5.3)在形式上高度一致，也可以看出材料硬模式的数量(6–N)与周期桁架微观自应力空间的维度 n_s 相关。但需要指出的是，尽管由矩阵 $\boldsymbol{B}$ 经奇异值分解得到的微观自应力状态 $\boldsymbol{s}_{\alpha}$ 是相互正交的，但是由式(5.49)得到的 $\bar{\boldsymbol{S}}_{\alpha}$ 之间并不一定正交，因此不能将 $\bar{\boldsymbol{S}}_{\alpha}$ 等同于材料弹性张量特征值分解得到的特征应力 $\boldsymbol{S}$。式(5.46)表明，在宏观应变 $\boldsymbol{E}$ 作用下，若材料具有自应力，则要求杆系的仿射伸长 $\boldsymbol{e}^{\text{aff}}$ 在自应力空间 null($\boldsymbol{A}$)产生非零投影，否则 $\boldsymbol{E}$ 为材料的一个软模式。因此，d 维周期桁架弹性张量满秩的必要条件为其自应力空间维度 dim null $\tilde{\boldsymbol{A}} \geqslant d(d+1)/2$。

上述均匀化过程也澄清了理想杆系点阵材料的宏观软、硬模式与微观机构和自应力模式的对应关系，如图 5.9 所示。根据桁架的连接关系，杆伸长 $\boldsymbol{e}$ 所处的整个向量空间被分割为两个相互正交的子空间：一个是变形矩阵 $\boldsymbol{B}$ 的列空间 col$\boldsymbol{B}$ = span$\boldsymbol{V}_{\text{r}}$；另一个是其转置的零空间 null$\boldsymbol{B}^{\text{T}}$ = span$\boldsymbol{V}_{\text{s}}$，即自应力空间。如式(5.31)所示，只有 $\boldsymbol{e}^{\text{aff}}$ 在空间 col$\boldsymbol{B}$ 上的投影能够被松弛位移场 $\boldsymbol{u}^{\text{p}}$ 释放。如果要求宏观变形 $\boldsymbol{E}^{0}$ 是软模式，则其导致杆的仿射伸长向量 $\boldsymbol{e}^{\text{aff}}\in$ col$\boldsymbol{B}$，即

$$\tilde{\boldsymbol{B}}\tilde{\boldsymbol{u}}^{\text{p}}+\boldsymbol{e}^{\text{aff}}=\boldsymbol{e}=\boldsymbol{0} \tag{5.53}$$

相反地，$\boldsymbol{e}^{\text{aff}}$ 在 null$\boldsymbol{B}^{\text{T}}$ 上的投影导致了抵抗宏观变形的变形能，即晶格的自应力模式导致了宏观的硬模式。然而，需要注意的是，并非微观层面上的每个自应力模式都会导致一个宏观硬模式，只有自应力模式与杆件仿射伸长相关时才能与宏观变形关联。尽管宏观等效弹性张量的具体数值与各杆的刚度相关，但软硬模式的空间分离完全取决于矩阵 $\boldsymbol{B}$，而矩阵 $\boldsymbol{B}$ 仅与桁架及节点的几何连接相关，与杆的刚度无关。

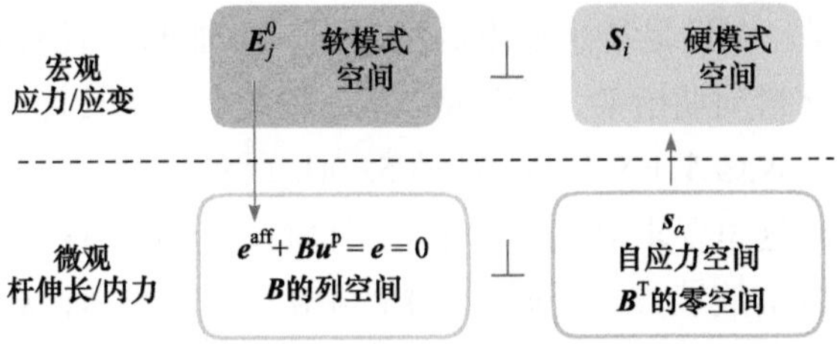

图 5.9　理想杆系材料宏观软、硬模式与微观机构和自应力模式的对应关系

5.2.2　五模材料及其简单叠加

蜂窝构型的杆系点阵能够构成五模材料，且很容易建立其唯一的自应力状态与节点位置的关系。如图 5.10(a)所示，令菱形单胞的晶格矢量为 $\boldsymbol{a}_1=(a,-b)$, $\boldsymbol{a}_2=(a,b)$，节点 1～3 分别位于原点 $\boldsymbol{a}_1$ 和 $\boldsymbol{a}_2$，内部节点 4 的位置为 $\boldsymbol{p}=(x,y)$。调整节点 4 的位置，使材料具有不同的特征应力。各杆方向的单位矢量为 $\hat{\boldsymbol{r}}_1=-\boldsymbol{p}/l_1$，$\hat{\boldsymbol{r}}_2=(\boldsymbol{a}_1-\boldsymbol{p})/l_2$，$\hat{\boldsymbol{r}}_3=(\boldsymbol{a}_2-\boldsymbol{p})/l_3$，其中 l_i 为杆的长度。根据式(5.49)，特征应力表示为

$$\overline{\boldsymbol{S}}=\sum_{b=1}^{3}\boldsymbol{r}_b\otimes\boldsymbol{r}_b\frac{s_b}{l_b}=\boldsymbol{a}_1\otimes\boldsymbol{a}_1\frac{s_2}{l_2}+\boldsymbol{a}_2\otimes\boldsymbol{a}_2\frac{s_3}{l_3}-\boldsymbol{p}\otimes\boldsymbol{p}\left(\frac{s_1}{l_1}+\frac{s_2}{l_2}+\frac{s_3}{l_3}\right) \tag{5.54}$$

其中，应力状态(s_1, s_2, s_3) 可根据三杆内力在节点 4 的平衡得到，即 $s_1\boldsymbol{r}_1/l_1+s_2\boldsymbol{r}_2/l_2+s_3\boldsymbol{r}_3/l_3=0$，于是可得

$$\frac{s_2}{l_2}\boldsymbol{a}_1+\frac{s_3}{l_3}\boldsymbol{a}_2=\left(\frac{s_1}{l_1}+\frac{s_2}{l_2}+\frac{s_3}{l_3}\right)\boldsymbol{p} \tag{5.55}$$

式(5.55)结合归一化条件 $s_1^2+s_2^2+s_3^2=1$ 可以求解出三杆自应力状态。对于逆向设计，给定特征应力 $\boldsymbol{S}$ 并且假设三杆具有相同的刚度 h，显然有 $\boldsymbol{S}=\sqrt{h/V_{\text{cell}}}\,\overline{\boldsymbol{S}}$，节点 4 的坐标 $\boldsymbol{p}=(x,y)$可根据式(5.54)和式(5.55)由 $\boldsymbol{S}$ 的各分量的相对大小首先确定，进而可比较 $\boldsymbol{S}$ 和 $\overline{\boldsymbol{S}}$ 确定杆的刚度 h。

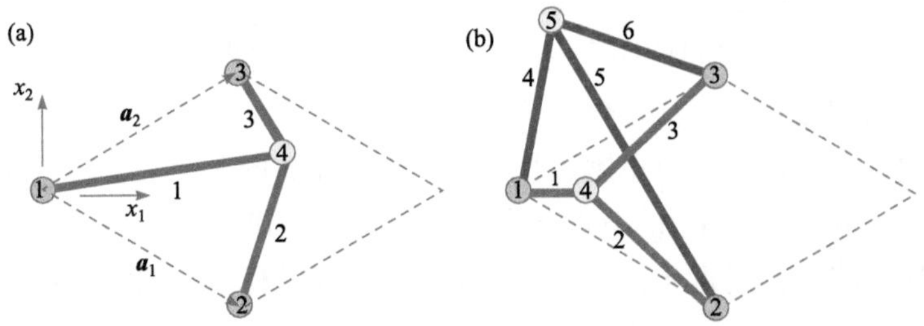

图 5.10　(a)二维五模材料三杆单胞模型；(b)组合两个具有不同特征应力的五模材料单胞

下面将会看到，在满足特定要求的情况下，叠加两套具有不同特征应力 $\boldsymbol{S}_1$ 和 $\boldsymbol{S}_2$ 的二维五模材料周期桁架，将生成二维一模材料，且其特征应力也是五模材料的简单叠加：$\boldsymbol{C}=\boldsymbol{S}_1\otimes\boldsymbol{S}_1+\boldsymbol{S}_2\otimes\boldsymbol{S}_2$，如图 5.10(b)所示。图中杆 1～3 具有刚度 h_1，杆 4～6 刚度为 h_2。这里要求对应于每个五模材料的三根杆均与单胞的 1～3 格点相连。只有采用这样的连接方式，杆件的两个自应力状态才具有 $\boldsymbol{s}_1=[s_1, s_2, s_3, 0, 0, 0]$ 和 $\boldsymbol{s}_2=[0, 0, 0, s_4, s_5, s_6]$的形式，即两个五模材料的自应力状态解耦并可以单独设计。在该条件下，式(5.51)中的 $\boldsymbol{h}'_{\mathrm{ss}}$ 为对角形式，使得一模材料为两个五模材料的简单叠加。图 5.10(b)对应的具体设计参数为 $a=\sqrt{3}$，$b=1$，杆件刚度均为 $h=8.66$；内部节点 4 和 5 的位置分别为(0.57735, 0)和(0.28869, 1.50003)，构成的五模材料特征应力分别为

$$\boldsymbol{S}_1=\begin{pmatrix}2 & 0\\0 & 1\end{pmatrix},\quad \boldsymbol{S}_2=\begin{pmatrix}0.250 & 1.299\\1.299 & -1.250\end{pmatrix} \tag{5.56}$$

最终形成一模材料的弹性矩阵为

$$\boldsymbol{C}=\begin{pmatrix}4.0635 & 1.6875 & 0.4593\\1.6875 & 2.5625 & -2.2964\\0.4593 & -2.2964 & 3.3750\end{pmatrix} \tag{5.57}$$

由于五模材料构型很容易反演，因此直接叠加五模材料任意数量硬模式的方法简单稳定，无须采用优化算法。可以证明通过改变内部节点位置能够生成任意特征应力，因此只要给定任意模式材料弹性张量及其 Kelvin 分解(5.3)，理论上构造任意零能模式材料并不困难。但是该方法显而易见的缺点是杆件的交叉，因此对二维材料并不适用。通过优化算法设计非交叉杆的理想杆系零能模式材料将在后续章节中介绍。

对于三维情况，当独立硬模式不多时(例如三维 4 模材料)直接叠加五模材料有可能避免杆件的相互干扰，例如图 5.11 给出的例子。这里用以 $\boldsymbol{S}_1=\boldsymbol{\tau}_{yz}$ 和 $\boldsymbol{S}_2=\boldsymbol{\tau}_{xz}$ 为特征应力的横观各向同性四模材料(即只能承受由这两个剪应力组成的应力，而其他的受力状态都是易变形模式)为例进行展示[15]。对于图 5.11(a)中单胞含有 4 根杆的五模材料，假设立方单胞边长为 2，每根杆的杨氏模量、横截面积和密度分别等于 1。当图 5.11(a)中的节点 p_1 从立方体内部逐渐靠近边界点 n_1 时，整个晶格的等效属性将逐渐趋近于以 $\boldsymbol{\tau}_{xz}$ 为特征应力的五模材料。例如，在以立方体几何中心为原点的直角坐标系中，当节点坐标为 $p_1=0.995\times(1\ 1\ -1)^{\mathrm{T}}$ 时，该晶格的

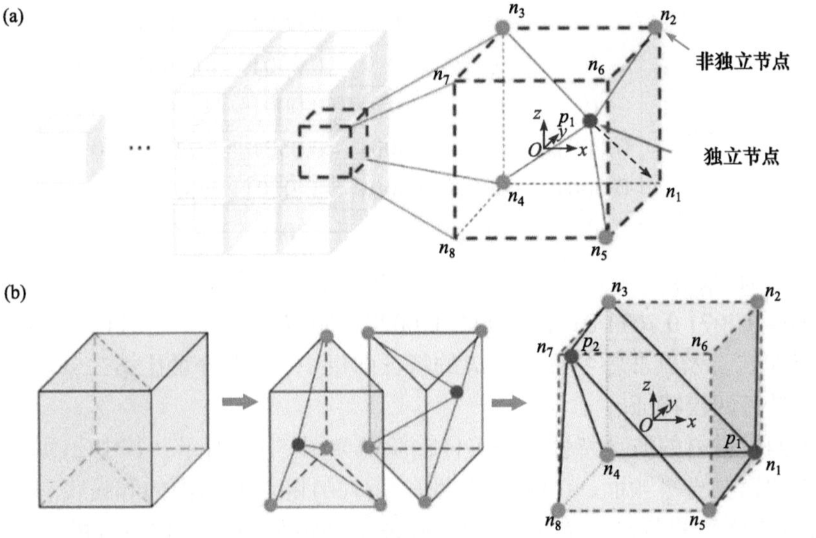

图 5.11　用简单叠加方法设计四模材料

(a)用于构建四模材料的五模材料晶格；(b)在一个立方体设计空间中用两个五模材料晶格组装成所需的四模材料晶格

等效弹性矩阵为

$$\boldsymbol{C}_{\mathrm{PM}}=\begin{pmatrix} 0 & 0 & 0 & 0 & 0.0001 & 0 \\ 0 & 0 & 0 & 0 & 0.0001 & 0 \\ 0 & 0 & 0 & 0 & 0.0001 & 0 \\ 0 & 0 & 0 & 0 & 0 & 0 \\ 0.0001 & 0.0001 & 0.0001 & 0 & 0.0521 & 0 \\ 0 & 0 & 0 & 0 & 0 & 0 \end{pmatrix} \tag{5.58}$$

其特征值为$\{\lambda_{\mathrm{PM}}\}=\{0.0521, 0, 0, 0, 0, 0\}$，非零特征值对应的特征应力为$[0.0019, 0.0019, 0.0019, 0, 1, 0]^{\mathrm{T}}$，因此该构型单胞构成的周期桁架可近似认为是以 $\boldsymbol{\tau}_{xz}$ 为特征应力的五模材料。用同样的方法，当节点 p_1 从立方体内部逐渐靠近边界点 n_8 时，可以近似为只支持纯剪应力 $\boldsymbol{\tau}_{yz}$ 的五模材料。

现在按图 5.11(a) 所示的方式将两种近似五模材料单胞拼装在一起，构成四模材料微结构。需要注意的是，为了使最终组装得到的晶格不是独立分散的，需要两个五模材料在一些地方共节点。如图 5.11(b)中的两个五模材料在节点 n_3、n_4 和 n_5 处连接成一个整体，即不再是两个互不关联的晶格。最终，该四模材料均匀化得到的等效弹性矩阵为

$$
\boldsymbol{C}_{\mathrm{QM}}=\begin{pmatrix}
0 & 0 & 0 & 0.0001 & 0.0001 & 0\\
0 & 0 & 0 & 0.0001 & 0.0001 & 0\\
0 & 0 & 0 & 0.0001 & 0.0001 & 0\\
0.0001 & 0.0001 & 0.0001 & 0.0521 & -0.0001 & 0\\
0.0001 & 0.0001 & 0.0001 & -0.0001 & 0.0521 & 0\\
0 & 0 & 0 & 0 & 0 & 0
\end{pmatrix} \tag{5.59}
$$

其特征值为$\{\lambda_{\mathrm{QM}}\}=\{0.0522, 0.0520, 0, 0, 0, 0\}$，非零特征值对应的特征向量分别为$(0\ 0\ 0\ -0.7071\ 0.7071\ 0)^{\mathrm{T}}$和$(0.0027\ 0.0027\ 0.0027\ -0.7071\ 0.7071\ 0)^{\mathrm{T}}$。可以发现，弹性矩阵$\boldsymbol{C}_{\mathrm{QM}}$及其非零特征值对应的特征向量中，最大分量比第二分量大两个数量级，具备四模特征。

该四模材料的波动特性和完美传输验证如图 5.12 所示，其中(a)和(b)分别是第一支和第二支等频面，(c)和(d)分别显示(100)和(001)面内的等频线和极化方向(以图中橙色和紫色箭头表示)。为了验证该四模材料微结构设计的正确性，如图 5.12(e)所示，考察中心频率 50kHz 的 SH 波高斯波束以 25°入射角斜入射到四模材料微结构阵列(由 15 × 50 × 15 个单胞组成)的波传输情况，结果表明 SH 波在微结构与等效介质之间可实现完美传输。单胞的晶格常数为 2mm，因此四模材料微结构阵列的总体尺寸为 30mm × 100mm × 30mm。通过观察图 5.12(d)可以发现，该四模材料在 x-y 面内只支持 SH 波模态，且是各向同性的。因此，材料的(001)面可以作为各向同性的 SH 波偏振器使用，该材料构成的块体在(001)内将只允许 z 方向的振动传递。后文 5.3.2 节将根据这一特性给出四模材料新的设计并验证剪切偏振功能。

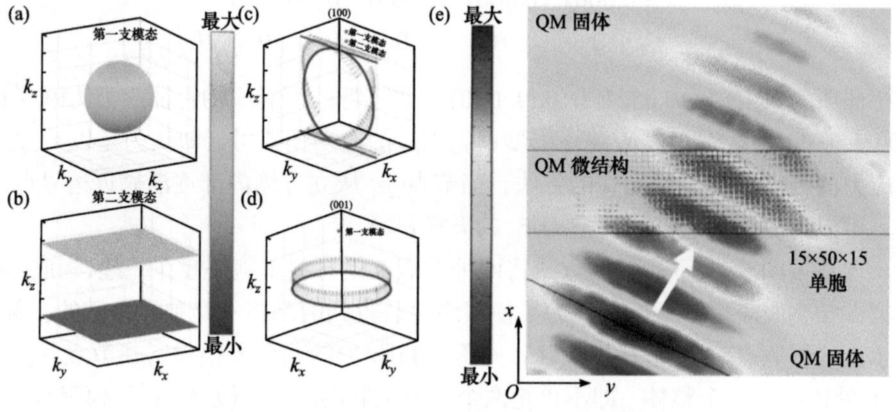

图 5.12　四模材料的波动特性和完美传输验证

(a)、(b)等频面；(c)、(d)分别是(100)和(001)面的等频线与极化方向(以橙色和紫色箭头表示)；(e)完美传输验证的俯视图

5.2.3 杆系点阵材料参数优化设计

对于亏秩弹性张量 $\boldsymbol{C}$，通过特征值分析可确定其结构。根据特征值是否为零，将整个应力(应变)张量空间分离为软、硬模式两个正交子空间，而最终 $\boldsymbol{C}$ 由硬模式空间中选择出一组正交基和相应的特征值完全确定。如前所述，软/硬模式的分离仅取决于周期桁架的几何信息，弹性张量具体的分量值取决于杆刚度参数的集合。因此，为避免同时优化过多变量，可以采用两步设计方案：①根据零能模式要求选择一个单胞的连接拓扑结构，并以产生所需宏观软应变模式作为优化目标确定节点位置，优化结果也确定了桁架单胞的自应力模式；②优化各杆刚度参数，以匹配亏秩弹性张量各分量具体数值。下面以二维一模材料为例展示具体的优化设计。

1. 8 杆 6 节点单胞构型

仍以式(5.56)和式(5.57)给出的特征应力和弹性矩阵作为设计目标，与两个特征应力正交的软模式具体为

$$\boldsymbol{E}^0=\begin{pmatrix}0.3716 & -0.3934\\ -0.3934 & -0.7433\end{pmatrix} \tag{5.60}$$

二维一模材料只有一个软模式，在保证只有一个微机构模式条件下可供选择的桁架连接方式很多。首先以图 5.13 所示的 8 杆 6 节点单胞为基础构型设计，单胞几何上关于 x 轴对称，但各杆刚度可以不对称，晶格矢量 $\boldsymbol{a}_1=(a,-b)$, $\boldsymbol{a}_2=(a,b)$。

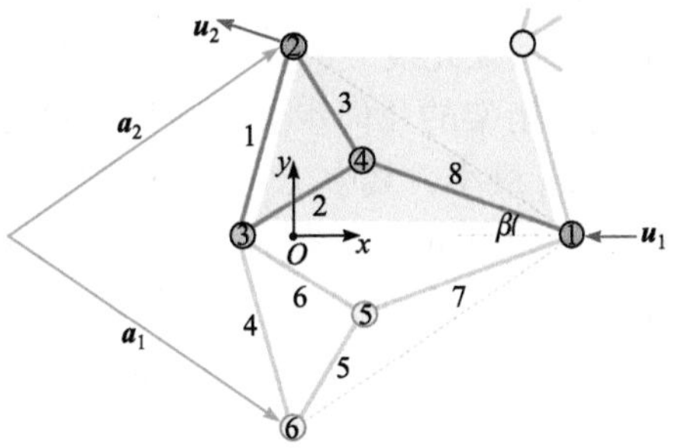

图 5.13　用于几何设计的单胞构型

在图 5.13 所示坐标系下，其软模式具有 $\boldsymbol{E}^0=\mathrm{diag}[\varepsilon_x,\ \varepsilon_y]$的形式。假设节点 1 $(a, 0)$和 2 $(0, b)$处在 Bravais 格点上，可以利用节点 3 和 4 的位置来调整软模式。为方便起见，我们使用杆 8 的长度 l_8 和角度 β 对节点 4 位置进行参数化，因此共有三个设计参数(x_3, β, l_8)。首先固定节点 3，并让节点 1 沿 x 轴移动以去除刚体模式。通过分析节点 1 和 2 的位移 $\boldsymbol{u}_1=(u_{1x}, 0)$和 $\boldsymbol{u}_2=(u_{2x}, u_{2y})$，软模式可以表示为 $\varepsilon_x=(u_{1x}-u_{2x})/a$ 和 $\varepsilon_y=u_{2y}/b$。从运动学关系中能够得到 $u_{2x}=bu_{1x}/[(a-x_3)\tan\beta]$和 $u_{2y}=x_3u_{1x}/[(a-x_3)\tan\beta]$，进而可以得到软模式与几何参数的关系

$$\frac{\varepsilon_y}{\varepsilon_x}=\frac{x_3a/b}{(a-x_3)\tan\beta-b} \tag{5.61}$$

可见上述结果仅与角度 β 有关。作为示例，令 $a=\sqrt{3}$，$b=1$ 以及 $x_3=-0.3$，并在图 5.14(a)中绘制节点 4 位置在单胞中变化时的 $\varepsilon_y/\varepsilon_x$ 比值。由图 5.14(a)中可以

看出，可得到的 $\varepsilon_y/\varepsilon_x$ 范围很大，既包括拉胀区域又包括非拉胀区域。对于固定的 x_3，固定角度 β 线上所有点具有相同的比值，因此具有相同的软模式。对于软模式 $\varepsilon_y/\varepsilon_x=1$ 和−2，给出了标记为 A～D 的四个点所对应的可选几何构型。图 5.14(b)显示了取 $x_3=0.3$ 时的对应情况，可以看出此时拉胀和非拉胀区域切换。

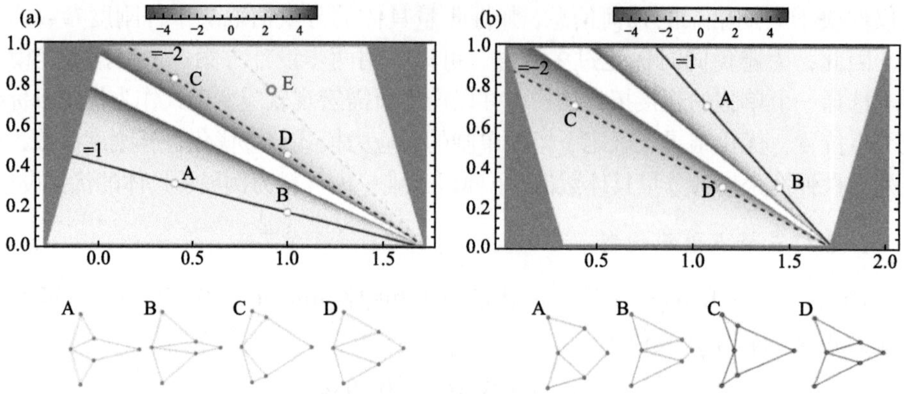

图 5.14　用于几何设计的单胞构型软模式的 $\varepsilon_y/\varepsilon_x$ 的等值线图

(a)固定 $x_3=-0.3$ 以及(b)固定 $x_3=0.3$，节点 4 在单位单元中遍历。插图 A～D 展示了相对应的单胞构型

因为当前坐标系是主坐标系，故应将式(5.60)对角化为 $\boldsymbol{E}^0=\text{diag}[-0.8661, 0.4964]$，此时 $\varepsilon_y/\varepsilon_x=-0.5719$ 为优化的目标软模式并在图 5.14(a)中由粉色虚线突出显示，在此线上选择一个节点 4 位置($x_4=0.9, y_4=0.7815$，由圆圈标记)，由此确定了桁架的几何参数。最后通过优化算法确定杆件刚度 h_1～h_8，使目标函数 $\|\boldsymbol{C}'-\boldsymbol{C}\|_1$ 最小，其中 $\boldsymbol{C}$ 为目标弹性张量，$\|\bullet\|_1$ 表示矩阵的 1-范数，迭代过程中的 $\boldsymbol{C}'$ 由 5.2.1 节的均匀化方法计算。需要注意的是，式(5.57)中的弹性矩阵应转换为单胞主坐标系，本例主坐标系为逆时针旋转 $\phi=72.4°$，坐标系相对关系如图 5.15(a)所示。优化过程使用 Mathematica 软件，杆刚度的设计空间限制在 $h_i=[1.0, 30.0]$ 的范围内，收敛误差为 10^{-8}。得到的节点位置和杆刚度列于表 5.1 第一行，微结构构型见图 5.15(a)，图中杆的粗细反映了杆件的相对刚度$(h_i)^{1/2}$。

对于一模材料，对称单胞方案可以通过式(5.61)直接建立软模式 $\boldsymbol{E}^0$ 和几何参数的关系，因而只有在确定杆件刚度时需要使用优化算法，但必须在单胞主轴坐标系下完成。图 5.15(b)给出了另一种实现相同弹性矩阵的设计版本。这个版本取消了单胞的几何对称性要求，因而节点 3、4 和 5 的位置可以自由调整，全部设计变量包括 6 个节点坐标和 8 个杆件刚度。仍然采用两步优化，但此时节点坐标也必须根据 $\boldsymbol{E}^0$ 通过优化搜索，同时需要额外设立条件避免杆件交叉。最终得到的微结构设计参数列于表 5.1 第二行，微结构构型见图 5.15(b)。从图中可以看出，与先前的设计相比，非对称构型的微结构参数搜索难度更高，杆的刚度分布更分散了，但好处是无须旋转晶格方位。

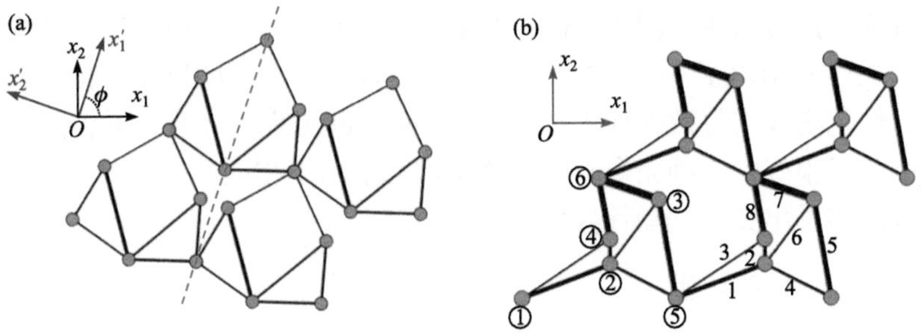

图 5.15　与弹性矩阵(5.57)匹配的一模材料设计

(a)对称单胞，主轴旋转；(b)采用非对称单胞

表 5.1　与弹性矩阵(5.57)匹配的一模材料桁架参数

对称单胞	h_1	h_2	h_3	h_4	h_5	h_6	h_7	h_8
	8.5665	29.998	9.7785	14.309	14.166	9.3147	8.3246	5.1723
	$(x, y)_{1\sim6}$ = (1.7321, 0)　(0, 1)　(−0.3, 0)　(0.9, 0.7815)　(0.9, −0.7815)　(0, −1)							
非对称单胞	h_1	h_2	h_3	h_4	h_5	h_6	h_7	h_8
	17.887	12.889	2.9358	7.5852	25.662	4.1176	49.999	33.406
	$(x, y)_{1\sim6}$ = (0, 0)　(1.1454, 0.4210)　(1.7810, 1.2365)　(1.1410, 0.7413)　(2, 0)　(1, 1.5)							

为进一步验证所设计的一模材料，将弹性矩阵(5.57)所对应的三种不同设计方案(五模材料简单叠加，对称单胞，非对称单胞)的等频线绘制于图 5.16 中。

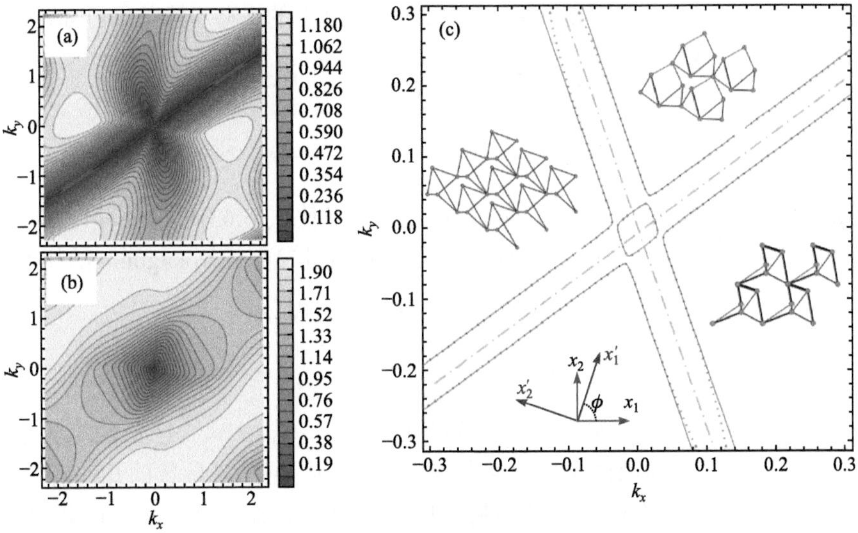

图 5.16　一模材料的等频线

(a)第一支；(b)第二支；(c)精确结果与均匀化结果的比较

图 5.16(a)和(b)给出了根据离散结构 Bloch 波分析的第一支和第二支等频线精确结果。图 5.16(c)给出了$\omega = 0.05$时精确结果与均匀化结果的比较，其中点线为精确结果，红色实线为等效弹性张量根据 Christoffel 方程的计算结果，两者在长波情况下吻合得很好，三种完全不同的微结构都给出了相同的等频线形貌。另外，从图中也能够看出 5.1.3 节所讨论的等频线开口情况。

2. kagome 单胞构型

熟知的 kagome 周期桁架结构单胞也具有一个机构模式，因此也能够以此构型为基础设计一模材料。事实上，标准的 kagome 点阵由于存在三个贯穿自应力模式，其等效弹性矩阵是满秩的(图 5.17(a))；旋转 kagome 桁架则对应软模式为体积变形的一模材料，也是研究广泛的泊松比为−1 的材料(图 5.17(b))，而扭曲的 kagome 桁架则具有更一般的软模式(图 5.17(c))，这里讨论其构成二维一模材料性质的规律。

这里沿用文献[10]对标准 kagome 结构扭曲的参数化描述。设晶格常数为a，则晶格矢量为

$$\boldsymbol{a}_{m+1} = a\left(\cos\frac{2\pi m}{3} \quad \sin\frac{2\pi m}{3}\right), \quad m = 0,1,2 \tag{5.62}$$

且满足$\boldsymbol{a}_1 + \boldsymbol{a}_2 + \boldsymbol{a}_3 = \boldsymbol{0}$。图中菱形阴影为点阵单胞，标准 kagome 点阵杆长均为$a/2$。保持晶格不变，如图 5.17(c)所示，标准 kagome 模型的扭曲过程可以看作将节点$\boldsymbol{d}_1$、$\boldsymbol{d}_2$、$\boldsymbol{d}_3$从标准位置分别偏移向量$\boldsymbol{s}_1$、$\boldsymbol{s}_2$、$\boldsymbol{s}_3$得到，其他节点位置则由晶体平移对称性决定。令坐标原点位于$\boldsymbol{d}_3 = \boldsymbol{a}_3/2$，由 Bravais 格点的平移对称关系可知

$$\begin{cases} \boldsymbol{d}_1 = \boldsymbol{d}_3 + \boldsymbol{a}_1 + \dfrac{\boldsymbol{a}_2}{2} + \boldsymbol{s}_2 = \dfrac{\boldsymbol{a}_1}{2} + \boldsymbol{s}_2 \\ \boldsymbol{d}_2 = \boldsymbol{d}_3 - \boldsymbol{s}_1 - \dfrac{\boldsymbol{a}_1}{2} - \boldsymbol{a}_3 = \dfrac{\boldsymbol{a}_2}{2} - \boldsymbol{s}_1 \end{cases} \tag{5.63}$$

节点$\boldsymbol{d}_2$也可表示为$\boldsymbol{d}_2 = \boldsymbol{a}_1/2 + \boldsymbol{s}_2 + \boldsymbol{a}_2 + \boldsymbol{a}_3/2 + \boldsymbol{s}_3$，对比式(5.63)可得偏移向量之间满足$\boldsymbol{s}_1 + \boldsymbol{s}_2 + \boldsymbol{s}_3 = \boldsymbol{0}$，因此实际上只有 4 个独立的标量参数控制 kagome 的扭曲。令

$$\begin{cases} \boldsymbol{s}_n = x_n\left(\boldsymbol{a}_{n-1} - \boldsymbol{a}_{n+1}\right) + y_n \boldsymbol{a}_n \\ y_n = \dfrac{z}{3} + x_{n-1} - x_{n+1} \end{cases} \tag{5.64}$$

其中，下标n以 3 为模轮转变化。容易验证$z = y_1 + y_2 + y_3$，且$\boldsymbol{s}_n$约束关系自动满足，则 kagome 扭曲由四个独立参数$(x_1, x_2, x_3; z)$控制。各参数的几何意义为x_1, x_2, x_3分别控制三个方向的连杆的曲折程度，而参数z控制相邻三角形的相对大小。参数$(0, 0, 0; 0)$对应标准 kagome 点阵结构，而参数$(x, x, x; 0)$则对应于旋转 kagome 点阵材料。

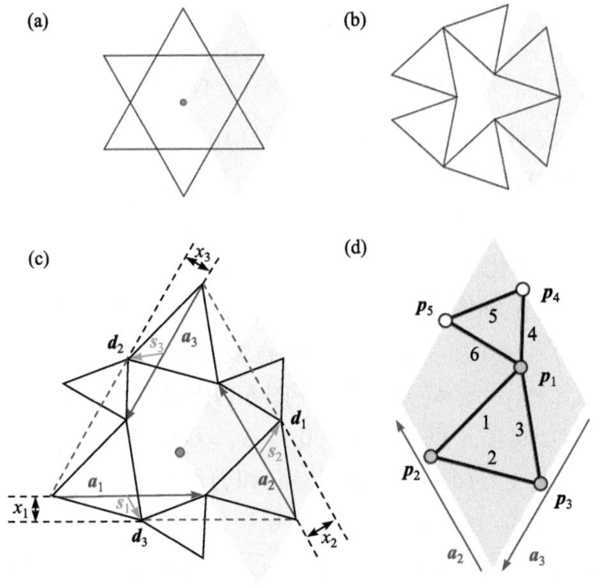

图 5.17　(a)标准 kagome 模型；(b)旋转 kagome 构型；(c)扭曲 kagome 构型；(d)单胞构成

扭曲后的 kagome 材料仍然保持菱形单胞不变，等效性质计算中具体采用的单胞构型、节点及连杆编号如图 5.17(d)所示，相应节点位置为

$$\begin{cases} \boldsymbol{p}_1 = \boldsymbol{d}_1, \quad \boldsymbol{p}_2 = \boldsymbol{d}_2 - \boldsymbol{a}_2, \quad \boldsymbol{p}_3 = \boldsymbol{d}_3 + \boldsymbol{a}_1 \\ \boldsymbol{p}_4 = \boldsymbol{p}_2 - \boldsymbol{a}_3, \quad \boldsymbol{p}_5 = \boldsymbol{p}_3 + \boldsymbol{a}_2 \end{cases} \tag{5.65}$$

给定一组参数($x_1, x_2, x_3; z$)，单胞几何构型由式(5.63)～式(5.65)完全确定，各杆刚度设为 k_1～k_6。

有了上述微结构几何的参数表示，下面分析扭曲 kagome 晶格所能实现的软模式范围。相比于 8 杆模型，kagome 模型杆数较少，因此 **B** 矩阵奇异值分解和材料的硬模式表达式 $\bar{\boldsymbol{S}}_1$ 与 $\bar{\boldsymbol{S}}_2$ 可以解析导出(由式(5.49))。由正交关系，软模式 $\boldsymbol{E}^0 = \bar{\boldsymbol{S}}_1 \times \bar{\boldsymbol{S}}_2$，其中叉乘运算前后按 Voigt 形式在二阶对称张量和三维向量间进行转换。与上例相同，将软模式应变张量对角化 $\boldsymbol{E}_0 = \mathrm{diag}[\varepsilon_1^0,\ \varepsilon_2^0]$，用其主伸长比 $\delta = \varepsilon_1^0 / \varepsilon_2^0$ 和主方向方位角 ϕ 反映其规律。经过推导，尽管 $\bar{\boldsymbol{S}}_1$、$\bar{\boldsymbol{S}}_2$ 和 $\boldsymbol{E}^0$ 的表达式十分复杂，但软模式 $\tan\phi$ 和 δ 随几何构型参数的表达式却十分简明

$$\tan\phi = \frac{\sqrt{3}\left(x_2 - x_3\right)}{x_2 + x_3 - 2x_1 + 2\varDelta} \tag{5.66}$$

$$\delta = \frac{x_1 + x_2 + x_3 - 2\varDelta}{x_1 + x_2 + x_3 + 2\varDelta} \tag{5.67}$$

其中，

$$\Delta=\sqrt{x_1^2+x_2^2+x_3^2-x_1x_2-x_2x_3-x_3x_1} \tag{5.68}$$

式(5.66)～式(5.68)表明，扭曲 kagome 桁架材料的软模式仅取决于几何参数 x_1, x_2, x_3，即三个方向的连杆弯折程度，而与参数 z 无关。

作为示例，图 5.18(a)和(b)分别显示了固定参数 $x_2=-0.1$ 不变时，ϕ 与 δ 随 $x_1, x_3\in[-0.3, 0.3]$的变化规律。可以看到主轴方位能够涵盖从 $-90°$ 至 $90°$ 的全部范围，而在理论上主轴伸长比也能够在$[-\infty, +\infty]$间任意取值。由图 5.18(a)可见，当 x_1, x_3 沿从点$(-0.1, -0.1)$出发的直线变化时，方位角保持常数不变。图 5.18(b)中点 $O(x_1=x_2=x_3=-0.1)$对应于图 5.17(b)所示的旋转 kagome 点阵材料，此时 $\delta=1$ 而 ϕ 为任意值。点 $B(x_1=-0.1, x_3=0.15)$和 $A(x_1=-0.1, x_3=-0.2)$分别对应于体积变形主导($\det \boldsymbol{E}^0>0$, 拉胀)和剪切变形主导($\det \boldsymbol{E}^0<0$，非拉胀)的两种典型软应变模式。图 5.18(c)针对 z=0 和 z=0.3 两种情况显示了对应于 A 点的两种微结构几何构型示例，由于软模式与几何参数 z 无关，因此这两种构型具有相同的 $\boldsymbol{E}_0$。图 5.18(d)针对 $z=0$ 和 $z=0.5$ 两种情况显示了对应于 B 点的两种微结构几何构型。尽管 z 的取值与软模式无关，但 z 将同杆件刚度一起对材料弹性矩阵产生影响，因此可在随后硬模式优化设计中作为设计变量。

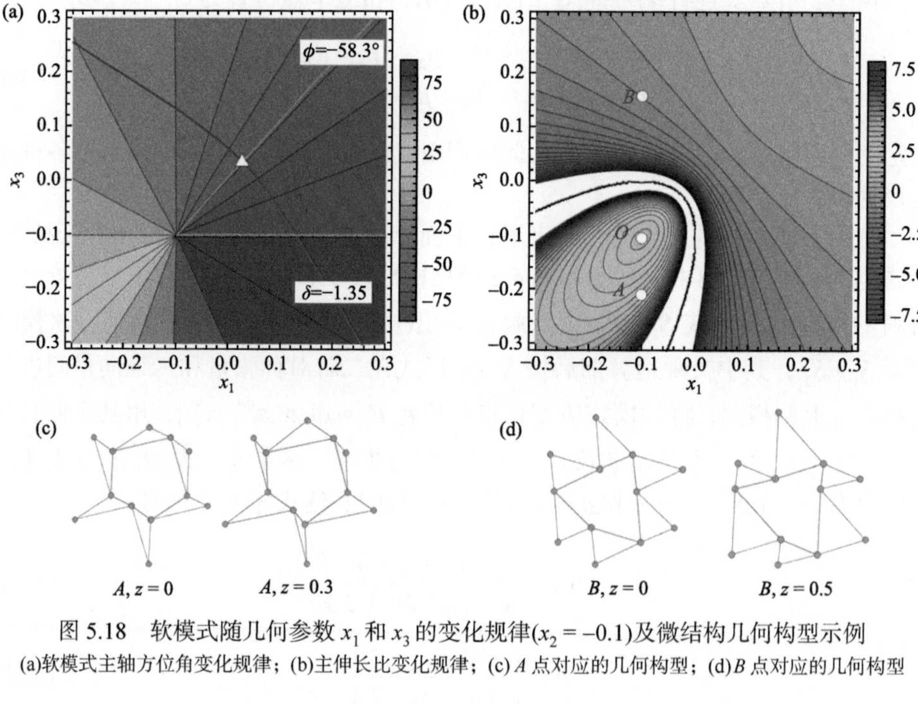

图 5.18　软模式随几何参数 x_1 和 x_3 的变化规律($x_2=-0.1$)及微结构几何构型示例

(a)软模式主轴方位角变化规律；(b)主伸长比变化规律；(c) A 点对应的几何构型；(d) B 点对应的几何构型

由于 kagome 桁架能够导出软模式的解析表达式，可以直接根据目标软模式求解几何参数而无须借助算法优化。具体实施中，预设某一参数 x_i，通过联立求解式(5.66)与式(5.67)两个方程即可解出另外两个参数。由于 ϕ 与 δ 的表达式是非线性代数方程组，只能通过数值求解，可通过绘制图 5.18 中的等值线交点获得数值求根函数的初始值，能够稳健地求解几何参数。以如下的目标弹性矩阵为例

$$\boldsymbol{C}=\begin{pmatrix} 8 & -2 & -2\sqrt{2} \\ -2 & 5 & 2\sqrt{2} \\ -2\sqrt{2} & 2\sqrt{2} & 2 \end{pmatrix} \tag{5.69}$$

通过特征值分解可以计算其软模式为

$$\boldsymbol{E}^0=\begin{pmatrix} 1 & 3 \\ 3 & -2 \end{pmatrix} \tag{5.70}$$

可以确定其主轴方位角和主伸长比分别为 $\phi=-58.28°$和 $\delta=-1.35$。选择参数 $x_2=-0.1$，则式(5.66)与式(5.67)分别对应于图 5.18(a)中橙色和蓝色曲线，由两者的交点即可确定其几何构型：(0.026, −0.1, 0.035; z)。本例中取 $x_2=-0.1$，事实上取三个参数中的一个为不同预设值可以产生无穷多几何构型对应于同一软模式，在实际优化过程中可根据后续硬模式优化的收敛情况确定是否返回本步进行几何参数调整。

观察图 5.18 的等值线规律，发现对于 kagome 点阵桁架，对任意 ϕ 与 δ 均可找到相应等值线交点，因而理论上一定有解。但注意到主伸长比邻近±∞时对几何参数极为敏感。这些极端情况仅对节点铰接的理想桁架成立。若考虑加工制备，实际材料设计中不可能实现铰接杆系，只能以节点局部薄弱化的连续体模型近似实现，很难达到极端的软模式主伸长比。

利用式(5.66)、式(5.67)以及图 5.18，根据软模式确定几何参数(x_1, x_2, x_3)后，则可借助与上述同样的优化方法确定各杆刚度 k_b 以及几何参数 z，以满足给定的弹性矩阵 $\boldsymbol{C}$。本步优化有可能遇到无法收敛至合理精度的情况，其原因是硬模式优化结果与上一步根据软模式选取的几何参量有关联。由前述分析，软模式只依赖参量(x_1, x_2, x_3)，而硬模式则依赖于所有微结构参量。考虑二维一模材料所有硬模式构成的空间 Ω，由第一步根据软模式确定一组几何参数后，微结构构型所能支持的硬模式将受限，只能是 Ω 的一个子空间。因此，如果目标硬模式位于该子空间之外，无论如何改变杆件刚度与几何参数 z，都无法满足优化目标。在这种情况下需通过调整预设参数 x_i 重新确定几何构型，目的是使相应硬模式子空间涵盖设计目标，则可达到收敛效果。针对目标弹性矩阵(5.69)得到最终的微结构参数和点阵材料构型分别如表 5.2 和图 5.19 所示。

表 5.2 与弹性矩阵(5.69)匹配的扭曲 kagome 桁架参数

几何参数	(0.026, –0.1, 0.035; 0)					
杆件刚度	k_1	k_2	k_3	k_4	k_5	k_6
	58.93	18.45	1.127	56.56	53.59	1.378

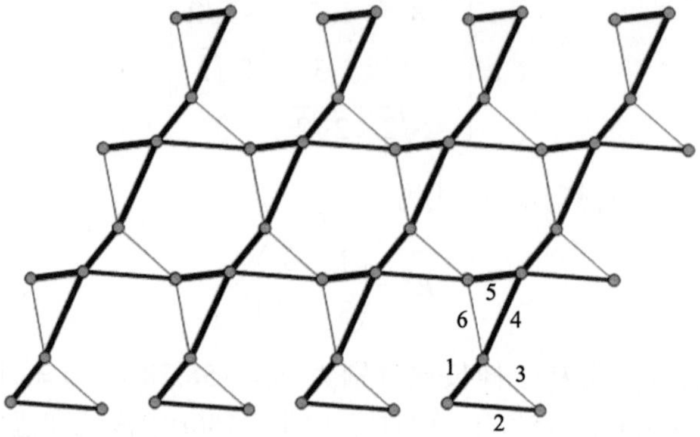

图 5.19 与弹性矩阵(5.69)匹配的扭曲 kagome 微结构构型

5.2.4 杆系点阵拓扑优化设计

5.2.3 节针对杆系一模材料的参数优化，需要预先给定节点和杆件的拓扑连接形式，这也在一定程度上限制了零能模式材料的设计空间。从数学上说这实际上给定了变形矩阵 $\boldsymbol{B}$ 的维度及其中非零元素的分布，优化过程仅仅根据节点位置调整元素的取值。即使对于较为简单的一模材料情况，虽然前述 8 杆模型和 6 杆模型理论上均能匹配唯一的软模式，但杆件数目和几何参数仍然对材料硬模式有影响。这里将引入杆系拓扑优化概念，期望在单胞内杆系的连接关系未知的情况下，从中优选出匹配宏观有效性质的微结构。

拓扑优化作为一种设计工具，在创造和设计更多高强度与轻质的新颖结构和材料中发挥了重要作用。拓扑优化本质上是一个数值过程，在设计区域内迭代地重新分配材料，在给定的约束条件下找到具有优化目标性能的最佳分布，能够高效地寻找新的几何形状，以实现结构、材料和机构的创新设计。当前，拓扑优化已经发展了许多成熟的算法。对于连续体结构的拓扑优化方法，如固体各向同性材料惩罚模型(SIMP)、水平集方法(LSM)和渐进结构优化(ESO)方法，均已被应用于超材料的设计[18-20]。针对五模材料，很多学者基于连续体拓扑优化探索了新的构型。Li 等采用基于遗传算法的基结构方法优化设计出 24 种新的三维五模超材料微结构构型[21]；Zhang 等以最大化体积模量与剪切模量之比为目标函数，通过独立点密度插值法(iPDI)求解给出了不同体分比下的最佳二维模式材料微结构[22]；

Wu 等以最大化体积模量与剪切模量之比作为约束逼近五模材料的特性，利用最大化弹性矩阵元素 C_{12} 来寻找各向同性的三维五模材料，并基于三维连续体的 SIMP 拓扑优化，采用移动渐近线优化算法(MMA)进行求解[23]。Dong 等则以声波调控功能为目标，通过宏观结构和微观结构的分级优化策略，基于遗传算法的连续体 SIMP 拓扑优化实现了对平面五模超材料的设计，可在宽频下实现对声波行波到凋落表面波的模式转换[24]。

对于非连续体的离散结构，基结构方法是最常用的拓扑优化方法[25]。对于理想杆系材料的拓扑优化，采用如图 5.20 所示的基结构作为拓扑优化的起点。在基结构中，每两个节点由铰接的杆单元连接。在图 5.20(b)中，红点与黑线分别表示节点与杆单元。考虑到单胞的周期性，在基结构的左侧与底部并未布杆，以避免单胞边界的杆重叠。图 5.20(a)显示了基结构节点编号。对于包含 $n \times n$ 节点的基结构，其包含的所有潜在杆数为 $N_{\text{bar}} = C_{n^2}^2 - 2C_n^2$。根据拓扑优化方法，第 i 个杆单元的横截面积取决于设计变量 $\zeta_i \in [0,1]$。$\zeta_i = 1$ 表示第 i 个杆保留至最终优化结果，而 $\zeta_i = 0$ 则表示第 i 个杆被遗弃。

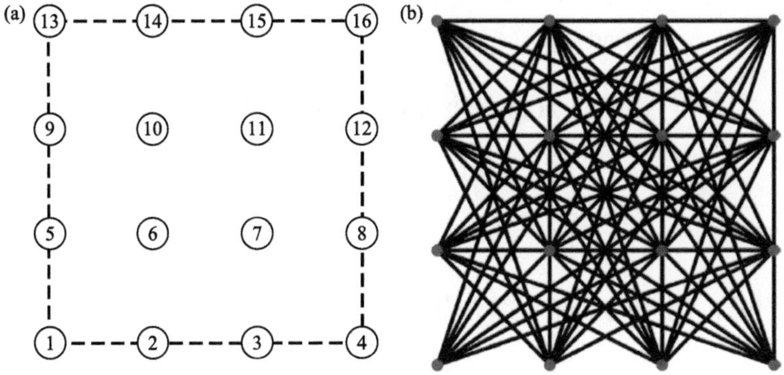

图 5.20　二维单胞的基结构模型

(a)设计区域；(b)4 × 4 节点下的基结构

由于基结构在优化过程中可能得到任意的弹性矩阵 $\boldsymbol{C}$ 而并不具有零能模式，因此使材料满足所需模式性质也是优化目标的一部分。以一模材料为例，在判断材料类型时为避免频繁的特征值计算，可采用如下方法。以矩阵形式表达的弹性张量特征值分解(5.1)的特征方程为

$$\left(\lambda \boldsymbol{I} - \boldsymbol{C}\right)\boldsymbol{S} = \boldsymbol{0} \tag{5.71}$$

其中，$\boldsymbol{I}$ 为单位矩阵。对于二维情形，特征方程可具体表示为

$$\lambda^3 + \Gamma_2 \lambda^2 + \Gamma_1 \lambda + \Gamma_0 = 0 \tag{5.72}$$

其中，多项式系数可由弹性张量表示如下：

$$\begin{cases} \Gamma_2 = -C_{ijij} = -\mathrm{tr}\boldsymbol{C} \\ \Gamma_1 = \dfrac{1}{2}\left(C_{ijij}C_{klkl} - C_{ijkl}C_{ijkl}\right) \\ \Gamma_0 = -\det\boldsymbol{C} \end{cases} \tag{5.73}$$

若 $\lambda_i (i=1,2,3)$ 为三次特征多项式三个根，则式(5.72)可以表示为

$$\prod_{i=1}^{3}(\lambda - \lambda_i) = 0 \tag{5.74}$$

由 Vieta 定理易得，特征多项式系数的符号为

$$\Gamma_2 \leqslant 0, \quad \Gamma_1 \geqslant 0, \quad \Gamma_0 \leqslant 0 \tag{5.75}$$

由此可知二维一模材料的充要条件为

$$\begin{cases} \Gamma_2 \leqslant 0 \\ \Gamma_1 > 0 \\ \Gamma_0 = 0 \end{cases} \tag{5.76}$$

因此一模材料的拓扑优化模型可以表示为

$$\begin{aligned} &\text{find} \quad \boldsymbol{\zeta} = (\zeta_1 \ \zeta_2 \ \cdots \ \zeta_{N_{\text{bar}}})^{\mathrm{T}} \\ &\min \quad f(\boldsymbol{\zeta}) = c_1 \sum_{i=1}^{N_{\text{bar}}} \zeta_i (1-\zeta_i) + c_2 \boldsymbol{\zeta}^{\mathrm{T}} \boldsymbol{M} \boldsymbol{\zeta} - \Gamma_2^2 \\ &\text{s.t.} \quad \begin{cases} \Gamma_2 \leqslant -0.1 \\ \Gamma_1 \geqslant 0 \\ \Gamma_0 = 0 \end{cases} \end{aligned} \tag{5.77}$$

目标函数包含三个部分，第一部分为灰度单元控制项

$$\sum_{i=1}^{N_{\text{bar}}} \zeta_i (1-\zeta_i)$$

为关于设计变量 ζ_i 的单峰函数，在 $\zeta_i = 0.5$ 时取最大值，在 $\zeta_i = 0$或1 时取最小值。最小化第一部分能尽可能避免算法收敛于无法转换为实际构型的中间值，如 $\zeta_i = 0.5$。第二部分则为避免优化结果包含交叉或重叠的惩罚函数。$\boldsymbol{M} \in \{0,1\}^{N_{\text{bar}} \times N_{\text{bar}}}$ 为逻辑矩阵，该矩阵定义了所有基结构中杆件之间的交叉或重叠状态。$M_{ij} = 1$ 表示第 i 个杆和第 j 个杆之间存在交叉或者重叠，否则其值为 0。矩阵 $\boldsymbol{M}$ 的生成方法主要通过参数方程方法来判断。通过优化前两部分，使得结果收敛于有意义的可行解。前两项的系数 $c_1 = 10^{-5}, c_2 = 1$ 用于平衡二者之间的惩罚强度。目标函数的第三部分则是实际优化过程中可提高优化效率的促进项，目的是最大化 Γ_2^2 的值，从而使得算法不容易陷入无效的局部最优解(弹性矩阵为零矩阵)。约束部分则是式(5.76)中的一模材料的充要条件。

在通过 5.2.1 节方法均匀化求得等效弹性矩阵之后，还需要计算其灵敏度，也就是弹性矩阵 $\boldsymbol{C}$ 对设计变量 ζ_i 的偏导，其中最关键的则是应变能密度 $(1/(2V))\boldsymbol{u}^{\mathrm{T}}\boldsymbol{K}\boldsymbol{u}$ 对设计变量 ζ_i 的偏导。通过伴随灵敏度法，应变能可以等效为

$$\Phi(\psi,\zeta)=\frac{1}{2}\boldsymbol{u}^{\mathrm{T}}\boldsymbol{K}\boldsymbol{u}+\boldsymbol{\mu}_u^{\mathrm{T}}\boldsymbol{K}\boldsymbol{u}-\boldsymbol{F}+\boldsymbol{A}^{\mathrm{T}}\boldsymbol{\psi}+\boldsymbol{\mu}_\psi^{\mathrm{T}}(\boldsymbol{A}\boldsymbol{u}-\boldsymbol{b}) \tag{5.78}$$

其中，$\boldsymbol{\psi}$ 为拉格朗日乘子(对应为约束节点处反作用力)；$\boldsymbol{\mu}_u\in\mathbb{R}^{\mathrm{ndof}}$ 和 $\{\boldsymbol{\mu}_\psi\}\in\mathbb{R}^{\mathrm{ndof}}$ 为两个拉格朗日乘子，且其值可以任意选定；$\boldsymbol{K}$ 为单胞总刚度矩阵；$\boldsymbol{A}$，$\boldsymbol{b}$ 为根据 Cauchy-Born 均匀化下施加给定应变对应的系数矩阵与向量。对式(5.78)进行求偏导可得

$$\begin{aligned}\frac{\partial\Phi}{\partial\zeta_i}&=\frac{1}{2}\boldsymbol{u}^{\mathrm{T}}\frac{\partial\boldsymbol{K}}{\partial\zeta_i}\boldsymbol{u}+\boldsymbol{u}^{\mathrm{T}}\boldsymbol{K}\frac{\partial\boldsymbol{u}}{\partial\zeta_i}+\boldsymbol{\mu}_u^{\mathrm{T}}\boldsymbol{K}\left(\frac{\partial\boldsymbol{K}}{\partial\zeta_i}\boldsymbol{u}+\boldsymbol{K}\frac{\partial\boldsymbol{u}}{\partial\zeta_i}+\boldsymbol{A}^{\mathrm{T}}\frac{\partial\boldsymbol{\psi}}{\partial\zeta_i}\right)+\boldsymbol{\mu}_\psi^{\mathrm{T}}\boldsymbol{A}\frac{\partial\boldsymbol{u}}{\partial\zeta_i}\\&=\left(\frac{1}{2}\boldsymbol{u}^{\mathrm{T}}\frac{\partial\boldsymbol{K}}{\partial\zeta_i}\boldsymbol{u}+\boldsymbol{\mu}_u^{\mathrm{T}}\frac{\partial\boldsymbol{K}}{\partial\zeta_i}\boldsymbol{u}\right)+\left(\boldsymbol{u}^{\mathrm{T}}\boldsymbol{K}+\boldsymbol{\mu}_u^{\mathrm{T}}\boldsymbol{K}+\boldsymbol{\mu}_\psi^{\mathrm{T}}\boldsymbol{A}\right)\frac{\partial\boldsymbol{u}}{\partial\zeta_i}+\boldsymbol{\mu}_u^{\mathrm{T}}\boldsymbol{A}\frac{\partial\boldsymbol{\psi}}{\partial\zeta_i}\end{aligned} \tag{5.79}$$

根据伴随灵敏度方法，可对上式进行简化。将两个拉格朗日乘子进行精心设计，即让 $\boldsymbol{u}$ 和 $\boldsymbol{\psi}$ 的灵敏度部分恒为零，即

$$\begin{cases}\boldsymbol{K}\boldsymbol{\mu}_u+\boldsymbol{A}^{\mathrm{T}}\boldsymbol{\mu}_\psi=-\boldsymbol{K}\boldsymbol{u}\\\boldsymbol{A}\boldsymbol{\mu}_u=\boldsymbol{0}\end{cases} \tag{5.80}$$

因此在求得两个拉格朗日乘子的特殊值后，式(5.79)可简化为如下形式

$$\frac{\partial\Phi}{\partial\zeta_i}=\frac{1}{2}\boldsymbol{u}^{\mathrm{T}}\frac{\partial\boldsymbol{K}}{\partial\zeta_i}\boldsymbol{u}+\boldsymbol{\mu}_u^{\mathrm{T}}\frac{\partial\boldsymbol{K}}{\partial\zeta_i}\boldsymbol{u} \tag{5.81}$$

类似于有限元中总刚度的组装，刚度矩阵[$\boldsymbol{K}$]对设计变量的偏导也可以这样求得

$$\frac{\partial\boldsymbol{K}}{\partial\zeta_i}=\frac{\partial\boldsymbol{K}_i}{\partial\zeta_i}=3\zeta_i^2\boldsymbol{K}_0-3\zeta_i^2\boldsymbol{K}_{\min} \tag{5.82}$$

其中，$\boldsymbol{K}_0$ 和 $\boldsymbol{K}_{\min}$ 分别为截面积选取最大值 1 和最小值 10^{-10} 时对应的刚度矩阵。

值得注意的是，虽然优化模型中的目标函数有加入惩罚灰度单元的项，但部分解仍然会存在灰度单元。同时优化结果可能会包含一部分冗余的杆件，即这些杆件的存在与否都不影响弹性矩阵。因此，需要对优化结果进行后处理。这里的后处理包含两个步骤，第一步即通过参数 β 来判断杆件是否保留

$$\zeta_i^{\mathrm{p}}=\begin{cases}0, & \zeta_i\leqslant\beta\\1, & \text{其他}\end{cases} \tag{5.83}$$

这里设置 $\beta=0.3$，因此对于中间解 ζ^{p} 的全部分量均为非 0 即 1。

第二步则是通过一模材料的硬模式来删除冗余杆件。这里定义在任意硬模式

下，对弹性矩阵的改变没有贡献的杆件为冗余杆件。对于一模材料，其存在两个硬模式，假设其中一个为ε^{*}，将其作为施加应变，即可求出此时微结构中的节点位移，进而求得每个杆的应变$\varepsilon_i^{\#}$与整个微结构所有杆的平均应变$\bar{\varepsilon}^{\#}$。因此，我们可以通过如下的方法进行判断

$$\zeta_i^{\mathrm{f}}=\begin{cases}0, & \varepsilon_i^{\#}<0.01\bar{\varepsilon}^{\#}\\ 1, & \text{其他}\end{cases}\tag{5.84}$$

通过后处理获得的ζ^{f}即为最终优化结果。

初始设置为单胞尺寸$a=3$，杨氏模量$E=1$，以及杆的最大横截面积为1。为了探索更多一模材料的构型，采用设计域内随机生成的解作为初始解，通过内点法进行优化求解。最大迭代步数设置为2000，约束的最大可接受违背值为10^{-6}。实际优化中，可以得到许多一模材料的构型，这里仅列举如图5.21(a)～(c)所示的三个构型，图5.21(d)～(f)分别展示了对应的3 × 3超胞。

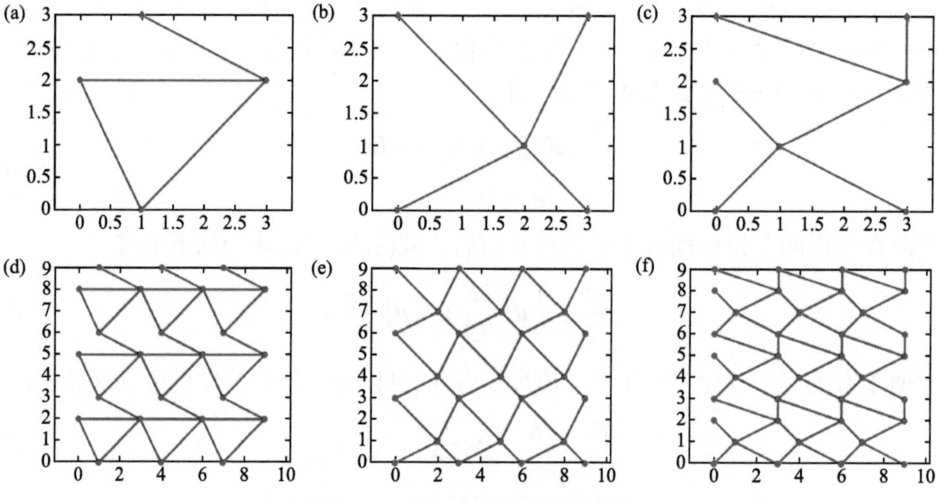

图 5.21　一模材料拓扑优化结果

(a)～(c)优化得到的三种单胞构型；(d)～(f)相应的 3 × 3 超胞构型

对于优化结果1和2，其可以理解为经典的平面二模(负型蜂窝与正型蜂窝)加上另一杆。而结果3则由三种不规则的四边形共同构成。此外，对于图5.21(b)所示构型，单胞中X形状的中心节点的位置在其矩形区域内移动时仍为一模材料，且软模式与中心节点的位置(x, y)有关。通过与式(5.66)和式(5.67)类似的推导过程，可以求得软模式为

$$\boldsymbol{E}^{0}=\begin{pmatrix}\sqrt{2} & \dfrac{2\sqrt{2}x(x-3)}{3y(2-y)} & 1\end{pmatrix}^{\mathrm{T}}$$

在上述拓扑优化中，结果均为非对称单胞。针对对称的单胞拓扑优化，同样可将基结构的杆进行对称，定义新的设计变量。上述二维模式材料优化方法可以扩展到三维，将在 5.3.2 节介绍一种拓扑优化给出的三维 4 模材料。杆系点阵材料虽然是一种理想模型，但为实际可制备的零能模式材料设计确定了杆系连接和几何构型的重要方向，将其扩展至近似的连续材料模型相对容易一些。

5.3　模式材料设计与应用

5.3.1　适用水声调控的五模材料

由于仅利用静态有效性质，利用模式材料对波动进行调控通常在宽低频范围有效。基于金属基材设计制备的五模材料，在阻抗和波速量级上与水下声波相近，同时伴随五模材料变换声学理论的发展，以波动路径调控和隐身斗篷设计为前景的水声应用五模材料设计，目前在模式材料中发展最为充分。通常也将适用于水声调控的五模材料称为“金属水”。水声匹配五模材料的设计主要涉及两个问题：①在实际五模材料中理想铰接模型不适用，模式材料性质必须是近似的，需要合理地评估近似程度及其对波动的影响；②水声调控必须兼顾刚度与密度性质，如何合理地利用单胞有限空间调和两类性质是应用的关键。

三杆理想铰接五模材料模型的弹性矩阵为式(5.6)，实际设计的材料在主轴下可以用正交各向异性来近似，形式为

$$\boldsymbol{C}=\begin{pmatrix} K_x & K_{xy} & 0 \\ K_{xy} & K_y & 0 \\ 0 & 0 & G_{xy} \end{pmatrix} \tag{5.85}$$

式中，K_x、K_y 分别是材料在 x、y 主轴方向的刚度；K_{xy} 是耦合刚度；G_{xy} 是材料的剪切模量。根据五模材料定义，实际材料弹性矩阵与理想五模材料的差别由 $K_xK_y-(K_{xy})^2$ 和 G_{xy} 趋于零的程度决定。因此，定义如下两个无量纲特征参数定量反映实际材料与理想模型的近似程度

$$\pi=\frac{|K_{xy}|}{\sqrt{K_xK_y}},\quad \mu=\frac{G_{xy}}{\sqrt{K_xK_y}} \tag{5.86}$$

理想五模材料的特征参数为 $\pi=1$、$\mu=0$，实际设计的微结构五模材料只能是五模材料的近似，其特征参数必然有 $\pi<1$ 和 $\mu>0$，但微结构设计应使参数 π、μ 尽可能接近理想取值 1、0，从而获得更好的近似。对于各向同性情况，由于两个参数满足约束 $\pi=1-2\mu$，特征参数条件退化为一个，只需剪切模量极小，$\mu\ll 1$，即可保证结构具有良好的五模材料特性。对于一般的各向异性介质，必须同时考

虑两个特征参数，才能保证所设计结构具有良好的五模材料特性。一般情况下，当 π 和 μ 分别满足 $\pi \geqslant 0.99$、$\mu \leqslant 0.01$ 时，可认为设计的微结构具有较好的五模特性，能够适用于基于五模材料变换理论设计的声波调控器件。

1. 梁系蜂窝构型对五模材料的近似

考虑梁系蜂窝结构对理想五模材料的近似，其代表单胞如图 5.22(b)所示。单胞中长度为 l 的两根斜梁和长度为 h 的竖直梁在顶点处相交，两根斜梁对称分布且与竖直方向的夹角为 β，这些参数对调节五模材料各向异性和声速起到关键作用。假定梁厚为 t，杨氏模量、泊松比和密度分别为 E_s、ν_s 和 ρ_s。等效参数仅与 β、长度比 $\xi = h/l$、细长比 $\eta = t/l$ 三个无量纲参数及基材属性相关。单胞面积为 $V_{\text{cell}} = 2l^2(\xi + \cos\beta)\sin\beta$，等效密度为体积平均 $\rho^{\text{eff}} = \rho_s V_s / V_{\text{cell}}$。

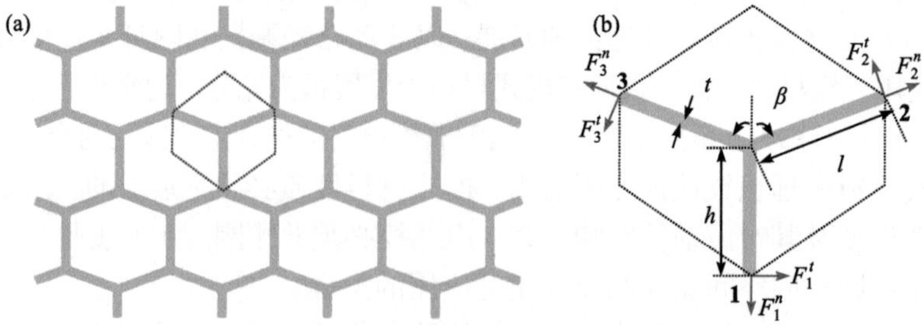

图 5.22　(a)梁系蜂窝结构；(b)六边形单胞几何参数及边界受力

蜂窝材料静态有效性质采用变形能等效，并已有比较成熟的方法，这里采用文献[13]中的表述方法。假定图 5.22(b)单胞中三根梁交点为原点(0,0)，三根梁另一端分别编号为 1，2 和 3，其位置矢量为 $\boldsymbol{R}_i\ (i = 1, 2, 3)$，三根梁长分别记为 $R_i = |\boldsymbol{R}_i|$。对于梁 i，其轴向单位矢量、横向单位矢量分别为 $\boldsymbol{e}_i^n = \boldsymbol{R}_i / R_i$、$\boldsymbol{e}_i^t = \boldsymbol{e}_3 \times \boldsymbol{e}_i^n$，其中 $\boldsymbol{e}_3$ 为垂直纸面向外的单位矢量。设宏观变形梯度为 $\boldsymbol{F}$，单胞变性后边界各梁端点移动到位置 $\boldsymbol{r}_i = \boldsymbol{F} \cdot \boldsymbol{R}_i$，变形梯度矩阵 $\boldsymbol{F}$ 可以表示为

$$\boldsymbol{F} = \begin{pmatrix} E_{11} & E_{12} + \phi \\ E_{12} - \phi & E_{22} \end{pmatrix} \tag{5.87}$$

其中，$E_{\alpha\beta}$ 为给定应变张量；ϕ 代表胞元局部转动。单胞变形后，三梁交点从原点移动至 $\boldsymbol{X}_0 = (u_0 \quad v_0)^{\mathrm{T}}$。各梁端点位移可分解为轴向 $u_i^n = (\boldsymbol{r}_i - \boldsymbol{X}_0) \cdot \boldsymbol{e}_i^n$ 和横向 $u_i^t = (\boldsymbol{r}_i - \boldsymbol{X}_0) \cdot \boldsymbol{e}_i^t$ 部分，相应地边界处各梁轴力和剪力分别为 F_i^n 和 F_i^t。采用欧拉-伯努利梁假设，边界点梁内力与位移的关系为

$$F_i^n = \frac{E_s t}{R_i} u_i^n, \quad F_i^t = \frac{E_s t^3}{4R_i^3} u_i^t \tag{5.88}$$

单胞必须满足力矢和力矩平衡方程

$$\sum_{i=1}^{3}(F_i^n \boldsymbol{e}_i^n + F_i^t \boldsymbol{e}_i^t) = 0, \quad \sum_{i=1}^{3}\boldsymbol{R}_i \times (F_i^t \boldsymbol{e}_i^t) = 0 \tag{5.89}$$

由以上三个平衡方程，能够求解未知的局部转动 ϕ 和中心点位移 $\boldsymbol{X}_0 = \{u_0, v_0\}^{\mathrm{T}}$，进而获得在已知宏观应变 $E_{\alpha\beta}$ 条件下单胞边界受力和位移等所有相关量。根据内外力能量守恒，单胞应变能密度为

$$w(E_{\alpha\beta}) = \frac{1}{V_{\text{cell}}}\sum_{i=1}^{3}\frac{1}{2}(F_i^n u_i^n + F_i^t u_i^t) \tag{5.90}$$

进而针对梁系蜂窝模型导出式(5.85)中各项等效材料参数为

$$K_x = E_{\mathrm{s}}\eta \frac{(4\sin^2\beta + \eta^2\cos^2\beta + 2\xi\eta^2)\sin\beta}{2(\xi + \cos\beta)(2 + 4\xi\cos^2\beta + \xi\eta^2\sin^2\beta)} \tag{5.91}$$

$$K_y = E_{\mathrm{s}}\eta \frac{(\xi + \cos\beta)(4\cos^2\beta + \eta^2\sin^2\beta)}{2(2 + 4\xi\cos^2\beta + \xi\eta^2\sin^2\beta)\sin\beta} \tag{5.92}$$

$$K_{xy} = E_{\mathrm{s}}\eta \frac{(4 - \eta^2)\sin\beta\cos\beta}{2(2 + 4\xi\cos^2\beta + \xi\eta^2\sin^2\beta)} \tag{5.93}$$

$$G_{xy} = E_{\mathrm{s}}\eta^3 \frac{4(\xi + \cos\beta)\sin\beta}{\eta^2 + 4(1 + 2\xi)\xi^2\sin^2\beta + (2 + \xi\cos\beta)\eta^2\xi\cos\beta} \tag{5.94}$$

材料的两个五模特征参数分别为

$$\pi = 1 - \frac{1 + 2\xi\cos^2\beta}{2\sin^2 2\beta}\eta^2 + o(\eta^2) \tag{5.95}$$

$$\mu = \eta^2 \frac{(\xi + \cos\beta)(1 + 2\xi\cos^2\beta)}{\xi^2\sin^2\beta\cos\beta(1 + 2\xi)} + o(\eta^2) \tag{5.96}$$

从上式看出，梁系蜂窝的两个五模特征参数与理想值偏离量是细长比 η 的二阶小量，因此，由细长梁组成的蜂窝结构可以看作理想五模材料的良好近似。若忽略二阶以上小量 $o(\eta^2)$，式(5.91)～式(5.94)可简化为如下弹性矩阵

$$\boldsymbol{D} = E_{\mathrm{s}}\eta \frac{\sin\beta\cos\beta}{1 + 2\cos^2\beta}\begin{pmatrix} \alpha & 1 & 0 \\ 1 & 1/\alpha & 0 \\ 0 & 0 & 0 \end{pmatrix}, \quad \alpha = \frac{\sin\beta\tan\beta}{\xi + \cos\beta} \tag{5.97}$$

与理想五模材料一致。实际上，忽略二阶以上小量 $o(\eta^2)$相当于不考虑梁弯曲变形，因而与理想桁架无异。从等效参数还可以看出，除了剪切刚度 G_{xy} 是细长比的三次方以外，其余刚度参数均与细长比线性相关；等效刚度与拓扑角度 β 及长度比

ξ 依赖关系复杂，参数 α 代表结构各向异性，与拓扑角度及梁长度比相关，在细长比 ξ 降低或者拓扑角度 β 增加时，各向异性程度增大。

图 5.23(a)和(b)给出了四种不同细长比 η=1/10，1/20，1/25，1/50 时，两个五模材料特征参数随拓扑角 β 的变化关系，长度比 $\xi = 1$。参数 π 在整个 β 取值范围都小于 1，随 β 增大而降低，且在细长比 η 较大时降低更加明显。对于所考察的拓扑角范围 $60° < \beta < 85°$，细长比需低于 1/50 才能使得 π 大于 0.99。参数 μ 随 β 的增大先缓慢降低随后增加，随细长比的减小而显著降低，在细长比小于 1/20 时,在整个 β 取值范围都小于 0.01。若能在拓扑角度 $\beta < 80°$ 范围内获得较理想($\pi > 0.99$，$\eta < 0.01$)的五模材料，则梁单元的细长比必须小于 1/25。图 5.23(c)和(d)中给出了长度比为 $\xi = 0.5$ 时的结果，特征参数 π 受长度比 ξ 的影响非常小，四种细长比的结果与 $\xi = 1$ 时几乎没有差别；另一特征参数 μ 随 ξ 减小而减小，尤其在细长比 $\eta > 1/10$ 时减小非常明显。

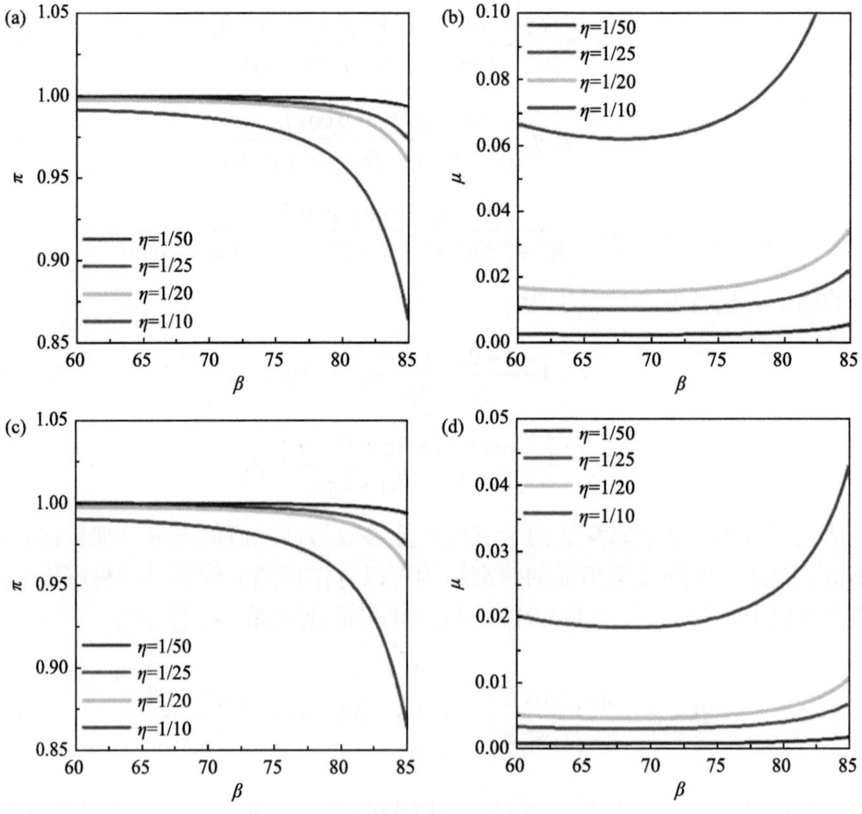

图 5.23　蜂窝结构五模特征参数

(a)、(b)长度比 $\xi = 1$ 时 π 和 μ；(c)、(d)长度比 $\xi = 0.5$ 时 π 和 μ

2. 附加配重的水声匹配五模材料

因为蜂窝结构宏观有效性质与五模材料接近，目前的五模材料构型均以蜂窝结构为基础。为了兼顾密度匹配而附加配重块。但在构造微结构时最好是密度与刚度调节相对独立，避免产生过多耦合而增加设计复杂性。此外，考虑到原有蜂窝刚度，高质量配重的增加有可能对材料的低频段模态造成干扰，从而影响基于等效性质的水声调控，所以必须结合带结构和特征模态分析进行检验。图 5.24 给出了几种典型五模材料单胞构型，均为 Y 形杆不同位置附加配重块构成，对于这类复杂五模材料构型，无法解析求解其宏观等效参数，这里主要采用 2.3.4 节的波速等效方法求解。

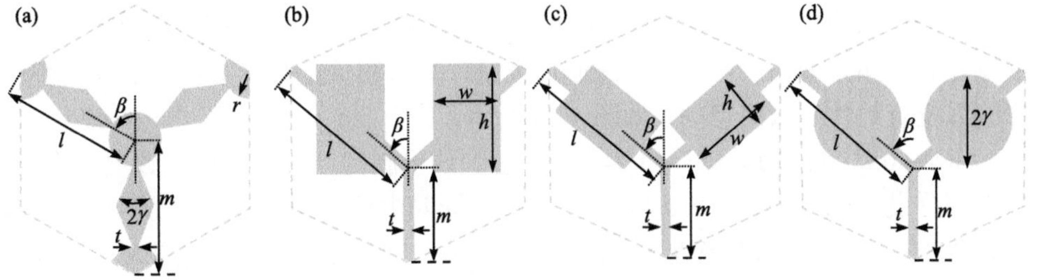

图 5.24　典型五模材料单胞构型

(a)Y 形杆节点附加配重块；(b)～(d)Y 形杆中点附加配重块

图 5.25 给出了节点配重方案与水声性质匹配的各向同性五模材料设计(参照图 5.24(a)，$l = m = 0.01\text{m}$, $\beta = \pi/3$, $r/l = 0.296$, $t/l = 0.0163$)，其带结构如图 5.25(a)所示。选用微结构基材为金属钛($E_s = 110\text{GPa}$、$\nu_s = 0.34$、$\rho_s = 4400\text{kg/m}^3$)。各阶

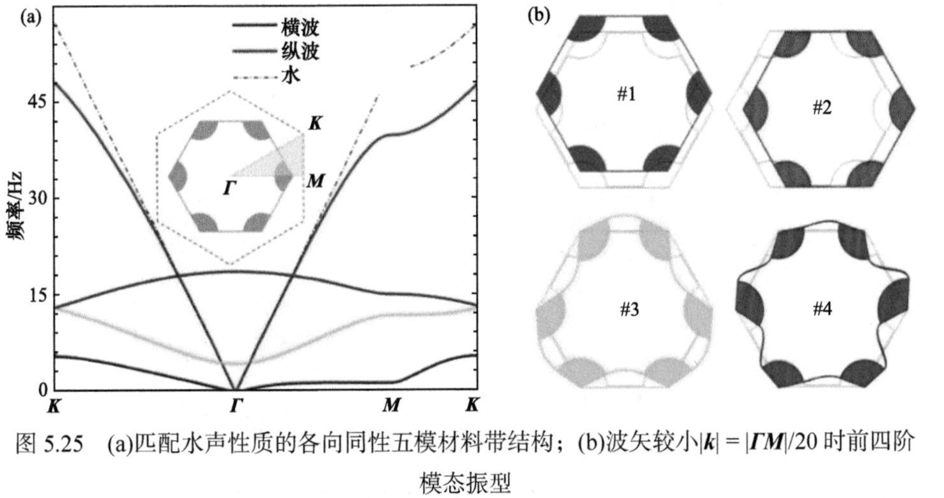

图 5.25　(a)匹配水声性质的各向同性五模材料带结构；(b)波矢较小$|\boldsymbol{k}| = |\boldsymbol{\Gamma M}|/20$ 时前四阶模态振型

频散曲线代表的传波模式可从模态振型图区分(图 5.25(b))，第一阶模态单胞整体振动垂直于波矢，表明其横波特征；第二阶模态相应于纵波模式；第三、四阶模式为配重块旋转与梁弯曲混合模式。第一支频散曲线在原点 $\boldsymbol{\Gamma}$ 的斜率代表剪切波速，第二支频散曲线在原点 Γ 的斜率代表纵波波速。根据波速反解，等效参数为 $\rho=1000\text{kg/m}^3$、$K_x=2.269\text{GPa}$、$K_y=2.268\text{GPa}$、$K_{xy}=2.239\text{GPa}$、$G_{xy}=0.030\text{GPa}$，与水的性质非常接近。但也可以看到，在 0～20kHz 的较低频段内，第三、四阶非声学支模式也参与进来，不利于水声控制应用。

下面重点分析图 5.24(b)中点附加配重块的构型，假定单胞基材均为铝，其弹性模量、泊松比和密度分别为 $E_\text{s}=69\text{GPa}$、$\nu_\text{s}=0.33$、$\rho_\text{s}=2700\text{kg/m}^3$。综合起来，对于给定的目标五模材料属性$(\rho, K_x, K_y, K_{xy})$，可以优化微结构的五个无量纲参数与之匹配：拓扑角度 β、竖斜杆长度比 $\xi=m/l$、杆厚度比 $\overline{t}=t/l$，以及矩形块无量纲宽 $\overline{w}=w/l$、高 $\overline{h}=h/l$。首先通过大量计算考察关键设计参数对五模特性的影响以及有效性质取值空间，如图 5.26 所示，其中 $50°<\beta<80°$，$0.5<m/l<0.8$，$0.2<w/l<0.8$，$h/l=0.4$，$t/l=0.04$，可以看到该单胞构型五模特征参数更加理想，在大部分设计域可满足 $\pi>0.99$、$\mu<0.01$，同时由该构型能实现 $K_y/K_x\approx26$ 的各向异性度；若五模特征放松至 $\pi>0.98$，$\mu<0.01$，则各向异性度能达到 $K_y/K_x\approx66$，体现了优异的可设计性。图 5.26(c)、(d)显示了等效模量 K_x/K_0 以及模量各向异性取值，可以看出模量 K_x 主要与 β 及配重块宽度 w/l 相关；各向异性度主要由 β

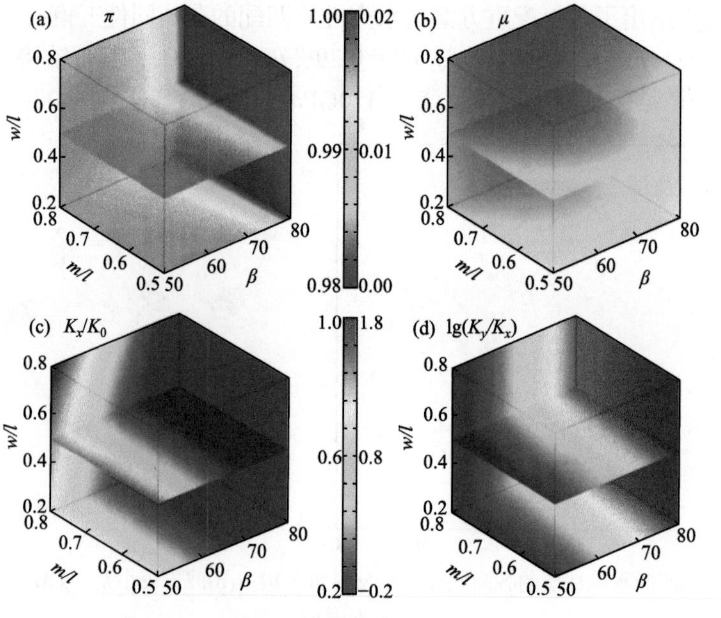

图 5.26　Y 形杆中点附加配重块构型($t/l=0.04$)

(a)、(b)五模特征参数 π、μ；(c)、(d) K_x/K_0、K_y/K_x

及竖斜杆长度比 m/l 决定。减小 m/l 可进一步提高各向异性，但同时 K_{xy} 也会随之降低，可能需要刚度更高的基材与水声匹配。调节竖杆长度 m 不会对模量 K_x 产生明显影响，可灵活调节其长度满足对胞元的尺寸约束。由于上述优势，图 5.24(b) 构型也将用于 8.2 节五模材料水声隐身斗篷的微结构设计中。对于隐身斗篷或其他波控器件，给定要求的五模属性，可通过优化算法，在满足五模特征的约束下逆向设计五个微结构参数。

作为示例，表 5.3 给出了四组五模材料目标性质及优化所得结果，表中括号内的值为目标五模材料属性，括号外的值为优化结果对应的等效性质，单胞设计参数由灰色区域给出。可以看出，无论是各向同性(第 1、3 组)或强各向异性(第 2、4 组)，优化所得等效参数与目标值偏差低于 2%。尽管基体材料铝的密度仅为 ρ_s/ρ_0 = 2.7，第 4 组所需的较高等效密度 2.0(意味着高填充率)同样较好地实现。图 5.27(a) 给出了表 5.3 第一行(与水完全匹配)对应的五模材料带结构分析，在 5～20kHz 的极宽频段与水声特性吻合，并且没有局部模态干扰(对比图 5.25(a))。图 5.27(b)显示了铝合金基材通过慢走丝线切割技术制备的五模材料样品。

表 5.3　目标五模材料属性及优化单胞等效属性、几何参数

ρ/ρ_0	K_x/K_0	K_y/K_0	K_{xy}/K_0	G_{xy}/K_0	β	ξ	$\bar{t}$	$\bar{w}$	$\bar{h}$
1.00(1.0)	1.010(1.00)	1.020(1.0)	0.985(1)	0.005(0)	1.047	1.000	0.059	0.838	0.151
1.00(1.0)	0.250(0.25)	3.975(4.0)	0.991(1)	0.042(0)	1.204	0.250	0.052	0.683	0.025
1.50(1.5)	1.002(1.00)	1.011(1.0)	0.985(1)	0.004(0)	1.047	1.000	0.057	0.856	0.459
2.00(2.0)	0.252(0.25)	4.024(4.0)	0.997(1)	0.015(0)	1.204	0.250	0.035	0.816	0.770

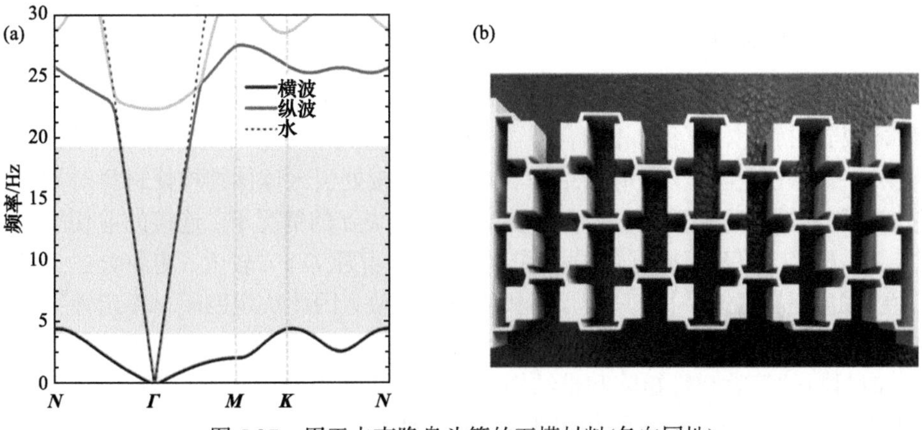

图 5.27　用于水声隐身斗篷的五模材料(各向同性)

(a)带结构；(b)材料样品

5.3.2　三维模式材料波动控制

这里介绍利用具有等效性质(5.59)的三维四模材料实现弹性波偏振调控功能的设计与实验验证。在图 5.11 中，通过叠加两个五模材料，已经给出了一个主轴下两个硬模式分别为 $\boldsymbol{S}_1=\boldsymbol{\tau}_{xy}$ 和 $\boldsymbol{S}_2=\boldsymbol{\tau}_{xz}$ 的理想杆系四模材料设计方案。由图可以观察到，将胞元拼装成周期结构时，相邻胞元将出现接近于平行的共节点杆件，尽管理论上可行，但该方案的连续材料拓展和制备将遇到困难。借助 5.2.4 节的杆系拓扑优化设计方法设计了一种新的构型满足四模等效性质(5.59)，杆件连接方式如图 5.28 所示。立方单胞内共有 16 根杆构成灯笼状结构，各节点均为边界节点在晶格排布时与周围单胞相连。虽然单胞内杆数相对较多，但有效地避免了共节点杆件角度过小，从而便于从理想杆系扩展至如图 5.28 所示的近似实体结构。

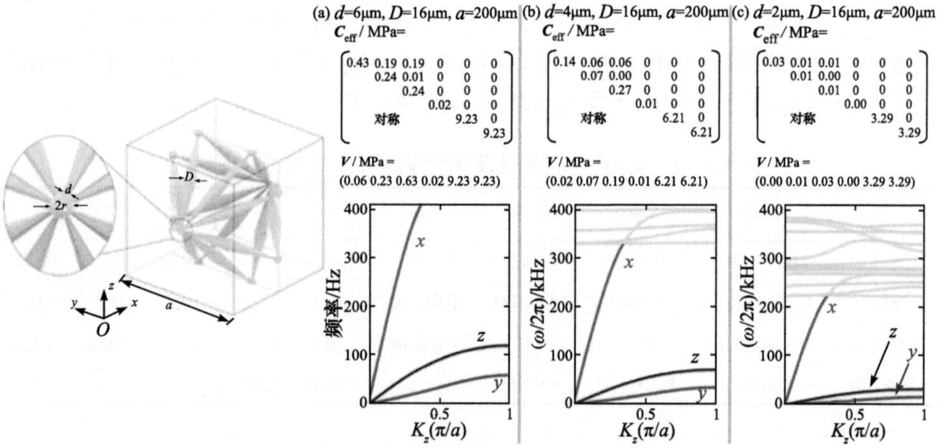

图 5.28　四模材料单胞微结构及等效弹性矩阵 $\boldsymbol{C}_{\mathrm{eff}}$、主特征向量 $\boldsymbol{V}$ 以及带结构

红色支和蓝色支对应于沿 x 轴和 y 轴偏振的横波，黑色支是沿 z 轴偏振的纵波

在实体结构中，杆件由端部直径 d 很小的双锥形杆构成，在各杆节点处双锥杆端部与连接锥体的小球相融合(半径为 r)。利用球体和多个锥尖相结合的形式，可获得一个几何上定义明确的结构。此外，连接处引入球体结构使材料对锥尖处的加工制造缺陷容忍度更高。在 $2r>d$ 甚至 $2r\gg d$ 的情况下，连接的剪切刚度仍主要由 d 决定，仅与 $2r$ 有微弱关系。锥体粗端直径 $D>d$ 较大，更符合二力杆的特性。由于晶格的尺寸 a 只是频率和波数的缩放，因此决定四模材料定性行为的无量纲参数是 d/a、$2r/a$ 和 D/a 这三个比值。图 5.28(a)～(c)中给出了三种不同的 d/a 时材料的等效弹性矩阵和带结构，其中红色、蓝色和黑色实线分别代表沿 z 向传播的 x 和 y 方向极化的剪切波和 z 方向纵波。可以发现，当 d/a 减小时，前两个声学支的最高频率与第三支声学支的最高频率相比明显偏移到更小值，即随着 d/a 比值的减小，x 方向偏振剪切波可以传播的相对频率范围变大。相应地，

等效弹性矩阵的特征值也如预期，六个特征值中有四个比另外两个至少小 1 个数量级。

由于样品设计尺度非常小(微米量级)，工作频段也接近 MHz 范围，制备测试难度较高。近期德国卡尔斯斯鲁厄理工学院 Martin Wegener 研究组完成了相关验证[26]。样品采用商用设备(Nanoscribe, Photonics Professional GT)和商用光刻胶(Nanoscribe, IP-S)，通过三维激光打印制备。每个实验样品由 9 × 6 × 6 个单胞组成，这一选择是权衡打印时间(9 × 6 × 6 样品需打印 12 小时)和良好偏振性能的结果。图 5.29 展示了不同放大倍率和不同观察角度下的聚合物打印的四模材料光学和电子显微照片。微结构的几何参数选取为 $d = 4\mu m$，$D = 16\mu m$，$a = 200\mu m$，因此 $d/a = 0.02$ (对应于图 5.28(b))。图 5.29(a)显示了由共焦激光扫描光学荧光显微镜(Zeiss, LSM980)获取的实验数据的三维渲染图，展示了单个四模材料微结构。总体而言，尽管四模结构相当复杂，但图 5.29 显示了非常高的样品质量。

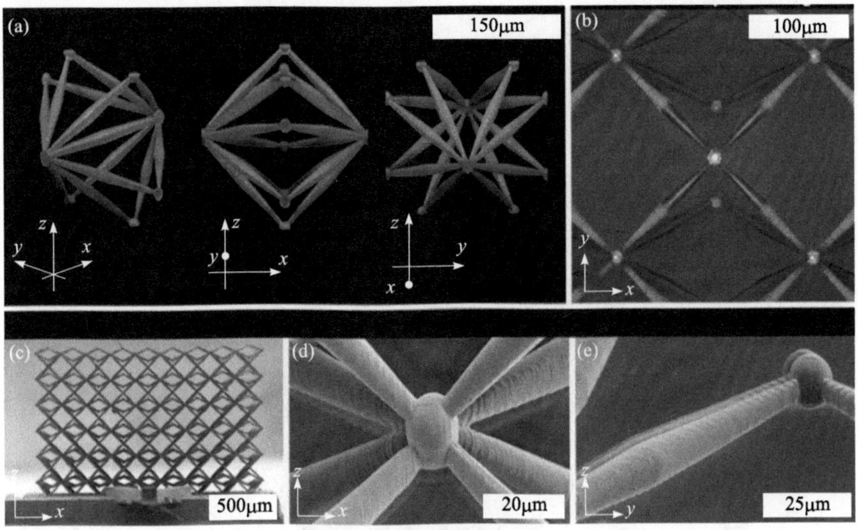

图 5.29　不同样品特征的展示

(a)由聚合物制备的四模材料单胞微结构显微照片；(b)宽视场光学显微图像；(c)～(e)样品的扫描电子显微照片：(c)底板上样品的侧视图，样品在(x, y, z)方向上分别有(9, 6, 6)个单胞；(d)两个相邻单胞的连接；(e)连接处的放大图

图 5.30 展示了实验平台设置和测试结果。图 5.30(b)和(e)展示了将四模材料样品粘在压电换能器组件上的过程。通过向相应的换能器施加 $f = \omega/2\pi$ 从 0 到 300kHz 可变的时谐电压，在换能器和超材料样品之间的界面上产生时谐位移矢量场，即输入位移 $\boldsymbol{u}_{\text{in}} = (u_x, u_y, u_z)$。一般来说，根据频率的不同，这三个分量都不为零。使用专用光学设备实时测量局部输入位移 $\boldsymbol{u}_{\text{in}} = (u_x, u_y, u_z)$和局部输出位移 $\boldsymbol{u}_{\text{out}} = (u_x, 0, 0)$[27]。该装置可通过光学共焦图像采集和随后的数字图像互相关分析来测量 u_x 和 u_y 分量。u_z 分量的测量是通过激光多普勒测振仪进行的。图 5.30

展示了激励频率为 f= 180kHz 时的结果。图中四模材料样品的几张斜视显微照片旁分别显示了在红色和蓝色标注位置测得的位移轨迹。输入位移轨迹(红色方框)包含沿三个空间方向的分量，而样品顶部中心的输出位移轨迹(蓝色方框)随时间 t 的变化表明，u_y 和 u_z 分量的振幅与 u_x 分量的振幅相比非常小。这种行为与预期的偏振器作用相符。实验中还记录了更靠近样品边缘的其他位置的输出位移轨迹。测量发现，由于边缘效应，偏振器的行为会恶化，这与图 5.29(c)和图 5.30(a)所示的具有有限截面的四模材料微结构阵列的带结构的大量折叠相对应。因此，在实验中，将重点测量样品顶部中间位置的输出位移轨迹。如果应用中需要更大的可用区域，则需要增加四模材料样品的面积。

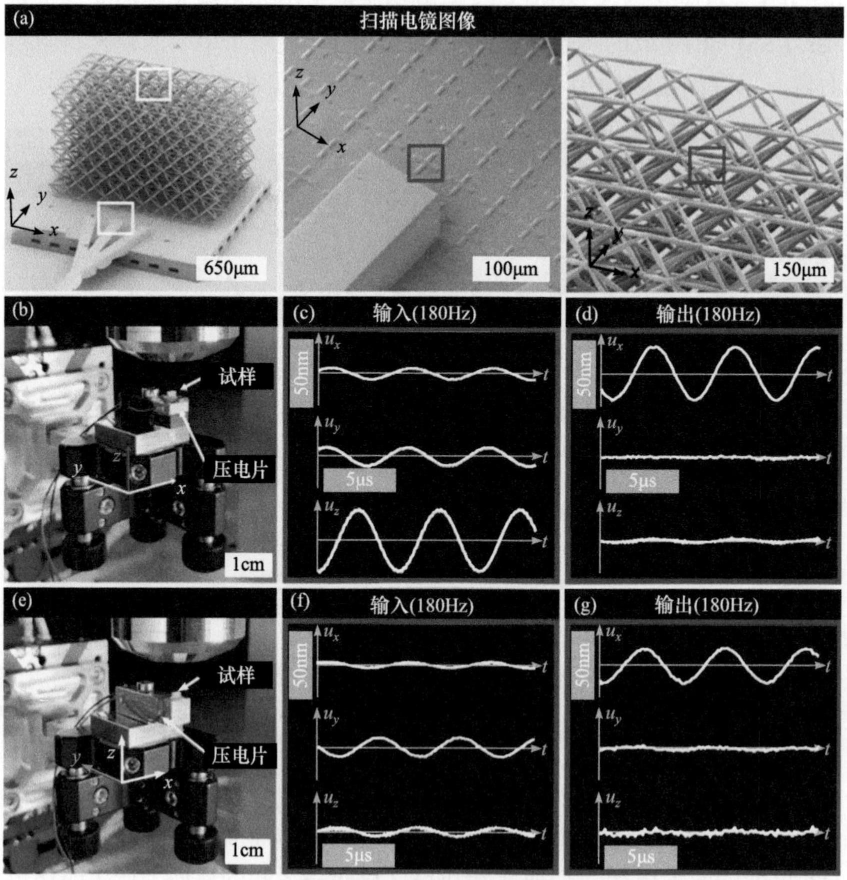

图 5.30　偏振器功能的测量装置和示例展示

(a)样品扫描电镜图像；(b)～(d)激励器主轴与样品 z 轴重合的测量装置以及相应的输入/输出位移时程曲线；(e)～(g)激励器主轴与样品 y 轴重合的测量装置以及相应的输入/输出位移时程曲线

实验结果和理论模拟结果如图 5.31 所示，激励频率从 10kHz 变化至 300kHz，以 10kHz 为间隔。为了便于参考，图 5.31(a)、(d)给出了沿 z 轴无限周期的四模材料的带结构(参见图 5.28(b))，图 5.31(c)、(f)给出了实验测试的结果，与中间一栏中的数值计算结果进行了比较(数值结果由商用有限元软件 COMSOL Multiphysics 5.6 固体力学模块计算)。在实验中，位移比与频率的关系显示，当频率高于 50kHz 时，不需要的 u_y 分量被抑制了约两个数量级(突出显示的浅绿色区域)。当频率高于 120kHz 时，不需要的 u_z 分量被抑制了一个数量级以上(见浅绿色区域)。这两种行为都与理论相吻合，但由于样本制备缺陷，理论预测的抑制效果往往更好一些。

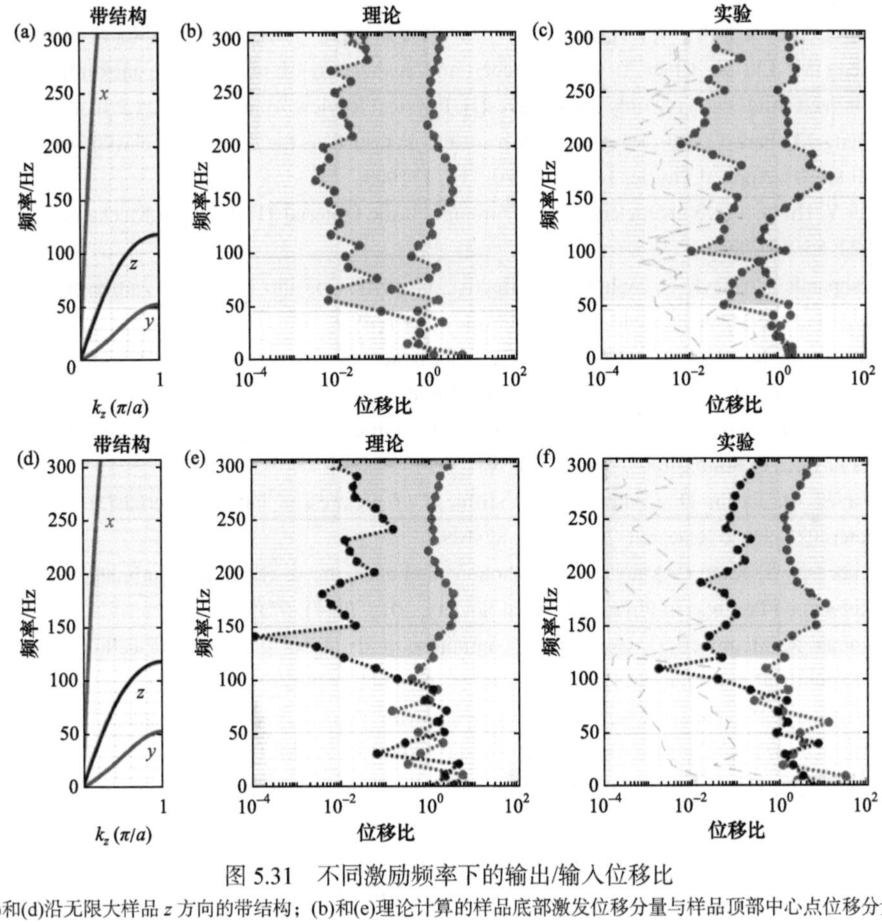

图 5.31　不同激励频率下的输出/输入位移比

(a)和(d)沿无限大样品 z 方向的带结构；(b)和(e)理论计算的样品底部激发位移分量与样品顶部中心点位移分量比值；(c)和(f)实验测量结果，同(b)和(e)

相对于光学偏振器，目前对分离不同极化成分的弹性波偏振器的研究较少。对比于光学，偏振抑制通常以透射强度比衡量并与电场的平方成正比。依照该标准，以上述位移比平方衡量，应用模式材料可实现四个数量级的横向偏振抑制，这一数值优于傅里叶变换光谱仪中使用的大多数线栅偏振器。由于电磁波通常是横向偏振的，因此无法比较纵向偏振的抑制效果。模式材料具有一定数量的易变形模式，与传统满秩柯西弹性材料相比，表现出不同寻常的动态和静态特性。与五模材料的声学应用对应，其他模式材料的波动控制应用还有大量的空间，可进一步深入探索。

参 考 文 献

[1] Milton G W, Cherkaev A V. Which elasticity tensors are realizable[J]. Journal of Engineering Materials and Technology, 1995, 117(4): 483-493.

[2] 陈毅, 刘晓宁, 向平, 等. 五模材料及其水声调控研究[J]. 力学进展, 2016, 46(1): 201609.

[3] Zheng M, Liu X, Chen Y, et al. Theory and realization of nonresonant anisotropic singly polarized solids carrying only shear waves[J]. Physical Review Applied, 2019, 12: 014027.

[4] Zheng M, Park C, Liu X, et al. Non-resonant metasurface for broadband elastic wave mode splitting[J]. Applied Physics Letters, 2020, 116: 171903.

[5] Wei Y, Hu G. Wave characteristics of extremal elastic materials[J]. Extreme Mechanics Letters, 2022, 55: 101789.

[6] Deshpande V, Fleck N, Ashby M. Effective properties of the octet-truss lattice material[J]. Journal of the Mechanics and Physics of Solids, 2001, 49(8): 1747-1769.

[7] Hutchinson R, Fleck N. The structural performance of the periodic truss[J]. Journal of the Mechanics and Physics of Solids, 2006, 54: 756-782.

[8] Guest S, Hutchinson J. On the determinacy of repetitive structures[J]. Journal of the Mechanics and Physics of Solids, 2003, 51(3): 383-391.

[9] Elsayed M, Pasini D. Comprehensive stiffness of prestressed lattice materials[J]. Journal of Materials Science Research, 2012, 1(2): 87-109.

[10] Lubensky T, Kane C, Mao X, et al. Phonons and elasticity in critically coordinated lattices[J]. Reports on Progress in Physics Physical Society, 2015, 78(7): 073901.

[11] Kumar R, Mcdowell D. Generalized continuum modeling of 2-D periodic cellular solids[J]. International Journal of Solids and Structures, 2004, 41(26): 7399-7422.

[12] Martinsson P, Babuka I. Mechanics of materials with periodic truss or frame micro-structures[J]. Archive for Rational Mechanics and Analysis, 2007, 185(2): 201-234.

[13] Norris A. Mechanics of elastic networks[J]. Proceedings of the Royal Society A, 2014, 470(2172): 20140522.

[14] Pellegrino S, Calladine C. Matrix analysis of statically and kinematically indeterminate frameworks[J]. International Journal of Solids and Structures, 1986, 22(4): 409-428.

[15] Wei Y, Liu X, Hu G. Quadramode materials: their design method and wave property[J]. Materials & Design, 2021, 210: 110031.

[16] Wang K, Lv H, Liu X, et al. Design of two-dimensional extremal material based on truss lattices[J]. Acta Mechanica Sinica, 2023, 39: 723044.

[17] 刘晓宁, 万力臣. 基于扭曲 kagome 点阵结构的一模材料设计[J]. 固体力学学报，2022, 5:

564-576.

[18] Allaire G, Jouve F, Toader A. Structural optimization using sensitivity analysis and a level-set method[J]. Journal of Computational Physics, 2004, 194(1): 363-393.

[19] Huang X, Xie Y. A further review of ESO type methods for topology optimization[J]. Structural and Multidisciplinary Optimization, 2010, 41(5): 671-683.

[20] Chen W, Huang X. Topological design of 3D chiral metamaterials based on couple-stress homogenization[J]. Journal of the Mechanics and Physics of Solids, 2019, 131: 372-386.

[21] Li Z, Luo Z, Zhang L, et al. Topological design of pentamode lattice metamaterials using a ground structure method[J]. Materials & Design, 2021, 202: 109523.

[22] Zhang H, Kang Z, Wang Y, et al. Isotropic "quasi-fluid" metamaterials designed by topology optimization[J]. Advanced Theory and Simulations, 2019, 3(1): 201900182.

[23] Wu S, Luo Z, Li Z, et al. Topological design of pentamode metamaterials with additive manufacturing[J]. Computer Methods in Applied Mechanics and Engineering, 2021, 377: 113708.

[24] Dong H, Zhao S, Miao X, et al. Customized broadband pentamode metamaterials by topology optimization[J]. Journal of the Mechanics and Physics of Solids, 2021, 152: 104407.

[25] Sigmund O. Tailoring materials with prescribed elastic properties[J]. Mechanics of Materials, 1995, 20(4): 351-368.

[26] Groß M, Schneider J, Wei W, et al. Tetramode metamaterials as phonon polarizers[J]. Advanced Materials, 2023, 35(18): 2211801.

[27] Martínez J, Groß M, Chen Y, et al. Experimental observation of roton-like dispersion relations in metamaterials [J]. Science Advances, 2021, 7: m2189.

第 6 章　Willis 介质与主动超材料

6.1　Willis 介质

6.1.1　Willis 介质及波动方程

弹性(或声学)Willis 介质是指应力与质点速度、动量与应变具有耦合关系的广义介质，其弹性动力学方程和本构方程可以分别写成

$$\nabla\cdot\boldsymbol{\sigma}=\dot{\boldsymbol{p}} \tag{6.1}$$

$$\begin{aligned}\boldsymbol{p}&=\boldsymbol{\rho}\cdot\boldsymbol{v}+\tilde{\boldsymbol{\gamma}}:\boldsymbol{\varepsilon}\\ \boldsymbol{\sigma}&=\boldsymbol{\gamma}\cdot\boldsymbol{v}+\boldsymbol{C}:\boldsymbol{\varepsilon}\end{aligned} \tag{6.2}$$

其中，$\boldsymbol{\sigma}$ 和 $\boldsymbol{p}$ 分别为应力张量和动量矢量；$\boldsymbol{\varepsilon}$ 和 $\boldsymbol{v}$ 分别为应变张量和速度矢量；$\boldsymbol{\rho}$、$\boldsymbol{C}$ 和 $\tilde{\boldsymbol{\gamma}}$ 、$\boldsymbol{\gamma}$ 分别为密度张量、弹性模量张量和两个三阶 Willis 耦合张量。一般情况下这些量是频率和波矢的函数。Willis 耦合系数主要来源于材料微结构的不对称、非局部效应或主动调控[1]。如果只考虑材料微观结构的不对称性(即局部 Willis 介质)，并对 Willis 介质的属性进一步限制，如满足互易性、因果律和被动性约束，可以对上述材料参数进行限制，则应力和应变是对称二阶张量，这时有[1, 2]

$$C_{ijkl}=C_{jikl}=C_{ijlk} \tag{6.3}$$

$$\gamma_{ijk}=\gamma_{jik},\quad \tilde{\gamma}_{ijk}=\tilde{\gamma}_{ikj} \tag{6.4}$$

如果进一步要求 Willis 介质满足互易性原理(线性被动系统的一个重要特征)，可大致理解为激励与响应互换，系统传递函数不变，这时有

$$C_{ijkl}=C_{klij},\quad \rho_{ij}=\rho_{ji},\quad \tilde{\gamma}_{ijk}=\gamma_{jki} \tag{6.5}$$

式(6.5)的前一个式子说明弹性张量具有大对称性，也即介质与外界没有能量交换。如再进一步要求 Willis 介质是被动介质，即除了针对载荷产生响应外，对外既不输出能量也不产生损耗，可以证明 Willis 耦合系数为纯虚数。另外在谐波条件下，式(6.2)可以进一步表示为

$$\begin{aligned}\boldsymbol{p}&=\boldsymbol{\rho}\cdot\boldsymbol{v}-\frac{\tilde{\boldsymbol{\gamma}}}{\mathrm{i}\omega}:\dot{\boldsymbol{\varepsilon}}\\ \boldsymbol{\sigma}&=-\frac{\boldsymbol{\gamma}}{\mathrm{i}\omega}\cdot\dot{\boldsymbol{v}}+\boldsymbol{C}:\boldsymbol{\varepsilon}\end{aligned} \tag{6.6}$$

式(6.6)表明，当介质的应变或速度不随时间变化时，此介质退化为经典的柯西弹性介质。式(6.6)第二式也进一步表明，Willis 介质的本构方程并不违背伽利略不变性要求。

传统柯西介质和 Willis 介质的差别可由图 6.1 形象地描述[6]：在静水压作用下，传统柯西介质将产生体积收缩变形，但胞元变形前后的质心重合；而 Willis 介质胞元除了产生收缩变形外，变形前后的质心不再重合。在均匀外力作用下，传统柯西介质将只产生刚体平动而形状不发生变化，但 Willis 介质胞元除了刚性位移外，胞元的形状也将发生变化。

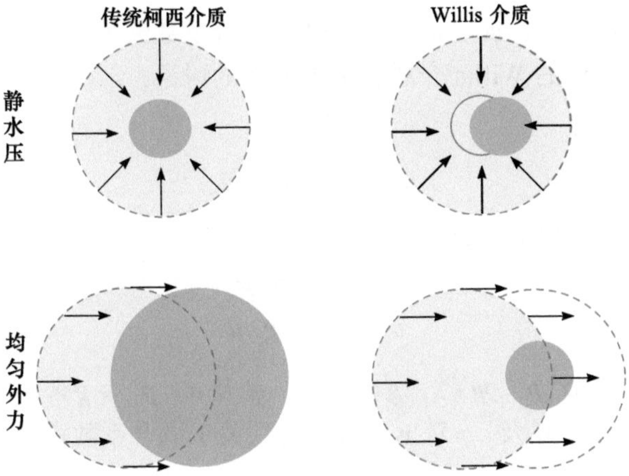

图 6.1　传统柯西介质与 Willis 介质在静水压和均匀外力作用下的响应

Willis 介质的本构方程(6.2)是由剑桥大学 Willis 教授在研究复合材料动态等效性质时首次提出的，在时-空域呈复杂的卷积形式[3,4]。一般情况下，对于复合材料的系综平均响应，动态等效密度应该写成张量形式，并且动量与应变、应力和速度具有耦合关系，因此具有上述耦合形式的弹性材料也称为 Willis 介质，或 Willis 弹性超材料。这里需要指出的是，在电磁中具有类似本构关系的材料称为双各向异性材料(bianisotropy)，意味着材料中电场和磁场具有耦合关系[5]。超材料的出现与发展推动了弹性 Willis 介质的研究，人们期望能够基于 Willis 介质设计出对弹性波调控能力更强的弹性超材料。此外，研究表明利用变化介质对弹性波进行调控，则变换介质需要具有 Willis 介质的形式(或非对称弹性介质，抑或极性材料)，具体可参见 8.1.3 节的讨论。由于弹性 Willis 介质涉及的弹性系数(包括耦合系数)过多，对微观结构与这些系数的定量关联仍然不清楚，目前只有少数针对一维简单微结构的研究[6]。通过主动材料来实现 Willis 介质目前是最佳的途径[7]，但这需要对最初的 Willis 介质进行拓展，因为主动材料打破了互易性和被动性的原理。相比之下，声学 Willis 介质相对比较简单，研究也相对较充分，因此在本章中将主要针对声学 Willis 介质进行讨论。

6.1.2 声学 Willis 介质的特性

针对声学介质，令 $p=-\mathrm{tr}\boldsymbol{\sigma}/3$ 、$\varepsilon=\mathrm{tr}\boldsymbol{\varepsilon}$ 分别表示压力和体积应变，为了与压力 p 区分，这里动量用 $\boldsymbol{\mu}$ 来表示，则式(6.1)和式(6.2)可分别简化为[8,9]

$$-\nabla p=\dot{\boldsymbol{\mu}} \tag{6.7}$$

$$\begin{aligned}\boldsymbol{\mu}&=\boldsymbol{\rho}\cdot\boldsymbol{v}+\tilde{\boldsymbol{\psi}}\varepsilon\\ -p&=\kappa\varepsilon+\boldsymbol{\psi}\cdot\boldsymbol{v}\end{aligned} \tag{6.8}$$

其中，κ 表示体积模量；$\boldsymbol{\psi}$ 、$\tilde{\boldsymbol{\psi}}$ 表示 Willis 耦合系数矢量。如果我们只讨论具有互易性、无耗散被动的 Willis 介质，根据前面的讨论，κ 和 $\boldsymbol{\rho}$ 是实数，$\boldsymbol{\psi}$ 和 $\tilde{\boldsymbol{\psi}}$ 是纯虚数，并且有

$$\boldsymbol{\rho}=\boldsymbol{\rho}^{\mathrm{T}},\quad \boldsymbol{\psi}=\tilde{\boldsymbol{\psi}} \tag{6.9}$$

有时为了方便，式(6.8)也写成

$$\begin{aligned}\boldsymbol{v}&=-\boldsymbol{g}p+\boldsymbol{\alpha}\cdot\boldsymbol{\mu}\\ \varepsilon&=-\beta p+\boldsymbol{g}\cdot\boldsymbol{\mu}\end{aligned} \tag{6.10}$$

其中，柔度 $\beta=(\kappa-\boldsymbol{\psi}\cdot\boldsymbol{\rho}^{-1}\cdot\boldsymbol{\psi})^{-1}$ ，$\boldsymbol{g}=-\beta\boldsymbol{\rho}^{-1}\cdot\boldsymbol{\psi}$ 及 $\boldsymbol{\alpha}=\boldsymbol{\rho}^{-1}+\boldsymbol{g}\otimes\boldsymbol{g}/\beta$ 。利用平衡方程(6.7)、本构方程(6.10)及 $\dot{\varepsilon}=\nabla\cdot\boldsymbol{v}$ ，可以得到关于耦合系数声压的控制方程

$$\beta\ddot{p}=\nabla\cdot(\boldsymbol{\alpha}\cdot\nabla p) \tag{6.11}$$

下面考虑均匀无限大声学 Willis 介质中的平面波，用声压表示为 $p=\hat{p}\exp(\mathrm{i}\boldsymbol{k}\cdot\boldsymbol{r}-\mathrm{i}\omega t)$ ，将其代入上述控制方程，得介质的频散关系

$$\beta\omega^2=\boldsymbol{k}\cdot\boldsymbol{\alpha}\cdot\boldsymbol{k} \tag{6.12}$$

为后续讨论方便，进一步假设密度为各向同性 $\boldsymbol{\rho}=\rho\boldsymbol{I}$ ，并定义无量纲实矢量 $\boldsymbol{W}=\mathrm{i}\boldsymbol{\psi}/\sqrt{\kappa\rho}$ 来代表 Willis 耦合系数。这里的讨论主要参照文献[10]，则频散关系可以进一步表示为

$$\left[1+W^2-(\boldsymbol{W}\cdot\boldsymbol{n})^2\right]k^2=\frac{\rho}{\kappa}\omega^2 \tag{6.13}$$

其中，$W^2=\boldsymbol{W}\cdot\boldsymbol{W}$ ；$\boldsymbol{k}=k\boldsymbol{n}$ 。

下面讨论平面问题(x-y)，这时式(6.13)可以写成分量的形式

$$(1+W_y^2)k_x^2-2W_xW_yk_xk_y+(1+W_x^2)k_y^2=\frac{\rho}{\kappa}\omega^2 \tag{6.14}$$

式(6.14)表明，一般情况下 Willis 介质的等频线(或慢度曲线)是椭圆。因此，即使密度为各向同性，Willis 声学介质仍具有内禀的方向性，并且由耦合系数决定。

将一个坐标轴(这里设为 x 轴)与 $\boldsymbol{W}$ 方向取为一致(图 6.2(a))，可将上述椭圆方程化成标准型，如图 6.2(b)所示，可以看出与传统声学介质相比($\boldsymbol{W}$=0)，Willis 声学介质在垂直耦合矢量方向声速更快。

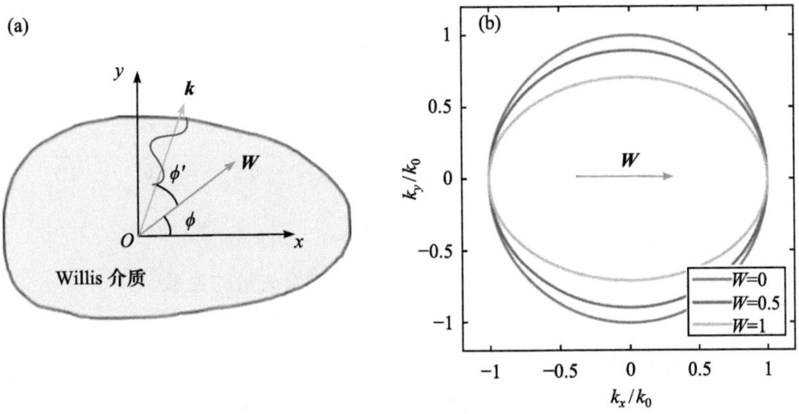

图 6.2　Willis 声学介质的内禀方向性

(a)耦合矢量与波矢；(b) x 轴与耦合矢量重合时慢度曲线与耦合矢量幅值的关系

将平衡方程代入式(6.10)的第一个方程，并考虑时谐载荷作用，得

$$\boldsymbol{v} = -\boldsymbol{g}p + \frac{\boldsymbol{\alpha}}{\mathrm{i}\omega}\cdot\nabla p \tag{6.15}$$

将速度场表示成谐波形式 $\boldsymbol{v} = \hat{\boldsymbol{v}}\exp(\mathrm{i}\boldsymbol{k}\cdot\boldsymbol{r} - \mathrm{i}\omega t)$，则有

$$\hat{\boldsymbol{v}} = \frac{1}{\rho\omega}\left[\boldsymbol{k} - \frac{1}{1+W^2}(\boldsymbol{W}\cdot\boldsymbol{k})\boldsymbol{W}\right]\hat{p} - \frac{\mathrm{i}\boldsymbol{W}}{\sqrt{\kappa\rho}(1+W^2)}\hat{p} \tag{6.16}$$

为了便于讨论粒子的极化模式，将式(6.16)写成平行波矢 $v_{\parallel}$ 和垂直波矢 $v_{\perp}$ 方向的分量形式，有

$$\begin{pmatrix} v_{\parallel} \\ v_{\perp} \end{pmatrix} = \frac{1}{\rho c}\left[\begin{pmatrix} 1 \\ 0 \end{pmatrix} - \frac{W^2}{1+W^2}k\cos\phi'\begin{pmatrix} \cos\phi' \\ \sin\phi' \end{pmatrix} - \mathrm{i}\frac{W}{1+W^2}\begin{pmatrix} \cos\phi' \\ \sin\phi' \end{pmatrix}\right]\hat{p} \tag{6.17}$$

其中，ϕ' 是波矢与耦合矢量的夹角(图 6.2(a))；c 为相速度。可以看出，当波矢与耦合矢量不共线时，$\sin\phi' \neq 0$，粒子垂直波矢方向的速度分量不为零，这与传统声学介质的纯纵波模式不同。下面进一步讨论粒子的极化特性随耦合系数的变化，图 6.3 给出了粒子沿波矢方向和垂直波矢方向的速度随 ϕ' (图 6.2(a))和 W 的变化规律。结果表明，对于所讨论的 Willis 介质(密度各向同性)，沿波矢方向的速度分量始终大于垂直波矢方向的速度分量，并且随耦合矢量幅值增大而减小。进一步分析可以发现，一般情况下 Willis 声学介质的粒子运动轨迹是一个椭圆，椭圆的长轴与波矢方向一致。

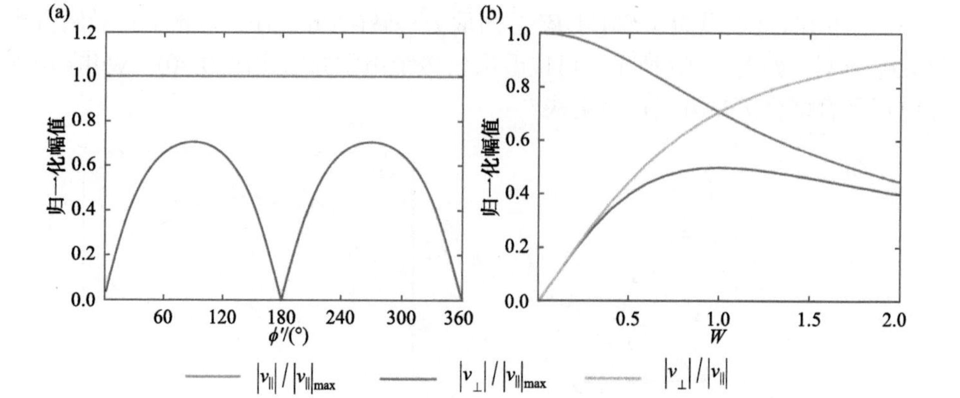

图 6.3　Willis 介质极化特性与耦合矢量的关系

(a)耦合矢量方位的影响；(b)耦合矢量幅值的影响

当一束平面波从传统声学介质入射到 Willis 声学介质时，将产生透射和反射。由于 Willis 声学介质的特殊性，其透射和界面阻抗与传统声学介质不同，下面将讨论这个问题。如图 6.4 所示，一束平面波从左边传统声学介质($\rho^{\mathrm{I}},\kappa^{\mathrm{I}}$)以与 x 轴方向成角度 θ_{i} 入射到 Willis 声学介质($\rho^{\mathrm{II}},\kappa^{\mathrm{II}},W,\phi$)。由于反射在传统介质内，因此有反射角 $\theta_{\mathrm{r}}=\theta_{\mathrm{i}}$，但折射角不能直接通过折射定律得到，需要通过切向波矢连续来进行计算。

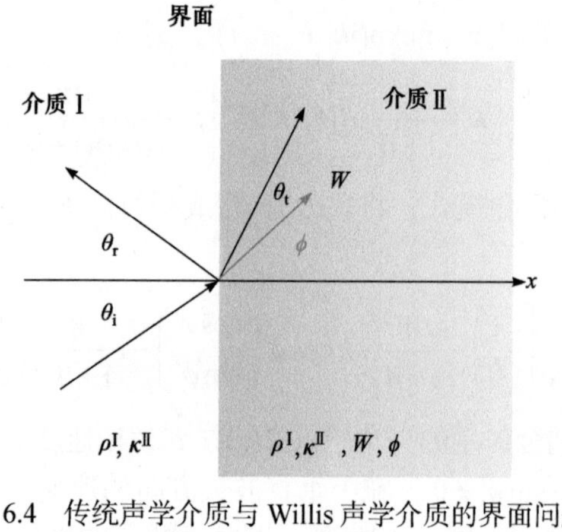

图 6.4　传统声学介质与 Willis 声学介质的界面问题

假设介质 I 、II 的波矢分别为 $\boldsymbol{k}^{\mathrm{I}}=k^{\mathrm{I}}\boldsymbol{n}_{\mathrm{I}}$， $\boldsymbol{k}^{\mathrm{II}}=k^{\mathrm{II}}\boldsymbol{n}_{\mathrm{II}}$ ($\boldsymbol{n}_{\mathrm{I}}$ 、$\boldsymbol{n}_{\mathrm{II}}$ 为波矢方向的单位矢量)，则切线波矢守恒(或连续)意味着

$$k^{\mathrm{I}}\sin\theta_{\mathrm{i}}=k^{\mathrm{II}}\sin\theta_{\mathrm{t}} \tag{6.18}$$

由传统介质的频散关系，可得 $k^{\mathrm{I}}=\sqrt{\rho^{\mathrm{I}}/\kappa^{\mathrm{I}}}\omega$，而 Willis 声学介质中的波矢可由频

散关系式(6.13)得到。将其代入式(6.18)，可得计算折射角的如下方程：

$$\sqrt{\left\{1+W^2-W^2\left[\cos(\theta_t-\phi)\right]^2\right\}}\sin\theta_i=\sqrt{\frac{\kappa^{\mathrm{I}}\rho^{\mathrm{II}}}{\rho^{\mathrm{I}}\kappa^{\mathrm{II}}}}\sin\theta_t \tag{6.19}$$

在正入射的情况下 $\theta_i=0$，显然 $\theta_t=0$ 是方程(6.19)的解。因此，在这种情况下透射波矢与入射波矢一致，而与耦合矢量无关，但透射系数和反射系数与耦合矢量相关。进一步定义法向阻抗：$Z_n=p/v_n$，在垂直入射的情况下 $\phi'=\phi$，$v_n=v_{\|}$。利用式(6.17)，可得 Willis 声学介质的法向阻抗

$$Z_n=Z\left(\sqrt{1+W^2\sin^2\phi}+\mathrm{i}W\cos\phi\right) \tag{6.20}$$

其中，$Z=\sqrt{\rho\kappa}$ 是耦合矢量为零时(传统介质)的阻抗。可以看出 Willis 耦合系数增加了介质的阻抗。利用所定义的 Willis 介质法向阻抗，可以证明正入射条件下透射和反射系数的表达形式与传统声学介质界面的一致。基于上述描述，还可以进一步讨论该介质中的能流与入射方向的关系，这里不再赘述。

6.1.3 Willis 介质均匀化

从微观结构上实现具有 Willis 本构关系的超材料需要建立在波动载荷下材料微结构与宏观等效性能的关联。20 世纪 80 年代，Willis 在发展复合材料动态均匀化理论时提出了 Willis 本构形式[3,11,12]。该理论起初是针对随机复合材料提出的[3]，后又拓展至周期复合材料[13]。Willis 本构同时具有时间和空间非局部性。在频域中，时间非局部意味着等效参数依赖于频率，也称为频率色散；在波矢空间中，空间非局部意味着等效参数依赖于波矢，称为空间色散。对于弱空间色散的材料，可以认为等效参数与波矢无关，或将等效参数对波矢做泰勒展开，并取一阶或二阶近似[14]。

随着超材料的不断发展，Willis 本构理论越来越受到重视：一方面，研究发现某些超材料更适合用 Willis 本构来进行描述，如对于单胞不具有中心对称性的弹性或声波超材料[15]；另一方面，Milton 等于 2006 年发现，柯西介质弹性波方程经过坐标变换可以变换为 Willis 型弹性波方程[16]，这意味着可以用 Willis 介质实现弹性波变换，进而实现对弹性波的调控，如实现隐身斗篷等功能。

最初 Willis 理论是通过体积平均的方式来定义等效场，不适合刻画局域共振型超材料。因为局域共振单元具有表观自由度和内部的隐藏自由度，等效场可通过加权平均的方式来定义，也可令隐藏自由度的权重为零[17]。近年来还发展出了其他的一些动态均匀化方法，这些方法与 Willis 最先提出的均匀化方法相比，无论是等效场的定义还是求解细观场的过程都各有差异，但最终都能得到 Willis 型本构方程，因此这些方法统称为 Willis 均匀化方法。这些方法中典型的有 Geers

等的基于微态理论的弹性 Willis 均匀化方法[18]、Alù[19]和 Haberman 等的基于多重散射法的声学 Willis 均匀化方法[20]。由于动态均匀化方面仍然处于发展阶段，还没有形成统一的理论体系，因此本节将针对产生 Willis 耦合效应的两种典型机制，即材料微结构中心非对称和多重散射，分别利用层状介质(解析)和周期分布 C 形环散射体(数值)来展示动态均匀化过程。

1. 一维层状介质 Willis 均匀化

对一维波动问题的研究，可以直观清晰地揭示 Willis 耦合的物理机制。如果只考虑一维纵波情况，这时弹性波和声波等价。下面将针对一维层状介质中的纵波性质，利用传递矩阵法来展示动态均匀化方法。利用传递矩阵法可以很容易地将单层材料的性质推广到多层材料。传递矩阵法建立了某一层材料左侧的声压 p_1 和速度 v_1 与右侧的声压 p_2 和速度 v_2 之间的联系。设第 i 层材料的厚度为 l_i，密度为 ρ_i，体积模量为 κ_i，则该层材料的传递矩阵满足

$$\begin{pmatrix} p_1 \\ v_1 \end{pmatrix} = \begin{pmatrix} A_i & B_i \\ C_i & D_i \end{pmatrix} \begin{pmatrix} p_2 \\ v_2 \end{pmatrix} = \begin{pmatrix} \cos(k_i l_i) & -\mathrm{i} Z_i \sin(k_i l_i) \\ -\dfrac{\mathrm{i}}{Z_i} \sin(k_i l_i) & \cos(k_i l_i) \end{pmatrix} \begin{pmatrix} p_2 \\ v_2 \end{pmatrix} \tag{6.21}$$

其中，$Z_i = \sqrt{\kappa_i \rho_i}$ 为该层材料阻抗；$k_i = \omega \sqrt{\rho_i / \kappa_i}$ 为波数。如果单胞由 n 层材料构成，那么该单胞的传递矩阵可以表示为每一层的传递矩阵的乘积，即

$$\begin{pmatrix} A & B \\ C & D \end{pmatrix} = \begin{pmatrix} A_1 & B_1 \\ C_1 & D_1 \end{pmatrix} \begin{pmatrix} A_2 & B_2 \\ C_2 & D_2 \end{pmatrix} \cdots \begin{pmatrix} A_n & B_n \\ C_n & D_n \end{pmatrix} \tag{6.22}$$

在计算出单胞的传递矩阵后，利用 2.3.1 节介绍的传输反演法，假想存在一个与单胞尺寸相同的均匀 Willis 介质，令该均匀 Willis 介质的传递矩阵与单胞的传递矩阵相等，可以计算出这个均匀 Willis 介质的材料参数，也就是单胞均匀化后的等效参数。据此得到均匀化后的等效参数与单胞传递矩阵的关系为[1]

$$\begin{aligned} \kappa &= -\frac{\mathrm{i}\omega L}{4} \frac{A + D + 2}{C} \\ \rho &= -\frac{1}{\mathrm{i}\omega L} \frac{A + D - 2}{C} \\ \psi &= \frac{D - A}{2C} \end{aligned} \tag{6.23}$$

其中，$L = \sum_i l_i$ 为层状介质单胞的总长度。

由以上分析可知，对于一维层状介质，等效的原则是，均匀化前后材料的传递矩阵相等。由于一维透反射系数只与材料的传递矩阵有关，因此这种等效方式

能够确保均匀化前后材料具有相同的透反射系数。从式(6.23)还可以看出，耦合系数ψ是由传递矩阵中A和D的差异引起的。对于中心对称的单胞，$A=D$恒成立，故$\psi=0$。而对于不满足中心对称的胞元，则通常有$A\neq D$，故有$\psi\neq 0$。下面以三层材料构成的胞元为例，进一步研究耦合系数ψ与单胞对称性之间的关系。

为了简化问题，设单胞中每层材料的长度均为 l，并且每层材料的波数均等于k，也即每层材料的声速相同，但阻抗Z_i不同。通过式(6.23)可求得材料的耦合系数为

$$\psi=\mathrm{i}\frac{(Z_1-Z_3)(Z_1+Z_2)(Z_3+Z_2)\sin(kl)\cos(kl)}{2(Z_1Z_2+Z_2Z_3+Z_3Z_1)\cos^2(kl)-2Z_2^2\sin^2(kl)} \tag{6.24}$$

由上式可知，$\psi\neq 0$，当且仅当$Z_1\neq Z_3$时，单胞不再具有中心对称性。耦合系数ψ正比于第一、三层材料的阻抗差，并且是一个纯虚数。上述结果表明，材料胞元的非中心对称性是引起 Willis 耦合的一种机制。通过式(6.23)还可得到等效体积模量κ和密度ρ的表达式，此处不再赘述。

图 6.5 给出了上述材料胞元等效参数随频率变化的关系。计算中令$l=1\text{mm}$，每层的声速均为c=1000m/s，第二层材料的模量始终为$\kappa_2=3\times10^8\text{Pa}$，改变第一、三层材料的阻抗，但始终保持关系$Z_1Z_3=(2Z_2)^2$。用$Z_1/Z_3$来反映胞元非对称性的强弱，计算中分别取值为 1/10、1 和 10 三种情况。图 6.5(a)～(c)分别给出这三种情况下的一维层状介质的等效模量、密度和耦合系数随频率的变化关系。在图 6.5(a)和(b)中，红线(Z_1/Z_3=1/10 的情况)和黄线(Z_1/Z_3=10 的情况)是重合的。由此可见，如果将胞元左右镜像，即Z_1/Z_3变为原来的倒数，那么模量和密度均不变，但耦合系数变为相反数。

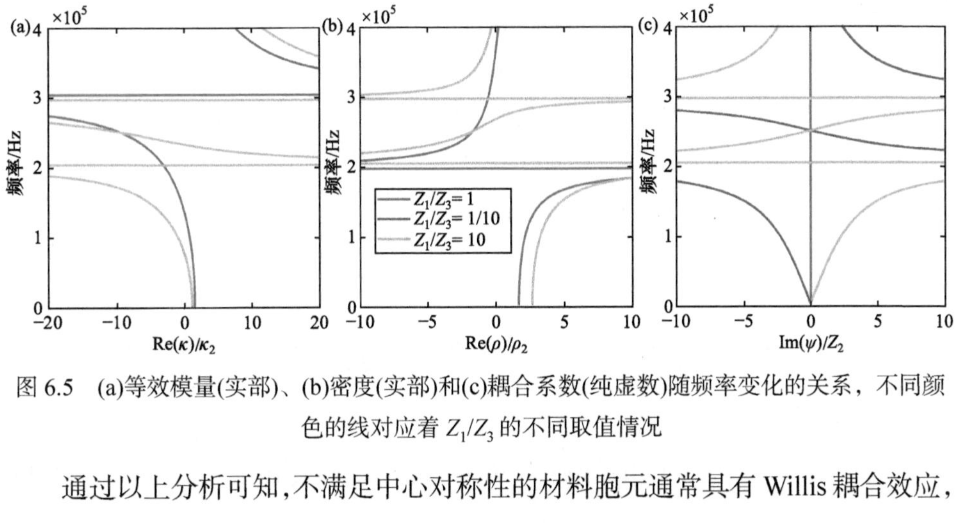

图 6.5　(a)等效模量(实部)、(b)密度(实部)和(c)耦合系数(纯虚数)随频率变化的关系，不同颜色的线对应着Z_1/Z_3的不同取值情况

通过以上分析可知，不满足中心对称性的材料胞元通常具有 Willis 耦合效应，

利用这个特性可以帮助设计 Willis 材料的微结构。此外，以上均匀化方法最终得到的 Willis 本构是局部的。因此，本方法不仅适用于一维层状介质，对一般的一维单胞仍然适用。

2. 基于多重散射法的 Willis 均匀化方法

Haberman 等于 2017 年提出了一种在频域下基于多重散射法的声学 Willis 均匀化方法[20]。该理论借助有源激励的方式给出了频散和非频散曲线上$(\omega, \boldsymbol{k})$材料动态等效参数分析方法，等效 Willis 本构具有空间色散特性。但由于多重散射计算的复杂性，目前只有基于该方法的一维算例。本节将介绍上述方法，并结合数值方法给出二维周期分布 C 形谐振环材料的等效 Willis 本构参数。

选取一个密度为ρ_0，柔度为$\beta_0(1/\kappa_0)$的均匀声学背景介质(通常为基体)，在外界平面波形式的偶极域源(体积力) $\boldsymbol{f} = \boldsymbol{f}_{\text{ext}}\text{e}^{\text{i}\boldsymbol{k}\cdot\boldsymbol{x}}\text{e}^{-\text{i}\omega t}$ 和单极域源(本征体积应变的时间导数) $q = q_{\text{ext}}\text{e}^{\text{i}\boldsymbol{k}\cdot\boldsymbol{x}}\text{e}^{-\text{i}\omega t}$ 的激励下，其声压 p_{ext} 和速度 $\boldsymbol{v}_{\text{ext}}$ 满足(省略 $\text{e}^{-\text{i}\omega t}$ 时间项)

$$
\begin{aligned}
\text{i}\boldsymbol{k}p_{\text{ext}} &= \text{i}\omega\rho_0\boldsymbol{v}_{\text{ext}} + \boldsymbol{f}_{\text{ext}} \\
\text{i}\boldsymbol{k}\cdot\boldsymbol{v}_{\text{ext}} &= \text{i}\omega\beta_0 p_{\text{ext}} + q_{\text{ext}}
\end{aligned}
\tag{6.25}
$$

对于所研究的非均匀声学介质，令其密度为$\rho(\boldsymbol{x})$，柔度为$\beta(\boldsymbol{x})$，在和背景介质相同的外界激励作用下，其声压$p(\boldsymbol{x})$和速度$\boldsymbol{v}(\boldsymbol{x})$满足

$$
\begin{aligned}
\nabla p(\boldsymbol{x}) &= \text{i}\omega\rho_0\boldsymbol{v}(\boldsymbol{x}) + \text{i}\omega\boldsymbol{D}(\boldsymbol{x}) + \boldsymbol{f}_{\text{ext}}\text{e}^{\text{i}\boldsymbol{k}\cdot\boldsymbol{x}} \\
\nabla\cdot\boldsymbol{v}(\boldsymbol{x}) &= \text{i}\omega\beta_0 p(\boldsymbol{x}) - \text{i}\omega M(\boldsymbol{x}) + q_{\text{ext}}\text{e}^{\text{i}\boldsymbol{k}\cdot\boldsymbol{x}}
\end{aligned}
\tag{6.26}
$$

其中，$\boldsymbol{D}(\boldsymbol{x}) = [\rho(\boldsymbol{x}) - \rho_0]\boldsymbol{v}(\boldsymbol{x})$ 和 $M(\boldsymbol{x}) = -[\beta(\boldsymbol{x}) - \beta_0]p(\boldsymbol{x})$ 分别称为偶极极化和单极极化。可以看出，材料非均匀性所导致的极化$\boldsymbol{D}(\boldsymbol{x})$和$M(\boldsymbol{x})$等价于在均匀背景介质上施加偶极域源和单极域源。在给定的频率和波矢组合$(\omega, \boldsymbol{k})$下，并且假设材料微结构具有周期性，由 Bloch 定理可知上述物理场也具有 Bloch 波的形式。

在背景介质中，由源$\boldsymbol{f}$和 q 激励的辐射的声场可以用亥姆霍兹方程的格林函数$G(\boldsymbol{x}|\boldsymbol{y})$表示，这时辐射的声压和速度可分别表示为

$$
p(\boldsymbol{x}) = -\text{i}\omega\rho_0\int_{\boldsymbol{y}} q(\boldsymbol{y})G(\boldsymbol{x}|\boldsymbol{y})\text{d}V - \int_{\boldsymbol{y}} \boldsymbol{f}(\boldsymbol{y})\cdot\nabla G(\boldsymbol{x}|\boldsymbol{y})\text{d}V \tag{6.27}
$$

和

$$
\boldsymbol{v}(\boldsymbol{x}) = -\frac{1}{\text{i}\omega\rho_0}\int_{\boldsymbol{y}} \boldsymbol{f}(\boldsymbol{y})\cdot\nabla\nabla G(\boldsymbol{x}|\boldsymbol{y})\text{d}V - \int_{\boldsymbol{y}} q(\boldsymbol{y})\nabla G(\boldsymbol{x}|\boldsymbol{y})\text{d}V \tag{6.28}
$$

其中，格林函数满足

$$
\left(\nabla^2 + k_0^2\right)G(\boldsymbol{x}|\boldsymbol{y}) = -\delta(\boldsymbol{x} - \boldsymbol{y}), \quad k_0 = \omega\sqrt{\rho_0\beta_0} \tag{6.29}
$$

由于散射体的极化与背景介质中源等价，因此一个散射体在背景介质中的散射声场可以用式(6.27)和式(6.28)进行表示。根据声辐射的多级展开方法，散射体的散射声场可以进一步用亥姆霍兹方程的通解展开为级数形式。这里引出该动态均匀化方法的一个基本假设：单胞内散射体的声学尺寸很小，即满足 $k_0 l \ll 1$(l 为散射体的特征尺寸)，并且散射体辐射的各阶声场中，只有单极辐射和偶极辐射起主导作用，四极和更高阶相关的辐射可以忽略。

在上述假设下，一个散射体可以视为单极子 m 和偶极子 $\boldsymbol{d}$ 的线性叠加，整个周期材料的单极极化场 $M(\boldsymbol{x})$ 和偶极极化场 $\boldsymbol{D}(\boldsymbol{x})$ 所辐射的声场就是单极子阵列和偶极子阵列辐射的声场的叠加，于是可以运用多重散射法来进行求解。将周期点源阵列编号，设编号为 0 的点源坐标为原点，编号为 n 的点源坐标为 $\boldsymbol{x}_n$，其单极子强度为 m_n，偶极子强度为 $\boldsymbol{d}_n$。令式(6.27)和式(6.28)中 $\boldsymbol{f} = \mathrm{i}\omega \boldsymbol{d}_n \delta_n$，$q = -\mathrm{i}\omega m_n \delta_n$，位于 $\boldsymbol{x}_n$ 处点源所辐射的声场在 $\boldsymbol{x}_m$ 处的值可以用格林函数表示为[20]

$$
\begin{aligned}
\boldsymbol{v}_{\mathrm{s}}(\boldsymbol{x}_m) &= \underline{\tilde{\boldsymbol{G}}}_{\mathrm{d}}^{mn} \cdot \frac{\boldsymbol{d}_n}{\rho_0} - \tilde{\boldsymbol{G}}_{\mathrm{c}}^{mn} \frac{1}{Z_0} \frac{m_n}{\beta_0} \\
p_{\mathrm{s}}(\boldsymbol{x}_m) &= \tilde{\boldsymbol{G}}_{\mathrm{c}}^{mn} \cdot Z_0 \frac{\boldsymbol{d}_n}{\rho_0} - \tilde{G}_{\mathrm{m}}^{mn} \frac{m_n}{\beta_0}
\end{aligned}
\tag{6.30}
$$

其中，$\tilde{\boldsymbol{G}}^{mn}$ 的表达式可以直接从式(6.27)和式(6.28)得到，下划线表明是矩阵(其他是向量或标量)；Z_0 是背景介质的阻抗。这里下标 s 表示散射，下标 d 表示偶极，下标 m 表示单极，下标 c 表示耦合，下标 0 表示背景介质，后续符号的下标具有相同的含义。

对于单散射体问题，其散射场和入射场之间的关系可以通过散射体的极化矩阵 $\tilde{\boldsymbol{\alpha}}$ 来描述。只考虑单极和偶极散射，入射波在散射体的局部声压和局部速度分别表示为 p_{loc} 和 $\boldsymbol{v}_{\mathrm{loc}}$，散射场表示为单极子强度 m 和偶极子强度 $\boldsymbol{d}$。对于位于原点处的散射体，它们之间的关系为

$$
\begin{aligned}
\frac{\boldsymbol{d}_0}{\rho_0} &= \underline{\boldsymbol{\alpha}}_{\mathrm{d}} \cdot \boldsymbol{v}_{\mathrm{loc}} - \mathrm{i}\boldsymbol{\alpha}_{\mathrm{c}} \frac{1}{Z_0} p_{\mathrm{loc}} \\
\frac{m_0}{\beta_0} &= -\mathrm{i}\boldsymbol{\alpha}_{\mathrm{c}} \cdot Z_0 \boldsymbol{v}_{\mathrm{loc}} - \alpha_{\mathrm{m}} p_{\mathrm{loc}}
\end{aligned}
\tag{6.31}
$$

其中，$\underline{\boldsymbol{\alpha}}_{\mathrm{d}}$、$\boldsymbol{\alpha}_{\mathrm{c}}$ 和 α_{m} 是极化矩阵，只和散射体的性质有关，可通过计算单个散射体的散射矩阵得到。对于简单规则的散射体可以有解析式，否则需要通过数值方法计算得到。另外，经常需要利用式(6.31)反解给出局部入射声压和速度的表达式

$$
\begin{aligned}
\boldsymbol{v}_{\mathrm{loc}} &= \tilde{\underline{\boldsymbol{\alpha}}}_{\mathrm{d}} \cdot \frac{\boldsymbol{d}_0}{\rho_0} - \mathrm{i}\tilde{\boldsymbol{\alpha}}_{\mathrm{c}} \frac{1}{Z_0}\frac{m_0}{\beta_0} \\
p_{\mathrm{loc}} &= -\mathrm{i}\tilde{\boldsymbol{\alpha}}_{\mathrm{c}} \cdot Z_0 \frac{\boldsymbol{d}_0}{\rho_0} - \tilde{\alpha}_{\mathrm{m}} \frac{m_0}{\beta_0}
\end{aligned} \tag{6.32}
$$

在解决单散射问题后，下一步将处理多重散射问题。分析多重散射的核心思想是，一个散射体的入射场包含两个部分：背景入射场部分及其他所有散射体的散射场在该散射体处的叠加部分。进一步假设所有的散射体几何和材料一致，因此所有单极子和偶极子强度满足 Bloch 周期条件，并且散射体分布稀疏。这样对于位于原点处的散射体，其局部速度和局部声压就可以表示为

$$
\begin{aligned}
\boldsymbol{v}_{\mathrm{loc}} &= \boldsymbol{v}_{\mathrm{ext}} + \tilde{\underline{\boldsymbol{C}}}_{\mathrm{d}} \cdot \frac{\boldsymbol{d}_0}{\rho_0} - \tilde{\boldsymbol{C}}_{\mathrm{c}} \frac{1}{Z_0}\frac{m_0}{\beta_0} \\
p_{\mathrm{loc}} &= p_{\mathrm{ext}} + \tilde{\boldsymbol{C}}_{\mathrm{c}} \cdot Z_0 \frac{\boldsymbol{d}_0}{\rho_0} - \tilde{C}_{\mathrm{m}} \frac{m_0}{\beta_0}
\end{aligned} \tag{6.33}
$$

其中，等号右边第一项为背景入射场的贡献，第二、三项为其他所有散射体对位于原点处的散射体的贡献；$\tilde{\underline{\boldsymbol{C}}}_{\mathrm{d}}$、$\tilde{C}_{\mathrm{m}}$和$\tilde{\boldsymbol{C}}_{\mathrm{c}}$称为晶格和，它们只与晶格排布和波矢有关，与散射体无关。文献[21]给出了各种空间维度以及不同晶格维度下的晶格和的快速收敛级数表达式。

下面将周期散射体阵列进行均匀化，其基本思想是，如果两种源的辐射声场近似相等，则称这两种源等效。为此，将点源阵列m_n、$\boldsymbol{d}_n$等效为它们的体积平均，即等效极化场表示为$M_{\mathrm{eff}} = m_0 / V$和$\boldsymbol{D}_{\mathrm{eff}} = \boldsymbol{d}_0 / V$，其中$V$为胞元体积。进一步，将等效速度场$\boldsymbol{v}_{\mathrm{eff}}$和等效声压场$p_{\mathrm{eff}}$定义为：在等效极化场$M_{\mathrm{eff}}$、$\boldsymbol{D}_{\mathrm{eff}}$和外界激励$q_{\mathrm{ext}}$、$\boldsymbol{f}_{\mathrm{ext}}$共同作用下，在基体介质中产生的速度和声压场，其满足

$$
\begin{aligned}
\mathrm{i}\boldsymbol{k}p_{\mathrm{eff}} &= \mathrm{i}\omega\rho_0\boldsymbol{v}_{\mathrm{eff}} + \mathrm{i}\omega\boldsymbol{D}_{\mathrm{eff}} + \boldsymbol{f}_{\mathrm{ext}} \\
\mathrm{i}\boldsymbol{k}\cdot\boldsymbol{v}_{\mathrm{eff}} &= \mathrm{i}\omega\beta_0 p_{\mathrm{eff}} - \mathrm{i}\omega M_{\mathrm{eff}} + q_{\mathrm{ext}}
\end{aligned} \tag{6.34}
$$

自然地，等效动量和等效体积应变可以定义为

$$
\begin{aligned}
\boldsymbol{\mu}_{\mathrm{eff}} &= \rho_0\boldsymbol{v}_{\mathrm{eff}} + \boldsymbol{D}_{\mathrm{eff}} \\
\varepsilon_{\mathrm{eff}} &= -\beta_0 p_{\mathrm{eff}} + M_{\mathrm{eff}}
\end{aligned} \tag{6.35}
$$

等效的运动方程为

$$
\begin{aligned}
\mathrm{i}\boldsymbol{k}p_{\mathrm{eff}} &= \mathrm{i}\omega\boldsymbol{\mu}_{\mathrm{eff}} + \boldsymbol{f}_{\mathrm{ext}} \\
\mathrm{i}\boldsymbol{k}\cdot\boldsymbol{v}_{\mathrm{eff}} &= -\mathrm{i}\omega\varepsilon_{\mathrm{eff}} + q_{\mathrm{ext}}
\end{aligned} \tag{6.36}
$$

由式(6.32)和式(6.33)消去局部入射场变量，利用式(6.25)建立$\boldsymbol{v}_{\mathrm{ext}}$、$p_{\mathrm{ext}}$和$\boldsymbol{f}_{\mathrm{ext}}$、$q_{\mathrm{ext}}$

的关系，再利用式(6.34)，可以得到 $\boldsymbol{D}_{\text{eff}}$、$M_{\text{eff}}$ 与 $\boldsymbol{v}_{\text{eff}}$、$p_{\text{eff}}$ 之间的关系，再将该关系代入式(6.35)中，最后得到均匀化后的等效本构方程为 Willis 形式

$$\begin{aligned}\boldsymbol{\mu}_{\text{eff}} &= \underline{\boldsymbol{\rho}}_{\text{eff}}\cdot\boldsymbol{v}_{\text{eff}}-\boldsymbol{\chi}_{\text{eff}}^{(1)}p_{\text{eff}}\\ \varepsilon_{\text{eff}} &= \boldsymbol{\chi}_{\text{eff}}^{(2)}\cdot\boldsymbol{v}_{\text{eff}}-\beta_{\text{eff}}p_{\text{eff}}\end{aligned} \tag{6.37}$$

该等效本构是空间色散的，即 $\underline{\boldsymbol{\rho}}_{\text{eff}}$、$\beta_{\text{eff}}$、$\boldsymbol{\chi}_{\text{eff}}^{(1)}$、$\boldsymbol{\chi}_{\text{eff}}^{(2)}$ 都是 ω 和 $\boldsymbol{k}$ 的函数。对于被动和互易的材料，等效参数满足如下关系[14]：

$$\begin{aligned}\underline{\boldsymbol{\rho}}_{\text{eff}}(\omega,\boldsymbol{k}) &= \underline{\boldsymbol{\rho}}_{\text{eff}}^{*\text{T}}(\omega,\boldsymbol{k})\\ \beta_{\text{eff}}(\omega,\boldsymbol{k}) &= \beta_{\text{eff}}^{*}(\omega,\boldsymbol{k})\\ \boldsymbol{\chi}_{\text{eff}}^{(1)}(\omega,\boldsymbol{k}) &= \boldsymbol{\chi}_{\text{eff}}^{(2)*}(\omega,\boldsymbol{k})\end{aligned} \tag{6.38}$$

其中，上标*表示共轭；上标 T 表示转置。

均匀化后等效介质的频散曲线可以通过两种方式进行求解。一种是基于多重散射法。由于对于本征模态，外界激励为零，即 $\boldsymbol{v}_{\text{ext}}=0$，$p_{\text{ext}}=0$，所以根据式(6.32)和式(6.33)，有

$$\det\begin{vmatrix}\left(\underline{\tilde{\boldsymbol{\alpha}}}_{\text{d}}-\tilde{\boldsymbol{C}}_{\text{d}}\right) & -\dfrac{1}{Z_0}\left(\text{i}\tilde{\boldsymbol{\alpha}}_{\text{c}}-\tilde{\boldsymbol{C}}_{\text{c}}\right)\\ Z_0\left(-\text{i}\tilde{\boldsymbol{\alpha}}_{\text{c}}-\tilde{\boldsymbol{C}}_{\text{c}}\right) & -\left(\tilde{\alpha}_{\text{m}}-\tilde{C}_{\text{m}}\right)\end{vmatrix}=0 \tag{6.39}$$

另一种是计算均匀化后的频散曲线方式，即利用 Willis 型等效本构(6.37)和等效运动方程(6.36)，最终得到

$$\left(\frac{\boldsymbol{k}}{\omega}+\boldsymbol{\chi}_{\text{eff}}^{(2)}\right)\cdot\underline{\boldsymbol{\rho}}_{\text{eff}}^{-1}\cdot\left(\frac{\boldsymbol{k}}{\omega}+\boldsymbol{\chi}_{\text{eff}}^{(1)}\right)-\beta_{\text{eff}}=0 \tag{6.40}$$

可以证明，这两种计算方式是等价的。

下面以二维正方晶格周期排布的 C 形共振环为例，给出该均匀化方法的结果。所研究的周期材料的胞元如图 6.6 所示，胞元为正方形，阴影区域为空气，中间的夹杂为 C 形的刚性体。计算中几何参数为 $a=25\text{mm}$，$r_{\text{o}}=7\text{mm}$，$r_{\text{i}}=4\text{mm}$，$w=3\text{mm}$，$\theta=0$；空气的材料参数为 $\rho_0=1.205\text{kg/m}^3$，$c_0=343\text{m/s}$。图 6.7 给出了该胞元的带结构，其中实线代表有限元仿真得到的带结构，圆圈代表用均匀化后的 Willis 等效参数，通过式(6.40)计算得到的带结构。可以看到，对于前两支频散曲线，均匀化得到的结果与仿真结果吻合得很好，这是因为在前两支频散曲线上，本征模态是由单极和偶极散射主导的。对于更高阶的模态，四极或更高极的散射不可忽略，该均匀化方法无法对它们进行描述。

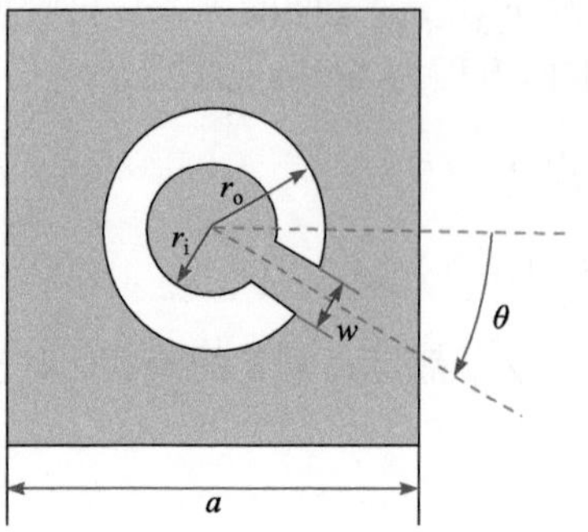

图 6.6　C 形共振环胞元示意图

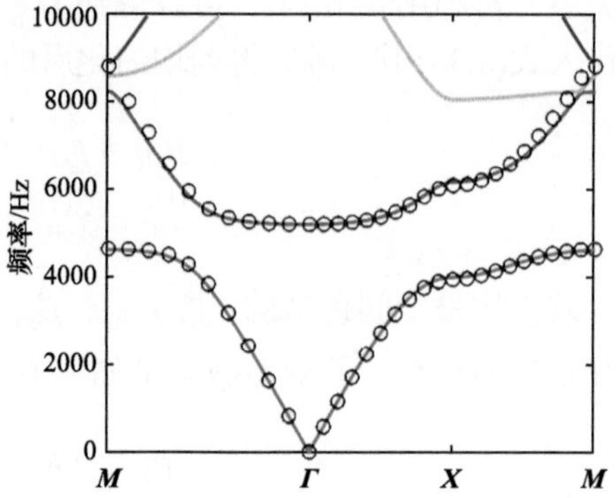

图 6.7　C 形共振环胞元计算和预测的带结构

本节所述的均匀化方法是基于源激励，由于源的 ω 和 $\boldsymbol{k}$ 是可互相独立变化的，如果用不在频散曲线上的(ω，$\boldsymbol{k}$)对应的源去激励胞元，则可以得到非频散曲线上的等效性质，因此最终得到的等效材料参数是空间色散的。为了更直观地理解空间色散，将频率固定，研究等效材料参数随波矢的变化。图 6.8 给出了 4950Hz 时的等效密度 $\boldsymbol{\rho}$、等效柔度 β、耦合系数 $\boldsymbol{\chi}^{(1)}$ 随 k_x 和 k_y 在第一布里渊区内的变化关系。一般地，对于被动互易的胞元，空间频散 Willis 介质参数满足如下关系：

$$
\begin{aligned}
&\underline{\boldsymbol{\rho}}(\omega,\boldsymbol{k})=\underline{\boldsymbol{\rho}}^{\mathrm{T}}(\omega,-\boldsymbol{k})\\
&\beta(\omega,\boldsymbol{k})=\beta(\omega,-\boldsymbol{k})\\
&\boldsymbol{\chi}^{(1)}(\omega,\boldsymbol{k})=-\boldsymbol{\chi}^{(2)}(\omega,-\boldsymbol{k})
\end{aligned}
\tag{6.41}
$$

从图 6.8 中的结果也可以印证上述性质。值得注意的是，虽然 $\theta=0$ 时的单胞在 y 方向上是对称的，但是 y 方向耦合系数 χ_y 并不为零(图 6.8(f))，这是空间色散引起的特性，并不违背对称性原则。

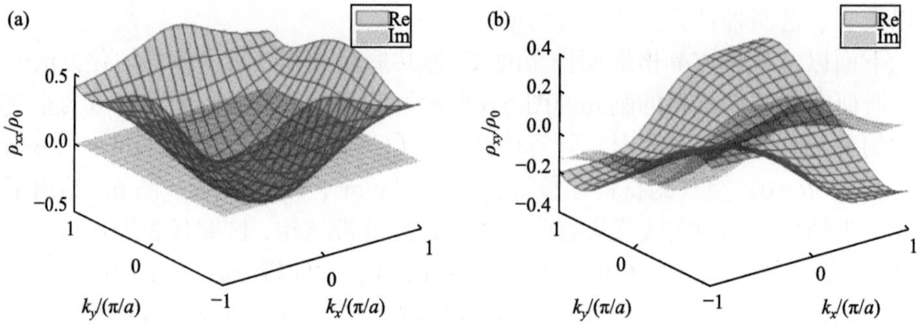

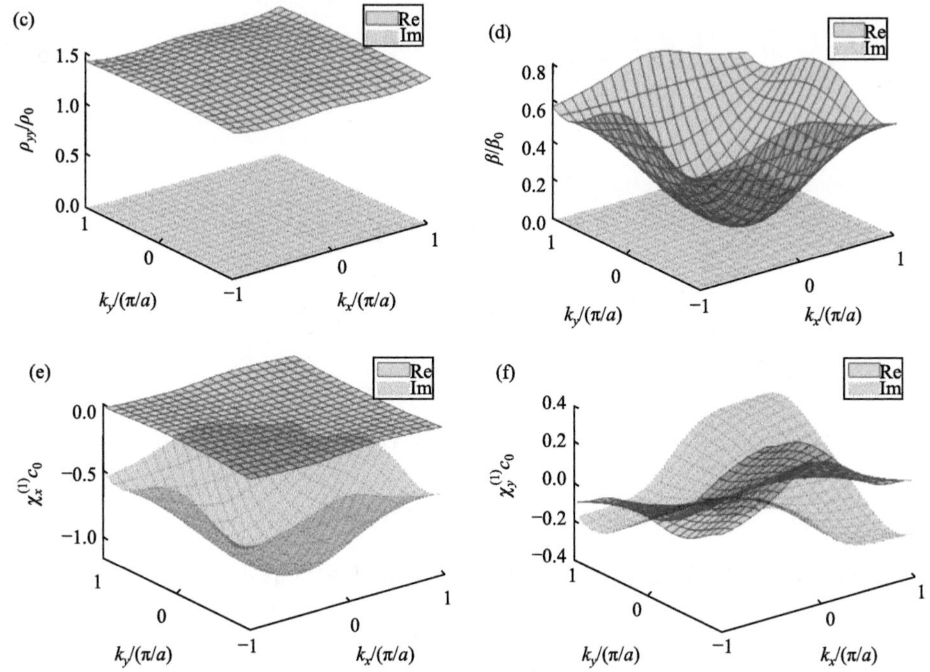

图 6.8　频率为 4950Hz 时等效材料参数随波矢的变化关系

6.1.4　声学 Willis 介质的界面波

传统声学介质不支持界面波，本节将讨论 Willis 声学介质构成界面波的可能性。本节将从理论和实验两方面展示两种局部的声学 Willis 材料之间形成的界面可以支持界面波[22]，这种界面波并非在任何情况下都存在，其能否存在很大程度上取决于这两个材料的 Willis 耦合系数。

1. 理论分析

局部的声学 Willis 材料的本构方程由式(6.10)给出。为了简化分析，只考虑二维情况，如图 6.9 所示。设 y 轴左侧是均匀的 Willis 材料 1，y 轴右侧是均匀的 Willis 材料 2，y 轴是两者形成的界面，并且进一步假设材料 1 和材料 2 关于 y 轴互为镜像。因此，材料 1 和材料 2 的材料参数有如下关系：

$$\beta^{(2)} = \beta^{(1)}$$

$$\boldsymbol{g}^{(2)} = \begin{pmatrix} g_x^{(2)} \\ g_y^{(2)} \end{pmatrix} = \begin{pmatrix} -g_x^{(1)} \\ g_y^{(1)} \end{pmatrix}$$

$$\boldsymbol{a}^{(2)}=\begin{pmatrix} a_{xx}^{(2)} & a_{xy}^{(2)} \\ a_{xy}^{(2)} & a_{yy}^{(2)} \end{pmatrix}=\begin{pmatrix} a_{xx}^{(1)} & -a_{xy}^{(1)} \\ -a_{xy}^{(1)} & a_{yy}^{(1)} \end{pmatrix} \tag{6.42}$$

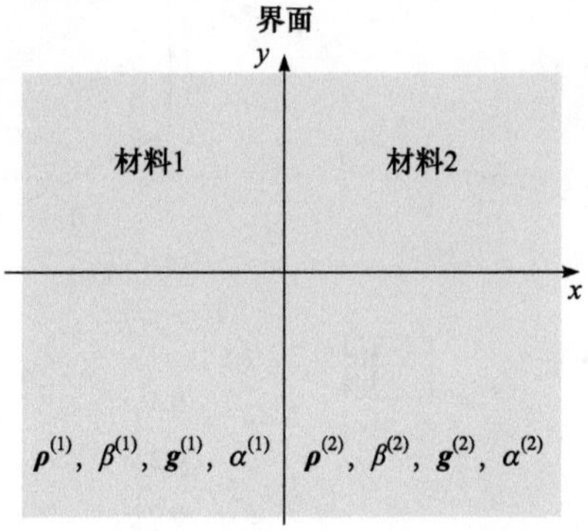

图 6.9　两相 Willis 材料形成的界面

假设材料 1 和材料 2 中的声压场分别具有如下波动形式：

$$\begin{aligned} p^{(1)} &= P\mathrm{e}^{\mathrm{i}k_x^{(1)}x}\mathrm{e}^{\mathrm{i}k_y y} \\ p^{(2)} &= P\mathrm{e}^{\mathrm{i}k_x^{(2)}x}\mathrm{e}^{\mathrm{i}k_y y} \end{aligned} \tag{6.43}$$

由于界面波在远离界面方向上是凋落的，所以要使得 $p^{(1)}$和 $p^{(2)}$构成界面波，垂直于界面的波矢必须满足

$$\operatorname{Im}k_x^{(1)}<0,\quad \operatorname{Im}k_x^{(2)}>0 \tag{6.44}$$

再利用界面处的声压和法向速度的连续性条件，可知当且仅当如下三个条件

$$\begin{aligned} &\text{条件一：}\ \det\left(\boldsymbol{a}^{(1)}\right)>0,\quad a_{xx}^{(1)}\beta^{(1)}\geqslant 0,\quad \frac{\operatorname{Im}g_x^{(1)}}{\operatorname{sgn}a_{xx}^{(1)}}<0 \\ &\text{条件二：}\ \det\left(\boldsymbol{a}^{(1)}\right)>0,\quad a_{xx}^{(1)}\beta^{(1)}<0,\quad \frac{\operatorname{Im}g_x^{(1)}}{\operatorname{sgn}a_{xx}^{(1)}}\leqslant -\sqrt{-a_{xx}^{(1)}\beta^{(1)}} \\ &\text{条件三：}\ \det\left(\boldsymbol{a}^{(1)}\right)<0,\quad a_{xx}^{(1)}\beta^{(1)}<0,\quad -\sqrt{-a_{xx}^{(1)}\beta^{(1)}}\leqslant \frac{\operatorname{Im}g_x^{(1)}}{\operatorname{sgn}a_{xx}^{(1)}}<0 \end{aligned} \tag{6.45}$$

之一满足时，界面波才存在并且界面波的频散关系为

$$k_y^2=\frac{a_{xx}^{(i)}\beta^{(i)}-g_x^{(i)2}}{\det\left(\boldsymbol{a}^{(i)}\right)}\omega^2,\quad i=1\ \text{拎}2 \tag{6.46}$$

2. 声学 Willis 材料设计

上述界面波分析是基于均匀的声学 Willis 材料，为进一步验证理论的预测，需要设计出局部的声学 Willis 材料。图 6.6 所示的 C 形共振环是一种典型的具有 Willis 耦合(单极散射与偶极散射的耦合)的散射体，将其按正方形晶格周期排布可形成二维声学材料。6.1.3 节第 2. 部分所述的均匀化方法已经表明，该二维材料具有 Willis 耦合特性。共振环开口方向角 θ 是最重要的可调参数，可用于调节耦合矢量的方向。

由于这里只关注非空间色散的情况，且为了便于材料设计，下面将基于传输反演法求该 Willis 材料的等效参数。对二维 Willis 材料的反演仍然是基于一维反演方法的扩展。如图 6.10 所示，分别计算入射波自左向右和自右向左两种情况下的透射系数 $T_{\pm}$ 和反射系数 $R_{\pm}$，其中下标 + 表示自左向右的情况，下标 – 表示自右向左的情况。由互易性有 $T_{+}=T_{-}=T$ 。对于传统材料(结构中心对称)，有 $R_{+}=R_{-}$ 。而对于 Willis 材料，$R_{+}\neq R_{-}$ ，这是由于 Willis 耦合，右行波阻抗 Z_{+}和左行波阻抗 Z_{-}不相等。根据推导式(6.20)的方法，对于一维问题，令 φ=0，式中 W 此时意味着耦合矢量是沿 x 轴的分量，分别考虑右行波和左行波可得

$$Z_{\pm}=Z\left(\pm 1+\mathrm{i}W\right) \tag{6.47}$$

反演法的思想在于，寻找一均匀材料，使其透反射系数与周期材料相同，从而将周期材料与均匀材料等效。理论上可将一维均匀 Willis 材料的透反射系数 T、R_{+} 和 R_{-}用均匀等效材料的 Z、W、波数 k、长度 L 来表示。反演法是求其反问题，将材料参数用透反射系数表示。经理论推导，得到[15]

$$\begin{aligned}
&\cos\left(kL\right)=\frac{1-R_{+}R_{-}+T^{2}}{2T}\\
&W^{2}=\frac{\left(R_{+}-R_{-}\right)^{2}}{4T^{2}-\left(1-R_{+}R_{-}+T^{2}\right)^{2}}\\
&Z^{2}=\frac{Z_{0}^{2}}{1+W^{2}}\frac{\left(1+R_{+}\right)\left(1+R_{-}\right)-T^{2}}{\left(1-R_{+}\right)\left(1-R_{-}\right)-T^{2}}
\end{aligned} \tag{6.48}$$

其中，由平方和余弦导致的多值性可通过对不同长度 L 的材料透反射系数进行拟合来消除。值得强调的是，该方法在材料禁带内依然适用，此时材料的等效波矢 k 的虚部非零。由于 Willis 材料的等效参数与 Z、W、k 可互相转换，所以可得到该周期材料在透反射方向上的 Willis 等效材料参数。对二维 Willis 材料而言，只需用透反射系数法反演两个正交方向上的等效性质即可。

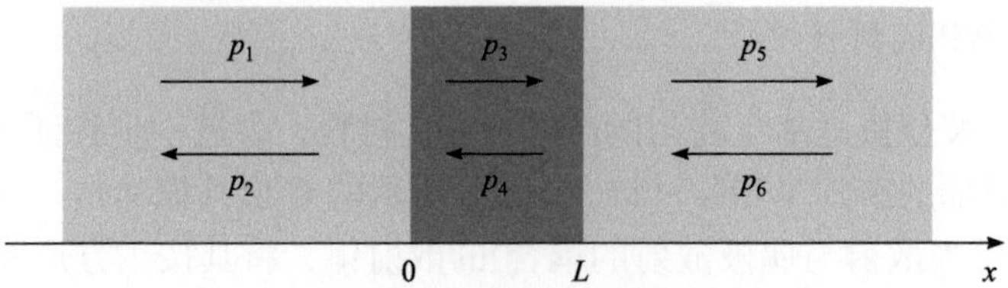

图 6.10　一维透反射问题

当入射波自左向右入射时，$p_6 = 0$；当入射波自右向左入射时，$p_1 = 0$

图 6.11(a)展示了当 θ=0°时图 6.6 所示胞元形成的周期材料带结构，可见在 4700～5000Hz 频率范围内，存在一个全方向的局域共振禁带。图 6.11(b)～(d)给出了在该禁带附近，由透反射系数反演法得到的归一化后的 Willis 耦合系数 $\boldsymbol{g}$、比容 $\boldsymbol{a}$、柔度 β 随频率的变化关系。可见在禁带的共振频率附近，由于局域共振效应，耦合系数显著增大。此外，通过计算不同指向角 θ 时的等效性质，发现耦合矢量 $\boldsymbol{g}$ 的方向与 C 形环的开口方向近似共线(同向或反向与频率有关)。

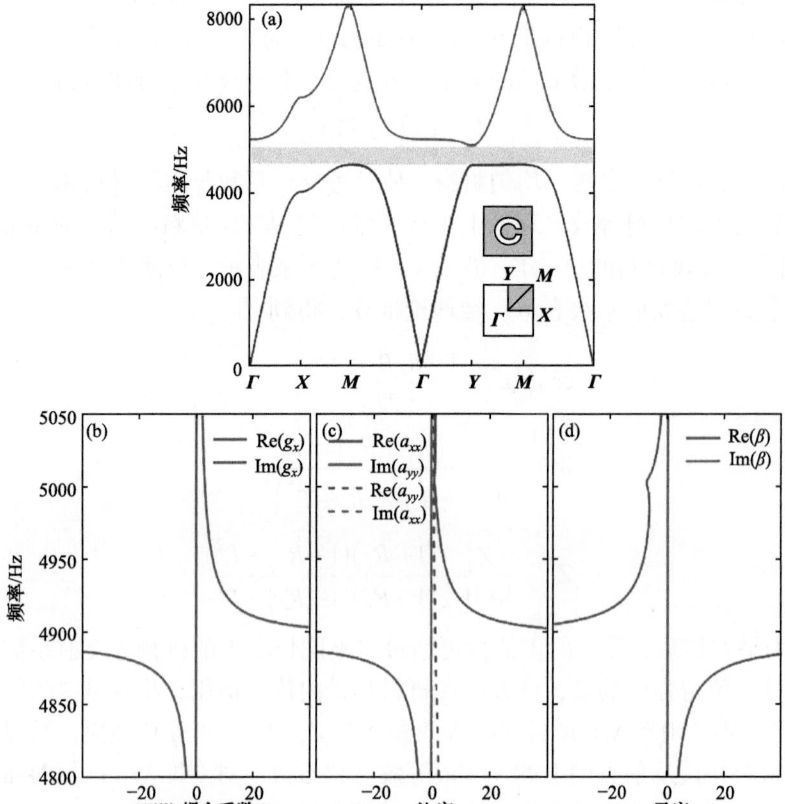

图 6.11　(a) $\theta = 0°$ 时的胞元带结构；(b)～(d)归一化的 Willis 耦合系数 $\boldsymbol{g}$、比容 $\boldsymbol{a}$ 和柔度 β 随频率的变化关系

按照前面的理论分析，将界面两侧的材料均设置为由 C 形共振环正方排布构成的周期材料，左侧材料的 $\theta^{(1)}$ 和右侧材料的 $\theta^{(2)}$ 不同。将不同 θ 的等效材料参数与界面波存在条件(6.45)进行比照，可发现当界面两侧共振环开口方向背离界面，即 $\theta^{(1)}=180°-\theta^{(2)}\in(90°,270°)$ 时，式(6.45)中的条件二或条件三在共振频率附近成立，因此此时存在界面波；反之，当界面两侧 C 形环开口方向指向界面，即 $\theta^{(1)}=180°-\theta^{(2)}\in(-90°,90°)$ 时，式(6.45)中的三个条件在共振频率附近均不成立，故不存在界面波。当界面波存在时，由于其频率在材料禁带内，所以不会激发出体波模式，这便于实验上观测界面波。

3. 仿真与实验结果

图 6.12 展示了测量声界面波的实验装置。将二维的共振环阵列置于上下两平板中间，形成平板波导，共计排布了 12×24 个单胞。共振环的开口方向 θ 可以手动调节，界面(红色虚线所示)左侧的 6×24 个单胞的开口方向角均一致，记为 $\theta^{(1)}$，界面右侧的 6×24 个单胞的开口方向角也均一致，记为 $\theta^{(2)}$。扬声器位于界面的一端，向波导内发射高斯脉冲，运用二维声场扫描系统测量平板波导内的声场，再通过傅里叶变换得到禁带附近频率的声场分布。图 6.13 展示了不同 $\theta^{(1)}$ 和 $\theta^{(2)}$ 的组合下，波导内声场的仿真结果(a)～(f)和实验结果(g)～(l)。可以看到，实验结果与理论预测一致，这验证了 Willis 材料的声界面波理论的正确性。实验结果与仿真结果相比，虽然存在明显的损耗(因为工作频率与共振环共振频率接近)，但定性而言两者声场分布相吻合。

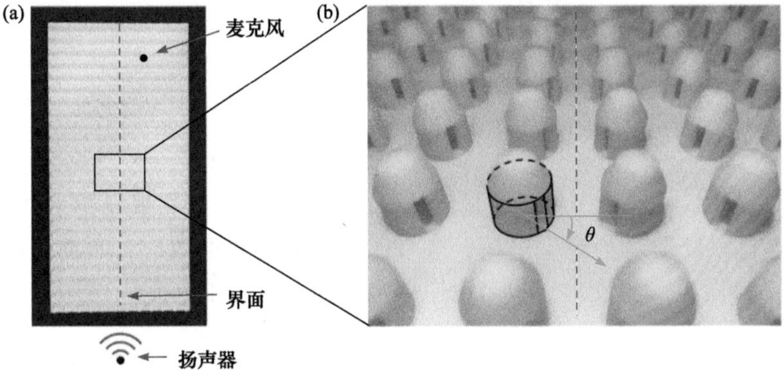

图 6.12　Willis 材料界面波实验装置

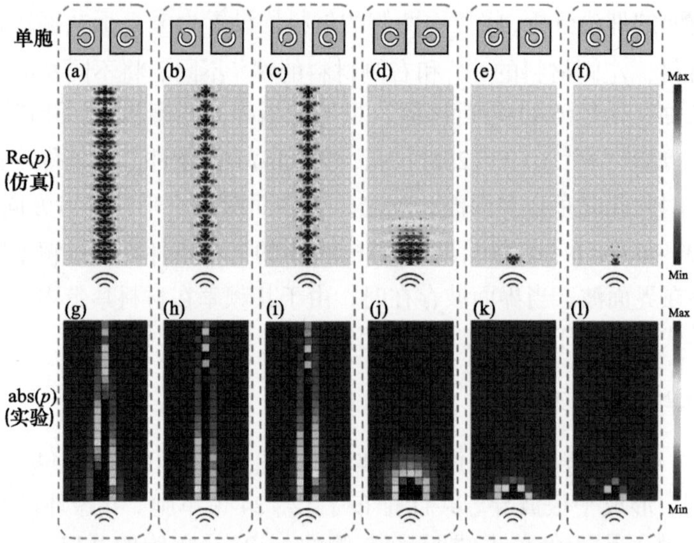

图 6.13 (a)～(f)为不同 $\theta^{(1)}$ 和 $\theta^{(2)}$ 的组合下，声场的仿真结果，前三种为支持界面波的情况，后三种为不支持界面波的情况；(g)～(l)为与(a)～(f)相对应的声场实验结果

Willis 材料均匀化方法仍处于发展阶段，近期的研究表明，Willis 介质本质上等价于非局部柯西介质，即将传统柯西弹性张量和密度引入时空非局部特性(与频率和波矢相关)[9]；或等价于微连续体(micro-continuum)模型，即引入除位移外额外的运动自由度[23]。

6.2 压电主动超材料

6.2.1 压电材料

1. 本构方程

压电材料是一种功能材料，具有特殊的压电效应，由居里兄弟于 1880 年发现。压电材料变形时会产生电荷，这一现象称为正压电效应；而在压电材料上施加电场会使其产生变形，即出现逆压电效应。上述压电效应可用如下本构方程描述：

$$\begin{aligned} T_{ij} &= c_{ijkl}^{\mathrm{E}} S_{kl} - e_{kij} E_k \\ D_i &= e_{ikl} S_{kl} + \varepsilon_{ik}^{\mathrm{s}} E_k \end{aligned} \tag{6.49}$$

式中，T_{ij} 和 S_{kl} 分别为应力和应变；D_i 和 E_k 分别为电位移和电场强度；c_{ijkl}^{E} 为常电场条件下的弹性系数；e_{ikl} 为压电常数(单位：$\mathrm{C/m^2}$)；$\varepsilon_{ik}^{\mathrm{s}}$ 为常应变条件下的介

电常量。式(6.49)以 T_{ij} 和 D_i 为未知量，称为应力-电位移形式的本构方程，除了上面的表示方法，同样可以将 S_{kl} 和 D_i 作为未知量，得到应变-电位移形式的压电本构方程

$$
\begin{aligned}
S_{ij} &= s_{ijkl}^{\mathrm{E}} T_{kl} + d_{kij} E_k \\
D_i &= d_{ikl} T_{kl} + \varepsilon_{ik}^{\mathrm{T}} E_k
\end{aligned}
\tag{6.50}
$$

式中，s_{ijkl}^{E} 为常电场条件下的柔顺系数；d_{kij} 为压电常数(单位：C/N)；$\varepsilon_{ik}^{\mathrm{T}}$ 为常应力条件下的介电常量。式(6.49)和式(6.50)是由张量分量表示的方程，$i, j, k, l = 1,2,3$，指标重复表示求和，满足爱因斯坦求和约定。

应力和应变除了用张量表示，还可以用工程中常用的向量形式表示

$$
\boldsymbol{T} = \begin{pmatrix} T_{11} \\ T_{22} \\ T_{33} \\ T_{23} \\ T_{13} \\ T_{12} \end{pmatrix} = \begin{pmatrix} T_1 \\ T_2 \\ T_3 \\ T_4 \\ T_5 \\ T_6 \end{pmatrix}, \quad \boldsymbol{S} = \begin{pmatrix} S_{11} \\ S_{22} \\ S_{33} \\ 2S_{23} \\ 2S_{13} \\ 2S_{12} \end{pmatrix} = \begin{pmatrix} S_1 \\ S_2 \\ S_3 \\ S_4 \\ S_5 \\ S_6 \end{pmatrix}
\tag{6.51}
$$

利用上述工程应力和应变，本构方程(6.49)和(6.50)可以表示为矩阵的形式，即

$$
\begin{aligned}
\boldsymbol{T} &= \boldsymbol{cS} - \boldsymbol{eE} \\
\boldsymbol{D} &= \boldsymbol{\varepsilon E} + \boldsymbol{e}^{\mathrm{T}} \boldsymbol{S}
\end{aligned}
\tag{6.52}
$$

和

$$
\begin{aligned}
\boldsymbol{S} &= \boldsymbol{sT} + \boldsymbol{dE} \\
\boldsymbol{D} &= \boldsymbol{\varepsilon E} + \boldsymbol{d}^{\mathrm{T}} \boldsymbol{T}
\end{aligned}
\tag{6.53}
$$

式中，上标 T 表示矩阵转置。

假设系统笛卡儿坐标方向和材料的正交各向异性主轴方向一致，并且压电材料的极化方向为 3 方向，则式(6.53)可展开为

$$
\begin{pmatrix} S_1 \\ S_2 \\ S_3 \\ S_4 \\ S_5 \\ S_6 \end{pmatrix} = \begin{pmatrix} s_{11} & s_{12} & s_{13} & 0 & 0 & 0 \\ s_{12} & s_{22} & s_{23} & 0 & 0 & 0 \\ s_{13} & s_{23} & s_{33} & 0 & 0 & 0 \\ 0 & 0 & 0 & s_{44} & 0 & 0 \\ 0 & 0 & 0 & 0 & s_{55} & 0 \\ 0 & 0 & 0 & 0 & 0 & s_{66} \end{pmatrix} \begin{pmatrix} T_1 \\ T_2 \\ T_3 \\ T_4 \\ T_5 \\ T_6 \end{pmatrix} + \begin{pmatrix} 0 & 0 & d_{31} \\ 0 & 0 & d_{32} \\ 0 & 0 & d_{33} \\ 0 & d_{24} & 0 \\ d_{15} & 0 & 0 \\ 0 & 0 & 0 \end{pmatrix} \begin{pmatrix} E_1 \\ E_2 \\ E_3 \end{pmatrix}
\tag{6.54}
$$

$$\begin{pmatrix} D_1 \\ D_2 \\ D_3 \end{pmatrix} = \begin{pmatrix} \varepsilon_1^{\mathrm{T}} & 0 & 0 \\ 0 & \varepsilon_2^{\mathrm{T}} & 0 \\ 0 & 0 & \varepsilon_3^{\mathrm{T}} \end{pmatrix} \begin{pmatrix} E_1 \\ E_2 \\ E_3 \end{pmatrix} + \begin{pmatrix} 0 & 0 & 0 & 0 & d_{15} & 0 \\ 0 & 0 & 0 & d_{24} & 0 & 0 \\ d_{31} & d_{32} & d_{33} & 0 & 0 & 0 \end{pmatrix} \begin{pmatrix} T_1 \\ T_2 \\ T_3 \\ T_4 \\ T_5 \\ T_6 \end{pmatrix} \tag{6.55}$$

通过式(6.54)可以清楚看出材料各变形分量与电场强度分量之间的耦合关系。当在压电材料上施加了与极化方向平行的电场E_3时，由于系数d_{33}的存在，压电材料会沿电场方向伸长，同时，受d_{31}和d_{32}控制，压电材料在 1 和 2 方向收缩；当施加一个与极化方向 3 垂直的电场E_1时，压电材料将产生剪切变形S_{13}，其大小由d_{15}决定，而施加电场E_2时，产生的剪切变形为S_{23}，大小与d_{24}成正比。利用上述特性，压电材料可以作为作动器。式(6.55)表示电位移(即单位面积的电荷)与材料应力之间的耦合关系。当压电材料在 1、2 或 3 方向存在应力时，将在与 3 方向垂直的表面产生电荷；当存在切应力T_{13}或T_{23}时，将在与 1 方向或 2 方向垂直的表面产生电荷。利用上述特性，压电材料可以作为传感器。

常见的压电材料包括压电陶瓷(PZT)和压电聚合物(PVDF)。压电陶瓷为横观各向同性材料，d_{31}=d_{32}，压电聚合物为正交各向异性材料，$d_{31} \approx 5d_{32}$。在机电耦合性能方面，压电陶瓷的机电耦合系数一般为压电聚合物的 10 倍以上；在力学性能方面，压电陶瓷可以承受更大的应力，但是易碎，压电聚合物则可以产生较大应变而不被破坏。为了提升压电陶瓷的力学性能，将压电陶瓷纤维制备成压电纤维复合材料(MFC)，其具有较大的机电耦合系数，同时能够承受较大的应变。

2. 外接分流电路压电材料的等效属性

利用压电效应，压电材料的等效材料参数可通过外接分流电路来调控。如图 6.14 所示，在与 3 方向垂直的压电片表面镀上金属电极，并在上下电极之间串联一电路，即分流电路，其阻抗为Z_{su}。假设压电片内部电场及电极表面的电位移均匀分布。那么，电场强度$\boldsymbol{E}$和电位移$\boldsymbol{D}$与电极表面的电压$\boldsymbol{V}$和电荷$\boldsymbol{Q}$之间满足如下关系：

$$\begin{aligned} \boldsymbol{V} &= -\boldsymbol{L}\boldsymbol{E} \\ \boldsymbol{Q} &= -\boldsymbol{A}\boldsymbol{D} \end{aligned} \tag{6.56}$$

式中，

$$\boldsymbol{L}=\begin{pmatrix} l_{\mathrm{p}} & 0 & 0 \\ 0 & l_{\mathrm{p}} & 0 \\ 0 & 0 & h_{\mathrm{p}} \end{pmatrix},\quad \boldsymbol{A}=\begin{pmatrix} A_1 & 0 & 0 \\ 0 & A_2 & 0 \\ 0 & 0 & A_3 \end{pmatrix}=\begin{pmatrix} l_{\mathrm{p}}h_{\mathrm{p}} & 0 & 0 \\ 0 & l_{\mathrm{p}}h_{\mathrm{p}} & 0 \\ 0 & 0 & l_{\mathrm{p}}^2 \end{pmatrix},\quad \boldsymbol{V}=\begin{pmatrix} 0 \\ 0 \\ V \end{pmatrix},\quad \boldsymbol{Q}=\begin{pmatrix} 0 \\ 0 \\ Q \end{pmatrix} \tag{6.57}$$

需要说明的是，由于只在与 3 方向垂直的压电片表面镀有电极材料并连接分流电路，因此向量 $\boldsymbol{V}$ 和 $\boldsymbol{Q}$ 中只有第三个元素非零。l_{p} 和 h_{p} 分别为压电片的长度和厚度，A_i $(i=1,2,3)$是压电片在垂直坐标轴方向的面积。

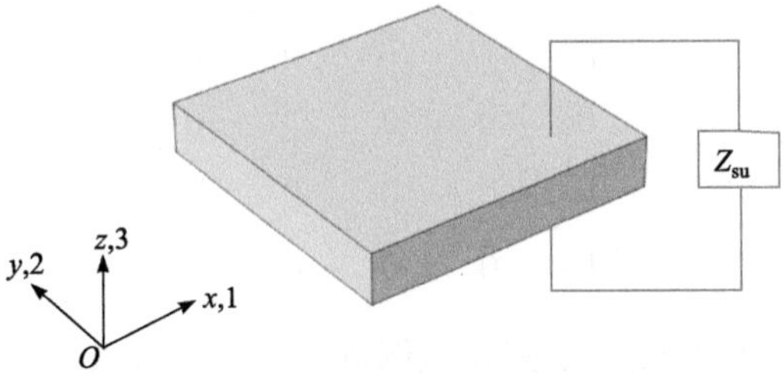

图 6.14　外接分流电路的压电片示意图

定义电路中的电流为 $I=-\dot{Q}$，假设 V 和 Q 具有简谐波形式，因此压电片电极上的电压和电荷之间的关系为

$$Q=-\frac{V}{\mathrm{i}\omega Z_{\mathrm{su}}} \tag{6.58}$$

将式(6.56)～彫(6.58)代入式(6.53)中，进一步消去电压 V，可以得到等效应变和应力之间的关系

$$\boldsymbol{S}=\left[\boldsymbol{s}-\boldsymbol{d}^{\mathrm{T}}\boldsymbol{L}^{-1}\left(\frac{1}{\mathrm{i}\omega}\boldsymbol{Z}_{\mathrm{su}}{}^{-1}+\boldsymbol{C}_{\mathrm{p}}^{\mathrm{T}}\right)^{-1}\boldsymbol{A}\boldsymbol{d}\right]\boldsymbol{T} \tag{6.59}$$

式中，

$$\boldsymbol{Z}_{\mathrm{su}}=\begin{pmatrix} 0 & 0 & 0 \\ 0 & 0 & 0 \\ 0 & 0 & \dfrac{1}{\mathrm{i}\omega Z_{\mathrm{su}}} \end{pmatrix},\quad \boldsymbol{C}_{\mathrm{p}}^{\mathrm{T}}=\begin{pmatrix} C_{\mathrm{p1}}^{\mathrm{T}} & 0 & 0 \\ 0 & C_{\mathrm{p2}}^{\mathrm{T}} & 0 \\ 0 & 0 & C_{\mathrm{p3}}^{\mathrm{T}} \end{pmatrix}=\begin{pmatrix} \dfrac{A_1\varepsilon_1^{\mathrm{T}}}{l_{\mathrm{p}}} & 0 & 0 \\ 0 & \dfrac{A_2\varepsilon_2^{\mathrm{T}}}{l_{\mathrm{p}}} & 0 \\ 0 & 0 & \dfrac{A_3\varepsilon_3^{\mathrm{T}}}{h_{\mathrm{p}}} \end{pmatrix} \tag{6.60}$$

这里，C_{pj}^{T} 表示常应力条件下压电片与 j 方向垂直的两个表面之间的固有电容。从式(6.59)可以看出，分流压电片的等效柔顺矩阵为

$$\boldsymbol{s}^{\text{eff}} = \boldsymbol{s} - \boldsymbol{d}^{\text{T}}\boldsymbol{L}^{-1}\left(\frac{1}{\text{i}\omega}\boldsymbol{Z}_{\text{su}}{}^{-1} + \boldsymbol{C}_{\text{p}}^{\text{T}}\right)^{-1}\boldsymbol{A}\boldsymbol{d} \tag{6.61}$$

等效柔顺矩阵仍然满足大小对称性，即

$$\boldsymbol{s}^{\text{eff}} = \begin{pmatrix} s_{11}^{\text{eff}} & s_{12}^{\text{eff}} & s_{13}^{\text{eff}} & 0 & 0 & 0 \\ s_{12}^{\text{eff}} & s_{22}^{\text{eff}} & s_{23}^{\text{eff}} & 0 & 0 & 0 \\ s_{13}^{\text{eff}} & s_{23}^{\text{eff}} & s_{33}^{\text{eff}} & 0 & 0 & 0 \\ 0 & 0 & 0 & s_{44}^{\text{eff}} & 0 & 0 \\ 0 & 0 & 0 & 0 & s_{55}^{\text{eff}} & 0 \\ 0 & 0 & 0 & 0 & 0 & s_{66}^{\text{eff}} \end{pmatrix} \tag{6.62}$$

不失一般性，下面将以压电陶瓷为例进一步讨论分流电路对压电材料等效参数的影响。由式(6.61)可得各等效柔顺系数为

$$\begin{gathered} s_{11}^{\text{eff}} = s_{22}^{\text{eff}} = s_{11} - \frac{d_{31}^2 l_{\text{p}}^2}{h_{\text{p}}\left(C_{\text{p3}}^{\text{T}} + \dfrac{1}{\text{i}\omega Z_{\text{su}}}\right)}, \quad s_{33}^{\text{eff}} = s_{33} - \frac{d_{33}^2 l_{\text{p}}^2}{h_{\text{p}}\left(C_{\text{p3}}^{\text{T}} + \dfrac{1}{\text{i}\omega Z_{\text{su}}}\right)} \\ s_{44}^{\text{eff}} = s_{44} - \frac{d_{15}^2 h_{\text{p}}}{C_{\text{p2}}^{\text{T}}}, \quad s_{55}^{\text{eff}} = s_{55} - \frac{d_{15}^2 h_{\text{p}}}{C_{\text{p1}}^{\text{T}}}, \quad s_{66}^{\text{eff}} = s_{66} \\ s_{12}^{\text{eff}} = s_{12} - \frac{d_{31}^2 l_{\text{p}}^2}{h_{\text{p}}\left(C_{\text{p3}}^{\text{T}} + \dfrac{1}{\text{i}\omega Z_{\text{su}}}\right)}, \quad s_{13}^{\text{eff}} = s_{23}^{\text{eff}} = s_{13} - \frac{d_{31} d_{33} l_{\text{p}}^2}{h_{\text{p}}\left(C_{\text{p3}}^{\text{T}} + \dfrac{1}{\text{i}\omega Z_{\text{su}}}\right)} \end{gathered} \tag{6.63}$$

由式(6.63)可见，外接分流电路的压电陶瓷片仍然为横观各向同性材料，我们可以用 5 个独立的参数来描述其属性，这里采用工程中常用的杨氏模量、泊松比等参数

$$E_1^{\text{eff}} = \frac{1}{s_{11}^{\text{eff}}}, \quad E_3^{\text{eff}} = \frac{1}{s_{33}^{\text{eff}}}, \quad G_{13}^{\text{eff}} = \frac{1}{s_{44}^{\text{eff}}}, \quad \nu_{12}^{\text{eff}} = -\frac{s_{12}^{\text{eff}}}{s_{11}^{\text{eff}}}, \quad \nu_{13}^{\text{eff}} = -\frac{s_{13}^{\text{eff}}}{s_{33}^{\text{eff}}} \tag{6.64}$$

其中，E_1^{eff} 是面内等效杨氏模量；E_3^{eff} 为横向等效杨氏模量；G_{13}^{eff} 为等效剪切模量；ν_{12}^{eff} 和 ν_{13}^{eff} 为等效泊松比。使用式(6.64)中的参数，柔度矩阵各分量也可以表示为

$$
\boldsymbol{s}^{\text{eff}}=\begin{pmatrix}
\dfrac{1}{E_1^{\text{eff}}} & -\dfrac{\nu_{12}^{\text{eff}}}{E_1^{\text{eff}}} & -\dfrac{\nu_{13}^{\text{eff}}}{E_3^{\text{eff}}} & 0 & 0 & 0\\
-\dfrac{\nu_{12}^{\text{eff}}}{E_1^{\text{eff}}} & \dfrac{1}{E_1^{\text{eff}}} & -\dfrac{\nu_{13}^{\text{eff}}}{E_3^{\text{eff}}} & 0 & 0 & 0\\
-\dfrac{\nu_{13}^{\text{eff}}}{E_3^{\text{eff}}} & -\dfrac{\nu_{13}^{\text{eff}}}{E_3^{\text{eff}}} & \dfrac{1}{E_3^{\text{eff}}} & 0 & 0 & 0\\
0 & 0 & 0 & \dfrac{1}{G_{13}^{\text{eff}}} & 0 & 0\\
0 & 0 & 0 & 0 & \dfrac{1}{G_{13}^{\text{eff}}} & 0\\
0 & 0 & 0 & 0 & 0 & \dfrac{2(1+\nu_{12}^{\text{eff}})}{E_1^{\text{eff}}}
\end{pmatrix} \tag{6.65}
$$

由式(6.63)和式(6.64)可知，压电材料的等效杨氏模量和泊松比是分流电路阻抗的函数，改变电路参数即可调节压电材料的等效材料属性。正是这一特性使得压电材料可用于设计属性和功能可调的主动超材料。根据外接分流电路的不同，主动超材料可分为谐振分流、负电容分流及电路网络分流等类型[24]，下面将以前两类超材料为例来展示主动超材料的可调性质。

6.2.2　谐振分流主动超材料

在压电片上下电极之间外接一个电感 L，电感与压电片固有电容组成一个振荡电路，因此也把电感分流电路称为谐振分流电路，其阻抗为 $Z_{\text{su}}=\text{i}\omega L$。需要指出的是，谐振分流电路中也可包含电阻，这里为了简化推导过程仅考虑只含电感的情况。将谐振分流压电片周期布置在梁、板、壳等结构表面即可得到相应的主动超材料梁、板、壳等结构，下面以梁结构为例进行分析。

1. 等效刚度

图 6.15 展示了谐振分流主动超材料梁及其单胞，压电片与梁具有相同的宽度 b，其他材料参数如图中所示。假设梁为细长梁，并且仅考虑其中的弯曲波，在此条件下，压电片仅存在非零应力 T_1。对于这样的一维问题，谐振分流压电片的材料参数只需要考虑等效面内杨氏模量 E_1^{eff}，为了方便，在后续分析中我们将其表示为 E_{p}。将 $Z_{\text{su}}=\text{i}\omega L$ 代入式(6.63)中，同时考虑式(6.64)可得到 E_{p} 的具体表达式

$$
E_{\text{p}}(\omega)=E_1^{\text{eff}}=\frac{E_{\text{p}}^{\text{sc}}}{1-k_{31}^2}\left(1-\frac{k_{31}^2}{1-LC_{\text{p}}^{\text{s}}\omega^2}\right) \tag{6.66}
$$

其中，ω 为角频率；$E_{\mathrm{p}}^{\mathrm{sc}}=1/s_{11}$ 为压电片短路时的面内杨氏模量；$k_{31}=d_{31}/\sqrt{s_{11}\varepsilon_3^{\mathrm{T}}}$ 为压电片拉伸机电耦合系数；$C_{\mathrm{p}}^{\mathrm{s}}=C_{\mathrm{p3}}^{\mathrm{T}}(1-k_{31}^2)$ 为常应变条件下的固有电容，这里 $C_{\mathrm{p3}}^{\mathrm{T}}$ 的表达式见式(6.60)。

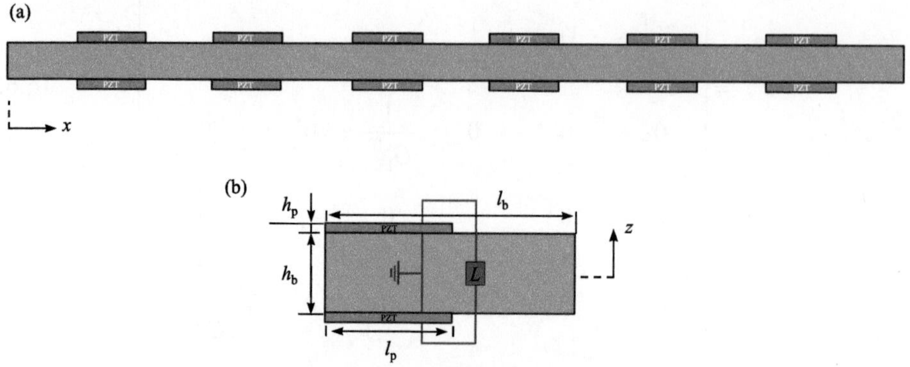

图 6.15　(a)谐振分流压电超材料梁及其(b)单胞示意图

根据欧拉-伯努利梁理论，以横向位移 $w(x)$ 为自变量的频域弯曲波自由波动方程为

$$\frac{\partial^2}{\partial x^2}\left[D(x)\frac{\partial^2 w(x)}{\partial x^2}\right]-\omega^2 m(x)w(x)=0 \tag{6.67}$$

其中，$D(x)$ 为梁弯曲刚度；$m(x)$ 为线密度。由于单胞由两段组成，其弯曲刚度为分段函数，具体表达式为

$$D(x)=\begin{cases} D_1=\dfrac{E_{\mathrm{b}}bh_{\mathrm{b}}^3}{12}+\dfrac{E_{\mathrm{p}}b[(h_{\mathrm{b}}+2h_{\mathrm{p}})^3-h_{\mathrm{b}}^3]}{12}, & 0\leqslant x<l_{\mathrm{p}} \\ D_2=D_{\mathrm{b}}=\dfrac{E_{\mathrm{b}}bh_{\mathrm{b}}^3}{12}, & l_{\mathrm{p}}\leqslant x<l_{\mathrm{b}} \end{cases} \tag{6.68}$$

其中，D_1 为压电片覆盖段的弯曲刚度；$D_2=D_{\mathrm{b}}$ 为裸梁段的弯曲刚度；E_{b} 为基底梁的杨氏模量。线密度 $m(x)$ 的具体表达式为

$$m(x)=\begin{cases} m_1=\rho_{\mathrm{b}}bh_{\mathrm{b}}+2\rho_{\mathrm{p}}bh_{\mathrm{p}}, & 0\leqslant x<l_{\mathrm{p}} \\ m_2=\rho_{\mathrm{b}}bh_{\mathrm{b}}, & l_{\mathrm{p}}\leqslant x<l_{\mathrm{b}} \end{cases} \tag{6.69}$$

其中，ρ_{b} 和 ρ_{p} 分别为基底梁及压电片的体密度。将分段单胞梁等效为同样长度厚度为 h_{b} 的均匀梁，其等效弯曲刚度可根据等效介质理论获得，即

$$D_{\mathrm{eff}}(\omega)=\frac{D_1D_2}{(1-\chi)D_1+\chi D_2} \tag{6.70}$$

其中，$\chi = l_p/l_b$ 为压电片覆盖率。由式(6.66)、式(6.68)和式(6.70)即可得到等效弯矩刚度。

图 6.16 展示了等效弯曲刚度随频率的变化规律。可以看出，由于谐振电路的存在，在谐振频率 $\omega_{LC} = 1/\sqrt{LC_p^s}$ 附近出现了负刚度。负刚度的具体频率范围可通过令 $D_{eff}(\omega) < 0$ 得到

$$\omega_{LC}\sqrt{1-\frac{k_{31}^2}{\gamma(1-k_{31}^2)+1}} < \omega < \omega_{LC}\sqrt{\frac{(\gamma+1-\chi)(1-k_{31}^2)}{\gamma(1-k_{31}^2)+1-\chi}} \tag{6.71}$$

其中，$\gamma = D_b/D_p^{sc}$，$D_p^{sc} = E_p^{sc}b[(h_b+2h_p)^3 - h_b^3]/12$ 为压电片短路时的弯曲刚度。

2. 可调带隙

由电路谐振导致的负刚度将在谐振分流主动超材料中产生禁带，禁带特性可通过频散曲线进行研究。下面将使用传递矩阵法来计算谐振分流主动超材料的频散曲线。

在传递矩阵法中，使用状态向量 $\boldsymbol{y}(x)$ 来描述单胞端面的变形和受力：

$$\boldsymbol{y}(x) = (w(x) \quad \theta(x) \quad M(x) \quad Q(x))^{\mathrm{T}} \tag{6.72}$$

其中，$\theta(x) = \partial w(x)/\partial x$ 为端面的转角；$M(x) = -D(x)\partial^2 w(x)/\partial x^2$ 为弯矩；$Q(x) = -D(x)\,\partial^3 w(x)/\partial x^3$ 为剪力。利用状态向量，波动方程(6.67)可以改写为

$$\frac{\partial \boldsymbol{y}(x)}{\partial x} = \boldsymbol{C}(x,\omega)\boldsymbol{y}(x) \tag{6.73}$$

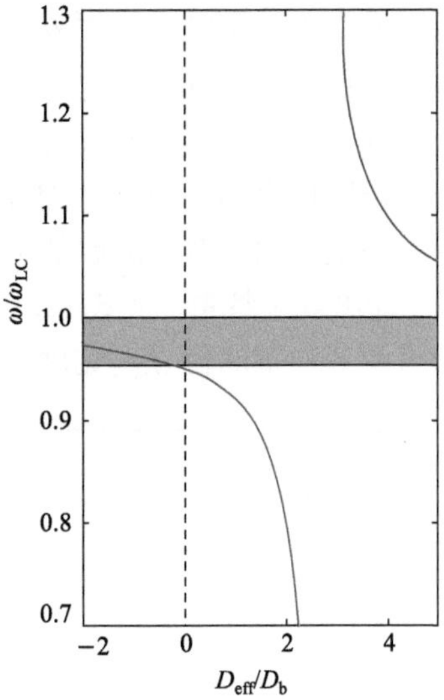

图 6.16　谐振分流主动超材料梁等效弯曲刚度随频率的变化规律

其中，

$$\boldsymbol{C}(x,\omega) = \begin{cases} \boldsymbol{C}_1(x,\omega), & 0 \leqslant x < l_p \\ \boldsymbol{C}_2(x,\omega), & l_p \leqslant x < l_b \end{cases}, \quad \boldsymbol{C}_i(x,\omega) = \begin{pmatrix} 0 & 1 & 0 & 0 \\ 0 & 0 & -\dfrac{1}{D_i(x)} & 0 \\ 0 & 0 & 0 & 1 \\ -\omega^2 m_i(x) & 0 & 0 & 0 \end{pmatrix}, \quad i=1,2 \tag{6.74}$$

根据弗洛凯定理，单胞两端的状态向量满足如下关系：

$$\boldsymbol{y}(x+l_{\mathrm{b}})=\lambda\boldsymbol{y}(x) \tag{6.75}$$

其中，$\lambda=\mathrm{e}^{\mathrm{i}kl_{\mathrm{b}}}$ 为弗洛凯乘子，这里 k 为波数。单胞两端的状态向量同时也可以通过一个传递矩阵关联起来：

$$\boldsymbol{y}(x+l_{\mathrm{b}})=\boldsymbol{H}(x,\omega)\boldsymbol{y}(x) \tag{6.76}$$

其中，$\boldsymbol{H}=\mathrm{e}^{l_{\mathrm{b}}\boldsymbol{C}_1+(l_{\mathrm{b}}-l_{\mathrm{p}})\boldsymbol{C}_2}$。根据式(6.75)和式(6.76)可以得到一个关于弗洛凯乘子和状态向量的特征值方程：

$$(\boldsymbol{H}-\lambda\boldsymbol{I})\boldsymbol{y}(x)=0 \tag{6.77}$$

其中，$\boldsymbol{I}$ 为单位矩阵。给定频率 ω 求解上述特征值方程即可得到弗洛凯乘子 λ，进一步根据 $\lambda=\mathrm{e}^{\mathrm{i}kl_{\mathrm{b}}}$ 可以得到波数。

图 6.17(a)、(b)分别展示了波数的实部和虚部随频率的变化规律，同时，在图中用阴影区域突出了由式(6.71)得到的刚度为负的频率范围。可以看出，在刚度为负的频率范围内，波数的虚部不为零，意味着在这些频率处的波将在空间上快速衰减，即出现了禁带。从式(6.71)可以看出，通过调节电感的大小改变电路谐振频率即可调节禁带的位置、宽度，不需要对超材料做任何机械改变。

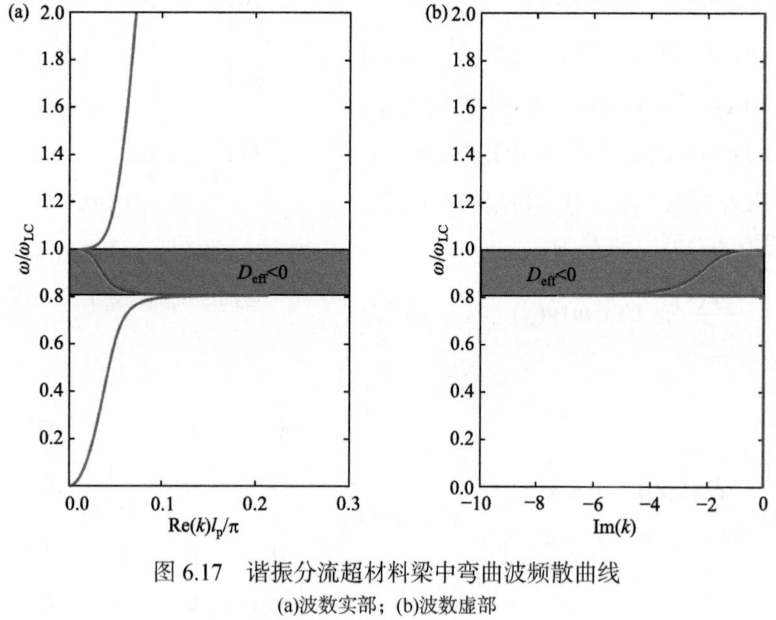

图 6.17 谐振分流超材料梁中弯曲波频散曲线

(a)波数实部；(b)波数虚部

6.2.3 负电容分流主动超材料

1. 负电容分流电路

在实际中，负电容可通过如图 6.18 所示的合成电路实现。电路包括四个电阻(R_1、R_2、R_3、R_4)、一个电容 C 和一个运算放大器。电路的等效阻抗为

$$Z_{\mathrm{eq}}(\omega)=R_1-\frac{R_3}{R_4}\frac{1}{\mathrm{i}\omega C+\dfrac{1}{R_2}} \tag{6.78}$$

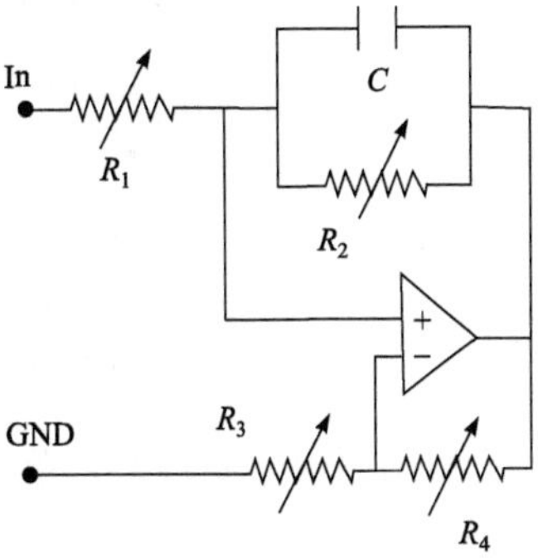

图 6.18 负电容合成电路

上述阻抗表达式可以进一步简化。首先，电阻 R_2 的作用是防止电路中存在直流信号时运算放大器出现不稳定情况，一般具有很大的阻值，其倒数可近似为零；其次，电阻 R_1 通常很小，可以忽略不计。因此，式(6.78)可以简化为

$$Z_{\mathrm{eq}}(\omega)=-\frac{R_3}{R_4}\frac{1}{\mathrm{i}\omega C}=\frac{1}{\mathrm{i}\omega C_{\mathrm{neg}}} \tag{6.79}$$

根据上式可以看出，合成电路等价于一个负电容，其电容值为 $C_{\mathrm{neg}}=-R_4C/R_3$。改变电路中 R_3、R_4 和 C 的值可以调节负电容的大小。

2. 等效刚度

下面以负电容分流超材料板为例进行讨论，其单胞和几何参数如图 6.19 所示。假设板为薄板，变形满足基尔霍夫板理论的假设条件。在弯曲波作用下，压电片处在平面应力状态，因此 $T_3=T_4=T_5=0$，压电片的本构方程简化为

$$\begin{pmatrix}S_1\\S_2\\S_6\end{pmatrix}=\begin{pmatrix}\dfrac{1}{E_1^{\mathrm{eff}}} & -\dfrac{\nu_{12}^{\mathrm{eff}}}{E_1^{\mathrm{eff}}} & 0\\ -\dfrac{\nu_{12}^{\mathrm{eff}}}{E_1^{\mathrm{eff}}} & \dfrac{1}{E_1^{\mathrm{eff}}} & 0\\ 0 & 0 & \dfrac{2(1+\nu_{12}^{\mathrm{eff}})}{E_1^{\mathrm{eff}}}\end{pmatrix}\begin{pmatrix}T_1\\T_2\\T_6\end{pmatrix} \tag{6.80}$$

在下面的分析中，为了讨论和书写简便，我们将 E_1^{eff} 和 ν_{12}^{eff} 分别用 E_{p} 和 ν_{p} 替换，将 $Z_{\mathrm{su}}(\omega)=1/(\mathrm{i}\omega C_{\mathrm{neg}})$ 代入式(6.63)中即可得到相应的表达式

$$E_{\mathrm{p}}=E_1^{\mathrm{eff}}=E_{\mathrm{p}}^{\mathrm{sc}}\frac{C_{\mathrm{neg}}+C_{\mathrm{p3}}^{\mathrm{T}}}{C_{\mathrm{neg}}+C_{\mathrm{p3}}^{\mathrm{T}}(1-k_{31}^2)}$$

$$\nu_{\mathrm{p}} = \nu_{12}^{\mathrm{eff}} = \nu_{\mathrm{p}}^{\mathrm{sh}} \frac{C_{\mathrm{neg}} + C_{\mathrm{p3}}^{\mathrm{T}}(1 + k_{31}^2 / \nu_{\mathrm{p}}^{\mathrm{sh}})}{C_{\mathrm{neg}} + C_{\mathrm{p3}}^{\mathrm{T}}(1 - k_{31}^2)} \tag{6.81}$$

其中，$\nu_{\mathrm{p}}^{\mathrm{sh}} = -s_{12} / s_{11}$是压电片短路时的面内泊松比。

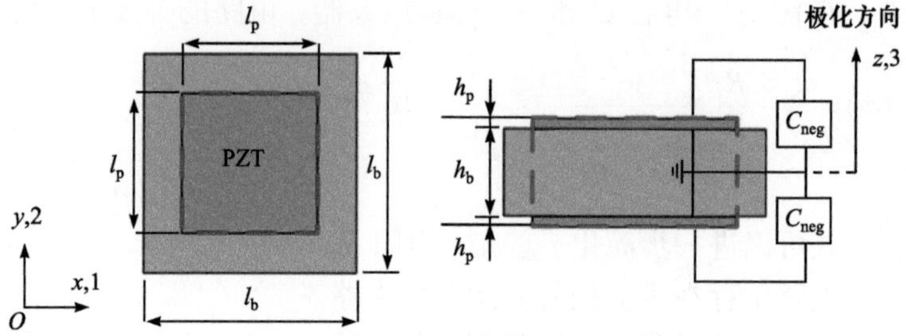

图 6.19　负电容分流超材料板单胞示意图

根据等效介质理论，单胞的等效面密度和弯曲刚度可分别表示为

$$\begin{aligned} \rho_{\mathrm{eff}} &= \chi\rho_{\mathrm{A}} + (1-\chi)\rho_{\mathrm{b}}h_{\mathrm{b}} \\ D_{\mathrm{eff}} &= \frac{D_{\mathrm{A}}D_{\mathrm{b}}}{\chi D_{\mathrm{A}} + (1-\chi)D_{\mathrm{b}}} \end{aligned} \tag{6.82}$$

这里，ρ_{b}表示基底板的密度；覆盖率$\chi = l_{\mathrm{p}}^2 / l_{\mathrm{b}}^2$；$D_{\mathrm{b}} = E_{\mathrm{b}}h_{\mathrm{b}}^3 / 12(1-\nu_{\mathrm{b}}^2)$为基底板弯曲刚度，其中$E_{\mathrm{b}}$和$\nu_{\mathrm{b}}$分别表示基底板杨氏模量和泊松比；$\rho_{\mathrm{A}}$和$D_{\mathrm{A}}$分别表示压电片覆盖区域的等效面密度和弯曲刚度，具体表达式可通过层合板理论得到

$$\begin{aligned} \rho_{\mathrm{A}} &= \rho_{\mathrm{b}}h_{\mathrm{b}} + 2\rho_{\mathrm{p}}h_{\mathrm{p}} \\ D_{\mathrm{A}} &= D_{\mathrm{b}} + \frac{2E_{\mathrm{p}}}{3(1-\nu_{\mathrm{p}}^2)}\left[\left(\frac{h_{\mathrm{b}}}{2} + h_{\mathrm{p}}\right)^3 - \left(\frac{h_{\mathrm{b}}}{2}\right)^3\right] \end{aligned} \tag{6.83}$$

由式(6.81)～彫(6.83)即可得到负电容分流超材料板的等效弯曲刚度，可以看出，其是负电容的函数，并且与频率无关。图 6.20 展示了负电容对等效弯曲刚度的调节规律。由于负电容改变的是超材料板静刚度，当刚度出现负值时超材料处在不稳定状态，在实际使用时必须避免出现这种情况。在稳定区间，从图 6.20 中可以看出，通过调节负电容值可以在一个很大的范围内调节弯曲刚度的大小。

3. 可调弯曲波聚焦

下面以压电透镜(piezo-lens)为例展示负电容分流主动超材料的可调波控效果。图 6.21(a)为结构透镜示意图，由 14×6 个如图 6.21(a)所示的单胞组成。为了聚焦弯曲波，透镜区域折射率在空间上的分布规律需具有如下双曲正切函数的形式

$$n(y) = n_0 \cdot \mathrm{sech}[\alpha(y-\beta)] \tag{6.84}$$

其中，n_0 是基底板中弯曲波的折射率；α 为梯度系数；β 为双曲正切函数顶点的纵坐标，如图 6.21(b)所示。当平面弯曲波从左边正入射通过透镜后将被聚焦于一点，该点位于 $y=\beta$ 线上，并且焦距为 $f=\pi/2\alpha$ 。由于单胞等效折射率与等效弯曲刚度之间存在如下关系

$$n_{\mathrm{eff}} = (\rho_{\mathrm{eff}} D_{\mathrm{b}} / \rho_{\mathrm{b}} h_{\mathrm{b}} D_{\mathrm{eff}})^{1/4} \tag{6.85}$$

因此，通过设计透镜中每一行单胞中的负电容值来调节单胞等效弯曲刚度，可以使透镜内折射率近似满足式(6.84)描述的空间分布规律，从而实现弯曲波聚焦。

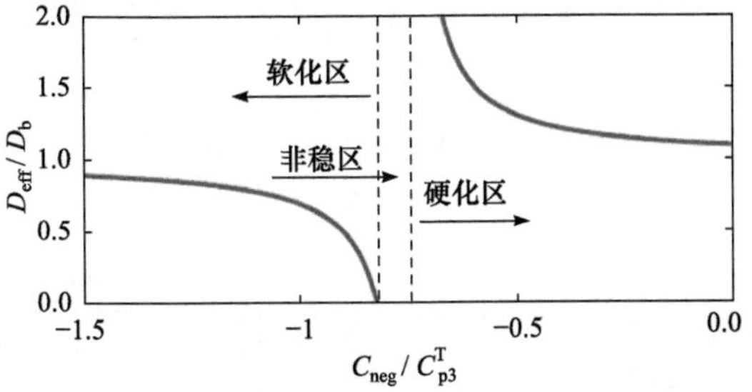

图 6.20　负电容对超材料板等效弯曲刚度的调节规律

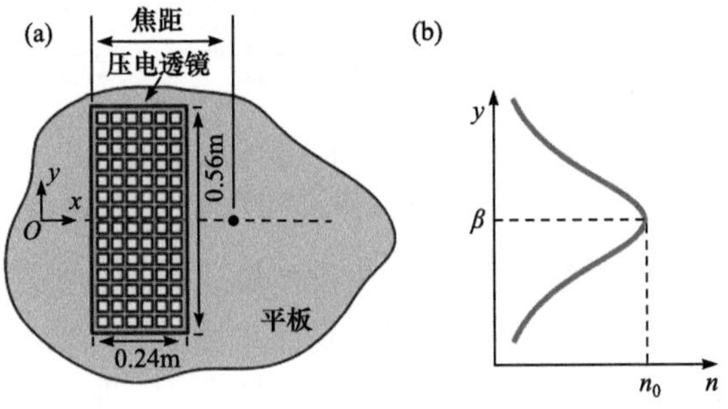

图 6.21　(a)用于板中弯曲波聚焦的结构透镜示意图；(b)透镜中折射率需要满足的空间分布规律

结构透镜的聚焦效果通过有限元分析得到了验证，如图 6.22 所示。在仿真中，入射波是通过透镜左边的一个简谐横向线激励产生的。透镜参数设计为 $\alpha=\pi/0.6$ 和 $\beta=0$ ，在理论上，弯曲波将被聚焦在距离透镜左边界 $f=0.3\mathrm{m}$ 的点附近，并且焦点在 $y=0$ 线上。图 6.22(a)表示弯曲波在均匀板中传播的功率流，可以看出线激励产生的弯曲波以平面波的形式向右传播。当板中存在透镜时，从图 6.22(b)中可以看出，透镜将弯曲波向设计的焦点方向折射，最终使大部分弯曲波能量聚焦在焦点附近。

由于透镜区域折射率的空间梯度变化是通过设计负电容实现的，通过改变单

胞负电容值可以让透镜区域内的折射率满足不同的空间分布规律，从而将弯曲波聚焦在不同的位置。如图 6.23 所示，通过调节负电容值，可以使焦点在水平方向移动或者在竖直方向移动，具有非常灵活的可调特性。

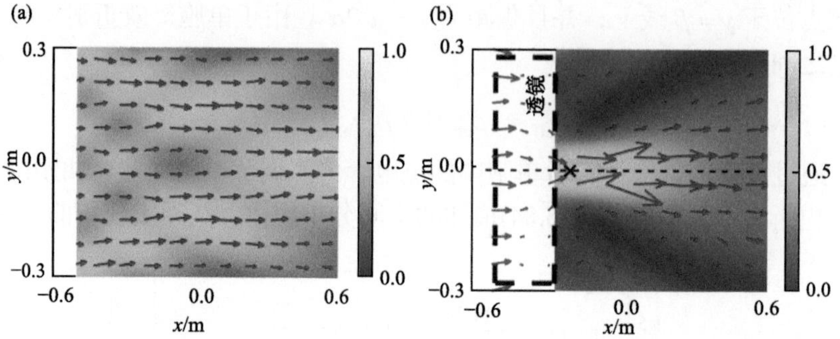

图 6.22　(a)均匀板中的弹性波功率流；(b)包含透镜时板中的功率流，黑色叉表示理论设计的聚焦点

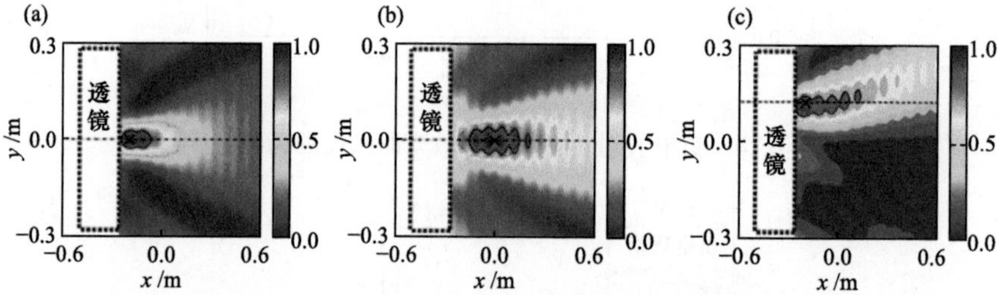

图 6.23　调节负电容值，改变聚焦点位置

(a)焦点在 $y=0$ 线上，焦距为 0.3m；(b)焦点在 $y=0$ 线上，焦距为 0.5m；(c)焦点在 $y=0.12$ 线上，焦距为 0.3m

当前，压电主动超材料还处在快速发展阶段。近期研究表明，将模拟分流电路用包含微处理器的数字电路替换，并在数字电路中写入精心设计的控制传函，甚至辅以微结构设计，主动超材料实现了负属性[25,26]、非互易[27]、Willis 耦合[7]、奇微极[28]等非常规性质，具有波动阻隔、波聚焦、单向波传输、绕射隐身等功能[29]。这类新型主动超材料反常属性主要源于控制算法而非微结构物理构型和化学组分，具有功能实时、远程可调、可重构的特点，在低频振动噪声控制、结构健康监测、敏感设备防护、新型波动器件等方面有广泛的应用前景。

6.3　时变超材料

6.3.1　时变介质简介

传统超材料主要聚焦于微结构的空间调制设计，具有空间非均质的特性。若能进一步在时间维度开展微结构设计，则材料宏观属性不仅与空间有关，还将随时间发生变化，由此可以产生非互易波传输、拓扑泵效应等新奇现象，为超材料波动调控提供新的维度。

时变介质的研究可以追溯至 20 世纪 60 年代对时变电路放大效应的关注。近年来，随着人工微结构材料的快速发展，在声/弹性波领域针对时变材料设计与波调控的应用也引起了人们广泛关注。Krylov 等[30]研究了具有时变弯曲刚度的弹性梁，发现通过调控时变弯曲刚度可以有效控制梁的振动；Lurie[31]针对两相材料交替排布层合板结构，发现模量和密度的时空变化会导致系统对外界扰动产生屏蔽效应；Shui 等[32]研究了时空调制介质的波传播规律，发现了非对称带结构、单向波传播等非互易波动性质；Wright 等[33]研究了具有时变参数的一维声子晶体，发现时变参数会显著影响系统的带隙特征。

当材料属性具有时空周期调制特性时，将在材料内部形成调制行波，可打破时间反演对称性产生非互易波传播现象，相关研究近年来受到了广泛关注[34]。Zanjani 等[35]发现时空调制介质可以实现板波的对称和反对称剪切模态间的单向转换；Trainiti 等[36]和 Attarzadeh 等[37]分别研究了时变梁和时变膜结构，指出时变调制频率可以改变非对称禁带位置，是打破波互易性传播的关键参数。另外，考虑到时变属性在天然材料中并不容易获得，靜通过人工微结构设计来实现，因此离散时空调制结构更接近真实情况。在此背景下，Swinteck 等[38]研究了连接弹簧具有时变刚度的单链模型，观察到单向波带隙以及背向散射免疫的拓扑态；Wang 等[39]利用时变线圈和磁铁产生时变刚度效应，通过实验观测到了非互易波传播现象；Nassar 等[40]在单链模型中引入含时变刚度的谐振子，发现了非对称禁带行为。上述非互易波传播机理可用于单向波输运等反常波动调控，有望在保密通信、低频减振降噪、能量采集等领域产生新的应用。

时变属性的设计实现是时变超材料研究中的难点，其主要思路是借助外部调制场与结构的相互作用来实现对材料属性的时间调制。例如，借助压电、磁弹和光弹材料，通过施加动态调制的电、磁、光场可以实现模量/刚度属性的时间变化[41-43]，然而上述方法难以实现时变惯性质量。在超材料微结构胞元中引入动态调制机构，可以通过调控机构运动模式实现对质量、刚度和阻尼的时变调制[44-46]，本节将介绍基于动态机构原理的时变质量/刚度超材料设计方法，并展示时变超材料中的非互易波传播和拓扑波动特性。

6.3.2　时变超材料的设计

1. 时变质量超材料设计

时变质量超材料单胞模型如图 6.24 所示，模型由一个主质量块 m_0 和两个副

质量块 m_1 组成，其中主质量块位于中间的固定滑轨上，两个副质量块分别放置于以角频率 ω_r 旋转的上下轨道上，三个质量块由无质量刚性杆铰接相连。在初始时刻(t=0)，三个轨道相互平行，主质量块与上下轨道的旋转中心共线。

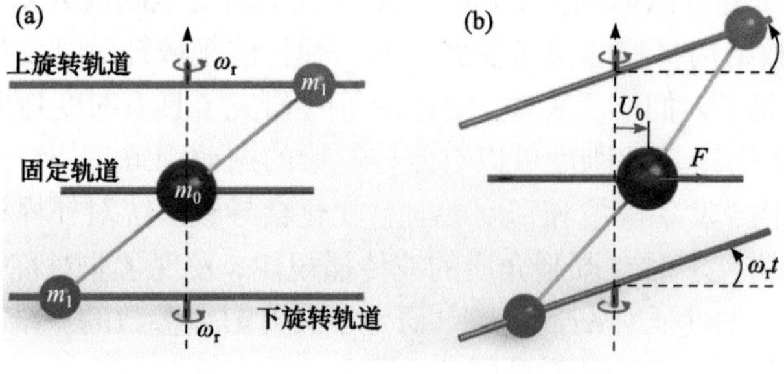

图 6.24　时变质量超材料单胞模型

(a)初始时刻 t=0 状态；(b)任意时刻 t 状态

下面分析上述机构模型的等效性质，主要思路是将主质量块 m_0 视为单胞的表观自由度，副质量块 m_1 作为隐藏自由度，通过消除隐藏自由度来获得系统的等效力学属性。需要指出，由于重力方向与旋转轴方向重合，在受力分析过程中无须考虑质量块重力的影响。首先对主质量块进行受力分析，其平衡方程为

$$F - F_T - F_B = m_0 \ddot{U}_0 \tag{6.86}$$

其中，F_T 和 F_B 分别代表两个刚性杆对主质量块施加的水平外力。利用副质量块的平衡方程，式(6.86)可最终写为由 F 和 U_0 表示的关系式

$$F = \left[m_0 + 2m_1\cos^2(\omega_r t)\right]\ddot{U}_0 - 4m_1\dot{U}_0\omega_r\sin(\omega_r t)\cos(\omega_r t) \tag{6.87}$$

上式可以重新整理为如下牛顿运动方程形式[44]

$$F = \frac{\mathrm{d}}{\mathrm{d}t}\left[m_{\mathrm{eff}}(t)\dot{U}_0\right] \tag{6.88}$$

其中，$m_{\mathrm{eff}}(t)$ 可定义为系统的等效质量，具体表达式为

$$m_{\mathrm{eff}}(t) = M_0\left[1 + \alpha_m\cos(\omega_m t)\right] \tag{6.89}$$

结果表明，机构超材料模型可等效为具有时变质量 $m_{\mathrm{eff}}(t)$ 的单质量块系统，其中 $M_0 = m_0 + m_1$ 代表时变质量的常数部分，$\alpha_m = m_1/(m_0 + m_1)$ 为时变质量的调制幅值，$\omega_m = 2\omega_r$ 为时变质量的调制频率，意味着轨道匀速旋转一周，等效质量经历两次完整的周期变化。

图 6.25 给出了等效质量 $m_{\mathrm{eff}}(t)$ 在一个调制周期 $T_m = \pi/\omega_r$ 内随相位角 $\varphi = \omega_r t$ 的变化曲线，以及五种不同相位角($\varphi = 0,\ \pi/4,\ \pi/2, 3\pi/4,\ \pi$)情况下的单胞模型俯视图。为了深入理解时变质量的实现机制，考虑处于不同相位状态的静止结构模型。

当 $\varphi=0$ 或 $\varphi=\pi$ 时，三个轨道平行，因而三个质量块具有相同的位移 U_0，结构的整体动量为 $P_t=(m_0+2m_1)\dot{U}_0$，因而其等效质量为 $m_{eff}=m_0+2m_1$，这时平动动量达到最大值。当上下轨道与中间轨道相互垂直时($\varphi=\pi/2$)，副质量块 m_1 对主轨道平移动量没有贡献，因此结构的整体动量为 $P_t=m_0\dot{U}_0$，相应的等效质量为 $m_{eff}=m_0$，这时平动动量达到最小值。当轨道相位角 φ 为任意角度时，根据几何关系可以得到两个副质量块 m_1 在主轨道方向的动量投影分量为 $\dot{U}_0\cos^2\varphi$，因此结构的整体动量为 $P_t=(m_0+2m_1\cos^2\varphi)\dot{U}_0$，相应的等效质量表达式与式(6.89)一致。当上下轨道旋转时，质量块在旋转轨道上的运动会产生科里奥利力和离心力，直观上动态情况下的等效结果将与静态情况不一致。然而，由于科里奥利力方向与质量块运动方向垂直，因而不会对其动量产生影响，此外两个副质量块呈中心对称放置，使得其离心力相互抵消，也不会影响总体动量。因此，旋转机构模型在某一时刻的等效质量，等价于在该相位状态下静止结构的等效质量，基于此可以容易地理解时变质量的形成机理。

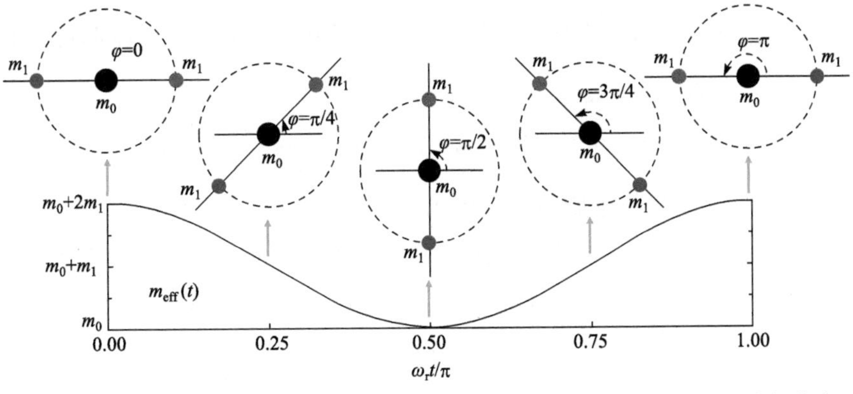

图 6.25　等效质量 $m_{eff}(t)$在一个调制周期内随相位角 φ 的变化曲线，以及 5 个相位角 0、π/4、π/2、3π/4 和 π 情况下的单胞模型俯视

2. 时变刚度超材料设计

下面在时变质量超材料模型基础上，进一步给出同时具有时变质量和时变刚度的超材料设计方法。具有双时变特性的超材料胞元如图 6.26 所示，模型由一个主质量块 m_0 和两个上下放置的动态机构组成，其中两个动态机构均以角速度 ω_r 匀速旋转。位于主质量块上方的动态机构由两根具有相同拉伸刚度 K 和剪切刚度 G 的弹簧组成，弹簧的两端分别与上旋转轨道以及主质量块 m_0 相连。位于下方的动态机构由两个对称放置的副质量块 m_1 与刚度为 K_1 的接地弹簧相连构成，副质量块通过无质量刚性杆与主质量块相连。

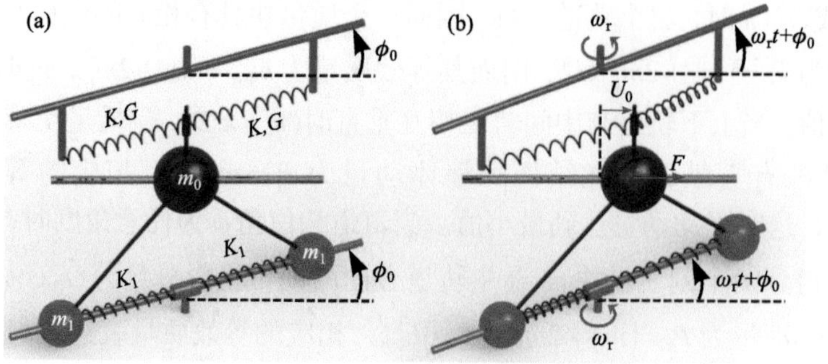

图 6.26　同时具有时变质量和时变刚度的超材料单胞模型示意图

(a)初始时刻 t=0 状态；(b)任意时刻 t 状态

采用与时变质量超材料相同的等效方法，最终可以将主质量块 m_0 的平衡方程写为[45]

$$F - K_{\text{eff}}(t)U_0 = \frac{\mathrm{d}}{\mathrm{d}t}\left[m_{\text{eff}}(t)\frac{\mathrm{d}U_0}{\mathrm{d}t}\right] \tag{6.90}$$

其中，$m_{\text{eff}}(t)$ 和 $K_{\text{eff}}(t)$ 分别代表系统的等效质量和等效刚度，具体形式如下

$$\begin{cases} m_{\text{eff}}(t) = m_0 + 2m_1\cos^2(\omega_r t + \phi_0) \\ K_{\text{eff}}(t) = 2G + 2\left(K - G + K_1 - 2m_1\omega_r^2\right)\cos^2(\omega_r t + \phi_0) \end{cases} \tag{6.91}$$

式(6.90)表明，该超材料单胞可以等效为具有周期时变接地弹簧刚度 $K_{\text{eff}}(t)$ 和周期时变质量 $m_{\text{eff}}(t)$ 的单体系统。连接弹簧 K_1 的存在可以保证系统在高转速 ω_r 下的运动稳定性，此处可选取 $K_1 = 2m_1\omega_r^2$，则式(6.91)可重新整理为

$$\begin{cases} m_{\text{eff}}(t) = M_0 + M_m\cos(\omega_m t + \Phi_0) \\ K_{\text{eff}}(t) = K_0 + K_m\cos(\omega_m t + \Phi_0) \end{cases} \tag{6.92}$$

其中，$M_0 = m_0 + m_1$；$M_m = m_1$；$K_0 = K + G$；$K_m = K - G$；$\omega_m = 2\omega_r$ 和 $\Phi_0 = 2\phi_0$。若将上述模型中的时变质量机构去除，则可以退化为时变刚度超材料模型。

6.3.3　周期时空调制超材料的非互易波动特性

波在材料/结构中传播通常具有互易性，即激励与响应之间的关系在作用点置换后保持不变[47]，若材料属性呈现时空周期性变化，则可以打破时间反演对称性，产生非互易波传播现象。针对连续体和离散结构模型，本节将分别介绍时空调制介质中的非互易波动现象。

考虑一维纵波传播的时变弹性介质模型，波动方程为[36]

$$\frac{\partial}{\partial x}\left[E(x,t)\frac{\partial u(x,t)}{\partial x}\right]-\frac{\partial}{\partial t}\left[\rho(x,t)\frac{\partial u(x,t)}{\partial t}\right]=0 \tag{6.93}$$

其中，$u(x,t)$ 为位移场，时空调制密度 $\rho(x,t)$ 和模量 $E(x,t)$ 的表达式如下：

$$\rho=\rho_0\left[1+\alpha_{\mathrm{m}}\cos(\omega_{\mathrm{m}}t-k_{\mathrm{m}}x)\right],\quad E=E_0\left[1+\beta_{\mathrm{m}}\cos(\omega_{\mathrm{m}}t-k_{\mathrm{m}}x)\right] \tag{6.94}$$

式中，ρ_0 和 E_0 为常数；α_{m} 和 β_{m} 分别代表密度和弹性模量的调制幅值；k_{m} 和 ω_{m} 分别表示空间和时间调制频率。

时空调制材料的非互易波动特性可以通过频散关系来表征，下面借助平面波展开法[48]，分析时空调制介质的频散特征并分析其非互易波传播现象。根据时空调制周期性条件，式(6.93)中的位移具有 Floquet-Bloch 形式解 $u(x,t)=U(x,t)\mathrm{e}^{\mathrm{i}(\omega t-kx)}$，其中 ω 为特征频率，k 为波数。将密度、模量和位移场做傅里叶级数展开可得

$$\begin{cases}\rho(x,t)=\sum\limits_{p=-\infty}^{+\infty}\hat{\rho}_p\mathrm{e}^{\mathrm{i}p(\omega_{\mathrm{m}}t-k_{\mathrm{m}}x)}\\ E(x,t)=\sum\limits_{p=-\infty}^{+\infty}\hat{E}_p\mathrm{e}^{\mathrm{i}p(\omega_{\mathrm{m}}t-k_{\mathrm{m}}x)}\\ u(x,t)=\sum\limits_{q=-\infty}^{+\infty}\hat{U}_q\mathrm{e}^{\mathrm{i}\left[(\omega+q\omega_{\mathrm{m}})t-(k+qk_{\mathrm{m}})x\right]}\end{cases} \tag{6.95}$$

其中，$\hat{\rho}_p$、$\hat{E}_p$ 和 $\hat{U}_q$ 是傅里叶系数；p 和 q 表示相应阶数。将式(6.95)代入波动方程(6.93)并进行谐波平衡，可得如下频散方程

$$\sum_{q=-\infty}^{+\infty}\left[(\omega+n\omega_{\mathrm{m}})(\omega+q\omega_{\mathrm{m}})\hat{\rho}_{n-q}-(k+nk_{\mathrm{m}})(k+qk_{\mathrm{m}})\hat{E}_{n-q}\right]\hat{U}_q=0,\quad n\in(-\infty,+\infty) \tag{6.96}$$

对式(6.96)设置合适的截断阶数 $-N\leqslant n\leqslant N$，可得如下二次特征值方程

$$\left[\omega^2\boldsymbol{L}_2+\omega\boldsymbol{L}_1+\boldsymbol{L}_0\right]\hat{\boldsymbol{U}}=\boldsymbol{0} \tag{6.97}$$

通过求解式(6.97)可以得到 $2N+1$ 组频散曲线，分别代表$-N$ 到 N 阶的波传播模态，进一步对特征向量 $\hat{\boldsymbol{U}}$ 进行加权处理可以提取频散曲线的各阶模态，其中零阶主模通常承载系统主要能量，是分析非互易波动特性的主要研究对象。

图 6.27 给出了均匀、空间调制和时空调制三种情况下的带结构，均匀介质的带结构关于无量纲波数中心轴 $\mu=k/k_{\mathrm{m}}=0$ 对称，意味着前后向行波具有相同的波传播行为。当引入空间调制后，系统产生对称的禁带效应，左右行波在禁带范

围内均不可传播，系统仍遵循互易性。进一步引入时空调制后，带结构不再关于 $\mu=0$ 对称，前后向行波具有不同的传播特性，系统呈现出非互易波传播现象。

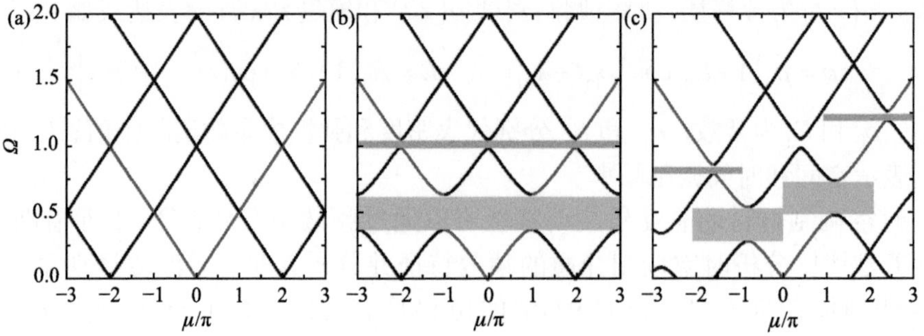

图 6.27　不同调制情况下一维介质的带结构

(a)均匀介质 $\alpha_m=\beta_m=0$；(b)空间周期调制介质 $\alpha_m=\beta_m=0.5$ 且 $v_m=0$；(c)时空周期调制介质 $\alpha_m=\beta_m=0.5$ 且 $v_m=0.2$。其中 $\mu=k/k_m=k\lambda_m$ 、 $\Omega=\omega\lambda_m(2\pi c_0)^{-1}$ 和 $v_m=c_m/c_0$ 分别表示无量纲化波数、频率和调制波速，红色曲线表示主模

下面基于 6.3.2 节中的时变超材料模型，介绍离散时空调制系统中的非互易波动特性。时空调制系统的超胞由 R 个不同初始相位的时变质量单胞以等间距 a 连接构成，如图 6.28 所示，超胞中第 r 个单胞的等效时变质量具有如下形式

$$m^{(r)}(t)=M_0\left[1+\alpha_m\cos\left(\omega_m t+\Phi_0^{(r)}\right)\right],\quad r=1,2,\cdots,R \tag{6.98}$$

其中，$\Phi_0^{(r)}$ 为第 r 个单胞的初始相位角，设置不同的初始相位分布可以实现对质量的空间调制。第 n 个超胞的运动方程可写为[44]

$$\dot{\boldsymbol{M}}(t)\dot{\boldsymbol{u}}_n(t)+\boldsymbol{M}(t)\ddot{\boldsymbol{u}}_n(t)+\boldsymbol{K}^{(n-1)}\boldsymbol{u}_{n-1}(t)+\boldsymbol{K}^{(n)}\boldsymbol{u}_n(t)+\boldsymbol{K}^{(n+1)}\boldsymbol{u}_{n+1}(t)=\boldsymbol{0} \tag{6.99}$$

其中，$\boldsymbol{u}_n$ 为位移向量；$\boldsymbol{M}(t)$ 和 $\boldsymbol{K}(t)$ 分别表示超胞的质量和刚度矩阵。基于弗洛凯定理和平面波展开法，从式(6.99)可以得到系统特征值方程，从中求解出时空调制系统的频散曲线。

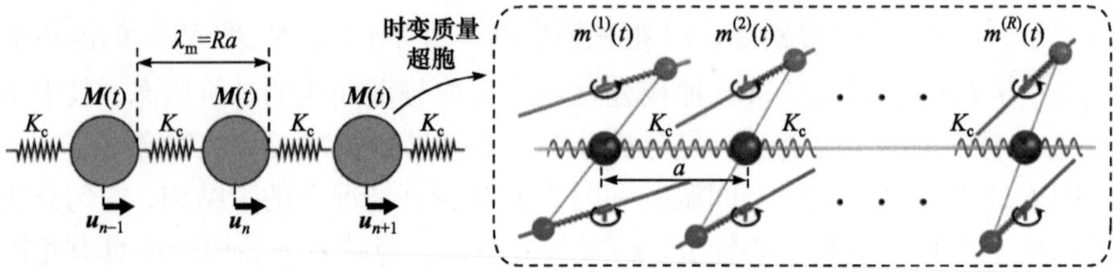

图 6.28　具有时空调制质量的超材料模型示意图

不失一般性，考虑超胞中含三个时变单胞的情况(超胞间采用周期边界条件)，选取调制参数 $\alpha_m = 0.15$ 和 $\omega_m/\omega_0 = 0.1$ ，并设置相邻单胞之间具有相等的初始相位差 $2\pi/3$ 。图 6.29(a)～(c)分别给出了调制频率为 ω_m/ω_0 = 0.1、0.15 和 0.2 时超材料的频散曲线，可以发现，对于不同的调制频率均存在上下两组非互易性单向禁带，并且其中心频率的偏移量随调制频率增大而增大，表明调制频率对非互易禁带位置具有重要影响。图 6.30 给出了不同调制幅值 α_m = 0.1、0.15 和 0.2 时超材料的频散曲线，其中调制频率设为 $\omega_m/\omega_0=0.2$，可以发现，对于不同的调制幅值，单向禁带中心频率的偏移量保持不变，而禁带宽度随调制幅值的增大而增大，表明调制幅值对非互易禁带的频率带宽具有重要影响。

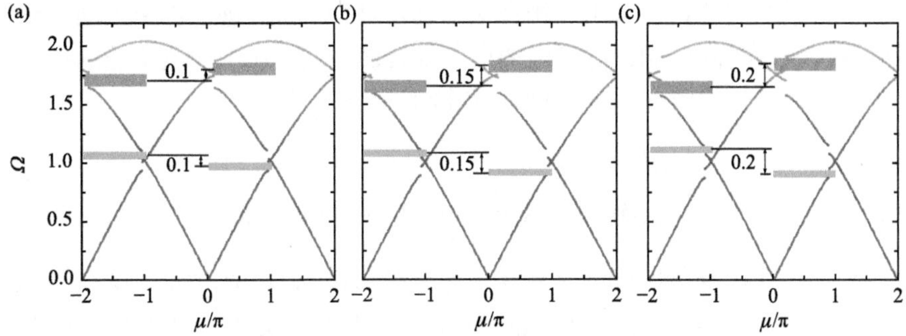

图 6.29　不同调制频率下时空调制质量超材料的带结构

(a) $\omega_m/\omega_0 = 0.1$ ；(b) $\omega_m/\omega_0 = 0.15$ ；(c) $\omega_m/\omega_0 = 0.2$

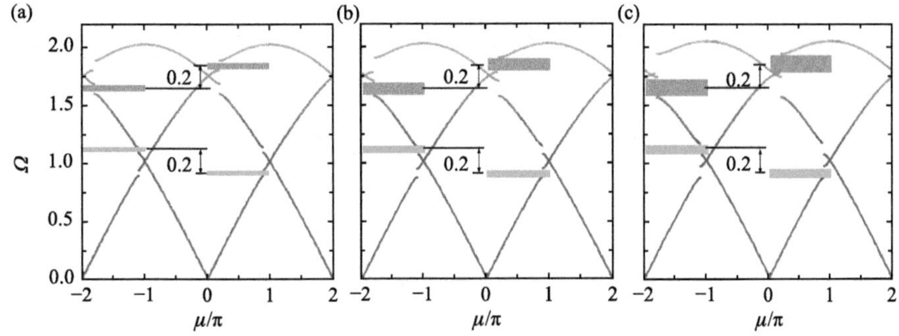

图 6.30　不同调制幅值下时空调制质量超材料的带结构

(a) $\alpha_m = 0.1$ ；(b) $\alpha_m = 0.15$ ；(c) $\alpha_m = 0.2$

针对上述一维时空调制系统中非互易波动现象的研究，也可以拓展至双参数调制系统[49]、复参数调制系统[50]以及含表面波的二维调制系统[51,52]等复杂系统，相较于一维系统将具有更多的非互易调控自由度。

6.3.4 时变周期系统的拓扑波动特性

在拓扑泵系统中，特定参量的慢速时间调制可以成为与空间维度等价的人工合成维度，基于此可以在低维力学系统中探究高维拓扑效应。Thouless 最早在一维电子系统中研究了该现象，发现在周期性电势随时间缓慢变化下系统会表现出量子化电荷输运现象，一个调制周期输送的电荷数目由合成空间的陈数决定，受固有拓扑性质的保护[53, 54]。作为时变材料的另一种波动调控功能，这里将基于时变周期链系统，介绍由材料属性慢速时变引起的拓扑泵效应。

考虑如图 6.31 所示的一维质量弹簧链系统，其中质量块 m 通过刚度为 k_{ci} ($i=1,2,3$)的弹簧连接，并受刚度为 k_{gi} 的接地弹簧约束。当刚度存在空间调制时，一维周期链系统波动特性可由一维波矢空间带结构刻画，进一步引入动态旋转机构对刚度作慢速时间调制，可以构造出二维合成空间，从中构造系统的拓扑泵性质。为此，考虑如下时变连接刚度 k_{ci} 和接地刚度 k_{gi} 形式

$$\begin{cases} k_{ci}(\phi)=k_0+k_2+k_2\cos\left[\phi+2(i-1)\pi/3\right] \\ k_{gi}(\phi)=k_1+k_1\cos\left[\phi+2(i-1)\pi/3+\delta\phi_0\right] \end{cases} \tag{6.100}$$

其中，$\phi=\omega_m t=2\omega_r t$ 为时间演化相位，这里 ω_m 为调制频率，ω_r 为动态机构旋转角频率；$\delta\phi_0$ 为常值相位差。基于布洛赫定理，位移场 $\boldsymbol{u}$ 的本征方程可写为[55]

$$\boldsymbol{K}(q,\phi)\boldsymbol{u}=\omega^2\boldsymbol{M}\boldsymbol{u} \tag{6.101}$$

其中，q 为布洛赫相位；ω 为本征频率；$\boldsymbol{M}$ 表示系统质量矩阵；$\boldsymbol{K}(q,\phi)=\boldsymbol{K}_g(\phi)+\boldsymbol{K}_c(q,\phi)$ 表示系统刚度矩阵；$\boldsymbol{K}_g(\phi)$ 和 $\boldsymbol{K}_c(q,\phi)$ 分别为接地弹簧和连接弹簧的刚度矩阵。通过求解方程(6.101)可以得到一维系统在不同相位 ϕ 时的本征模态 $\boldsymbol{u}(q,\phi)$，此时系统的拓扑特性由定义在合成空间 (q,ϕ) 的陈数所表征[56]。

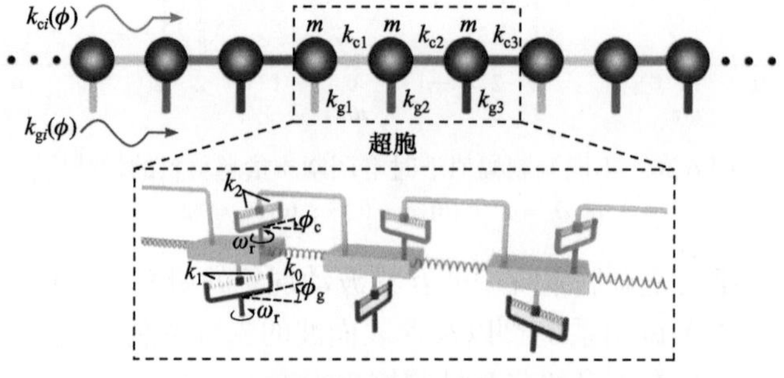

图 6.31 一维双刚度时变调制拓扑泵系统示意图

下面分析系统的频散与拓扑性质，考虑 $m = 0.1\text{kg}$ 和 $k_0 = 2\text{kN/m}$，图 6.32(a)给出了 $k_1 = k_2 = k_0$、$\delta\phi_0 = 2\pi/3$ 时的频散曲面，带结构表现出三个独立体带区域并被带隙所分隔，从低频起将体带陈数记为(C_1, C_2, C_3)(陈数的计算将在第 7 章介绍)，可以发现，C_1=−1, C_2=2, C_3=−1，称其为第Ⅰ类拓扑相；若将系统参数改为 $k_1 = 3k_0$，其他参数保持不变，此时体带陈数为(−1 , −1 , 2)，如图 6.32(b)所示，称其为第Ⅱ类拓扑相；若进一步设置参数 $k_1 = k_2 = 2k_0$ 和 $\delta\phi_0 = 5\pi/3$，可以得到体带陈数(2 , −1 , −1)，如图 6.32(c)所示，称其为第Ⅲ类拓扑相。对比三类拓扑相的体陈数可以发现，第Ⅱ和Ⅲ类拓扑相可以通过在第Ⅰ类拓扑相中交换体带陈数顺序得到，三种拓扑相之间存在一定的拓扑转换关系[55]。基于体带陈数可以进一步计算两个带隙的带隙陈数，分别记为 C_{g1} 和 C_{g2}，对于第 n 个带隙的带隙陈数定义为带隙下所有体带陈数之和 $C_{gn}=\sum_{i\leqslant n} C_i$，由此可以得到上述三类拓扑相的带隙陈数分别为($C_{g1}$, C_{g2})=(−1, 1)，(−1, −2)和(2, 1)。根据体边对应关系，非零带隙陈数意味着系统存在受拓扑保护的边界态，边界态的演化方向由陈数的符号决定。以第Ⅰ类拓扑相为例，两个带隙的带隙陈数大小均为 1，暗示着在一个调制周期内边界态将经历一次完整的演化，相反的符号表明边界态具有相反的演化方向。

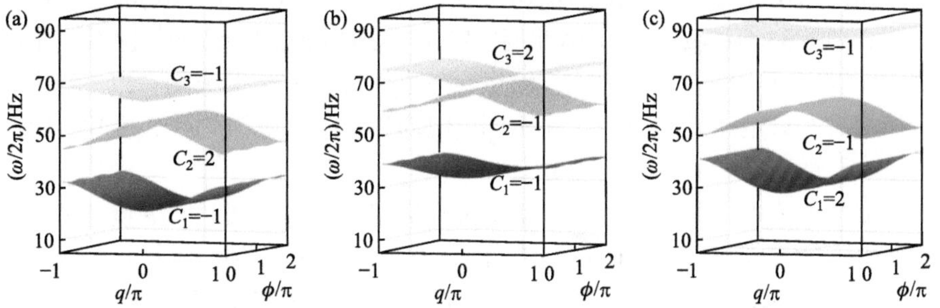

图 6.32　不同拓扑相在合成空间 (q,ϕ) 中的频散曲面，其中(a)～(c)分别对应于第Ⅰ、Ⅱ、Ⅲ类拓扑相，(C_1, C_2, C_3)表示三个体带的陈数

为了验证拓扑边界态的存在，图 6.33 给出了三种拓扑相所对应有限周期链系统在不同 ϕ 时的本征态结果。首先观察图 6.33(a) 结果，在体带隙内确实存在边界态模式，并且在 ϕ 经历完整 2π 调制周期后，边界态完成一次演化并返回初始位置。为了进一步分析拓扑泵现象，对周期链系统施加窄带脉冲激励，其中脉冲中心频率对应 $\phi = 0$ 的边界态频率，以激发出对应的边界态响应，图 6.33(d)和(e)分别给出了两个带隙内所激发边界态响应的时域演化规律，可以发现在一个时间演化周期 $T = 2\pi/\omega_m$ 内，边界模式响应在系统的左侧或右侧被激发后，在刚度慢速时间调制作用下，波动能量被输送到系统另一侧，而后返回初始位置，共完成一次边-体-边能量输送，上述结果与带隙陈数及图 6.33(a)所示边界态结果均一致。

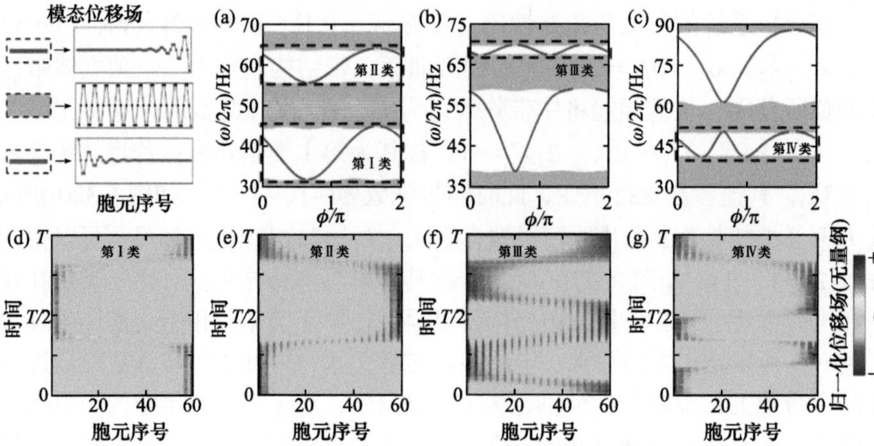

图 6.33　(a)～(c)三种拓扑相对应的边界态和(d)～(g)脉冲响应演化规律

下面分析第Ⅱ和Ⅲ类拓扑相的拓扑泵性质，这里重点分析在第Ⅱ和Ⅲ类拓扑相中存在的大带隙陈数情况，容易得到第Ⅱ类拓扑相的第二个带隙的陈数为 $C_{g2} = -2$，第Ⅲ类拓扑相的第一个带隙陈数为 $C_{g1} = 2$，带隙陈数越大，表明在一个调制周期内拓扑态的边-体-边输运次数将更多，如图 6.33(b)和(c)的边界态结果所证明。图 6.33(f)和(g)给出了脉冲响应结果，表明陈数为 ±2 的带隙在一个演化周期内可以完成两次边-体-边能量输运，与边界态频散结果预测一致。综上，三类拓扑相虽然只是体带陈数的排序不同，但却导致带隙陈数的较大变化，由此系统的拓扑泵性质也产生了显著差异。

在上述系统中，主要通过引入动态机构实现刚度参数随时间的慢速调制，从中构造出人工合成维度，进而在一维力学系统中可以观测到二维拓扑泵现象。基于类似原理，可以在声学[57, 58]系统和弹性波[59, 60]系统中实现拓扑泵效应，相关原理可用于高鲁棒性的波动能量输运，期待在保密通信、能量采集等领域有新的应用。

参 考 文 献

[1] Muhlestein M. Willis Coupling in Acoustic and Elastic Metamaterials[D]. Austin: The University of Texas, 2016.

[2] Muhlestein M B, Sieck C F, Alù A, et al. Reciprocity, passivity and causality in Willis materials [J]. Proceedings of the Royal Society A: Mathematical，Physical and Engineering Sciences, 2016, 472(2194):1-15.

[3] Willis J. Variational principles for dynamic problems for inhomogeneous elastic media [J]. Wave Motion, 1981, 3(1): 1-11.

[4] Banerjee B. An introduction to metamaterials and waves in composites [J]. The Journal of the Acoustical Society of America, 2012, 131: 1665-1666.

[5] Mackay T, Lakhtakia A. Electromagnetic Anisotropy and Bianisotropy—A Field Guide[M]. Singapore: World Scientific Pub. Co., 2009.

[6] Liu Y, Liang Z, Zhu J, et al. Willis metamaterial on a structured beam [J]. Physical Review X, 2019, 9: 011040.

[7] Chen Y, Li X, Hu G, et al. An active mechanical Willis meta-layer with asymmetric polarizabilities [J]. Nature Communications, 2020, 11(1): 3681.

[8] Muhlestein M, Haberman M. Analysis of one-dimensional wave phenomena in Willis materials [J]. Proceedings of Meetings on Acoustics, 2017, 30: 065017.

[9] Peng Y, Mazor Y, Alù A. Fundamentals of acoustic Willis media [J]. Wave Motion, 2022, 112: 102930.

[10] 渠鸿飞. Willis 介质的波动行为及材料设计[D]. 北京: 北京理工大学, 2022.

[11] Willis J. Polarization approach to the scattering of elastic waves—Ⅰ. Scattering by a single inclusion [J]. Journal of the Mechanics and Physics of Solids, 1980, 28(5-6): 287-305.

[12] Willis J. A polarization approach to the scattering of elastic waves—Ⅱ. Multiple scattering from inclusions [J]. Journal of the Mechanics and Physics of Solids, 1980, 28(5-6): 307-327.

[13] Willis J. Dynamics of composites // Suquet P. Continuum Micromechanics [C]. Springer Link, 1997, 377: 265-290.

[14] Agranovich V, Ginzburg V. Crystal Optics with Spatial Dispersion and Excitons[M]. Springer Link, 2013: 42.

[15] Muhlestein M, Sieck C, Wilson P, et al. Experimental evidence of Willis coupling in a one-dimensional effective material element [J]. Nature Communications, 2017, 8(1): 15625.

[16] Milton G, Briane M, Willis J. On cloaking for elasticity and physical equations with a transformation invariant form [J]. New Journal of Physics, 2006, 8(10): 248.

[17] Milton G, Willis J. On modifications of Newton's second law and linear continuum elastodynamics [J]. Proceedings of the Royal Society A, 2007, 463(2079): 855-880.

[18] Sridhar A, Kouznetsova V G, Geers M G. Homogenization of locally resonant acoustic metamaterials towards an emergent enriched continuum [J]. Computational Mechanics, 2016, 57: 423-435.

[19] Alù A. First-principles homogenization theory for periodic metamaterials [J]. Physical Review B, 2011, 84: 075153.

[20] Sieck C F, Alù A, Haberman M. Origins of Willis coupling and acoustic bianisotropy in acoustic metamaterials through source-driven homogenization [J]. Physical Review B, 2017, 96(10): 104303.

[21] Linton C M. Lattice sums for the Helmholtz equation [J]. SIAM Review, 2010, 52(4): 630-674.

[22] Li Z, Qu H, Zhang H, et al. Interfacial wave between acoustic media with Willis coupling [J]. Wave Motion, 2022, 112: 102922.

[23] Nassar H, Brucks P. Willis elasticity from microcontinuum field theories: asymptotics, microstructure-property relationships, and cloaking [J]. Wave Motion, 2023, 122: 103206.

[24] 易凯军, 陈洋洋, 朱睿, 等. 力电耦合主动超材料及其弹性波调控[J]. 科学通报, 2022, 67 (12): 1290-1304.

[25] Yi K, Matten G, Ouisse M, et al. Programmable metamaterials with digital synthetic impedance circuits for vibration control [J]. Smart Materials and Structures, 2020, 29(3): 035005.

[26] Yi K, Liu X, Zhu R. Multi-resonant metamaterials based on self-sensing piezoelectric patches and digital circuits for broadband isolation of elastic wave transmission [J]. Smart Materials and Structures, 2022, 31(1): 015042.

[27] Chen Y, Li X, Nassar H, et al. A programmable metasurface for real time control of broadband elastic rays [J]. Smart Materials and Structures, 2018, 27(11): 115011.

[28] Chen Y, Li X, Scheibner C, et al. Realization of active metamaterials with odd micropolar elasticity [J]. Nature Communications, 2021, 12(1): 5935.

[29] Wang Y, Wang Y, Wu B, et al. Tunable and active phononic crystals and metamaterials [J]. Applied Mechanics Review, 2020, 72(4): 040801.

[30] Krylov V, Sorokin S. Dynamics of elastic beams with controlled distributed stiffness parameters [J]. Smart Materials and Structures, 1997, 6(5): 573.

[31] Lurie K A. Effective properties of smart elastic laminates and the screening phenomenon [J]. International Journal of Solids and Structures, 1997, 34(13): 1633-1643.

[32] Shui L, Yue Z, Liu Y, et al. Novel composites with asymmetrical elastic wave properties [J]. Composites Science and Technology, 2015, 113(Supplement C): 19-30.

[33] Wright D W, Cobbold R S C. Acoustic wave transmission in time-varying phononic crystals [J]. Smart Materials and Structures, 2009, 18(1): 015008.

[34] Nassar H, Yousefzadeh B, Fleury R, et al. Nonreciprocity in acoustic and elastic materials [J]. Nature Reviews Materials, 2020, 5: 667-685.

[35] Zanjani M B, Davoyan A R, Mahmoud A M, et al. One-way phonon isolation in acoustic waveguides [J]. Applied Physics Letters, 2014, 104(8): 081905.

[36] Trainiti G, Ruzzene M. Non-reciprocal elastic wave propagation in spatiotemporal periodic structures [J]. New Journal of Physics, 2016, 18(8): 083047.

[37] Attarzadeh M A, Nouh M. Non-reciprocal elastic wave propagation in 2D phononic membranes with spatiotemporally varying material properties [J]. Journal of Sound and Vibration, 2018, 422: 264-277.

[38] Swinteck N, Matsuo S, Runge K, et al. Bulk elastic waves with unidirectional backscattering-immune topological states in a time-dependent superlattice [J]. Journal of Applied Physics, 2015, 118(6): 063103.

[39] Wang Y, Yousefzadeh B, Chen H, et al. Observation of nonreciprocal save propagation in a dynamic phononic lattice [J]. Physical Review Letters, 2018, 121(19): 194301.

[40] Nassar H, Chen H, Norris N A, et al. Non-reciprocal wave propagation in modulated elastic metamaterials [J]. Proceeding of the Royal Society A, 2017, 473(2202): 20170188.

[41] Ansari M H, Attarzadeh M A, Nouh M, et al. Application of magnetoelastic materials in spatiotemporally modulated phononic crystals for nonreciprocal wave propagation [J]. Smart Materials and Structures, 2018, 27(1): 015030.

[42] Ruzzene M, Trainiti G. On time-dependence of mechanical metamaterials properties [J]. The Journal of the Acoustical Society of America, 2017, 142(4_Supplement): 2548.

[43] Gump J, Finkler I, Xia H, et al. Light-induced giant softening of network glasses observed near the mean-field rigidity transition [J]. Physical Review Letters, 2004, 92(24): 245501.

[44] Huang J, Zhou X. A time-varying mass metamaterial for non-reciprocal wave propagation [J]. International Journal of Solids and Structures, 2019, 164: 25-36.

[45] Huang J, Zhou X. Non-reciprocal metamaterials with simultaneously time-varying stiffness and mass [J]. Journal of Applied Mechanics, 2020, 87(7): 071003.

[46] Geng L, Zhang W, Zhang X, et al. Topological mode switching in modulated structures with dynamic encircling of an exceptional point [J]. Proceedings of the Royal Society A, 2021, 477 (2245): 20200766.

[47] Pierce A D. Acoustics, an Introduction to Its Physical Principles and Applications[M]. Springer Link, 2019.

[48] Park J, Min B. Spatiotemporal plane wave expansion method for arbitrary space-time periodic photonic media [J]. Optics Letters, 2021, 46 (3): 484-487.

[49] Riva E, Marconi J, Cazzulani G, et al. Generalized plane wave expansion method for non-reciprocal discretely modulated waveguides [J]. Journal of Sound and Vibration, 2019, 449: 172-181.

[50] Moghaddaszadeh M, Attarzadeh M A, Aref A, et al. Complex spatiotemporal modulations and non-Hermitian degeneracies in PT-symmetric phononic materials [J]. Physical Review Applied, 2022, 18(4): 044013.

[51] Riva E, Ronco M D, Elabd A, et al. Non-reciprocal wave propagation in discretely modulated spatiotemporal plates [J]. Journal of Sound and Vibration, 2020, 471: 115186.

[52] Wu Q, Chen H, Nassar H, et al. Non-reciprocal Rayleigh wave propagation in space-time modulated surface [J]. Journal of the Mechanics and Physics of Solids, 2021, 146: 104196.

[53] Thouless D J. Quantization of particle transport [J]. Physical Review B, 1983, 27(10): 6083-6087.

[54] Thouless D J, Kohmoto M, Nightingale M P, et al. Quantized Hall conductance in a two-dimensional periodic potential [J]. Physical Review Letters, 1982, 49(6): 405-408.

[55] Liao Y, Zhou X. Topological pumping in doubly modulated mechanical systems [J]. Physical Review Applied, 2022, 17(3): 034076.

[56] Lu L, Joannopoulos J D, Soljacic M. Topological photonics [J]. Nature Photonics, 2014, 8(11): 821-829.

[57] Chen H, Zhang H K, Wu Q, et al. Creating synthetic spaces for higher-order topological sound transport [J]. Nature Communications, 2021, 12(1): 5028.

[58] Xu X C, Wu Q, Chen H, et al. Physical observation of a robust acoustic pumping in waveguides with dynamic boundary [J]. Physical Review Letters, 2020, 125(25): 253901.

[59] Chen H, Yao L Y, Nassar H, et al. Mechanical quantum Hall effect in time-modulated elastic materials [J]. Physical Review Applied, 2019, 11(4): 044029.

[60] Cheng W, Zhang H K, Wei Y, et al. Elastic energy and polarization transport through spatial modulation [J]. Journal of the Mechanics and Physics of Solids, 2024, 182: 105475.

第 7 章　力学拓扑超材料

尽管拓扑绝缘体最早在量子领域被发现，但拓扑本质主要与波动行为相关，而量子特性并不是其必备条件。近十年来，电磁波、声波拓扑绝缘体得到了快速的发展[1,2]。弹性波拓扑绝缘体的有关进展则相对较少，这与弹性波本身及弹性波理论更复杂有关。但是，弹性波的复杂性也蕴含着新的可能，例如，瑞利波自身的赝自旋(pseudo spin)效应以及结构在静力条件下的拓扑方向性等。将量子拓扑现象拓展到经典波领域，一方面可以拓展现有波动调控设计能力，如实现单向传播、缺陷免疫波导等新颖功能，同时也为探索量子拓扑现象提供了新的平台。本章的内容主要来自于作者在《力学进展》的综述论文[33]。

7.1　能带拓扑性质及分析方法

7.1.1　一维弹簧-质量模型

考虑如图 7.1(a)所示的双原子链模型，其晶格常数记为 a，单胞内包含两个质量块 m_1 和 m_2，两个弹簧刚度系数分别为 k_1 和 k_2。记第 n 个单胞内的第 $j(j=1,2)$ 个质量块的位移为 u_n^j，并假设 $m_1=m_2=m$，系统的运动方程可表示为

$$\begin{cases} m\dfrac{\partial^2 u_n^1}{\partial t^2}=k_1(u_n^2-u_n^1)+k_2(u_{n-1}^2-u_n^1) \\ m\dfrac{\partial^2 u_n^2}{\partial t^2}=k_1(u_n^1-u_n^2)+k_2(u_{n+1}^1-u_n^2) \end{cases} \tag{7.1}$$

该周期系统的位移场满足 Bloch 波形式，即 $u_n^j=B_j\exp[\mathrm{i}(nqa-\omega t)]$，这里 q 为波数，ω为角频率。代入式(7.1)可得到如下特征值问题：

$$\boldsymbol{H}\begin{pmatrix} B_1 \\ B_2 \end{pmatrix}=\omega^2 m\begin{pmatrix} B_1 \\ B_2 \end{pmatrix} \tag{7.2}$$

其中，

$$\boldsymbol{H}=\begin{pmatrix} k_1+k_2 & -k_1-k_2\exp(-\mathrm{i}qa) \\ -k_1-k_2\exp(+\mathrm{i}qa) & k_1+k_2 \end{pmatrix} \tag{7.3}$$

与量子系统对应，称之为该系统的 Bloch 哈密顿量。特征值方程(7.2)描述了系统

的频散特性。图 7.1(b)给出了三种典型情况的频散曲线，分别对应$\gamma = 0.2$、$\gamma = 0$ 和 $\gamma = -0.2$。其中，$\gamma = (k_1 - k_2)/(k_1 + k_2)$，无量纲化频率 $\Omega = \omega / \sqrt{(k_1 + k_2)/m}$ 。

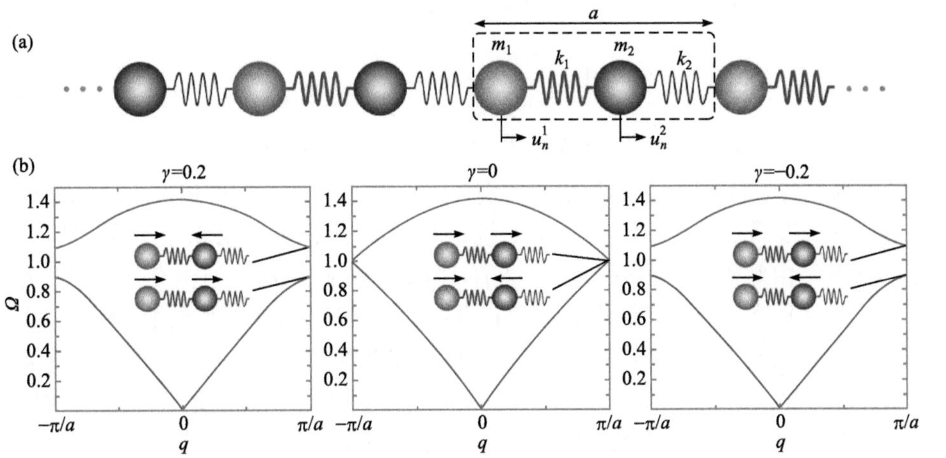

图 7.1　(a)一维双原子链模型；(b)三种典型情况的频散曲线，各图表示相应点处的模态相位箭头表示质点的运动方向

从频散曲线图 7.1(b)可以看出，构型$\gamma = \gamma_0$和$\gamma = -\gamma_0(\gamma_0 \neq 0)$并无任何区别，但两者的拓扑性质完全不同，这反映在相应的特征模态上。当 γ 的值由正变负时，$q = \pi/a$ 处的特征模态发生翻转。如图 7.1(b)所示，构型$\gamma = 0.2$的声学频散分支的特征模态与构型$\gamma = -0.2$的光学频散分支相同，而构型$\gamma = 0.2$的光学频散分支的特征模态与构型$\gamma = -0.2$的声学频散分支相同。这种能带翻转现象不是偶然发生的，其必须通过带隙关闭($\gamma = 0$)进行过渡。下面将借助拓扑语言来进行说明，若不经过带隙关闭，则无论如何调节 k_1 与 k_2，均不会发生上述能带翻转现象。

下面研究声学频散分支的拓扑性质，计算波数由 $q = -\pi/a$ 变为 $q = \pi/a$ 过程中声学分支特征模态的相位积累θ。一般地，对于两个模为 1 的复数 $z_1 = \exp(\mathrm{i}\beta_1)$ 和 $z_2 = \exp(\mathrm{i}\beta_2)$，其相位差为 $\beta_2 - \beta_1 \approx \sin(\beta_2 - \beta_1) \approx \mathrm{Im}(z_1^* z_2) \approx \mathrm{Im}(z_1^* \delta z)$，这里要求 $\delta z = z_2 - z_1 \approx 0$。则波数从 $q = -\pi/a$ 变为 $q = \pi/a$ 时积累的相位差为

$$\theta = \mathrm{Im}\int_{-\pi/a}^{+\pi/a} \left\langle \phi(q), \partial_q \phi(q) \right\rangle \mathrm{d}q \tag{7.4}$$

其中，$\langle a,b \rangle = \langle a|^* \cdot |b\rangle$ 表示厄米点积；$\phi(q)$为声学分支波数 q 对应的归一化特征模态 $\phi = \sqrt{1/2}\,(1, z/|z|)$，$z(q) = k_1 + k_2 \exp(\mathrm{i}qa)$。将归一化特征模态 ϕ 代入式(7.4)，可得

$$\theta = \frac{1}{2}\mathrm{Im}\int_{-\pi/a}^{\pi/a} \frac{z^*}{|z|}\partial_q\left(\frac{z}{|z|}\right)\mathrm{d}q \tag{7.5}$$

考虑到 $z^*(q)=z(-q)$，式(7.5)可进一步化简为

$$\theta = \frac{1}{2}\mathrm{Im}\int_{-\pi/a}^{\pi/a} \frac{\partial_q z}{z}\mathrm{d}q = \begin{cases} \pi, & k_1 < k_2 \\ 0, & k_1 > k_2 \end{cases} \tag{7.6}$$

上式θ即所谓的 Zak 相位[3]，类似于后续将介绍的贝里相位[4]。两者均用于描述系统的拓扑属性，区别在于 Zak 相位特别针对一维系统，而贝里相位用于二维或三维系统。一维系统的另一个拓扑不变量是缠绕数ν[5]，其与 Zak 相位的对应关系为$\nu=\theta/\pi$。由此可见，能带翻转意味着θ由 0 变为π，也就是ν由 0 变为 1。为了更生动地说明这一点，我们将 $z(q)$表示的封闭曲线η绘制在复平面上，如图 7.2 所示。当 $k_1 > k_2$时，复平面原点不被包含在封闭曲线η内部，对应于$\nu=0$。当 $k_1 < k_2$时，封闭曲线η环绕原点一次，对应于$\nu=1$。因此，所描述的能带翻转现象必须伴随着带隙关闭这一结论可以直观解释为：将原点由封闭曲线η内部移至外部必然伴随着原点穿过封闭曲线η，此时 $k_1=k_2$且 $q=\pm\pi/a$，意味着声学与光学频散分支简并，即带隙关闭。

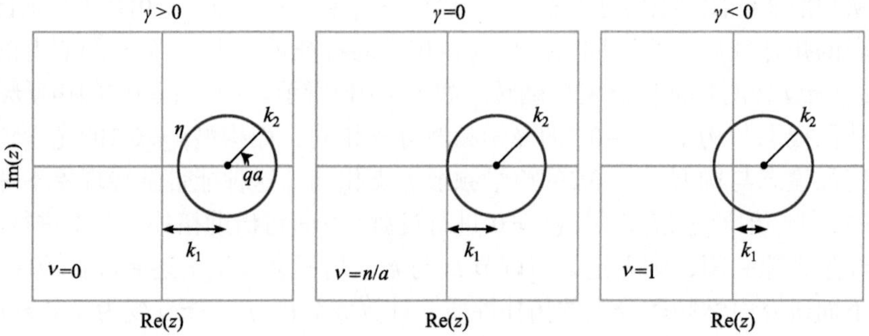

图 7.2　参数γ由正变负时，复平面上 $z(q)$对应的曲线η跨过坐标轴 Re(z) = 0，缠绕数ν由 0 变为 1，系统产生拓扑变化

上述分析表明，构型 $k_1>k_2$ 和 $k_1<k_2$ 的拓扑性质完全不同。具有不同拓扑性质的系统的迥异行为可通过有边界的原子链模型清楚地显示出来。根据体边对应关系[6]，在体带隙范围内，缠绕数为ν的有限尺寸点阵的边界上支持ν个边界态，缠绕数为ν_1和缠绕数为ν_2的点阵构成的界面上支持$|\nu_1-\nu_2|$个界面态。考虑右端固定的含 400 个单胞的点阵结构(图 7.3(a))，图 7.3(e)给出了不同刚度参数γ下的特征频谱。当$\nu=1(k_1<k_2)$时，在体带隙范围内可观察到1支边界态模式，如图 7.3(e)中红色实线所示。图 7.3(b)给出了 $\gamma=-0.25$ 时的边界态，位移分布如图 7.3(d)所示，位移集中分布于点阵结构右边界。反之，$\nu=0$($k_1>k_2$，即两种弹簧次序互换)

时，体带隙范围内不存在边界态。

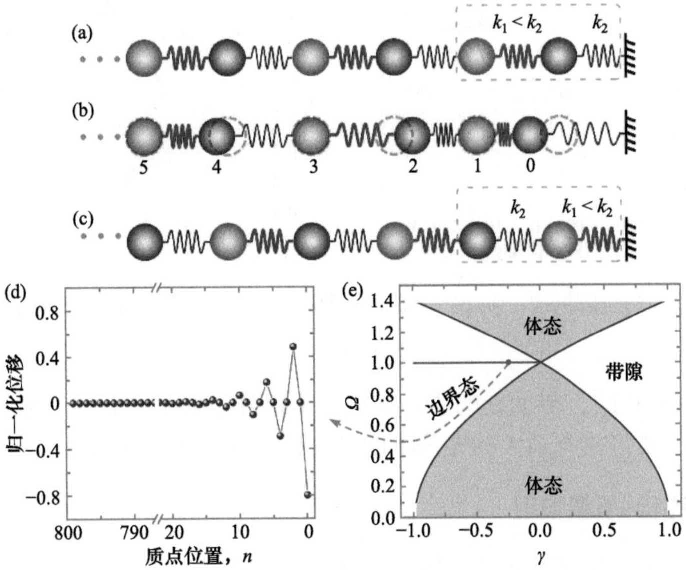

图 7.3　有界系统的边界态

(a) $\gamma<0$ 时的点阵结构；(b) $\gamma<0$ 时的边界模态；(c) $\gamma>0$ 时的点阵结构，不支持边界态；(d) 边界态对应位移；(e) 特征频谱

进一步考虑两侧各有 200 个单胞的含界面点阵结构(图 7.4(a))，界面两侧的单胞的 k_1 与 k_2 发生了交换。由于界面两侧材料的缠绕数绝对差值为 1，无论γ为正或负，材料体带隙范围内均存在1支界面态(图 7.4(d))。图 7.4(b)和(c)分别给出了$\gamma=-0.5$ 和$\gamma=0.5$ 时的界面模态。可以看到，两者对应的位移分布还是有明显

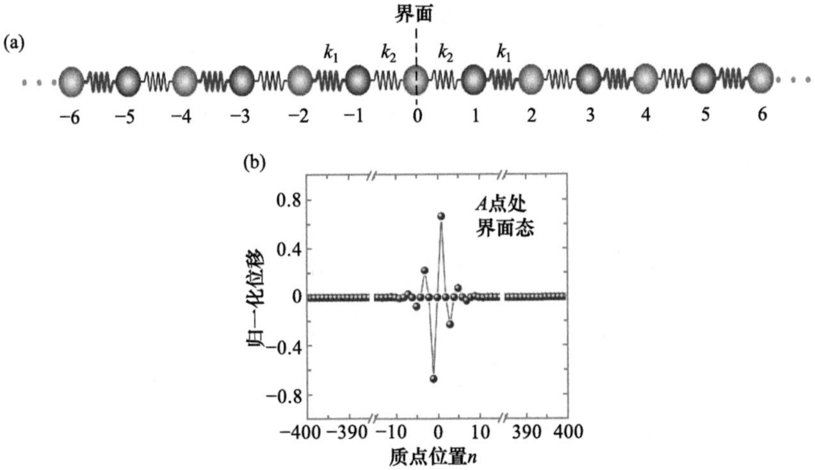

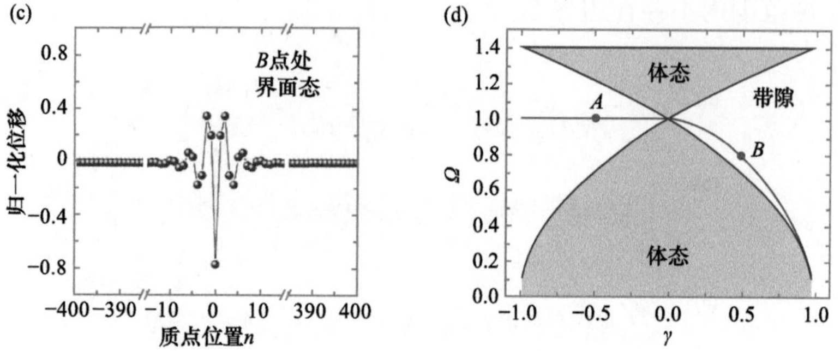

图 7.4　(a)含界面的点阵结构；(b) $\gamma=-0.5$ 时的界面模态；(c) $\gamma=0.5$ 时的界面模态；(d) 特征频谱

区别的。当$\gamma<0$ 时，界面处的质量静止且位移分布关于界面反对称。而当$\gamma>0$ 时，界面处的质量具有最大的振荡幅度且位移分布关于界面对称。

7.1.2　二维弹簧-质量模型

以二维蜂窝弹簧-质量系统为例，说明弹性介质二维拓扑绝缘体的有关概念[7]。二维周期蜂窝点阵系统如图 7.5(a)所示，高亮六边形区域为一个单胞。单胞内包含两个质点，记作 p、q，其质量分别为 m_p、m_q。最近邻质点由刚度为 t 的弹簧连接，设弹簧长度及刚度分别为 $L_0=1\mathrm{m}$ 和 $t=1\mathrm{N/m}$。长度为 $a=\sqrt{3}L_0$ 的两个晶格矢量为 $\boldsymbol{a}_1=(a_x,-a_y)=(3L_0/2,-\sqrt{3}L_0/2)$、$\boldsymbol{a}_2=(3L_0/2,\sqrt{3}L_0/2)$。将每一个六边形单胞用两个数字进行编号$(m,n)$，$m$ 和 n 取值为 0，−1，+1，−2，+2，…。图 7.5(b)显示其第一布里渊区，两个倒格矢量为 $\boldsymbol{b}_1=\left(\dfrac{2\pi}{3L_0},\ -\dfrac{2\pi}{\sqrt{3}L_0}\right)$，$\boldsymbol{b}_2=\left(\dfrac{2\pi}{3L_0},\ -\dfrac{2\pi}{\sqrt{3}L_0}\right)$。

考虑面内弹性波在该点阵系统中的传播。其 Bloch 波表示为 $\boldsymbol{u}_{m,n}^{\mathrm{p}}=\varGamma\boldsymbol{u}^{\mathrm{p}}$，$\varGamma=\exp\left(-\mathrm{i}\boldsymbol{k}\cdot(m\boldsymbol{a}_1+n\boldsymbol{a}_2)\right)$，其中，$\boldsymbol{u}_{m,n}^{\mathrm{p}}=(u_{m,n}^{\mathrm{p}},\ v_{m,n}^{\mathrm{p}})$ 为编号(m,n)的胞元中 p 质点的位移矢量，$\boldsymbol{u}^{\mathrm{p}}=\boldsymbol{u}_{0,0}^{\mathrm{p}}=(u_{0,0}^{\mathrm{p}},\ v_{0,0}^{\mathrm{p}})$ 为胞元(0, 0)中 p 质点的位移矢量。以编号(0, 0)的胞元为例，分析 p、q 两质点的平衡方程。质点 p、q 各受到三个相邻质点施加的弹性力，其平衡方程为

$$\begin{cases}-\omega^2 m_\mathrm{p}\boldsymbol{u}^\mathrm{p}=t(\boldsymbol{u}^\mathrm{q}-\boldsymbol{u}^\mathrm{p})\cdot\boldsymbol{e}_x+t\left(\left(\boldsymbol{u}_{-1,0}^\mathrm{q}-\boldsymbol{u}^\mathrm{p}\right)\cdot\boldsymbol{e}_t\right)\boldsymbol{e}_t+t\left(\left(\boldsymbol{u}_{0,-1}^\mathrm{q}-\boldsymbol{u}^\mathrm{p}\right)\cdot\boldsymbol{e}_t'\right)\boldsymbol{e}_t'\\-\omega^2 m_\mathrm{q}\boldsymbol{u}^\mathrm{q}=t(\boldsymbol{u}^\mathrm{p}-\boldsymbol{u}^\mathrm{q})\cdot\boldsymbol{e}_x+t\left(\left(\boldsymbol{u}_{+1,0}^{p}-\boldsymbol{u}^\mathrm{q}\right)\cdot\boldsymbol{e}_t\right)\boldsymbol{e}_t+t\left(\left(\boldsymbol{u}_{0,+1}^\mathrm{p}-\boldsymbol{u}^\mathrm{q}\right)\cdot\boldsymbol{e}_t'\right)\boldsymbol{e}_t'\end{cases}\tag{7.7}$$

其中，$\boldsymbol{e}_x=(1,0)$、$\boldsymbol{e}_t=(\cos(2\pi/3),\sin(2\pi/3))$、$\boldsymbol{e}'_t=(\cos(-2\pi/3),\sin(-2\pi/3))$为三个沿弹簧方向的单位矢量。将 Bloch 波 $\boldsymbol{u}_{m,n}^{\mathrm{p}}=\varGamma\boldsymbol{u}^{\mathrm{p}}$，$\boldsymbol{u}_{m,n}^{\mathrm{q}}=\varGamma\boldsymbol{u}^{\mathrm{q}}$ 代入式(7.7)，可以得到如下特征值方程

$$\left(\omega^2 \boldsymbol{M}_{4\times4} + \boldsymbol{K}_{4\times4}(\boldsymbol{k})\right)\boldsymbol{U} = 0 \tag{7.8}$$

其中，$\boldsymbol{U}$ 为 p、q 两个质点的位移组成的特征向量，$\boldsymbol{U}=\left(\boldsymbol{u}_{\rm p}^{\rm T} \quad \boldsymbol{u}_{\rm q}^{\rm T}\right)^{\rm T}$。质量矩阵 $\boldsymbol{M}_{4\times4}$ 和刚度矩阵 $\boldsymbol{K}_{4\times4}(\boldsymbol{k})$分别为

$$\boldsymbol{M}_{4\times4} = \begin{pmatrix} m_{\rm p}\boldsymbol{I} & 0 \\ 0 & m_{\rm q}\boldsymbol{I} \end{pmatrix}, \quad \boldsymbol{K}_{4\times4} = \begin{pmatrix} \boldsymbol{K}_{\rm pp} & \boldsymbol{K}_{\rm pq} \\ \boldsymbol{K}_{\rm pq}^{\dagger} & \boldsymbol{K}_{\rm qq} \end{pmatrix} \tag{7.9}$$

$$\boldsymbol{K}_{\rm pp} = \boldsymbol{K}_{\rm qq} = -\frac{3t}{2}\boldsymbol{I}, \ \boldsymbol{K}_{\rm pq} = t\begin{pmatrix} 1+\frac{1}{2}\exp({\rm i}k_x a_x)\cos\left(k_y a_y\right) & {\rm i}\frac{\sqrt{3}}{2}\exp({\rm i}k_x a_x)\sin\left(k_y a_y\right) \\ {\rm i}\frac{\sqrt{3}}{2}\exp({\rm i}k_x a_x)\sin\left(k_y a_y\right) & \frac{3}{2}\exp({\rm i}k_x a_x)\cos\left(k_y a_y\right) \end{pmatrix} \tag{7.10}$$

其中，符号†代表复共轭转置；$\boldsymbol{I}$ 为 2×2 的单位矩阵。

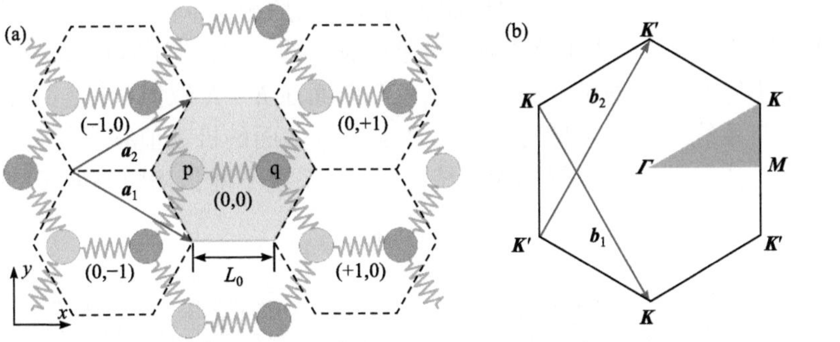

图 7.5　(a)二维蜂窝弹簧-质量系统；(b)第一布里渊区及高对称点 $\boldsymbol{K}'$、$\boldsymbol{K}$。其中三个 $\boldsymbol{K}$ 点之间差一个倒格矢量，等价于同一个 $\boldsymbol{K}$ 点，同理 $\boldsymbol{K}'$也类似

经过简单计算后，可得到上述 4×4 特征值问题的 4 个解，其色散关系分别为

$$\omega^2 = 0, \ \frac{3t}{4}\left(\frac{1}{m_{\rm p}}+\frac{1}{m_{\rm q}}\pm\frac{1}{m_{\rm p}m_{\rm q}}\sqrt{m_{\rm p}^2+Ym_{\rm p}m_{\rm q}+m_{\rm q}^2}\right), \ \frac{3t}{2}\left(\frac{1}{m_{\rm p}}+\frac{1}{m_{\rm q}}\right) \tag{7.11}$$

其中，$Y=\dfrac{2}{9}(8\cos(k_x a_x)\cos(k_y a_y)+4\cos(2k_y a_y)-3)$。特征模态的表达式比较烦琐，这里不详细给出。第 1 阶和第 4 阶色散关系与系统传播的剪切模态对应，其特征频率取值为常数，这里重点关注第 2、3 支色散关系。第 2、3 阶色散曲面在布里渊区角点 $\boldsymbol{K}$、$\boldsymbol{K}'$处达到极值 $\omega=(3t/2m_{\rm p})^{1/2}$、$(3t/2m_{\rm q})^{1/2}$，局部色散曲面在这里呈现谷顶或谷底的形式。因此，波矢 $\boldsymbol{K}$、$\boldsymbol{K}'$又称为谷(valley)，对应的特征模态称为谷态(valley state)。在谷点 $\boldsymbol{K}'$处，与特征频率 $\omega=(3t/2m_{\rm p})^{1/2}$ 和$(3t/2m_{\rm q})^{1/2}$ 对应的特征模态分别为

$$\boldsymbol{u}_1(\boldsymbol{K}')=\frac{1}{\sqrt{2}}(+\mathrm{i},1,0,0)^{\mathrm{T}},\quad \boldsymbol{u}_2(\boldsymbol{K}')=\frac{1}{\sqrt{2}}(0,0,-\mathrm{i},1)^{\mathrm{T}} \tag{7.12}$$

由于系统满足时间反演对称性，$\boldsymbol{K}$ 对应谷态为上述谷态的复共轭形式

$$\boldsymbol{u}_1(\boldsymbol{K})=\frac{1}{\sqrt{2}}(-\mathrm{i},1,0,0)^{\mathrm{T}},\quad \boldsymbol{u}_2(\boldsymbol{K})=\frac{1}{\sqrt{2}}(0,0,+\mathrm{i},1)^{\mathrm{T}} \tag{7.13}$$

对于 $\boldsymbol{u}_1(\boldsymbol{K})/\boldsymbol{u}_1(\boldsymbol{K}')$谷态，胞元内质点 p 在 x、y 方向的位移大小相等，相位相差 π/2，代表质点 p 绕平衡位置做顺/逆时针圆周运动，而质点 q 静止不动。对于 $\boldsymbol{u}_2(\boldsymbol{K})/\boldsymbol{u}_2(\boldsymbol{K}')$谷态，质点 q 绕平衡位置做逆/顺时针圆周运动，而质点 p 则静止不动。

图 7.6 给出了单胞中两个质点的质量相等($m_{\mathrm{p}}=m_{\mathrm{q}}=1.0$，$t=1.0$)及不等($m_{\mathrm{p}}=0.9$，$m_{\mathrm{q}}=1.1$，$t=1.0$)两种情况下的色散曲面。可以看出，第 2、3 支色散曲面在谷点 $\boldsymbol{K}'$、$\boldsymbol{K}$ 分别取极大、极小值。当两个质点的质量相等时(图 7.6(a))，第 2、3 支色散曲面在 $\boldsymbol{K}'$、$\boldsymbol{K}$ 处频率相同，此时称第 2、3 支色散曲面简并，对应的频率称为简并频率。简并频率附近色散曲线与波矢线性相关$\Delta\omega\sim\Delta|\boldsymbol{k}|$，即局部色散曲面在 $\boldsymbol{K}'$、$\boldsymbol{K}$ 呈双圆锥，这种局部圆锥形色散关系即为狄拉克锥(Dirac cone)。反之，p、q 质量不等时(图 7.6(b))，第 2、3 支色散曲面在 $\boldsymbol{K}'$、$\boldsymbol{K}$ 取值不等，简并被破坏，简并破缺与系统对称性降低有关。第 2 支色散曲面的极大值频率与第 3 支色散曲面的极小值间的频率范围称为系统的禁带，系统不能传播频率处于禁带的波。

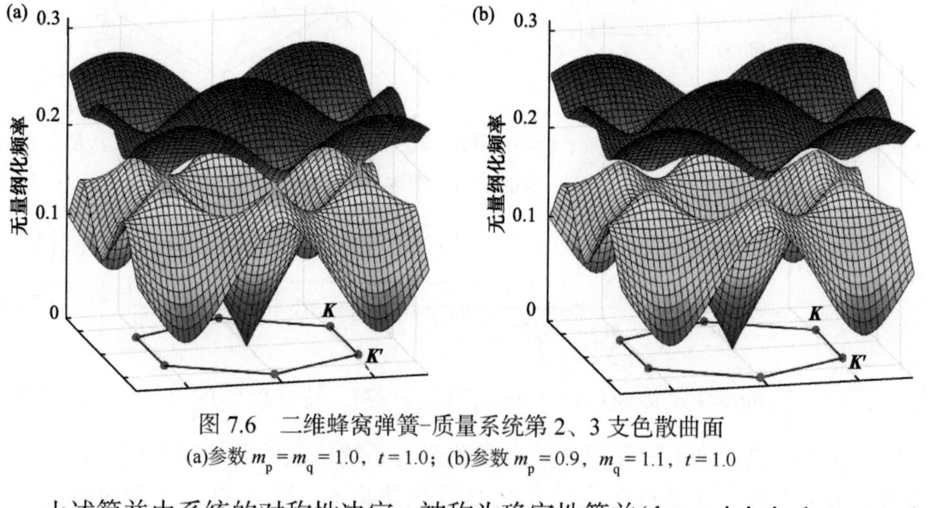

图 7.6　二维蜂窝弹簧-质量系统第 2、3 支色散曲面

(a)参数 $m_{\mathrm{p}}=m_{\mathrm{q}}=1.0$，$t=1.0$；(b)参数 $m_{\mathrm{p}}=0.9$，$m_{\mathrm{q}}=1.1$，$t=1.0$

上述简并由系统的对称性决定，被称为确定性简并(deterministic degenerate)，当相应的对称性被破坏后，对应的简并状态也会被打破。针对上述蜂窝点阵质量弹簧系统，当 p、q 质点质量相等时，系统满足 $C_{6\mathrm{v}}$ 对称性。其中 C(cyclic)代表旋转对称性，与数字 n 组合在一起表示系统每旋转 360°/n 不变；而 v 表示系统还具

有镜面对称性，其镜面对称面与旋转轴平行。除了结构本身的对称性之外，波矢位置的对称性也很重要。针对上述系统，**K'**点和 **K** 点满足 C_{3v} 对称性，则系统在 **K'**、**K** 存在两支色散曲面简并的可能，具体是哪两支视特定系统而定。对于确定性简并，只要需求的对称性不被破坏，则简并始终存在。例如对于上述蜂窝系统，p、q 质量同时增大或减小仅改变简并频率，不改变第 2、3 支色散曲面在 **K'**、**K** 简并这一特征。除对称性带来的确定性简并，特定的参数组合也可使系统产生简并，称为偶发简并(accidental degenerate)。表 7.1 给出了二维系统的对称性与狄拉克简并的具体对应，具体细节可参阅文献[7]。

表 7.1　二维系统对称性与狄拉克简并

晶体对称性	**K** 点对称性	**K** 点位置	简并类型
C_{6v} 或 C_{3v}	C_{3v}	布里渊区角点	确定性
C_6	C_3	布里渊区角点	确定性
C_{3v} 或 C_3	C_3	布里渊区角点	偶发性

7.1.3　$\boldsymbol{k}\cdot\boldsymbol{p}$ 微扰方法

$\boldsymbol{k}\cdot\boldsymbol{p}$ 微扰等效模型是研究参数扰动对系统波动规律影响的有效方法，可以将离散系统的波动用连续化的方式描述，便于从解析角度分析系统的拓扑特征[8]。这里仍以蜂窝弹簧-质量点阵为例子，说明如何导出微扰等效模型。

在系统 p、q 质点质量相等时($m_p = m_q$)，第 2、3 支色散曲面在 **K**(**K'**)发生简并，其对应的特征模态由式(7.12)和式(7.13)给出。下面考虑 p、q 质量不相等($m_p \neq m_q$)的情况，系统对于任意波矢 $\boldsymbol{k}$ 的 Bloch 解 $\boldsymbol{u}'(\boldsymbol{k})$仍满足与方程(7.8)一样的形式

$$\left(\omega^2 \boldsymbol{M}_{4\times4} + \boldsymbol{K}_{4\times4}(\boldsymbol{k})\right)\boldsymbol{u}'(\boldsymbol{k}) = 0 \tag{7.14}$$

进一步假定参数满足条件$|m_p - m_q| \ll 1$，则该系统可认为是由 p、q 质量均为$(m_p + m_q)/2$ 的系统经过参数扰动而来，后者在 **K**(**K'**)简并，其第 2、3 阶色散曲线在 **K**(**K'**)对应的特征模态由式(7.12)和式(7.13)给出。因此，微扰后的系统在 **K**(**K'**)附近波矢的第 2、3 阶色散曲线对应的特征模态可由微扰前系统的特征模态线性组合近似表示，以 **K'**附近波矢 $\boldsymbol{k} = \boldsymbol{K}' + \Delta\boldsymbol{k}$ 为例，则有

$$\boldsymbol{u}'(\boldsymbol{k}) \approx c_1\boldsymbol{u}_1(\boldsymbol{K}') + c_2\boldsymbol{u}_2(\boldsymbol{K}') \tag{7.15}$$

将上述表达式代入严格波动方程(7.14)，并分别与 $\boldsymbol{u}_1(\boldsymbol{K}')$、$\boldsymbol{u}_2(\boldsymbol{K}')$内积可以得到两个线性方程

$$\begin{cases} \boldsymbol{u}_1^{\dagger}(\boldsymbol{K}')\left(\omega^2\boldsymbol{M}_{4\times4}+\boldsymbol{K}_{4\times4}(\boldsymbol{k})\right)\left(c_1\boldsymbol{u}_1(\boldsymbol{K}')+c_2\boldsymbol{u}_2(\boldsymbol{K}')\right)=0 \\ \boldsymbol{u}_2^{\dagger}(\boldsymbol{K}')\left(\omega^2\boldsymbol{M}_{4\times4}+\boldsymbol{K}_{4\times4}(\boldsymbol{k})\right)\left(c_1\boldsymbol{u}_1(\boldsymbol{K}')+c_2\boldsymbol{u}_2(\boldsymbol{K}')\right)=0 \end{cases} \tag{7.16}$$

将简并系统特征模态式(7.12)和式(7.13)代入，化简可得到关于系数 c_1、c_2 的线性方程组

$$\begin{pmatrix} \dfrac{3t}{2}-m_{\mathrm{p}}\omega^2 & \dfrac{1}{2}t\left(1-2\exp(+\mathrm{i}\Delta k_x a_x)\cos\left(\Delta k_y a_y+\dfrac{\pi}{3}\right)\right) \\ \dfrac{1}{2}t\left(1-2\exp(-\mathrm{i}\Delta k_x a_x)\cos\left(\Delta k_y a_y+\dfrac{\pi}{3}\right)\right) & \dfrac{3t}{2}-m_{\mathrm{q}}\omega^2 \end{pmatrix}$$

$$\times\begin{pmatrix} c_1 \\ c_2 \end{pmatrix}=0 \tag{7.17}$$

将上式截取到关于 $\Delta\boldsymbol{k}$ 的一阶近似项，则有

$$\begin{pmatrix} \dfrac{3t}{2}-\omega^2 m_{\mathrm{p}} & \dfrac{\sqrt{3}}{4}at\left(\Delta k_y-\mathrm{i}\Delta k_x\right) \\ \dfrac{\sqrt{3}}{4}at\left(\Delta k_y+\mathrm{i}\Delta k_x\right) & \dfrac{3t}{2}-\omega^2 m_{\mathrm{q}} \end{pmatrix}\begin{pmatrix} c_1 \\ c_2 \end{pmatrix}=0 \tag{7.18}$$

注意到该系统由 p、q 质量均为$(m_{\mathrm{p}}+m_{\mathrm{q}})/2$ 的简并系统微扰而来，则在 $\boldsymbol{k}=\boldsymbol{K}'+\Delta\boldsymbol{k}$ 的频率可近似为 $\omega=(3t/(m_{\mathrm{p}}+m_{\mathrm{q}}))^{1/2}+\Delta\omega$。将频率代入式(7.18)，经过简化得到如下的特征值问题

$$\Delta\boldsymbol{H}\boldsymbol{\psi}=\Delta\omega\boldsymbol{\psi} \tag{7.19}$$

$$\Delta\boldsymbol{H}=m\boldsymbol{\sigma}_z+v(\tau\Delta k_y\boldsymbol{\sigma}_x-\Delta k_x\boldsymbol{\sigma}_y) \tag{7.20}$$

$$m=\frac{1}{2}\frac{m_{\mathrm{q}}-m_{\mathrm{p}}}{m_{\mathrm{q}}+m_{\mathrm{p}}}\omega_0,\quad v=\frac{\omega_0 a}{4\sqrt{3}},\quad \omega_0=\sqrt{\frac{3t}{m_{\mathrm{p}}+m_{\mathrm{q}}}} \tag{7.21}$$

$$\boldsymbol{\sigma}_x=\begin{pmatrix} 0 & 1 \\ 1 & 0 \end{pmatrix},\quad \boldsymbol{\sigma}_y=\begin{pmatrix} 0 & -\mathrm{i} \\ \mathrm{i} & 0 \end{pmatrix},\quad \boldsymbol{\sigma}_z=\begin{pmatrix} 1 & 0 \\ 0 & -1 \end{pmatrix} \tag{7.22}$$

上述方程中，$\Delta\boldsymbol{H}$ 代表系统的等效哈密顿量；$\boldsymbol{\psi}=\{c_1,c_2\}^{\mathrm{T}}$ 为由线性叠加系数组成的特征模态。参数 $\tau=+1\ (-1)$用于区分 $\boldsymbol{K}'(\boldsymbol{K})$谷点，$\boldsymbol{\sigma}_x$、$\boldsymbol{\sigma}_y$ 和 $\boldsymbol{\sigma}_z$ 称为泡利矩阵。参数 m 和 v 分别表示系统的等效狄拉克质量(Dirac mass)和狄拉克速度(Dirac velocity)。根据以上等效模型，可以得到 $\Delta\omega$ 关于 $\Delta\boldsymbol{k}$ 的表达式及相应的特征模态

$$\Delta\omega = \pm\sqrt{m^2 + v^2\Delta k^2}, \quad \psi = \frac{\left(v(\mathrm{i}\Delta k_x + \tau\Delta k_y),\ \Delta\omega - m\right)^{\mathrm{T}}}{\sqrt{(\Delta\omega - m)^2 + v^2\Delta k^2}} \tag{7.23}$$

这里，特征模态 ψ 满足归一化条件 $\langle\psi|\psi\rangle = \psi^{\dagger}\psi = 1$。结合谷点波矢 $\boldsymbol{K}'(\boldsymbol{K})$和已经确定的狄拉克频率 ω_0，可以得到谷点波矢 $\boldsymbol{K}'(\boldsymbol{K})$附近的真实色散关系，表示为 $\boldsymbol{K}'(\boldsymbol{K}) + \Delta\boldsymbol{k}$ 与 $\omega_0 + \Delta\omega$ 的关系。可以看到，上下两阶色散曲面关于$\Delta\omega = 0$ 对称，两阶色散曲线之间的禁带宽度为$|2m|$。当 p、q 质量相等的时候，禁带消失，两阶色散曲线在$\Delta k = 0$ 处形成斜率为 v 的狄拉克锥。

7.1.4　拓扑绝缘体分类

目前二维拓扑绝缘体研究主要有三类：陈绝缘体、自旋霍尔绝缘体及谷霍尔绝缘体。这三类系统的拓扑不变量分别为陈数、自旋陈数以及谷陈数。拓扑不变量为零对应平凡绝缘体，反之则为拓扑绝缘体。下面概括三类拓扑绝缘体的特点和波动规律。

霍尔绝缘体对应于最早发现的整数量子霍尔效应[9],其边界支持单向传播态，这对于能量单向传输极具意义。实现霍尔绝缘体的关键在于打破时间反演对称性，如何在弹性波中做到这一点，是设计的主要难点。目前主要有两种思路：一是将弹性波系统与旋转陀螺耦合[10,11]，利用陀螺自身的旋转打破时间反演对称性；另一种是利用科里奥利力打破时间反演对称性，例如将系统放置于旋转平台[12]。根据体边对应关系，陈绝缘体与平凡绝缘体组成的界面支持拓扑保护的单向界面态，无论界面如何弯曲或材料是否存在缺陷，能量都只能向前传输而不会发生后向散射，即所谓的后向散射免疫(back-scattering immune)。典型的陈绝缘体界面带结构如图 7.7(a)所示，在禁带范围内仅有单向传播的边界态。真空可以看作平凡绝缘体，因此，陈绝缘体的边界本身也支持以上单向态。

陈绝缘体的单向态在能量无损传输方面具有潜力，但物理上通常难以打破时间反演对称性。自旋霍尔绝缘体的提出开启了时间反演对称系统中拓扑波动的研究，其对应的拓扑数为自旋陈数[13-15]。事实上，拓扑绝缘体最早就特指自旋霍尔绝缘体，后来才逐渐涵盖更广义的陈绝缘体、谷霍尔绝缘体等。自旋霍尔绝缘体的边界上存在传播方向相反的两个界面态，分别对应上、下两种自旋，典型的界面带结构如图 7.7(b)所示。通过仅激发上或下自旋，可以实现能量传播方向的控制，这种不需要打破时间反演对称性的体系更利于实际应用。只要缺陷不是特别强，不使得自旋或者赝自旋自由度翻转，就能保持对缺陷的鲁棒性。由于弹性波不存在类似电子的内秉自旋，要在弹性波中实现自旋霍尔绝缘体，就需要通过精心设计来构造赝自旋态。现有的设计包括：利用薄板结构的对称与反对称模态耦合[16,17]，或基于超胞晶格布洛赫模态的构造方案[18,19]。

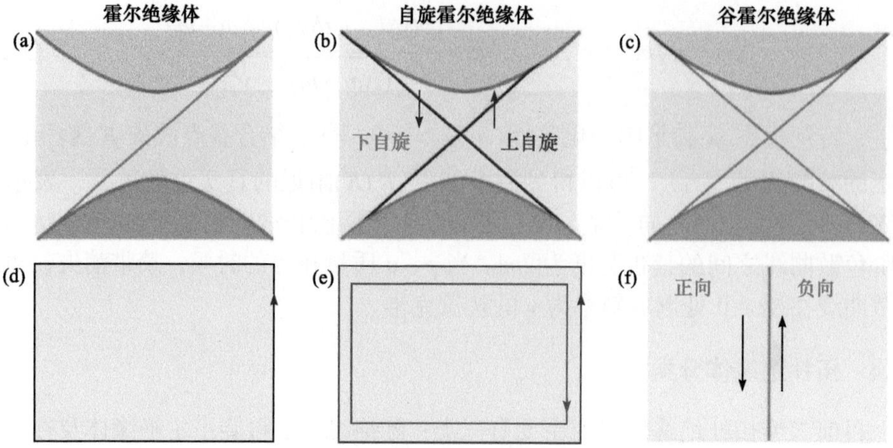

图 7.7 拓扑绝缘体能带及波传播规律

(a)、(d)霍尔绝缘体；(b)、(e)自旋霍尔绝缘体；(c)、(f)谷霍尔绝缘体

谷霍尔绝缘体是实现条件最简单的一类，目前的研究也非常多[20-23]。一般来说，谷霍尔绝缘体可简单地通过打破狄拉克简并来实现，包括通过结构设计打破反演对称或镜面对称性。谷霍尔绝缘体在两个谷点附近的贝里曲率通常相反，贝里曲率在整个布里渊区的积分等于零。然而，贝里曲率在单个谷点附近的积分等于半整数，可分为正、负两种谷霍尔绝缘体。在正、负两种谷霍尔绝缘体组成的界面上，存在沿双向传播的界面态，典型界面带结构如图 7.7(c)所示。尽管正负谷霍尔相组成的界面不具备单向导波特性，但界面态的拓扑保护特征得到了很好的保留，同样具有对缺陷、扰动不敏感的特征。

7.2 弹性波谷霍尔绝缘体

7.2.1 蜂窝离散模型

这里将介绍在前述蜂窝弹簧-质量系统中实现谷霍尔绝缘体。实现谷霍尔绝缘体一般需要打破镜像对称或空间反演对称。当上述蜂窝单胞中两个质点质量不相等时，系统不再满足空间反演对称性，先前的理论分析也表明，系统在谷点的狄拉克简并破缺并产生完全禁带。此时，系统是否属于谷霍尔绝缘体可以通过谷陈数加以判断。拓扑数可由贝里曲率经过积分得到，贝里曲率定义为

$$F(\boldsymbol{k}) = \mathrm{i}\nabla_{\boldsymbol{k}} \times \langle \boldsymbol{\psi} \mid \nabla_{\boldsymbol{k}} \boldsymbol{\psi} \rangle = \mathrm{i}\frac{\partial \boldsymbol{\psi}^{\dagger}}{\partial \Delta k_x} \cdot \frac{\partial \boldsymbol{\psi}}{\partial \Delta k_y} - \mathrm{i}\frac{\partial \boldsymbol{\psi}^{\dagger}}{\partial \Delta k_y} \cdot \frac{\partial \boldsymbol{\psi}}{\partial \Delta k_x} \tag{7.24}$$

微扰等效模型对于理论分析拓扑不变量十分方便，并且在后续拓扑界面态的解析求解中也非常实用。根据微扰等效模型给出的特征模态(7.23)，可以解析求出低频

色散曲面分支的贝里曲率为

$$F(\tau \boldsymbol{K}') = \frac{\tau m v^2}{2(m^2 + v^2 \Delta k^2)^{3/2}} \tag{7.25}$$

与先前类似，$\tau = -1$ 或+1 分别对应于两个谷点。精确的贝里曲率也可以根据特征问题方程(7.8)的特征模态严格求出，但其形式将不如微扰模型简洁。图 7.8(a)给出了精确带结构曲线以及在谷点附近的解析色散曲线，而贝里曲率解析结果(7.25)与精确结果对比如图 7.8(b)和(c)所示。其中解析结果与精确结果吻合得很好。注意到贝里曲率精确模型与解析模型之间的细微差别，精确结果具有和系统类似的 120°旋转对称性，而忽略了系统晶格特征的微扰模型给出的结果为完全各向同性。由于等效参数 m 非常小，贝里曲率主要分布在两个谷点 $\boldsymbol{K}$、$\boldsymbol{K}'$附近，在远离谷点时迅速衰减至零。两个谷的贝里曲率正好符号相反，贝里曲率在整个布里渊区的积分等于零，即系统的陈数为零。然而，贝里曲率在单个谷点附近的积分，即谷陈数，则可以不为零

$$C(\tau \boldsymbol{K}') = \frac{1}{2\pi} \iint F(\tau \boldsymbol{K}') \mathrm{d}(\Delta k_x) \mathrm{d}(\Delta k_y) = \frac{1}{2} \mathrm{sgn}(m) \tau = \frac{1}{2} \mathrm{sgn}(m_\mathrm{q} - m_\mathrm{p}) \tau \tag{7.26}$$

即对于 $\boldsymbol{K}'$、$\boldsymbol{K}$ 两个谷点，其谷陈数分别为+1/2 和−1/2。因此，当通过不相等的质量 $m_\mathrm{p} \neq m_\mathrm{q}$ 使得系统对称性从 $C_{6\mathrm{v}}$ 降至 $C_{3\mathrm{v}}$ 时，系统变为谷霍尔绝缘体，其中 $m_\mathrm{q} > m_\mathrm{p}$ 对应正谷霍尔相，$m_\mathrm{q} < m_\mathrm{p}$ 对应负谷霍尔相。

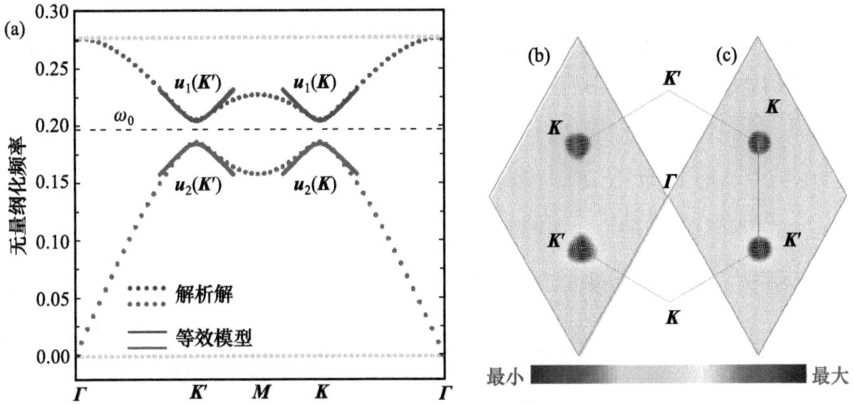

图 7.8　(a)带结构曲线，离散点表示精确解，谷点 $\boldsymbol{K}$、$\boldsymbol{K}'$附近的连续曲线为微扰解析解；(b)、(c)胞元中两质量不等时($m_\mathrm{p} = 0.9$, $m_\mathrm{q} = 1.1$, $t = 1$)的精确贝里曲率及由微扰模型得出的解析贝里曲率

根据体边对应关系，不同拓扑相组成的界面上一定存在受拓扑保护的界面态。根据导出的 $\boldsymbol{k} \cdot \boldsymbol{p}$ 微扰等效模型，可以解析验证界面态的存在性、传播方向及

极化特征等。为验证以上谷霍尔绝缘体的正确性，考虑由正、负两种谷霍尔相组成的界面(图 7.9，$x' < 0, m > 0; x' > 0, m < 0$)，界面结构沿 y'呈周期性。界面上的具体结构随角度 θ 不同而变化。$\theta = 0°$对应于锯齿形(zig-zag)界面，而 $\theta = 30°$则呈扶手椅(amchair)界面。根据微扰等效模型(7.19)，界面两侧弹性波由如下微分方程给出(即将等效哈密顿量中两个波矢做替换，$\Delta k_x \to -\mathrm{i}\partial_x, \Delta k_y \to -\mathrm{i}\partial_y$)

$$m\sigma_z\psi - \mathrm{i}v\tau\sigma_x\frac{\partial\psi}{\partial y} + \mathrm{i}v\sigma_y\frac{\partial\psi}{\partial x} = \Delta\omega\psi \tag{7.27}$$

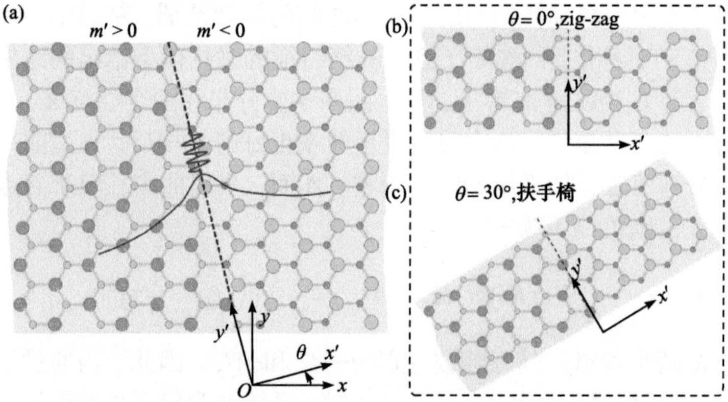

图 7.9 (a)正负谷霍尔相组成的界面示例，界面具体几何形式与方位角 θ 有关；(b)、(c)锯齿形/扶手形界面对应于方位角 $\theta = 0° / 30°$

注意到界面在 y'方向具有周期性，则其界面态满足 Bloch 解形式 $\psi(x,y) = (c_1, c_2)^{\mathrm{T}}\exp(\lambda' x')\exp(\mathrm{i}\Delta k'_y y')$，其中 c_1、c_2 为待求解的未知系数。将该表达式代入波动控制方程(7.27)可得

$$\begin{pmatrix} m & \exp(-\mathrm{i}\tau\theta)v(\tau\Delta k'_y + \lambda') \\ \exp(\mathrm{i}\tau\theta)v(\tau\Delta k'_y - \lambda') & -m \end{pmatrix}\begin{pmatrix} c_1 \\ c_2 \end{pmatrix} = \Delta\omega\begin{pmatrix} c_1 \\ c_2 \end{pmatrix} \tag{7.28}$$

为获得非零解，需要系数矩阵的行列式为零，据此可得到特征频率以及特征模态

$$(\Delta\omega)^2 = m^2 + v^2\left((\Delta k'_y)^2 - \lambda'^2\right), \quad \frac{c_1}{c_2} = \exp(-\mathrm{i}\tau\theta)\frac{v(\tau\Delta k'_y + \lambda')}{\Delta\omega - m} \tag{7.29}$$

要使得特征模态局域在界面附近，需要参数 $\lambda' x'$在界面两侧均为负数，使得特征模态沿法向远离界面时呈现指数衰减。此外，比值 c_1/c_2 在界面两侧必须连续，即满足界面连续性条件。注意到$\Delta\omega/\omega_0$ 和$\Delta k'_y$ 在界面两侧分别相等，则容易验证，存在如下指数衰减且满足线性色散关系的界面态

$$\boldsymbol{\psi} = \frac{\sqrt{2}}{2}\begin{pmatrix} 1 \\ -\exp(\mathrm{i}\tau\theta) \end{pmatrix}\exp\left(-\left|\frac{m'(x')}{v}x'\right|\right)\exp(\mathrm{i}\Delta k'_y y'), \quad \Delta\omega = -\tau v\Delta k'_y \tag{7.30}$$

将 $\boldsymbol{K}'$、$\boldsymbol{K}$ 谷态表达式代入上式，可以得到 p、q 质点的具体位移表达式

$$\begin{aligned}\boldsymbol{u} &= \left(\boldsymbol{u}_1(\tau\boldsymbol{K}')\exp(\mathrm{i}\tau\boldsymbol{K}'\cdot\boldsymbol{r}),\ \boldsymbol{u}_2(\tau\boldsymbol{K}')\exp(\mathrm{i}\tau\boldsymbol{K}'\cdot\boldsymbol{r})\right)\cdot\psi(x,y)\\ &= \frac{1}{2}(-\mathrm{i}\tau,1,-\mathrm{i}\tau\exp(\mathrm{i}\tau\theta),-\exp(\mathrm{i}\tau\theta))\exp(\mathrm{i}\tau\boldsymbol{K}'\cdot\boldsymbol{r})\exp\left(-\left|\frac{m'(x')}{v}x'\right|\right)\exp(\mathrm{i}\Delta k_y' y')\end{aligned} \tag{7.31}$$

可以看到，界面态由谷态线性叠加而成，并有额外的指数衰减项及相位差因子。从色散关系曲线(7.30)可以看出，由谷点 $\boldsymbol{K}'$对应特征模态组成的界面态沿着$-y'$方向传播，而由另一谷点 $\boldsymbol{K}$ 对应特征模态组成的界面态则沿着反方向传播。如果交换两个谷霍尔相的位置，则对应关系将发生反转。还注意到，指数衰减因子$|m(x')/v|$与微扰模型中的等效质量相关，即 p、q 质点质量差异越大，则界面态越集中在界面附近。此外，上述表达式表明，对于任意的界面方位角 θ 均存在相应的界面态，这表明界面态具有鲁棒性。以上解析表达式并不能直接反映界面弯曲的影响，下文将通过数值算例验证界面夹角突变时界面态的鲁棒性。

图 7.10 给出了两种谷霍尔相组成的条状界面(A, $m_{\mathrm{p}}=0.9$, $m_{\mathrm{q}}=1.1$; B, $m_{\mathrm{p}}=1.1$, $m_{\mathrm{q}}=0.9$)以及对应的能带结构。界面沿 y 方向，根据图 7.9(b)，其对应于方位角 $\theta=0°$。在计算能带结构时，条状几何结构的上下边界施加有 Bloch 连续性条件。在能带结构图 7.10(b)中，灰色曲线代表体态，在禁带范围内出现了一条由蓝色曲线表示的色散关系。考察其波动模态可以发现其对应于界面态，从给出的位移场(图 7.10(c)～(e))可以看出。对于界面态(图 7.10(d))，只有靠近界面的质点具有很大的位移振幅。从色散曲线亦可以得出，在 $\boldsymbol{K}'$的界面态具有负的群速度，与之前的理论预期一致。

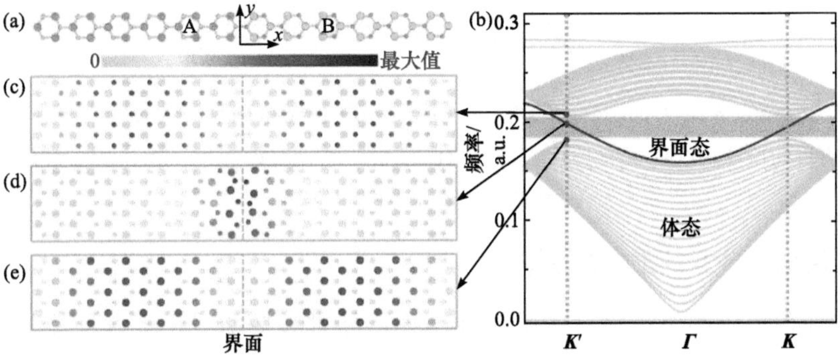

图 7.10　(a)正负谷霍尔相组成的条状几何结构；(b)条状几何结构沿 y 向波传播的带结构曲线；(c)～(e)图(b)中谷点 $\boldsymbol{K}'$上下两个体态对应的质点位移场；(d)图(b)中界面态对应的质点位移场

为了更清晰地看出界面态质点(图 7.11(a))的运动，图 7.11(b)和(c)给出了靠近界面附近质点的运动轨迹。对于谷点 $\boldsymbol{K}'$ 对应的界面态，质点 p/q 分别按照逆时针/顺时针方向绕平衡位置运动，和上述解析表达式一致。对于谷点 $\boldsymbol{K}$ 对应的界面态，所有质点的运动反向。由于微扰等效模型为完全各向同性，解析表达式(7.31)给出的质点轨迹为圆形，实际上质点轨迹为主方向沿 x 或者 y 的椭圆。这主要是由于真实系统仅满足 C_{3v} 离散对称性，而不是完全各向同性。q/p 质点水平位移沿着 x 方向的分布如图 7.11(d)和(e)所示，其中的指数衰减规律和解析表达式(7.31)的预测高度一致。

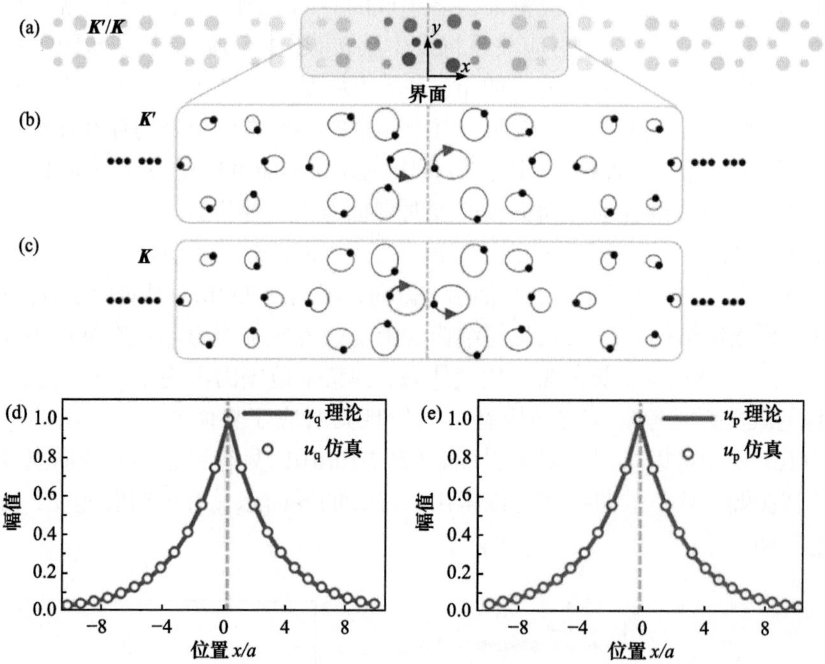

图 7.11　(a)谷点 $\boldsymbol{K}'/\boldsymbol{K}$ 界面态对应的质点位移场；(b)、(c)界面附近质点的运动轨迹，黑色圆点代表质点的位置，红色/蓝色线代表绕平衡位置顺时针/逆时针旋转；(d)、(e) q/p 质点水平位移幅值沿着 x 方向的分布

7.2.2　局域共振型谷霍尔绝缘体

实现谷霍尔绝缘体设计的关键在于如何使其频散曲线产生线性简并的狄拉克锥。之前部分的谷霍尔设计主要依靠与布拉格散射相关的狄拉克简并，相应的频率位置由晶格常数决定。这意味着实现低频拓扑传输功能需要较大的晶格尺寸，不利于实际应用需求。这里介绍基于局域共振的谷霍尔绝缘体设计[24]，基本思路为在满足 C_{3v} 对称性的点阵中引入局域振子，可产生频率位置由振子共振频

率决定的狄拉克锥以及相应的谷传输拓扑界面态。

考虑如图 7.12(a)所示的弹簧-质量离散模型。该蜂窝点阵的代表单胞为灰色菱形所示，其晶格常数取为单位 1。每个单胞内包含两个质量均为 M 的外部质点，分别记作 p 和 q。p 和 q 内部各有一个局域振子(分别记作 r 和 s)，其质量分别为 m_r 和 m_s。这里只考虑出平面极化振动模式，即所有质点只沿出平面方向振动。邻近的外部质点由出平面刚度为 K_t 的弹簧连接，局域振子的出平面刚度均为 k。该弹簧-质量模型的第一布里渊区如图 7.12(b)所示。

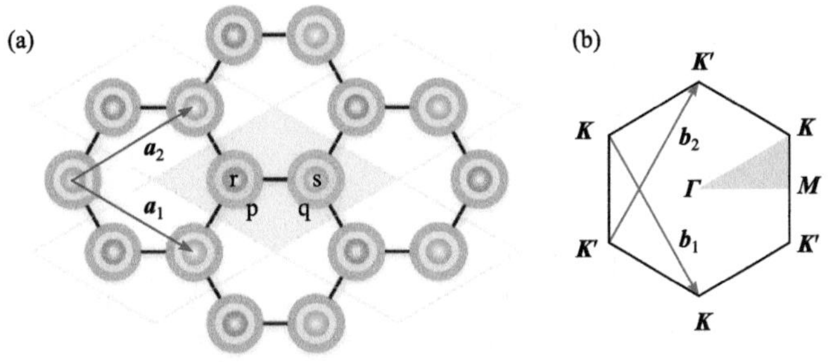

图 7.12　(a)局域共振型谷霍尔绝缘体离散模型；(b)对应的第一布里渊区以及角点 **K'**、**K**

定义 $\omega_s=\sqrt{K_t/M}$ 以及无量纲参数 $\alpha=k/K_t, \beta_1=m_r/M, \beta_2=m_s/M$。每个单胞包含 4 个自由度，建立相应的特征值方程可求得给定波矢下的四阶特征频率。当 $\alpha=0.6, \beta_1=\beta_2=1.0$ 时，离散模型的频散曲线如图 7.13(a)中灰色点线所示。其中，无量纲化频率 $\Omega=\omega/\omega_s$。可以看到，布里渊区角点 **K** 处有两个狄拉克锥。作为参照，不含局域振子的蜂窝点阵的频散曲线为图 7.13(a)中红色实线。对比可发现，局域振子模型高频处的狄拉克简并频率与不含局域振子的蜂窝点阵几乎一致，而另一狄拉克锥频率则位于局域共振带隙下界附近，表明其频率与局域振子共振频率接近。解析计算可得 **K** 点处的四阶特征频率为

$$\begin{cases}\omega_1^2=\dfrac{(\alpha+(3+\alpha)\beta_1)-\sqrt{(\alpha+(3+\alpha)\beta_1)^2-12\alpha\beta_1}}{2\beta_1}\omega_s^2\\ \omega_2^2=\dfrac{(\alpha+(3+\alpha)\beta_2)-\sqrt{(\alpha+(3+\alpha)\beta_2)^2-12\alpha\beta_2}}{2\beta_2}\omega_s^2\\ \omega_3^2=\dfrac{(\alpha+(3+\alpha)\beta_1)+\sqrt{(\alpha+(3+\alpha)\beta_1)^2-12\alpha\beta_1}}{2\beta_1}\omega_s^2\\ \omega_4^2=\dfrac{(\alpha+(3+\alpha)\beta_2)+\sqrt{(\alpha+(3+\alpha)\beta_2)^2-12\alpha\beta_2}}{2\beta_2}\omega_s^2\end{cases}\tag{7.32}$$

当$\beta_1=\beta_2=\beta\,(\beta=(m_r+m_s)/(2M))$时，这四个特征频率两两简并，即$\omega_1=\omega_2$且$\omega_3=\omega_4$，分别与图 7.13(a)中的两个狄拉克锥对应。可以验证，$\omega_1=\omega_2=\omega_0<\sqrt{k/m_0}$ $(m_0=(m_r+m_s)/2)$，表明较低频狄拉克锥的频率一定小于局域振子的共振频率。因此，在不改变晶格常数的前提下，可以通过改变局域振子的共振频率调节该狄拉克锥的频率位置。当单胞中两个局域振子的质量存在小幅差异，即$0<|\beta_1-\beta_2|\ll\beta$时，由于两振子的共振频率不同，狄拉克锥简并退化并形成新的带隙，如图 7.13(b)所示。

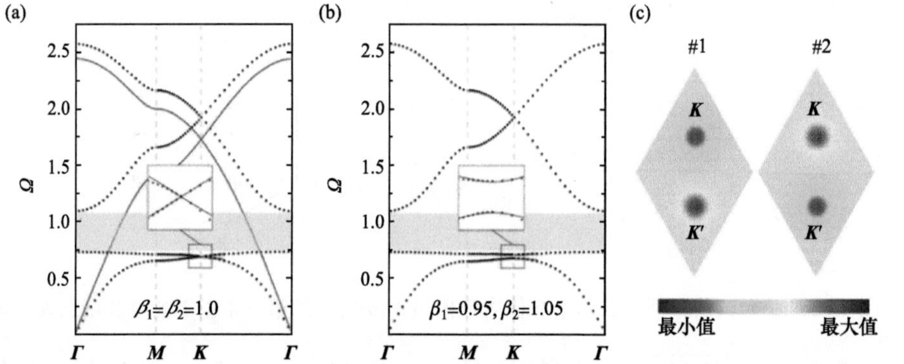

图 7.13　(a)单胞中两个局域振子完全相同时的频散曲线(灰色点线)以及不含局域振子的蜂窝点阵的频散曲线(红色实线)；(b)单胞中两个局域振子的质量存在小幅差异时的频散曲线；(c)图(b)中前两条频散分支对应的贝里曲率

参考前述介绍的 $\boldsymbol{k}\cdot\boldsymbol{p}$ 微扰等效方法，谷点($\boldsymbol{K}$ 或 $\boldsymbol{K}'$)附近的特征模态可由谷点处的特征模态线性组合近似表示，进而得到局域共振型谷霍尔绝缘体的等效模型为

$$\Delta\boldsymbol{H}=m\boldsymbol{\sigma}_z+v(\tau\Delta k_y\boldsymbol{\sigma}_x-\Delta k_x\boldsymbol{\sigma}_y),\quad m=\frac{\beta_1-\beta_2}{B}\omega_0,\quad v=\frac{\sqrt{3}S^2}{B\alpha^2}\omega_0 \tag{7.33}$$

其中，$B=4\beta+4[1-(\omega_0^2\beta)/(\omega_s^2\alpha)]^2$，$S=\beta\omega_0/\omega_s-\alpha\omega_s/\omega_0$；$\tau=-1(+1)$用于区分谷点 $\boldsymbol{K}$ 和 $\boldsymbol{K}'$。基于该等效模型得到谷点附近的频散曲线，如图 7.13(a)和(b)中蓝色实线所示，与真实结果吻合一致。进一步根据等效模型给出的特征模态，可以得到图 7.13(b)中第一、第二条频散分支对应的贝里曲率，如图 7.13(c)所示。非零贝里曲率集中在谷点附近，随着离谷点的距离增加而迅速衰减。在半个布里渊区对贝里曲率积分，得到第一支频散曲线在谷点 $\boldsymbol{K}(\boldsymbol{K}')$处的谷陈数为−1/2(+1/2)，而第二支频散曲线在谷点 $\boldsymbol{K}(\boldsymbol{K}')$处的谷陈数为+1/2(−1/2)。相同谷点处的谷陈数之差为$\Delta C_v^{(\boldsymbol{K},\boldsymbol{K}')}=C_{v,\text{upper}}^{(\boldsymbol{K},\boldsymbol{K}')}-C_{v,\text{lower}}^{(\boldsymbol{K},\boldsymbol{K}')}=\pm1$，表明在该狄拉克简并退化而形成的带隙内存在拓扑界面态传播模式。

基于上述弹簧-质量离散模型，可设计如图 7.14(a)所示的微结构模型[24]。将铝板(银白色部分，$E_{Al}=70\text{GPa}$，$\rho_{Al}=2700\text{kg/m}^3$，$\nu_{Al}=0.33$)局部镂空形成刚度弱化，与附加铅柱(黑色部分，$E_l=17\text{GPa}$，$\rho_l=11300\text{kg/m}^3$，$\nu_l=0.33$)一起构成局域振子。晶格常数为 $L=3\text{cm}$，铝板厚度为 $h=2\text{mm}$；细梁的厚度和宽度分别为 $t_b=0.5\text{mm}$ 和 $h_b=1\text{mm}$；铝板上镂空的圆孔半径为 $R=7.5\text{mm}$，铅柱的半径为 $r=3.5\text{mm}$。单胞中两个铅柱的厚度分别记为 h_1 和 h_2。

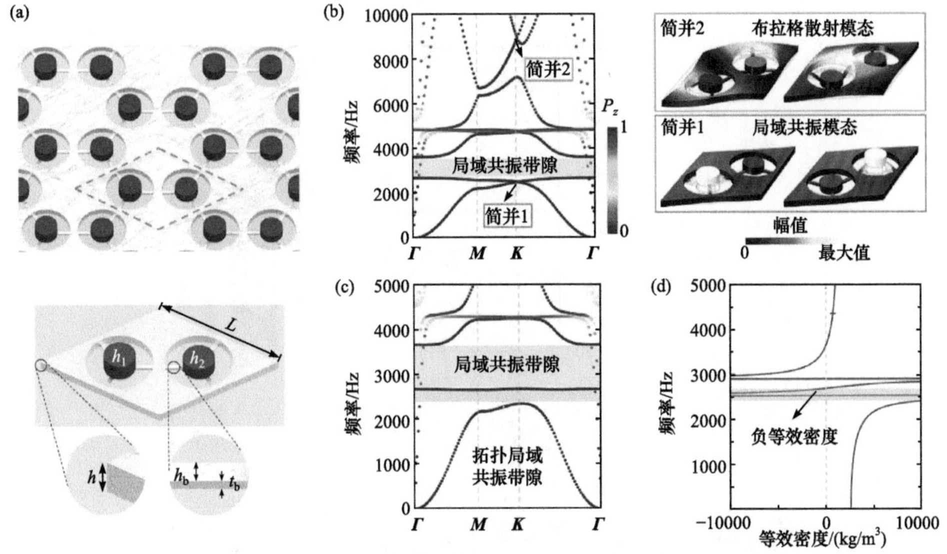

图 7.14　(a)局域共振型谷霍尔绝缘体微结构；(b)单胞内两个局域振子完全相同时的频散曲线；(c)单胞内两个局域振子的质量存在小幅差异时的频散曲线；(d)单胞内两个局域振子的质量存在小幅差异时的出平面等效密度

$h_1=h_2=2.0\text{mm}$ 时的频散曲线如图 7.14(b)所示，颜色表征极化模式，这里只关注颜色值接近于 1 的出平面极化振动。可以看到，在关注的频率范围内，布里渊区角点 $\boldsymbol{K}$ 处存在两处狄拉克简并。根据先前弹簧-质量离散模型分析结果，较高频处的狄拉克简并(简并 2)与不含局域振子的蜂窝点阵所具有的简并一致，相应的特征模态呈现布拉格散射特性。另一个狄拉克简并(简并 1)位于该模型的局域共振带隙正下方，其特征模态表现出明显的局域共振特性，表明该狄拉克简并的频率位置主要由局域振子的共振频率决定。当 $h_1=2.3\text{mm}$ 且 $h_2=1.7\text{mm}$ 时，该模型的频散曲线如图 7.14(c)所示。由于单胞中两个局域振子的共振频率不同，简并 1 退化产生带隙(蓝色区域)。同时，图 7.14(d)给出了该参数下模型的出平面等效密度，在新产生的带隙频率附近，等效密度呈现剧烈变化这一明显共振特点。

为了证明在由狄拉克简并退化而形成的局域共振带隙范围内存在界面态传播模式，进一步分析如图 7.15(a)所示的包含 16 个单胞的条带状超胞的频散特性。该条带状超胞包含 8 个 A 型单胞和 8 个 B 型单胞，其中，$h_1 = 2.3\text{mm}$，$h_2 = 1.7\text{mm}$。相应的频散曲线如图 7.15(b)所示，蓝色色标对应出平面振动模式。在单胞的拓扑局域共振带隙范围内，观察到一条与界面态对应的色散曲线，如绿色实线标注所示。图 7.15(c)给出了 $f = 2500\text{Hz}$ 时的特征模态，位移主要集中于靠近界面的局域振子上。

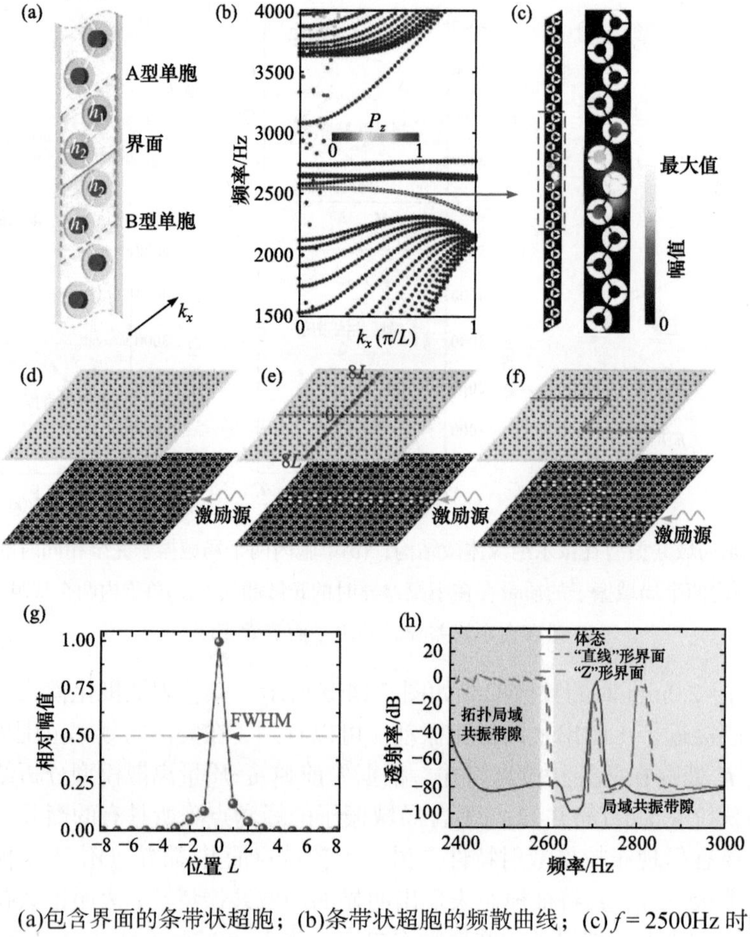

图 7.15　(a)包含界面的条带状超胞；(b)条带状超胞的频散曲线；(c) $f = 2500\text{Hz}$ 时的特征模态；(d)～(f) $f = 2500\text{Hz}$ 时三种有限尺寸结构的稳态位移场；(g)图(e)中标注的蓝色虚线上的振幅分布；(h)三种有限尺寸结构的透射率

下面研究上述界面态传播模式对拐角的免疫特性。考虑如图 7.15(d)～(f)所示的三种结构，分别对应无界面(即体态)、“直线”形界面路径、“Z”形界面路径，均包含 16×16 个单胞。对结构进行频域模拟，四周施加低反射边界，并在界面路径入口处施加频率为 2500Hz 的简谐激励，如红色波浪箭头所示。图 7.15(d)给出了不包含界面时的位移场，由于带隙范围内不存在体态传播模式，位移在远离激励源处迅速衰减。对于含“直线”形界面路径(图 7.15(e))和“Z”形界面路径(图 7.15(f))的结构，激发的弯曲波均可沿界面传播。特别地，图 7.15(g)给出了图 7.15(e)中蓝色虚线上的振幅分布。由图中可见，界面波的半高宽(振幅由最大值衰减至一半时对应的宽度)约为 1.16*L*(*L* 为晶格常数)时，表明位移在远离界面方向迅速衰减。此外，图 7.15(h)给出了三种结构在 2375～3000 Hz 范围的透射率。可以看到，在拓扑局域共振带隙范围内，“直线”形界面路径和“Z”形界面路径的透射率相当，均远高于体态的传输率，表明该界面态在一定程度上受拓扑保护。而在普通的局域共振带隙范围内，除个别透射峰外，三种结构的透射率均非常低。

7.2.3 实验研究

制备的局域共振型谷霍尔绝缘体如图 7.16 所示，材料参数以及微结构几何尺寸与图 7.14(a)一致，结构中包含一条“Z”形界面路径，界面两侧的单胞互为镜像。激振器置于结构背面，探头垂直固定于黑色圆点所示位置。

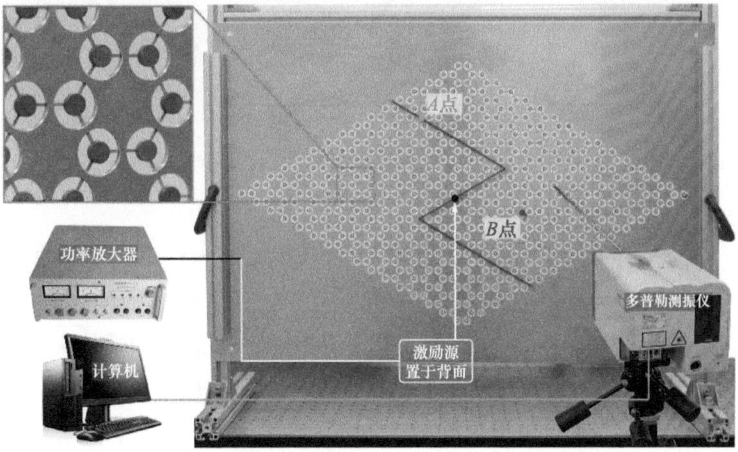

图 7.16　制备的局域共振型谷霍尔绝缘体以及实验测试系统

图 7.17(a)给出了图 7.16 中 *A* 点和 *B* 点处的频响曲线。其中，*A* 点位于“Z”形界面路径上，*B* 点位于界面一侧的材料体内。可以观察到两个明显的低透射区域，如图中灰色和蓝色矩形区域所示。在灰色低透射区域内，*A* 点和 *B* 点的透射率均非常低，而在蓝色低透射区域内，*A* 点的透射率较 *B* 点提升了约 20dB。这意味着在蓝色区域频率范围内，存在界面态传播模式。结合图 7.15(h)中数值模拟给出的透射率曲线可知，蓝色区域对应该局域共振型谷霍尔绝缘体的拓扑局域共振带隙，而灰色区

域对应其平凡局域共振带隙。为了验证该结论，利用扫描式激光多普勒测振仪记录了结构在三个代表性频率下的均方根速度场，分别为 1500Hz(位于通带范围内)、2045Hz(位于拓扑局域共振带隙范围内)、2500Hz(位于平凡局域共振带隙范围内)。当激励频率位于拓扑局域共振带隙范围内时(图 7.17(c))，激发的弯曲波沿“Z”形界面传播，在远离界面方向迅速衰减。而当激励频率位于平凡局域共振带隙范围内时(图 7.17(d))，位移集中于振源附近，未观察到波传播现象。作为参考，激励频率位于材料通带范围内时(图 7.17(b))，能量分布于整个结构。

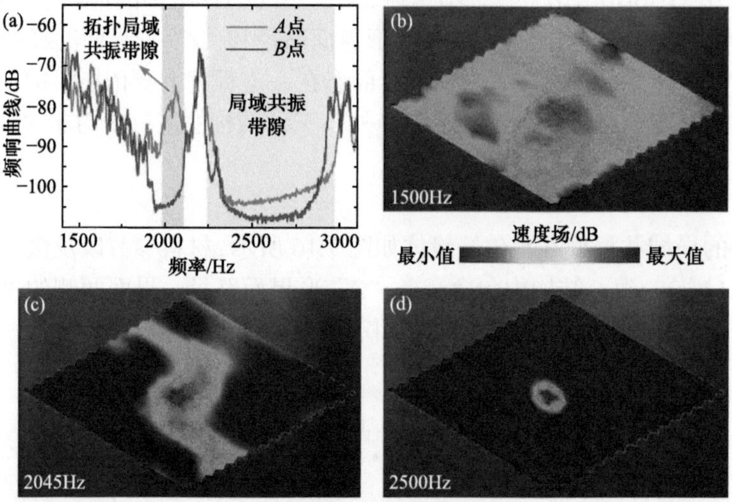

图 7.17　(a)图 7.16 中 A 点和 B 点的实验测得的频响曲线；(b)～(d)频率 1500Hz、2045Hz 和 2500Hz 时的均方根速度场

此外，针对当前研究中拓扑材料经过制备后界面态路径就固定不变的问题，Zhang 等还设计了一种可编程谷霍尔绝缘体，实现了可重构的拓扑保护界面路径[25]。为实现可重构的界面态传播路径，单胞由固体基材和液体夹杂(磁性流体)构成。利用提出的可编程磁场控制系统，可独立地调节每个单胞中的磁流体分布，从而改变结构中拓扑界面态传播路径。

可控正六边形蜂窝点阵如图 7.18 所示，每个单胞含有两个圆柱形空腔，通过细小的拱形通道连通。当单胞不含磁流体时，由于点阵材料同时满足 C_3 对称性和空间反演对称性，其频散曲线在 $\boldsymbol{K}$ 点处线性简并形成狄拉克锥，如图 7.18(a)所示。这里同样仅关注出平面极化振动模式，即图中蓝色频散分支。当单胞其中一个空腔充满磁流体时，不对称的质量分布打破了材料的空间反演对称性，蓝色频散分支上的狄拉克锥退化形成带隙(图 7.18(d))，在该带隙频率范围内，界面态可以沿着两种质量分布相反的单胞阵列组成的界面传播(图 7.18(b))。利用设计的可编程磁场控制系统，可独立调节每个单胞中的磁流体分布，进而可根据实际需要控制界面路径形状(图 7.18(c)、(e))。

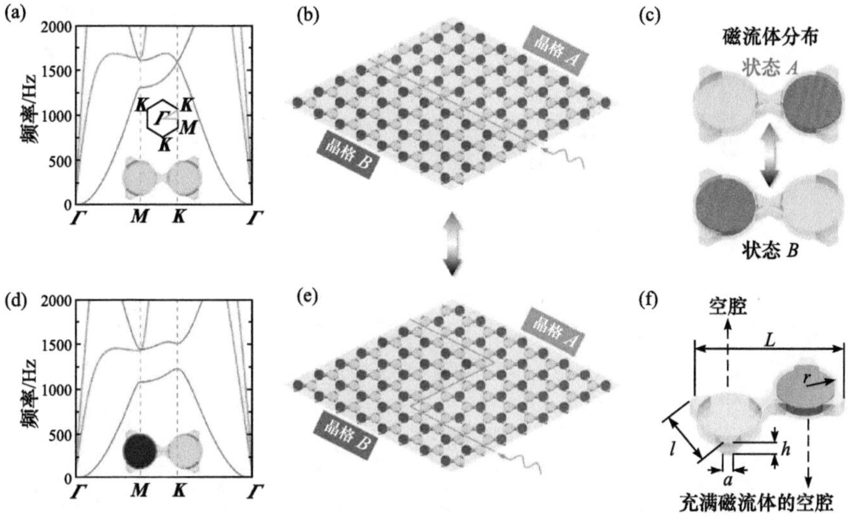

图 7.18　(a)单胞不含磁流体时，布里渊区角点 ***K*** 处发生狄拉克简并；(d)单胞其中一个空腔充满磁流体时的带结构；(b)、(c)、(e)利用可编程磁场控制单胞磁流体的分布，从而调整界面波导路径；(f)单胞几何参数

单胞几何参数如图 7.18(f)所示，固体基体由 3D 打印而成，黑色部分为磁流体夹杂。固体基体的模量和密度分别为 $E=2\text{GPa}$ 和 $\rho=1200\text{kg/m}^3$，泊松比为 0.4。单胞的晶格常数为 $L=4.0\text{cm}$，厚度为 $h=4.0\text{mm}$；圆柱空腔的外半径和壁厚分别为 8.6mm 和 0.7mm；单胞两侧三角棱柱的边长为 $l=1.866\text{cm}$，单胞之间连接处的宽度为 $a=L-2l$。

为了验证带隙范围内存在界面态，计算图 7.19(a)所示 16 个单胞组成的条带状超胞的传波带结构，数值计算中，该条带状超胞的上下两端为自由边界条件，左右两端为 Bloch 周期性边界条件。得到的出平面极化振动模式的频散分支如图 7.19(b)所示。在体带隙范围内(1226～1441Hz)出现一条界面态频散分支，如蓝色点线所示。图 7.19(c)给出了该超胞在 1234Hz 下的特征模态，位移集中分布于条带状超胞的界面处而在远离界面的方向迅速衰减，呈现界面态特征。

进一步，对该含液体夹杂的可编程谷霍尔绝缘体的界面态传播进行了频域模拟。图 7.19(d)～(f)分别给出了 16×16 的有限尺寸结构在直线界面路径、“L” 形界面路径、“Z” 形界面路径下的稳态位移场。模拟中，结构四周施加低反射边界条件，界面路径中间(蓝色圆点所示)施加频率为 1234Hz 的简谐激励。可以发现，在不同界面路径形状下，激发的弯曲波均沿着界面路径传播。

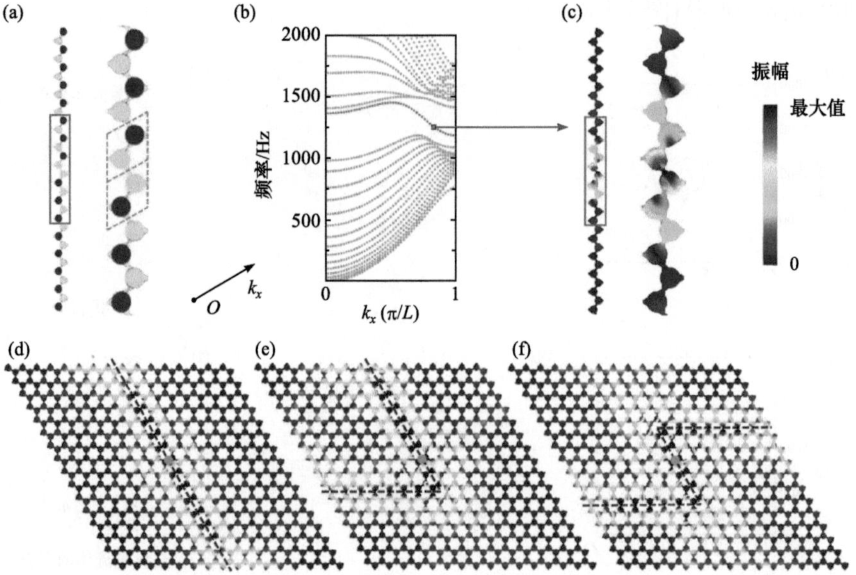

图 7.19　(a)条带状超胞；(b)出平面极化振动模式频散曲线；(c) f = 1234Hz 下界面态频散分支上的特征模态；(d)～(f) f = 1234Hz 下三种界面路径的稳态位移场

3D 打印制备的包含 16 × 16 个单胞的测试样件如图 7.20(a)所示，界面两侧单胞中的磁流体分布状态相反。实验测得的直线形界面路径构型在 1450 Hz 下的出面位移场如图 7.20(b)所示，激发的弯曲波只沿着界面进行传播，在垂直界面的方向迅速衰减。利用设计的可编程磁场控制系统图 7.21，通过转移单胞中的磁流体，

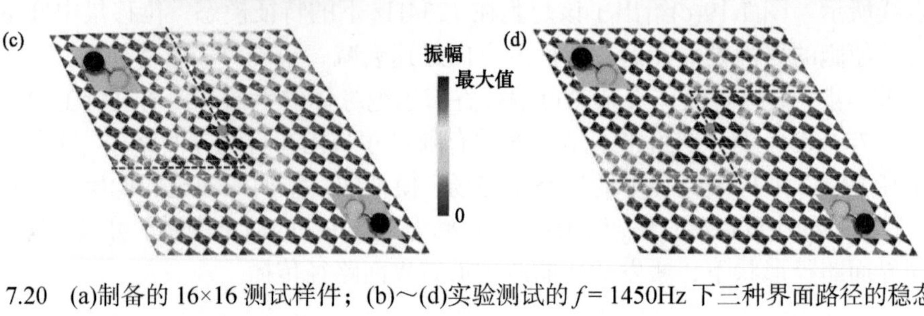

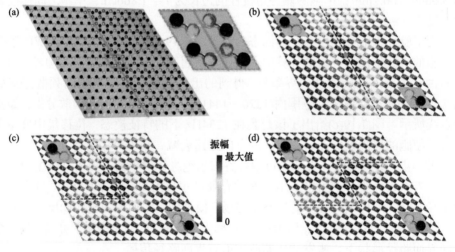

图 7.20　(a)制备的 16×16 测试样件；(b)～(d)实验测试的 f = 1450Hz 下三种界面路径的稳态位移场

可重构结构中界面态路径的形状。图 7.20(c)和(d)给出了“L”形界面路径构型和“Z”形界面路径构型的出面位移场，弯曲波沿着新形成的界面路径传播，并且可很好地绕过拐角。

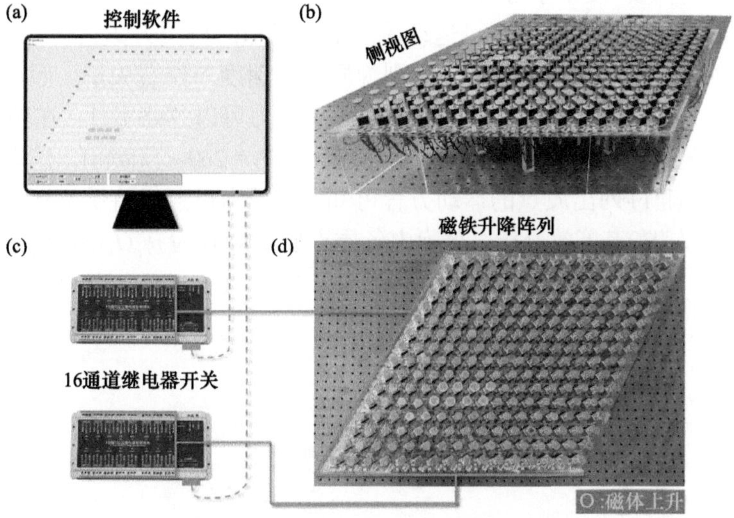

图 7.21　可编程控制磁铁升降阵列系统

(a)控制软件；(b)磁铁升降阵列的侧视图；(c)16 通道继电器开关；(d)磁铁升降阵列，绿色圆圈标注的磁铁已由软件控制升起；

综上所述，设计谷霍尔绝缘体的关键步骤是首先得到狄拉克锥简并系统，然后通过降低对称性打破简并实现谷霍尔拓扑相。代表性的设计方案是基于蜂窝或三角晶格系统在布里渊区角点的狄拉克锥，利用镜像或反演对称破缺设计出谷霍尔绝缘体。弹性波谷霍尔绝缘体的实验研究已比较成熟，例如 Vila 等在蜂窝点阵板系统中验证了谷霍尔效应[21], Gao 等则设计了基于三角排布散射体的谷霍尔绝缘体[23], 并验证了界面态的拓扑保护特性。由于线弹性理论可以线性缩放的特性，Yan 等设计了微纳米尺度的谷霍尔绝缘体，并研究了不同界面夹角对弹性波束分波的影响[26]。

7.3　陈 绝 缘 体

7.3.1　弹簧-质量模型

7.2 节通过调节蜂窝弹簧-质量系统的质量参数，打破空间反演对称性已经实现了谷霍尔绝缘体，这里将在相同的系统中设计实现陈(Chern)绝缘体，因此需要打破系统的时间反演对称性。外加磁场常用于打破电子系统或电磁系统的时间反演对称性，然而，弹性波、声波等机械波与磁场几乎不耦合，无法通过磁场打破时间反演对称。对于这里的弹簧-质量振动系统，将利用科里奥利力(简称科氏力)打破时间反演对称性，具体可将系统置于旋转基座上来实现。

将之前的弹簧-质量系统置于旋转基座上(图 7.22)，考虑与旋转基座固定的非惯性坐标系，则在该坐标系下，运动质点受到虚拟的科氏力 $\boldsymbol{F}_{\text{cori}} = -2\boldsymbol{\Omega} \times (m\boldsymbol{v})$以及离心力 $\boldsymbol{F}_{\text{cent}} = m|\boldsymbol{\Omega}|^2\boldsymbol{r}$，其中 $\boldsymbol{v}$、$\boldsymbol{r}$ 分别为质点的速度与位置矢量。假定旋转基座角速度较小，则质点受到的科氏力占主导，离心力可以忽略不计。在频率为 ω 的简谐振动情况下，科氏力等价为 $\boldsymbol{F}_{\text{cori}} = -2\boldsymbol{\Omega} \times (m\boldsymbol{v}) = 2\mathrm{i}\boldsymbol{\Omega} \times (m\boldsymbol{a}/\omega)$，这里 $\boldsymbol{a}$ 代表质点的加速度。通过列出质点的运动方程可知，科氏力可通过将质量标量扩展为厄米(Hermitian)矩阵来等效分析，单胞内各质点质量等效为 $m_{\text{p}}(\boldsymbol{I} + \gamma\boldsymbol{\sigma}_y)$、$m_{\text{q}}(\boldsymbol{I} + \gamma\boldsymbol{\sigma}_y)$，其中因子 $\gamma = 2\Omega / \omega$ 表示耦合强度。

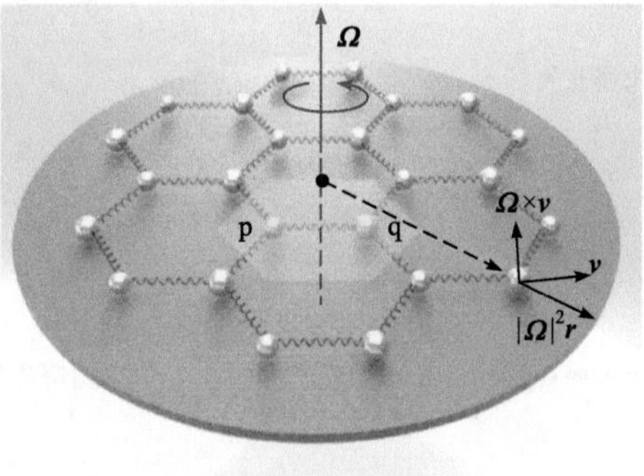

图 7.22　将离散蜂窝系统置于旋转基座上可以打破时间反演对称

考虑两质点质量相等 $m_{\text{p}} = m_{\text{q}} = m_0$ 且科氏力较弱($\gamma \ll 1$)的系统，根据之前微扰等效模型建立方法，以简并系统在$\boldsymbol{K}'$ ($\boldsymbol{K}$)的特征态$\{\boldsymbol{u}_1(\boldsymbol{K}'), \boldsymbol{u}_2(\boldsymbol{K}')\}$($\{\boldsymbol{u}_1(\boldsymbol{K}), \boldsymbol{u}_2(\boldsymbol{K})\}$)为基，可以得到与式(7.20)完全相同的等效模型

$$\Delta \boldsymbol{H}\boldsymbol{\psi} = \Delta\omega\boldsymbol{\psi}, \quad \Delta \boldsymbol{H} = m\boldsymbol{\sigma}_z + v(\tau\Delta k_y\boldsymbol{\sigma}_x - \Delta k_x\boldsymbol{\sigma}_y) \tag{7.34}$$

$$m = m''\tau, \quad m'' = \Omega, \quad v = \frac{\omega_0 a}{4\sqrt{3}}, \quad \omega_0 = \sqrt{\frac{3t}{m_{\text{p}} + m_{\text{q}}}} \tag{7.35}$$

注意到，由于科氏力打破了时间反演对称，$\boldsymbol{K}'$($\boldsymbol{K}$)谷点的等效模型中等效质量 m 互为相反数。且在旋转角速度 Ω 不为零时，系统存在宽度为 m 的禁带。类似之前，可以计算得到低频分支对应的贝里曲率

$$F(\tau\boldsymbol{K}') = \mathrm{i}\nabla_{\boldsymbol{k}} \times \langle \boldsymbol{\psi} \mid \nabla_{\boldsymbol{k}}\boldsymbol{\psi} \rangle = \frac{mv^2}{2(m^2 + v^2k^2)^{3/2}} \tag{7.36}$$

此时，两个谷 $\boldsymbol{K}$、$\boldsymbol{K}'$携带相同的贝里曲率。将贝里曲率在整个布里渊区内积分，

可以得到陈数，也即贝里曲率在两个谷附近积分的和

$$C = C(\boldsymbol{K}') + C(\boldsymbol{K}) = \mathrm{sgn}(m'') \tag{7.37}$$

当旋转基座的角速度不为零时，系统的陈数就不为零，表明系统构成陈绝缘体。此时，系统允许单向传播的界面态，可以按照之前的解析方法验证。考虑类似图 7.9(a)的由陈绝缘体组成的界面($x'<0$，$m<0$；$x'>0$，$m>0$)，假定两侧结构在 y'方向具有周期性后，可得到界面态

$$\boldsymbol{\psi} = \frac{\sqrt{2}}{2}\begin{pmatrix} 1 \\ \tau\exp(\mathrm{i}\tau\theta) \end{pmatrix}\exp\left(-\left|\frac{m''(x')}{v}x'\right|\right)\exp(+\mathrm{i}\Delta k_y' y'), \quad \Delta\omega = -v\Delta k_y' \tag{7.38}$$

从色散关系可以看出，由 $\boldsymbol{K}'(\boldsymbol{K})$谷态组成的界面态均沿$+y'$方向传播，意味着界面态仅沿单向传播。同理可以验证，两种拓扑相交换位置后($x'<0$，$m>0$；$x'>0$，$m<0$)，界面态沿相反方向传播。这种现象可以在物理上理解为，旋转基座的引入打破了系统在上下的对称性，使得界面波只能沿某一方向传播。

对于最一般的系统，即单胞内两质点质量不等且存在科氏力时，同样可以得到等效模型

$$\Delta\boldsymbol{H}\boldsymbol{\psi}=\Delta\omega\boldsymbol{\psi}, \qquad \Delta\boldsymbol{H} = m\boldsymbol{\sigma}_z + v(\tau\Delta k_y\boldsymbol{\sigma}_x - \Delta k_x\boldsymbol{\sigma}_y) \tag{7.39}$$

$$m = m' + m''\tau, \quad m' = \frac{1}{2}\frac{m_{\mathrm{q}} - m_{\mathrm{p}}}{m_{\mathrm{p}} + m_{\mathrm{q}}}\omega_0, \quad m'' = \Omega, \quad v = \frac{\omega_0 a}{4\sqrt{3}}, \quad \omega_0 = \sqrt{\frac{3t}{m_{\mathrm{p}} + m_{\mathrm{q}}}} \tag{7.40}$$

当时间反演对称性及空间反演对称性同时被打破时，根据两种对称性的破坏程度，即旋转基座角速度和胞元内两质点质量差的相对关系，系统可以实现四种拓扑相(图 7.23(a))，其中两种为谷霍尔绝缘体，另两种为陈绝缘体。括号内数值

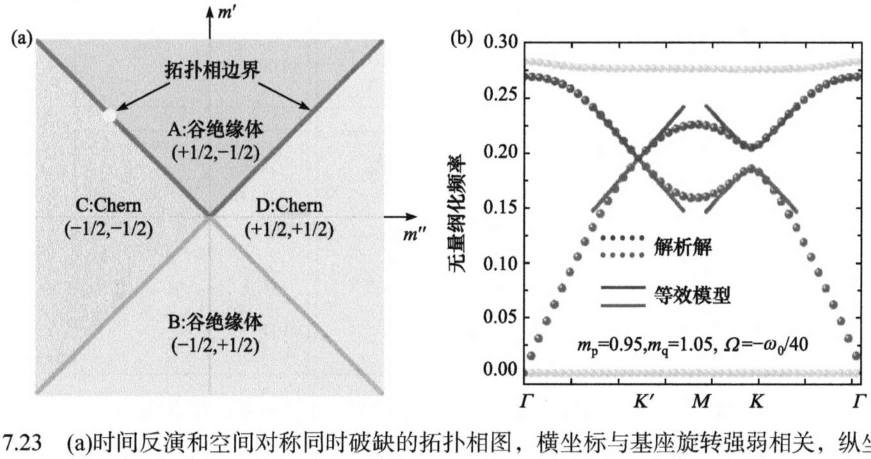

图 7.23　(a)时间反演和空间对称同时破缺的拓扑相图，横坐标与基座旋转强弱相关，纵坐标与胞元内两质点质量差相关；(b)当参数处于 A、C 相的公共边界时，系统对应的带结构曲线

为贝里曲率在谷点 ***K'***和 ***K*** 的积分，陈数为两个数值之和。参数处于 A～D 四个区域内部时，系统为包含完全禁带的谷霍尔绝缘体或陈绝缘体。当参数处于四个区域的边界时，系统没有完全禁带，不属于绝缘体。此时，第 2、3 支色散曲面仅在谷点 ***K'***或 ***K*** 打开带隙，在另一个谷点仍保持简并，如图 7.23(b)中给出的带结构曲线情况，其中参数为 $m_{\mathrm{p}}=0.95$、$m_{\mathrm{q}}=1.05$ 和 $\Omega=-\omega_0/40$。这种现象源于旋转基座打破了系统的时间反演对称性，对由质量差别在 ***K*** 和 ***K'***引起的禁带产生相反的影响，***K*** 点附近的禁带由于旋转而拓宽了，***K'***点附近的禁带则由于旋转而减弱了。

为了验证不同拓扑相的拓扑界面态，图 7.24 给出了以上 4 种拓扑相(A：$m_{\mathrm{p}}=0.9, m_{\mathrm{q}}=1.1, \Omega=0$; B：$m_{\mathrm{p}}=1.1, m_{\mathrm{q}}=0.9, \Omega=0$; C：$m_{\mathrm{p}}=1.0=m_{\mathrm{q}}, \Omega=-0.05\omega_0$; D：$m_{\mathrm{p}}=1.0=m_{\mathrm{q}}, \Omega=+0.05\omega_0$)组成的 6 种锯齿界面对应带结构。带结构通过求解图 7.10(a)中所示条状超胞波动方程得出，上下边界施加有 Bloch 连续性条件。带结构中的蓝色曲线代表界面态色散曲线，对于陈绝缘体 C-D 组成的界面，可以看到两条界面态色散曲线，而其他拓扑相构成的界面仅有一条界面态色散曲线。在传播方向上，谷霍尔绝缘体 A-B 组成的界面支持双向传播的界面态，而在包含陈绝缘体的界面仅支持单向传播界面态(图 7.24(b)～(f))。需要指出的是，陈绝缘体自身边界存在边界态，为了使得带结构曲线更加简洁，图中并没有画出边界态对应的色散曲线。

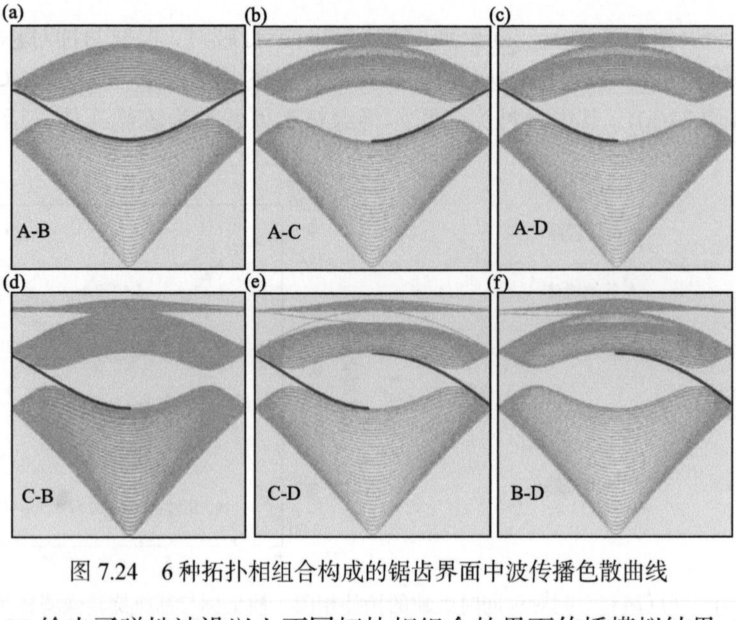

图 7.24　6 种拓扑相组合构成的锯齿界面中波传播色散曲线

图 7.25 给出了弹性波沿以上不同拓扑相组合的界面传播模拟结果，红色表示面内位移振幅大，虚线表示界面位置，虚线内外为两种不同的拓扑相。为验证界

面态的拓扑保护特性，该界面特别包含了如 110°、80°的剧烈转角。在谷霍尔相 A-B 组成的界面(图 7.25(a))，弹性波可以沿着双向传播，而在包含陈绝缘体的界面(图 7.25(b)～(f))，弹性波只能沿着单向传播。数值模拟结果与之前的解析结果和带结构计算吻合，而且证实了弹性波可以沿着任意界面完美传播，而不会因界面拐角产生明显的后向反射或散射。

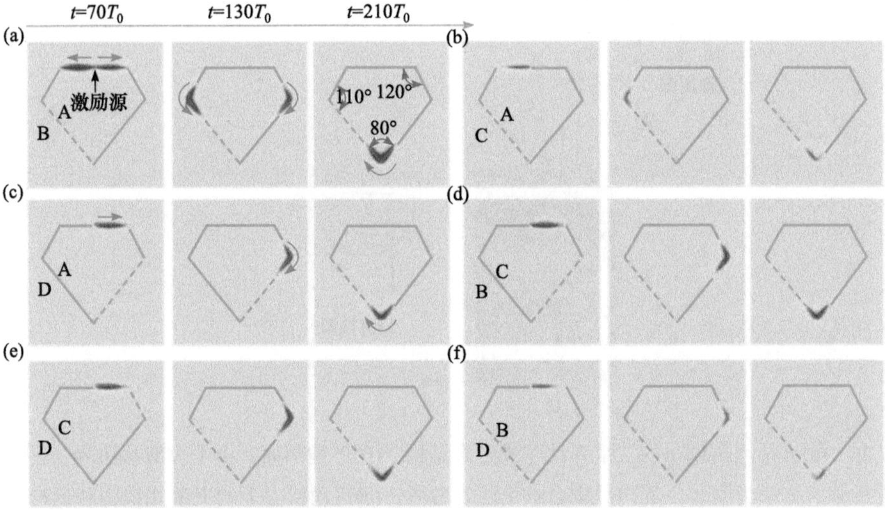

图 7.25　弹性波沿 6 种拓扑界面瞬态传播，数值模拟区域大致包含 78 × 90 个单胞

7.3.2　连续介质边界态

以上单向拓扑界面态基于周期晶格材料，其拓扑波传播特性分析以能带理论为基础。而常规固体力学的研究则主要以柯西连续介质理论为框架。若能通过连续介质理论对拓扑传播特性进行刻画，并揭示等效材料参数对波动的影响，对于拓扑材料的设计与优化将是非常有益的。为了在经典柯西弹性理论中刻画单向传输界面态，则必然需要对弹性理论进行适当的拓展，引入相关的额外等效材料参数。一种方式是将密度等效为厄米形式，即 $\boldsymbol{\rho} = \{\rho, \mathrm{i}\alpha; -\mathrm{i}\alpha, \rho\}$，物理上可将旋转陀螺嵌入弹性体来实现(图 7.26)。下面将阐释如何从连续介质力学角度描述界面的拓扑波动性质，此时材料界面波动性质可从连续介质力学角度去研究，且在特定参数情况下也能出现单向界面态[27]。

首先，考虑如图 7.26 所示的复合材料。基体为弹性固体，夹杂为刚体，其内部耦合一个转子系统。刚体在运动过程中与转子发生相互作用，产生耦合作用力。转子对刚体的作用力可以等效考虑为刚体具有手性惯性质量。为了进一步量化手性惯性质量的大小(记为常数 α)，下面以陀螺转子为研究对象，推导该质量与已知物理量的关系。首先建立如图 7.26(c)所示的直角坐标系 $Oxyz$，其中 ψ、φ 和 θ

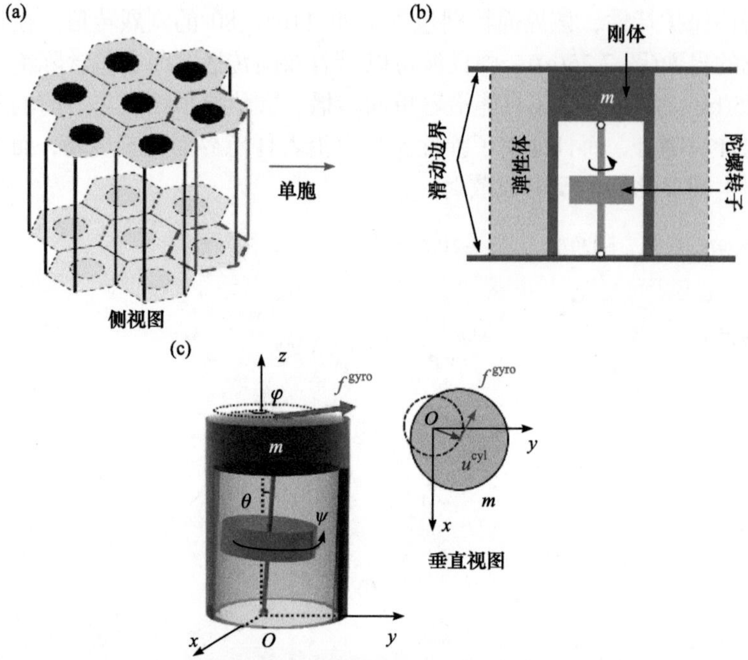

图 7.26　(a)夹杂六角排布的二维弹性陀螺复合结构；(b)单胞剖面，上下为滑移边界，基体为弹性体，夹杂为刚体，其内部耦合一个陀螺转子；(c)运动状态下的夹杂侧视图和顶视图

分别代表相对于转子主轴的自旋角、进动角和章动角。忽略重力作用，转子匀速转动时$(\ddot{\psi}=0)$的运动方程为

$$\begin{cases} M_x = I_0\left(\ddot{\theta} - \dot{\phi}^2 \sin\theta\cos\theta\right) + I\dot{\phi}\sin\theta\left(\dot{\phi}\cos\theta + \dot{\psi}\right) \\ M_y = \sin\theta\left(I_0\left(\ddot{\phi}\sin\theta + 2\dot{\phi}\dot{\theta}\cos\theta\right) - I\dot{\theta}\left(\dot{\phi}\cos\theta + \dot{\psi}\right)\right) \\ M_z = I\left(\ddot{\phi}\cos\theta - \dot{\phi}\dot{\theta}\cos\theta\right) \end{cases} \tag{7.41}$$

其中，M_x、M_y、M_z分别为沿 x 轴、y 轴和 z 轴的扭矩；$I_0=I_{xx}=I_{yy}$，$I=I_{zz}$代表转子沿对应轴的转动惯量。考虑小幅简谐运动情形，章动角$\theta(t)=\Theta\exp(\mathrm{i}\omega t)$，且$|\Theta|<<1$。假设进动角速度不变$(\ddot{\phi}=0)$且转子没有受到沿 x 轴和 y 轴的扭矩，即 $M_x=M_y=0$，意味着转子和点阵结构仅发生面内耦合。可以推导得到

$$\dot{\psi}=\dot{\phi}\frac{2I_0-I}{I}=\pm\omega\frac{2I_0-I}{I} \tag{7.42}$$

上式表明，进动角速率和频率大小相等，且自转速率和频率满足以上关系。将式(7.42)代入式(7.41)可得

$$M_z = \mp I\omega\dot{\theta}\theta \tag{7.43}$$

设转子的特征长度为 h，则转子顶端偏离 z 轴的位移和转子章动角之间满足 $U = h\theta$。那么，转子所受扭矩可表示为 $M_z = fh\theta$。其中 f 为“陀螺力”，方向垂直于时谐位移，大小为 $f = \mp I\mathrm{i}\omega^2 h^{-2} U$，虚数 i 表明陀螺力相对时谐位移有一个固定的相位差。陀螺力的符号和转子的自转方向有关，当自转方向变化时，对应的符号也会改变。这里我们可以记自旋常数为 $\alpha = Ih^{-2}$。由牛顿第三定律可知，转子对点阵的反作用力为 $f_{\mathrm{g}} = \pm\mathrm{i}\omega^2\alpha U$，其对应的矩阵表达式为

$$\boldsymbol{f}^{\mathrm{gyro}} = \pm\mathrm{i}\omega^2\alpha\boldsymbol{R}\boldsymbol{U} \tag{7.44}$$

那么，夹杂在运动过程中的平衡方程为 $\boldsymbol{f}^{\mathrm{ext}} + \boldsymbol{f}^{\mathrm{gyro}} = -m\omega^2$，$\boldsymbol{f}^{\mathrm{ext}}$ 为弹性基体产生的外力

$$\boldsymbol{f}^{\mathrm{ext}} = -\omega^2\boldsymbol{m}_{\mathrm{eff}}\boldsymbol{U}, \quad \boldsymbol{m}_{\mathrm{eff}} = \begin{pmatrix} m & \mathrm{i}h^{-2}I_{zz} \\ -\mathrm{i}h^{-2}I_{zz} & m \end{pmatrix} \tag{7.45}$$

由此可知，陀螺转子的作用相当于使得节点质量具有了陀螺惯性。当节点做简谐振动时，转子耦合作用产生手性的陀螺力，使得节点在平面内的振动由线偏振变为椭圆偏振。此时，由于系统的时间反演对称性被打破，从而可以展现多种奇特的物理现象。

在长波极限下对陀螺复合材料进行均质化等效后，可以从连续介质力学角度来分析边界态的特性。对于一般的各向异性弹性介质，Stroh 理论是求解瑞利波的经典方法。当引入陀螺介质以后，密度由标量变成了张量，需要将 Stroh 理论进行适当推广才能给出弹性陀螺介质的非互易瑞利波解。将等效陀螺介质的密度考虑为厄米形式，则弹性陀螺介质的运动方程为

$$\nabla\cdot\left(\boldsymbol{C}:\nabla\boldsymbol{u}\right) = \boldsymbol{\rho}\ddot{\boldsymbol{u}} \tag{7.46}$$

对于半无限大空间，陀螺介质位移场的一般表达式为

$$\boldsymbol{u} = \boldsymbol{a}\exp\left[-\mathrm{i}\xi(\boldsymbol{m}\cdot\boldsymbol{x} + p\boldsymbol{n}\cdot\boldsymbol{x} - vt)\right] \tag{7.47}$$

其中，$\boldsymbol{m}$ 和 $\boldsymbol{n}$ 分别为表面切向矢量和表面法向矢量；$\boldsymbol{x}$ 为空间位置矢量。当参数 p 的虚部为正值时，表明波在传播过程中沿法向衰减。在表面沿 $\boldsymbol{m}$ 方向传播的表面波波数为 ξ，相速度为 v，极化矢量为 $\boldsymbol{a}$。极化矢量可以为复数，代表模态轨迹为椭圆。首先，将式(7.47)代入式(7.46)可得关于 p 的广义特征方程

$$\begin{gathered}\left[\boldsymbol{Q} + p\left(\boldsymbol{R} + \boldsymbol{R}^{\mathrm{T}}\right) + p^2\boldsymbol{T}\right]\boldsymbol{a} = \boldsymbol{0} \\ \left[\boldsymbol{Q}\right]_{jr} = C_{jkrs}m_k m_s - \rho_{jr}v^2, \quad \left[\boldsymbol{R}\right]_{jr} = C_{jkrs}m_k n_s, \quad \left[\boldsymbol{T}\right]_{jr} = C_{jkrs}n_k n_s\end{gathered} \tag{7.48}$$

对于自由表面 $\boldsymbol{n}\cdot\boldsymbol{x} = 0$，将位移场(7.47)代入表面力矢量 $\boldsymbol{t} = (\boldsymbol{C}:\ \nabla\boldsymbol{u})\cdot\boldsymbol{n}$ 可得

$$\begin{aligned} \boldsymbol{t} &= -\mathrm{i}\xi \boldsymbol{l}\exp\left(-\mathrm{i}\xi(\boldsymbol{m}\cdot\boldsymbol{x}^{\mathrm{s}} - vt)\right) \\ \boldsymbol{l} &= \left(\boldsymbol{R}^{\mathrm{T}} + p\boldsymbol{T}\right)\boldsymbol{a} \end{aligned} \tag{7.49}$$

其中，$\boldsymbol{l}$ 为表面力矢量幅值。将式(7.48)和式(7.49)进行线性变换可得关于 p 的特征方程，称为 Stroh 特征方程

$$\boldsymbol{N}\begin{pmatrix}\boldsymbol{a}\\ \boldsymbol{l}\end{pmatrix} = p\begin{pmatrix}\boldsymbol{a}\\ \boldsymbol{l}\end{pmatrix} \tag{7.50}$$

其中，p 为特征值；$(\boldsymbol{a}\ \boldsymbol{l})^{\mathrm{T}}$ 为特征矢量；$\boldsymbol{N}$ 为 4×4 的 Stroh 特征矩阵。求解该特征方程可得到两对共轭特征值 p_1^+ 和 $p_1^-\ (=\overline{p}_1^+)$，$p_2^+$ 和 $p_2^-\ (=\overline{p}_2^+)$，上标“+”、“−”代表 p 的虚部符号，同时也代表了表面波的传播方向。对应的特征分量分别为 $\boldsymbol{a}_1^+$、$\boldsymbol{a}_1^-$、$\boldsymbol{a}_2^+$、$\boldsymbol{a}_2^-$ 和 $\boldsymbol{l}_1^+$、$\boldsymbol{l}_1^-$、$\boldsymbol{l}_2^+$、$\boldsymbol{l}_2^-$。因此，表面波的位移解可以显式给出，沿 $\boldsymbol{m}$ 正方向的表面波解为

$$\boldsymbol{u}_j^+ = \boldsymbol{a}_j^+\exp\left(-\mathrm{i}\xi(p_j^+\boldsymbol{n}\cdot\boldsymbol{x}^{\mathrm{s}} - vt)\right),\quad j=1,2 \tag{7.51}$$

这里 $v>0$，并且 $\xi=\omega/v>0$。沿 $\boldsymbol{m}$ 负方向的表面波解为

$$\boldsymbol{u}_j^- = \boldsymbol{a}_j^-\exp\left(-\mathrm{i}\xi(p_j^-\boldsymbol{n}\cdot\boldsymbol{x}^{\mathrm{s}} - vt)\right),\quad j=1,2 \tag{7.52}$$

这里 $v<0$，并且 $\xi=\omega/v<0$。相应的表面力为

$$\boldsymbol{t} = -\mathrm{i}\xi c_j^+\boldsymbol{l}_j^+\exp\left(-\mathrm{i}\xi(\boldsymbol{m}\cdot\boldsymbol{x}^{\mathrm{s}} - vt)\right),\ v>0;\quad \boldsymbol{t} = -\mathrm{i}\xi c_j^-\boldsymbol{l}_j^-\exp\left(-\mathrm{i}\xi(\boldsymbol{m}\cdot\boldsymbol{x}^{\mathrm{s}} - vt)\right),\ v<0 \tag{7.53}$$

其中，c_j^+ 和 c_j^- 为待定系数。利用自由表面界面力为零，即 $\boldsymbol{t}=0$，可得

$$\det\left[\boldsymbol{l}_1^+,\boldsymbol{l}_2^+\right]=0,\ v>0;\quad \det\left[\boldsymbol{l}_1^-,\boldsymbol{l}_2^-\right]=0,\ v<0 \tag{7.54}$$

当 $\alpha=0$ 时，$\boldsymbol{N}$ 为实数矩阵，对应的特征矢量为共轭对，即 $\boldsymbol{a}_j^+$ 和 $\boldsymbol{a}_j^-$、$\boldsymbol{l}_j^+$ 和 $\boldsymbol{l}_j^-$ 为共轭特征分量。这种共轭特性决定了前向波和后向波是镜像对称的，且具有相同的相速度。当 $\alpha\neq 0$ 时，$\boldsymbol{N}$ 为复数矩阵，$\boldsymbol{a}_j^+$ 和 $\boldsymbol{a}_j^-$、$\boldsymbol{l}_j^+$ 和 $\boldsymbol{l}_j^-$ 不再是共轭对，由式(7.54)得到沿两个方向的表面波波速出现差异，甚至随着 α 的增加，表面波仅支持单向传输。

作为验证，图 7.27 给出了不同强度陀螺参数时表面波传播模拟结果，激励形式为上下振动点激励。在无陀螺效应时 $\alpha/\rho=0$，表面波在左右对称分布，在向右传播的瑞利波中质点沿椭圆轨迹逆时针方向旋转，反之则沿顺时针方向旋转。在陀螺参数 $\alpha/\rho=0.5$ 时，自由体表面左右传播的瑞利波不再对称，向右的瑞利波速

度更快，同时，其椭圆轨迹在 x 方向更宽。当参数 α/ρ= 1.5 和 3.0 时，向左传播的瑞利波速进一步下降，质点极化越发趋近于线极化剪切波模式，而介质表面不支持向右传播的瑞利波。

综上所述，由于陈绝缘体需要打破时间反演对称性，其在物理实现上比较困难，潜在途径主要为以上介绍的两种：①引入旋转陀螺与系统耦合；②利用非惯性系中的科里奥利力。两种方案在理论和数值上都得到了验证[10, 12]。在实验方面，Nash 等设计了包含陀螺效应的离散弹簧-质量点阵系统[11]，演示了霍尔绝缘体具有的单向传输边界态特性，并且发现通过改变点阵构型可以调控单向态传输方向。在连续系统中的实验研究还未见报道。

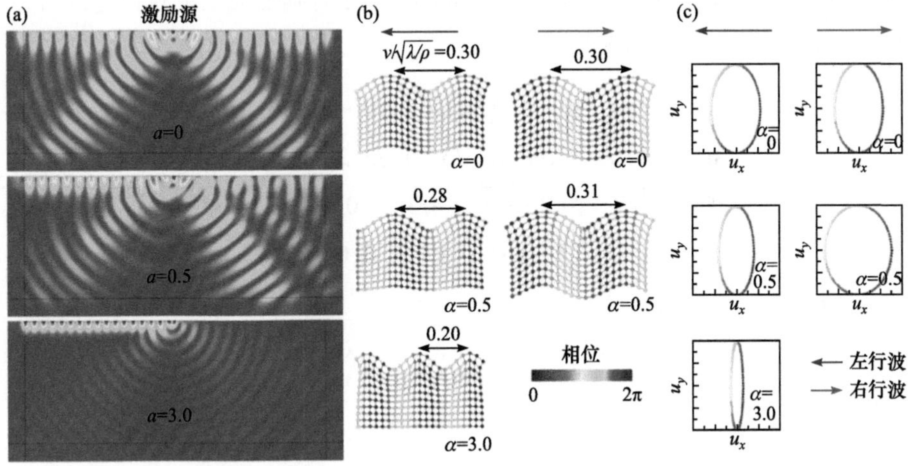

图 7.27　(a)非互易瑞利波传播仿真结果，激励形式为上下振动点激励；(b)归一化波速及表面附近质点位移场，当 α = 3.0 时，仅支持左行波；(c)表面质点极化轨迹曲线

7.4　自旋霍尔绝缘体

本节将介绍如何在前述蜂窝系统中设计实现自旋霍尔绝缘体。在经典波系统中实现类似的自旋霍尔效应，关键在于构造赝自旋态以及相应的双重狄拉克锥简并。下面以前面的蜂窝弹性系统为例，介绍该方法的基本设计机理。

如图 7.28(a)所示，在所有质量均相等(m_0 = 1)的蜂窝点阵系统中，六边形所示区域即为一个胞元，其中质点按照顺时针方向从 1 编号到 6。同一个胞元之间的质点由刚度系数为 t_i 的弹簧连接，而连接不同胞元间的质点的弹簧刚度系数则为 t_o，分别用于调节胞内耦合、胞间耦合强度。第一布里渊区如图 7.28(b)中灰色六边形区域所示。当胞元内弹簧和胞元间弹簧刚度系数相等(t_i = t_o)时，最小单胞为图 7.28(a)中的菱形区域所示，其对应的第一布里渊区如图 7.28(b)中绿色六边形所示，在这种情形下，布里渊区角点 $\boldsymbol{K}'$、$\boldsymbol{K}''$出现简并频率相等的两个狄拉克锥。考虑到 $\boldsymbol{\Gamma K}'$、$\boldsymbol{\Gamma K}''$为图 7.28(a)中六边形胞元对应的倒格矢量，则布里渊区角点 $\boldsymbol{K}'$、$\boldsymbol{K}''$处的两个狄拉克锥被折叠到 $\boldsymbol{\Gamma}$ 形成双重狄拉克锥，这为构造赝自旋态提供了基础。

下面对系统的波动规律进行分析。一个单胞包含 6 个质点，对应有 12 个平动自由度。按照 7.1.2 节中的方法建立系统 Bloch 波传播方程，可以得到一个 12 维矩阵表示的特征值问题。由于质量矩阵和刚度矩阵非常烦琐，这里不详细列出。该特征值问题一共可以求解出 12 支色散曲线，但此处主要关注在 $\boldsymbol{\Gamma}$ 处简并的几条色散曲线。对于弹簧刚度系数不相等的一般情况 $t_{\mathrm{i}} \neq t_{\mathrm{o}}$，第 5～8 支色散曲线在 $\boldsymbol{\Gamma}$ 处两两简并在一起，而当刚度相等，即 $t_{\mathrm{i}} = t_{\mathrm{o}} = t$ 时则形成双重狄拉克锥简并，对应的特征模态及频率给出如下

$$\omega^2 = \frac{3t}{2m_0}, \quad \begin{cases} p_1 = \{0,-2,-\sqrt{3},1,\sqrt{3},1,0,-2,-\sqrt{3},1,\sqrt{3},1\}^{\mathrm{T}} \\ p_2 = \{2,0,-1,-\sqrt{3},-1,\sqrt{3},2,0,-1,-\sqrt{3},-1,\sqrt{3}\}^{\mathrm{T}} \\ d_1 = \{0,2,-\sqrt{3},1,-\sqrt{3},-1,0,-2,\sqrt{3},-1,\sqrt{3},1\}^{\mathrm{T}} \\ d_2 = \{2,0,1,\sqrt{3},-1,\sqrt{3},-2,0,-1,-\sqrt{3},1,-\sqrt{3}\}^{\mathrm{T}} \end{cases} \tag{7.55}$$

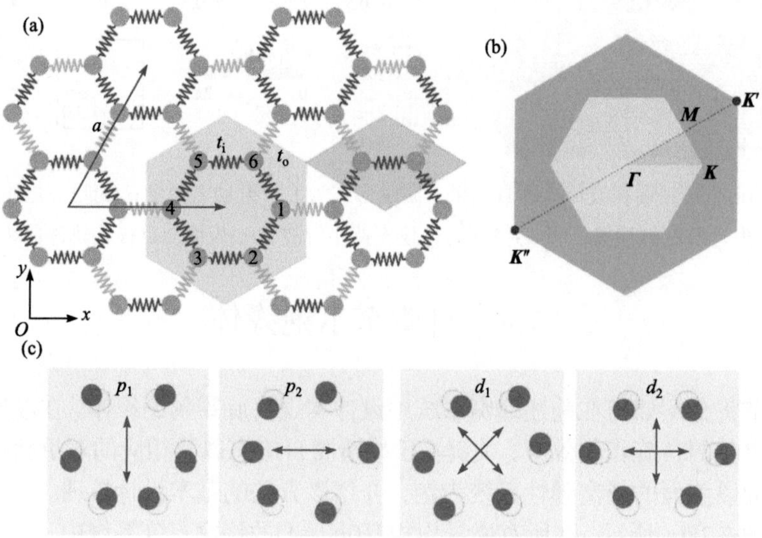

图 7.28 能带折叠产生双重狄拉克锥

(a)蜂窝排布弹簧-质量点阵系统；(b) $t_{\mathrm{i}} \neq t_{\mathrm{o}}$ 以及 $t_{\mathrm{i}} = t_{\mathrm{o}}$ 对应的第一布里渊区；(c) $\boldsymbol{\Gamma}$ 点对应的 d、p 特征模态

以上四个特征模态 p_1、p_2、d_1、d_2 按照质点编号 1～6 的顺序依次给出 x 方向和 y 方向的位移。注意到各质点的位移分量均为实数，其对应的振动形式为质点经过其平衡位置做线极化振动(图 7.28(c))。p 模态场在空间反演操作下呈现反对

称，而 d 模态场在空间反演操作下对称。这种对称性正好与原子 p/d 轨道波函数对称性类似，因此取名为 p/d 特征模态。p/d 特征模态的对称性及简并特征本质上源于系统特定的对称性，即 C_{6v} 对称群，该点群正好包含两个不可约的二维表示。虽然以上弹簧-质量系统并不包含内秉自旋自由度，但根据以上求解的特征模态及系统具有的对称性，可以构造赝自旋及对应的反演算符[28]

$$T' = \mathrm{i}\sigma_z K, \quad p^{\pm} = \frac{p_1 \pm \mathrm{i}p_2}{\sqrt{2}}, \quad d^{\pm} = \frac{d_1 \pm \mathrm{i}d_2}{\sqrt{2}} \tag{7.56}$$

这里，符号+/–用于表示上/下自旋；K 代表复共轭算符。对于由 p 模态构成的上/下自旋态，胞元内的质点均逆时针/顺时针绕其平衡位置做圆极化振动；而由 d 模态构成的上/下自旋态中质点的圆极化振动方向正好相反。可以容易地验证，当赝时间反演算符作用于构造的赝自旋态时，自旋方向发生改变，同时出现 180°的相位变化，这和时间反演算符作用于电子自旋自由度的效果一致。

对于刚度系数差异较小的情况，$|t_\mathrm{i} - t_\mathrm{o}| \ll 1$，采用之前推导微扰等效模型的方法，以上述四个自旋态$\{p^+, d^+, p^-, d^-\}$作为基，可以得到系统在 $\boldsymbol{\Gamma}$ 点的等效哈密顿量

$$\Delta \boldsymbol{H} \boldsymbol{\psi} = \Delta\omega \boldsymbol{\psi} \tag{7.57}$$

$$\Delta \boldsymbol{H} = \begin{pmatrix} \boldsymbol{h}^+(\boldsymbol{k}) & 0 \\ 0 & \boldsymbol{h}^-(\boldsymbol{k}) \end{pmatrix}, \quad \boldsymbol{h}^{\pm}(\boldsymbol{k}) = (-\delta t + B\Delta k^2)\boldsymbol{\sigma}_z - A\Delta k_x \boldsymbol{\sigma}_y \pm A\Delta k_y \boldsymbol{\sigma}_x \tag{7.58}$$

$$\delta t = \frac{t_\mathrm{o} - t_\mathrm{i}}{4m_0\omega_0}, \quad B = \frac{a^2 t_\mathrm{o}}{16 m_0 \omega_0}, \quad A = \frac{a t_\mathrm{o}}{8 m_0 \omega_0}, \quad \omega_0 = \sqrt{\frac{2t_\mathrm{i} + t_\mathrm{o}}{2m_0}} \tag{7.59}$$

其中，$\boldsymbol{h}^+(\boldsymbol{k}) / \boldsymbol{h}^-(\boldsymbol{k})$代表与上/下自旋对应的哈密顿量；$\boldsymbol{\psi}$ 为由上下自旋表示的特征向量。参数 δt、B 和 A 分别称为狄拉克质量、自旋轨道耦合系数及狄拉克速度。注意到上下自旋相互解耦，可以根据 $\boldsymbol{h}^+(\boldsymbol{k})\,\boldsymbol{\psi}^+ = \Delta\omega\,\boldsymbol{\psi}^+$和 $\boldsymbol{h}^-(\boldsymbol{k})\,\boldsymbol{\psi}^- = \Delta\omega\,\boldsymbol{\psi}^-$分别求解出相应的特征模态，进而得到一对二重简并解

$$\Delta\omega = +\sqrt{(\delta t - B\Delta k^2)^2 + A^2\Delta k^2}, \quad \boldsymbol{\psi}^{\pm} = \frac{\left(\mathrm{i}A(\Delta k_x \mp \mathrm{i}\Delta k_y), \delta t - B\Delta k^2 + \Delta\omega\right)^\mathrm{T}}{\sqrt{A^2\Delta k^2 + (\delta t - B\Delta k^2 + \Delta\omega)^2}} \tag{7.60}$$

$$\Delta\omega = -\sqrt{(\delta t - B\Delta k^2)^2 + A^2\Delta k^2}, \quad \boldsymbol{\psi}^{\pm} = \frac{\left(\mathrm{i}A(\Delta k_x \mp \mathrm{i}\Delta k_y), \delta t - B\Delta k^2 + \Delta\omega\right)^\mathrm{T}}{\sqrt{A^2\Delta k^2 + (\delta t - B\Delta k^2 + \Delta\omega)^2}} \tag{7.61}$$

高频分支和低频分支各自由上自旋和下自旋两个解构成，记作 $\boldsymbol{\psi}^+ / \boldsymbol{\psi}^-$，其展开基为$\{p^+, d^+\}/\{p^-, d^-\}$。高低频分支间的带隙大小为$|2\delta t|$，当刚度系数相等，即 $t_\mathrm{i} = t_\mathrm{o}$

时带隙关闭。按照之前的惯例，这里我们同样关注低频分支，根据上/下自旋态解(7.61)，可以求解得到对应的贝里曲率

$$F^{\pm}(\boldsymbol{\Gamma}) = \mathrm{i}\nabla_{\boldsymbol{k}} \times \left\langle \boldsymbol{\psi}^{\pm} \mid \nabla_{\boldsymbol{k}} \boldsymbol{\psi}^{\pm} \right\rangle = \mp \frac{A^2(\delta t + B\Delta k^2)}{2\left((\delta t - B\Delta k^2)^2 + A^2\Delta k^2\right)^{3/2}} \tag{7.62}$$

上/下自旋对应特征模态具有相反的贝里曲率。按照定义，将自旋态的贝里曲率在布里渊区积分，可以得到各自旋分支的自旋陈数

$$C^{\pm} = \frac{1}{2\pi}\iint_{\Omega} F^{\pm}(\boldsymbol{\Gamma})\mathrm{d}\Delta k_x \mathrm{d}\Delta k_y = \mp\frac{1}{2}(\mathrm{sgn}(\delta t) + \mathrm{sgn}(B)) \tag{7.63}$$

系统的陈数等于上下自旋陈数相加，仍然为零，这和系统满足时间反演对称性一致。但自旋陈数本身却可以不为零，表明系统可以实现自旋霍尔绝缘体。当参数 B 和 δt 的正负符号相同时，即 $B \times \delta t > 0$，系统为自旋霍尔绝缘体，反之则为平凡绝缘体。注意参数 B 始终为正，则当刚度参数跨越临界点 $t_{\mathrm{i}} = t_{\mathrm{o}}$ 时，系统将产生拓扑相变。当胞元间弹簧的刚度较大时，满足 $B \times \delta t > 0$，上述蜂窝弹簧-质量系统为自旋霍尔绝缘体。

上述自旋霍尔相变也可以由带结构反映。图 7.29 给出了三种参数情形下系统对应的能带结构($t_{\mathrm{i}} = 1.05 > t_{\mathrm{o}} = 0.9$; $t_{\mathrm{i}} = 1 = t_{\mathrm{o}}$; $t_{\mathrm{i}} = 0.95 < t_{\mathrm{o}} = 1.1$)，第 5～8 支为关注的分支，颜色代表特征模态中 p 或 d 特征模态所占成分多少。在刚度参数相等的情形(图 7.29(b))，在 $\boldsymbol{\Gamma}$ 点出现由双重狄拉克锥导致的四重简并，而在其他参数组合下，该四重简并分裂为两个二重简并(图 7.29(a)、(c))。同时，当系统从 $t_{\mathrm{i}} > t_{\mathrm{o}}$ 变化到 $t_{\mathrm{i}} < t_{\mathrm{o}}$ 时，高频分支模态由 p 特征模态为主变为 d 模态为主，该能带翻转特性也预示了拓扑相变。

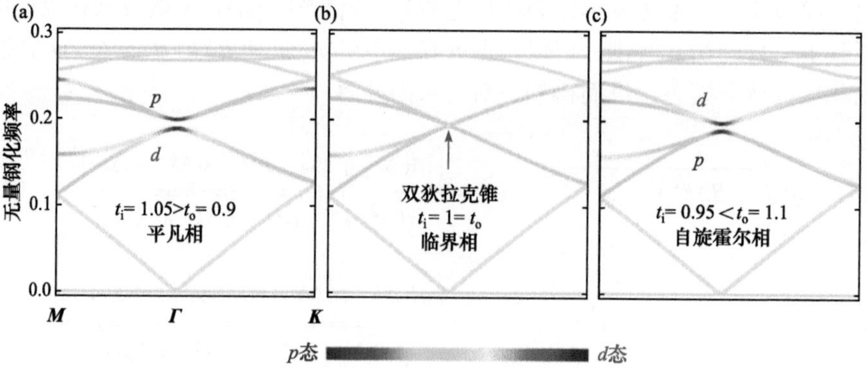

图 7.29 自旋霍尔相变

(a) $t_{\mathrm{i}} > t_{\mathrm{o}}$ 对应的拓扑平凡带结构；(b) $t_{\mathrm{i}} = t_{\mathrm{o}}$ 对应的拓扑相变临界状态带结构；(c) $t_{\mathrm{i}} < t_{\mathrm{o}}$ 对应的自旋霍尔绝缘体带结构；颜色表示特征模态包含的 p、d 特征模态成分多少

为了验证自旋方向依赖的界面态，同样考虑平凡绝缘体和自旋霍尔绝缘体构成的界面，并解析求解相应的界面态，假定界面构成类似之前图 7.10($x' < 0, \delta t < 0; x' > 0, \delta t > 0$)。为了简化分析，仅保留微扰等效模型(7.58)中的一阶近似项，忽略二次项，即不考虑自旋轨道耦合效应，这在波矢足够小$|\boldsymbol{k}| \ll 1$时有效。完全按照先前的分析，通过连续条件可以得到上/下自旋对应的界面态

$$\boldsymbol{\psi}^{\pm} = \frac{1}{\sqrt{2}}\begin{pmatrix} -1 \\ +\exp(\pm \mathrm{i}\theta) \end{pmatrix} \exp\left(-\left|\frac{\delta t(x')}{A} x'\right|\right) \exp(\mathrm{i}\Delta k_y' y'), \quad \Delta\omega = \mp A \Delta k_y' \tag{7.64}$$

界面态 $\boldsymbol{\psi}^+$由上自旋态 p^+和 d^+构成，界面态 $\boldsymbol{\psi}^-$则由下自旋态 p^-和 d^-构成。两个自旋相关的界面态具有线性色散关系，其相速度均为 A，但传播方向相反。因此，通过施加下(上)自旋激励，可以选择性地激发出只沿着界面向上或向下传播的界面波，称为自旋锁定界面态。当左右交换自旋霍尔绝缘体和平凡绝缘体的位置后，相应界面态的传播方向反向。

通过条状几何超胞带结构计算，也可以验证上述自旋锁定的界面态。图 7.30(a)给出了由左侧自旋霍尔绝缘体($t_o = 1.1$, $t_i = 0.95$)和右侧平凡绝缘体($t_o = 0.9$, $t_i = 1.05$)组成的条状超胞，界面沿 y 方向，相当于图 7.9 中的 $\theta = 0°$界面方向。图 7.30(b)给出了计算得到的带结构曲线。在带隙区域，可以清楚地看到两条斜率相反的界面态，其对应的振动模态如图 7.30(c)所示，仅界面附近的质点有较强振动。图 7.30(d)和(e)给出了界面附近质点的振动轨迹。按照式(7.64)预期，对于 $\theta = 0°$方向的界面，质点振动为线性极化，这里质点的振动轨迹非常接近于线极化。

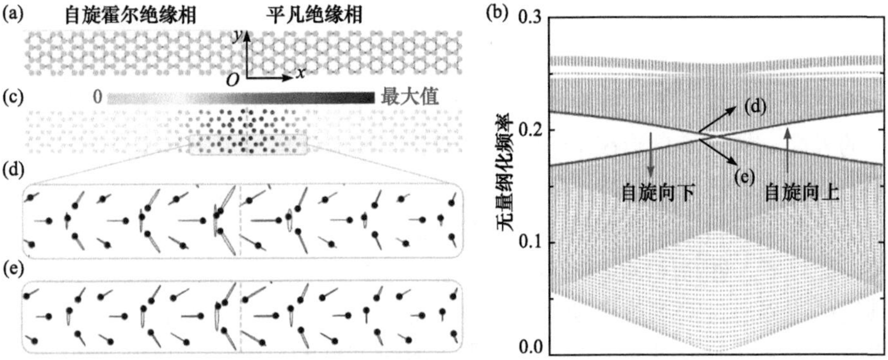

图 7.30　(a)自旋霍尔绝缘体界面态条状超胞；(b)超胞带结构，红色/蓝色表示上/下自旋界面态，灰色表示体态；(c)界面态位移幅值；(d)、(e)界面态质点运动轨迹，红/蓝色表示顺/逆时针方向

通过人为地施加上/下自旋激励，可以产生单向传播的弹性波，瞬态数值模拟

结果如图 7.31 所示。其中自旋霍尔绝缘体($t_o = 1.1, t_i = 0.95, m_0 = 1$)与平凡绝缘体($t_o = 0.9, t_i = 1.05, m_0 = 1$)组成与之前类似的复杂弯曲界面。在数值模拟中，激励源处胞元内质点的激振位移按照自旋模态 p^+或 p^-施加，并由时域高斯脉冲信号 $\exp(-(\omega_0 t/80)^2) \times \cos(\omega_0 t)$调制，且激励中心频率 $\omega_0 = 2\pi/T_0$处于带隙范围。在上自旋激励中(图 7.31(a)、(b))，1～6 号质点顺时针围绕平衡位置做圆极化振动，振动幅值相同的相位依次相差 120°，激发产生的弹性波只能沿着界面顺时针方向传播，而且完美绕过界面拐角而不产生散射或反射。当采用下自旋模态激励时，界面态将沿反方向传播(图 7.31(c)、(d))。

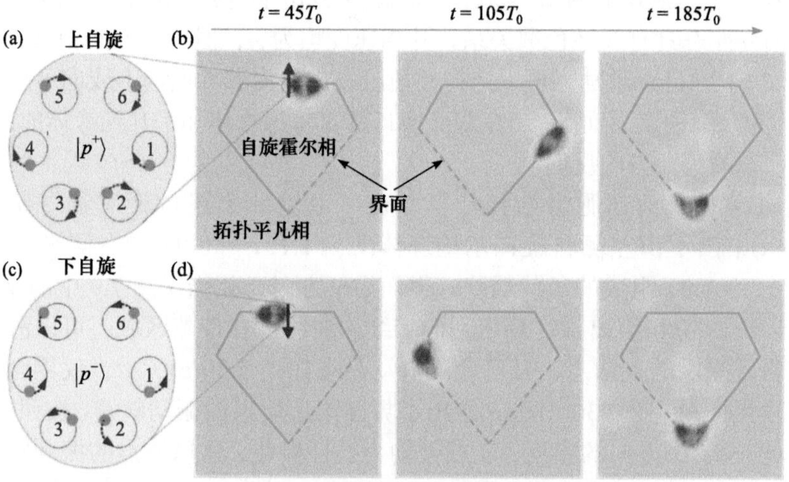

图 7.31 自旋霍尔绝缘体界面态单向传播瞬态模拟

(a)、(c)上/下自旋激励对应的胞元各质点振动轨迹；(b)、(d)上/下自旋激励时弹性波界面态传播过程，模拟区域含 78 × 90 个胞元

需要指出的是，以上自旋锁定的界面态出现在自旋霍尔绝缘体与平凡绝缘体组成的界面。与电子自旋霍尔绝缘体类似，此弹性波自旋霍尔绝缘体也支持自旋锁定的边界态，但其鲁棒性不如具有内秉自旋的电子自旋霍尔绝缘体。其根本原因在于，此处赝自旋态由超胞的 Bloch 模态构建而成，与超胞的 C_{6v} 对称性密切相关，破坏 C_{6v} 对称性则会破坏赝自旋态。为了在自旋霍尔绝缘体边界观测到自旋锁定的边界态，需要边界处胞元保持局部 C_{6v} 对称性，否则将无法观测到自旋边界态。如图 7.32(c)所示，当边界按照完整胞元截断时(图 7.32(a))，带结构曲线中出现无能隙的边界态，而当边界截取为不完整胞元时(图 7.32(b))，边界不支持传播模态(图 7.32(d))。

以上单向波传播现象来自于构造的赝自旋态。经典弹性波中也存在类似的自旋霍尔自由度。例如，弹性体自由表面的瑞利波，其质点振动轨迹一般为椭圆

(图 7.27)，表明瑞利波携带有内在的自旋，且沿界面向左右传播的瑞利波质点振动方向相反(图 7.33(a))。在弹性体界面施加圆极化的振动，可以产生类似的自旋锁定传播现象(图 7.33(b))。需要注意的是，瑞利波携带的自旋来源于物理场本身，容易发生散射，对缺陷和路径弯曲的鲁棒性较差。压电等主动控制技术常被用在弹性波传播控制中，但与拓扑波动结合的研究不多。相较于基于结构设计实现狄拉克简并，Li 等给出了一种利用压电主动控制实现双重狄拉克锥的方法[29]。这与调节参数实现的偶发四重简并有类似之处，不同点在于这里的调节参数为电路参数。进一步利用压电主动控制，或可实现材料在平凡绝缘体和自旋霍尔绝缘体之间切换。

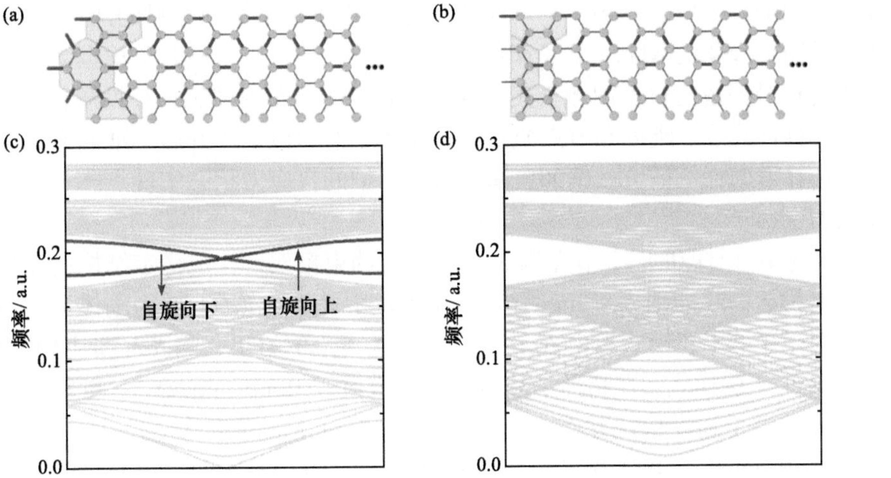

图 7.32　自旋霍尔绝缘体截取不同边界的影响

(a)、(c)边界为完整胞元的条状超胞及其能带结构；(b)、(d)边界为不完整胞元的条状超胞及其能带结构，带结构中不包含边界态

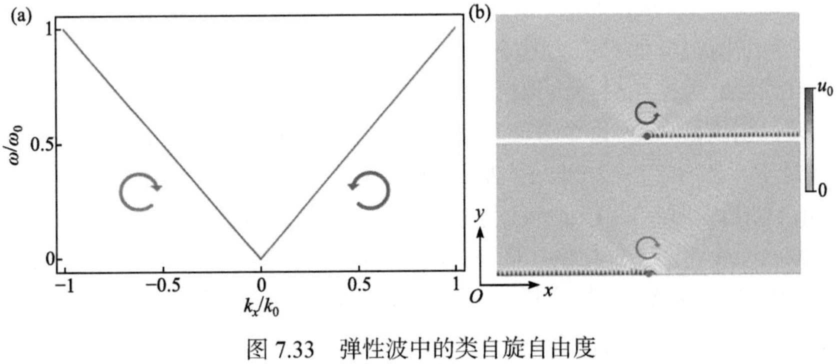

图 7.33　弹性波中的类自旋自由度

(a)瑞利波色散曲线及对应的质点旋转方向；(b)边界施加逆/顺时针圆极化激励激发向右/左传播的瑞利波

7.5 静力学拓扑现象

桁架结构根据其稳定与否可以分为超静定结构、静定结构和机构。根据结构中包含的节点和连杆数目能够粗略估算能否构成稳定桁架，Maxwell 最早给出了构成静定桁架结构的必要条件。近期研究表明，对于特定桁架结构，其机构模式和自应力模式只能以向体内衰减的边界态形式存在，同时也具有与前述波动现象类似的体-边对应关系，即边界零能模式(zero mode)受到无限大体的能带拓扑性质的保护。Kane 和 Lubensky 发现满足 Maxwell 临界条件的桁架具有内禀指向性，由一拓扑极化矢量表征[30]。与电极化材料中正负电荷向材料的两边聚集类似，非平凡拓扑极化的 Maxwell 桁架结构，零能模式与自应力模式也根据界面与拓扑极化的相对关系向材料两侧聚集。零能边界态的分布由体态拓扑性质决定，对边界局部杆件长度、刚度和节点质量等扰动不敏感。该工作开启了准静态结构力学性质拓扑方向性的研究，例如，基于拓扑保护的自应力状态实现点阵材料局部可控屈曲变形[31]。

考虑 n_b 根杆和 n_s 个节点构成的 d 维无约束桁架，构成稳定结构所需最少杆数目由 Maxwell 准则 $n_b = dn_s - f(d)$给出，其中 $f(d) = d(d+1)/2$ 为刚体运动数。一个桁架存在的零能模式数由 $N_0 = dn_s - n_b = M + f(d)$ 给出，除 $f(d)$个刚体模式外，另有 M 个机构模式，在物理学领域也称松散模式(floppy mode)。一般将刚好满足该准则且处于临界稳定状态($M = 0$)的桁架称为 Maxwell 结构，或等静定结构(isostatic structure)，例如图 7.34(a)。但 Maxwell 准则只构成系统稳定的必要条件，并非适用所有情形，对于图 7.34(b)的结构，其 n_b、n_s 与图 7.34(a)相同，却显然有 $M = 1$。Calladine 指标定理对 Maxwell 准则进行了修正[32]：

$$N_0 = dn_s - n_b + N_{SS} \quad 或 \quad N_0 - N_{SS} = dn_s - n_b \tag{7.65}$$

其中 N_{SS} 为结构包含的自应力状态数。图 7.34(b)结构中左侧超静定，含自应力状态 N_{SS} =1，因此，式(7.65)表明对于整体结构来说 $N_0 = 4, M = 1$。对于无限大周期点阵桁架，引入配位数(每个节点所连杆数)$Z \equiv 2n_b/n_s$，根据 Maxwell 条件临界配位数满足 $Z = Z_C = 2d - 2f(d)/n_s \approx 2d$，以二维结构为例，平均配位数 Z=4，如图 7.34(a)和(c)中所示的 kagome 点阵(规则型与扭曲型)是当前研究得最广泛和最深入的 Maxwell 周期点阵材料。周期无限大 Maxwell 结构节点与连杆数目满足 $n_b = dn_s$，因而恒有 $N_0 = N_{SS}$，其分析通常采用单个胞元结合周期边界进行。周期边界去除了刚体旋转模式，有 $f(d) = d$，但也同时限制了胞元产生整体宏观应变，使结构的动定、静定条件界定比有限结构相对复杂。对于无限大周期桁架结构，若满足 Maxwell 条件 $M = 0$，必有 $N_0 = N_{SS} = d$。

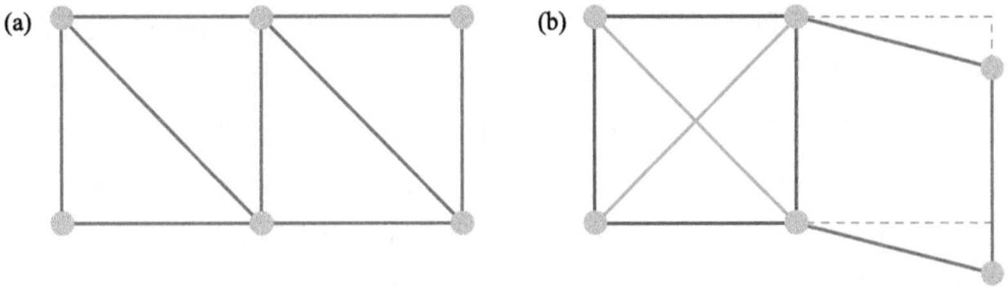

图 7.34　杆数 $n_b = 9$，节点数 $n_s = 6$，满足 Maxwell 准则的有限桁架结构
(a)稳定结构，$N_0 = 3$，$M = 0$，$N_{SS} = 0$；(b)不稳定结构，$N_0 = 4$，$M = 1$，$N_{SS} = 1$

首先定性分析从周期无限大 Maxwell 桁架中截断相应杆件，形成 $N_x \times N_y$ 个胞元构成的有限结构。设有限结构包含节点数 n_s，则需截断杆件数为 $n_s^{(d-1)/d}$ 量级。根据式(7.65)，由于 n_b 减少，$N_0 - N_{SS}$ 将由 0 增至与减少杆件相同量级；同时，结构截断通常伴随自应力状态 N_{SS} 的消失，指标定理要求截取的有限结构包含 $N_0 \sim n_s^{(d-1)/d}$ 量级的零能模式。但是，Calladine 指标定理无法给出这些零能模式为体态还是边界态以及分布情况。

无限大周期桁架结构分析通常采用 5.2 节介绍的矩阵方法。结构几何协调关系和平衡分析分别由 $\boldsymbol{Bu} = \boldsymbol{e}$ 和 $\boldsymbol{At} = \boldsymbol{f}$ 描述。取杆刚度和节点质量均为单位值，$\boldsymbol{D} = \boldsymbol{AA}^{\mathrm{T}}$ 构成结构的刚度矩阵。在 Floquet-Bloch 变换下，对每一波矢 $\boldsymbol{q}$，无限大周期桁架的自应力状态 $\boldsymbol{s}(\boldsymbol{q})$、$\boldsymbol{u}^0(\boldsymbol{q})$以及色散关系分别由如下三个方程决定：

$$\boldsymbol{A}(\boldsymbol{q})\boldsymbol{s}(\boldsymbol{q}) = \boldsymbol{0}, \quad \boldsymbol{B}(\boldsymbol{q})\boldsymbol{u}^0(\boldsymbol{q}) = \boldsymbol{0}, \quad \left[\boldsymbol{D}(\boldsymbol{q}) - \omega^2\right]\hat{\boldsymbol{u}}(\omega, \boldsymbol{q}) = \boldsymbol{0} \tag{7.66}$$

值得注意的是，对于等静定周期桁架单胞，矩阵 $\boldsymbol{A}$ 和 $\boldsymbol{B}$ 为方阵，$\boldsymbol{s}(\boldsymbol{q})$和 $\boldsymbol{u}^0(\boldsymbol{q})$的数目相等。

对图 7.35(a)所示的标准 kagome 结构利用方程(7.66)进行 Bloch 波分析，单胞节点和杆数分别为 3 和 6。由于标准 kagome 桁架存在贯穿结构的直线杆系，在周期条件下每条贯穿直线杆系能够支撑自应力状态。贯穿杆系沿 3 个不同方向，与相应布里渊区中的$\boldsymbol{\Gamma M}$ 线垂直(图 7.35(b))，因此对于这些线上的每个波矢 $\boldsymbol{q}$，均存在自应力状态。对这些波矢也必存在相同数量的零能模式。图 7.35(a)中也分别以蓝色块和红色直线给出了零能模态与自应力模式的示例。图 7.35(b)的绿色线事实上给出了第一支色散曲面$\omega = 0$ 的等频线，可见与稳定结构不同，标准 kagome 桁架色散曲面零频率点不仅仅位于$\boldsymbol{\Gamma}$ 点。若截取图 7.35(a)所示的有限结构并去除周期边界，贯穿直线杆系的自应力被释放，数量上等同于杆-节点数目相比于周期 Maxwell 条件的失配，因此，标准 kagome 桁架中不会增加零能模式，且零能模式仍为图 7.35(a)所示的体态。对图 7.35(c)所示的扭转 kagome 桁架进行相同分析，将得到迥异的结果。尽管节点与杆件连接关系与前者相同，但由于结构中贯穿直线杆系变为曲折，在有限 $\boldsymbol{q}$ 下不能存在自应力状态。在 $\boldsymbol{\Gamma}$ 点处 $N_0 = N_{SS} =$

2，对应于刚体平移，除此之外 $N_0 = N_{SS} = 0$。因此扭转 kagome 桁架在 $\omega = 0$ 时在除 $\boldsymbol{\Gamma}$ 点外打开简并。同样考虑截取图 7.35(c)所示的有限自由结构，由于不存在原有自应力状态补偿杆-节点失配，因此有限结构中必然出现新的零能模式；又由于扭曲 kagome 桁架缺乏零能体态，这些零能模式只能存在于结构边界，并向体内衰减。前述分析可见：①尽管连接关系相同，规则与扭曲 kagome 桁架具有显著不同的声子行为，Calladine 指标定理无法体现；②有限 Maxwell 桁架零能模式的分布与无限大体的能带结构具有密切关系。

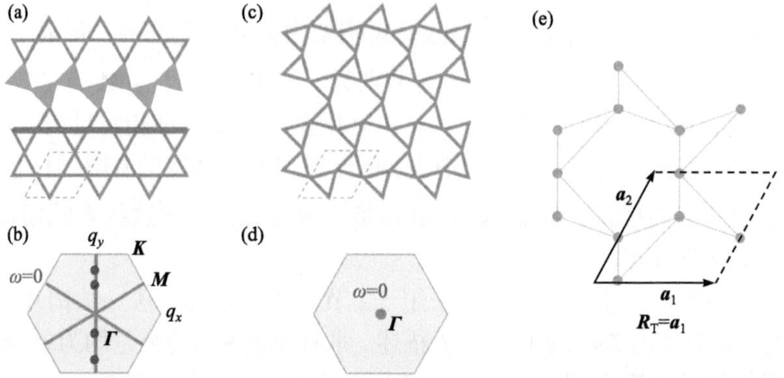

图 7.35 (a)标准 kagome 结构，几何参数为(0, 0, 0, 0)，同时显示了体态机构模式和自应力模式；(b)标准 kagome 结构零频率等频线；(c)扭转 kagome 结构，几何参数为(0.1, 0.1, 0.1, 0)；(d)扭转 kagome 结构零频率等频线；(e)几何参数为(−0.1, 0.1, 0.1, 0)的扭曲 kagome 单胞及其拓扑极化方向

Kane 和 Lubensky 指出[30]，Maxwell 桁架具有内禀指向性，由一拓扑极化向量表征，

$$\boldsymbol{R}_{\mathrm{T}} = \sum_{i=1}^{d} n_i \boldsymbol{a}_i \tag{7.67}$$

其中，$\boldsymbol{a}_i$ 为晶格矢量；n_i 为平衡矩阵 $\boldsymbol{A}(\boldsymbol{q})$行列式相位的缠绕数，定义为

$$n_i = \frac{1}{2\pi \mathrm{i}} \oint_{C_i} \mathrm{d}\boldsymbol{q} \cdot \mathrm{tr}\left[\boldsymbol{A}(\boldsymbol{q})^{-1} \nabla_{\boldsymbol{q}} \boldsymbol{A}(\boldsymbol{q})\right] = \frac{1}{2\pi} \oint_{C_i} \mathrm{d}\boldsymbol{q} \cdot \nabla_{\boldsymbol{q}} \phi(\boldsymbol{q}) \tag{7.68}$$

其中，ϕ为 $\det \boldsymbol{A}(\boldsymbol{q})$的相位角；$C_i$ 为连接布里渊区两点[$\boldsymbol{q}$，$\boldsymbol{q}+\boldsymbol{b}_i$]的闭合积分路径，这里 $\boldsymbol{b}_i$ 为倒格矢量。界面/边界零能模式和自应力模式分布受拓扑极化影响，同时在整体上也必须服从 Calladine 指标定理，因此，综合这两种因素给出边界/界面态零能模式的指标定理。考虑 Bravais 格点阵材料界面或边界，其法向可由一倒格矢量 $\boldsymbol{b}$ 标定，设界面上每个单胞的零能模式和自应力模式数为 $\tilde{N}_0$ 和 $\tilde{N}_{SS}$，则界面指标定理由下式给出

$$\tilde{N}_0 - \tilde{N}_{SS} = \tilde{\nu} = \tilde{\nu}_L + \tilde{\nu}_T \tag{7.69}$$

其中，$\tilde{\nu}_T = \boldsymbol{b} \cdot \boldsymbol{R}_T / 2\pi$取决于拓扑极化和界面方向；$\tilde{\nu}_L$ 取决于界面截断方式导致的指标失配。因此，从整体结构来看拓扑极化并不改变全局 Calladine 指标定理(7.65)，但能够导致零能模式或自应力模式在相对界面/边界的不对称分布。

图 7.35(c)所示的扭曲 kagome 桁架是拓扑平凡的($\boldsymbol{R}_T = 0$)，为产生拓扑极化需要对 kagome 结构进行更一般的扭曲。扭曲过程仍然保证 kagome 点阵的 Bravais 格不变，利于保证不同拓扑相的 kagome 桁架能够顺利连接以构成界面。由于可固定三个单胞独立节点中的一个不变，kagome 桁架的一般变形由四个参量决定，与 5.2.3 节对 kagome 扭曲的参数化相同。采用该参数化方法，图 7.35(a)的标准 kagome 桁架对应(x_1:0, x_2:0, x_3:0, z:0)，图 7.35(b)的扭转 kagome 桁架对应参数(0.1, 0.1, 0.1, 0)。在桁架扭曲过程中，当某一参数 x_i 经历变号过程时，将产生拓扑相变，即 $\boldsymbol{R}_T$ 由零变为非零，或其指向发生变化。图 7.35(e)展示了(−0.1, 0.1, 0.1, 0)参数下的单胞，其拓扑极化向量为 $\boldsymbol{R}_T = \boldsymbol{a}_1$。从机理上说，参数 x_i 变号意味着 kagome 结构的杆系经历“弯折-贯穿直线-弯折”的变化，相应地带结构特性也伴随着色散曲面在零频率简并(图 7.35(b))再打开(图 7.35(d))的过程，从而与波动现象类似产生了拓扑相变。

图 7.36 显示了不同拓扑相的 kagome 桁架所构成的界面系统，其中两侧区域为拓扑平凡的扭转 kagome 桁架，中间部分由图 7.35(e)所示胞元构成，各部分拓扑极化情况如图所示。对图示超胞结构 $\boldsymbol{a}_1$ 方向施加周期边界，$\boldsymbol{a}_2$ 方向施加波数为 q 的 Bloch 边界，分别求解式(7.66)的前两个特征方程可以得到系统中含有的自应力和机构模式。图中展示了 $q = \pi$ 对应的结果，其中杆中的自应力模式以颜色和粗细区分内力拉压和大小，而节点处箭头表示机构模式。由于没有截断杆件，因此不产生局部指标失配($\tilde{\nu}_L = 0$)。不同拓扑相形成的界面以倒格矢 $\boldsymbol{b}_1$ 标识(界面法向为 $\boldsymbol{b}_1$)，根据式(7.69)，在界面 1 处有 $\tilde{\nu}_T = \boldsymbol{R}_T \cdot (-\boldsymbol{b}_1)/2\pi = -1$，因此该界面处存在向体内衰减的自应力模式。相反，在界面2有 $\tilde{\nu}_T = 1$，因此该界面处存在向体内衰减的机构模式。由于两个界面处 $\tilde{\nu}_T$ 反号，对于结构整体而言，满足全局 Calladine 指标约束 $N_0 - N_{SS} = 0$，但拓扑极化导致零能机构模式集中于右侧界面，而自应力模式集中于左侧界面，可以类比于介电材料体内正负电荷的分离，但总电荷仍然为零。

Maxwell 桁架系统处于临界稳定状态，其零能模式的研究对于理解材料的物态转换、刚度与强度的本质、散体流动机制具有重要意义，长期为材料物理学界关注。拓扑极化性质无法由局部连接关系和几何构型直接呈现，证明这一简单系统可蕴含极丰富的物理机制。当前，拓扑零能模式的研究还局限于严格的 Maxwell 桁架系统，在分析上基于矩阵哈密顿算符。对于不满足 Maxwell 条件的弱超静定

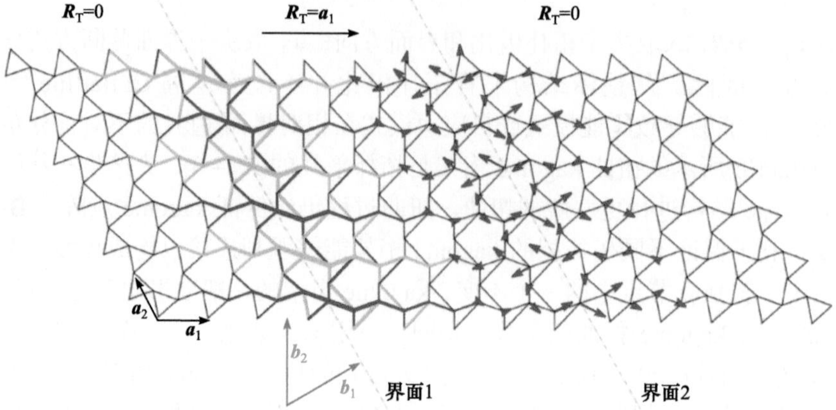

图 7.36　具有不同拓扑相的 kagome 桁架结构界面处的零能模式和自应力模式，箭头表示机构模式的无限小位移，红绿线条显示自应力边界态，红、绿色分别代表拉、压内力

桁架(非方阵算符)甚至连续体复合材料(微分算符)，是否存在类似的拓扑“软”模式是值得探索的问题。此外，拓扑方向性作为材料一种新的内禀属性，在传统连续介质力学和本构关系框架中无法得到体现，寻求高阶连续化理论以表征这一性质也正在引起关注。由于周期结构的低频模式决定材料宏观力学响应，拓扑零能模式的丰富性、鲁棒性和可操控性为传统点阵材料设计带来了新的契机。

参考文献

[1] Tworzyd O J, Rycerz A, Beenakker C W J. Valley filter and valley valve in graphene[J]. Nature, 2007, 3: 172-175.

[2] Xiao D, Yao W, Niu Q. Valley-contrasting physics in graphene: magnetic moment and topological transport [J]. Physical Review Letters, 2007, 99: 236809.

[3] Zak J. Berry's phase for energy bands in solids [J]. Physical Review Letters, 1989, 62: 2747.

[4] Simon S. Holonomy, the quantum adiabatic theorem, and Berry's phase [J]. Physical Review Letters, 1983, 51: 2167.

[5] Ryu S, Schnyder A P, Furusaki A, et al. Topological insulators and superconductors: tenfold way and dimensional hierarchy [J]. New Journal of Physics, 2010, 12: 65010.

[6] Hasan M Z, Kane C L. Colloquium: topological insulators [J]. Reviews of Modern Physics, 2010, 82: 3045.

[7] Lu J, Qiu C, Xu S, et al. Dirac cones in two-dimensional artificial crystals for classical waves [J]. Physical Review B, 2014, 89: 134302.

[8] Slonczewski J C, Weiss P R. Band structure of graphite [J]. Physical Review, 1958, 109: 272.

[9] Klitzing K V, Dorda G, Pepper M. New method for high-accuracy determination of the fine-structure constant based on quantized Hall resistance [J]. Physical Review Letters, 1980, 45: 494.

[10] Wang P, Lu L, Bertoldi K. Topological phononic crystals with one-way elastic edge waves [J].

Physical Review Letters, 2015, 115: 104302.

[11] Nash L M, Kleckner D, Read A, et al. Topological mechanics of gyroscopic metamaterials [J]. Proceedings of the National Academy of Sciences of the United States of America, 2015, 112: 14495-14500.

[12] Wang Y, Luan P, Zhang S. Coriolis force induced topological order for classical mechanical vibrations [J]. New Journal of Physics, 2015, 17: 73031.

[13] Kane C L, Mele E J. Quantum spin Hall effect in graphene [J]. Physical Review Letters, 2005, 95: 226801.

[14] Kane C L, Mele E J. Z2 topological order and the quantum spin Hall effect [J]. Physical Review Letters, 2005, 95: 146802.

[15] Bernevig B A, Hughes T L, Zhang S. Quantum spin Hall effect and topological phase transition in HgTe quantum wells [J]. Science, 2006, 314: 1757-1761.

[16] Mousavi S H, Khanikaev A B, Wang Z. Topologically protected elastic waves in phononic metamaterials [J]. Nature Communications, 2015, 6: 8682.

[17] Miniaci M, Pal P K, Morvan B, et al. Experimental observation of topologically protected helical edge modes in patterned elastic plates [J]. Physical Review X, 2018, 8: 31074.

[18] Yu S Y, He C, Wang Z, et al. Elastic pseudospin transport for integratable topological phononic circuits [J]. Nature Communications, 2018, 9: 3072.

[19] Li S F, Zhao D G, Niu H, et al. Observation of elastic topological states in soft materials [J]. Nature Communications, 2018, 9: 1370.

[20] Lu J Y, Qiu C Y, Ye L P, et al. Observation of topological valley transport of sound in sonic crystals [J]. Nature Physics, 2016, 13: 369-374.

[21] Vila J, Pal P K, Ruzzene M. Observation of topological valley modes in an elastic hexagonal lattice [J]. Physical Review B, 2017, 96: 124307.

[22] Xia B Z, Zheng S J, Liu T T, et al. Observation of valleylike edge states of sound at a momentum away from the high-symmetry points [J]. Physical Review B, 2018, 97: 155124.

[23] Gao N, Qu S C, Si L S, et al. Broadband topological valley transport of elastic wave in reconfigurable phononic crystal plate [J]. Applied Physics Letters, 2021, 118: 63502.

[24] Zhang Q, Chen Y, Zhang Y, et al. Dirac degeneracy and elastic topological valley modes induced by local resonant states [J]. Physical Review B, 2020, 101: 014101.

[25] Zhang Q, Chen Y, Zhang Y, et al. Programmable elastic valley Hall insulator with tunable interface propagation routes [J]. Extreme Mechanics Letters, 2019, 28: 76-80.

[26] Yan M, Lu J Y, Li F, et al. On-chip valley topological materials for elastic wave manipulation [J]. Nature Materials, 2018, 17: 993-998.

[27] Zhao Y C, Zhou X M, Huang G L. Non-reciprocal Rayleigh waves in elastic gyroscopic medium [J]. Journal of the Mechanics and Physics of Solids, 2020, 143: 104065.

[28] Wu L H, Hu X. Scheme for achieving a topological photonic crystal by using dielectric material [J]. Physical Review Letters, 2015, 114: 223901.

[29] Li G H, Ma T X, Wang Y Z, et al. Active control on topological immune of elastic wave metamaterials [J]. Scientific Reports, 2020, 10: 1-8.

[30] Kane C L, Lubensky T C. Topological boundary modes in isostatic lattices[J]. Nature Physics, 2014, 10: 39-45.

[31] Paulose J, Meeussen A S, Vitelli V. Selective buckling *via* states of self-stress in topological metamaterials [J]. Proceedings of the National Academy of Sciences of the United States of America, 2015, 112: 7639-7644.

[32] Calladine C R. Buckminster Fuller's "Tensegrity" structures and Clerk Maxwell's rules for the construction of stiff frames [J]. International Journal of Solids and Structures, 1978, 14: 161-172.

[33] 陈毅, 张泉, 张亚飞, 等. 弹性拓扑材料研究进展[J]. 力学进展, 2021, 51(2): 189-256.

第 8 章　变换方法与声波/弹性波调控

日常生活经验告诉我们，材料会影响光线传播轨迹，例如，从空气中看，水中物体的位置与观察者及水面并不在一条直线上，再如折射率随高度的变化引起的海市蜃楼现象等。这些现象是由于介质属性在空间的变化使光线不再沿直线传播，即光学介质改变了空间几何特性，或介质建立了自身的光学几何[1]。声波也会产生同样的现象，例如，路面温度会影响相邻空气层中的声速，人们往往在晚上能听到更远处传来的声音。这些现象均表明材料性质随空间的变化可改变波的传播轨迹，那么能否通过对材料属性分布进行主动设计来对波传播轨迹进行控制呢？显然该问题是数学上的反问题，目前还不能给出一般性的解答。超材料的发展为波功能设计提供了更广泛的材料选择空间，人们提出了一种有效求解上述反问题的方法，即坐标变换方法(或简称变方法)，该方法利用控制方程的坐标变换形式不变性，可建立空间映射变换与等价材料分布的关系[2,3]。这一章将主要介绍该方法，并结合弹性超材料设计给出几个功能设计案例，最后讨论水下低阻抗承压隔声材料的机理和设计方法。

8.1　坐标变换方法

8.1.1　几何变换对波场作用及等价材料

首先考察一维声学问题，如图 8.1(a)所示的虚拟空间，由均匀的声学材料构成，密度和体积模量分别为 ρ_0、κ_0。现将该虚拟空间通过坐标变换映射到图 8.1(b)所示的物理空间，映射包含两部分：一部分将虚拟空间中长度为 L_0 的线段 AB 按照坐标变换 $x=LX/L_0$，映射到物理空间中长度为 L 的线段 $A'B'$ 上；另一部分是将虚拟空间其他部分(除线段 AB 外)按照变换 $x=X$ 映射到物理空间。这里假设两个空间的时间没有发生变换，即 $t=T$，这样用(X,T)和(x,t)分别表示虚拟空间和物理空间中的空间-时间坐标。设想在虚拟空间有一个角频率为 ω，波长为 λ_0(波速和波数分别记为 c_0、k_0)的波从左向右传播，经坐标变换(这里是压缩)后，在物理空间线段 $A'B'$ 内波的特征为 λ、c、k。这里波的特征变化完全是由坐标变换或几何操作造成的，根据几何关系，要求波在虚拟空间通过 AB 段的相位经过压缩变换后保持不变。

$$\phi_0 = \frac{2\pi L_0}{\lambda_0} = \frac{2\pi L}{\lambda} = \phi \tag{8.1}$$

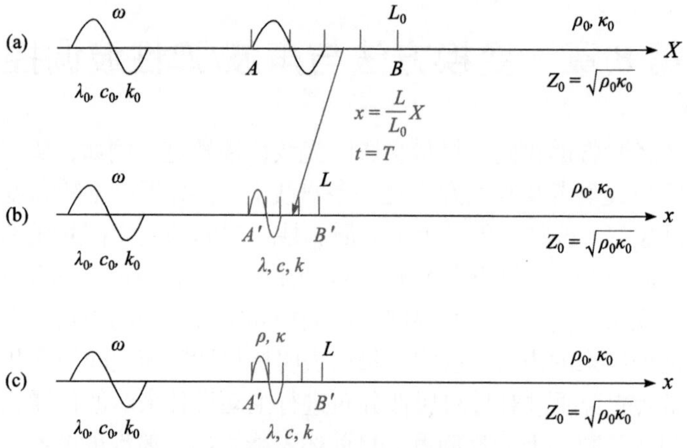

图 8.1　一维声学介质几何与等价材料

(a)虚拟空间；(b)变换映射的物理空间；(c)等效材料的物理空间

由此可得变换后物理空间中线段 $A'B'$ 上波的特征满足：$\lambda=\lambda_0 L/L_0$、$k=k_0 L_0/L$ 及 $c=c_0 L/L_0$。什么样的介质能够承载上述特征波的传播呢？为了进一步讨论，假设该介质的密度和体积模量分别为 ρ、κ，根据频散方程有

$$\omega^2 = c^2 k^2 = \frac{\kappa}{\rho} k^2 \tag{8.2}$$

由此可得

$$\frac{\kappa}{\rho} = \frac{\kappa_0}{\rho_0} \frac{L^2}{L_0^2} \tag{8.3}$$

坐标变换后，物理空间被分成两个区域：$A'B'$ 线段和其他部分。波在经过两个区域界面时要求不发生反射，即要求阻抗匹配

$$Z_0 = \sqrt{\rho_0 \kappa_0} = \sqrt{\rho\kappa} = Z \tag{8.4}$$

联立式(8.3)和式(8.4)，最终得到与坐标几何变换作用效果一致的等价材料(也称为变换介质或变换材料)

$$\rho = \frac{L_0 \rho_0}{L}, \quad \kappa = \frac{L\kappa_0}{L_0} \tag{8.5}$$

上述结果可直接对声波控制方程进行坐标变换得到，考察虚拟空间中的一维声波方程

$$\frac{\partial p}{\partial X} = -\rho_0 \frac{\partial^2 u}{\partial T^2}, \quad p = -\kappa_0 \frac{\partial u}{\partial X} \tag{8.6}$$

其中，p 是声压；u 是位移。根据给定的变换形式，有$\partial x/\partial X=L/L_0$，对式(8.6)进行坐标变换有

$$\frac{\partial p}{\partial X}=\frac{\partial p}{\partial x}\frac{\partial x}{\partial X}=\frac{L}{L_0}\frac{\partial p}{\partial x},\quad \frac{\partial u}{\partial X}=\frac{\partial u}{\partial x}\frac{\partial x}{\partial X}=\frac{L}{L_0}\frac{\partial u}{\partial x} \tag{8.7}$$

如果变换过程中令 $p'=p$，$u'=u$ (该关系只有在一维情况下成立)，含上标符号表示物理空间相应的量，则虚拟空间中声波控制方程(8.6)经过坐标变换后，在物理空间可以表示为

$$\frac{\partial p'}{\partial x}=-\frac{L_0\rho_0}{L}\frac{\partial^2 u'}{\partial t^2},\quad p'=-\frac{L\kappa_0}{L_0}\frac{\partial u'}{\partial x} \tag{8.8}$$

令 $\rho=L_0\rho_0/L$，$\kappa=L\kappa_0/L_0$，变换后的声学方程与变换之前的形式完全相同(称为坐标变换形式不变性)，这样坐标变换对波的几何(空间)操作可用等价的变换介质(ρ,κ)去实现。

上面通过简单的一维情况下的例子展示了控制方程在坐标变换形式不变性条件下，声波变换的几何操作和等价材料(变换介质)的含义和关系。下面将进一步讨论二维问题，考察如图 8.2(a)所示的二维无限大均匀介质 ρ_0、κ_0 中，一平面简谐声波沿与水平方向夹角为θ的方向由左向右传播，与一维情况相同，该空间称为虚拟空间。设想经过坐标变换(只给出压缩区域)

$$x_1=\frac{L}{L_0}X_1,\quad x_2=X_2 \tag{8.9}$$

将图 8.2(a)所示的虚拟空间映射到图 8.2(b)所示的物理空间。根据变换的几何要求，即变换前后的相位变化一致，可得(令 $\boldsymbol{e}_1$、$\boldsymbol{e}_2$ 为物理空间 x_1 和 x_2 轴的单位基矢)

$$\boldsymbol{k}=\frac{L_0}{L}k_0\cos\theta\boldsymbol{e}_1+k_0\sin\theta\boldsymbol{e}_2 \tag{8.10}$$

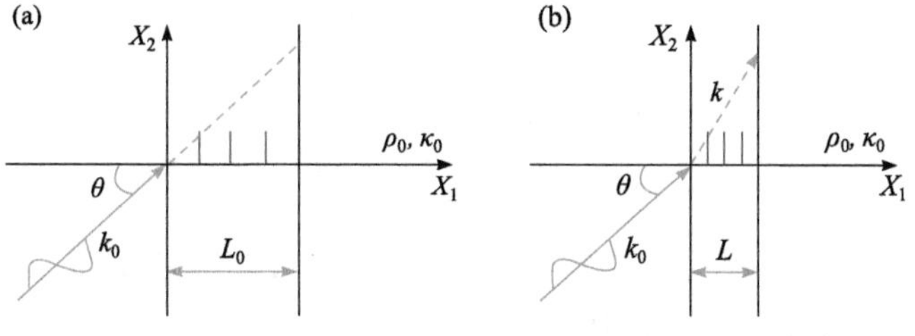

图 8.2　二维声学问题几何和等价材料示意图

(a)虚拟空间；(b)物理空间

几何变换要求波在物理空间压缩的区域内具有式(8.10)形式的波矢，下面将确定什么样的声学介质能承载这样特征的波传播。由于变换的特点，波沿不同方向波速将不同，因此该声学介质必须是各向异性的。假设在物理空间中被压缩的区域声学介质具有各向异性质量 $\boldsymbol{\rho}$=diag[ρ_1,ρ_2]，体积模量为 κ，该类均匀介质的控制方程在第 3 章已经给出(见 3.2.1 节)。假设压力具有谐波解，代入控制方程得如下频散方程

$$\omega^2 = c_1^2 k_1^2 + c_2^2 k_2^2 \tag{8.11}$$

其中，$c_i = \sqrt{\kappa / \rho_i}\,(i=1,2)$ 为波沿 x_1 和 x_2 方向的波速。将波矢的几何约束即式(8.10)代入式(8.11)，注意到背景介质有 $\omega^2 / k_0^2 = \kappa_0 / \rho_0$，并考虑到式(8.11)对任意入射角度都成立，可得如下等式

$$\frac{\kappa}{\rho_2} = \frac{\kappa_0}{\rho_0}, \quad \frac{\kappa}{\rho_1} = \frac{\kappa_0}{\rho_0}\frac{L^2}{L_0^2} \tag{8.12}$$

要确定三个材料参数，还需要利用阻抗匹配条件 Z_1=Z_0，由此得到补充方程

$$\rho_1 \kappa = \rho_0 \kappa_0 \tag{8.13}$$

最终与几何变换操作等价的承载材料(变换介质)满足

$$\rho_1 = \frac{L_0}{L}\rho_0, \quad \rho_2 = \frac{L}{L_0}\rho_0, \quad \kappa = \frac{L}{L_0}\kappa_0 \tag{8.14}$$

上述结果也可直接对二维声波控制方程进行坐标变换得到。考察虚拟空间二维声波控制方程

$$\nabla_{\boldsymbol{X}} p = -\rho_0 \frac{\partial^2 \boldsymbol{u}}{\partial T^2}, \quad p = -\kappa_0 \nabla_{\boldsymbol{X}} \cdot \boldsymbol{u} \tag{8.15}$$

变换式(8.9)将虚拟空间映射到物理空间中(这里假设 $t = T$)，下面给出梯度和散度算子的坐标变换表达式

$$\nabla_{\boldsymbol{X}} p = \frac{\partial x_j}{\partial X_i}\frac{\partial p}{\partial x_j}\boldsymbol{e}_i = \boldsymbol{F}^{\mathrm{T}} \nabla_{\boldsymbol{x}} p \tag{8.16}$$

$$\nabla_{\boldsymbol{X}} \cdot \boldsymbol{u} = J J^{-1} \frac{\partial x_j}{\partial X_i}\frac{\partial u_i}{\partial x_j} = J \frac{\partial}{\partial x_j}\left(J^{-1} \frac{\partial x_j}{\partial X_i} u_i \right) = J \nabla_{\boldsymbol{x}} \cdot (J^{-1} \boldsymbol{F} \cdot \boldsymbol{u}) \tag{8.17}$$

其中在推导式(8.17)时用到了恒等式 $\nabla_{\boldsymbol{x}} \cdot (J^{-1}\boldsymbol{F}) = 0$，$\boldsymbol{F} = \partial \boldsymbol{x} / \partial \boldsymbol{X}$，$J = \det \boldsymbol{F}$。

针对上面所讨论的变换，有

$$\boldsymbol{F} = \begin{pmatrix} L / L_0 & 0 \\ 0 & 1 \end{pmatrix}, \quad J = \frac{L}{L_0} \tag{8.18}$$

这样虚拟空间的声波控制方程变换到物理空间，可表示为

$$\boldsymbol{F}^{\mathrm{T}}\nabla_{\boldsymbol{x}} p=-\rho_0\frac{\partial^2\boldsymbol{u}}{\partial t^2},\quad p=-\kappa_0\left(\frac{L}{L_0}\frac{\partial u_1}{\partial x_1}+\frac{\partial u_2}{\partial x_2}\right) \tag{8.19}$$

显然变换后的方程与虚拟空间的声波方程形式不一样，尤其是式(8.19)的第二个式子。为此可令场变量间的映射满足 $p'=p,\boldsymbol{u}'=J^{-1}\boldsymbol{F}\boldsymbol{u}$ ，再代入式(8.19)，整理得

$$\nabla_{\boldsymbol{x}} p'=-\boldsymbol{\rho}\cdot\frac{\partial^2\boldsymbol{u}'}{\partial t^2},\quad p'=-\kappa\nabla\cdot\boldsymbol{u}' \tag{8.20}$$

其中 $\boldsymbol{\rho}=\rho_0\mathrm{diag}[L_0/L,L/L_0]$ 、$\kappa=\kappa_0 L/L_0$ 为变换声学介质的材料参数。上述推导表明，经过空间变换并假设场变量变换前后满足特定关系，虚拟空间的声波方程映射到物理空间后具有变换形式不变性。这种变换(几何)对波的操作，可以利用变换介质($\boldsymbol{\rho}$, κ)来实现，这与式(8.14)的结果完全一致。

前面一维和二维声波变换例子展示了一个通用的方法：如果控制方程具有坐标变换形式不变性，变换(几何)对波的操作可以通过等价的材料(变换介质)来实现。如果将变换看成实现波传播的功能，变换介质就直接给出了反问题的一个解析的解答。更一般的变换方法将在 8.1.2 节详细讨论。

这里还需要强调的是，变换方法所需的“形式不变性”与张量分析中的“形式不变性”含义完全不同。在张量分析中，“形式不变性”意味着，如果用协变微分算子代替偏微分算子，则在不同坐标系中表示的任何物理方程，必须具有相同的数学形式。而在变换方法中，使用相同的坐标系类型，只是通过改变坐标变量将一个域中的物理方程映射到另一个域中。这里“变换方法”的“形式不变性”是指：如果定义一些新的场变量和材料参数，则映射后的方程在形式上与原始方程保持一致。因此，某个物理方程可能不具有变换方法所要求的“形式不变性”，弹性动力学波动方程就是这样一个例子[4,5]。

8.1.2　变换声学

这里将 8.1.1 节讨论的一维和二维的声学变换推广到更一般的情况，以便能作为工具设计更复杂有趣的变换声学器件。下面将以设计隐形声学斗篷为例，来展示声波的一般性变换方法。考察图 8.3(b)所示的物理空间，其由三个区域构成，分别用 ω^{out}、ω 和 ω^{in} 表示。背景域 ω^{out} 由密度为 ρ_0、体积模量为κ_0 的均匀流体构成。斗篷区域 ω 中的材料要求将声波导引到中心区域 ω^{in} 周围，并使中心区域不被声波探测到(既无反射，也没有阴影)。为了设计斗篷区域所需的材料参数，设想图 8.3(a)所示的虚拟空间由均匀材料(ρ_0,κ_0)构成，虚拟空间由 Ω 和 Ω^{out} 两个域组成，域 ω 和 Ω 的外边界相同，$\partial\Omega=\partial\omega^{+}$。在物理空间和虚拟空间分别建立笛卡儿坐标系。在虚拟空间中，声波的动力学方程和本构方程是

$$\dot{\boldsymbol{v}}(\boldsymbol{X})=-\rho_0^{-1}\nabla_{\boldsymbol{X}}p(\boldsymbol{X}),\quad \dot{p}(\boldsymbol{X})=-\kappa_0\nabla_{\boldsymbol{X}}\cdot\boldsymbol{v}(\boldsymbol{X}) \tag{8.21}$$

这里，$\boldsymbol{v}(\boldsymbol{X})$和$p(\boldsymbol{X})$分别是虚拟空间中粒子的速度和压力，符号$\nabla_{\boldsymbol{X}}$代表虚拟空间中的梯度算子，其分量形式为$\partial/\partial X_j$。考察虚拟空间到物理空间的映射 $\boldsymbol{x}=\boldsymbol{x}(\boldsymbol{X})$，该映射将域 Ω^{out} 映射到域 ω^{out}，并将域 Ω 映射到域 ω。映射梯度 $\boldsymbol{F}=\partial\boldsymbol{x}/\partial\boldsymbol{X}$，其分量形式为 $F_{ij}=\partial x_i/\partial X_j$，行列式 $J=\det\boldsymbol{F}$。在背景域 Ω^{out} 中，映射梯度满足 $\boldsymbol{F}=\boldsymbol{I}$。梯度和散度算子从虚拟空间到物理之间的变换关系已由式(8.16)和式(8.17)给出，下面考察声波控制方程和本构方程的变换形式。式(8.21)的第二个方程可以改写为

$$\dot{p}(\boldsymbol{X})=-\kappa_0 J\nabla_{\boldsymbol{x}}\cdot(J^{-1}\boldsymbol{F}\cdot\boldsymbol{v}(\boldsymbol{X})) \tag{8.22}$$

将 $J^{-1}\boldsymbol{F}$ 乘在式(8.21)两边，该方程可以重新写为

$$J^{-1}\boldsymbol{F}\cdot\dot{\boldsymbol{v}}(\boldsymbol{X})=-(\rho_0^{-1}J^{-1}\boldsymbol{F}\cdot\boldsymbol{F}^{\mathrm{T}})\cdot\nabla_{\boldsymbol{x}}p(\boldsymbol{X}) \tag{8.23}$$

可以看出，如果重新定义场量间的关系 $p'(\boldsymbol{x})=p(\boldsymbol{X}),\quad \boldsymbol{v}'(\boldsymbol{x})=J^{-1}\boldsymbol{F}\cdot\boldsymbol{v}(\boldsymbol{X})$，则变换后的方程(物理空间)具有与原始声学方程(虚拟空间)同样的形式，即声学方程具有变换形式不变性

$$\dot{p}'(\boldsymbol{x})=-\kappa(\boldsymbol{x})\nabla_{\boldsymbol{x}}\cdot\boldsymbol{v}'(\boldsymbol{x}),\quad \dot{\boldsymbol{v}}'(\boldsymbol{x})=-\boldsymbol{\rho}^{-1}(\boldsymbol{x})\cdot\nabla_{\boldsymbol{x}}p'(\boldsymbol{x}) \tag{8.24}$$

根据变换形式不变性的特点，变换(几何)对波的操作可以用以下变换材料来实现

$$\boldsymbol{\rho}^{-1}(\boldsymbol{x})=\rho_0^{-1}J^{-1}\boldsymbol{F}\cdot\boldsymbol{F}^{\mathrm{T}},\quad \kappa(\boldsymbol{x})=\kappa_0 J \tag{8.25}$$

其中，位置变量 $\boldsymbol{x}$ 指物质点在 ω 区域中的位置。

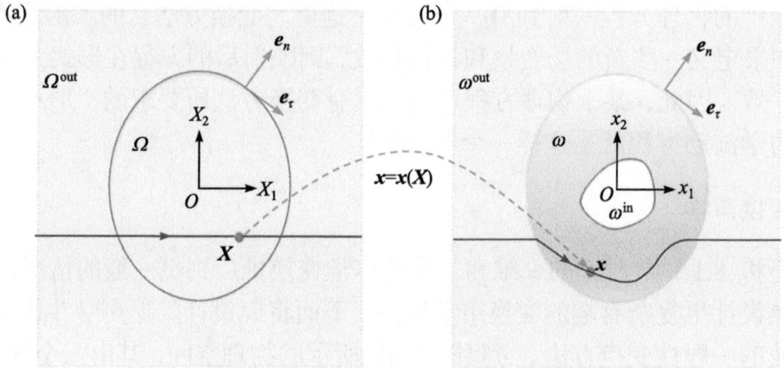

图 8.3 基于变换方法的声学斗篷设计

(a)虚拟空间(笛卡儿坐标 XOY)；(b)物理空间(笛卡儿坐标 xOy)

一般情况下，变换后所需介质的密度为张量而不再是标量(或各向同性)。经过上述变换，将虚拟空间 Ω 中均匀介质的声学方程映射到物理空间域 ω 中的声学方程，该域材料(变换介质)具有张量密度 $\boldsymbol{\rho}(\boldsymbol{x})$和体积模量$\kappa(\boldsymbol{x})$。根据式(8.25)来

设计 ω 区域的声学介质，则物理空间域 ω 与虚拟空间域 Ω 中的声压和粒子振动速度可通过关系 $p'(\boldsymbol{x})=p(\boldsymbol{X})$，　$\boldsymbol{v}'(\boldsymbol{x})=J^{-1}\boldsymbol{F}\cdot\boldsymbol{v}(\boldsymbol{X})$ 相关联。如图 8.3 所示，经过坐标变换，将虚拟空间中沿红色直线传播的入射波，变换到物理空间中沿着变换映射的曲线轨迹传播。由于域 ω^{out} 与 Ω^{out} 中的压力场完全相同，对于任何入射波，在 ω^{out} 中将不会产生散射。另外由于 Ω 域中每点的解都被一一映射到域 ω 中，因此物理空间中心区域 ω^{in} 对于任何入射波都无法被探测到。

实现隐身斗篷的理想映射是，将 Ω 域的中心点 O 映射到 ω 的内边界上，这时映射不再具有一一对应性，会造成变换介质在 ω 的内边界上材料参数奇异。该问题的一个近似解决方法是可以在虚拟空间选一个微小区域(而不是一个点)，将该微小区域的外边界一一对应地映射到物理空间斗篷的内边界。这样做使得设计的斗篷不再完美，至少具有与虚拟空间微小区域同样的散射。

变换介质参数取决于所选的映射函数，因此不是唯一的。从式(8.25)还可以看出，在满足实现波传播功能的前提下，可以通过优化映射函数的梯度 $\boldsymbol{F}$ 来对变换介质参数进行简化。如映射满足 $\boldsymbol{F}\cdot\boldsymbol{F}^{\text{T}}=\boldsymbol{I}$，则变换介质的密度为各向同性 $\boldsymbol{\rho}(\boldsymbol{x})=\rho_0 J^{-1}\boldsymbol{I}$。这从材料角度更容易实现，但这种映射变换对波的调控能力有限。

为了达到无反射的完美隐身效果，变换介质参数和背景介质在界面 $\partial\omega^{+}$ 处应满足阻抗匹配条件，因此还需要考察场量的界面连续性条件在映射过程中是否成立。如果物理空间场量从虚拟空间场量映射而来，且不发生散射，则映射的场量必须满足映射边界处的连续性条件。所以在边界处 $\partial\Omega=\partial\omega^{+}$ 要求映射梯度 $\boldsymbol{F}$ 满足

$$\boldsymbol{F}_{|\partial\omega^{+}}=\boldsymbol{e}_{\tau}\boldsymbol{e}_{\tau}+(J\boldsymbol{e}_{n}+\alpha\boldsymbol{e}_{\tau})\boldsymbol{e}_{n} \tag{8.26}$$

其中，$\boldsymbol{e}_{\tau}$ 和 $\boldsymbol{e}_{n}$ 是边界处的切向和外法向单位矢量；J 表示法向延伸量，即变形梯度张量的行列式；α 代表微元扭曲程度。如果虚拟空间场量在边界处 $\partial\Omega$ 满足压力和法向速度的连续性条件，则物理空间中 $\partial\omega^{+}$ 的连续性条件也自动满足

$$\begin{gathered}[p'(\boldsymbol{x})]_{|\partial\omega}=[p(\boldsymbol{X})]_{|\partial\Omega}=0\\ [\boldsymbol{e}_{n}\cdot\boldsymbol{v}'(\boldsymbol{x})]_{|\partial\omega}=[\boldsymbol{e}_{n}\cdot J^{-1}\boldsymbol{F}\cdot\boldsymbol{v}(\boldsymbol{X})]_{|\partial\Omega}=[\boldsymbol{e}_{n}\cdot\boldsymbol{v}(\boldsymbol{X})]_{|\partial\Omega}=\boldsymbol{0}\end{gathered} \tag{8.27}$$

这里，符号 $[\cdot]_{|\partial\omega}$ 和 $[\cdot]_{|\partial\Omega}$ 分别表示物理变量跨越物理空间界面 $\partial\omega$ 和虚拟空间界面 $\partial\Omega$ 的间断量。对于声学介质，式(8.27)表明当映射函数在边界 $\partial\omega^{+}$ 满足映射连续性条件时，变换材料在边界处能自动满足连续性条件，与背景介质自动阻抗匹配。最后，值得注意的是阻抗匹配条件并不总是自然成立，例如在五模材料变换声学中，需要对映射提出附加约束条件[6](这将在 8.1.3 节五模材料变换中讨论)。

下面将以二维圆环形声学隐身斗篷为例，给出相应的斗篷变换材料参数，并对设计的声学斗篷效果进行数值验证。具体的变换原理在第 1 章已经给出(图 1.17)。取圆柱坐标系，在坐标为 (r,θ) 的物理空间中，斗篷内半径为 a、外半径为 b。该斗

篷区域是从坐标为(R,Θ)的一个含微小圆孔($\delta<R<b$，避免材料参数奇异)的虚拟空间，通过变换关系 $R=f(r)$，$\Theta=\theta$ 映射而来。映射梯度 $\boldsymbol{F}$ 和变换材料参数为

$$\boldsymbol{F}=\begin{pmatrix}\dfrac{1}{f'(r)} & 0\\ 0 & \dfrac{r}{f(r)}\end{pmatrix},\quad J=\frac{r}{f(r)f'(r)} \tag{8.28}$$

$$\rho_r(r)=\rho_0\frac{rf'(r)}{f(r)},\quad \rho_\theta(r)=\rho_0\frac{f(r)}{f'(r)r},\quad \kappa(r)=\kappa_0\frac{r}{f(r)f'(r)} \tag{8.29}$$

只要保证边界几何条件 $f(a)=\delta$ 和 $f(b)=b$，映射函数可以任意选取。为了简化书写，这里令 $\delta=0$，取如下线性映射关系：

$$R=(r-a)b/(b-a),\quad \Theta=\theta \tag{8.30}$$

斗篷区域材料参数为

$$\rho_r=\rho_0\frac{r}{r-a},\quad \rho_\theta=\rho_0\frac{r-a}{r},\quad \kappa=\kappa_0\left(\frac{b-a}{b}\right)^2\frac{r}{r-a} \tag{8.31}$$

为了验证所设计斗篷的效果，下面通过有限元分析几何参数为 a=0.2m,b=0.6m，由式(8.31)给出的斗篷设计的波隐身效果，斗篷的内边界为刚性，计算结果由图 8.4 给出。图 8.4(a)结果表明，所设计的斗篷层可以引导声波绕过刚性圆柱而不产生散射，且不形成阴影区，这样外界声波无法探测到刚性圆柱的存在。相反，无斗篷包覆层的刚性圆柱将产生明显的散射和阴影，如图 8.4(b)所示。可以看出，隐身斗篷的密度和体积模量分布是柱对称的，且分布仅与径向位置相关。对于一个由无限小孔 $\delta=0$ 变换而来的理想隐身斗篷，靠近斗篷内边缘的径向密度和模量都趋于无限大，这一问题有时也被称为“质量灾难”。因此，具有各向异性密度材料的声学完美隐身斗篷的实际设计仍具有挑战性。

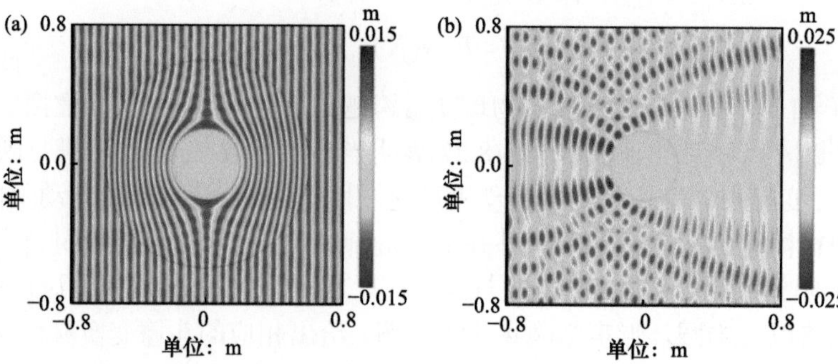

图 8.4 声压分布图

(a)有斗篷包覆层；(b)无斗篷包覆层(背景介质 $\rho_0=\kappa_0=1$)

8.1.3 变换弹性动力学

一般弹性动力学方程不具有坐标变换形式不变性，通过假设弹性动力学场量间的一些特殊映射关系，可实现弹性动力学方程在形式上具有不变性。但这需要进一步拓展变换介质的属性空间，如放弃四阶弹性张量的小对称性要求，或假设材料本构中应力不仅与应变相关，还与位移(或速度)相关，即 Willis 介质[4,7]。这样一来能否通过变换方法对弹性波传播进行调控设计，取决于变换介质能否设计和制备。这里将讨论弹性动力学方程具有坐标变换形式不变性的几种情况，在后续章节中将针对几种典型的变换介质，具体介绍材料和弹性波调控功能的实现。

1. 非对称弹性变换

仍然考虑图 8.3 所示的虚拟空间到物理空间的映射 $\boldsymbol{x}=\boldsymbol{x}(\boldsymbol{X})(\boldsymbol{F}=\partial\boldsymbol{x}/\partial\boldsymbol{X})$，虚拟空间材料假设为均匀的柯西介质，密度假设为二阶张量 $\boldsymbol{\rho}_0$，弹性张量为四阶对称张量 $\boldsymbol{C}_0$。在虚拟空间，弹性动力学方程为

$$\boldsymbol{\rho}_0\cdot\dot{\boldsymbol{v}}(\boldsymbol{X})=\nabla_X\cdot\boldsymbol{\sigma}(\boldsymbol{X}),\quad \dot{\boldsymbol{\sigma}}(\boldsymbol{X})=\boldsymbol{C}_0:\nabla_X\boldsymbol{v}(\boldsymbol{X}) \tag{8.32}$$

算子用下标 $\boldsymbol{X}$ 表示对虚拟空间内坐标进行运算，下标 $\boldsymbol{x}$ 表示对物理空间坐标进行运算。在映射变换作用下，利用 8.1.2 节给出的散度和梯度算子的变换规则，将动力学方程和本构方程从虚拟空间变换到物理空间，有

$$J^{-1}\boldsymbol{\rho}_0\cdot\dot{\boldsymbol{v}}(\boldsymbol{X})=\nabla_x\cdot\left(J^{-1}\boldsymbol{F}\cdot\boldsymbol{\sigma}(\boldsymbol{X})\right) \tag{8.33}$$

$$J^{-1}\boldsymbol{F}\cdot\dot{\boldsymbol{\sigma}}(\boldsymbol{X})=J^{-1}\boldsymbol{F}\cdot\boldsymbol{C}_0:\left(\boldsymbol{F}^{\mathrm{T}}\cdot\nabla_x\boldsymbol{v}(\boldsymbol{X})\right) \tag{8.34}$$

通过定义场变量之间的如下映射关系：$\boldsymbol{\sigma}'(\boldsymbol{x})=J^{-1}\boldsymbol{F}\cdot\boldsymbol{\sigma}(\boldsymbol{X})$，$\boldsymbol{v}'(\boldsymbol{x})=\boldsymbol{v}(\boldsymbol{X})$，则变换后的弹性动力学控制方程形式上可以写成与变换前相同的形式，即具有变换形式不变性

$$\boldsymbol{\rho}\cdot\dot{\boldsymbol{v}}'(\boldsymbol{x})=\nabla_x\cdot\boldsymbol{\sigma}'(\boldsymbol{x}),\quad \dot{\boldsymbol{\sigma}}'(\boldsymbol{x})=\boldsymbol{C}:\nabla_x\boldsymbol{v}'(\boldsymbol{x}) \tag{8.35}$$

这时承载几何对波操作所需的变换介质属性要求满足

$$C_{ijkl}(\boldsymbol{x})=J^{-1}F_{ip}C^0_{pjql}(\boldsymbol{X})F_{kq},\quad \rho_{ij}=J^{-1}\rho^0_{ij} \tag{8.36}$$

根据表达式(8.36)，变换后的弹性张量 $\boldsymbol{C}(\boldsymbol{x})$ 只有大对称性 $C_{ijkl}=C_{klij}$，但不再具有小对称性 $C_{ijkl}\neq C_{jikl}$。这主要是因为在场变量应力变换时，$\boldsymbol{\sigma}'(\boldsymbol{x})=J^{-1}\boldsymbol{F}\cdot\boldsymbol{\sigma}(\boldsymbol{X})$，并没有保证其对称性，也正是因为放弃了应力的对称性要求，变换后的控制方程才能具有和变换前相同的形式。因此这类变换也称为非对称弹性变换[8]。这样得到的变换介质与传统的柯西固体不同，由于弹性张量没有小对称性，需要对微结构进行特殊的设计，通过转动惯量与剪力产生的转矩平衡来打破应力对称性的要

求，这类超材料称为非对称弹性超材料，或极性弹性超材料[9,10]，将在 8.3 节进行详细介绍。另外也可通过超弹性材料来实现非对称变换所需要的变换介质，利用预加载的超弹性材料在当前构型下的切向模量不再具有小对称性，可以通过加预应变来对弹性波进行调控[11,12]。

上述非对称弹性变换，物理空间中的阻抗匹配条件或连续性条件可自动满足(考虑到映射梯度 $\boldsymbol{F}$ 在界面上的连续性条件)

$$[\boldsymbol{v}'(\boldsymbol{x})]_{|\partial\omega}=[\boldsymbol{v}(\boldsymbol{X})]_{|\partial\Omega}=0 \tag{8.37}$$

$$[\boldsymbol{e}_n\cdot\boldsymbol{\sigma}'(\boldsymbol{x})]_{|\partial\omega}=[J^{-1}\boldsymbol{e}_n\cdot\boldsymbol{F}\cdot\boldsymbol{\sigma}(\boldsymbol{X})]_{|\partial\Omega}=[\boldsymbol{e}_n\cdot\boldsymbol{\sigma}(\boldsymbol{X})]_{|\partial\Omega}=0 \tag{8.38}$$

2. 基于 Willis 介质的弹性变换

仍然假设虚拟空间材料为均匀的柯西介质，其位移形式的弹性动力学控制方程为

$$\nabla_{\boldsymbol{X}}\cdot\left(\boldsymbol{C}_0:(\nabla\boldsymbol{u})\right)=\rho_0\frac{\partial^2\boldsymbol{u}}{\partial t^2} \tag{8.39}$$

在频域下，上式可改写为

$$\begin{aligned}\nabla_{\boldsymbol{X}}\cdot\boldsymbol{\sigma}&=-\mathrm{i}\omega\boldsymbol{p}\\ \boldsymbol{\sigma}&=\boldsymbol{C}_0:\nabla_{\boldsymbol{X}}\boldsymbol{u}\\ \boldsymbol{p}&=\rho_0\left(-\mathrm{i}\omega\boldsymbol{u}\right)\end{aligned} \tag{8.40}$$

上述三个方程依次为频域下柯西介质的平衡方程、本构方程和动量方程。其中，$\boldsymbol{p}$ 为动量，$\boldsymbol{u}$ 为位移(这里记法不再与时域区分)。考察虚拟空间到物理空间的映射 $\boldsymbol{x}=\boldsymbol{x}(\boldsymbol{X})(\boldsymbol{F}=\partial\boldsymbol{x}/\partial\boldsymbol{X})$，定义虚拟空间到物理空间场变量间的映射为：$\boldsymbol{u}'=\boldsymbol{F}^{-\mathrm{T}}\cdot\boldsymbol{u}$，$\boldsymbol{\sigma}'=J^{-1}\boldsymbol{F}\cdot\boldsymbol{\sigma}\cdot\boldsymbol{F}^{\mathrm{T}}$，再利用梯度和散度算子的变换关系，式(8.40)经过变换可以写成

$$\begin{aligned}\nabla_{\boldsymbol{x}}\cdot\boldsymbol{\sigma}'&=-\mathrm{i}\omega\boldsymbol{p}'\\ \boldsymbol{\sigma}'&=\boldsymbol{C}:\nabla_{\boldsymbol{x}}\boldsymbol{u}'+\left(-\mathrm{i}\omega\right)^{-1}\boldsymbol{\gamma}\cdot\left(-\mathrm{i}\omega\boldsymbol{u}'\right)\\ \boldsymbol{p}'&=\left(-\mathrm{i}\omega\right)^{-1}\tilde{\boldsymbol{\gamma}}:\nabla_{\boldsymbol{x}}\boldsymbol{u}'+\boldsymbol{\rho}\cdot\left(-\mathrm{i}\omega\boldsymbol{u}'\right)\end{aligned} \tag{8.41}$$

其中式(8.41)后两式即为 Willis 介质的本构方程，其密度具有张量形式，$\boldsymbol{\gamma}$、$\tilde{\boldsymbol{\gamma}}$ 为耦合张量，分别将应力与位移耦合，动量与应变耦合。在笛卡儿坐标系下，等价于几何变换所需的介质参数为

$$\rho_{ij}=J^{-1}\left(\rho_0\frac{\partial x_i}{\partial X_k}\frac{\partial x_j}{\partial X_k}-\omega^{-2}\frac{\partial^2 x_i}{\partial X_p\partial X_q}C^0_{pqrs}\frac{\partial^2 x_j}{\partial X_r\partial X_s}\right) \tag{8.42}$$

$$\begin{cases} C_{ijkl} = J^{-1} \dfrac{\partial x_i}{\partial X_p} \dfrac{\partial x_j}{\partial X_q} C^0_{pqrs} \dfrac{\partial x_k}{\partial X_r} \dfrac{\partial x_l}{\partial X_s} \\ \gamma_{ijk} = J^{-1} \dfrac{\partial x_i}{\partial X_p} \dfrac{\partial x_j}{\partial X_q} C^0_{pqrs} \dfrac{\partial^2 x_k}{\partial X_r \partial X_s} \\ \tilde{\gamma}_{ijk} = J^{-1} \dfrac{\partial^2 x_i}{\partial X_p \partial X_q} C^0_{pqrs} \dfrac{\partial x_j}{\partial X_r} \dfrac{\partial x_k}{\partial X_s} \end{cases} \tag{8.43}$$

耦合张量脚标满足 $\gamma_{ijk} = \gamma_{jik}$，$\tilde{\gamma}_{ijk} = \tilde{\gamma}_{jki}$。

从式(8.41)可以看出，传统柯西介质的弹性动力学方程，可看成 Willis 介质弹性动力学方程的特例，即耦合系数为零。如果在 Willis 介质框架下看弹性动力学方程，则弹性动力学方程具有坐标变换形式不变性，只是要求变换介质为 Willis 介质。目前，从微结构来设计实现 Willis 介质的耦合张量的机制仍不十分清楚(如 6.1 节的讨论)，这极大地阻碍了基于 Willis 介质进行弹性波调控的研究。从式(8.43)可得到一些近似的弹性波变换理论，如在高频情况下，式(8.42)第二项趋于零，这时变换参数将与频率无关，并且耦合系数的作用也可以忽略[13](见式(8.41))。

另外耦合系数 $\boldsymbol{\gamma}$ 和 $\tilde{\boldsymbol{\gamma}}$ 取决于映射 $\boldsymbol{x}=\boldsymbol{x}(\boldsymbol{X})$的二阶导数，如果映射梯度的变化非常缓慢，$\nabla_i F_{jk} \approx 0$，则式(8.42)和式(8.43)中的材料参数可大为简化

$$\rho_{ij}(\boldsymbol{x}) = J^{-1} \rho_0 \frac{\partial x_i}{\partial X_p} \frac{\partial x_j}{\partial X_p}, \quad C_{ijkl}(\boldsymbol{x}) = J^{-1} \frac{\partial x_i}{\partial X_p} \frac{\partial x_j}{\partial X_q} C^0_{pqrs} \frac{\partial x_k}{\partial X_r} \frac{\partial x_l}{\partial X_s} \tag{8.44}$$

$$\tilde{\gamma}_{ijk}(\boldsymbol{x}) = \gamma_{ijk}(\boldsymbol{x}) \approx 0 \tag{8.45}$$

这时耦合效应几乎没有，可以忽略，弹性张量 C_{ijkl} 具有传统柯西弹性材料的大小对称性，弹性变换介质参数可以通过传统的正交各向异性弹性固体来实现。最后，如果映射是保角变换，则弹性变换介质将是各向同性弹性材料[14]

$$\rho_{ij}(\boldsymbol{x}) = J^{-1} \rho_0 \delta_{ij}, \quad C_{ijkl}(\boldsymbol{x}) = J^{-1}(\lambda_0 \delta_{ij} \delta_{kl} + \mu_0 (\delta_{ik} \delta_{jl} + \delta_{il} \delta_{jk})) \tag{8.46}$$

3. 基于五模材料的弹性变换

传统声学介质具有变换形式不变性，它可以看成柯西弹性介质的特例，所以自然会问，是否还有其他的特殊弹性介质具有变换形式不变性呢？仍然考察图 8.3 所示的变换 $\boldsymbol{x}=\boldsymbol{x}(\boldsymbol{X})$，从虚拟空间的问题变换到物理空间，虚拟空间假设为均匀传统声学介质，控制方程为式(8.21)。借助虚拟空间和物理空间算子间的映射，式(8.21)可用物理空间坐标 $\boldsymbol{x}$ 表示为

$$\dot{p}(\boldsymbol{X}) = -\kappa_0 J \nabla_{\boldsymbol{x}} \cdot (J^{-1} \boldsymbol{S} \cdot \boldsymbol{S}^{-1} \cdot \boldsymbol{F} \cdot \boldsymbol{v}(\boldsymbol{X})) = -\kappa_0 J \boldsymbol{S} : \nabla_{\boldsymbol{x}} (J^{-1} \boldsymbol{S}^{-1} \cdot \boldsymbol{F} \cdot \boldsymbol{v}(\boldsymbol{X})) \tag{8.47}$$

$$J^{-1} \boldsymbol{S}^{-1} \cdot \boldsymbol{F} \cdot \dot{\boldsymbol{v}}(\boldsymbol{X}) = -(\rho_0^{-1} J^{-1} \boldsymbol{S}^{-1} \cdot \boldsymbol{F} \cdot \boldsymbol{F}^{\mathrm{T}} \cdot \boldsymbol{S}^{-1}) \cdot \nabla_{\boldsymbol{x}} (p(\boldsymbol{X}) \boldsymbol{S}) \tag{8.48}$$

上式推导中，引入了一个无源对称二阶张量场 $\boldsymbol{S}$，满足 $\boldsymbol{S}^{\mathrm{T}}=\boldsymbol{S}$，$\nabla_{\boldsymbol{x}}\cdot\boldsymbol{S}=0$，另外还用到了恒等式 $\nabla_{\boldsymbol{x}}\cdot(J^{-1}\boldsymbol{F})=0$。定义虚拟空间和物理空间场变量之间满足如下变换关系：$\boldsymbol{v}'(\boldsymbol{x})=J^{-1}\boldsymbol{S}^{-1}\cdot\boldsymbol{F}\cdot\boldsymbol{v}(\boldsymbol{X})$，$p'(\boldsymbol{x})=p(\boldsymbol{X})$，这样变换后的控制方程可写为

$$\dot{\boldsymbol{v}}'(\boldsymbol{x})=-\boldsymbol{\rho}^{-1}(\boldsymbol{x})\cdot\nabla_{\boldsymbol{x}}(p'(\boldsymbol{x})\boldsymbol{S}),\quad \dot{p}'(\boldsymbol{x})=-\kappa(\boldsymbol{x})\boldsymbol{S}:\nabla_{\boldsymbol{x}}(\boldsymbol{v}'(\boldsymbol{x})) \tag{8.49}$$

其中，

$$\boldsymbol{\rho}^{-1}=\rho_0^{-1}J^{-1}\boldsymbol{S}^{-1}\cdot\boldsymbol{F}\cdot\boldsymbol{F}^{\mathrm{T}}\cdot\boldsymbol{S}^{-1},\quad \boldsymbol{C}(\boldsymbol{x})=\kappa\boldsymbol{S}\otimes\boldsymbol{S},\quad \kappa=\kappa_0 J \tag{8.50}$$

式(8.49)和式(8.50)描述了具有硬模式 $\boldsymbol{S}$，弹性模量为 $\kappa\boldsymbol{S}\otimes\boldsymbol{S}$，密度为 $\boldsymbol{\rho}$ 的五模材料声压和粒子速度的控制方程。如果令 $\boldsymbol{S}=\boldsymbol{I}$，则退化为传统声学介质。因此在五模材料的框架下，传统声学介质的控制方程，在上述场变量映射条件下具有变换不变性。可通过变换操作来定义所要实现的波动功能，再利用变换介质来实现该功能。上述变换也称为基于五模材料的变换方法[15,16]。

在基于五模材料的变换方法中，物理空间中材料在界面 $\partial\omega^+$ 处出现间断，在 $\partial\omega^+$ 内侧是变换理论所需的五模材料，而外侧则是传统声学介质，需考虑物理量在该界面的连续性条件。由于映射保持边界不变 $\partial\Omega=\partial\omega^+$，则映射梯度矩阵在界面 $\partial\omega^+$ 处具有式(8.26)的形式。在物理空间界面 $\partial\omega^+$ 处，法向位移和界面力必须连续，因此在 $\partial\omega^+$ 处界面力应满足

$$[\boldsymbol{e}_n\cdot\boldsymbol{\sigma}'(\boldsymbol{x})]_{|\partial\omega}=-p(\boldsymbol{X})[\boldsymbol{e}_n\cdot\boldsymbol{S}]_{|\partial\Omega}=0 \tag{8.51}$$

由于声压 $p(\boldsymbol{X})$ 在虚拟空间中连续，可提到间断符号 $[\cdot]$ 之外。式(8.51)表明，硬模式张量 $\boldsymbol{S}$ 需满足法向连续条件：$[\boldsymbol{e}_n\cdot\boldsymbol{S}]_{|\partial\Omega}=0$。考虑到背景区域 ω^{out} 为传统声学介质，$\boldsymbol{S}$ 为单位张量 $\boldsymbol{S}=\boldsymbol{I}$，则在边界 $\partial\omega^+$ 处，斗篷区域的硬模式张量 $\boldsymbol{S}$ 形式上可写为 $\boldsymbol{S}=\boldsymbol{e}_n\boldsymbol{e}_n+S_{\tau\tau}\boldsymbol{e}_\tau\boldsymbol{e}_\tau$。对于速度连续性条件，类似地有

$$[\boldsymbol{e}_n\cdot\boldsymbol{v}']_{|\partial\omega}=[J^{-1}\boldsymbol{e}_n\cdot\boldsymbol{S}^{-1}\cdot\boldsymbol{F}\cdot\boldsymbol{v}]_{|\partial\Omega}=0 \tag{8.52}$$

将 $\boldsymbol{S}$ 的形式 $\boldsymbol{S}=\boldsymbol{e}_n\boldsymbol{e}_n+S_{\tau\tau}\boldsymbol{e}_\tau\boldsymbol{e}_\tau$ 及 $\boldsymbol{F}$ 的形式代入上式，可证明速度连续性条件自然成立。根据以上分析可知，硬模式张量 $\boldsymbol{S}$ 除了对称和无源条件外，在边界 $\partial\omega^+$ 上还必须满足特定的形式 $\boldsymbol{S}=\boldsymbol{e}_n\boldsymbol{e}_n+S_{\tau\tau}\boldsymbol{e}_\tau\boldsymbol{e}_\tau$，以确保五模材料和传统声学流体界面的连续性条件。当硬模式张量取作单位张量 $\boldsymbol{S}=\boldsymbol{I}$ 时，则退化为 8.1.2 节介绍的各向异性密度变换声学理论，且自然满足边界连续性要求。

由于硬模式 $\boldsymbol{S}$ 需要满足多重限制，这一点也限制了五模材料在复杂变换器件中的应用。当映射梯度为对称张量时，硬模式张量可以选为 $\boldsymbol{S}=J^{-1}\boldsymbol{F}$，此时特征应力张量满足所有限制条件，并且变换后材料的等效密度为各向同性，目前被广泛研究的有二维环形、三维球壳形五模材料隐身斗篷。关于基于五模材料任意形状隐身斗篷的近似设计，将在随后相关章节进行讨论。

8.1.4　变换电磁学及变换热力学

通过材料设计实现对电磁波传播的调控，一直是人们努力实现的目标，电磁超材料的研究早于声波超材料和弹性超材料，并且描述电磁波的麦克斯韦方程具有变换形式不变性，因此变换(几何)对电磁波的操作可以通过变换材料来实现[2]。下面将简要展示这个过程：考察一般性虚拟空间，通过映射使电磁波按照预设的路径在物理空间传播，希望给出物理空间变换介质材料参数分布。为此首先要分析麦克斯韦方程是否具有变换不变性。假设虚拟空间具有电荷分布 $\rho_0(\boldsymbol{X})$，材料的介电常量 $\boldsymbol{\varepsilon}_0(\boldsymbol{X})$和磁导率 $\boldsymbol{\mu}_0(\boldsymbol{X})$都为二阶张量，电场 $\boldsymbol{E}(\boldsymbol{X})$和磁场 $\boldsymbol{H}(\boldsymbol{X})$的控制方程和本构方程为

$$\nabla_{\boldsymbol{X}}\cdot\left(\boldsymbol{\varepsilon}_0(\boldsymbol{X})\cdot\boldsymbol{E}(\boldsymbol{X})\right)=\rho_0(\boldsymbol{X}),\quad \nabla_{\boldsymbol{X}}\cdot\left(\boldsymbol{\mu}_0(\boldsymbol{X})\cdot\boldsymbol{H}(\boldsymbol{X})\right)=0 \tag{8.53}$$

$$\nabla_{\boldsymbol{X}}\times\boldsymbol{E}(\boldsymbol{X})=-\boldsymbol{\mu}_0(\boldsymbol{X})\cdot\dot{\boldsymbol{H}}(\boldsymbol{X}),\quad \nabla_{\boldsymbol{X}}\times\boldsymbol{H}(\boldsymbol{X})=\boldsymbol{\varepsilon}_0(\boldsymbol{X})\cdot\dot{\boldsymbol{E}}(\boldsymbol{X}) \tag{8.54}$$

对于散度和梯度算子的变换关系前面已讨论过，下面给出旋度算子$\nabla_{\boldsymbol{X}}\times\boldsymbol{A}$ 的变换形式

$$\begin{aligned}\nabla_{\boldsymbol{X}}\times\boldsymbol{A}(\boldsymbol{X})&=\epsilon_{pki}\frac{\partial A_k}{\partial X^p}=\epsilon_{kip}\frac{\partial x^j}{\partial X^p}\frac{\partial A_k}{\partial x^j}=J\frac{\partial X^i}{\partial x^m}\frac{\partial X^k}{\partial x^n}\frac{\partial A_k}{\partial x^j}\epsilon_{jnm}\\&=J\frac{\partial X^i}{\partial x^m}\left(\frac{\partial}{\partial x^j}\left(\frac{\partial X^k}{\partial x^n}A_k\right)\epsilon_{jnm}\right)=J\boldsymbol{F}^{-1}\cdot\nabla_{\boldsymbol{x}}\times(\boldsymbol{F}^{-\mathrm{T}}\cdot\boldsymbol{A})\end{aligned} \tag{8.55}$$

这里用到了以下关系

$$J^{-1}\frac{\partial x^j}{\partial X^p}\epsilon_{kip}=\frac{\partial X^i}{\partial x^m}\frac{\partial X^k}{\partial x^n}\epsilon_{jnm} \tag{8.56}$$

利用旋度和散度的变换公式，将虚拟空间的控制方程变换到物理空间，写为

$$\begin{cases}\nabla_{\boldsymbol{x}}\cdot\left(J^{-1}\boldsymbol{F}\cdot\boldsymbol{\varepsilon}_0(\boldsymbol{X})\cdot\boldsymbol{E}(\boldsymbol{X})\right)=J^{-1}\rho_0(\boldsymbol{X})\\\nabla_{\boldsymbol{x}}\cdot\left(J^{-1}\boldsymbol{F}\cdot\boldsymbol{\mu}_0(\boldsymbol{X})\cdot\boldsymbol{H}(\boldsymbol{X})\right)=0\end{cases} \tag{8.57}$$

$$\begin{cases}\nabla_{\boldsymbol{x}}\times\left(\boldsymbol{F}^{-\mathrm{T}}\cdot\boldsymbol{E}(\boldsymbol{X})\right)=-J^{-1}\boldsymbol{F}\cdot\boldsymbol{\mu}_0(\boldsymbol{X})\cdot\dot{\boldsymbol{H}}(\boldsymbol{X})\\\nabla_{\boldsymbol{x}}\times\left(\boldsymbol{F}^{-\mathrm{T}}\cdot\boldsymbol{H}(\boldsymbol{X})\right)=J^{-1}\boldsymbol{F}\cdot\boldsymbol{\varepsilon}_0(\boldsymbol{X})\cdot\dot{\boldsymbol{E}}(\boldsymbol{X})\end{cases} \tag{8.58}$$

通过定义物理空间和虚拟空间场变量间的变换关系 $\boldsymbol{E}'(\boldsymbol{x})=\boldsymbol{F}^{-\mathrm{T}}\cdot\boldsymbol{E}(\boldsymbol{X})$ 和 $\boldsymbol{H}'(\boldsymbol{x})=\boldsymbol{F}^{-\mathrm{T}}\cdot\boldsymbol{H}(\boldsymbol{X})$，变换后的麦克斯韦方程具有和虚拟空间相同的形式

$$\nabla_{\boldsymbol{x}}\cdot\left(\boldsymbol{\varepsilon}(\boldsymbol{x})\cdot\boldsymbol{E}'(\boldsymbol{x})\right)=\rho(\boldsymbol{x}),\quad \nabla_{\boldsymbol{x}}\cdot\left(\boldsymbol{\mu}(\boldsymbol{x})\cdot\boldsymbol{H}'(\boldsymbol{x})\right)=0 \tag{8.59}$$

$$\nabla_{\boldsymbol{x}}\times\boldsymbol{E}'(\boldsymbol{x})=-\boldsymbol{\mu}(\boldsymbol{x})\cdot\boldsymbol{H}'(\boldsymbol{x}),\quad \nabla_{\boldsymbol{x}}\times\boldsymbol{H}'(\boldsymbol{x})=J\boldsymbol{\varepsilon}(\boldsymbol{x})\cdot\boldsymbol{E}'(\boldsymbol{x}) \tag{8.60}$$

其中，变换介质参数分布为

$$\begin{cases}\boldsymbol{\varepsilon}(\boldsymbol{x})=J^{-1}\boldsymbol{F}\cdot\boldsymbol{\varepsilon}_0(\boldsymbol{X})\cdot\boldsymbol{F}^{\mathrm{T}}\\ \boldsymbol{\mu}(\boldsymbol{x})=J^{-1}\boldsymbol{F}\cdot\boldsymbol{\mu}_0(\boldsymbol{X})\cdot\boldsymbol{F}^{\mathrm{T}}\\ \rho(\boldsymbol{x})=J^{-1}\rho_0(\boldsymbol{X})\end{cases}\tag{8.61}$$

阻抗匹配条件要求法向电位移和切向电场连续，这些条件对于电磁波在任意连续可微的变换中都能自然成立，因为

$$[\boldsymbol{e}_n\cdot\boldsymbol{\varepsilon}(\boldsymbol{x})\cdot\boldsymbol{E}'(\boldsymbol{x})]_{|\partial\omega}=[J^{-1}\boldsymbol{e}_n\cdot\boldsymbol{F}\cdot\boldsymbol{\varepsilon}_0(\boldsymbol{X})\cdot\boldsymbol{E}(\boldsymbol{X})]_{|\partial\Omega}=[\boldsymbol{e}_n\cdot\boldsymbol{\varepsilon}_0(\boldsymbol{X})\cdot\boldsymbol{E}(\boldsymbol{X})]_{|\partial\Omega}=0\tag{8.62}$$

$$\begin{aligned}[\boldsymbol{e}_n\times\boldsymbol{E}'(\boldsymbol{x})]_{|\partial\omega}&=[\boldsymbol{e}_n\times\left(\boldsymbol{F}^{-\mathrm{T}}\cdot\boldsymbol{E}(\boldsymbol{X})\right)]_{|\partial\Omega}=[\boldsymbol{e}_n\times(\boldsymbol{e}_\tau\boldsymbol{e}_\tau)\cdot\boldsymbol{E}]_{|\partial\Omega}\\&=[\boldsymbol{e}_n\times(\boldsymbol{e}_\tau\boldsymbol{e}_\tau+\boldsymbol{e}_n\boldsymbol{e}_n)\cdot\boldsymbol{E}]_{|\partial\Omega}=[\boldsymbol{e}_n\times\boldsymbol{E}]_{|\partial\Omega}=0\end{aligned}\tag{8.63}$$

如果虚拟空间材料的磁导率和介电常量为各向同性：$\boldsymbol{\varepsilon}_0(\boldsymbol{X})=\varepsilon_0(\boldsymbol{X})\boldsymbol{I}$, $\boldsymbol{\mu}_0(\boldsymbol{X})=\mu_0(\boldsymbol{X})\boldsymbol{I}$，并且映射满足 $\boldsymbol{F}\cdot\boldsymbol{F}^{\mathrm{T}}=\boldsymbol{I}$，则变换介质的介电常量和磁导率也均为各向同性，$\boldsymbol{\varepsilon}(\boldsymbol{x})=J^{-1}\varepsilon_0(X)\boldsymbol{I}$, $\boldsymbol{\mu}(X)=J^{-1}\mu_0(X)\boldsymbol{I}$。

变换方法还可以用于其他的物理问题，只要该物理问题的控制方程具有变换形式不变性，这意味着映射对物理场的操作可以用等价的变换材料来实现。下面以傅里叶热传导问题为例来进行说明，在均匀虚拟空间中热流控制方程为

$$\rho_0c_0\dot{T}(\boldsymbol{X})=-\nabla_X\cdot\boldsymbol{q}(\boldsymbol{X}),\quad \boldsymbol{q}(\boldsymbol{X})=-\kappa_0\nabla_X T(\boldsymbol{X})\tag{8.64}$$

其中，ρ_0、c_0 和 κ_0 分别为虚拟空间材料的密度、比热容和热导率；T 和 $\boldsymbol{q}$ 分别为温度和热流率。热力学方程和波动方程有着本质的区别，热力学方程中的时间导数是一阶的，而波动方程是二阶的。考察虚拟空间到物理空间的映射 $\boldsymbol{x}=\boldsymbol{x}(\boldsymbol{X})$，利用散度和梯度算子的变换规则，并假设物理空间和虚拟空间场变量满足如下变换关系：$T'(\boldsymbol{x})=T(\boldsymbol{X}),\ \boldsymbol{q}'(\boldsymbol{x})=J^{-1}\boldsymbol{F}\cdot\boldsymbol{q}(\boldsymbol{X})$，则上述虚拟空间的方程可以变换到物理空间，并且具有相同的形式(变换形式不变性)，写为

$$(\rho c)\dot{T}'(\boldsymbol{x})=-\nabla_{\boldsymbol{x}}\cdot\boldsymbol{q}'(\boldsymbol{x}),\quad \boldsymbol{q}'(\boldsymbol{x})=-\boldsymbol{\kappa}(\boldsymbol{x})\cdot\nabla_{\boldsymbol{x}}T'(\boldsymbol{x})\tag{8.65}$$

对应的变换材料为

$$(\rho c)=J^{-1}\rho_0c_0,\quad \boldsymbol{\kappa}(\boldsymbol{x})=J^{-1}\kappa_0(\boldsymbol{X})\boldsymbol{F}\cdot\boldsymbol{F}^{\mathrm{T}}\tag{8.66}$$

可以看出变换后的热导率变为一个张量，可通过设计层状热导材料来近似实现。同样对于任意变换，变换后物理量的连续性条件可自然满足，即

$$[T'(\boldsymbol{x})]_{|\partial\omega}=[T(\boldsymbol{X})]_{|\partial\Omega}=0\tag{8.67}$$

$$[\boldsymbol{e}_n\cdot\boldsymbol{q}'(\boldsymbol{x})]_{|\partial\omega}=[J'^{-1}\boldsymbol{e}_n\cdot\boldsymbol{F}\cdot\boldsymbol{q}(\boldsymbol{X})]_{|\partial\Omega}=[\boldsymbol{e}_n\cdot\boldsymbol{q}(\boldsymbol{X})]_{|\partial\Omega}=0\tag{8.68}$$

如果一个物理现象的控制方程具有变换形式不变性，则可以利用映射对波的操控来定制波调控的功能(如控制路径等)，再利用控制方程在物理空间的变换形式不变性，得到实现相应功能的变换介质。本节展示了声波、电磁波、热传导方程对于任意变换都具有形式不变性，具有相同性质的还有扩散方程、浅水波方程等。弹性波控制方程在柯西变换介质框架下不具有形式不变性，因此目前还无法像声波和电磁波那样方便地通过材料设计来对弹性波进行调控。如果拓展弹性波承载材料的属性空间，如非对称弹性超材料(或极性弹性超材料)或 Willis 介质，弹性波控制方程则具有变换形式不变性，但实现上述材料仍存在巨大的挑战。

下面将通过设计波变换器件，来进一步展示变换方法在波传播调控中的应用。为了方便展示，主要针对电磁波和声波，而且只从波传播功能的角度讨论，不考虑材料的实现。在随后两节，将通过具体的材料设计来介绍通过五模材料设计实现水声隐身斗篷，以及通过非对称弹性超材料设计实现弹性波隐身斗篷。

8.1.5　基于变换方法的波动功能设计

在变换声学讨论中介绍了利用变换方法设计二维声学隐身斗篷的例子。变换方法可以用来设计更复杂的波动器件，下面将通过三个例子来进一步展示：第一个例子将介绍利用空间折叠变换，实现一种互补介质(complementary media)，可以用来抵消原介质的散射场[17]；第二个例子是将映射看成在虚拟空间基础上的变形，可通过对虚拟空间进行变形得到物理空间，这样就可以利用连续介质力学的方法来构造映射(即设计功能)[18]；第三个例子将介绍通过对变形场进行优化，使变换介质参数具有各向同性或准各向同性的特点，更便于工程实现[19]。

1. 互补介质

考察图 8.5(a)所示的二维平面成像问题，在距源 R 处设计一个厚度为 R 的平板，使从源发出的光线经过平板在距源 $2R$ 处聚焦成像。假设背景介质为真空 $\varepsilon_0=\mu_0=1$，下面来设计平板材料。将图 8.5(a)所示的空间视为物理空间，虚拟空间是均匀的真空。上述功能的变换由图 8.5(b)给出，写为

$$\begin{aligned} x_1 &= X_1, \quad X_1 \in [0, R] \\ x_1 &= 2R - X_1, \quad X_1 \in [R, 2R] \end{aligned} \tag{8.69}$$

在所要设计的平板区域$[R, 2R]$，有 $\boldsymbol{F} = \mathrm{diag}[-1, 1], J = -1$。利用关系(8.61)可以得到空间变换的等价变换介质参数为

$$\varepsilon = \mu = -1 \tag{8.70}$$

图 8.5(c)给出了利用 COMSOL 将式(8.70)给出的参数赋予平板区域进行计算的结果，计算结果验证了所设计的平板聚焦功能。由式(8.70)定义的介质称为[0, R]域中真空或空气的互补介质，从图 8.5 可以看出，互补介质相当于在空间上抵消了相同厚度的真空，将源水平移动到像的位置。由于电磁变换介质在界面处阻抗匹配条件自然满足，这种平移不影响区域[0, 2R]以外的电场和磁场(图 8.5(c))。

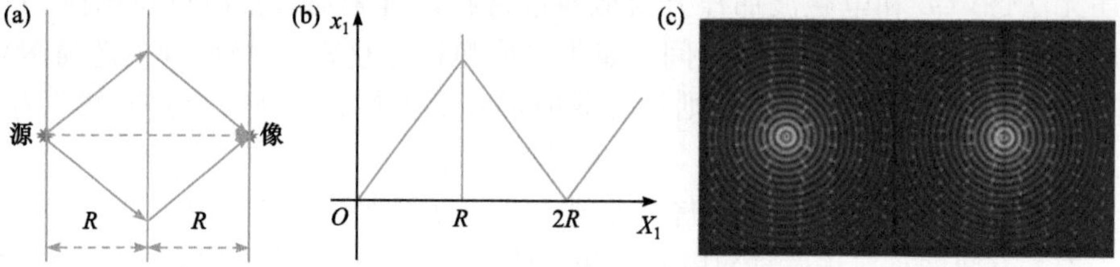

图 8.5　空间折叠变换

(a)平板聚焦；(b)折叠型映射；(c) COMSOL 数值模拟

互补介质的概念不仅仅局限于与真空或空气互补，比如针对任意非均匀的虚拟空间 $\varepsilon_0(x_1),\mu_0(x_1)$，通过空间折叠变换 $\boldsymbol{F}$=diag[−1,1], J=−1，可以得到相应的互补介质$-\varepsilon_0(2R-x_1),\mu_0(2R-x_1)$。该互补介质将抵消相同厚度的非均匀背景介质，从区域[0, 2R]外看，上述操作对电磁波场不产生任何影响，换句话讲，通过设计互补介质实现了区域[0, R]的隐身。

上述概念可以进一步推广到三维，以及任意形状域的情况，并且可以推广到任意控制方程具有变换形式不变性的物理现象。

2. 映射的变形视角

从前面讨论的变换方法可以看出，如果将虚拟空间看成连续介质力学中的初始构型，物理空间则可以看成变形后的构型，而映射则对应着两个构型间的变形。将映射看作变形的好处是，可利用连续介质力学发展起来的计算变形的成熟方法来构造映射，进而实现对任意波控功能的设计，而之前只能针对简单的功能给出映射关系。

以设计图 8.6(a)所示的内外边界形状不规则的斗篷(或其他变换器件)为例，构造满足边界要求的变换关系 $\boldsymbol{x}=\boldsymbol{x}(\boldsymbol{X})(\boldsymbol{F}=\partial\boldsymbol{x}/\partial\boldsymbol{X})$并不容易。根据连续介质力学的观点，映射视为在虚拟空间上的变形，可以令映射函数满足拉普拉斯方程，加上相应的狄利克雷(Dirichlet)边界条件即可进行求解，至少数值上可以得到满足边界条件的任意映射关系，即

$$\nabla_X^2\boldsymbol{x}=0 \tag{8.71}$$

$$\boldsymbol{x}(\partial\Omega^{\text{out}})\in\partial\omega^{\text{out}},\quad \boldsymbol{x}(O)\in\partial\omega^{\text{in}}$$

这里，ω^{out}、ω^{in}和Ω^{out}分别是物理空间斗篷的外边界、内边界和虚拟空间映射域的外边界。由于材料参数是在物理空间给出的，因此将式(8.71)和边界条件改写在物理空间，有

$$\nabla_x^2 \boldsymbol{X} = 0 \tag{8.72}$$

$$\boldsymbol{X}(\partial\omega^{\text{out}}) \in \partial\Omega^{\text{out}}, \quad \boldsymbol{X}(\partial\omega^{\text{in}}) = O$$

求解拉普拉斯方程得到的映射函数是协调函数，至少具有两次连续可微特性。式(8.72)可以得到满足边界(边界定义功能)的映射关系 $\boldsymbol{X}=\boldsymbol{X}(\boldsymbol{x})$，由此计算斗篷区域内每点的变形梯度 $\boldsymbol{F}$，再根据变换介质参数关系式(8.61)(忽略初始电荷ρ_0=0)，就可以得到斗篷内材料电磁参数的分布。

下面具体设计图 8.6(a)所示复杂的电磁波斗篷，斗篷内外边界分别由四个部分圆环组成，需要设计斗篷内的材料参数分布，使内边界内任何物体都不被电磁波探测到。根据前面介绍的方法，从图 8.6(a)物理空间逆变换到虚拟空间的映射可以通过求解式(8.72)给出，进而可以数值计算映射梯度并根据式(8.61)计算斗篷区域内的材料参数分布，如图 8.6(c)所示。将设计的斗篷材料参数赋予相应位置，利用 COMSOL 计算平面波入射到斗篷波的散射情况，结果如图 8.6(b)所示。可以看出在斗篷区域外无论波的幅值还是相位都没有受到影响，因此无法探测到斗篷的存在，这也说明了设计方法的正确性。

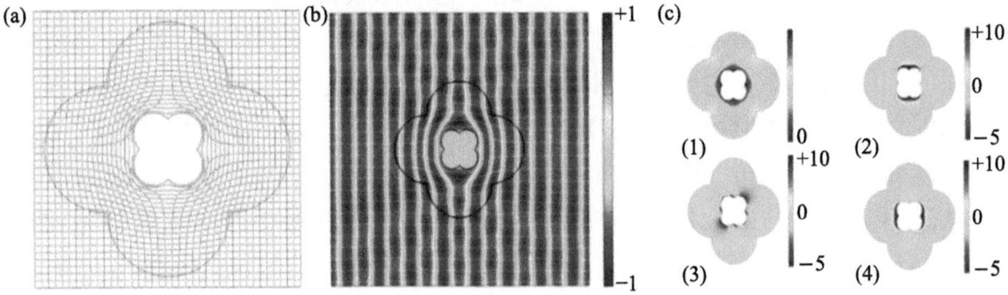

图 8.6　不规则电磁斗篷

(a)物理空间；(b) COMSOL 效果模拟；(c)变换材料参数分布(1)ε_{xx}，(2)μ_{xx}，(3)μ_{xy}和(4)μ_{yy}(z 轴垂直于纸面)

3. 变换介质参数优化

根据映射的变形视角，波传播的控制功能主要是通过物理空间设计域的边界条件来实现的，设计域中的材料参数与具体映射形式有关，或设计域内材料参数与域内变形场相关。因此可以通过对设计域内变形场进行调节，来对设计域内材料参数进行简化，例如可以构造准共形变形场来实现准各向同性材料构成的变换器件。共形映射(conformal mapping)是一种保角映射，二维情况下映射关系满足柯西-黎曼(Cauchy-Riemann)关系

$$\frac{\partial x_1}{\partial X_1}=\frac{\partial x_2}{\partial X_2},\quad \frac{\partial x_1}{\partial X_2}=-\frac{\partial x_2}{\partial X_1} \tag{8.73}$$

在设计的域内，为了得到满足式(8.73)的映射，可定义泛函

$$F_C(\boldsymbol{x})=\frac{1}{2}\iint\left[\left(\frac{\partial x_1}{\partial X_1}-\frac{\partial x_2}{\partial X_2}\right)^2+\left(\frac{\partial x_1}{\partial X_2}+\frac{\partial x_2}{\partial X_1}\right)^2\right]\mathrm{d}X_1\mathrm{d}X_2 \tag{8.74}$$

很容易证明该泛函的极值条件，即欧拉-拉格朗日(Euler-Lagrange)方程为式(8.71)，即上述泛函取极值所得到的映射与通过拉普拉斯方程求解得到的一致。这也说明了利用拉普拉斯方程求解映射具有准共形映射的特点。共形映射是保角映射，如果在所有设计域边界都采用狄利克雷固定边界条件，则在边界附近很难实现保角变形。为此需要放松边界的约束，采用诺依曼(Neumann)边界条件，即映射在边界法线连续，沿切线可以滑动，即$\partial \boldsymbol{x}/\partial \boldsymbol{n}=0$，其中 $\boldsymbol{n}$ 是设计域边界的单位法线矢量。

以地毯式斗篷设计为例来说明上述方法，所谓的地毯式斗篷，是指水平面上有一凸起的区域，如图 8.7(a)所示，希望设计图 8.7(c)的矩形区域中除去突起和水平面围成的部分(也称为地毯斗篷)，使入射波无法探测到凸起部分的存在。下面将设计准各向同性材料的地毯式斗篷，使该斗篷外任意波入射，波的反射如同由一个平面导电界面产生的反射一样。因此凸起内部放置任何物体都不会被外界探测到。为此，从一个均匀的虚拟半空间，将水平面上一个直线段，映射到物理空间斗篷的曲线内边界，边界上采用诺依曼边界条件。通过求解拉普拉斯方程，可以得到保角变换的变形场，如图 8.7(a)中的网格所示。进一步可得到映射梯度及所需变换介质参数分布，图 8.7(a)的颜色变化代表出面介电常量的变化范围，大致在 0.2～4。材料的最大各向异性度，即一点的最大和最小介电常量分量比值，约为 1.055。通过比较图 8.7 (b)～(d)可以看出，所设计的地毯式斗篷将一个具有凸起边界的散射转换成一个平直导电平面的反射，与没有斗篷的散射(图 8.7 (b))有很大的不同。

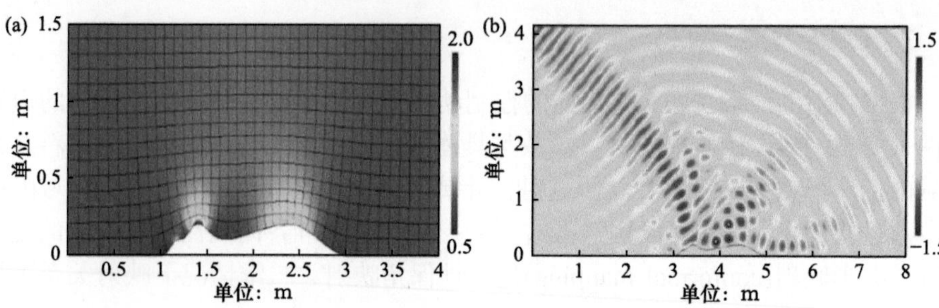

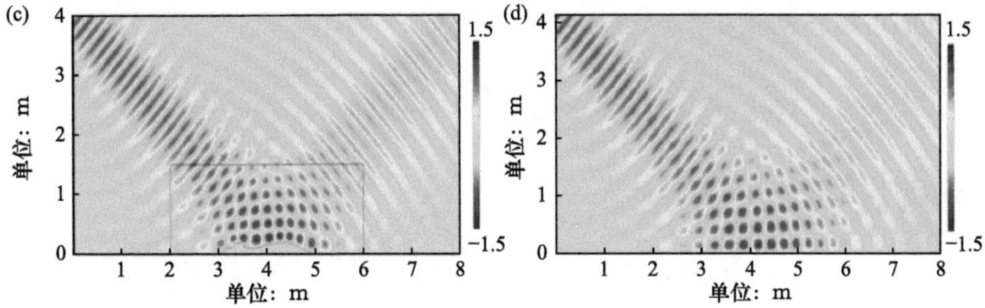

图 8.7　(a) TE 波任意地毯式斗篷的出面介电常量和变形网格；(b)没有斗篷的电场分布；(c)频率 0.8GHz 的高斯束入射的电场分布；(d) PEC 平面反射的电场分布

8.2　五模材料隐身斗篷设计

8.2.1　二维圆环形斗篷

在变换弹性动力学讨论中，我们已经证明对于一种特殊的弹性介质——五模材料而言，当硬模式满足一定的约束条件时，该类特殊弹性介质的控制方程具有变换形式不变性。由于该类介质可以较容易地与水阻抗匹配，在水声调控中有重要的应用。下面将利用五模材料这种性质来设计水声隐身斗篷。利用坐标变换方法设计二维圆环形斗篷，其基本思路在变换声学中已经进行过介绍，即将虚拟空间圆形区域($0<R<b$)映射到物理空间的环形区域($a<r<b$)。映射关系可选：$R=f(r)$、$\Theta=\theta$，映射梯度已由式(8.28)给出。这样选取的映射关系，其梯度 $\boldsymbol{F}$ 是对称的，令 $\boldsymbol{S}=J^{-1}\boldsymbol{F}$，则硬模式张量满足对称和散度为零的要求。将式(8.28)代入式(8.50)，可得所需变换介质在斗篷域内的分布，

$$\rho=\rho_0\frac{f(r)f'(r)}{r},\quad \kappa_r=\kappa_0\frac{f(r)}{rf'(r)},\quad \kappa_\theta=\kappa_0\frac{rf'(r)}{f(r)} \tag{8.75}$$

其中，ρ_0、κ_0 是虚拟空间介质的密度和体积模量，这里假设为水。

根据密度分布公式可以验证，斗篷质量与其排开背景介质的总质量相等。在斗篷外边界 $r=b$ 处有 $f(b)=b$，可以验证斗篷与背景介质阻抗匹配，即法向阻抗和切向声速匹配$(\rho\kappa_r)^{1/2}=(\rho_0\kappa_0)^{1/2}$，$(\kappa_\theta/\rho)^{1/2}=(\kappa_0/\rho_0)^{1/2}$。另外，根据式(8.75)，当 $f(a)=0$ 时，斗篷在 $r=a$ 处的材料参数会出现奇异。为了避免变换介质参数奇异，通常选取小参数 $\delta<<1$ 使 $f(a)=\delta$，即物理上是将半径为 a 的圆形区域映射到虚拟空间很小的圆形区域上(半径为 δ，避免映射为一个点)，这样所设计的隐身斗篷不再完美，但可极大地降低散射强度。

在实际斗篷设计中，需要选取特定的映射函数，使变换材料参数分布更容易通过微结构实现，如密度为常数的映射、模量为常数的映射或线性映射等[20]。这

三种映射可统一表示为幂次映射

$$f(r)=(\zeta r^n+\eta)^{1/n},\quad \zeta=\frac{b^n-\delta^n}{b^n-a^n},\quad \eta=b^n\frac{\delta^n-a^n}{b^n-a^n} \tag{8.76}$$

上述映射相应的变换材料参数为

$$\rho=\rho_0\zeta r^{n-2}(\xi r^n+\eta)^{2/n-1},\quad \kappa_r=\kappa_0\frac{\zeta r^n+\eta}{\zeta r^n},\quad \kappa_\theta=\kappa_0\frac{\zeta r^n}{\zeta r^n+\eta} \tag{8.77}$$

密度为常数的映射、线性映射分别对应幂次 n=2、n=1，而常模量映射对应 $n\to0$。图 8.8 给出了上述三种映射变换材料参数分布及隐身效果模拟计算结果，其中几何参数选为 b=2a，小参数分别取为 δ=a/2、a/5。可以看出，隐身斗篷内边界模量各向异性最强，其环向模量较径向模量大，以保证最内侧波传播时间与外侧一致。对比几种映射关系可以看出：等密度映射需要的各向异性模量取值范围最宽，等模量映射需要的密度取值范围最宽，而线性映射对模量、密度取值范围要求适中。对于以上三种映射，增加斗篷外径或增大 δ 均可减小材料参数变化范围。从声场模拟结果可以看出，上述三种材料参数分布的斗篷都能实现理想的隐身效果，这也证实了五模材料变换声学理论的有效性。

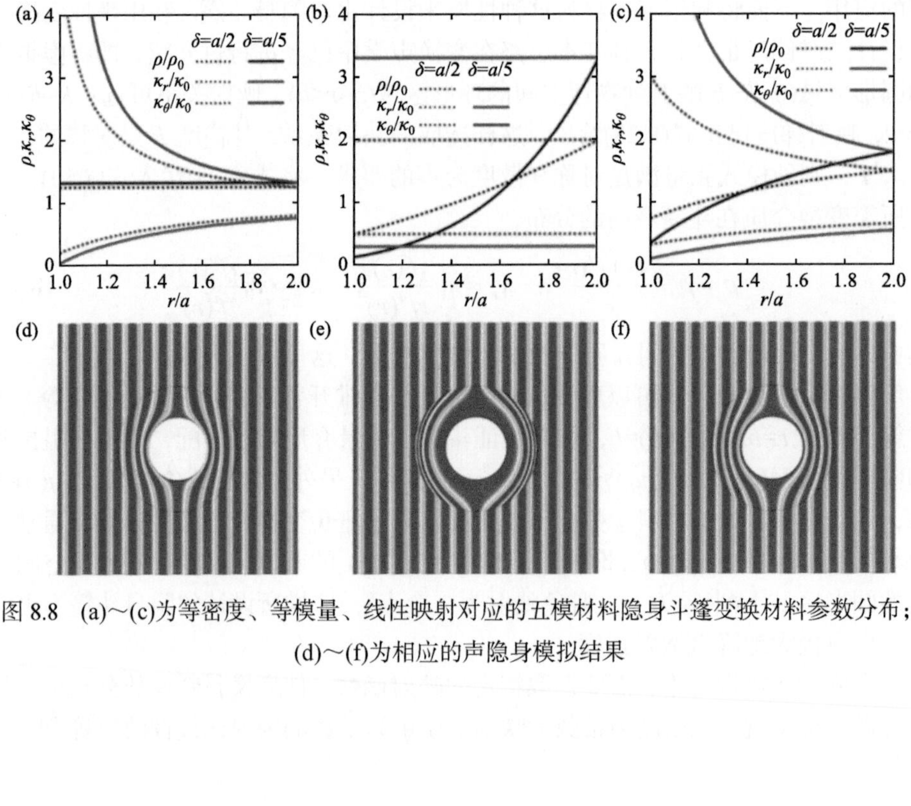

图 8.8　(a)～(c)为等密度、等模量、线性映射对应的五模材料隐身斗篷变换材料参数分布；(d)～(f)为相应的声隐身模拟结果

8.2.2　五模材料斗篷微结构设计

下面将选择密度为常数的映射变换来对二维圆环形斗篷的微结构进行设计。隐身斗篷的设计主要分为两个步骤：首先根据变换方法，从连续介质的角度确定斗篷设计区域内变换材料参数的分布；然后从制备的角度，将连续变化的材料参数通过分层来进行近似，每一层材料属性和微结构不发生变化，再通过逆均匀化的方法给出相应的微结构。

令式(8.77)中 $n=2$，则密度为常数的变换材料参数分布为

$$\rho = \rho_0 \zeta, \quad \kappa_r = \kappa_0 \frac{\zeta r^2 + \eta}{\zeta r^2}, \quad \kappa_\theta = \kappa_0 \frac{\zeta r^2}{\zeta r^2 + \eta} \tag{8.78}$$

其中，隐身斗篷的外半径为 b，内半径为 a，$\zeta=(b^2-\delta^2)/(b^2-a^2)$，$\eta=(\delta^2-a^2)/(1-a^2/b^2)$。连续变化的变换材料参数分布确定后，根据需要对连续变化的材料参数进行分层离散化处理，并选择一个材料微结构构型来实现每层所要求的材料宏观等效性质。这里采用 5.3.1 节讨论的基于六角蜂窝和配重块构成的五模材料微结构构型来设计水声隐身斗篷微结构。该五模材料微结构构型的优点是容易实现常数等效密度、较大的模量各向异性，并且在很宽的频带内只存在单一纵波模式。

当设计完每层对应的微结构后，再将这些材料微结构集成隐身斗篷时，还需注意分层以及各层结构间衔接等问题。即需要将在平直状态下设计的五模单胞进行适当变形，保证在柱坐标下可组装为环形斗篷。实际设计中一般要求斗篷环向周期数尽量多，确保五模材料微结构胞元变形不要太大。但由于制造技术的限制，斗篷分层不可能无限细分，在确定的离散层数基础上，可对每层材料的宏观等效参数再进行优化，可得到更易于实现的宽频隐身斗篷。具体做法是首先确定分层后各层的几何位置，然后选择优化目标函数，如关注频率范围的总散射截面(TSCS)，通过优化目标函数确定分层后各层的材料参数(优化初值可选变换方法给出的材料参数)。下面选一个斗篷厚度是内径的 2/3，背景介质为水的隐身斗篷进行具体设计，为了后续制备方便，在径向选五层进行参数优化，并对密度及径向模量与水之比进行限制。优化目标函数的频率选取为 $ka/\pi=0\sim1$ 间均匀分布的 10 个频率，密度比 ρ/ρ_0 限制为 0.8～2.0，刚度系数比 κ_{rr}/κ_0 限制在 1/6.5～1.0。优化时假设每层材料是正交各向异性，在极坐标下可以表示为

$$\boldsymbol{C} = \kappa_0 \begin{pmatrix} \kappa_{rr} & \kappa_{r\theta} & 0 \\ \kappa_{r\theta} & \kappa_{\theta\theta} & 0 \\ 0 & 0 & \mu_{r\theta} \end{pmatrix} \tag{8.79}$$

优化后得到的各层材料参数由表 8.1 给出，结果表明各层剪切模量比低于 0.02，$\kappa_{r\theta}/\kappa_0$ 趋近于 1，表明优化算法给出的隐身材料性质与五模材料一致。另外，靠近斗篷内边界前两层材料的环向模量与径向模量比达到了 $\kappa_{\theta\theta}/\kappa_{rr}\approx 40$，斗篷最外

层阻抗与水具有良好的匹配性 Z_{cloak}/Z_{water}=0.9。强各向异性确保水下声波的路径偏折，阻抗匹配条件确保斗篷不产生反射，这两个条件对实现斗篷的隐身效果起着至关重要的作用。

表 8.1　优化五模斗篷各层材料参数分布(共五层)

厚度	ρ/ρ_0	κ_{rr}/κ_0	$\kappa_{\theta\theta}/\kappa_0$	$\kappa_{r\theta}/\kappa_0$	$\mu_{r\theta}/\kappa_0$
1 (0.091)	1.200	0.158	6.327	0.966	0.015
2 (0.098)	1.200	0.158	6.398	0.965	0.019
3 (0.136)	1.319	0.219	4.675	0.977	0.008
4 (0.164)	1.695	0.397	2.545	0.991	0.013
5 (0.188)	1.880	0.468	2.144	0.994	0.014

在试样制备时，水声隐身斗篷选取内直径、外直径、厚度分别为 200mm、334mm、50mm。斗篷在环向由 50 个周期构成，径向含 5 层梯度渐变结构，共包含 500 个六边形五模材料胞元。基于得到的优化后各层材料参数，采用 5.3.1 节单胞构型(图 8.9(c))来确定每层相应的微结构参数，如图 8.9(e)所示。基于优化得到的各层单胞几何参数，可以构建环形五模水声斗篷的微结构，并通过高精度电火花线切割技术制备了样件(图 8.9(a)、(b))。

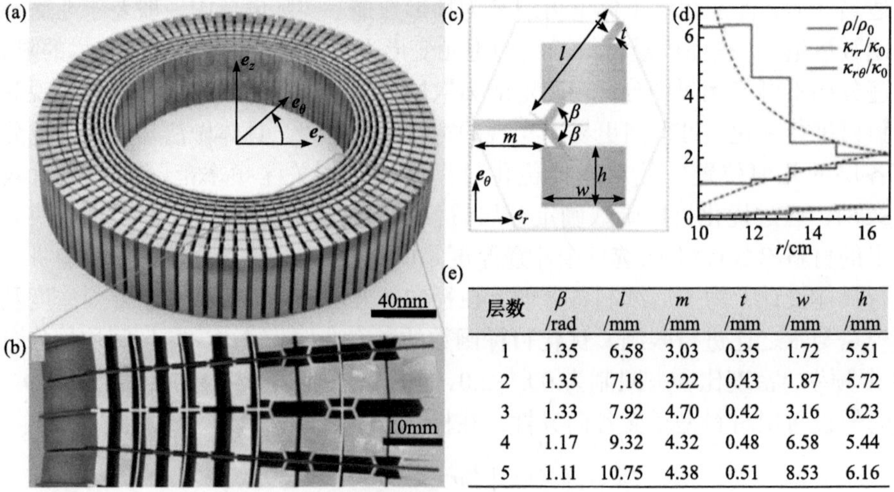

层数	β /rad	l /mm	m /mm	t /mm	w /mm	h /mm
1	1.35	6.58	3.03	0.35	1.72	5.51
2	1.35	7.18	3.22	0.43	1.87	5.72
3	1.33	7.92	4.70	0.42	3.16	6.23
4	1.17	9.32	4.32	0.48	6.58	5.44
5	1.11	10.75	4.38	0.51	8.53	6.16

图 8.9　基于五模材料隐身斗篷的微结构设计

(a)五模隐身斗篷样件；(b)样件径向一个周期的放大图；(c)五模材料微结构胞元构型；(d)材料参数离散化设计；(e)各层材料微结构参数列表

首先对设计的微结构斗篷进行数值模拟以验证其隐身性能，8.2.3 节将介绍实验验证方法。图 8.10(a)中给出了微结构斗篷的总散射截面(远场散射总能量与入射能量之比[6])随频率的变化关系，数值模拟的频率范围为 $0<ka/\pi<1$，即波长范围为 $\lambda>2a$。结果表明，微结构隐身斗篷在绝大多数频段内大幅度降低了被覆盖圆形刚性体(与斗篷内径尺寸一致)的总散射截面。由于五模材料的低剪切模量，在部分频率会引起剪切共振。图 8.10(b)～(e)给出了入射频率为 $ka/\pi=0.47$ 和 1.0 时有无斗篷时散射声压场的模拟结果，可以看出微结构斗篷使平面波完美绕过中心区域，声波散射很小，而无斗篷时散射却很显著。在频率 $ka/\pi=0.47$ 和 1.0 时，刚性圆柱总散射截面分别从 1.19 和 1.53 明显降低至 0.025 和 0.30。两个频率所对应的远场散射系数(远场散射声压与入射声压之比[6])由图 8.10(f)和(g)给出，对于频率 $ka/\pi=0.47$，增加斗篷后各方向远场散射系数均明显降低，前向散射系数从 0.67 降低至 0.08(降低 17.5dB)，后向散射系数从 0.53 仅降低至 0.19(降低 8.9dB)；在高频 $ka/\pi=1.0$ 时，各方向散射也有所降低但不如低频时明显，前向散射系数从 1.14 降低至 0.58(降低 5.87dB)，后向散射系数从 0.74 仅降低至 0.50(降低 3.45dB)。

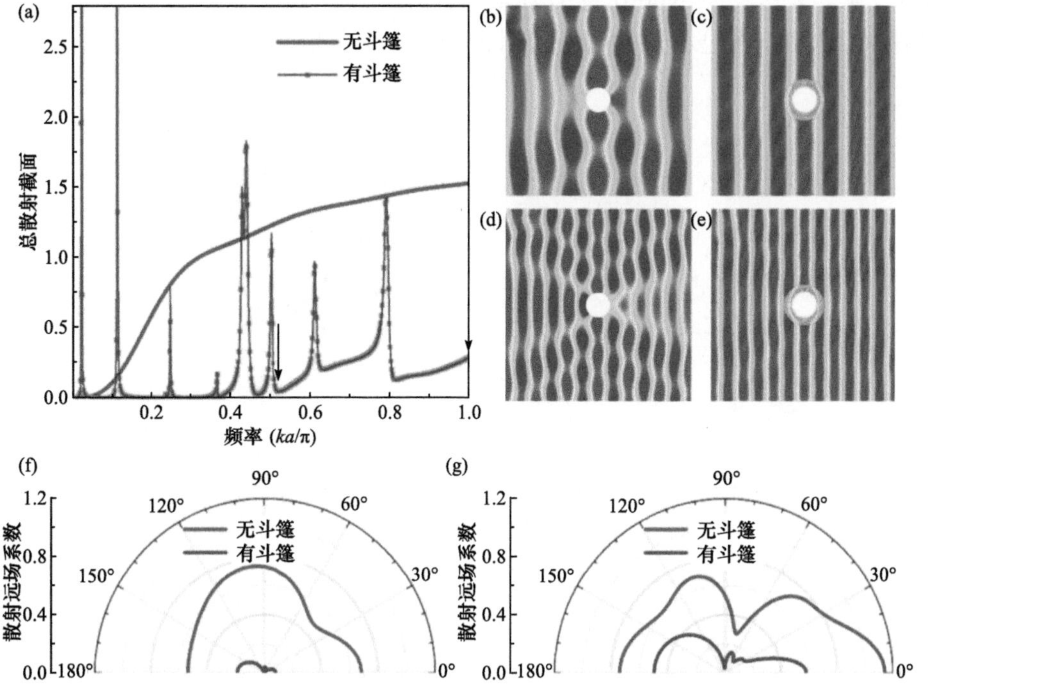

图 8.10　(a)微结构斗篷总散射截面随频率的变化关系；(b)、(c) $ka/\pi=0.47$，刚性散射体无、有斗篷时数值模拟结果(声压)；(d)、(e) $ka/\pi=1.0$，刚性散射体无、有斗篷时数值模拟结果(声压)；(f)、(g) $ka/\pi=0.47$ 和 1.0 时远场散射系数

8.2.3　五模材料水声隐身斗篷实验

由于制备技术和成本的限制，斗篷的厚度不能很厚，只为 50mm，放置在水

池中无法保证平面波入射条件，只能在波导内进行测试。理想的二维水声波导要求上下边界满足刚性边界条件，对于空气，由于其极低的密度，一般固体介质与空气阻抗比可达 10^3 量级，刚性边界条件很容易实现。然而，水的密度、声速与固体仅差一个量级左右，固体波导板在水中很容易发生声振耦合，需要采用非常厚重的波导板。为解决这个问题，Zheng 等提出了声压补偿的波导板抑振方法，即通过分别构造以上下波导板为对称面的声压场来抑制板的振动，可实现由薄板构成的二维水声波导[21]。

在测量前首先用一层橡胶材料将斗篷上下表面密封，防止水浸入斗篷微结构内部。然后将斗篷放置在二维波导内，见图 8.11(a)。波导由两块间距为 55mm 的金属铝板(长×宽×厚：1800mm×800mm×10mm)、圆柱形换能器(直径 80mm，长度 150mm)构成。测量时整个波导系统置于消声水池中，如图 8.12(b)所示。换能器可产生中心频率为 f_c=13kHz，覆盖频率 10～16kHz 的高斯脉冲激励(图 8.11(b)、(c))，脉冲表达式为 $\exp[-0.222(f_c t)^2]\cos(2\pi f_c t)$。水下声压场测量由一套水下声场扫描系统完成，主要包括以下硬件(图 8.12(a))：控制计算机、任意波形发生器

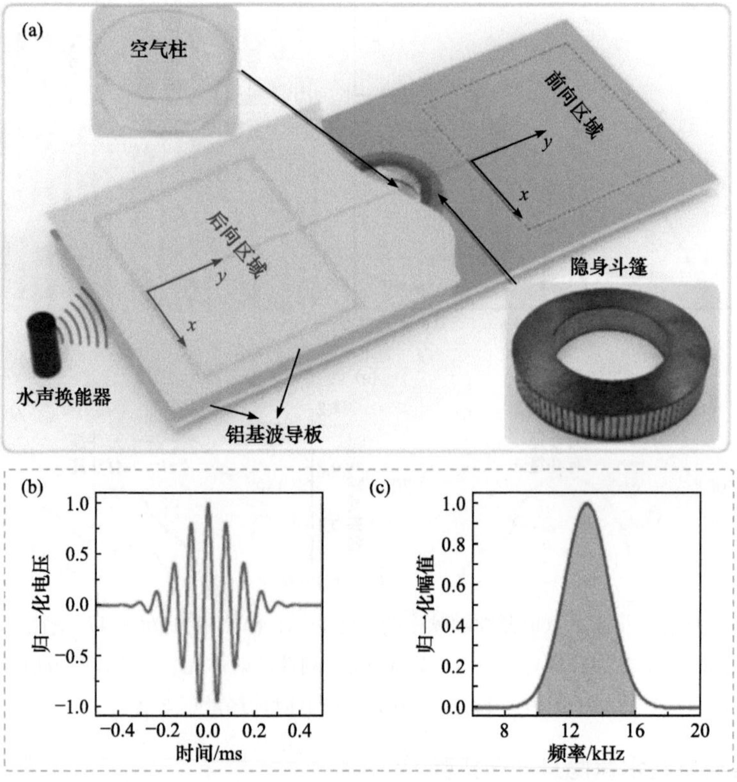

图 8.11 二维水声波导五模材料斗篷测试示意图

(a)斗篷、空气散射体置于波导中心，前后向测试区域(600mm×560mm)相距 450mm；(b)、(c)高斯脉冲时域、频域信号

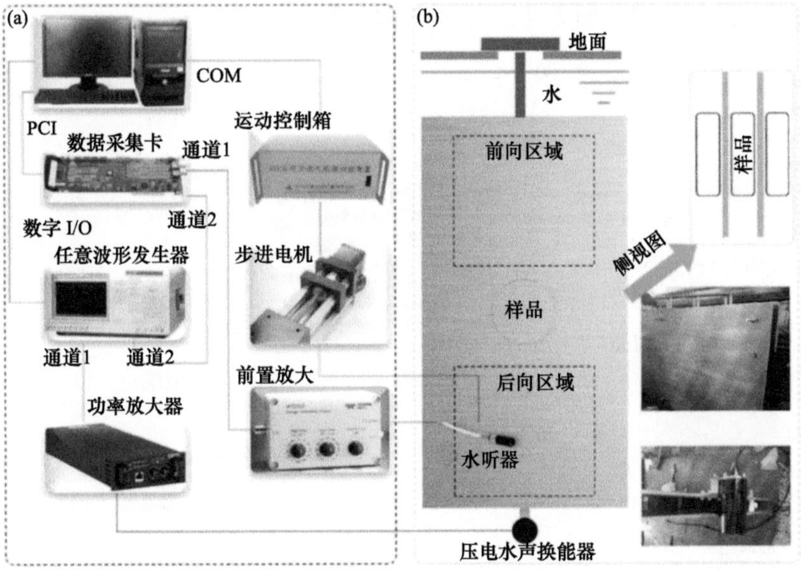

图 8.12　水下二维波导声压扫描测试系统
(a)声场扫描系统构成；(b)水声波导装置

(Tektronix，AWG5002C)、运动控制箱及步进电机(HWHRASC-3，Motor Card)、数据采集卡(DA Card，Acoustic Physics，PCI-2)、功率放大器(C-MARK，GA500)、定制的压电水声换能器、水听器(Brüel & Kjær，Hydrophone 8103)及前置放大(Teledyne Reson，EC6081)。步进电机扫描步长 10mm，满足后续 13kHz 左右的声场测试要求。为了与刚性散射体的散射场进行比较，实验中以空气圆柱作为散射体来近似代替刚性散射体作为隐身目标。空气圆柱体由有机玻璃壳密封，圆柱体外径 190mm、高度 50mm、壁厚 4mm。

实验测试中，一束中心频率为 f_c=13kHz 的高斯波束从测试波导下方往上传播，图 8.13 分别给出了参考空场(波导填充水)、散射体有斗篷覆盖和无斗篷覆盖三种情况的瞬时声压测量结果。对于参考空场(图 8.13(b)、(e))，声压分布为近似理想的柱面波，作为与隐身效果的对比。对于散射体无斗篷覆盖情况，由于空气与水阻抗巨大的失配，入射柱面波受到散射体散射，在后向区域产生明显反射(图 8.13(f))，在前向区域形成低声压阴影区(图 8.13(c))。对于散射体有斗篷覆盖情况，入射声波被引导进入斗篷内部，在梯度折射分布的材料作用下，入射声波绕过中心散射体从斗篷后方传出，后向区域反射回波明显减弱(图 8.13(d))，前向区域声压提升至与参考空场相当(图 8.13(a))，并且相位也得到了恢复。

为了进一步展示隐身斗篷的效果，图 8.14 给出了上述三种情况前后向区域所示水平线上声压分布(图 8.13(b)、(e))。对于前向区域线上的声压，有斗篷结果与参考空场非常相似，而无斗篷时声压强度明显低很多；对于后向区域线上声压，有斗篷时回波非常弱，而无斗篷时回波场较强。

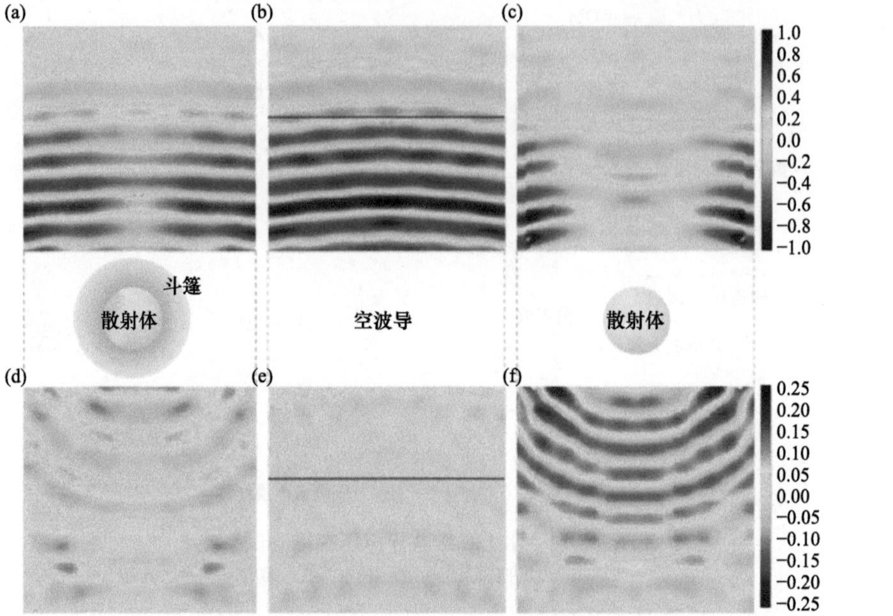

图 8.13　五模材料水声隐身斗篷效果实验测量

(a)～(c)散射体有斗篷、参考空场、散射体无斗篷时，前向区域瞬时声压测试结果；(d)～(f)为(a)～(c)对应后向区域瞬时声压测试结果

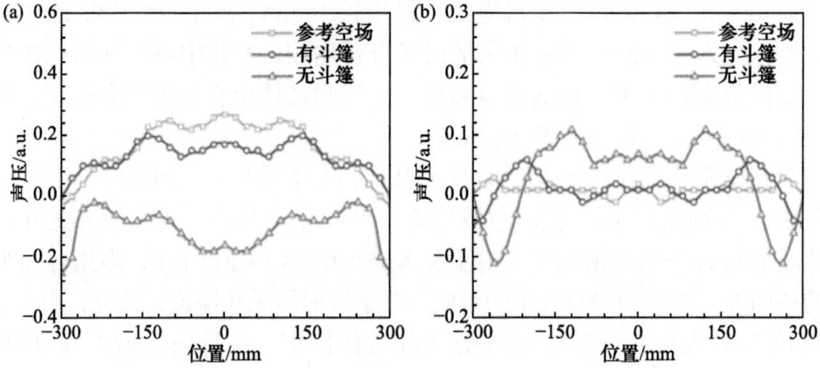

图 8.14　参考空场、有无斗篷覆盖散射体沿参考线上的声压分布

(a)前向(b)后向区域标示水平线上瞬时声压分布

以上实验结果表明，所设计和制备的水声隐身斗篷能显著提升前向声压强度，降低后向区域反射，验证了五模材料水声斗篷具有良好的隐身性能[22]。

8.2.4　任意形状五模材料斗篷设计

根据前面分析，设计任意形状五模材料斗篷时，需解决硬模式张量 $\boldsymbol{S}$ 的选取问题。如果变形梯度场是对称场，$\boldsymbol{F}=\boldsymbol{F}^{\mathrm{T}}$，硬模式张量可选取为 $\boldsymbol{S}=J^{-1}\boldsymbol{F}$。此时变换介质五模材料的密度为各向同性，更便于微结构的实现。下面将介绍一种基于微分方程来求解对称映射梯度的算法，并将其应用于任意形状五模材料斗篷参数设计[23]。如图 8.15 所示，假设虚拟空间到物理空间的映射关系为 $\boldsymbol{x}=\boldsymbol{x}(\boldsymbol{X})$，则逆映射可表示为 $\boldsymbol{X}=\boldsymbol{x}+\boldsymbol{u}(\boldsymbol{x})$，其物理含义可理解为物理空间点 $\boldsymbol{x}$ 经过位移 $\boldsymbol{u}$ 移动至虚拟空间点 $\boldsymbol{X}$。对于二维情形，上述映射关系可以写为 $X(x,y)=x+u(x,y)$、$Y(x,y)=y+v(x,y)$，位移函数 $u(x,y)$和 $v(x,y)$要满足以下边界条件：

$$\boldsymbol{u}=\boldsymbol{0},\quad (x,y)\in\partial\omega^{\mathrm{out}},\quad \boldsymbol{u}=(\delta/b-1)\boldsymbol{x},\quad (x,y)\in\partial\omega^{\mathrm{in}} \tag{8.80}$$

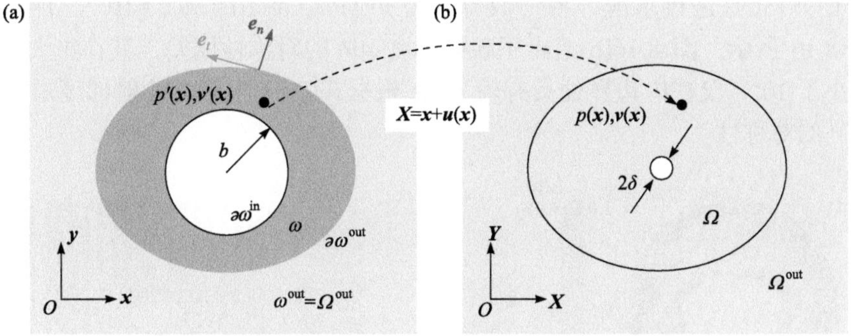

图 8.15　任意形状(这里用椭圆表示)五模材料斗篷设计

(a)物理空间及坐标 xOy；(b)虚拟空间及坐标 XOY

在式(8.80)中，引入小参量 $0<\delta\ll 1$ 是为了避免材料参数奇异。可以证明，无旋位移场 $\nabla\times\boldsymbol{u}=\boldsymbol{0}$ 与映射梯度对称 $\boldsymbol{F}=\boldsymbol{F}^{\mathrm{T}}$ 等价。但仅无旋位移场(一阶微分方程)这一条件还不能求解出满足边界条件的位移场，因此再对方程 $\nabla\times\boldsymbol{u}=\boldsymbol{0}$ 取左旋度，则可给出位移场满足的二阶微分方程

$$\nabla\times(\nabla\times\boldsymbol{u})=\nabla(\nabla\cdot\boldsymbol{u})-\nabla^2\boldsymbol{u}=\boldsymbol{0} \tag{8.81}$$

该微分方程与各向同性静态弹性力学方程类似，可用有限元软件中的弹性力学模块进行求解，其中弹性材料参数可按如下形式赋值：

$$\lambda=(\varsigma-2)\mu,\quad |\varsigma|\ll 1 \tag{8.82}$$

为了避免弹性力学方程奇异，这里引入了第二个小参量 $|\varsigma|\ll 1$。这一组弹性常数对应的弹性力学方程可简化为

$$\nabla\times(\nabla\times\boldsymbol{u})=\varsigma\nabla(\nabla\cdot\boldsymbol{u}) \tag{8.83}$$

可以看出，当参量 ς 足够小时，式(8.83)可以很好地近似原方程(8.81)。这里还需

要指出的是，由式(8.81)并不能导出$\nabla\times\boldsymbol{u}=\boldsymbol{0}$，但数值算例表明，由式(8.83)求解的位移场几乎是无旋的，相应的映射梯度矩阵具有极高的对称性。可以证明，由式(8.83)和边界条件(8.80)求解映射梯度的逆矩阵 $\boldsymbol{F}^{-1}$，在整个斗篷区域 ω 内的对称性偏差之和为零，即

$$\iint_{\omega}((\boldsymbol{F}^{-1})_{21}-(\boldsymbol{F}^{-1})_{12})\mathrm{d}\boldsymbol{r}=\iint_{\omega}(\nabla\times\boldsymbol{u})\cdot\mathrm{d}\boldsymbol{r}=-(\delta-1)\oint_{\partial\omega^-}\boldsymbol{x}\cdot\mathrm{d}\boldsymbol{s}=0 \qquad (8.84)$$

在求解映射梯度矩阵后，选择特征应力张量 $\boldsymbol{S}=J^{-1}\boldsymbol{F}$，即可根据变换公式(8.50)，给出变换器件所需的五模材料参数分布 $\rho(\boldsymbol{x})$、$\boldsymbol{C}(\boldsymbol{x})$。下面以椭圆形斗篷为例，来具体验证上述设计算法的有效性。斗篷外边界为半径 r=2m 的圆，内边界是长、短轴分别为 a_{in}=1m 和 $b_{\text{in}}=a_{\text{in}}/1.5$ 的椭圆，背景区域为水(ρ_0=1000kg/m^3,κ_0=2.25GPa)。映射梯度矩阵 $\boldsymbol{F}$ 由式(8.83)在相应边界条件约束下，通过 COMSOL 进行求解，各参数分别为 μ=1Pa、$\delta=10^{-3}$ 和 $\varsigma=10^{-4}$。计算结果如图 8.16 所示，图 8.16(b)给出了映射梯度矩阵的对称性偏差，其在绝大多数区域都小于 10^{-3}，仅在内边界处具有较大值，根据式(8.83)求解的映射梯度矩阵 $\boldsymbol{F}$ 具有很高的对称性。

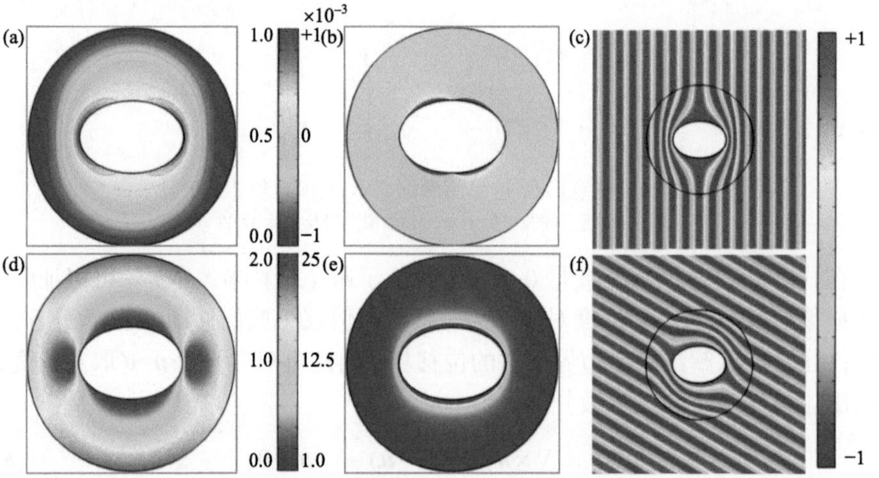

图 8.16 对称梯度算法的数值验证

(a)位移场幅值$|\boldsymbol{u}|$；(b)映射梯度矩阵 $\boldsymbol{F}$ 对称性差值$(F_{12}-F_{21})$；(d)、(e)五模材料密度、模量各向异性度κ_t/κ_n分布；(c)、(f) 1.5kHz 平面波分别从 0°和 45°方向入射时斗篷效果模拟(声压)

斗篷区域所需五模材料的密度(图 8.16(d))范围为 $0<\rho/\rho_0<2$；两个主轴方向模量各向异性度(图 8.16(e))适中，为 $1<\kappa_t/\kappa_n<25$，可通过微结构五模材料来实现。为验证设计的椭圆形五模斗篷的隐身效果，图 8.16(c)和(f)分别给出了频率为 1.5kHz 的平面波从 0°和 45°方向入射时的声压分布图，斗篷区域的颜色代表伪声压 $p=-J\sigma_x/F_{xx}$，计算时斗篷内边界为法向约束来，对应于刚性散射体。计算结果

表明，入射平面波在斗篷内完美地绕过了中心区域，既没有散射也没有形成低压阴影区，表明所设计的隐身斗篷具有理想的隐身效果。

上述算法解决了构造对称映射梯度问题，极大地拓展了五模材料的应用范围，为基于五模材料的复杂波动控制器件设计奠定了基础。但要从微结构层面实现复杂形状的五模隐身斗篷，仍具有挑战性。因为形状复杂的隐身斗篷(或一般的变换器件)，其硬模式分布不再具有圆环形斗篷那样的对称性和规律性，相应的五模材料微结构需要逐点进行设计。

下面将以图 8.15 所示的二维椭圆形五模斗篷为例，来说明复杂器件的设计过程。考虑图 8.15(a)所示的二维五模椭圆形隐身斗篷(阴影部分 ω)，使半径为 b 的圆形区域内的任何物体不被水下声波探测到。为此需要首先构造逆映射 $\boldsymbol{X}=\boldsymbol{x}+\boldsymbol{u}$，将图 8.15(a)中物理空间的阴影斗篷区域 ω 逆映射到图 8.15(b)所示的虚拟空间椭圆区域 Ω(除去半径为 δ 的微孔部分)中。其中将物理空间斗篷的椭圆外边界映射成虚拟空间的椭圆边界，将斗篷的内边界映射成半径为 δ 的小孔边界。虚拟和物理空间椭圆之外区域的映射关系为 $\boldsymbol{X}=\boldsymbol{x}$。虚拟空间假设由均匀材料构成，密度和体积模量分布用 ρ_0 和 κ_0 表示。

根据五模材料的变换要求，映射变换需要是对称的，这样五模材料的硬模式可选为 $\boldsymbol{S}=J^{-1}\boldsymbol{F}$。为此将利用前面提出的数值方法来构造上述准对称映射关系，即求解式(8.81)和边界条件

$$\boldsymbol{u}=\boldsymbol{0},\ \boldsymbol{x}\in\partial\omega^{\text{out}};\quad \boldsymbol{u}=\left(\delta/b-1\right)\boldsymbol{x},\ \boldsymbol{x}\in\partial\omega^{\text{in}} \tag{8.85}$$

当求解出 $\boldsymbol{u}$ 后，映射梯度 $\boldsymbol{F}$ 可通过计算 $(\partial\boldsymbol{X}/\partial\boldsymbol{x})^{-1}$ 得到。这样斗篷内材料参数分布可通过下式来进行计算：

$$\rho(\boldsymbol{x})=J^{-1}\rho_0,\quad \boldsymbol{C}(\boldsymbol{x})=\boldsymbol{S}\otimes\boldsymbol{S},\quad \boldsymbol{S}(\boldsymbol{x})=\sqrt{\frac{\kappa_0}{J}}\boldsymbol{F}(\boldsymbol{x}) \tag{8.86}$$

为了后续设计微结构方便，将对称张量 $\boldsymbol{S}$ 在其主轴坐标系$(\boldsymbol{e}_t,\boldsymbol{e}_n)$下对角化

$$\boldsymbol{S}=S_n\boldsymbol{e}_n\otimes\boldsymbol{e}_n+S_t\boldsymbol{e}_t\otimes\boldsymbol{e}_t \tag{8.87}$$

其中，$S_{n,t}=\left(S_{11}+S_{22}\mp h\right)/2,\quad h=\sqrt{(S_{11}-S_{22})^2+4S_{12}^2}$，进一步定义 $\boldsymbol{e}_n$ 与 x 轴的夹角为 ϕ，有

$$\tan\phi=2S_{12}/\left(S_{11}-S_{22}-h\right) \tag{8.88}$$

在斗篷微结构设计中，主轴下的模量比 S_t/S_n 和 ϕ 是两个关键参数。下面将根据具体算例来分析上述斗篷需要的材料属性分布，并给出其微结构设计。这里背景介质为水(ρ_0=1000kg/m^3，κ_0=2.25GPa)，椭圆长、短半轴分别为 2m 和 1.6m，斗篷内半径 b=1m，虚拟空间的初始微小圆孔半径 δ=10^{-3}m。在计算位移场 $\boldsymbol{u}$ 时，

令 $\varsigma=10^{-4}$，拉梅系数分别取为 $\lambda=-1.9999$Pa 和 $\mu=1$Pa。

图 8.17(a)显示了映射梯度场的非对称部分 $F_{12}-F_{21}$ 在四分之一斗篷域中的分布，除了靠近斗篷内边界区域外，在绝大部分区域内映射梯度的非对称部分都很小(小于 10^{-3})。图 8.17(b)给出了斗篷域内无量纲化密度 ρ/ρ_0 的变化，其变化范围在 $0<\rho/\rho_0<2$ 之间，相对比较容易实现。硬模式的主轴偏转角和模量各向异性度 S_t/S_n 分别由图 8.17(c)和(d)给出，斗篷在靠近内边界附近区域需要较大的模量各向异性来实现波传播路径的偏转。

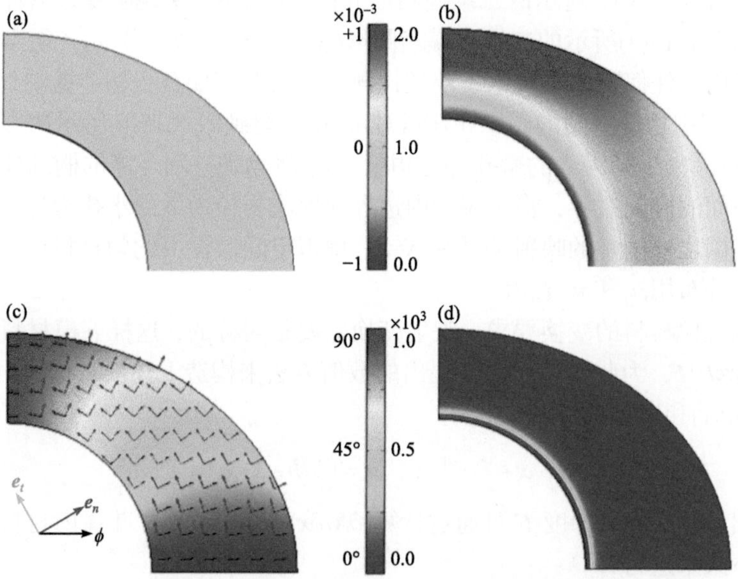

图 8.17　椭圆形斗篷映射性能和材料性能分布

(a)映射梯度 $\boldsymbol{F}$ 的非对称部分($F_{12}-F_{21}$)；(b)无量纲化密度 ρ/ρ_0；(c)硬模式 $\boldsymbol{S}$ 的主轴偏转角；(d)模量的各向异性度 S_t/S_n

得到斗篷区域材料的属性分布后，下一步将要确定每点相应的微结构。为此需要首先确定所需的五模材料胞元构型，该构型希望能够统一实现斗篷所要求的材料属性变化；然后还需将每个胞元进行组装形成完整的斗篷[24]。下面将选择三杆铰接的五模材料胞元模型(也可以看成变形的蜂窝点阵模型)，由图 8.18 所示。该胞元由平行四边形构成，含三个点阵节点(分别用 1、2、3 表示)、一个内部节点(4)和三个杆。选择这样胞元构型的目的有两个：一是可以很容易地调节内部节点的位置，改变五模材料的两个重要参量 ρ/ρ_0 和 S_t/S_n；二是平行四边形胞元形状容易实现从胞元到斗篷的组装。

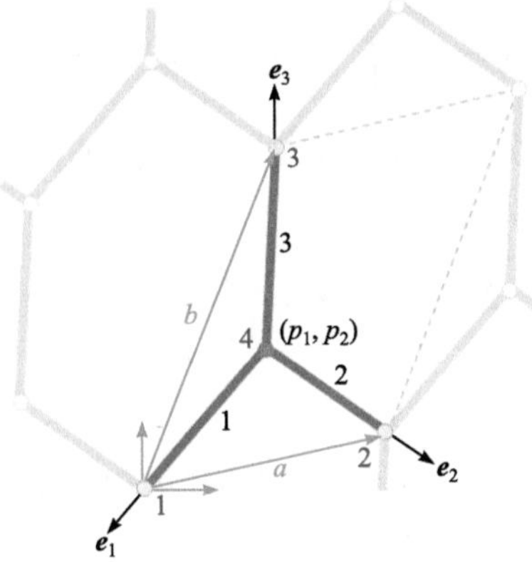

图 8.18　五模材料铰接杆系胞元模型，胞元由图中所示的平行四边形构成

定义单元晶格矢量为 $\boldsymbol{a}=(a_1,a_2)^{\mathrm{T}}$ 和 $\boldsymbol{b}=(b_1,b_2)^{\mathrm{T}}$，为了简化分析，假设三个杆的弹性模量、截面积和密度都一样，分别为 E、A 和 ρ。取节点 1 为坐标原点，则胞元四个节点的位置矢量可分别表示为

$$\boldsymbol{r}_1=\boldsymbol{0},\quad \boldsymbol{r}_2=\boldsymbol{a},\quad \boldsymbol{r}_3=\boldsymbol{b},\quad \boldsymbol{r}_4=\boldsymbol{p}=\begin{pmatrix} p_1 \\ p_2 \end{pmatrix} \tag{8.89}$$

同样，定义沿三个杆的单位矢量

$$\boldsymbol{e}_1=-\frac{\boldsymbol{p}}{l_1},\quad \boldsymbol{e}_2=\frac{\boldsymbol{a}-\boldsymbol{p}}{l_2},\quad \boldsymbol{e}_3=\frac{\boldsymbol{b}-\boldsymbol{p}}{l_3} \tag{8.90}$$

其中，l_i 为第 i 根杆的杆长，令 t_i 为其拉力，则胞元内杆的拉力可简记为 $\boldsymbol{t}=(t_1, t_2, t_3)^{\mathrm{T}}$。在没有外力的情况下，三根杆的内力在内部节点处要满足平衡条件：$t_1\boldsymbol{e}_1+t_2\boldsymbol{e}_2+t_3\boldsymbol{e}_3=0$，或

$$\frac{t_2}{l_2}\boldsymbol{a}+\frac{t_3}{l_3}\boldsymbol{b}=\left(\frac{t_1}{l_1}+\frac{t_2}{l_2}+\frac{t_3}{l_3}\right)\boldsymbol{p} \tag{8.91}$$

由上述方程，可以进一步将胞元杆系的拉力表示为

$$\boldsymbol{t}=\alpha\boldsymbol{s}=\alpha\left(s_1,\ s_2,\ s_3\right)^{\mathrm{T}} \tag{8.92}$$

其中，$\boldsymbol{s}$ 是胞元的自应力

$$s_2=l_2\frac{p_2b_1-p_1b_2}{a_2b_1-a_1b_2},\quad s_3=l_3\frac{p_1a_2-p_2a_1}{a_2b_1-a_1b_2},\quad s_1=l_1\left(1-\frac{s_2}{l_2}-\frac{s_3}{l_3}\right)$$

α是待定系数。

根据宏细观过渡方法，胞元的宏观应力定义为

$$\boldsymbol{\Sigma}=\frac{1}{V_{\text{cell}}}\int_{V_{\text{cell}}}\boldsymbol{\sigma}\mathrm{d}\boldsymbol{r}=\frac{1}{V_{\text{cell}}}\int_{\partial V_{\text{cell}}}\boldsymbol{r}\otimes(\boldsymbol{\sigma}\cdot\boldsymbol{n})\mathrm{d}A=\frac{1}{V_{\text{cell}}}\sum_{n=1}^{3}\boldsymbol{r}_n\otimes(t_n\boldsymbol{e}_n) \tag{8.93}$$

其中，$\boldsymbol{r}_n$为节点 n 的位置矢量。将 $\boldsymbol{r}_n$ 和 $\boldsymbol{t}$ 代入式(8.93)，可将胞元宏观应力表示成 α 以及隐含节点的位置 p_1 和 p_2 的函数

$$\boldsymbol{\Sigma}(p_1,p_2,\alpha)=\frac{\alpha}{V_{\text{cell}}}\overline{\boldsymbol{S}}(p_1,p_2) \tag{8.94}$$

其中，

$$\begin{aligned}\overline{\boldsymbol{S}}(p_1,p_2)&=\frac{s_2}{l_2}\boldsymbol{a}\otimes\boldsymbol{a}+\frac{s_3}{l_3}\boldsymbol{b}\otimes\boldsymbol{b}-\boldsymbol{p}\otimes\boldsymbol{p}\\&=s_1l_1\boldsymbol{e}_1\otimes\boldsymbol{e}_1+s_2l_2\boldsymbol{e}_2\otimes\boldsymbol{e}_2+s_3l_3\boldsymbol{e}_3\otimes\boldsymbol{e}_3\end{aligned} \tag{8.95}$$

下面将通过胞元的变形来确定待定系数 α，在胞元边界施加宏观的应变 $\boldsymbol{E}$，在仿射变形的假设下，各杆的伸长为

$$e_b^{\text{aff}}=l_b(\boldsymbol{e}_b\cdot\boldsymbol{E}\cdot\boldsymbol{e}_b)=l_b(\boldsymbol{e}_b\otimes\boldsymbol{e}_b):\boldsymbol{E},\quad b=1\sim3 \tag{8.96}$$

由此计算各杆的拉力并不一定满足平衡条件，需要对 $\boldsymbol{e}^{\text{aff}}=(e_1^{\text{aff}},e_2^{\text{aff}},e_3^{\text{aff}})^{\mathrm{T}}$ 进行调整$\Delta\boldsymbol{e}$，使得

$$\boldsymbol{e}^{\text{aff}}+\Delta\boldsymbol{e}=\boldsymbol{e}=\frac{\alpha}{EA}(s_1l_1,s_2l_2,s_3l_3)^{\mathrm{T}} \tag{8.97}$$

由于$\Delta\boldsymbol{e}$ 是协调变形场，它在非协调变形空间(即自应力空间)的投影为零，即 $\boldsymbol{s}^{\mathrm{T}}(\boldsymbol{e}-\boldsymbol{e}^{\text{aff}})=\boldsymbol{0}$，可得

$$\alpha=\bar{k}(s_1l_1\boldsymbol{e}_1\otimes\boldsymbol{e}_1+s_2l_2\boldsymbol{e}_2\otimes\boldsymbol{e}_2+s_3l_3\boldsymbol{e}_3\otimes\boldsymbol{e}_3):\boldsymbol{E}=\bar{k}(\overline{\boldsymbol{S}}:\boldsymbol{E}) \tag{8.98}$$

其中，$\bar{k}=EA/(s_1^2l_1+s_2^2l_2+s_3^2l_3)$。

根据式(8.98)和式(8.94)，最后得到如下公式

$$\boldsymbol{\Sigma}=\frac{\bar{k}(\overline{\boldsymbol{S}}:\boldsymbol{E})}{V_{\text{cell}}}\overline{\boldsymbol{S}}=(\boldsymbol{S}\otimes\boldsymbol{S}):\boldsymbol{E} \tag{8.99}$$

其中，$\boldsymbol{S}(p_1,p_2)=\sqrt{\bar{k}/V_{\text{cell}}}\,\overline{\boldsymbol{S}}$。

在材料微结构逆向设计时，给定胞元晶格矢量$(\boldsymbol{a},\boldsymbol{b})$、模量各向异性度 S_t/S_n 和主轴偏转角 ϕ 后，则胞元内部节点位置(p_1,p_2)就可通过求解式(8.87)、式(8.88)、式(8.92)和式(8.95)得到，胞元密度 $\bar{\rho}=\rho A(l_1+l_2+l_3)/V_{\text{cell}}$。特征应力幅值将由杆的密度$\rho$和拉伸刚度 EA 最终确定。至此我们给出了利用变形的蜂窝点阵模型来设计五模材料微结构的方法。下面将介绍由五模材料胞元组装成斗篷的集成方法，其基本思路是将斗篷区域用四边形进行网格划分，取四边形每条边的中点为节点，这样就形成了一个近似的菱形(如图 8.19(a)中的放大显示)。将前面介绍的三杆模型镶嵌到菱形胞元内，通过调节内部节点位置和杆的几何和材料参数来实现该胞

元所要求的 S_t/S_n 及 ϕ，基本思路如图 8.19(a)和(b)所示。

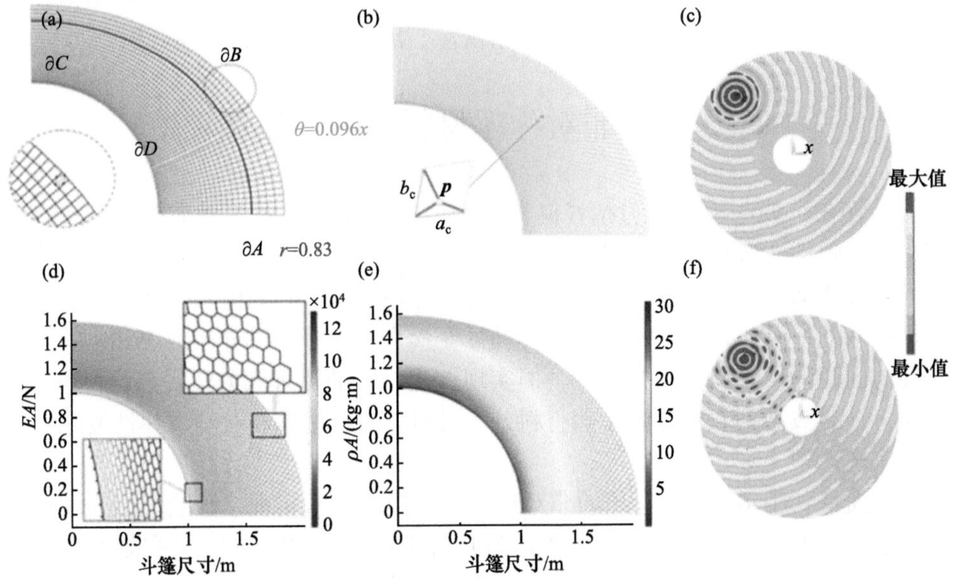

图 8.19　五模材料椭圆形微结构隐身斗篷设计、组装和验证

(a)用四边形进行网格划分，连接每个边的中点构成基本胞元；(b)形成由五模材料胞元组装的斗篷，然后再嵌入构成五模材料胞元的铰接三杆结构；(d)微结构斗篷，颜色为杆刚度 EA 的分布；(e)微结构斗篷，颜色为杆线密度ρA 分布；(c)、(f)覆盖和无覆盖椭圆形斗篷的圆孔散射场(声压)，背景介质为水

在划分图 8.19(a)所示的四边形网格时，可以采用 8.1.5 节介绍的网格优化方法，即求解拉普拉斯方程和滑动边界条件，这样生成的网格可尽量保持为矩形。由于对称性，可取四分之一斗篷区域进行网格划分，网格由在径向划分 m_c 份的等势线 $r(x,y)=r_m(m=1\sim m_c)$和环向划分 n_c 份的等势线 $\theta(x,y)=\theta_n(n=1\sim n_c)$来确定，如图 8.19(a)中的红线和蓝线所示。函数 r、θ 可通过在四分之一隐身斗篷域上求解如下拉普拉斯方程及相应的边界条件得到

$$\nabla^2 r=0\,,\quad \nabla^2\theta=0 \tag{8.100}$$

指定函数 r 的边界条件为：边界∂D 上，r=0；边界∂B 上，r=1。在边界∂A 和∂C 上，$\boldsymbol{n}\cdot\nabla r=0$。对函数 θ 的边界条件为：边界∂A 上，θ=0；边界∂C 上，$\theta=\pi/2$。在边界∂B 和∂D 上，$\boldsymbol{n}\cdot\nabla\theta=0$，其中 $\boldsymbol{n}$ 是边界的单位法向矢量。

图 8.19(a)给出了 m_c=29，n_c=84 的网格划分，再按照图 8.19(b)所示的方法，按照每个胞元所需要的等效性质，来确定每个胞元内三个杆的最终位置和几何及材料参数。最终形成了由 4358 个五模材料单元构成的四分之一微结构斗篷，如图 8.19(d)所示。图 8.19(d)和(e)中的颜色分别表示满足设计要求杆的刚度 EA 和杆的线密度ρA 分布。图 8.19(c)和(f)分别给出了靠近计算域边界(设为吸波边界条件)

的一个声学单极源辐射到椭圆斗篷和圆孔洞的声压散射场，背景介质为水，入射频率为 2.25kHz。计算结果表明与圆孔洞相比，覆盖有椭圆斗篷后，其散射场大幅度降低。声波绕过斗篷后相位得到了恢复，后向散射也大幅度降低。

8.3　基于非对称超材料的弹性波调控

尽管在声波调控中，包括各向异性密度和五模材料的斗篷都得到了实验验证，但对弹性波调控的研究进展缓慢。在 8.1.3 节讨论变换弹性动力学时，我们知道在波传播界面处，柯西弹性介质无法与另外一个不同的柯西弹性介质实现全向阻抗匹配，因此很难在柯西框架内设计变换介质。非对称介质或 Willis 介质可实现与柯西弹性介质的阻抗匹配，但实现上述材料的机理和方法目前仍不清楚。下面将针对被动型非对称弹性超材料，介绍相应的新进展和被动型弹性波隐身斗篷的实现[10,25]。

下面将利用 8.1.3 节介绍的非对称弹性变换来分析实现二维圆环形弹性波隐身斗篷所需要的变换介质属性分布。为此需要将虚拟空间的圆形区域($0<R\leqslant b$)映射为物理空间中的环形区域($a<r\leqslant b$)。这种映射并不唯一，已在 8.1.2 节进行了详细讨论，下面选取最简单的线性映射形式，即式(8.30)，这时映射梯度及雅可比矩阵分别为

$$\boldsymbol{F}=\frac{b-a}{b}\mathrm{diag}\left[1,\frac{r}{r-a}\right],\quad J=\left(\frac{b-a}{b}\right)^2\frac{r}{r-a} \tag{8.101}$$

假设虚拟空间介质为均匀各向同性柯西弹性介质，其拉梅(Lamé)系数和密度分别为 λ_0、μ_0 和 ρ_0，则将式(8.101)代入式(8.36)，得到非对称弹性变换下，变换弹性介质的密度和主轴下($\boldsymbol{e}_r$、$\boldsymbol{e}_\theta$)弹性张量非零分量为

$$\rho=\frac{r-a}{r}\left(\frac{b}{b-a}\right)^2\rho_0$$

$$C_{1111}=\frac{r-a}{r}(\lambda_0+2\mu_0),\quad C_{2222}=\frac{r}{r-a}(\lambda_0+2\mu_0),\quad C_{1122}=C_{2211}=\lambda_0 \tag{8.102}$$

$$C_{1212}=\frac{r-a}{r}\mu_0,\qquad C_{2121}=\frac{r}{r-a}\mu_0,\qquad C_{1221}=C_{2112}=\mu_0$$

上式表明，部分材料参数在斗篷内边界要求趋于无穷大，这可在虚拟空间引入一个微小的孔，将该孔的内边界映射成斗篷的内边界加以解决，但设计的斗篷无法避免引入小孔带来的散射。另一个更重要的问题是，非对称变换要求变换弹性介质满足 $C_{1212}\neq C_{2121}$，即不满足柯西弹性介质要求的剪应力互等定理。在高阶连续介质框架下，通过引入转矩可以实现剪应力不互等，但必须要求引入转矩及其对

偶量以满足平衡和协调方程。但被动型非对称弹性介质并不能引入额外的宏观转矩，在这种条件下如何实现剪切应力非互等呢?

8.3.1　非对称弹性超材料机理

考察一个二维均匀材料构成的平面单元，该单元边界只有应力没有力偶，如图 8.20(a)所示。该单元上的角动量守恒意味着剪应力互等，$\tau'=\tau$。当该单元具有体力偶 m 时，如图 8.20(b)所示，这时剪应力不再互等，$\tau'\neq\tau$，剪应力产生的矩由体力偶平衡。进一步可以设想这个体力偶由接地的弹簧产生[9]，这时剪应力产生的矩与单元的旋转角度相关；亦可在单元内预埋磁铁，通过外磁场控制体力偶[26]。这两种产生体力偶的方式都需要借助外部环境，本质上是一种主动的方式。如果在单元内设置一个隐含的旋转谐振单元，如图 8.20(d)所示，当隐含的旋转谐振单元与宏观单元形成相对转动时，旋转单元将对宏观单元产生力偶，相当于体力偶，这样宏观上造成单元边界上剪应力不相等。这种机制是被动的，无须借助外界环境，但在微结构设计时需要更精细的调制，下面将具体讨论该机制。

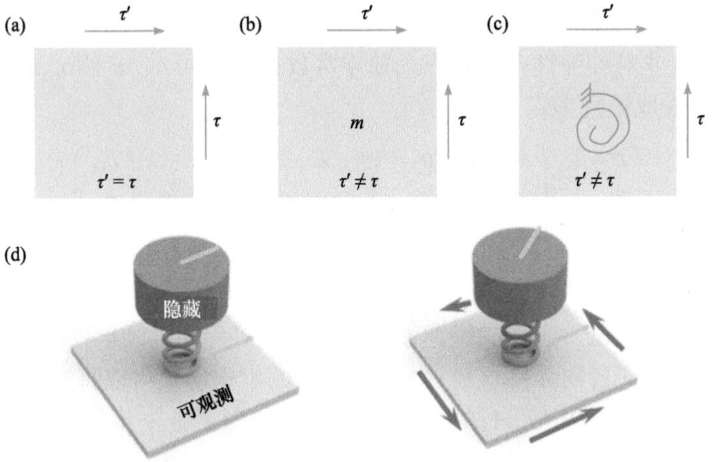

图 8.20　实现剪应力不互等的机理示意图

(a)剪应力互等情况；(b)体力偶造成剪应力不互等；(c)内含接地弹簧形成力偶造成剪应力不互等；(d)旋转谐振单元造成剪应力不互等

在静载荷作用下，图 8.20(d)中隐含旋转共振单元将随着宏观单元变形一起运动，没有相对转动，因此剪应力互等。在动态载荷下，隐含单元和宏观单元间的响应不同步(存在相位差)，产生的矩由不互等的剪力进行平衡。由于单元转动将引起弹性应变能，因此变形的度量将不能只取位移梯度的对称部分(即对称应变)，还需考虑刻画转角的应变非对称部分。这里将应变定义为位移梯度张量

$$\boldsymbol{\varepsilon}=\nabla\boldsymbol{u} \tag{8.103}$$

为了与柯西介质弹性张量 **C** 进行区分，这里用 **A** 表示非对称弹性介质的弹性张量，有

$$\boldsymbol{\sigma} = \boldsymbol{A} : \boldsymbol{\varepsilon} = \boldsymbol{A} : \nabla \boldsymbol{u} \tag{8.104}$$

在二维情况下，本构关系又可以用 4×4 的矩阵进行表示

$$\begin{pmatrix} \sigma_{11} \\ \sigma_{22} \\ \sigma_{12} \\ \sigma_{21} \end{pmatrix} = \begin{pmatrix} A_{1111} & A_{1122} & A_{1112} & A_{1121} \\ & A_{2222} & A_{2212} & A_{2221} \\ & \text{对称} & A_{1212} & A_{1221} \\ & & & A_{2121} \end{pmatrix} \begin{pmatrix} \varepsilon_{11} \\ \varepsilon_{22} \\ \varepsilon_{12} \\ \varepsilon_{21} \end{pmatrix} \quad \text{或} \quad \begin{pmatrix} u_{1,1} \\ u_{2,2} \\ u_{2,1} \\ u_{1,2} \end{pmatrix} \tag{8.105}$$

这时非对称弹性介质需要 10 个材料参数(而柯西只有 6 个材料参数)描述。对于正交各向异性材料，表征材料拉剪耦合特性的参数为零，上式退化为

$$\begin{pmatrix} \sigma_{11} \\ \sigma_{22} \\ \sigma_{12} \\ \sigma_{21} \end{pmatrix} = \begin{pmatrix} A_{1111} & A_{1122} & & \\ A_{1122} & A_{2222} & & \\ & & A_{1212} & A_{1221} \\ & & A_{1221} & A_{2121} \end{pmatrix} \begin{pmatrix} \varepsilon_{11} \\ \varepsilon_{22} \\ \varepsilon_{12} \\ \varepsilon_{21} \end{pmatrix} \tag{8.106}$$

二维各向同性非对称弹性介质有三个独立常数：λ、μ_1 和 μ_2，$\sigma_{ij}=\lambda u_{k,k}\delta_{ij}+\mu_1 u_{j,i}+\mu_2 u_{i,j}$ $(i,j=1,2)$，或写成矩阵形式

$$\begin{pmatrix} \sigma_{11} \\ \sigma_{22} \\ \sigma_{12} \\ \sigma_{21} \end{pmatrix} = \begin{pmatrix} \lambda+\mu_1+\mu_2 & \lambda & & \\ \lambda & \lambda+\mu_1+\mu_2 & & \\ & & \mu_1 & \mu_2 \\ & & \mu_2 & \mu_1 \end{pmatrix} \begin{pmatrix} \varepsilon_{11} \\ \varepsilon_{22} \\ \varepsilon_{12} \\ \varepsilon_{21} \end{pmatrix} \tag{8.107}$$

从式(8.102)可以看出，实现二维弹性波斗篷的非对称弹性映射(或变换)要求变换材料为非对称正交各向异性材料，斗篷内各点的本构形式可以将式(8.102)中 **C** 的表达式代入式(8.106)相应 **A** 的表达式中得到。为了进一步理解非对称变换介质(8.106)的含义，下面考察一无旋的纯拉伸变换 $x=\delta_1 X$，$y=\delta_2 Y$，$\boldsymbol{F}=\text{diag}[\delta_1, \delta_2]$，$J=\delta_1\delta_2$，代入式(8.36)得到非对称变换介质的本构关系

$$\begin{pmatrix} \sigma_{11} \\ \sigma_{22} \\ \sigma_{12} \\ \sigma_{21} \end{pmatrix} = \begin{pmatrix} \dfrac{\delta_1}{\delta_2}(\lambda_0+2\mu_0) & \lambda_0 & 0 & 0 \\ \lambda_0 & \dfrac{\delta_2}{\delta_1}(\lambda_0+2\mu_0) & 0 & 0 \\ 0 & 0 & \dfrac{\delta_1}{\delta_2}\mu_0 & \mu_0 \\ 0 & 0 & \mu_0 & \dfrac{\delta_2}{\delta_1}\mu_0 \end{pmatrix} \begin{pmatrix} \varepsilon_{11} \\ \varepsilon_{22} \\ \varepsilon_{12} \\ \varepsilon_{21} \end{pmatrix} \tag{8.108}$$

变换后的密度为$\rho=\rho_0/\delta_1\delta_2$。式(8.108)表明，纯拉伸变换的变换介质参数与圆环形弹性波斗篷所需要的材料性能形式一致，并且 $\delta_r=\delta_1=(b-a)/b$, $\delta_\theta=\delta_2=r(b-a)/(b(r-a))$。这意味着环形斗篷每点的弹性矩阵可以从一个纯拉压变换得到，这一点对后面构造材料胞元和弹性波斗篷组装至关重要。

8.3.2　非对称弹性超材料微结构设计

从微结构的角度，为实现拉压变换所需的非对称弹性变换介质，考虑图 8.21 所示的点阵材料模型。该点阵材料由周期排列的矩形胞元构成，晶格矢量为($\boldsymbol{a}_1$, $\boldsymbol{a}_2$)。胞元的四个角点由质量为 m 的粒子组成，相邻粒子间由刚度系数为 K 的弹簧相连。胞元内部含有一个质量为 M、转动惯量为 J 的有限尺寸刚体，分别与位于角点的粒子由刚度系数为 h 的弹簧相连。根据微结构的对称性可知，点阵材料的宏观有效性质为正交各向异性。胞元角点粒子的位移是点阵材料的可观自由度(或宏观自由度)，胞元内部的有限刚体的位移和转角为隐含自由度。内部刚体与粒子连接的弹簧倾角通常可以任意选取，这里为便于分析令$\theta=\pi/4$，这样还可以保证等效质量密度为各向同性，因为刚体的总恢复力和平移共振状态不随激励方向而改变。当 $a_1\neq a_2$ 时，胞元与刚体作用将产生恢复力矩，激发旋转共振，造成胞元宏观剪应力不互等；而当 $a_1=a_2$ 时，刚体变成质点，这时点阵材料等效为传统柯西介质。

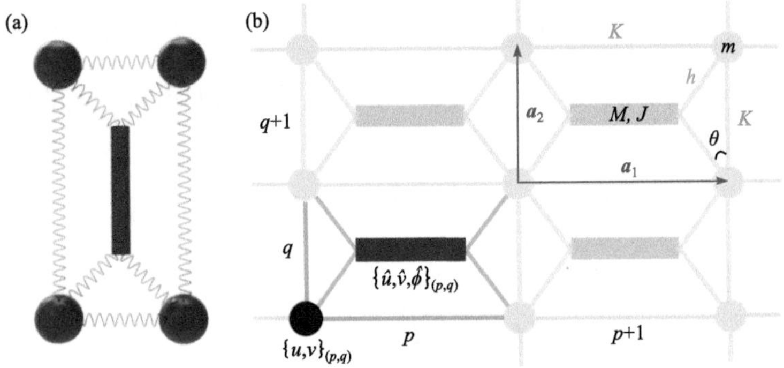

图 8.21　非对称弹性超材料的弹簧-质量点阵模型

(a)胞元由质点、弹簧和隐含的有限尺寸刚体组成；(b)胞元点阵系统周期排列示意图，单胞(p, q)用颜色突出显示

下面将利用场变量展开法，给出上面点阵系统的宏观等效材料参数。基本思路是首先建立点阵系统的控制方程，再消去隐藏自由度，然后对场变量进行泰勒展开，略去高阶项后与均质材料的控制方程比较对应项的系数，即可得点阵系统均质化后的等效材料参数。假设均匀化材料为正交各向异性非对称弹性介质，其二维本构由式(8.106)给出，则均匀介质的控制方程为

$$
\begin{aligned}
-\omega^2 \rho u &= A_{1111} u_{,xx} + A_{2121} u_{,yy} + \left(A_{1122} + A_{2112}\right) v_{,xy} \\
-\omega^2 \rho v &= A_{1212} v_{,xx} + A_{2222} v_{,yy} + \left(A_{1221} + A_{2211}\right) u_{,xy}
\end{aligned} \tag{8.109}
$$

对应图 8.21 所示的点阵材料，令 $\boldsymbol{u}_{p,q} = \{u_{p,q}, v_{p,q}\}^{\mathrm{T}}$ 和 $\hat{\boldsymbol{u}}_{p,q} = \{\hat{u}_{p,q}, \hat{v}_{p,q}, \hat{\phi}_{p,q}\}^{\mathrm{T}}$ 分别表示胞元或格点(p,q)处质点 m 的位移和内部隐含刚体 M 的质心位移和转角(逆时针为正)。对于图 8.21(b)所示的构型($a_1>a_2$)，刚体左右(L,R)两端与斜弹簧 h 连接处的无穷小位移向量可以用刚体质心的位移和转角来表示，对于所考虑$\theta=\pi/4$ 的构型有

$$
\begin{aligned}
\hat{\boldsymbol{u}}_{p,q}^{\mathrm{L}} &= \left\{ \hat{u}, \hat{v} - \frac{1}{2}\left|a_1 - a_2\right| \hat{\phi} \right\}_{p,q}^{\mathrm{T}} \\
\hat{\boldsymbol{u}}_{p,q}^{\mathrm{R}} &= \left\{ \hat{u}, \hat{v} + \frac{1}{2}\left|a_1 - a_2\right| \hat{\phi} \right\}_{p,q}^{\mathrm{T}}
\end{aligned} \tag{8.110}
$$

对于胞元(p,q)，根据两个连接质点的主弹簧及四个内部连接刚体与质点的斜弹簧各自的伸长计算其势能，则胞元的总能量为

$$
\begin{aligned}
U_{p,q} = &\frac{1}{2} K \left[\left(u_{p+1,q} - u_{p,q}\right)^2 + \left(v_{p,q+1} - v_{p,q}\right)^2 \right] \\
&+ \frac{1}{2} h \left[\begin{aligned} &\left(\boldsymbol{e}' \cdot \boldsymbol{u}_{p,q}^{\mathrm{L}} - \boldsymbol{e}' \cdot \boldsymbol{u}_{p,q}\right)^2 + \left(\boldsymbol{e}'' \cdot \hat{\boldsymbol{u}}_{p,q}^{\mathrm{L}} - \boldsymbol{e}'' \cdot \boldsymbol{u}_{p,q+1}\right)^2 \\ &+ \left(\boldsymbol{e}'' \cdot \hat{\boldsymbol{u}}_{p,q}^{\mathrm{R}} - \boldsymbol{e}'' \cdot \boldsymbol{u}_{p+1,q}\right)^2 + \left(\boldsymbol{e}' \cdot \hat{\boldsymbol{u}}_{p,q}^{\mathrm{R}} - \boldsymbol{e}' \cdot \boldsymbol{u}_{p+1,q+1}\right)^2 \end{aligned} \right]
\end{aligned} \tag{8.111}
$$

其中，$\boldsymbol{e}' = (1/\sqrt{2}, 1/\sqrt{2})^{\mathrm{T}}$，$\boldsymbol{e}'' = (1/\sqrt{2}, -1/\sqrt{2})^{\mathrm{T}}$ 分别为两组斜弹簧的单位方向矢量。胞元的动能为

$$
K_{p,q} = \frac{1}{2} m \left(\dot{u}_{p,q}^2 + \dot{v}_{p,q}^2\right) + \frac{1}{2} M \left(\dot{\hat{u}}_{p,q}^2 + \dot{\hat{v}}_{p,q}^2\right) + \frac{1}{2} J \dot{\hat{\phi}}_{p,q}^2 \tag{8.112}
$$

点阵系统的哈密顿量 H 为

$$
H = \sum_{p,q} \left[K_{p,q} + U_{p,q} \right] \tag{8.113}
$$

利用哈密顿原理，写出周期点阵所有自由度(包括隐含自由度)的控制方程，其中关于宏观自由度 $\boldsymbol{u}_{p,q}$ 的方程为

$$
\omega^2 m u_{p,q} = \frac{\partial H}{\partial u_{p,q}}, \qquad \omega^2 m v_{p,q} = \frac{\partial H}{\partial v_{p,q}} \tag{8.114}
$$

关于隐含自由度 $\hat{\boldsymbol{u}}_{p,q}$ 的方程为

$$
\omega^2 M \hat{u}_{p,q} = \frac{\partial H}{\partial \hat{u}_{p,q}}, \qquad \omega^2 M \hat{v}_{p,q} = \frac{\partial H}{\partial \hat{v}_{p,q}}, \qquad \omega^2 J \hat{\phi}_{p,q} = \frac{\partial H}{\partial \hat{\phi}_{p,q}} \tag{8.115}
$$

利用式(8.115)先解出隐含自由度，然后代入式(8.114)可得只含有宏观自由度的方程。这个过程烦琐但方法简单，令 $p=q=0$ 为胞元的参考格点，最终得仅含宏观自由度点阵材料的控制方程：

$$\begin{aligned}\left(2h-m\omega^2\right)u_{0,0}=&K\left(u_{-1,0}-2u_{0,0}+u_{+1,0}\right)+\frac{hT(\omega)}{4}\left(u_{-1,-1}+u_{-1,+1}+4u_{0,0}\right.\\&\left.+u_{+1,-1}+u_{+1,+1}+v_{-1,-1}-v_{-1,+1}-v_{+1,-1}+v_{+1,+1}\right)-\frac{hR(\omega)}{8}\\&\times\left(u_{-1,-1}-2u_{-1,0}+u_{-1,+1}+2u_{0,-1}-4u_{0,0}+2u_{0,+1}+u_{+1,-1}\right.\\&\left.-2u_{+1,0}+u_{+1,+1}+v_{-1,-1}-v_{-1,+1}-v_{+1,-1}+v_{+1,+1}\right)\end{aligned}\tag{8.116}$$

$$\begin{aligned}\left(2h-m\omega^2\right)v_{0,0}=&K\left(v_{0,-1}-2v_{0,0}+v_{0,+1}\right)+\frac{hT(\omega)}{4}\left(u_{-1,-1}-u_{-1,+1}-u_{+1,-1}+u_{+1,+1}\right.\\&\left.+v_{-1,-1}+v_{-1,+1}+4v_{0,0}+v_{+1,-1}+v_{+1,+1}\right)-\frac{hR(\omega)}{8}\left(u_{-1,-1}-u_{-1,+1}\right.\\&-u_{+1,-1}+u_{+1,+1}+v_{-1,-1}+2v_{-1,0}+v_{-1,+1}-2v_{0,-1}-4v_{0,0}-2v_{0,+1}\\&\left.+v_{+1,-1}+2v_{+1,0}+v_{+1,+1}\right)\end{aligned}\tag{8.117}$$

其中，

$$T\left(\omega\right)=\frac{\omega_{\mathrm{T}}^2}{\omega_{\mathrm{T}}^2-\omega^2},\quad R\left(\omega\right)=\frac{\omega_{\mathrm{R}}^2}{\omega_{\mathrm{R}}^2-\omega^2}\tag{8.118}$$

式中，$\omega_{\mathrm{T}}=\sqrt{2h/M}$ 与 $\omega_{\mathrm{R}}=\left|a_1-a_2\right|\sqrt{h/(2J)}$ 分别为胞元内部隐含刚体的平移和旋转共振角频率，可理解为平移谐振和旋转谐振因子。当入射波长足够大时，胞元点阵相邻格点的位移 $\boldsymbol{u}_{s,t}$(其中 s,t=0,±1)可在 $\boldsymbol{u}_{0,0}$ 附近进行泰勒展开，展开到二阶后，胞元点阵相邻格点的位移 u 和 v 为

$$\begin{aligned}&u_{0,0}\equiv u,\quad v_{0,0}\equiv v,\quad \mathrm{d}x_s=sa_1,\quad \mathrm{d}y_t=ta_2,\quad s,t=-1,0,1\\&u_{s,t}=u+u_{,x}\mathrm{d}x_s+u_{,y}\mathrm{d}y_t+\frac{1}{2}u_{,xx}\mathrm{d}x_s^2+\frac{1}{2}u_{,yy}\mathrm{d}y_t^2+u_{,xy}\mathrm{d}x_s\mathrm{d}y_t\\&v_{s,t}=v+v_{,x}\mathrm{d}x_s+v_{,y}\mathrm{d}y_t+\frac{1}{2}v_{,xx}\mathrm{d}x_s^2+\frac{1}{2}v_{,yy}\mathrm{d}y_t^2+v_{,xy}\mathrm{d}x_s\mathrm{d}y_t\end{aligned}\tag{8.119}$$

将式(8.119)代入式(8.116)和式(8.117)，整理得与非对称连续介质控制方程(8.109)相同的形式。通过比较两组方程对应项的系数，最后得到点阵系统的等效质量密度和四个等效刚度参数

$$\rho=\frac{1}{a_1a_2}\left[m+MT\left(\omega\right)\right]\tag{8.120}$$

$$A_{1111}=\frac{a_1}{a_2}\left[K+\frac{h}{2}T(\omega)\right],\quad A_{2222}=\frac{a_2}{a_1}\left[K+\frac{h}{2}T(\omega)\right]$$
$$A_{1212}=\frac{h}{2}\frac{a_1}{a_2}\left[T(\omega)-R(\omega)\right],\quad A_{2121}=\frac{h}{2}\frac{a_2}{a_1}\left[T(\omega)-R(\omega)\right] \tag{8.121}$$

另外两个等效参数满足如下关系：

$$A_{1122}+A_{1221}=\frac{h}{2}\left[2T(\omega)-R(\omega)\right] \tag{8.122}$$

为了将系数 A_{1122} 和 A_{1221} 分开，注意到点阵材料在静态下是不稳定的，即剪切模量 A_{1212} 和 A_{2121} 为零(当 $\omega\to 0$)；此外在静态下，点阵材料等效为传统柯西材料，即剪切应力互等，要求 A_{1221} 在 $\omega\to 0$ 时为 0。再利用 $a_1=a_2$，点阵材料等效为传统柯西介质，即要求 $A_{1212}=A_{2121}=A_{1221}$，最终解得

$$A_{1122}=\frac{h}{2}T(\omega)$$
$$A_{1221}=\frac{h}{2}\left[T(\omega)-R(\omega)\right] \tag{8.123}$$

从等效均匀化参数的表达式可以看出，材料参数均与频率相关，等效质量密度和等效拉压模量 A_{1111}、A_{2222}、A_{1122} 与平动谐振因子 $T(\omega)$相关；而等效剪切模量 A_{1212}、A_{2121}、A_{1221} 不仅与平动谐振因子 $T(\omega)$相关而且还与旋转谐振因子 $R(\omega)$相关。

从剪切模量的表达式可以看出，只要 $a_1\neq a_2$，等效介质就为非对称介质($A_{1212}\neq A_{2121}\neq A_{1221}$)。很容易验证该点阵材料的等效材料参数满足实现弹性波斗篷所需的材料属性(或纯拉伸变换材料)要求，如 $A_{1111}\,A_{2222}=(A_{1122}+2A_{1221})^2$ 和 $A_{1212}\,A_{2121}=(A_{1221})^2$。最后，拉伸变换在两个主方向上的拉伸比正好对应该点阵单胞的纵横边长之比，即

$$\frac{a_1}{a_2}=\frac{\delta_1}{\delta_2} \tag{8.124}$$

该式为后续组装弹性波斗篷奠定了基础。需要指出的是，由于所构造胞元的特殊性，对于任意给定的柯西背景介质(λ_0, μ_0, ρ_0)、纯拉伸变换(δ_1, δ_2)和激励频率 ω_{ext}，有可能找不到相应的微结构和材料参数(K, h, m, M, J)，因此需要对背景介质的选取进行限制。研究表明，当背景介质的泊松比取负值时，可通过所构造的点阵模型来实现圆环形弹性斗篷。为此，在验证均匀化结果的有效性时，取如下参数 $\omega_{\text{ext}}=10^4$rad/s，背景介质$\rho_0=1000$kg/m^3, $\lambda_0=-4.63$MPa, $\mu_0=27.8$MPa，对应纯拉伸变换 $\delta_1=1$，$\delta_2=2$。根据式(8.108)、式(8.120)、式(8.121)和式(8.123)，可反解出点阵材料的微观参数：$K=5.56\times10^7$N/m, $h=3.24\times10^7$N/m, $M=2.92$kg, $m=0.93$kg, $a_2=2a_1=2$cm。图 8.22 给出了均匀化介质的频散曲线与离散点阵材料带结构的比

较，以及等效材料参数随频率的变化关系。如图 8.22(a)所示，当波数不太大时(在布里渊区中心附近)，无论是声学支还是光学支，均匀化模型都能与离散模型很好吻合。在远离布里渊区中心区域，两者出现一定误差，可能是由于均匀化过程只取二阶近似。离散胞元共有五个自由度，带结构中还有一条声学剪切支，由于和横轴重合而没有画出。在频率 $\omega \in [\omega_T, \omega_R]$范围内，有一个斜率为负的通带，这是由等效质量和剪切模量同时为负所导致的，也说明该通带由剪切主导。图 8.22(d)表明在共振频率 ω_T、ω_R 附近，剪切模量呈现出明显的非对称性($A_{1212} \neq A_{1221}$)和各向异性($A_{1212} \neq A_{2121}$)，而远离共振频率时剪切模量趋于零。当 $\omega > \omega_R$ 时，所有的弹性常数为正值，意味着 P 波和 S 波将同时存在，并且非对称剪切效应也很明显，可用于弹性波斗篷设计。

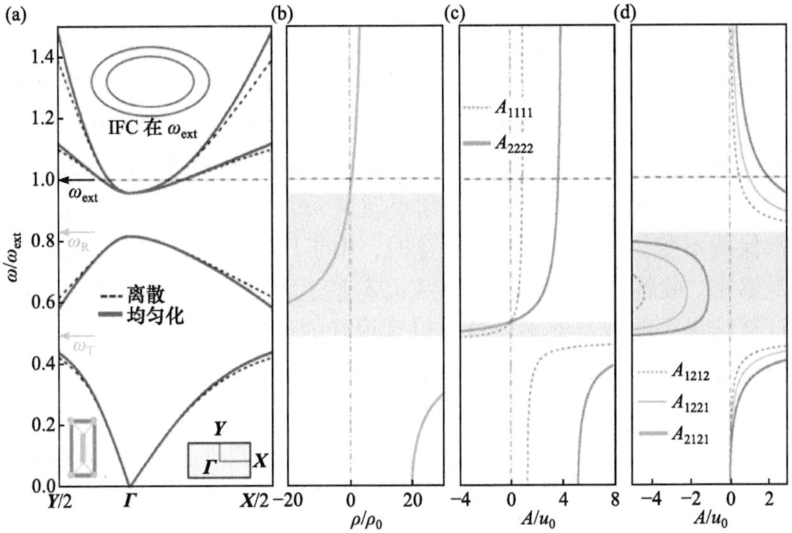

图 8.22　均匀化介质和离散点阵材料带结构的频散关系比较和等效材料参数随频率的变化关系
(a)离散点阵材料和均匀化材料的带结构比较，单胞示意图和布里渊区示意图分别在左下角和右下角给出；(b)等效质量密度；(c)等效纵波模量；(d)等效剪切模量，材料参数均与频率相关，颜色区域表示等效参数为负的区域

8.3.3　弹性波斗篷微结构设计

下面将利用所提出的非对称弹性介质点阵来实现圆环形弹性波隐身斗篷。根据前面的讨论，在柱坐标系下，圆环形斗篷的映射梯度为 $\boldsymbol{F}=\delta_r \boldsymbol{e}_r \boldsymbol{e}_r+\delta_\theta \boldsymbol{e}_\theta \boldsymbol{e}_\theta$，其中 $\delta_r=(b-a)/b$, $\delta_\theta=r(b-a)/(b(r-a))$，具体见 8.3.1 节讨论。由于 $\delta_\theta/\delta_r>1$，则刚体的方向沿着 θ 方向，如图 8.23(a)所示。

将斗篷沿环向分成 N_{sec} 等份，由于物理空间的四边形网格(这里将近似成矩形)是由虚拟空间的方形网格通过拉伸变换得到的，因此径向分层数不可再独立指定，而是由环向划分数和具体变换决定。假设沿径向最外层为第 1 层，则 $r_1=b$,

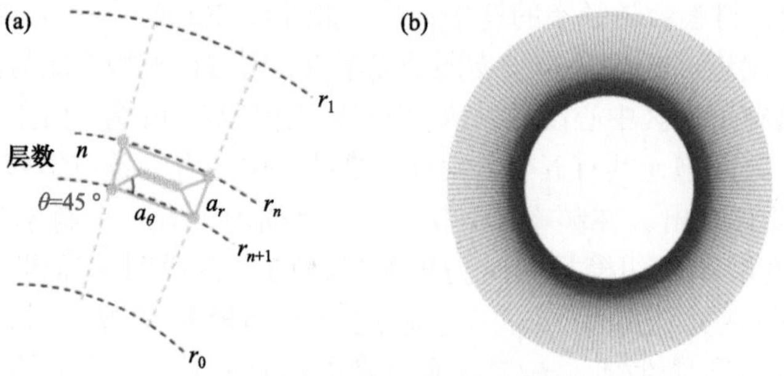

图 8.23　弹性波斗篷微结构模型

(a)单元划分和胞元的排列；(b)弹性波隐身斗篷微结构组装

第 n 层胞元的拉伸比由该层的外半径 r_n 来确定，即$\delta_r/\delta_\theta=(r_n-b)/r_n$。沿环向边长为 $a_\theta(r_n)=2\pi r_n/N_{\rm sec}$，径向边长(胞元厚度)$a_r(r_n)= a_\theta\delta_r/\delta_\theta=2\pi(r_n-b)/N_{\rm sec}$。按照同样的方法，对于第 n+1 层有 $r_{n+1}=r_n-a_r(r_n)$，该层胞元尺寸也可以确定，依次类推并注意到 $r_1=b$，这样整个环形斗篷胞元划分即可确定。再根据激励频率和每个胞元的拉伸比，利用前面给出的方法确定每个胞元的微结构和材料参数(K, h, m, M, J)。根据斗篷的对称性和胞元特点，除胞元角点质量 m 沿每层变化外，其他参数在整个斗篷域都保持不变。另外，在构建斗篷时，由于用矩形来近似四边形，因此环向划分要足够密。最后靠近斗篷的内边界 δ_θ/δ_r 趋于无穷大，原则上要沿径向无限划分，但计算结果表明取足够多层就可得到很好的近似效果。

下面将通过有限元数值模拟来验证所设计斗篷的隐身效果，背景弹性介质参数选为 E_0=100GPa, ν_0=−0.1 和 ρ_0=1000kg/m^3。斗篷外半径设为 b=1m，内半径 a=0.5m，$N_{\rm sec}$=200，沿径向截取 100 层，这样整个隐身斗篷含有 20000 个单元，如图 8.23(b)所示。令所有胞元隐含刚体的转动谐振频率和平动谐振频率之比为 $\omega_{\rm R}/\omega_{\rm T}=\sqrt{3}$，激励角频率为 $\omega_{\rm ext}=2\pi\times10^4$rad/s。斗篷外边界与背景介质保持连续，内边界为自由边界条件，计算域的边界为吸波边界条件。计算结果如图 8.24 所示，无论是 P 波还是 S 波入射，所设计的弹性波斗篷都能大幅度降低前向和后向散射(图 8.24(a)、(e))，而无斗篷时孔洞散射非常明显，如图 8.24(c)、(f)所示。数值计算结果进一步验证了所设计非对称弹性超材料及弹性波隐身斗篷方法的有效性。

尽管所展示的非对称弹性超材料是由弹簧-质量等构成，与实际连续材料还有较大的差别，但通过在连续体中构造微结构，增强旋转惯性，同时避免在胞元边界产生宏观力矩，也可以实现连续介质构成的非对称弹性超材料。当然最简单的方式是采用主动的方式，即采用接地弹簧(约束转角)或外加电磁场。

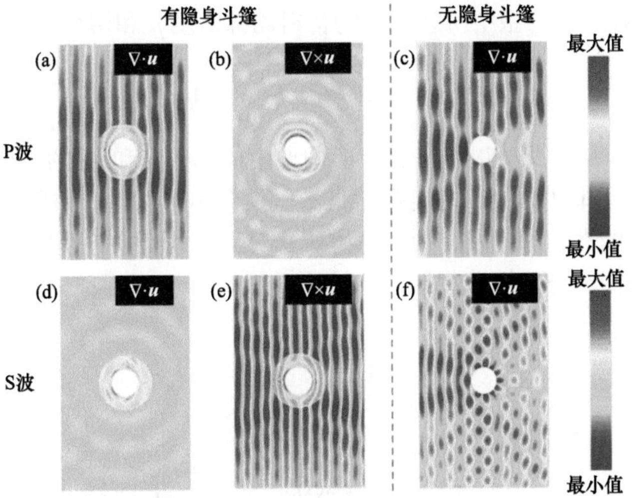

图 8.24　环形弹性波斗篷隐身效果数值模拟对比(位移场)

有斗篷在 P 波入射时(a)位移的散度场，(b)位移的旋度场，(c)无斗篷孔洞 P 波入射的位移散度场；有斗篷在 S 波入射时(d)位移的散度场，(e)位移的旋度场和(f)无斗篷情况时的位移旋度场。图中表示场强度的颜色按照波的类型进行了归一化

8.3.4　超弹性材料实现非对称介质

超弹性材料，如橡胶、聚合物或水凝胶，当经历大变形后，在变形构型下如果再施加小振幅扰动，其控制方程(平衡方程和本构)可与 8.1.3 节讨论的非对称弹性变换介质一致[27]。这时非对称弹性张量不仅依赖于超弹性材料的局部变形，还取决于超弹性材料的应变能密度函数。因此原则上可以选择特殊的超弹性材料，通过施加变形场来调控弹性波的传播。通过这样的方式设计出来的变换波动功能器件，因不依赖谐振机制而具有宽频特性。利用预变形的超弹性材料设计波控器件的方法也称为超弹性变换。下面将介绍超弹性变换理论，特别是针对“半线性”超弹性材料。

图 8.25(a)给出了超弹性材料在无初应力时的构型 Ω，视为初始构型，该构型内的点用坐标 $\boldsymbol{X}$ 表示，材料密度和应变势函数分别为ρ_0、W。通过在超弹性材料边界或体内施加载荷，变形到构型 ω，该构型以空间坐标 $\boldsymbol{x}$ 描述(图 8.25(b))。以映射 $\boldsymbol{x}=\boldsymbol{x}(\boldsymbol{X})$表示材料变形，变形梯度为 $\boldsymbol{F}=\partial\boldsymbol{x}/\partial\boldsymbol{X}$。

在变形构型 ω 上再施加小位移扰动 $\boldsymbol{u}(\boldsymbol{x},t)$，得到当前构型 ϖ 。由于从构型 ω 到 ϖ 是个小变形过程，可令 $\omega=\varpi$ 。根据大变形理论，在变形构型下的小扰动控制方程可写为

$$\rho\ddot{\boldsymbol{u}}=\nabla_{x}\cdot(\boldsymbol{A}:\nabla_{x}\boldsymbol{u}) \tag{8.125}$$

符号∇_x 表示关于当前构型下对坐标 $\boldsymbol{x}$ 的偏导数，位移 $\boldsymbol{u}$ 表示在当前构型中的位

移场。小扰动在变形构型中所感受到的材料局部密度 ρ 和切线弹性张量 $\boldsymbol{A}$ 分别为

$$\rho = J^{-1}\rho_0, \quad \boldsymbol{A} = J^{-1}\boldsymbol{F}\boldsymbol{A}_0\boldsymbol{F}^{\mathrm{T}}, \quad \boldsymbol{A}_0 = \frac{\partial^2 W}{\partial \boldsymbol{F}\partial \boldsymbol{F}} \tag{8.126}$$

其中，$J=\det\boldsymbol{F}$。从上式可以看出，变形构型中局部密度和切线弹性张量的关系与非对称弹性变换非常类似，切线弹性张量也没有小对称性。如果这时 $\boldsymbol{A}_0$ 是个与弹性张量类似的常四阶张量，则可以仿照非对称弹性变换，通过在超弹性材料中施加预变形来实现对弹性波传播的调控。

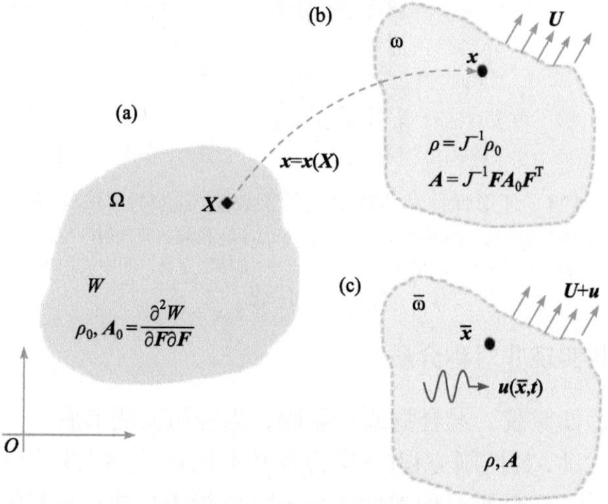

图 8.25　超弹性变换方法示意图

(a)初始构型 Ω 下的超弹性材料，材料点用 $\boldsymbol{X}$ 表示；(b)变形构型 ω ，每个物质点从初始构型 $\boldsymbol{X}$ 变形到 $\boldsymbol{x}$；(c)在变形构型基础上，施加小扰动得到当前构型 $\bar{\omega}$

尽管扰动发生在变形构型 ω 上，但通过张量的前推-后拉关系，其控制方程可以很容易地转换到初始构型 Ω 中

$$\rho_0\ddot{\boldsymbol{u}} = J\nabla_{\boldsymbol{x}}\cdot(J^{-1}\boldsymbol{F}\boldsymbol{A}_0\boldsymbol{F}^{\mathrm{T}}:\nabla_{\boldsymbol{x}}\boldsymbol{u}) = \nabla_{\boldsymbol{X}}\cdot(\boldsymbol{A}_0:\nabla_{\boldsymbol{X}}\boldsymbol{u}) \tag{8.127}$$

其中，算子$\nabla_{\boldsymbol{X}}$是在初始构型下对坐标 $\boldsymbol{X}$ 求偏导。在推导上式中用到了$\nabla_{\boldsymbol{x}}\cdot(J^{-1}\boldsymbol{F})=0$ 和 $\boldsymbol{F}^{\mathrm{T}}\nabla_{\boldsymbol{x}}=\nabla_{\boldsymbol{X}}$。显然当 $\boldsymbol{F}=\boldsymbol{I}$ 时，$\boldsymbol{A}_0=\boldsymbol{C}_0$(初始空间弹性张量)，这时变形构型上的波动方程与初始构型的纳维(Navier)方程一致。但现在需要解决的问题是当 $\boldsymbol{F}\neq\boldsymbol{I}$ 时，什么类型的超弹性材料 W 使关系 $\partial^2 W/\partial\boldsymbol{F}\partial\boldsymbol{F}=\boldsymbol{C}_0$ 恒成立(即保证控制方程形式不变性)。遗憾的是，目前只有一些特殊的超弹性材料和特殊的变换才能满足上述关系。例如对于半线性超弹性材料，其应变能势函数可以表示为

$$W = \frac{\lambda_0}{2}(\mathrm{tr}\boldsymbol{E})^2 + \mu_0\mathrm{tr}\boldsymbol{E}^2 \tag{8.128}$$

其中，λ_0 和 μ_0 为拉梅常数(假设初始构型材料为各向同性弹性)；$\boldsymbol{E}=\boldsymbol{U}-\boldsymbol{I}$ 为应变度量，$\boldsymbol{U}=\boldsymbol{R}^{-1}\boldsymbol{F}$ 是变形梯度 $\boldsymbol{F}$ 的右拉伸张量，$\boldsymbol{R}$ 是正交张量，$\boldsymbol{R}^{\mathrm{T}}\boldsymbol{R}=\boldsymbol{I}$。

可以证明，当变形梯度为对称时，$\boldsymbol{F}=\boldsymbol{F}^{\mathrm{T}}$，位移的散度 $\nabla\cdot\boldsymbol{u}$ 满足

$$\rho_0\nabla_{\boldsymbol{X}}\cdot\ddot{\boldsymbol{u}}=\nabla_{\boldsymbol{X}}\cdot(\nabla_{\boldsymbol{X}}\cdot(\boldsymbol{A}_0:\nabla_{\boldsymbol{X}}\boldsymbol{u}))=(\lambda_0+2\mu_0)\nabla_{\boldsymbol{X}}\cdot(\nabla_{\boldsymbol{X}}(\nabla_{\boldsymbol{X}}\cdot\boldsymbol{u})) \tag{8.129}$$

该方程与初始构型上位移散度场 $\nabla\cdot\boldsymbol{v}$ 的控制方程

$$\rho_0\nabla_{\boldsymbol{X}}\cdot\ddot{\boldsymbol{v}}=(\lambda_0+2\mu_0)\nabla_{\boldsymbol{X}}\cdot(\nabla_{\boldsymbol{X}}(\nabla_{\boldsymbol{X}}\cdot\boldsymbol{v}))$$

完全相同。因此一旦相应地设置两种构型的边界和载荷条件，预变形体上的位移散度场可以从初始构型上的散度场映射而来，$\nabla_L u_l = F_{kJ}(\nabla_k u_j) = \nabla_J v_J$(张量 $\nabla_{\boldsymbol{X}}\cdot\boldsymbol{u}=\boldsymbol{F}^{\mathrm{T}}\nabla_{\boldsymbol{x}}\cdot\boldsymbol{u}=\nabla_{\boldsymbol{X}}\cdot\boldsymbol{v}$)。上述结果意味着，如果变形梯度张量对称，半线性材料中的纵波传播，可以利用超弹性变换方法通过施加预变形进行调控。但位移的旋度场，即使是对称变换，也没有变换形式不变性，因此无法按照纵波那样通过预变形进行调控。在特殊的二维情况下，如果对称的变形梯度再满足 $F_{13}=F_{23}=0$，$F_{33}\neq 0$，并且出面方向主伸长满足约束

$$U_{33}=1-\frac{\lambda_0+\mu_0}{\lambda_0}(U_{11}+U_{22}-2) \tag{8.130}$$

则可以证明 $\partial^2 W/\partial\boldsymbol{F}\partial\boldsymbol{F}=\boldsymbol{C}_0$，这时纵波和面内横波都可以利用超弹性变换来进行调控。但对于单独控制纵波，可以去掉上述约束条件。

下面将通过一个数值算例来验证半线性材料对纵波的控制能力，即实现在变形域内波场放大的功能。在模拟中，无预应力初始构型(图 8.26(a))中的圆区域($R<b$)通过映射 $r=R^4/b^3$ 变形到变形构型(图 8.26(b))中的相同尺寸的圆，这种变形可以通过在初始构型施加体力来实现。变形场求得后即可计算变形梯度 $\boldsymbol{F}$，然后按式(8.126)计算局部的密度和切线刚度，这样得到变形构型下的材料参数。然后在变形构型下，利用 COMSOL 有限元程序计算波动响应。径向映射确保了变形梯度的对称性和控制纵波所需的条件。图 8.26(a)和(b)分别显示了在纵波激励下(靠近计算域边界附近小圆膨胀变形)，半线性材料中无预变形和有预变形时位移散度场的计算结果。正如所预测的，变形区域($r<b$)内位移散度场实现了波场放大镜的效果；而在预变形区域外的散度场则不受材料内部变形的影响。在剪切波激励下(靠近计算域边界附近小圆旋转变形)，观察无预变形(图 8.26(c))和有预变形情况下(图 8.26(d))位移的旋度场，与纵波情况完全不同，预变形区域引起了明显的散射。

半线性材料的原理性模型可通过含角弹簧的六角蜂窝弹簧-质量点阵来近似实现。通过特定的角弹簧和线弹簧刚度组合，在一定的拉伸范围内可以近似实现式(8.128)的本构形式，并且可进一步调节使其满足面内弹性波(包括纵波和面内横

波)的调控条件(式(8.130))。这样就可以通过对弹簧-点阵系统施加预应变来实现面内弹性波的调控，并实现弹性波隐身斗篷。

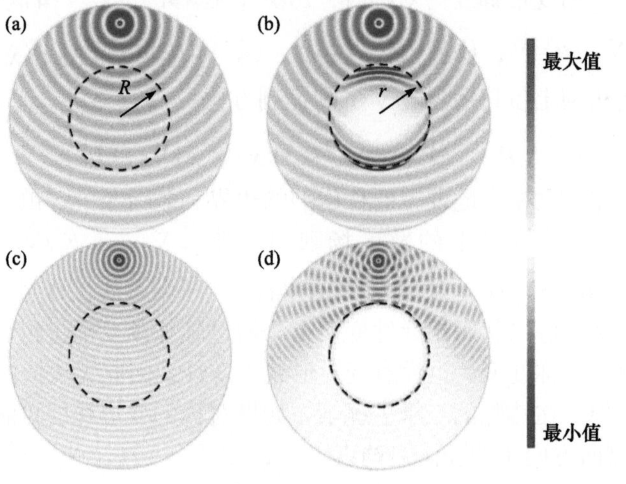

图 8.26　预变形后半线性材料上的波传播

在纵波激励下(a)无预变形和(b)有预变形情况下位移的散度场；在剪切波激励下(c)无预变形和(d)有预变形情况下位移的旋度场。计算中 b=11m，计算域半径 R_{out}=24m，计算域边界采用完美匹配层，激励源在距圆心 r=20m处，激励频率 f=6.5Hz，半线性材料的材料参数为 λ_0=770Pa, μ_0=260Pa, ρ_0=1kg/m^3

8.4　水下隔声弹性超材料设计

水下宽低频隔声有着迫切的工程需求，如海洋工程的噪声防护、舰船振动和噪声控制等。不同于空气声，由于传统固体材料的阻抗与水仅相差一个量级左右，隔低频水声需要非常厚重的材料，如要衰减 20dB 正入射 100Hz 的声波，在空气中仅需 2mm 厚的钢板，而在水中则需要 6m 厚。因此发展新的材料技术，采用轻薄结构实现水下宽低频隔声一直是人们努力的方向。下面将结合上述功能需求，通过弹性超材料设计，给出一种宽低频水下隔声材料的设计方法。

8.4.1　隔声机理与方法

这里将首先研究声波从水中正入射到各向异性材料中的传输问题(图 8.27)，右侧正交各向异性介质的材料主轴方向与界面法向(水平方向)形成夹角 θ_m。当 θ_m=0°或 90°时，从左侧水中正入射的平面波在固体中只能激发出纵波模式；但当 θ_m≠0°或 90°时，在固体材料中准纵波(qL 模式)和准横波(qT 模式)两种模式的体波将会同时被激发出来。这种体波可以通过求解介质的 Christoffel 方程得到，考察正入射的平面波(沿 x 轴方向)，令其为 $\boldsymbol{u}=\boldsymbol{u}_0\exp(ikx)$, $\boldsymbol{u}_0=\{u_0,v_0\}$，二维各向异性材

料的本构方程在全局坐标系(xOy)下可表示为

$$\begin{pmatrix}\sigma_x\\ \sigma_y\\ \sigma_{xy}\end{pmatrix}=\begin{pmatrix}C_{11} & C_{12} & C_{16}\\ C_{12} & C_{22} & C_{26}\\ C_{16} & C_{26} & C_{66}\end{pmatrix}\begin{pmatrix}\varepsilon_x\\ \varepsilon_y\\ \gamma_{xy}\end{pmatrix} \tag{8.131}$$

将位移表达式、本构和协调条件代入频域的平衡方程：$-\omega^2\rho_s\boldsymbol{u}=\nabla\cdot\boldsymbol{\sigma}$，得到如下方程

$$\begin{pmatrix}C_{11}k^2-\rho_s\omega^2 & C_{16}k^2\\ C_{16}k^2 & C_{66}k^2-\rho\omega^2\end{pmatrix}\begin{pmatrix}u_0\\ v_0\end{pmatrix}=0 \tag{8.132}$$

其中，ρ_s是固体介质的密度。

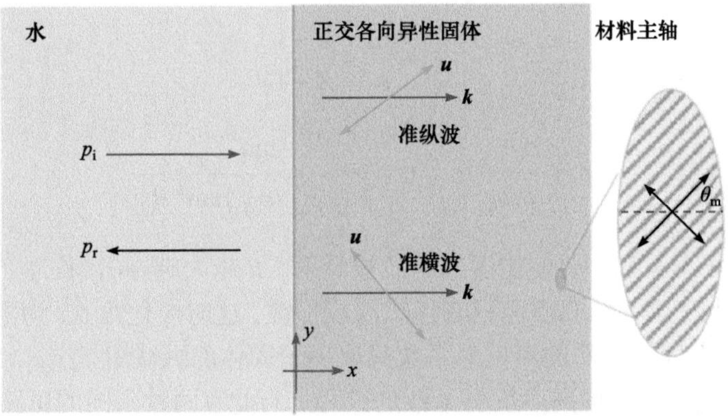

图 8.27　正交各向异性材料中声传播原理示意图

上述 Christoffel 方程有两个非零解，分别对应固体材料中的准纵波和准横波模式，位移场分别为

$$\boldsymbol{u}_{qL}=\{1,\tan\theta_{qL}\}^{T}\exp(ik_{qL}x),\quad \boldsymbol{u}_{qT}=\{1,\tan\theta_{qT}\}^{T}\exp(ik_{qT}x) \tag{8.133}$$

波速分别为

$$c_{qL}=\sqrt{\frac{C_{11}+C_{66}+\sqrt{\Delta}}{2\rho_s}},\quad c_{qT}=\sqrt{\frac{C_{11}+C_{66}-\sqrt{\Delta}}{2\rho_s}} \tag{8.134}$$

极化角分别为

$$\theta_{qL}=\arctan\frac{2C_{16}}{C_{11}-C_{66}+\sqrt{\Delta}},\quad \theta_{qT}=\arctan\frac{2C_{16}}{C_{11}-C_{66}-\sqrt{\Delta}} \tag{8.135}$$

其中，$\Delta=4(C_{16})^2+(C_{11}-C_{66})^2$；准纵波和准横波的波数满足 $k_{qL}=\omega/c_{qL}$ 和

$k_{qT}=\omega/c_{qT}$。

如图 8.27 所示，从左侧水中正入射的声波部分在界面被返回，这样水中的总声压为

$$p_1 = p_i \exp(\mathrm{i}k_0 x) + p_r \exp(-\mathrm{i}k_0 x) \tag{8.136}$$

其中，p_i、p_r 分别表示入射声压和反射声压幅值；$k_0=\omega/c_0$ 是水中的波数(c_0 是水的声速)。固体介质中的位移场可写成 $\boldsymbol{u} = t_{qL}\boldsymbol{u}_{qL} + t_{qT}\boldsymbol{u}_{qT}$，或

$$\begin{cases} u = t_{qT}\exp(\mathrm{i}k_{qT}x) + t_{qL}\exp(\mathrm{i}k_{qL}x) \\ v = t_{qT}\tan\theta_{qT}\exp(\mathrm{i}k_{qT}x) + t_{qL}\tan\theta_{qL}\exp(\mathrm{i}k_{qL}x) \end{cases} \tag{8.137}$$

其中，t_{qL}、t_{qT} 分别为准纵波和准横波的透射系数。再利用水/固体介质界面的应力与法向位移连续条件，最终求得反射系数[28]

$$R \equiv \frac{p_r}{p_i} = \frac{\bar{Z}-1}{\bar{Z}+1} \tag{8.138}$$

$$\bar{Z} = \frac{\rho_s c_{qL}}{\rho_0 c_0}\eta, \quad \eta = \frac{1+\tan^2\theta_{qL}}{1+\left(c_{qL}/c_{qT}\right)\tan^2\theta_{qL}} \tag{8.139}$$

从式(8.138)可以看出，要使更多的声波被反射，R 越大越好(上限为 1)。当固体介质为各向同性材料时，介质内只有纯纵波或横波，这时极化角 θ_{qL} 为零，$\tan\theta_{qL}=0$，$\eta=1$。各向同性固体介质的声反射系数只取决于固体的纵波阻抗 $\rho_s c_L$，增加固体与水介质的阻抗失配是提高声反射系数的核心。为此有两种不同的思路，一种是提高固体介质的纵波阻抗，即增加 $\bar{Z}$。正如前面所讨论过的，由于固体材料的密度和弹性模量所限，这种方法已遇到了瓶颈，尤其针对低频声波。另外一种思路是减小固体介质的纵波阻抗，即减小 $\bar{Z}$，低阻抗空气就是一个极好的水下隔声材料。然而由于材料的模量(抗压性能)与阻抗的正相关性，低阻抗一般也意味着低模量和低承载能力。

各向异性材料为破解阻抗和模量的正相关关系提供了可能性。从式(8.139)可以看出，参数 η 与材料的主轴偏转角和材料属性相关，原则上可以通过调节使其很小。如果此时材料仍然保持一定的力学特性，则可以设计出低阻抗耐压隔声材料。沿着这个思路，下面将进一步考察式(8.139)，要使参数 η 很小，除了前面讨论的固体材料需要是各向异性外(否则 $\eta=1$)，还需满足材料主轴与波传播方向存在一定的夹角，使 $\theta_{qL}\neq 0$。最后还需准纵波波速与准横波波速之比越大越好($c_{qL}/c_{qT}\gg 1$)，三个条件缺一不可。天然的材料很难同时满足这三个条件，因此需要在超材料的范畴内进行设计。

8.4.2　低阻抗承压水下隔声材料设计

寻找满足 8.4.1 节中三个条件的低阻抗隔水声材料需要通过拓扑优化的方法，借助数值的手段进行微结构设计。由于五模材料能自动满足条件 $c_{qL}/c_{qT} \gg 1$，因此下面将在五模材料的框架下来设计水下低阻抗隔声材料，并采用 5.3.1 节六角蜂窝点阵五模材料构型。图 8.28(a)给出了该蜂窝点阵及胞元示意图，共有三个无量纲几何参数：β、t/l 和 h/l。当β=60°，h/l=1 时，蜂窝点阵为各向同性材料，否则为各向异性材料。该二维蜂窝点阵材料在主轴坐标系下的弹性矩阵可表示为

$$\boldsymbol{C} = \begin{pmatrix} C_{11}^0 & C_{12}^0 & 0 \\ C_{12}^0 & C_{22}^0 & 0 \\ 0 & 0 & C_{66}^0 \end{pmatrix} \tag{8.140}$$

式中具体等效弹性参数与构成蜂窝点阵梁的几何(β, t/l, h/l)和材料(E_s, ν_s, ρ_s)参数的关系已由式(5.93)～式(5.96)给出。点阵材料的等效密度为单位厚度固体材料的质量与胞元面积之比，即

$$\rho = \rho_s \frac{(2l + h)}{2l^2 (h / l + \cos\beta) \sin\beta} \tag{8.141}$$

该点阵材料的离轴弹性模量(式(8.131))可由主轴下的模量(式(8.140))和旋转角θ_m确定，这样在该旋转角下的阻抗比也可以计算。图 8.28(b)给出了在一定的几何参数约束范围内，点阵材料的阻抗比和相对密度(相对于水)的可达空间。图中黑色点线是各向同性点阵材料，粉色区域是各向异性点阵材料，但主轴没有偏转，蓝色区域是主轴偏转的各向异性材料。显然在相同密度比时，主轴可偏转的各向异性材料阻抗比范围更大。为了进行具体比较，分别选取了三种密度相同的蜂窝点阵材料：(A)各向同性情形，几何参数为β=60°,h/l=1.0 和 t/l=0.059, $C_{11}^0 = C_{22}^0 = 0.601\kappa_0$，$C_{12}^0 = 0.593\kappa_0$ 和 $C_{66}^0 = 0.593\kappa_0$ (κ_0 为水的体积模量)；(B)各向异性无主轴偏转，几何参数为 β=74°, h/l=0.25 和 t/l=0.03，$C_{11}^0 = 0.041\kappa_0$，$C_{22}^0 = 1.718\kappa_0$，$C_{12}^0 = 0.264\kappa_0$ 和 $C_{66}^0 = 0.006\kappa_0$；(C)各向异性有主轴偏转，几何参数与(B)相同，但材料主轴偏转角θ_m=28.5°。三种蜂窝点阵材料具有相同的等效密度，ρ=0.179ρ_0 (ρ_0 为水的密度)。从图 8.28(b)可以看出，主轴偏转(C)可以使点阵材料比各向同性点阵(A)和无主轴偏转情况(B)具有更低的阻抗。

为了进一步比较上述三种点阵材料的水下隔声效果，下面用 COMSOL 有限元软件分别计算，由点阵 A、B 和 C 构成相同厚度板 d=21mm 的声衰减指数 SRI(SRI=−20×lg(A_T/A_I), 其中 A_T 和 A_I 分别表示透射和输入波的幅值)。建模时板的微结构中空隙为空气(ρ_{air}=1.29kg/m^3, c_{air}=343m/s)，背景介质为水(ρ_0=1000kg/m^3,

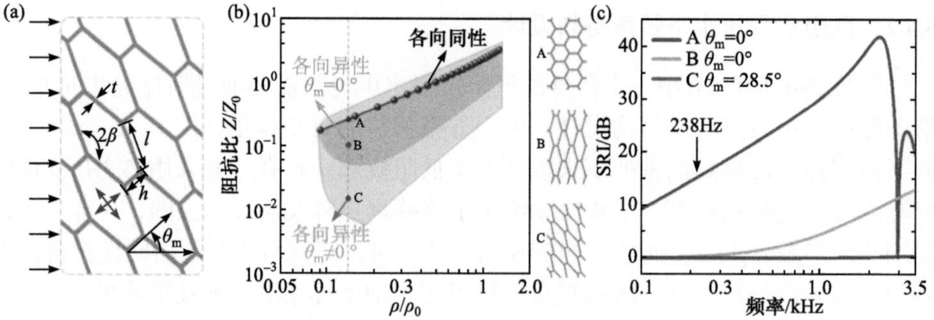

图 8.28　(a)六角蜂窝点阵材料及胞元几何参数；(b)蜂窝点阵材料阻抗比和密度比的可达空间，参数范围：$60°\leqslant\beta\leqslant80°$, $0.25\leqslant h/l\leqslant1.0$, $0.03\leqslant t/l\leqslant0.2$，$0\leqslant\theta_m\leqslant90$；(c)三种点阵材料的声衰减系数(SRI)与频率的关系

κ_0=2.25GPa，c_0=1500m/s)。模型上下两侧为周期性边界条件，两端设为平面波辐射条件，左端入射声压为 1Pa，右端声压为 0Pa。考察入射波频率范围为 0.1kHz$\leqslant f\leqslant$3.5kHz(或 $20\leqslant\lambda/d\leqslant700$)。计算结果如图 8.28(c)所示，在考察的频率范围内，各向同性点阵薄板(A)几乎无法阻隔水下声波。而主轴未偏转的各向异性点阵材料的薄板(B)只对高频声波有一定的隔声效果。当同样的各向异性点阵材料，主轴偏转 θ_m=28.5°后(C)，薄板在所考察的频率范围内都有很好的隔声效果。由于图 8.28(c)计算是根据有限厚度的板，当频率达到法布里-珀罗共振时，隔声效果在该共振频率附近会大幅度下降。对构型(C)试样利用电火花线切割加工技术进行了制备，并利用水声管进行了测试。根据加工精度取 l=10mm，t/l=0.05。以铝合金为基材，试样厚度为 21mm、直径为 200mm、主轴偏转角 θ_m=28.5°。测试前，样件周边用橡胶进行密封，以防止水进入微结构空腔中。在测试的频率范围 1.5～3.5kHz 内，实验测得平均 SRI 约为 18.7dB，与基于等效均质材料的理论预测相吻合。

根据阻抗失配的原则，在五模材料的框架下，我们设计并验证了低阻抗水下隔声材料。然而在设计过程中，只关注了阻抗随微结构的变化，并没有将承载一并考虑。为了进一步考虑承载能力，可定义衡量固体材料隔声和承压的无量纲品质因子[29]

$$Q=\frac{\tilde{E}\tilde{\rho}_{\text{eff}}}{\tilde{Z}^2} \tag{8.142}$$

其中，$\tilde{E}=E_x/\kappa_0$，$\tilde{Z}=Z_x/Z_0$，$\tilde{\rho}_{\text{eff}}=\rho/\rho_0$分别为材料归一化的杨氏模量、阻抗和密度，下标 0 指相应水的参数，下标 x 是指波传播方向的量，即沿 x 轴方向的量。可以设想，$\tilde{E}$ 越大的材料抗压性能就越强，阻抗 $\tilde{Z}$ 越小则材料隔声性能越好，因此品质因子 Q 越大意味着材料承压隔声综合能力越强。对于各向同性材料

有 Q=1−ν^2，即泊松比 ν=0 时，品质因子达到上限值 Q=1。

为展示不同类型材料品质因子 Q 随相对阻抗和模量的依赖关系，图 8.29 绘制了不同材料的品质因子 Q 的相图。大多数金属材料具有较高的阻抗和较大的模量，集中在相图的右上角。由于金属材料的阻抗与水相比失配并不大，所以很难达到阻隔低频水声的目的。各向同性多孔材料具有较低的阻抗，但如果不经过精心设计，也很难达到上限 Q=1，除非一些特殊的泊松比为零的材料。所要设计的低阻抗隔声材料希望能位于相图的右下方，即兼具高模量和低阻抗。但由于 Q 上限为 1(对于正交各向异性材料同样有 $Q=1-\nu_{21}\nu_{12}\leqslant 1$)，因此材料密度给定后，材料的属性被限定在 $\tilde{Z}^2/\tilde{E}\geqslant\tilde{\rho}_{\text{eff}}$ 范围内。以相对参数设定为 $\tilde{\rho}_{\text{eff}}$=0.025，$C_{11}^0$=0.1$\kappa_0$ 的各向异性材料为例，材料所能达到的 $\tilde{Z}^2$ 和 Q 由图中紫色虚线所围成的区域及域内的颜色分布给出，区域的下限为直线 $\tilde{Z}^2/\tilde{E}=\tilde{\rho}_{\text{eff}}$。因此在低阻抗各向异性隔声材料设计时，尽可能从上方逼近这条直线，并且越靠近右上方承载能力越好，但这时隔声性能有所下降。因此在低阻抗隔声材料设计时承载和隔声两种性能需要综合考虑。

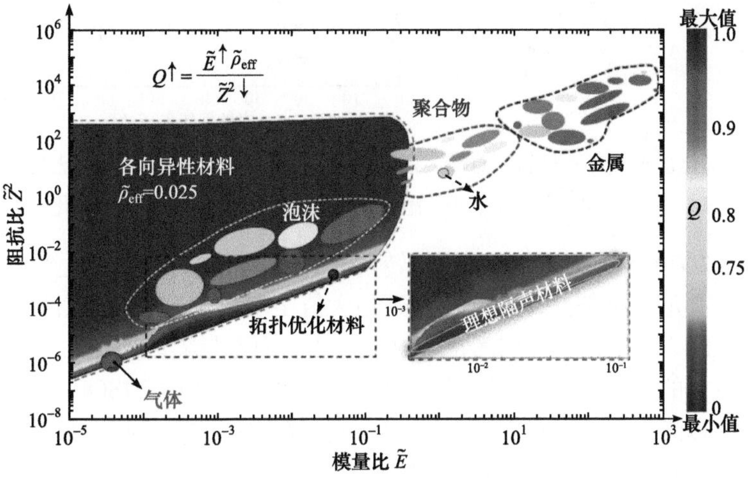

图 8.29　不同类型材料品质因子与阻抗比和模量比的变化关系

根据所定义的承载和隔声综合参数 Q，可选其为目标函数，通过拓扑优化的方法根据功能需求，找到相应优化的微结构。优化可分成两个部分：首先根据功能需求，确定优化的均匀材料参数；然后根据确定的均匀材料参数，再通过拓扑优化的方法找到相应的微结构。第一部分根据给定的隔声和承载要求，可以确定阻抗比的上限 Z_t 和模量比的下限 E_t。密度可由式(8.142)令 Q=1 得到。这样优化问题变为寻找主轴下材料参数(C_{11}^0、C_{12}^0、C_{22}^0 和 C_{66}^0)及主轴偏转角 θ_m，在约束 $\tilde{Z}\leqslant Z_t$ 和 $\tilde{E}\geqslant E_t$ 条件下使 Q 取最大值。以在声波入射方向承受 1MPa 压力变形小于

2%，同时低频隔声 20dB 为例，优化得到的均匀化材料相对参数为 $C_{11}^0=0.0227\kappa_0$，$C_{22}^0=0.0049\kappa_0$，$C_{12}^0=0.0104\kappa_0$，$C_{66}^0=0.01\kappa_0$，$\theta_m=34°$，$\tilde{\rho}_{\text{eff}}=0.0292$，这时 $Q\approx1$。需要一提的是，优化参数并不唯一，需要结合制备难易程度进行综合选取。所需的均匀材料参数确定后，第二步就是通过拓扑优化方法找到相应的微结构，可采用变密度法，基体材料选为铝基：$\rho_{\text{Al}}=2700\text{kg/m}^3$、$E_{\text{Al}}=69\text{GPa}$ 及 $\nu_{\text{Al}}=0.33$。优化后得到的微结构如图 8.30(a)所示，四方点阵晶格常数 $L=15\text{mm}$，$t/L=0.03$，拓扑角 $\beta=60°$。

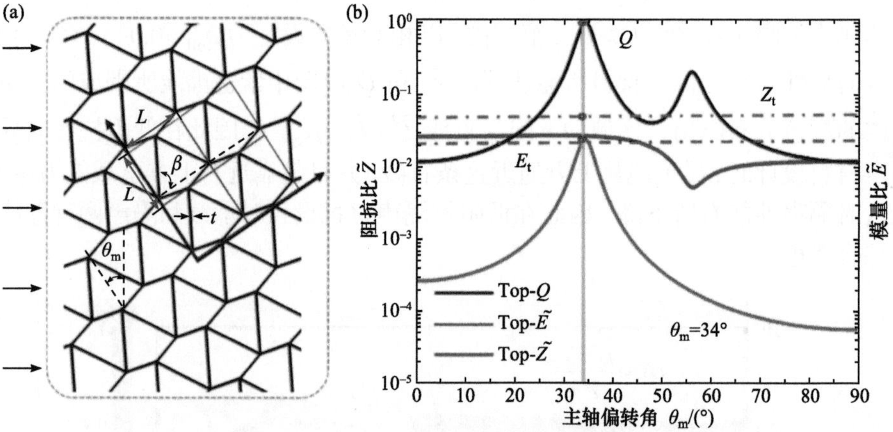

图 8.30　(a)优化得到的点阵材料示意图，晶格长度为 L，梁的厚度与长度之比为 t/L，拓扑角为 β；(b)该点阵的品质因子 Q、阻抗比和模量比随主轴偏转角的变化关系

从图 8.30(b)可以看出，在主轴偏转角 $\theta_m=34°$(绿线)时，模量达到最大值，同时阻抗可以满足约束条件，这时 Q 接近最大值 1。所得到的优化点阵材料并不是五模材料，因为这里需要同时考虑承载和隔声，而不是隔声需要的阻抗最低。为了验证所设计的点阵材料的水下承压和隔声特性，通过 COMSOL 有限元程序计算了由上述点阵材料构成的厚度为 $d=30\text{mm}$ 板在水中的声衰减系数，计算频率覆盖 50Hz～3.0kHz 区间，结果如图 8.31 所示。

为了便于比较，对相同厚度的铝板、等效均匀材料以及承受 1MPa 压力微结构板的声衰减系数也分别进行了计算。在所分析的频率范围内，可以看出相同厚度的铝板几乎没有隔声功能。点阵的等效均匀材料板的声衰减特性与微结构板一致，这也说明了等效方法的可行性。所设计的点阵材料具有很好的隔声性能，例如对于波长是板厚 33 倍(2000Hz)的入射波，点阵材料板仍能够阻隔约 90%的入射能量。计算结果还表明，1MPa 的压力对板整体隔声效果影响很小，在已加压后的变形构型作为声学计算的初始构型，并且材料设为线弹性模型。微结构板的声衰减系数曲线出现的波峰波谷是由板的有限厚度和其中的微结构谐振造成的。

对上述低阻抗承压隔声材料进行设计时，并没有引入谐振机理，因此原则上是宽频的，尤其针对水下低频声波。

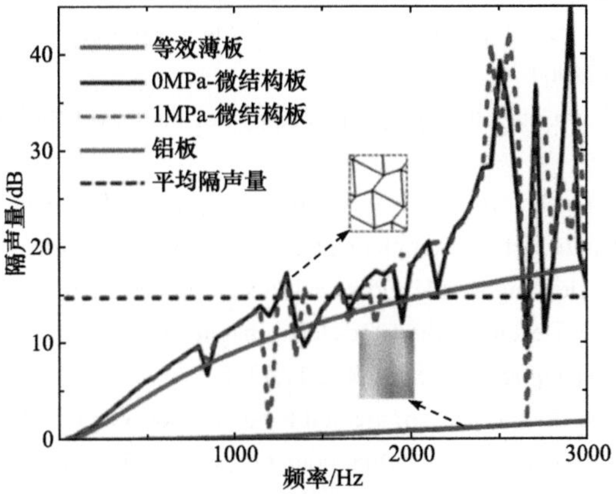

图 8.31　不同水下隔声板的隔声量随频率的变化关系，包括无压力的微结构板、1MPa 压力的微结构板、点阵材料等效后的均匀板

参 考 文 献

[1] Leonhardt U, Philbin T. Geometry and Light: The Science of Invisibility[M]. New York: Dover Publications, Inc., 2010.

[2] Pendry J, Schurig D, Smith D. Controlling electromagnetic fields[J]. Science, 2006, 312(5781): 1780.

[3] Cummer S, Schurig D. One path to acoustic cloaking[J]. New Journal of Physics, 2007, 9: 45.

[4] Milton G, Briane M, Willis J. On cloaking for elasticity and physical equations with a transformation invariant form[J]. New Journal of Physics, 2006, 8(10): 248.

[5] Xiang Z. Understanding the first-order inhomogeneous linear elasticity through local gauge transformation[J]. Archive of Applied Mechanics, 2022, 92: 2843-2858.

[6] 陈毅. 五模材料设计与水声控制研究[D]. 北京：北京理工大学, 2017.

[7] Zhou X, Liu X, Hu G. Elastic metamaterials with local resonances: an overview[J]. Theoretical and Applied Mechanics Letters, 2012, 2(4): 041001.

[8] Brun M, Guenneau S, Movchan A. Achieving control of in-plane elastic waves[J]. Applied Physics Letters, 2009, 94(6): 061903.

[9] Nassar H, Chen Y, Huang G. Isotropic polar solids for conformal transformation elasticity and cloaking[J]. Journal of the Mechanics and Physics of Solids, 2019, 129: 229.

[10] Zhang H, Chen Y, Liu X, et al. An asymmetric elastic metamaterial model for elastic wave cloaking[J]. Journal of the Mechanics and Physics of Solids, 2020, 135: 103796.

[11] Norris A, Parnell W. Hyperelastic cloaking theory: transformation elasticity with pre-stressed solids[J]. Proceedings of the Royal Society A, 2012, 468: 2881-2903.

[12] Guo D, Zhang Q, Hu G. Rational design of hyperelastic semi-linear material and its application

to elastic wave control[J]. Mechanics of Materials, 2022, 166: 104237.
[13] Hu J, Chang Z, Hu G. An Approximate method for controlling solid elastic waves by transformation media[J]. Physical Review B, 2010, 84: 201101.
[14] Chang Z, Hu J, Hu G, et al. Controlling elastic waves with isotropic materials[J]. Applied Physics Letters, 2011, 98: 121904.
[15] Norris A. Acoustic cloaking theory[J]. Proceedings of the Royal Society A, 2008, 464(2097): 2411-2434.
[16] 陈毅, 刘晓宁, 向平, 等. 五模材料及其水声调控研究[J]. 力学进展, 2016, 46: 201609.
[17] Lai Y, Chen H, Zhang Z, et al. Complementary media invisibility cloak that cloaks objects at a distance outside the cloaking shell[J]. Physical Review Letters, 2009, 102: 093901.
[18] Hu J, Zhou X, Hu G. Design method for electromagnetic cloak with arbitrary shapes based on Laplace's equation[J]. Optics Express, 2009, 17:1308.
[19] Chang Z, Zhou X, Hu J, et al. Design method for quasi-isotropic transformation materials based on inverse Laplace's equation with sliding boundaries[J]. Optics Express, 2010, 18: 6089.
[20] Gokhale N H, Cipolla J L, Norris A N. Special transformations for pentamode acoustic cloaking[J]. The Journal of the Acoustical Society of America, 2012, 132: 2932-2941.
[21] Zheng M, Chen Y, Liu X, et al. Two-dimensional water acoustic waveguide based on pressure compensation method[J]. Review of Scientific Instruments, 2018, 89(2): 024902.
[22] Chen Y, Zheng M, Liu X, et al. Broadband solid cloak for underwater acoustics[J]. Physical Review B, 2017, 95(18): 180104.
[23] Chen Y, Liu X, Hu G. Design of arbitrary shaped pentamode acoustic cloak based on quasi-symmetric mapping gradient algorithm[J]. The Journal of the Acoustical Society of America, 2016, 140(5): EL405-EL409.
[24] Ge Y, Liu X, Hu G. Design of elliptical underwater acoustic cloak with truss-latticed pentamode materials[J]. Theoretical and Applied Mechanics Letters, 2022, 12(4): 100346.
[25] 张宏宽. 非对称弹性超材料设计与弹性波传播控制研究[D]. 北京: 北京理工大学, 2022.
[26] Zhang Q, Cherkasov A, Arora N, et al. Magnetic field-induced asymmetric mechanical metamaterials[J]. Extreme Mechanics Letters, 2023, 59: 101957.
[27] Ogden R. Incremental statics and dynamics of pre-stressed elastic materials[M]//Destrade M, Saccomandi G. Waves in Nonlinear Pre-Stressed Materials. New York: Springer, 2007, 495: 1-26.
[28] Chen Y, Zhao B, Liu X, et al. Highly anisotropic hexagonal lattice material for low frequency water sound insulation[J]. Extreme Mechanics Letters, 2020, 40: 100916.
[29] Zhao B, Wang D, Zhou P, et al. Design of load-bearing materials for isolation of low-frequency waterborne sound[J]. Physical Review Applied, 2022, 17: 034065.

索　引